R. L. Sidman   M. Sidman

Neuroanatomie programmiert

Band 1
Zentralnervensystem   Große Bahnen
Herdförmige Läsionen

Übersetzt und herausgegeben von G. Arnold

Springer-Verlag
Berlin Heidelberg GmbH 1971

Richard L. Sidman, M. D., Professor der Neuropathologie, Harvard Medical School

Murray Sidman, Ph. D., Professor der Psychologie, Abteilung für Neurologie, Massachusetts General Hospital, Boston/USA

Gottfried Arnold, Akademischer Rat, Facharzt für Chirurgie, Institut für Anatomie, Abteilung II, Medizinische Hochschule, Hannover

Titel der englischen Originalausgabe
NEUROANATOMY, A programmed text, volume 1
Little, Brown and Company, Inc. Boston/USA
Copyright © 1965 by Richard Sidman and Murray Sidman

ISBN 978-3-540-05362-0   ISBN 978-3-642-65160-1 (eBook)
DOI 10.1007/978-3-642-65160-1

Geleitwort

Der Neuroanatomie-Unterricht stellt an Lernende und Lehrende besonders hohe Ansprüche. Auch eine Vorlesung und die am Objekt durchgeführte Kursausbildung in kleinen Gruppen vermögen nur einen Teil der didaktischen Probleme zu lösen. Ohne ergänzendes Lehrbuchstudium lassen sich die für die klinische Diagnostik erforderlichen Neuroanatomie-Kenntnisse nicht erwerben.

Die Erfahrung zeigt, daß Studenten auf keinem anderen Gebiet der Morphologie den roten Faden funktioneller Zusammenhänge so leicht verlieren wie in der Neuroanatomie. Die Fülle und die Komplexität des Stoffes, der in den umfassenden Lehrwerken geboten wird, verwirren oft den Anfänger. Die kürzeren Lehrbücher und Schemata neigen wiederum zu einer allzu starken Simplifizierung, die den späteren fachlichen Anforderungen nicht gerecht wird.

Mit ihrem programmierten, der Selbstkontrolle dienenden Text haben Richard und Murray SIDMAN versucht, hier eine didaktische Lücke zu schließen. Die Autoren betonen, daß sie damit weder ein Praktikum noch ein detailliertes Lehrbuch ersetzen möchten. Nach mehrjährigen, in wiederholten Lehrtests überprüften Studien haben sie vielmehr ein Programm erarbeitet, das eine Vervollständigung des klassischen Neuroanatomie-Unterrichts darstellt.

Wir haben den Eindruck, daß im deutschen Sprachraum die vorklinische Ausbildung in der Neuroanatomie noch zu wenig den klinischen Bezug hervorhebt. Der fließende Übergang vom anatomischen Grundwissen über die funktionellen Zusammenhänge zur klinischen Nutzanwendung ist aber ein besonderer Vorzug des von SIDMAN und SIDMAN programmierten Lehrtextes, der schon im ersten Band mit der neuroanatomischen Analyse typischer klinischer Syndrome gipfelt. Kennzeichnend für die Qualität des Programms ist die Tatsache, daß es einerseits den Anfänger nicht überfordert, andererseits aber durchaus eine intensive gedankliche Mitarbeit verlangt; das Lösen einzelner Aufgaben wird sogar dem Kenner der Materie Vergnügen bereiten.

Aus diesen Gründen begrüßen wir, daß dieser Text nun in einer Übersetzung von Dr. G. ARNOLD, Hannover, auch in deutscher Sprache vorliegt. Wir sind überzeugt, daß dieses Programm helfen wird, die neuroanatomische Grundausbildung von Medizinern und Psychologen zielstrebiger, leichter und angenehmer zu gestalten.

<table>
<tr><td>Prof. Dr. F. Erbslöh
Neurologische Universitätsklinik</td><td>Prof. Dr. A. Oksche
Anatomisches Institut</td></tr>
</table>

Gießen, Dezember 1970

Vorwort zur englischen und deutschen Ausgabe

Der Neuroanatomie-Unterricht wird in erster Linie an medizinischen Ausbildungsstätten erteilt. Die zahlenmäßige Relation der Lehrenden und der Medizinstudenten ist oft ungünstig. Viele Studenten anderer Fachrichtungen wie z. B. Psychologie, Zoologie, Ingenieurwissenschaften und Sport, die sich Kenntnisse in Neuroanatomie aneignen möchten, können meistens nicht an einem neuroanatomischen Kurs teilnehmen; die üblichen Lehrbücher setzen aber zuviel an Kenntnissen voraus. Für die Studenten tritt ein weiteres Problem auf: Die Neuroanatomie ist ein komplexes Gebiet mit eigenständigen Methoden. Für Ihr Verständnis ist die Erarbeitung spezieller Grundlagen erforderlich.

In dem vorliegenden Lehrbuch beabsichtigen wir, die Terminologie und die Grundlagen der Neuroanatomie so darzustellen, daß Studenten der Medizin und anderer Fachrichtungen sich auch selbständig, ohne wesentliche Vorkenntnisse in dieses Fach einarbeiten können.

Der Aufbau des Buches, die Reihenfolge des Stoffes, die häufigen Wiederholungen und die Auswahl der Abbildungen sind das Ergebnis zahlreicher Tests und Erkenntnisse aus der experimentellen Psychologie des Lernens. So entstand im Laufe von vier Jahren durch die Zusammenarbeit von Fachvertretern der verschiedensten Gebiete dieses erste Neuroanatomie-Lehrbuch in programmierter Form. Insbesondere wurden erstmals Gesichtspunkte aus der Psychologie des Lernens, mit der sich vornehmlich M. Sidman befaßt hat, angewandt.

Das Ziel der Verfasser war, die deskriptive und funktionelle Neuroanatomie in übersichtlicher Form unter Berücksichtigung klinischer Aspekte so darzustellen, daß sie den modernen Gesichtspunkten der Psychologie des Lernens entspricht und somit die Erarbeitung der komplexen Materie erleichtert wird.

In der deutschen Ausgabe haben wir die Terminologie der 3. Auflage der internationalen Nomina anatomica (verbesserte Pariser Nomenklatur) vom Mai 1968 verwendet. Nur dort, wo diese nicht ausreichend war, wurde auf die im deutschen und angloamerikanischen Fachschrifttum verwendeten Ausdrücke zurückgegriffen. Für das Durcharbeiten einzelner Kapitel oder des ganzen Buches seien folgende Hinweise gegeben: Die Felder, z. B. A-Felder, werden gemäß den fortlaufenden Nummern durchgelesen und die fehlenden Wörter eingesetzt. Jeweils auf der übernächsten Seite kann man feststellen, ob die eingesetzte Antwort richtig war. Die gestellten Aufgaben kann man selbständig noch erweitern, indem man zusätzlich Beschriftungen an die Abbildungen setzt oder ergänzende Bemerkungen unter dem Text anbringt, was sich vor allem bei Wiederholungen empfehlen dürfte.

Es ist uns ein Anliegen, Herrn Prof. Dr. med. Dr. phil. H. Lippert für wertvolle Ratschläge und großzügige Unterstützung zu danken. Ohne sein Verständnis, maßgebliche Hilfe und richtungweisende Anregungen wäre diese Ausgabe nicht zustande gekommen.

Für die hilfsbereite, unermüdliche und intensive Mitarbeit an der Vorbereitung der deutschen Ausgabe danken wir ganz besonders Frl. M. K. Hansen, Frau H. Labuhn, Frau S. Taupitz, Frl. I. Vohland und Herrn Guido Busse.

Herrn Prof. Dr. Geinitz vom Springer-Verlag sei an dieser Stelle für wertvolle Hinweise und Beratungen gedankt. Seine Anregungen und Erfahrungen haben zum Gelingen dieser Ausgabe wesentlich beigetragen.

Hannover, März 1971   R. L. Sidman, M. Sidman, G. Arnold

Inhaltsverzeichnis

Einleitung und Hinweise für das Arbeiten mit dem programmierten Text

Der Text ist so aufgebaut worden, daß — ähnlich wie im individuellen oder Gruppenunterricht — eine dynamische Wechselwirkung zwischen Leser und Buch entstehen kann. Schritt für Schritt werden die Grundlagen der Neuroanatomie dargestellt. Es werden Ihnen jeweils kleine Informationseinheiten mitgeteilt. Aufgrund der so erworbenen Kenntnisse sind die freien Stellen im Text auszufüllen, Antworten zu geben und die Bilder nach Maßgabe der Anweisungen zu vervollständigen. Auf den dann folgenden Seiten können Sie überprüfen ob Ihre Angaben richtig sind. Das Programm ist so zusammengestellt worden, daß neue Zusammenhänge die vorher erklärten Sachverhalte voraussetzten.

In jedem Feld des programmierten Textes werden neue Zusammenhänge angegeben oder vorher dargestellte Tatbestände wiederholt. Gelegentlich werden in vorausgehenden Abschnitten mitgeteilte Informationen in einem anderen Zusammenhang erläutert. Einige Felder sind so aufgebaut, daß sie Ihre Aufmerksamkeit auf wichtige Einzelheiten lenken, in anderen sollen aus anatomischen, pathologischen, physiologischen und oder klinischen Befunden richtige Schlüsse gezogen werden.

Die Durcharbeitung des Buches ist am effektivsten, wenn Sie gemäß der Reihenfolge der Feldbuchstaben und -nummern vorgehen. Es ist unzweckmäßig Felder auszulassen. Die Antworten sollte man nicht nachschlagen bevor man sie schriftlich niedergelegt hat.

Nach Möglichkeit sollten Sie jeweils ein ganzes Kapitel durcharbeiten und es vor dem nächsten Weiterlesen wiederholen.

Die beiden ersten Abschnitte über die Hirnoberfläche sind für den Gebrauch im Präpariersaal bestimmt. Wenn Sie keine Möglichkeit haben, ein vollständiges Hirnpräparat zu sehen, so können Sie aus den Abbildungen das Wesentliche entnehmen. Beginnen Sie mit Feld A!

725. Wenn man Querschnitte des Rückenmarks in
der Reihenfolge von caudal nach cranial untersucht, so beobachtet man, daß die Hinterstränge
______ er werden. Zeichnen Sie in Höhe von C 1
in den Hintersträngen die ungefähre Lage der
von den Nervenfasern für "Bein, Rumpf und
Arm" eingenommenen Felder ein.

C1

C7

L5

Drehen Sie das Buch um und fahren Sie mit den G-Feldern fort!

1055. Alle äußeren Augenmuskeln mit Ausnahme
des M. obliquus superior und M. ______ . ______
werden vom ___ Hirnnerven versorgt. Die drei
Musculi recti, die vom ___ Hirnnerven versorgt werden, sind der __ ______ _______ ,
__ ______ _______ und __ ______ _______ .
Derjenige äußere Augenmuskel, der sich im Schema
am stärksten kontrahiert hat, wird vom ___ .
Hirnnerv versorgt.

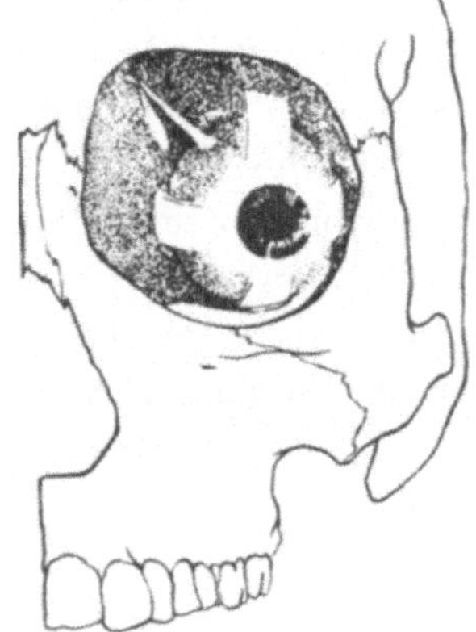

Oberfläche des Gehirns: Teil I (Abschnitt 1-42). Blättern Sie um und beginnen
Sie mit Abschnitt 1 des mit A gekennzeichneten Feldes! Füllen Sie die freie
Stelle in Abschnitt 1 aus!

A

B

Drehen Sie das Buch um, und fahren Sie fort mit den C-Feldern! (Das Thema
findet seinen Abschluß mit dem 1. C-Feld)

C

361. Das Corpus amygdaloideum liegt
im Lobus __________. Dies gilt nicht
für den Nucleus lentiformis, der
sich in einem Teil des Lobus
__________ befindet. Begrenzen
Sie auf beiden Seiten des Frontalschnittes den Schläfenlappen!

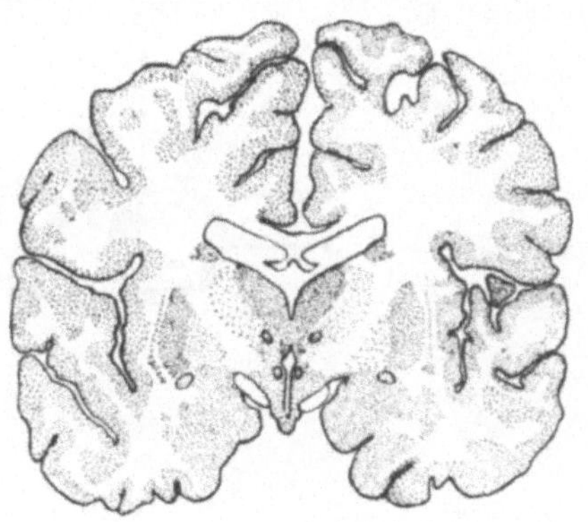

D

Drehen Sie das Buch um und fahren Sie fort mit den E-Feldern auf der
linken Seite!

725A. größer, umfangreicher (oder
entsprechender Ausdruck)

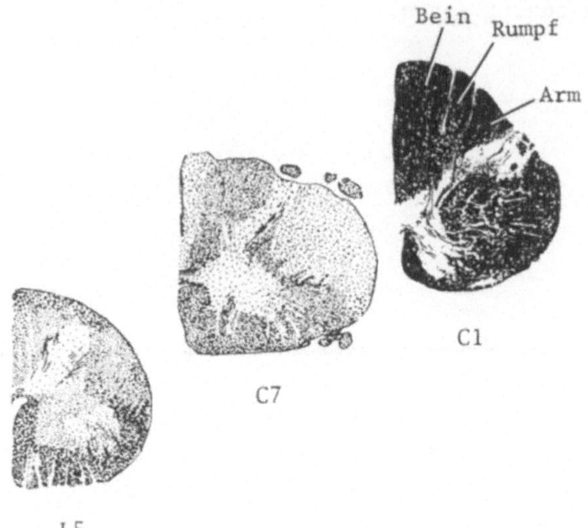

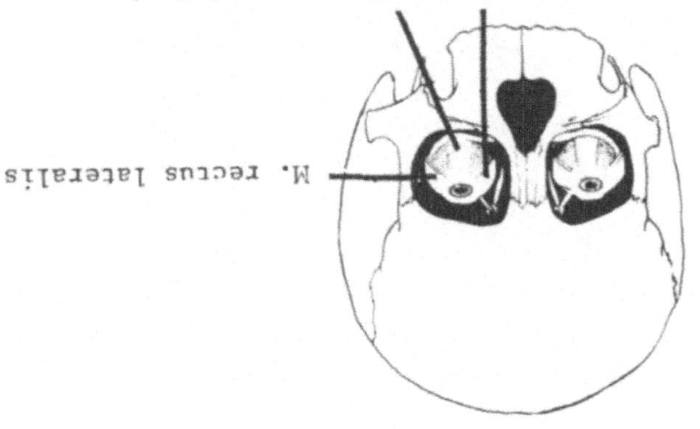

inferior
1054A. superior

1055A. M. rectus lateralis
   III.
   M. rectus superior; M. rectus medialis; M. rectus inferior
   (oder in einer beliebigen anderen Reihenfolge)
   VI.

1. Betrachten Sie die Oberfläche der Großhirnrinde (Cortex cerebri) in einem Hirnpräparat und in der nebenstehenden Abbildung! Beobachten Sie die Vertiefungen! Man nennt sie Hirnfurchen (Sulci, Sing.: Sulcus). Die tiefste und längste Hirnfurche der seitlichen Hirnoberfläche heißt _______ lateralis (Sylvii). (Die Antwort steht auf der übernächsten Seite).

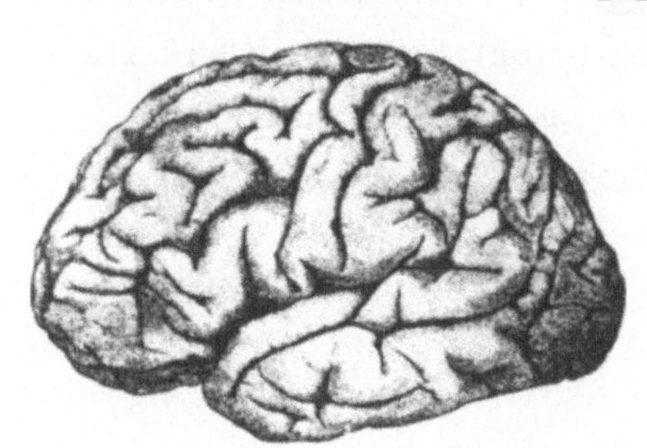

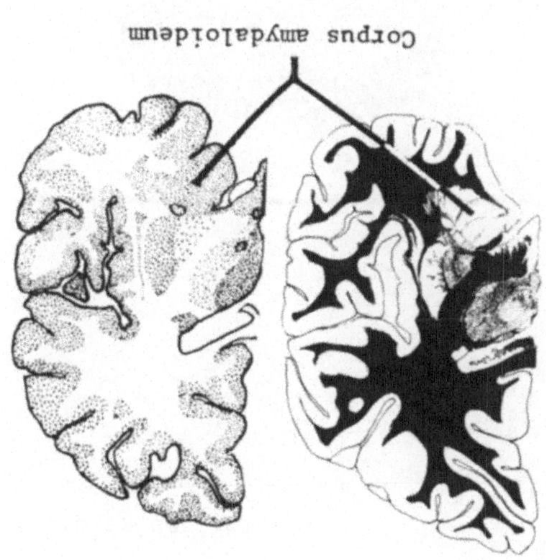

360A. grauer

361A. temporalis
      parietalis

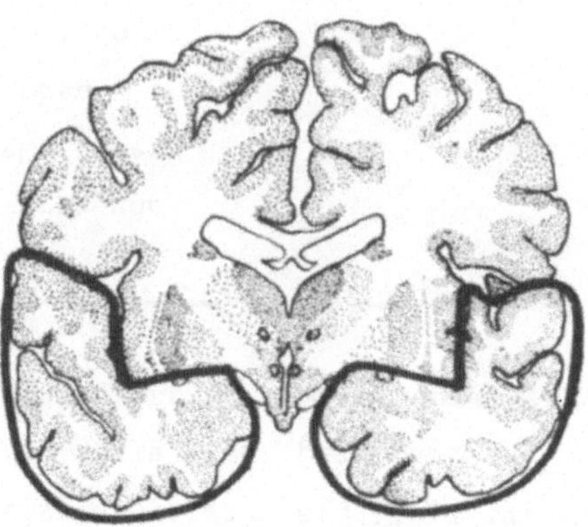

Bitte blättern Sie um!

726. Der Hinterstrang (Funiculus posterior) enthält beiderseits im Bereich der Pars lumbalis des Rückenmarks nur den Fasciculus ________.

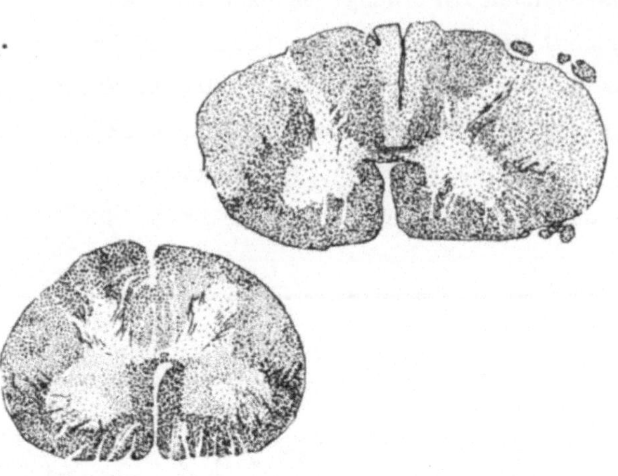

1054. In vielen Stellungen kann die drehende Wirkung der geraden äußeren Augenmuskeln vernachlässigt werden. Beim Blick nach oben kontrahiert sich beiderseits hauptsächlich der M. rectus ________ beider Augen, der M. rectus ________ entspannt sich dagegen beiderseits. Schreiben Sie die Namen der drei Muskeln an die Hinweislinien der Skizze!

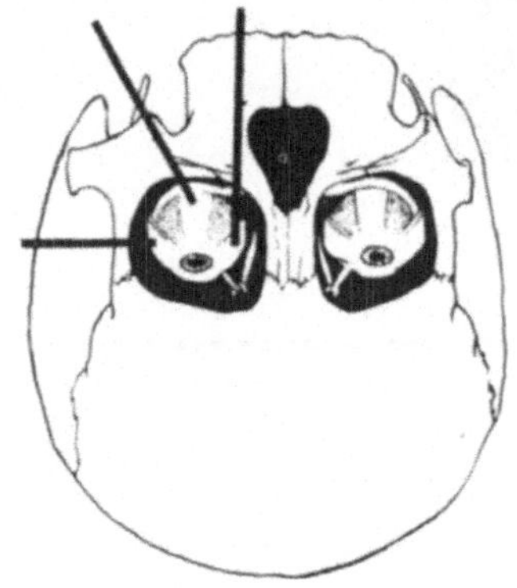

1056. Die Axone des VI. Hirnnerven kommen aus Zellkörpern eines Hirnstammkerns, der Nucl. n. ________ genannt wird. Beim Blick nach unten kontrahiert sich beiderseits der M. rectus inferior, gleichzeitig entspannt sich der M. rectus superior beider Augen. Wenn ein Teil der Neuronen des Nucl. __ ________ stimmuliert und ein anderer ________ wird, bewegen sich die Augen nach oben oder unten. Die beiden genannten Kerne gehören zu den ________-motorischen Kernen des Hirnstammes.

<u>1A.</u> Sulcus

(Fahren Sie fort mit Abschnitt 2 der übernächsten Seite!)

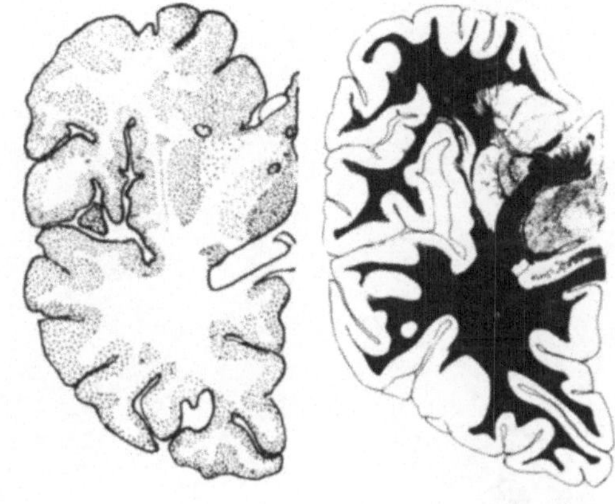

360. Die Basalganglien bestehen aus ________ Substanz. Ein Basalganglion ist im medialen Bereich des Lobus temporalis sichtbar. Kennzeichnen Sie es auf den Schnitten mit Hinweislinien und Namen!

Die Beziehungen zwischen Thalamus und Großhirnrinde: Lage des Hypothalamus (Abschnitt 362-374)

724A. medial
lateral

726A. gracilis (Goll)

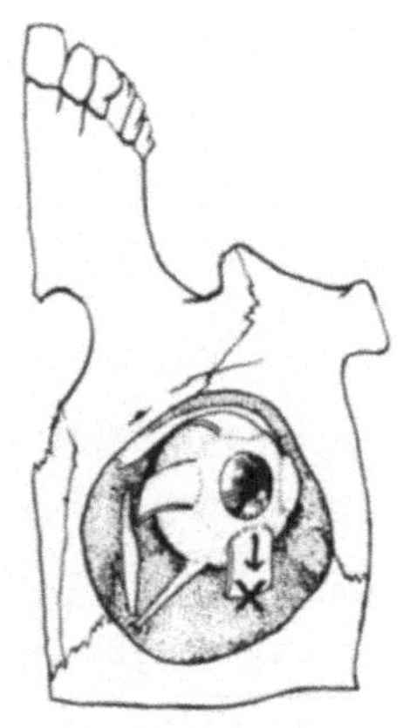

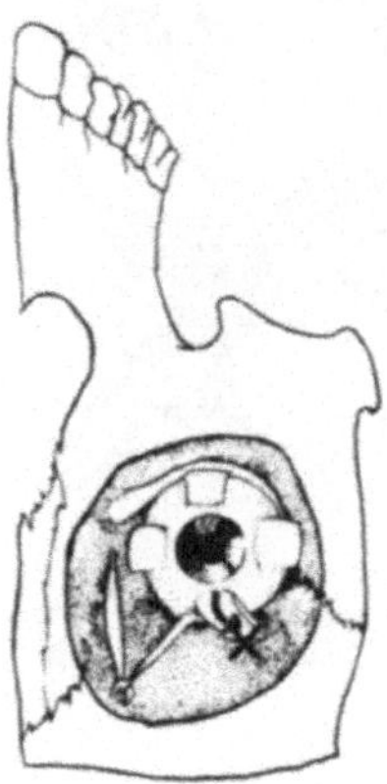

1053A. superior

F

G

1056A. abducentis

n. oculomotorii

gehemmt

somatomotorischen

2. Der französische Anatom François Sylvius (17. Jh.) beschrieb als erster den ______ lateralis als eine ungefähr horizontal verlaufende Spalte, die den Lobus __________ von den darüberliegenden Hirnrindengebieten trennt.

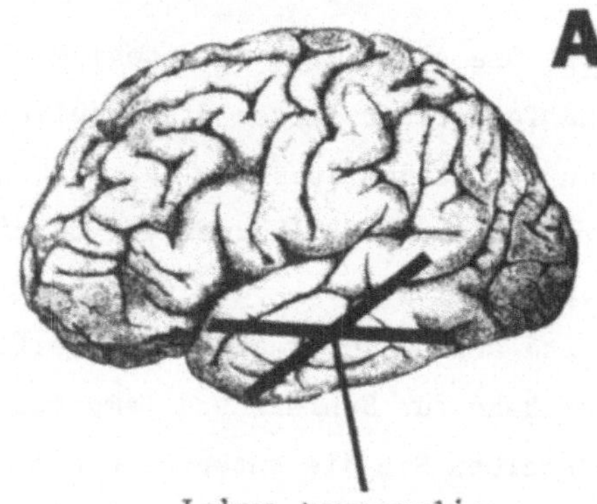

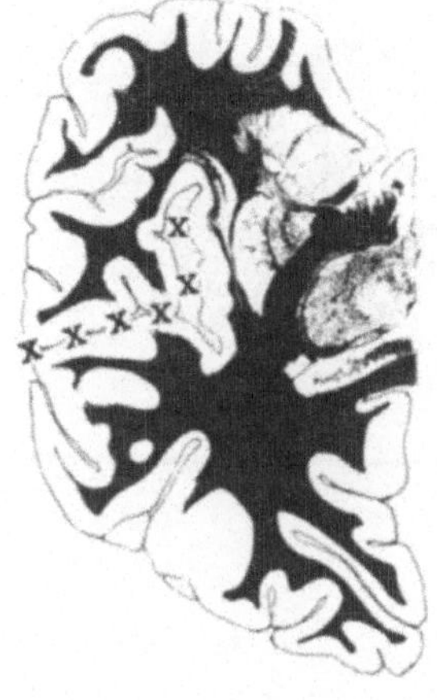

359A. Lobus ______
caudal

362. Zwischen den Pfeilspitzen laufen die cortico-spinalen Fasern unmittelbar lateral vom Nucleus _______. Weiter caudal als Teil des Crus _________ der inneren Kapsel ziehen die Fibrae cortico-spinales direkt medial vom Globus pallidus und lateral vom _______.

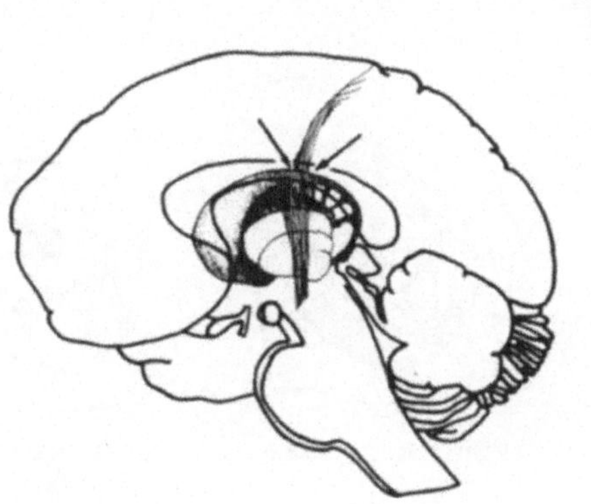

724. Die schematischen Schnitte zeigen, daß in den Hintersträngen die von der Haut und den Gelenken der unteren Extremität kommenden Fasern, ______ von den Fasern, die vom Rumpf stammen, liegen. Neuriten aus den oberen Körperpartien liegen in den Hintersträngen am weitesten ______.

727. Die sekundären (zweiten) Neuronen für Schmerz und Temperatur leiten die Impulse in den Seitensträngen der weißen Substanz des Rückenmarks nach oben und erreichen die Zellkörper der tertiären (dritten) Neuronen im Thalamus. Umzeichnen Sie auf der linken Seite analog zur rechten Bildhälfte die Neuriten der Bahn für Schmerz und Temperatur! Schreiben Sie die entsprechenden Bezeichnungen an die Felder!

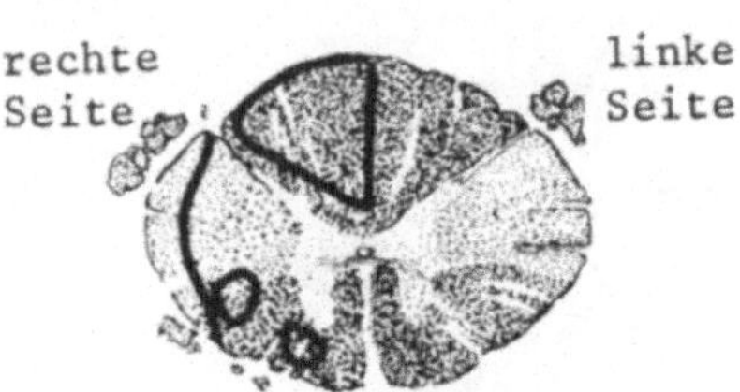

1053. Der M. rectus superior wendet das Auge nach oben und geringfügig nach medial. Wenn das Auge etwas nach außen gerichtet ist, wird es direkt nach oben gedreht durch die Kontraktion des M. rectus _________ . Markieren Sie in beiden Abbildungen den Ursprung der Sehne dieses Muskels in der Orbita mit einem X !

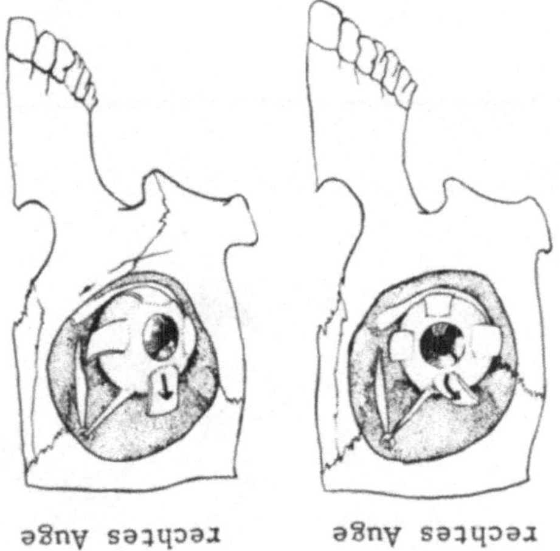

1057. Der IV. Hirnnerv kommt aus dem IV. Hirnnervenkern im Hirnstamm. Er wird auch Nucleus __ __________ genannt und versorgt den M. _______ superior. Der M. obliquus inferior wird vom ___. Hirnnerv versorgt.

A

2A. Sulcus
temporalis

B

359. Setzen Sie eine Serie von X in
den Sulcus lateralis (Sylvii). Der
Lobus temporalis liegt ___al vom
Sulcus lateralis.

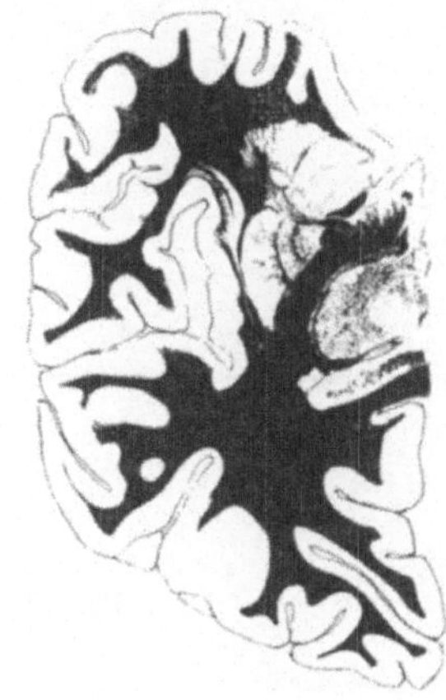

C

362A. caudatus
posterius
Thalamus

D

723A.

728. Schmerz- und Temperaturempfindungen werden im Rückenmark durch den Tractus

_________________ _________ nach

oben geleitet.

E

F

1052A. oculomotorius
abducens
VI., III.,
linke III., rechte VI.

G

1057A. n. trochlearis
obliquus
III.

3. Bezeichnen Sie in der Abbildung die lange und
tiefe Furche, die unmittelbar oberhalb vom Lobus
temporalis verläuft.

A

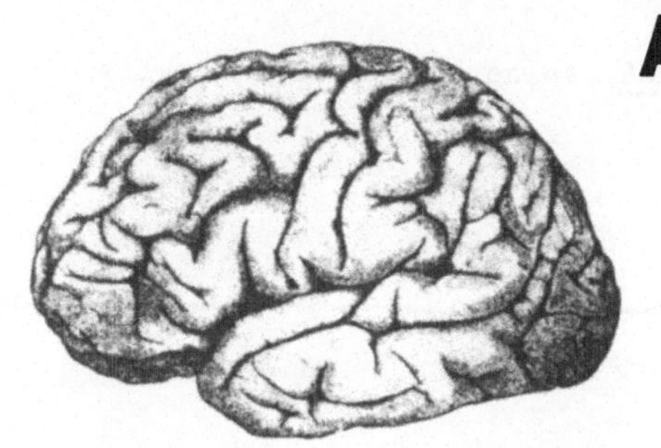

B

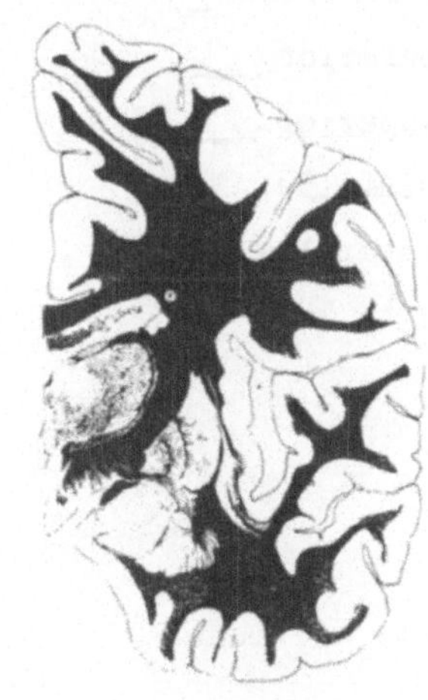

363. Die mediale Wand der Großhirnhemisphäre,
die die Basalganglien vom Hirnstamm trennt,
wird von der _______ _______ gebildet. Medial
von dieser Wand liegt in der abgebildeten
Schnittebene der _______ .

C

D

723. Der linke Hinterstrang ist auf zwei Abbildungen markiert worden. Begrenzen
Sie ihn beiderseits in allen drei Abbildungen! Kennzeichnen Sie unter jedem
Schnitt mit den Anfangsbuchstaben L, T oder C den Rückenmarksbereich, aus dem
der Schnitt stammt.

13

F

1052. Der M. rectus medialis wird vom N. _____________ innerviert, und der M. rectus lateralis vom N. _________ . Die Augen drehen sich nach links lateral, wenn der linke VI. und rechte ___ Hirnnerv stimuliert und der _____ ___ sowie _____ ___ . Hirnnerv nicht innerviert werden.

G

1058. Schreiben Sie hinter jeden Muskel welcher Hirnnerv (in römischen Zahlen) ihn versorgt!

M. obliquus superior ___

M. obliquus inferior ___

M. rectus inferior ___

M. rectus superior ___

M. rectus medialis ___

M. rectus lateralis ___

A

Sulcus lateralis (Sylvii)

B

C

358. Kennzeichnen Sie mit Hinweislinien und Namen die beiden Basalganglien im Lobus temporalis!

363A. Capsula interna
Thalamus

D

722. Beim Abstieg der motorischen Bahnen verlassen ihre Fasern nach und nach das Rückenmark, so daß der Querschnitt dieser Bahnen schrittweise ___ er wird. Die Querschnitte der Hinterstränge sind im Halsmark ___ er als im Lumbalmark.

729. Die zweiten (sekundären) sensiblen
Axone im Tr. spinothalamicus anterior
übertragen die ________ - und _____ -
empfindungen. Umzeichnen Sie auf der
rechten Rückenmarkshälfte die diese
Axone enthaltende Bahn.

rechten
linken
rectus medialis
1051A. rectus lateralis

1058A. M. obliquus superior IV.
M. obliquus inferior III.
M. rectus inferior III.
M. rectus superior III.
M. rectus medialis III.
M. rectus lateralis VI.

4. Die Pia mater encephali (weiche Hirnhaut) und
die Arachnoidea encephali (Spinnwebshaut des Gehirns) bedecken die Hirnoberfläche. Sie dringen
auch in die Hirnfurchen (Sulci) und tiefen Spalten (Fissurae, Sing.: Fissura) ein. Ziehen Sie
die Pia _______ _________ und __________
encephali aus dem tiefen Sulcus lateralis und
einigen benachbarten Hirnfurchen!

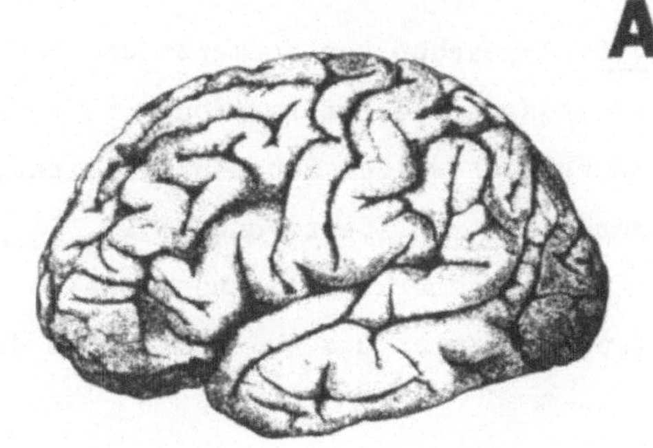

A

B

C

<u>364</u>. Der Thalamus erhält seine Informationen aus den Sinnesorganen. Er
stellt einen wichtigen Schalt- und Intogrationsort für die _______
Bahnen auf ihrem Weg zur Großhirnrinde dar.

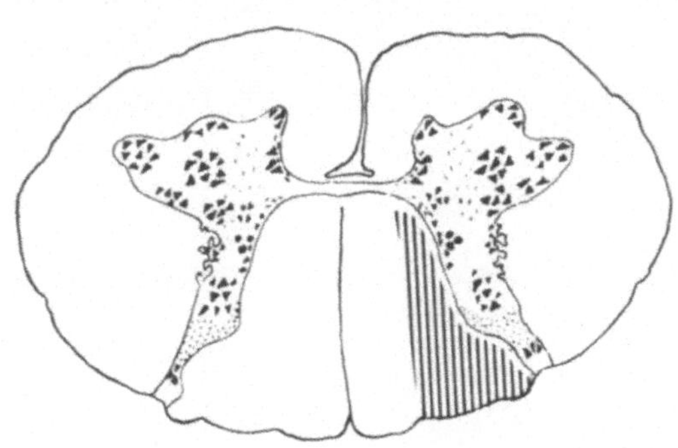

D

730. Abgesehen von Schmerz- und Temperaturempfindungen werden sonstige somatosensible Informationen in verhältnismäßig weit voneinander liegenden Bahnen der weißen Substanz geleitet, nämlich im Funiculus __________ auf der ________ Seite und im Tr. ________________ ________ beiderseits. Eine Rückenmarksverletzung, die zur Aufhebung aller Berührungsempfindungen (spitz, stumpf u.s.w.) führt, muß daher sehr _________ sein.

1051. Die Muskelfunktionen beider Augen müssen zentral integriert werden, um ein fokales Sehen zu ermöglichen. Der Blick nach rechts erfordert die Kontraktion des rechten M. ______ ________ und linken M. ______ _______ . Gleichzeitig entspannen sich der M. rectus lateralis der ______ und der M. rectus medialis der _______ Seite.

1059. Schreiben Sie hinter die römischen Zahlen die entsprechenden Namen der Hirnnervenkerne.

XII. ________ __ __________

IV. ________ __ __________

VI. ________ __ __________

III. ________ __ __________

Alle sind ______motorische Kerne des Hirnstammes.

4A. mater encephali
Arachnoidea

---

357. Markhaltige Nervenfasern, die von der Großhirnrinde zur Corona radiata, von einer Großhirnhemisphäre zur anderen, sowie zu und aus dem Corpus callosum laufen bilden das ______ ______ .

---

365. Viele Fasern, die durch die ______ ______ laufen, sind afferent. Sie kommen aus Nervenzellen, deren Zelleiber im ______ liegen.

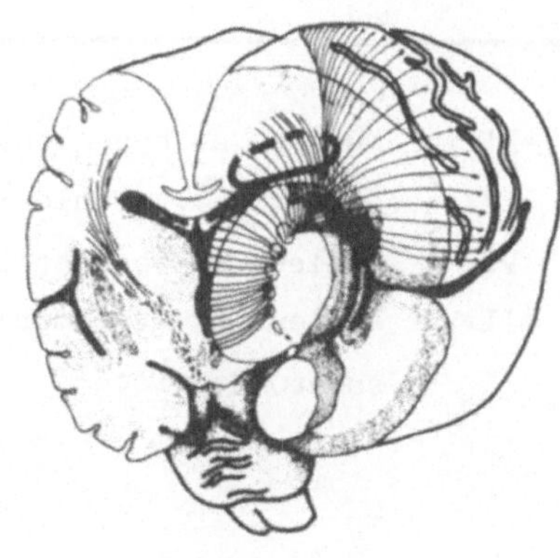

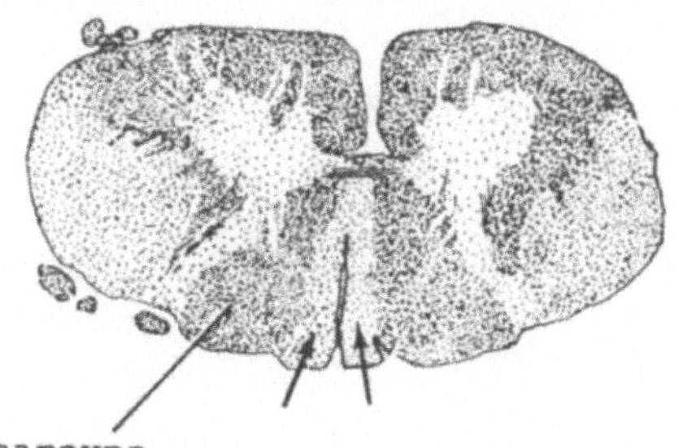

720A. gracilis
Fasciculus cuneatus

730A. posterior

derselben (ipselateral)

spinothalamicus anterior

ausgedehnt (oder umfangreich; groß)

E

F

1050. Wenn sich der M. rectus _________ des rechten Auges kontrahiert und

der M. _____ _______ desselben Auges sich gleichzeitig entspannt, so

dreht sich das Auge nach außen (lateral). Die gleichzeitige Kontraktion und

Entspannung der äußeren Augenmuskeln wird durch die Erregung und _________

der entsprechenden Hirnnerven im Hirnstamm hervorgerufen.

G

1059A. XII.   Nucleus n. hypoglossi

IV.   Nucleus n. trochlearis

VI.   Nucleus n. abducentis

III.   Nucleus n. oculomotorii

somatomotorisch

5. Achten Sie darauf, daß Sie die ___ mater encephali und
___________ encephali aus dem ______ temporalis ______,
der unterhalb des Sulcus lateralis parallel zu dieser
Furche verläuft, herausziehen!

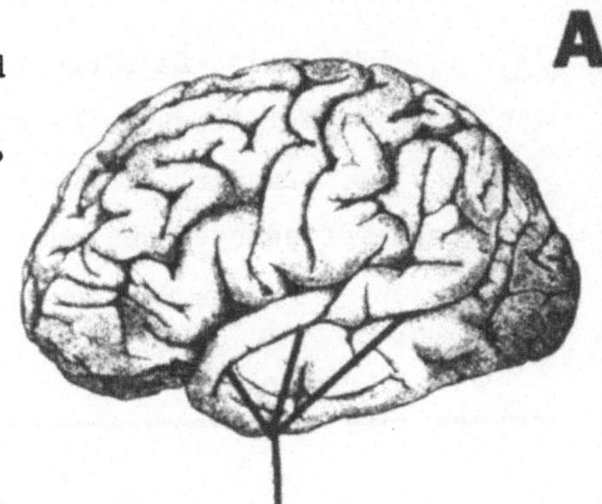

A

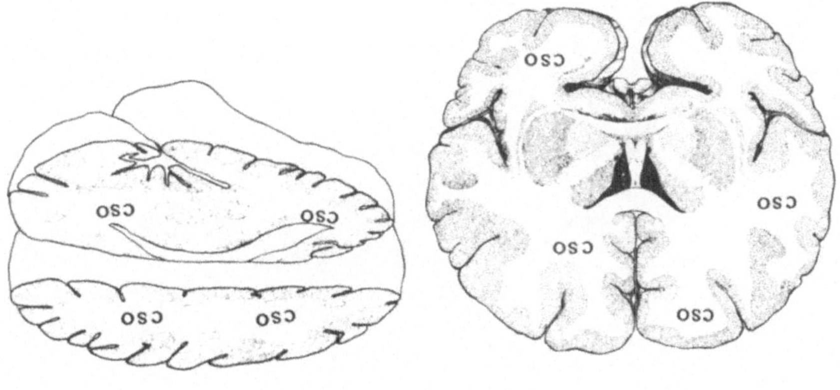

356A.

B

C

365A. Corona radiata
     Thalamus

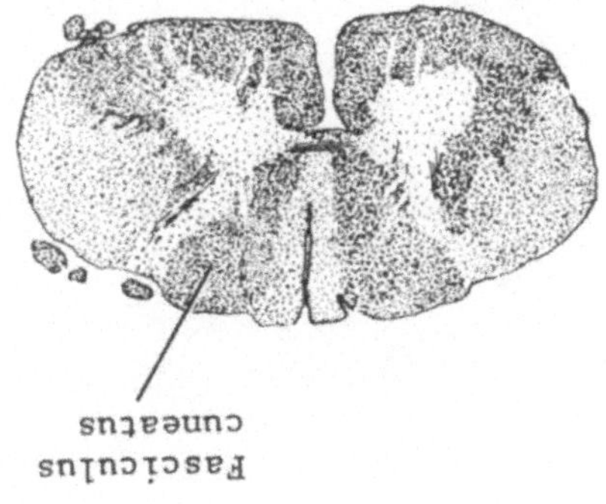

D

720. Das schmale Faserbündel heißt Fasciculus
______. Kennzeichnen Sie ihn auf beiden Sei-
ten mit Pfeilen! Das lateral liegende Faserbündel des rechten und linken Hinterstranges
sieht im Querschnitt keilförmig aus. Es wird
deswegen ______ ______ ______ genannt.

731. Die Fähigkeit, Lage und Bewegung eines bestimmten Körpergebiets zu merken, wird Lageempfindung, Bewegungsempfindung, _____empfindung oder

___________ genannt. Klinische Befunde weisen darauf hin, daß die Lage- und

Bewegungsempfindungen besonders bei Erkrankungen der _________ __________ der

weißen ________ des Rückenmarks beeinträchtigt sind.

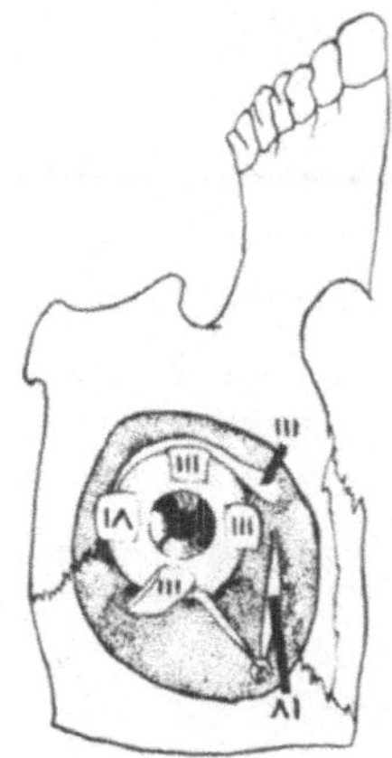

1049A. links

1060. Schreiben Sie die von folgenden
Hirnnerven innervierten Muskeln auf!
a) N. cranialis VI:
b) N. cranialis IV:
c) N. cranialis III:
d) N. cranialis XII:

5A. Pia

    Arachnoidea

    Sulcus

    superior

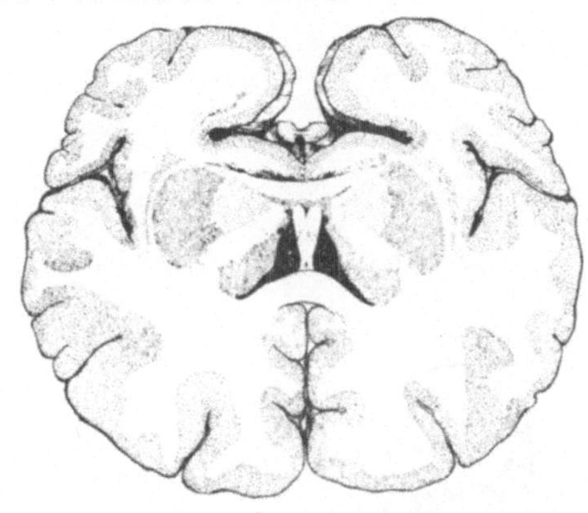

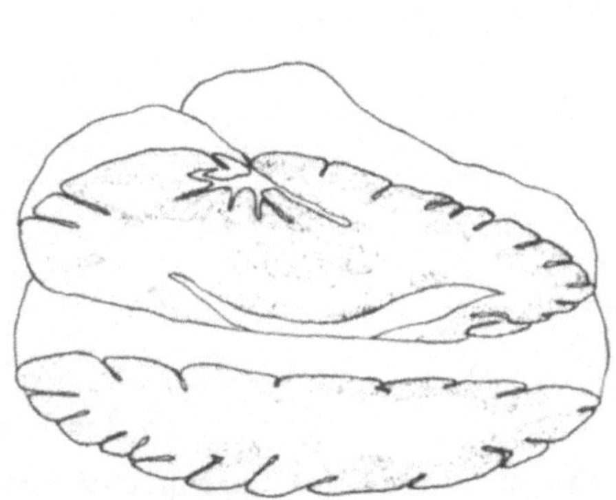

356. Kennzeichnen Sie in beiden Abbildungen und beiderseits mit der Abkürzung CSO das Centrum semiovale an zwei verschiedenen Stellen!

366. Sensible Fasern ziehen vom Thalamus zur Großhirnrinde durch die _______ _______, Corona radiata und das _______ _______. Die motorischen Fasern des Tractus corticospinalis durchsetzen dieselben Regionen der weißen Substanz, sie laufen aber am _______ vorbei.

719. Der Hinterstrang des Rückenmarks besteht auf beiden Seiten des Rückenmarks aus zwei Faserbündeln, die auch Faszikel genannt werden. Der schmalere von den beiden liegt _______.

731A. Gelenkempfindung

Kinästhesie

Funiculi posteriores (oder Hinterstränge)

Substanz

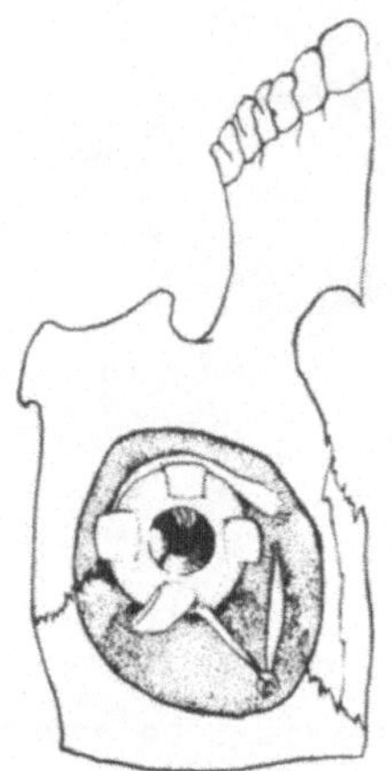

1049. Schreiben Sie die römischen Zahlen der Hirnnerven auf oder neben die von entsprechenden Nerven versorgten äußeren Augenmuskeln!

1060A. a) M. rectus lateralis

b) M. obliquus superior

c) M. rectus superior, medialis, inferior, M. obliquus inferior
(oder in beliebiger anderer Reihenfolge)

d) innerer Zungenmuskeln (Binnenmuskeln der Zunge):
M. longitudinalis superior, M. longitudinalis inferior, M.
transversus linguae, M. verticalis linguae, äußere Zungenmuskeln (Zungenaußenmuskeln): M. styloglossus, M. genioglossus,
M. hyoglossus, M. chondroglossus

<u>6.</u> Zeichnen Sie die Schläfenfurche zwischen
Gyrus temporalis superior und medius ein, indem
Sie die eingezeichneten Punkte verbinden. Kennzeichnen Sie diese Hirnfurche mit ihrem lateinischen Namen.

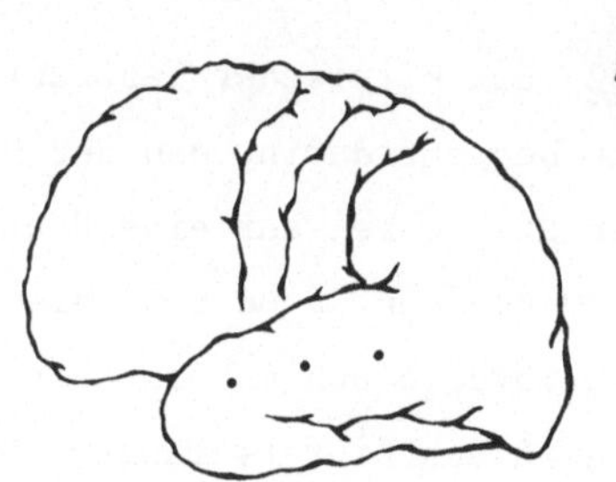

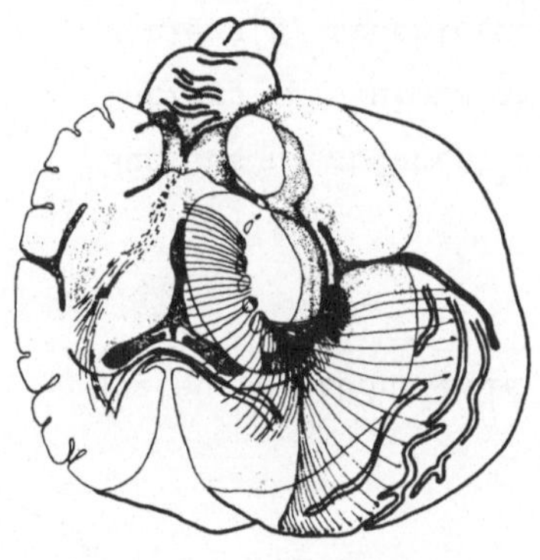

355A.

<u>366A.</u> Capsula interna

Centrum semiovale

Thalamus

<u>718A.</u>

<u>732.</u> Ein klinischer Test zur Prüfung der Leitungsbahnen in den Hintersträn-
gen besteht darin, daß der Untersucher das Ende des Griffes einer schwingenden Stimmgabel auf eine Hautstelle setzt, die dicht über einem Knochen liegt.
Dazu geeignet sind z.B. die Knöchel, der vordere obere Darmbeinstachel oder
die vordere Schienbeinkante. Dieser komplexe Reiz ruft Empfindungen hervor,
die in den Hintersträngen geleitet werden: Berührung, _____ und ____.

F

1048A.

	Nucleus n. oculomotorii	VI
M. rectus medialis	Nucleus n. abducentis	IV
		III

	Nucleus n. abducentis	VI
M. obliquus superior	Nucleus n. oculomotorii	IV
	Nucleus n. trochlearis	III

G

<u>1061.</u> Wenn der M. rectus lateralis gelähmt ist, wird das Auge nach ______ ge-
zogen infolge des fehlenden Antagomismus des M. ______ ________.

A

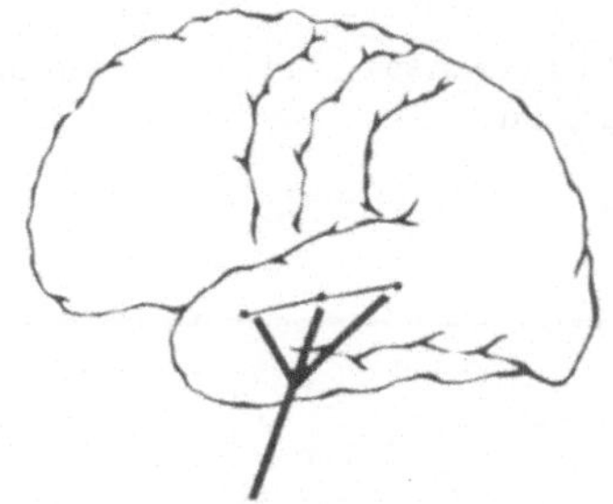

Sulcus temporalis superior

B

355. Zeichnen Sie auf beiden Seiten Fasern des Corpus callosum ein, die die Medianebene kreuzen und sich mit anderen Fasern des Centrums semiovale schneiden.

C

367. Mit Ausnahme der Fibrae corticospinales sind die meisten Fasern im Crus posterius capsulae internae ________ Fasern.

D

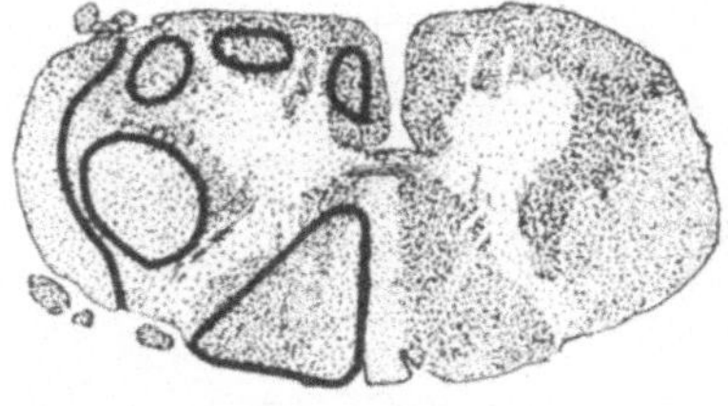

718. Vier der umzeichneten Felder enthalten hauptsächlich sensible Fasern. Grenzen Sie diese vier Felder auf der anderen Seite ab! Kennzeichnen Sie diese Areale mit Hinweislinien und den Namen der entsprechenden Bahnen.

<u>732A.</u> Druck

Lageempfindung (auch Gelenksensibilität, Bewegungsempfindung
oder Kinästhesie treffen zu)

F

<u>1048.</u> Ziehen Sie eine Verbindungslinie zwischen dem medialis M. rectus
und seinen zugehörigen Kern und eine zweite von diesem Kern zur zugeordneten Hirnnervenzahl!

	Nucleus n. oculomotorii	VI
M. rectus medialis		IV
	Nucleus n. abducentis	III

Ziehen Sie in der gleichen Weise Linien zwischen dem oberen schrägen
Augenmuskel und seinem Kern sowie zwischen diesem und der zugeordneten
Hirnnervenzahl!

	Abducenskern	VI
M. obliquus superior	Oculomotoriuskern	IV
	Trochleariskern	III

G

<u>1061A.</u> innen (medial, nasal)

rectus lateralis

A

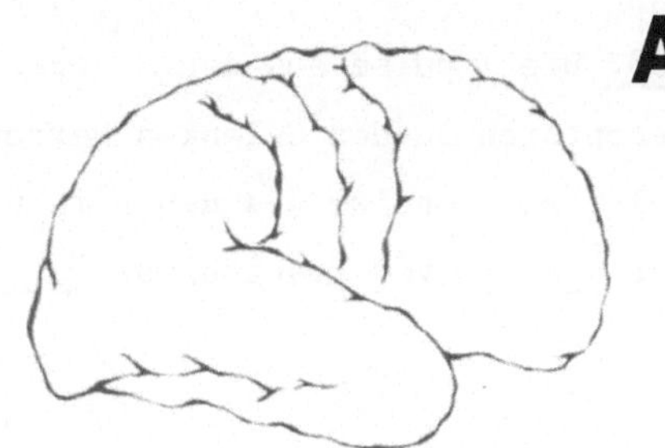

7. In den vorausgehenden Skizzen war die linksseitige Hirnoberfläche dargestellt. Die vorliegende Abbildung zeigt die rechte Seite. Zeichnen Sie die obere Schläfenfurche ein und beschriften Sie sie mit ihrem lateinischen Namen.

B

354A. corticospinalis

(1) Centrum semiovale

(2) Corona radiata

Capsula interna

C

368. Die Gyri pre- und postcentrales überschneiden sich zum Teil in ihrem histologischen Aufbau und in ihren Funktionen. Einige Axone, die somatosensible Funktionen leiten, enden im Gyrus precentralis. Andererseits liegen auch die Zellkörper einiger corticospinaler Neuriten im Gyrus ____________. Die relativ wenigen afferenten Fasern, die in den Gyrus precentralis gelangen, stammen von Nervenzellperikaryen, die im _______ liegen.

D

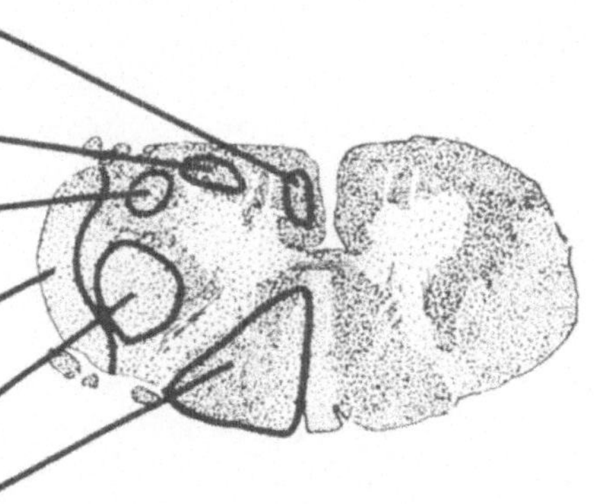

717A.

733. Die Impulse aus den Hautreceptoren für Berührung und Druck, sowie den Receptoren in den Gelenken werden im Rückenmark im ________ ________ geleitet. Impulse aus den Beinen werden im Fasciculus ______ übertragen, der _____ vom Fasciculus ______ liegt.

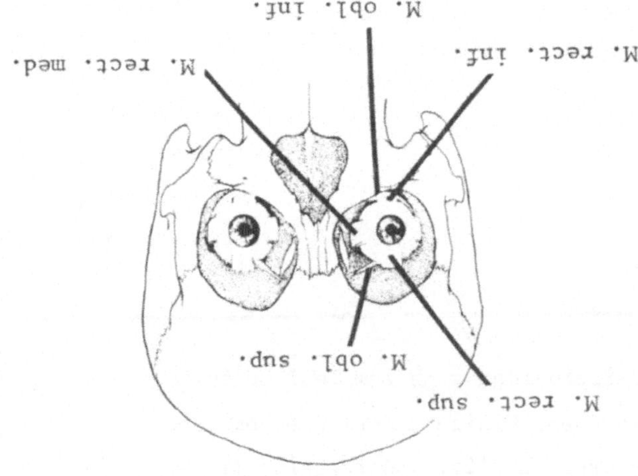

1062. Bei einem Patienten wird ein Strabismus convergens (Schielen nach medial) des rechten Auges beobachtet. Damit besteht unter anderem der Verdacht auf eine Parese (Lähmung) des M. ______ ________ . Es kann sich um eine Schädigung des rechten ___ Hirnnerven handeln. Wenn der linke N. oculomotorius erkrankt ist, werden die Bewegungen des linken Auges nach oben, unten und ______ beeinträchtigt sein.

A

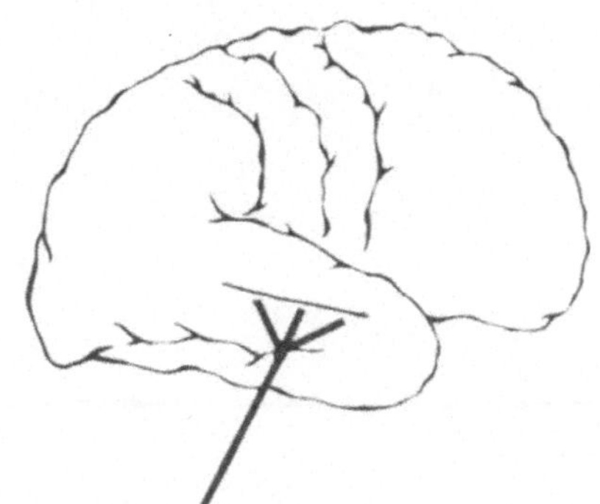

B

354. Die dargestellten Fasern der rechten Großhirnhemisphäre sind ein Teil des Tractus ________ .
Sie befinden sich in den folgenden Regionen: (1) ________ , (2) ________

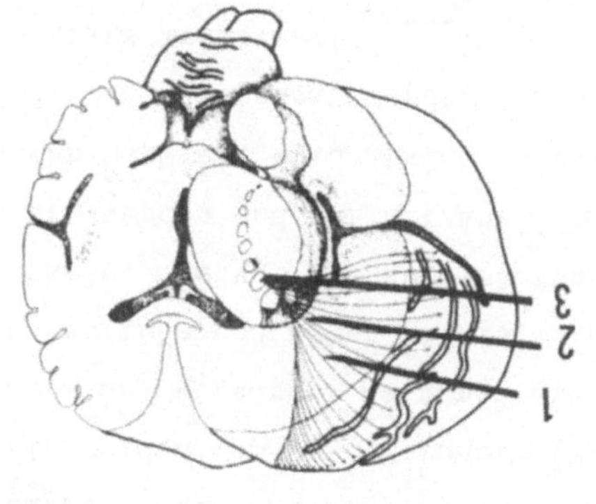

C

368A. postcentralis
     Thalamus

D

717. Verbinden Sie die umzeichneten
Felder und zugehörigen Beschriftungen mit Linien!

Funiculus posterior
Tractus corticospinalis lateralis
Tractus spinocerebellaris
anterior et posterior
Tractus spinothalamicus lateralis
Tractus spinothalamicus anterior
Tractus corticospinalis anterior

E

733A. Funiculus posterior
gracilis (Goll)
medial
cuneatus (Burdach)

G

1062A. rectus lateralis
VI
medial (innen, nasal)

F

1047. Der M. rectus lateralis wird vom
___ Hirnnerven versorgt, er heißt N.
_______. Den M. obliquus superior
innerviert der IV. Hirnnerv (N. trochlearis). Alle anderen äußeren Augenmuskeln werden vom ___ Hirnnerv (N. oculomotorius) versorgt. Zeichnen Sie Hinweisstriche und Namen an diejenigen
Muskeln, die vom N. oculomotorius innerviert werden und auf der Abbildung noch
nicht markiert worden sind. Wieviele
äußere Augenmuskeln werden vom N. oculomotorius innerviert? ___.

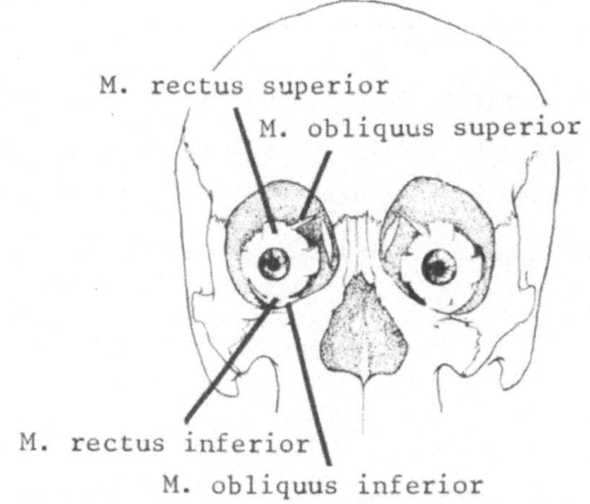

8. Die Bezeichnung Sulcus __________ superior leitet sich von seiner Lage
im _____ Teil des Schläfenlappens (Lobus temporalis) ab.

353A.

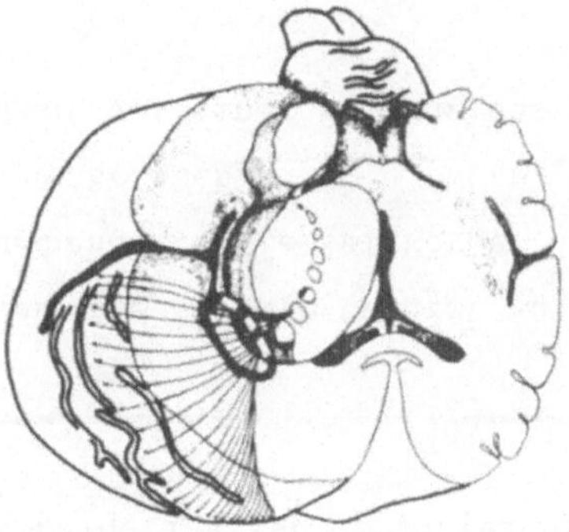

369. Einige Perikaryen der corticospinalen Neurone sind atypisch lokalisiert.
Sie befinden sich jenseits des Sulcus _________ im Gyrus ___________.

716. Die Trr. __________ beginnen im Rückenmark und enden
im Cerebellum.

734. Selbst wenn die Hinterstränge durch einen Unfall oder krankhafte Prozesse
vollständig zerstört sind, können die Berührungs- und Druckempfindungen
einigermaßen gut wahrgenommen werden, da sie zum Teil in den Fasciculi
___________ geleitet werden, speziell im rechten und linken Tractus
_________________ ___________ .

F

1046. Die motorischen Hirnnervenkerne für die äußeren Augenmuskeln hat man
nach den zugehörigen Hirnnerven benannt. Die Zellkörper des N. ______ bilden den VI. Hirnnervenkern. Er heißt auch _________ kern. Die Drehung der
Augen nach rechts lateral entsteht bei einer Reizung des VI. Hirnnerven auf
der ______ Seite.

G

1063. Die bemerkenswerte gute Koordination der verschiedenen äußeren Muskeln
beider Augen setzt schnell leitende Bahnen voraus, welche die III. IV. und VI.
Hirnnervenkerne untereinander verbinden. Zum großen Teil wird diese Koordination durch eine Bahn bewirkt, die medial und längs durch den Hirnstamm läuft.
Sie wird Fasciculus _________________ _________ genannt.

A

<u>8A.</u> temporalis

oberen (cranialen)

B

<u>353.</u> Umzeichnen Sie die Fibrae cortico-
spinales an ihrer Durchtrittsstelle
durch die Corona radiata!

C

<u>369A.</u> centralis

postcentralis

D

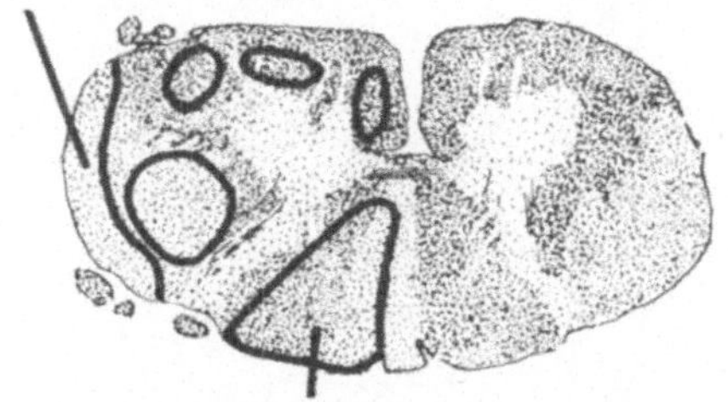

<u>715.</u> Die weiße Substanz des Rückenmarks
kann beiderseits je in ein hinteres,
seitliches und vorderes Feld eingeteilt werden. Das vordere enthält
den Tr. _____________ anterior und
Tr. _____________ anterior, das
seitliche den Tr. corticospinalis, lateralis, Tr. spinothalamicus lateralis
und die Trr. _____________ . Der aus
weißer Substanz bestehende _______ _______
entspricht dem dorsalen Feld.

<u>734A.</u> anteriores

    spinothalamicus anterior

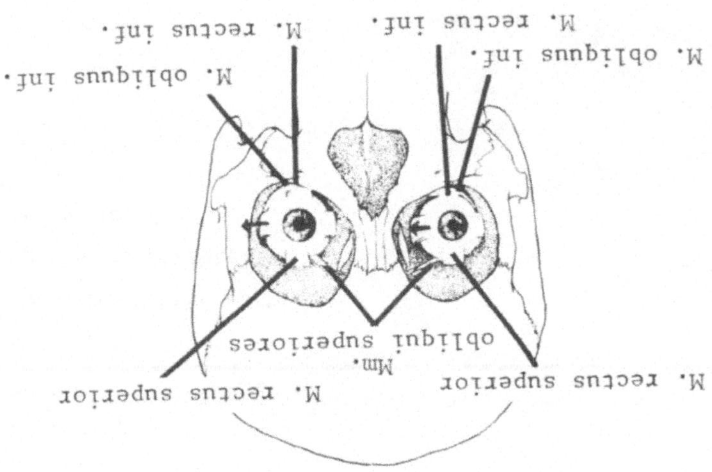

1045A.

F

<u>1064.</u> Die Bewegungen der Augen werden mit solchen des Gesichts und Halses
koordiniert. Der Fasciculus ________________ ________ verbindet die motorischen Kerne der Hirnnerven.

G

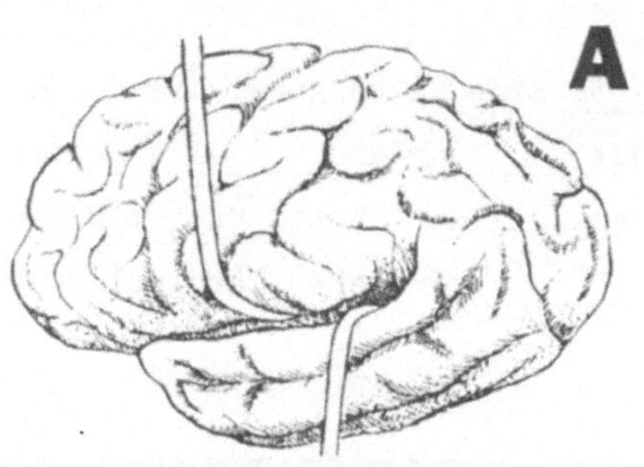

9. Vergleichen Sie durch Abtasten mit einem Finger oder einer Pinzette an einem Hirnpräparat oder Modell die Tiefe des Sulcus lateralis (Sylvii) mit der nächsten caudal und parallel verlaufenden Furche, dem Sulcus _________ _________.

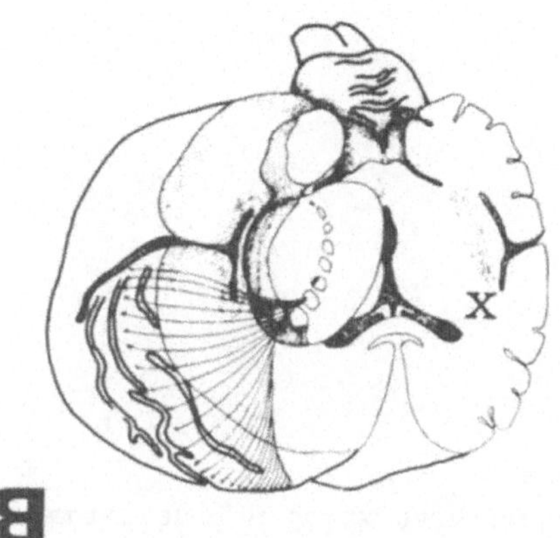

352A.

370. Ziehen Sie eine Linie von E durch T nach H! Sie liegt annähernd in einer Querschnittsebene durch den Hirnstamm, die durch den Epithalamus (E),

_______ (_) und Hypothalamus (H) geht.

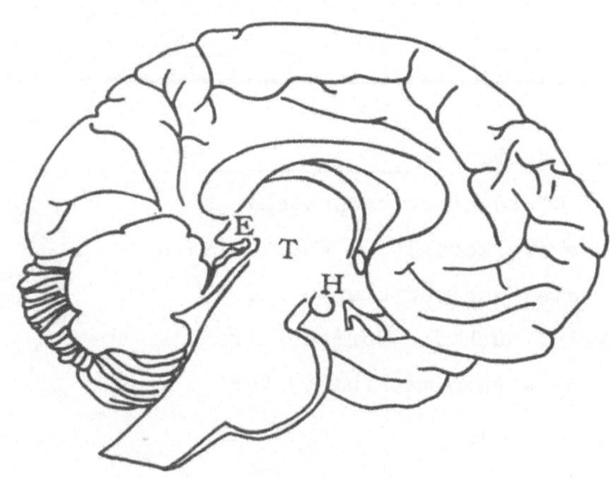

714. Tr. corticospinalis lateralis et anterior sind bezüglich des Gehirns _fferent. Diese Bahnen wurden benannt nach ihrem Ursprung im _______ cerebri und dem Ende ihrer primären Axone in der Medulla _______. Tr. spinothalamicus lateralis et anterior sind hinsichtlich des Gehirns afferent. Sie wurden gemäß dem Anfang ihrer zweiten Axone in der Medulla _______ und deren Ende im _______ benannt.

735. Eine Schädigung, die nur den Funiculus lateralis betrifft, beeinträchtigt die ______ - und _________ empfindung. Die bewußte Wahrnehmung von Lage und Bewegung der oberen Extremitäten wird durch eine Unterbrechung des Fasciculus _______ in hohen Cervicalsegmenten gestört.

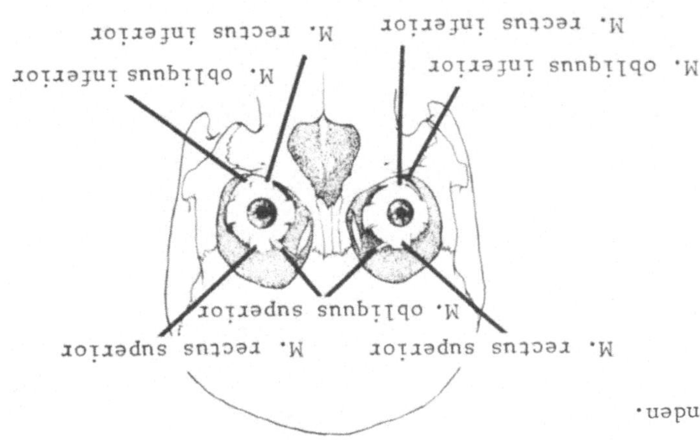

1045. Zeichnen Sie je einen Pfeil an die beiden Muskeln, die bei ihrer Kontraktion den Blick nach links wenden.

1065. Der Fasciculus _______________ , ______ koordiniert hauptsächlich die Augenmuskelkerne, den Vestibularisapparat, die Cochleariskerne und Halsmuskeln. Auch die übrigen Hirnnervenkerne stehen mit ihm in Verbindung.

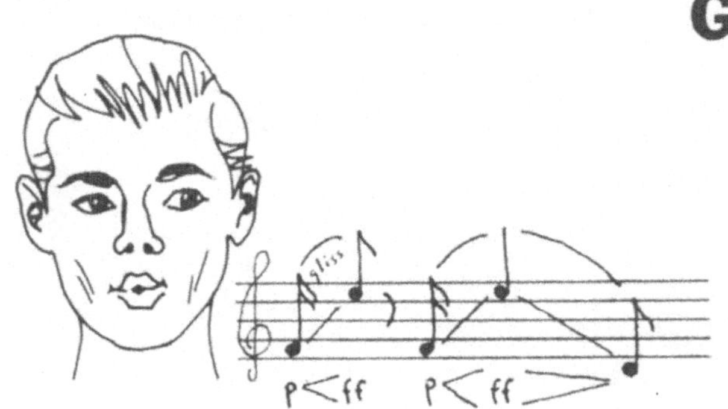

A

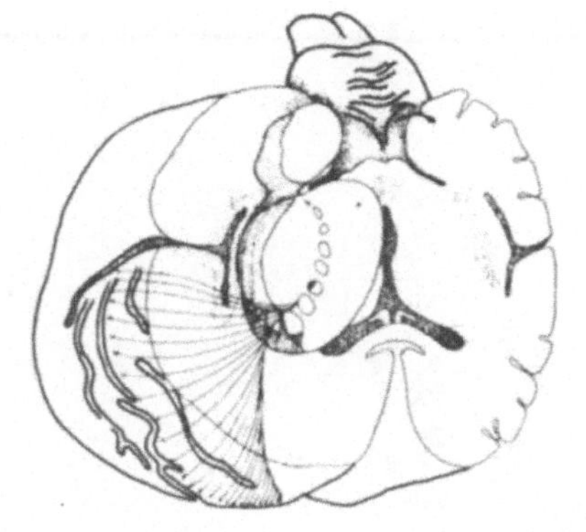

B

352. Tragen Sie ein X genau an der Stelle der Schnittfläche ein, wo die Fibrae corticospinales der rechten Hirnhälfte den Raum zwischen Putamen und Corpus nuclei caudati durchsetzen!

370A. Thalamus; (T)

C

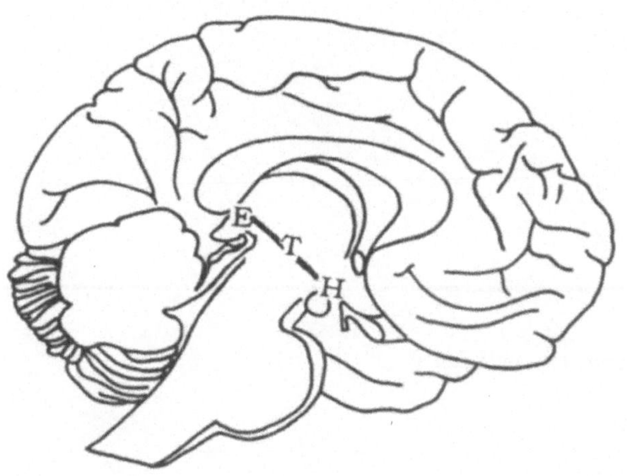

713A.

D

735A. Schmerz- und Temperaturempfindung

     cuneatus

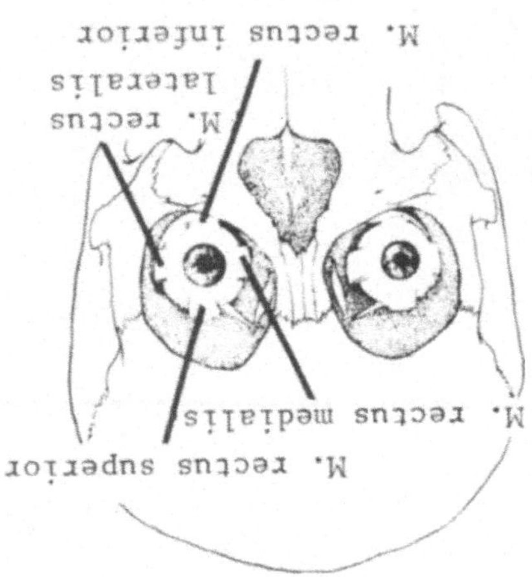

1044A. lateralis

     rectus medialis

1065A. longitudinalis medialis

10. Der _____ _______ ist tiefer als der _____ _______ _______.

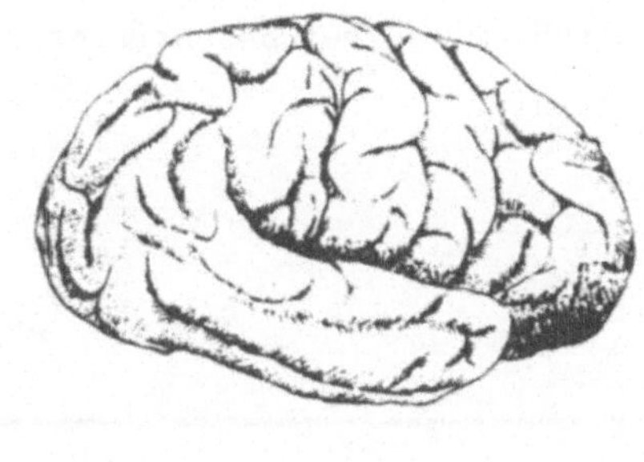

351A.

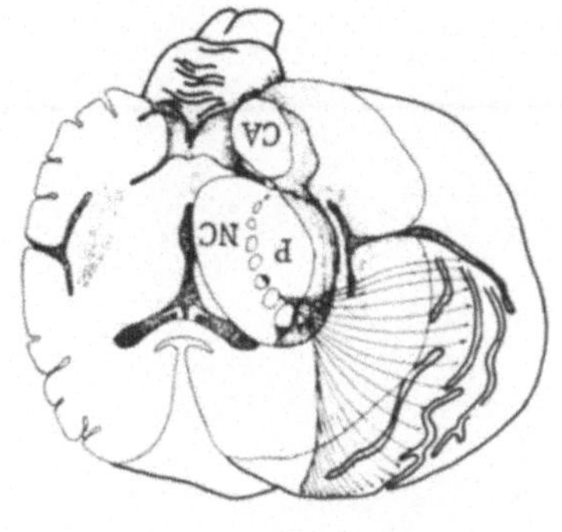

---

371. Betrachten Sie die in 370 und 370 A angegebene Querschnittsebene durch den Hirnstamm! Das kleine Gebiet, das sich unmittelbar an den Thalamus anschließt und oberhalb der Querschnittsebene liegt, ist der Epithalamus. Die Region direkt unterhalb des Thalamus wird als Hypothalamus bezeichnet. Beschriften Sie die Hinweislinien mit den Namen dieser drei Gebiete! Von den drei Gebieten liegt der Hypothalamus am weitesten ventral und _____al, am weitesten dorsal befindet sich der __________.

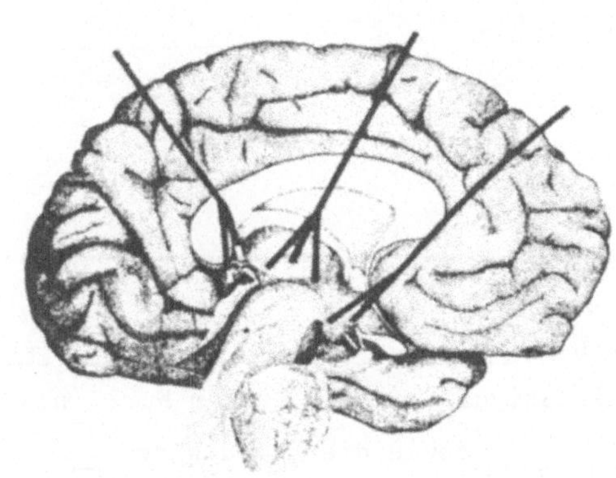

---

713. Kennzeichnen Sie den Tr. spinothalamicus lateralis und Tr. spinothalamicus anterior in der linken Rückenmarkshälfte mit entsprechenden Hinweislinien!

41

736. Kennzeichnen Sie im schematischen Querschnitt die in jeder der umzeich- neten Bahnen geleitete Empfindungs- qualität mit einer beschrifteten Hin- weislinie.

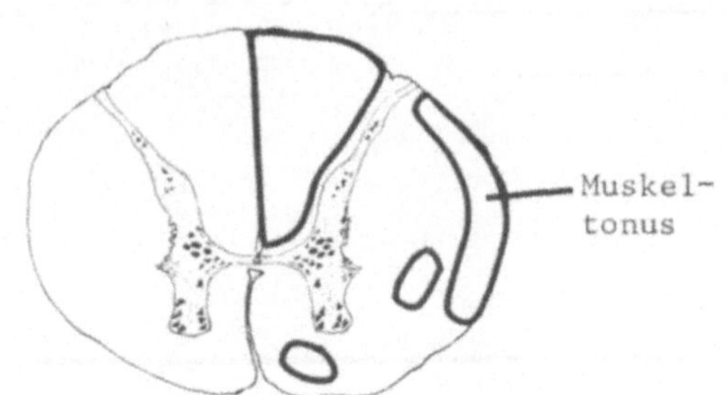

E

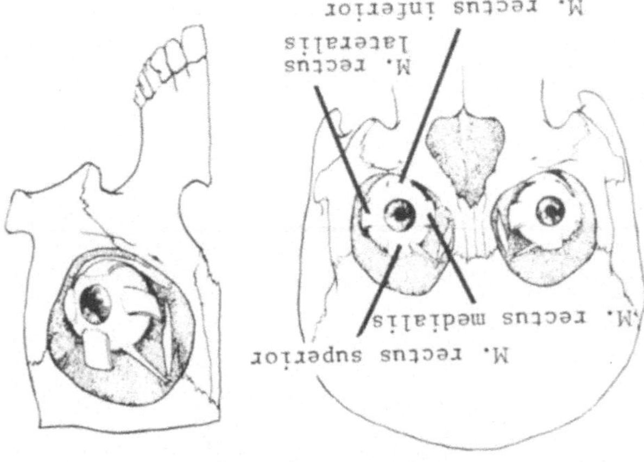

F

1044. Der Augapfel ist infolge der Kontraktion des M. rectus ________ nach außen (temporal) gedreht worden. Schreiben Sie ein X auf diesen Muskel der rechten Abbildung! Die Kontraktion des M. ________ ________ dreht das Auge nach innen (nasal)

G

1066. Der ________ ____________ ________ koordiniert nahezu gleichzei- tig die Stimulation des linken Nucl. n. __________ und rechten Nucl. n. __________ sowie die Hemmung des ______ oculumotorius und ______ Abducenskernes. Er stimmuliert bilateral den somatomotorischen Nucleus __ _________ (Zungenbewe- gungen zum Pfeifen) und einige ________ motorische Kerne (Gesichtsausdruck, Phonation).

10A. Sulcus lateralis (Sylvii)

Sulcus temporalis superior

B

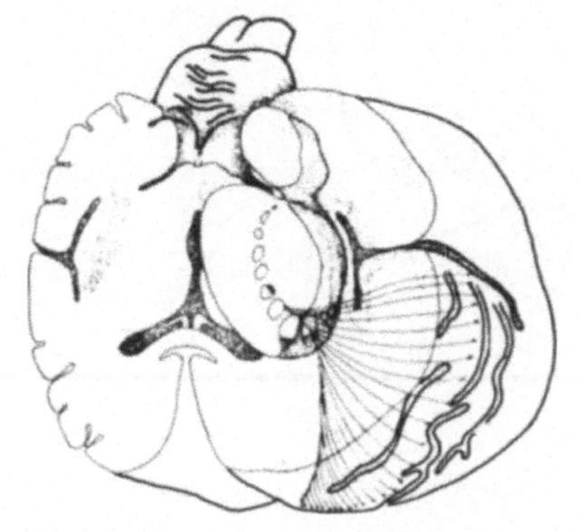

351. Anteile dreier Basalganglien sind in der Schnittebene zu erkennen. Kennzeichnen Sie diese Kerngebiete mit dem Anfangsbuchstaben ihrer Namen!

C

371A. caudal

Epithalamus

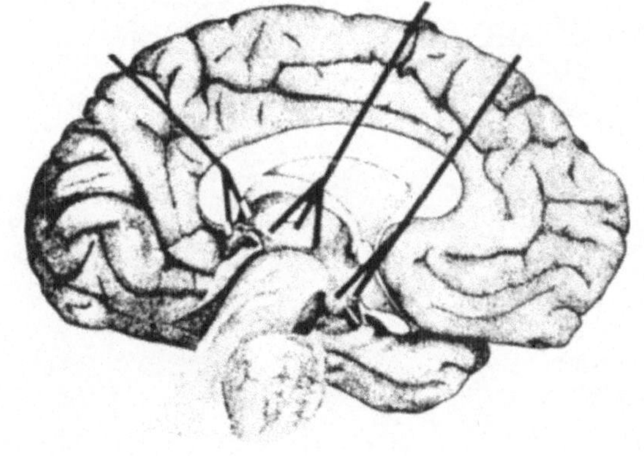

D

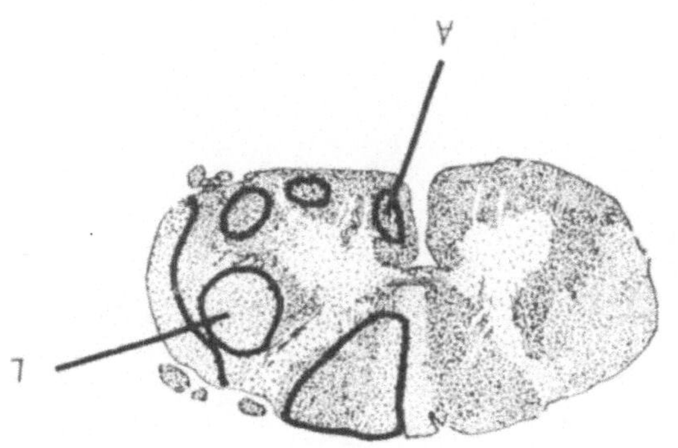

712A.

E

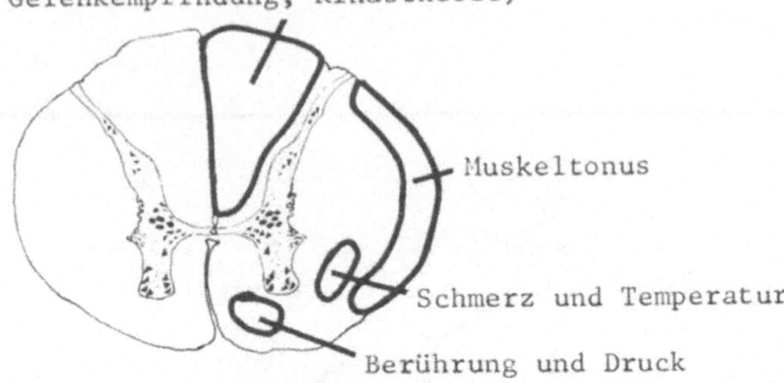

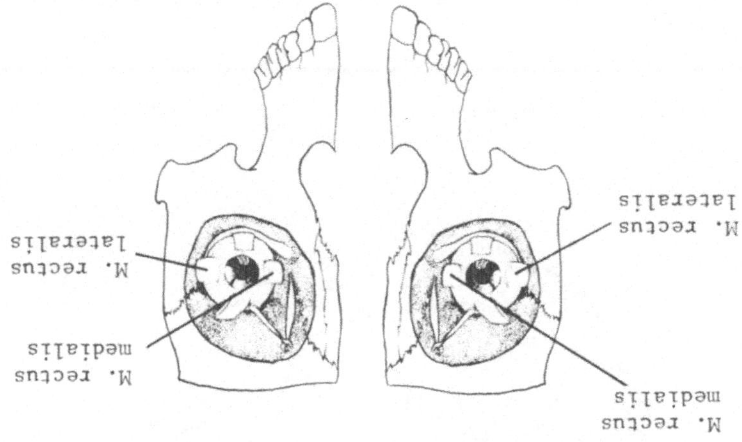

1043A.

F

G

1066A. Fasciculus longitudinalis medialis

abducentis

oculomotorii

linken

rechten

n. hypoglossi

branchialmotorischen

A

11. Die tieferen schnittförmigen Einsenkungen der Hirnoberfläche werden
_______ genannt, die im Vergleich hierzu flachen, rinnenförmigen heißen
____.

B

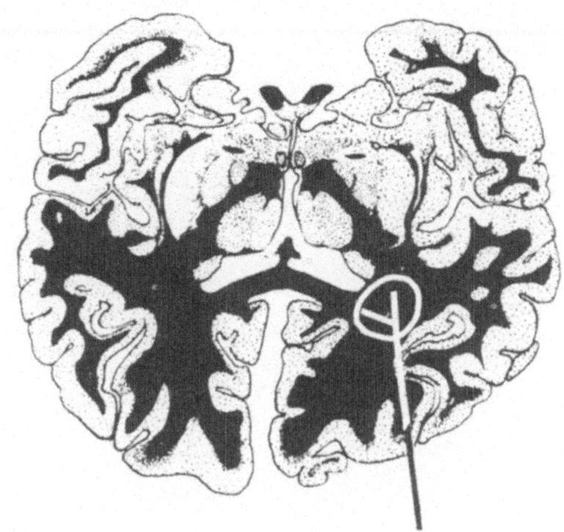

350A. Centrum semiovale

C

372. Ein durch die aufrechte Linie (Schema)
geführter Schnitt würde in einer ______-
ebene liegen und die folgenden Gebilde - mit
einer Ausnahme - treffen: Nucleus lentiformis,
Thalamus, Hypothalamus und Epithalamus.
Nicht angeschnitten wurde der _________.

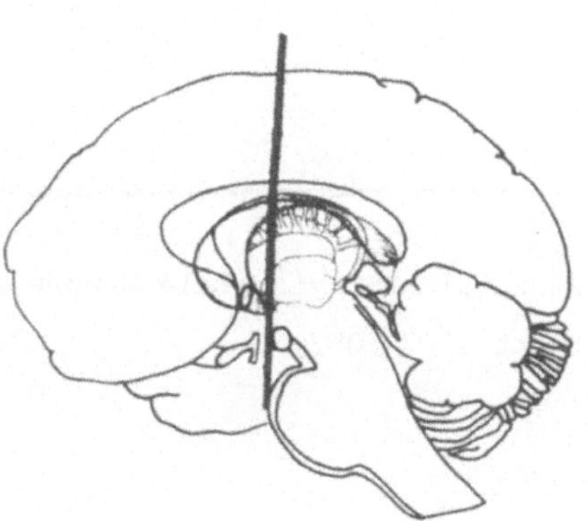

D

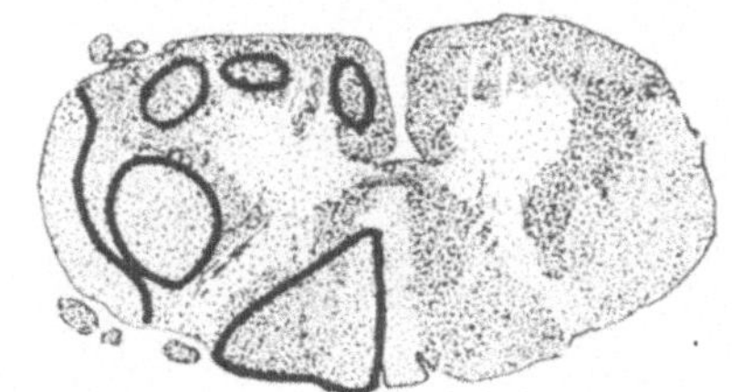

712. Unter den umzeichneten Bahnen befinden sich der linke
Tr. corticospinalis anterior et lateralis. Kennzeichnen
Sie beide mit Pfeilen und den Buchstaben A (anterior)
und L (lateralis)!

737. Die Axone der zweiten (sekundären) Neurone der afferenten Bahnen, die
von Muskel- und Sehnenreceptoren stammen, laufen von der Medulla spinalis
zum Cerebellum. Diese Bahnen heißen Tractus sp___c__________es.

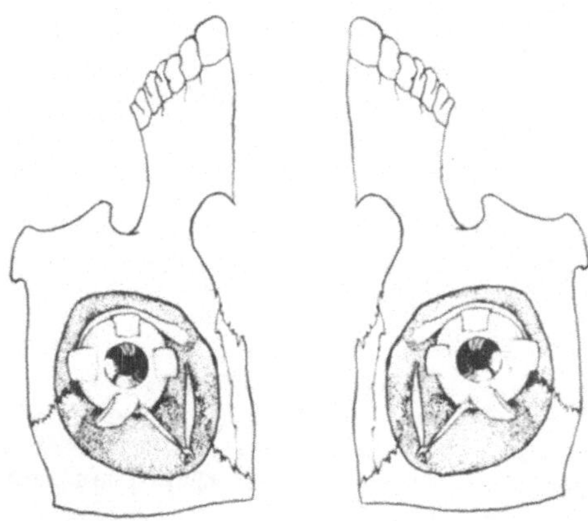

F

1043. Schreiben Sie die Namen
M. rectus medialis und M. rectus
lateralis mit Hinweislinien an
beide Abbildungen!

G

Die branchiale und viscerale Gruppe der motorischen Hirnstammkerne
(Abschnitt 1067-1092)

11A. Fissurae (Sing.: Fissura)

    Sulci (Sing.: Sulcus)

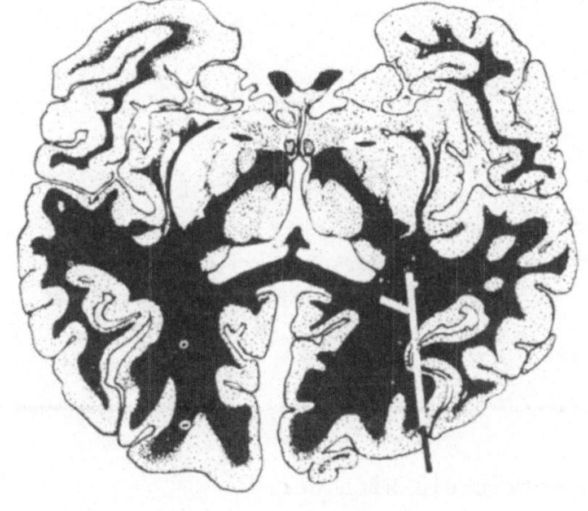

350. Die Corona radiata und das Corpus callosum bilden einen Übergang zur Großhirnhemisphäre. Stabkranz (Corona radiata) und Balken (Corpus callosum) bilden einen Teil des großen, aus weißer Substanz be-stehenden Gebietes, das als _______ bezeichnet wird. Kennzeich-nen Sie diese Verbindungszone!

372A. Frontalebene

    Epithalamus

711. Der Canalis centralis liegt im Zentrum des Rückenmarks. Mit "anterior" gekennzeichnete Strukturen liegen vom Zentralkanal _______ mit "lateral" bezeichnete _______.

E

738. Wir können einen Tractus spinocerebellaris anterior und Tractus spinocerebellaris posterior unterscheiden, die etwas unterschiedliche Ursprünge und Verläufe haben. Sie ziehen vom Rückenmark zum __________. Zur besseren Anschauung können sie in der Praxis auch als eine Bahn betrachtet werden, die Informationen über den Muskel _____ vermittelt.

1042A. Zungenmuskeln
III, IV, VI
rectus medialis
rectus lateralis

F

G

1067. Aus den embryonal angelegten Kiemenbögen entwickeln sich der M. trapezius, M. _____________________, die ______- und _______ muskulatur sowie die ___- und ________ Muskeln. Welche fünf Hirnnerven innervieren Branchialmuskulatur? ___, ___, ___, ___, und ___.

12. Die Hirnfurche des Schläfenlappens (Lobus temporalis), die parallel und
direkt unterhalb vom Sulcus lateralis verläuft, heißt _____ _______

_______.

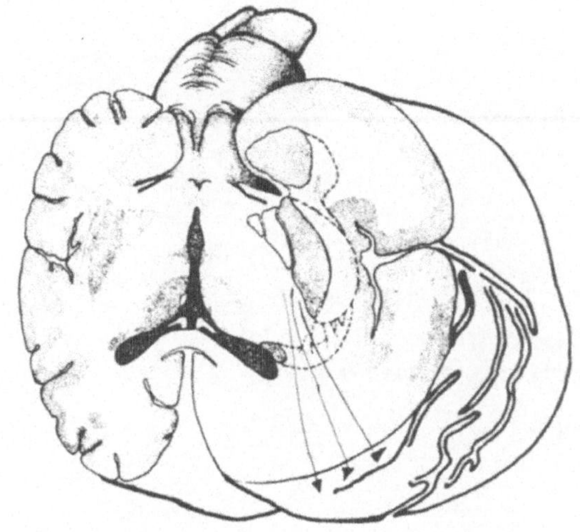

349A.

---

373. Das in diesem Horizontalschnitt
umzeichnete und mit einem Pfeil markierte Feld gehört zum _________.

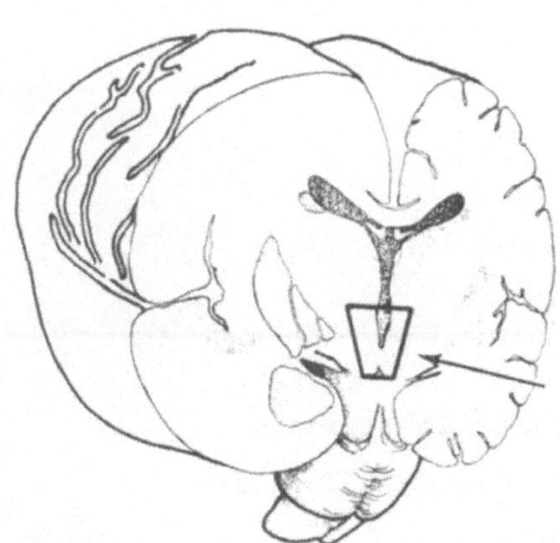

710A. linken

739. Ziehen Sie Linien, die zusammengehörende Begriffe beider Reihen verbinden!

Tractus spinothalamicus lateralis   Berührung, Druck und Kinästhesie
Tractus spinocerebellaris   Schmerz und Temperatur
Tractus spinothalamicus anterior   Berührung und Druck
Funiculus posterior   Muskeltonus

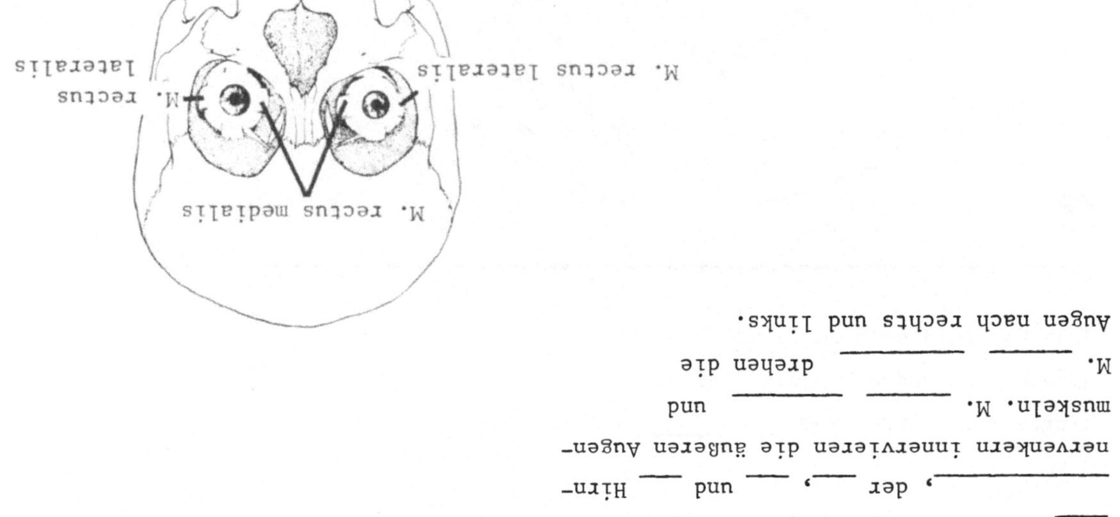

F

1042. Der Nucl. n. hypoglossi versorgt die ______, der ______, ______ und ______ Hirn-nervenkern innervieren die äußeren Augen-muskeln. M. ______ und ______ M. ______ drehen die Augen nach rechts und links.

G

1067A.   sternocleidomastoideus
Larynx-Pharynxmuskulatur
Kaumuskulatur
mimische
V, VII, IX, X und XI

A

B

349. Einige Perikaryen des corticospinalen Systems befinden sich in Hirnwindungen des Cortex cerebri, die vor dem Gyrus precentralis liegen. Drei solcher Zellkörper sind auf der rechten Seite abgebildet worden. Verfolgen Sie die efferenten Fasern, die von diesen Zellen ausgehen, durch das Centrum semiovale und über die Corona radiata bis in die Capsula interna. (Zeichnung)

C

374. Kennzeichnen Sie mit Hinweislinien und Namen die in den beiden Frontalschnitten markierten Areale!

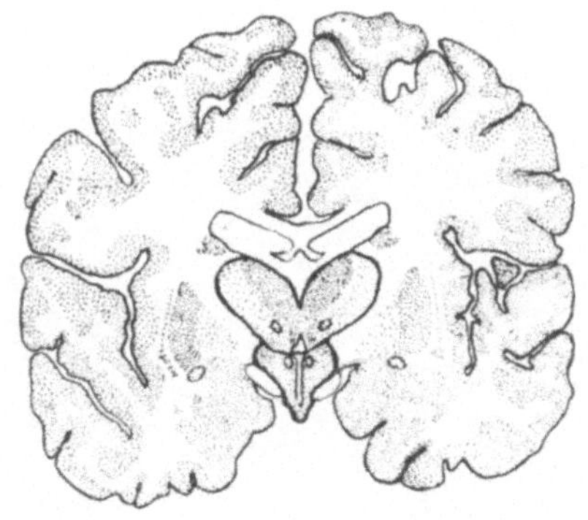

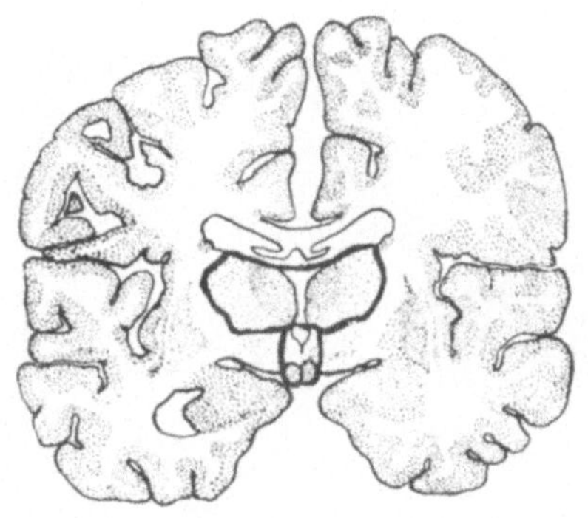

D

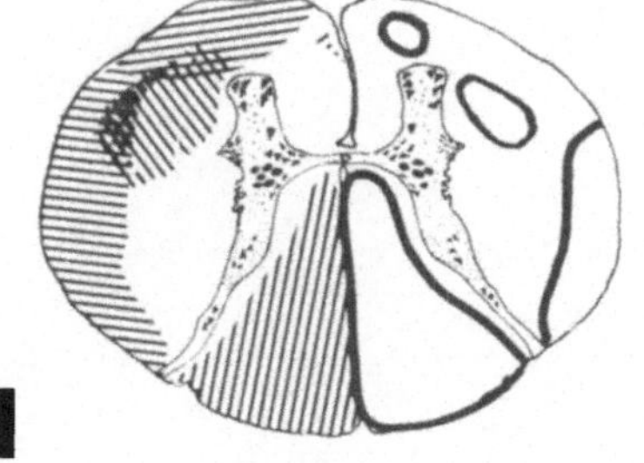

710. Die afferenten Fasersysteme sind in Wirklichkeit nicht so deutlich voneinander getrennt wie in den üblichen Schemata. Auf beiden Rückenmarkshälften wurden die afferenten Bahnen schematisch dargestellt. Die der Wirklichkeit am besten entsprechende Darstellung befindet sich auf der _____ Seite.

E

<u>739A.</u> Tractus spinothalamicus lateralis——Schmerz und Temperatur

Tractus spinocerebellaris——————Muskeltonus

Tractus spinothalamicus anterior——Berührung und Druck

Fumiculus posterior——————————Berührung, Druck und Kinästhesie

---

F

1041A. rechten (oder Gegenseite)

linken (oder gleichen)

linken

Seite

G

<u>1068.</u> Der XI. Hirnnerv versorgt die caudalste Gruppe der Branchialmuskeln und zusammen mit dem IX. und X. die nächst höhere Gruppe.

a) Der ___ Hirnnerv versorgt den __ ________ und __ ________________
aus der Menge der Hals-Rückenmuskeln

b) Die Hirnnerven Nr. IX, X und XI versorgen den ________ und ______.

13. Sulci und Fissurae sind Einfaltungen der Hirnrinde nach innen. Die
_______ sind tiefer und länger als die ____.

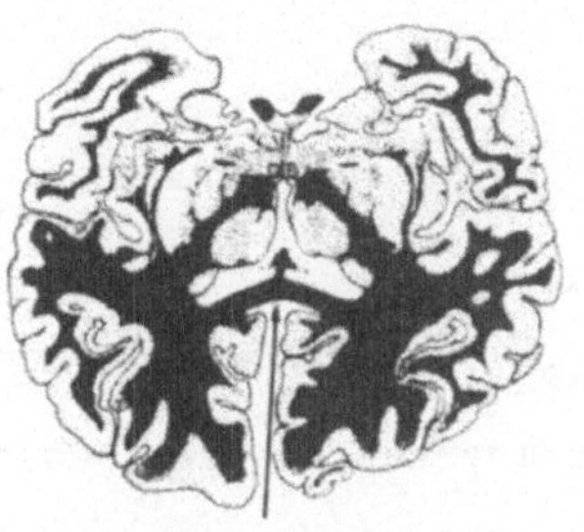

348A. weißer

374A.

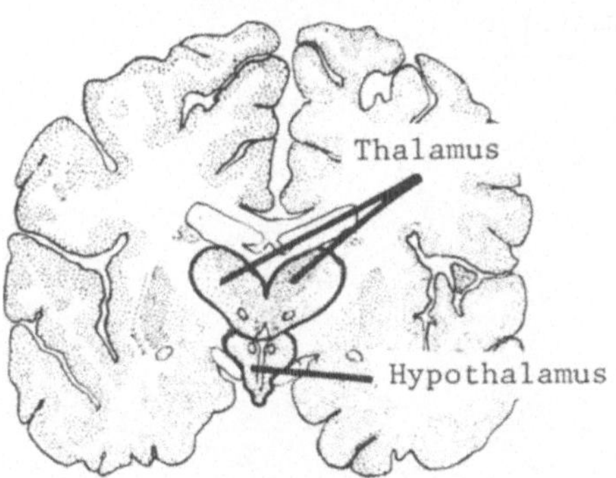

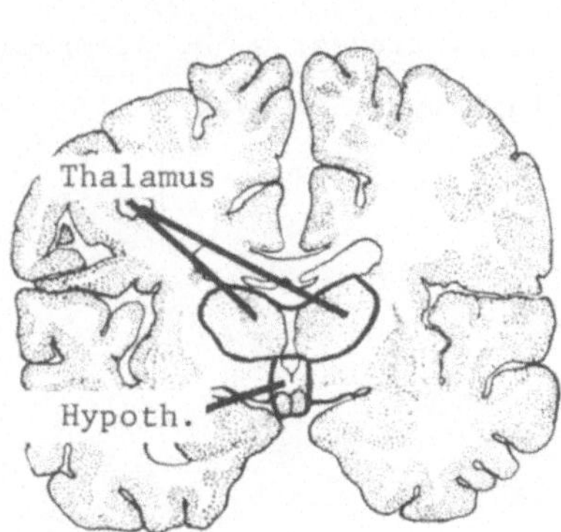

709. Die markhaltigen Axone der sekundären Neurone verschiedener sensibler
Systeme nehmen unterschiedliche, sich zum Teil aber überlappende Gebiete
ein. Sie steigen ins Rückenmark in den aus _______ Substanz bestehenden
Strängen auf.

E

740. Die Berührungsempfindung ist fast immer bei nicht allzu ausgedehnten, örtlich umschriebenen Schädigungen (Herden) des Rückenmarks erhalten, da die Berührungsempfindung in mehreren getrennten, zum Teil weit auseinanderliegenden Bahnen geleitet wird. Die Bahnen für die Leitung der Berührungsempfindungen sind der Fasc. ________, Fasc. ________ und Tr. ________________ ________.

F

1041. Wenn bei einem Patienten die herausgestreckte Zunge nach links abweicht, dann kann er normal funktionierende innere Zungenmuskeln auf der ______ Seite und beeinträchtigte auf der ______ Seite haben. Der N. hypoglossus und/oder Nucl. n. hypoglossi können auf der ______ Seite geschädigt sein. Die herausgestreckte Zunge "zeigt auf die ______ der Hypoglossusschädigung".

G

1068A. a) XI

M. trapezius, M. sternocleidomastoideus

b) Larynx, Pharynx

A

13A. Fissurae
    Sulci

B

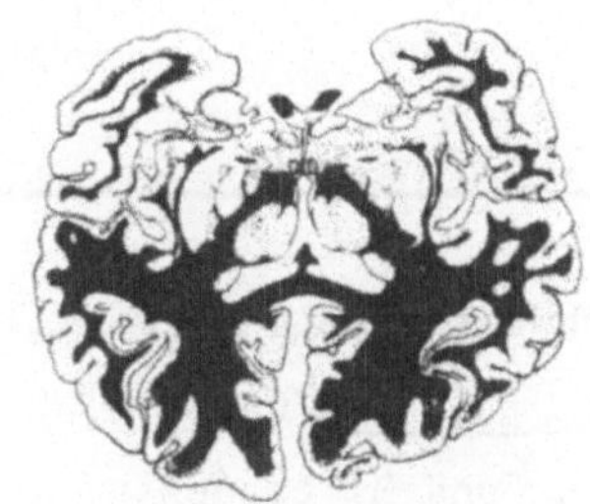

348. Das Corpus callosum (Balken) besteht aus ______ Substanz. Bezeichnen
Sie den Balken in der Medianebene mit
einem Pfeil!

C

Die Beziehungen zwischen der Großhirnrinde und dem oberen Hirnstamm:
Sagittalschnitte (Abschnitt 375-397)

D

Die topographische Lage der sensiblen Bahnen in der weißen Substanz
des Rückenmarks (Abschnitt 709-742)

E

__741.__ Ein die vordere Hälfte des Rückenmarks zerstörender pathologischer Prozeß beeinträchtigt ganz erheblich die ______ und ______empfindung. Die Vermittlung der Berührungsempfindung wird nur wenig gestört, da sie auch über die intakten Bahnen des Funiculus ______ geleitet wird.

F

__1040A.__ rechts
links
anderen (Gegenseite)

G

__1069.__ Die Branchialmuskeln (Muskeln, die sich aus Kiembögenmuskeln entwickelt haben) des Halses, Schlundes und Kehlkopfes werden vom ___, ___ und ___ Hirnnerven versorgt. Axone für den M. sternocleidomastoideus und M. trapezius (sowie den Pharynx und Larynx) enthält der ___ Hirnnerv.

14. Die Windungen der Hirnrinde (Cortex cerebri) werden Gyri (Sing.: Gyrus) genannt. Zwischen den ____ befinden sich die Hirnfurchen (Sulci, Sing.: Sulcus).

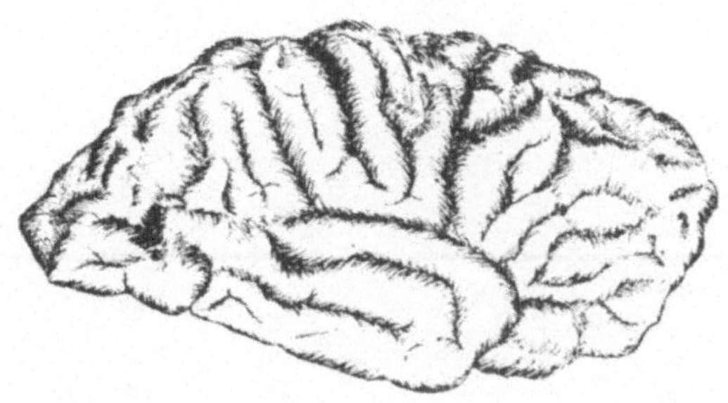

B

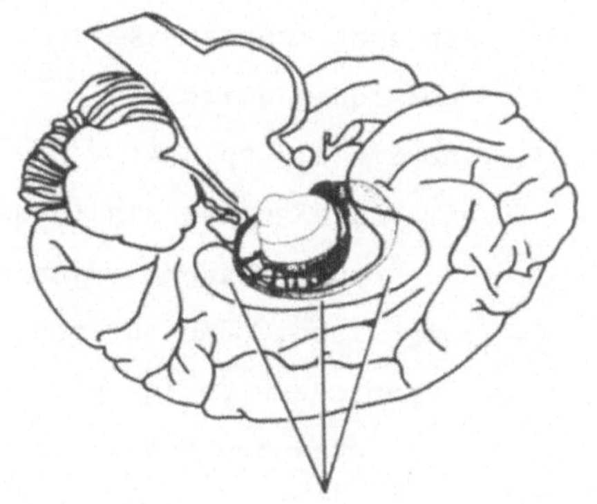

347A. weißer

cranial (oberhalb)

C

375. Die rechte Hälfte des unteren Hirnstammes ist auf der ______ Abbildung wieder angefügt worden.

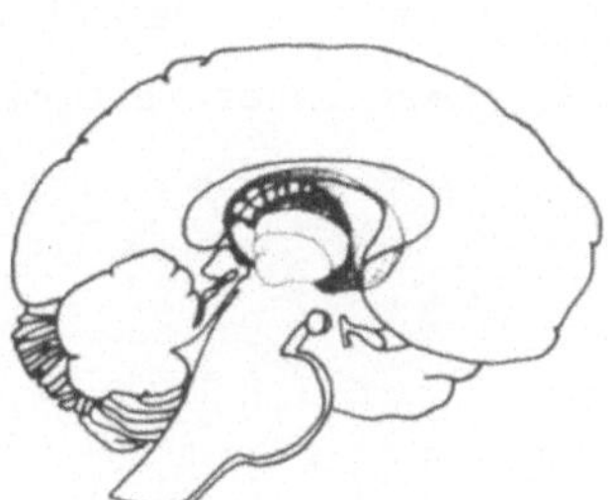
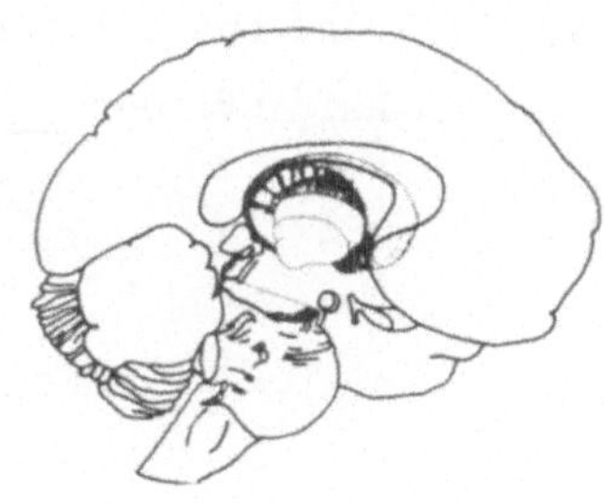

D

708A. Zentralnervensystem

Zentralnervensystem

peripheren

741A. Schmerz- und Temperaturempfindung

geringgradig (wenig)

posterior

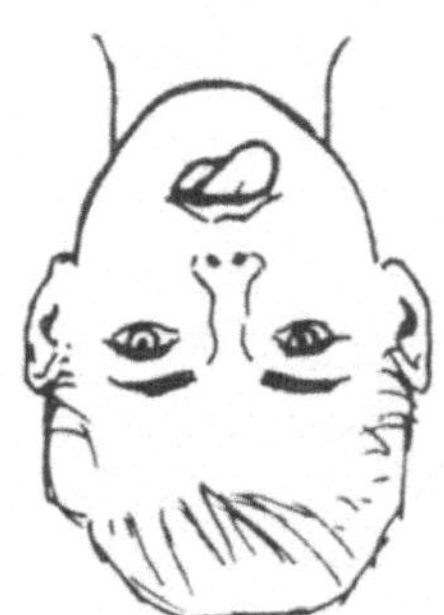

1040. Der abgebildete Patient hat eine
Schädigung des rechten N. hypoglossus und
/ oder des rechten Nucl. n. hypoglossi. Der
Untersucher hat ihn aufgefordert seine
Zunge herauszustrecken. Die herausgestreckte
Zunge weicht nach _____ ab, da die aktions-
fähigen Muskeln der _____ Seite nicht von
ihren Antagonisten gebremst werden. Wenn die
Wirkung der Antagonisten fehlt, bewegen die
innervierten Muskeln einer Seite die Zunge
nach außen und zur _____ Seite.

F

G

1070. Branchialmuskeln (Kiemenbogenmuskeln) werden vom V., VII., ___, ___,
und ___, Hirnnerv versorgt. Welche von den fünf versorgen Muskeln des Gesichts, Ober- und Unterkiefers? ___ und ___. Der VII. Hirnnerv versorgt die
_______ Muskulatur. Der ___ Hirnnerv innerviert die Kaumuskulatur.

A

B

347. Kennzeichnen Sie mit Hinweislinien und Beschriftung das Corpus callosum in der Abbildung! Es besteht aus ______ Substanz. Seine Fasern laufen nach lateral und befinden sich dabei ______ von den Basalganglien.

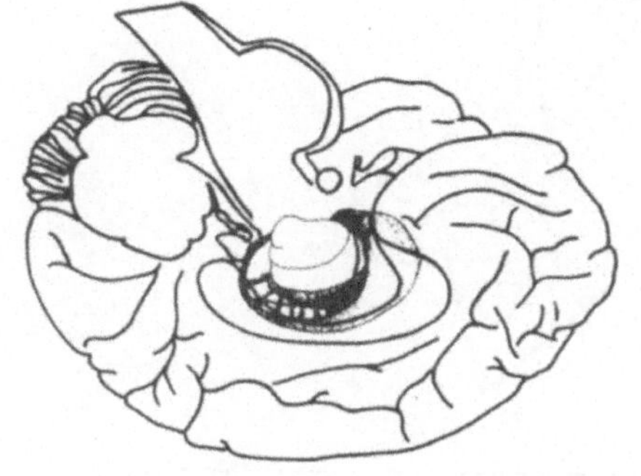

C

376. Kennzeichnen Sie alle Gebiete der rechten Abbildung, die links schon beschriftet worden sind!

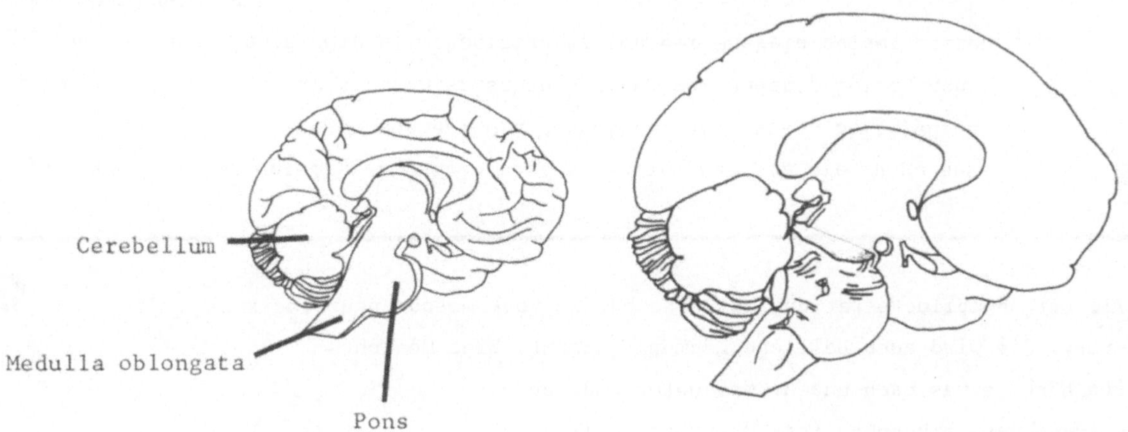

D

708. Primäre sensible Neurone entsenden ihre Axone in das ______nervensystem. Es gibt verschiedene zentrale Bahnen für verschiedene Empfindungsarten. Bei einem Krankheitsherd im ______nervensystem kann z.B. die Schmerzempfindung gestört sein, während die Kinästhesie intakt ist. Mehr als eine Empfindungsart ist z.B. gestört bei einer Läsion im ________ Nervensystem.

742. Schreiben Sie die Namen der umzeichneten Bahnen auf und darunter in die Klammern die von ihnen geleiteten Informationen!

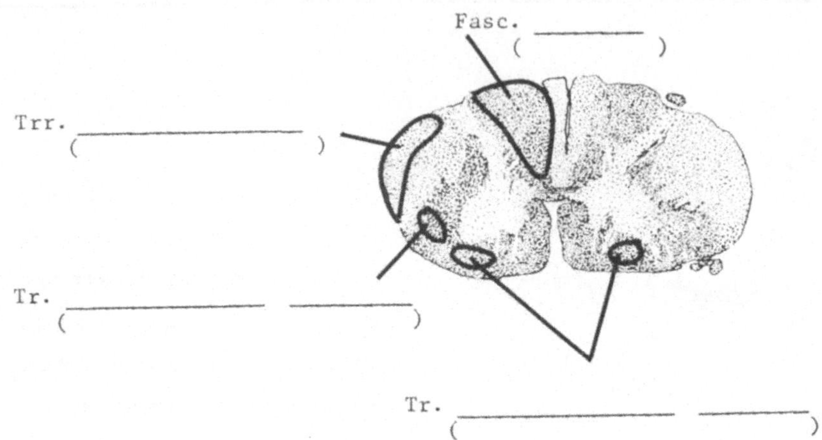

1039. Eine Funktion der Zungenmuskeln besteht darin, daß sie die Zunge aus der Mundhöhle heraus bewegen können. Die Muskulatur der linken Seite würde die Zunge beim Fehlen der antagonistischen Wirkung der anderen Seite nach und rechts ziehen. Die gleichzeitige Aktion der Muskeln beider Seiten bewegt die Zunge nach ______ .

1071. Der abgebildete Patient hat eine häufig vorkommende neurologische Störung. Sie wird auch Bellsche Lähmung genannt. Eine Gesichtsseite hängt etwas nach unten, was unter anderen an der Augenbraue erkennbar ist. Das Wangenrelief ist abgeflacht und der Mundwinkel hängt herab. Die

______ Seite ist betroffen. Der ___ Hirnnerv ist gelähmt. Eine Apoplexie geht meistens mit einer

______parese einher. (Apoplexie = Schlaganfall)

15. Die rinnenförmigen Vertiefungen der Hirnrinde werden ________ oder _____ genannt. Die Windungen zwischen den Vertiefungen heißen ____.

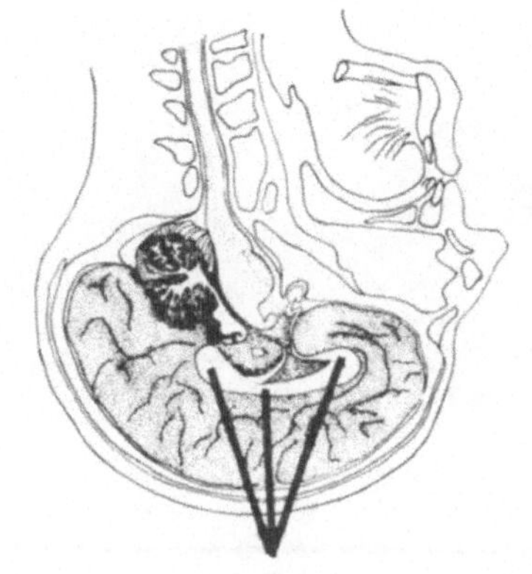

346. In der Abbildung sieht man die in der Medianebene und unmittelbar neben ihr lie-genden Gebiete der rechten Großhirnhemisphäre. In der Medianebene wurde weiße Substanz ge-troffen, in der die die Großhirnhemisphären verbindenden Bahnen laufen. Es handelt sich um das ________ . Kennzeichnen Sie diese Strukturen!

376A.

707. Alle Fasern eines bestimmten gemischten peripheren Nerven kommen aus einer Körperregion. Der Nerv enthält gewöhnlich viele afferente Fasern, die auf verschiedenartige physikalische Umwelteinflüsse reagieren. Die Läsion eines peripheren Nerven beeinträchtigt daher mit größter Wahrscheinlichkeit Empfindungsarten aus ________ Körperregion.

E

Fasciculus cuneatus
(Berührung, Druck, Lage (oder feine Berührung, Gelenkempfindung, Kinästhesie))

Trr. spinocerebellares
(Muskeltonus)

Tr. spinothalamicus lateralis
(Schmerz und Temperatur)

Tr. spinothalamicus anterior
(Berührung, Druck (oder grobe Berührung))

F

1038. Da seine Axone den N. hypoglossus bilden, wird der Kern des XII. Hirnnerven auch Nucleus ________ ________ genannt.

G

742A. rechte

VII. (N.facialis)

Facialisparese

15A. Fissurae

   Sulci

   Gyri

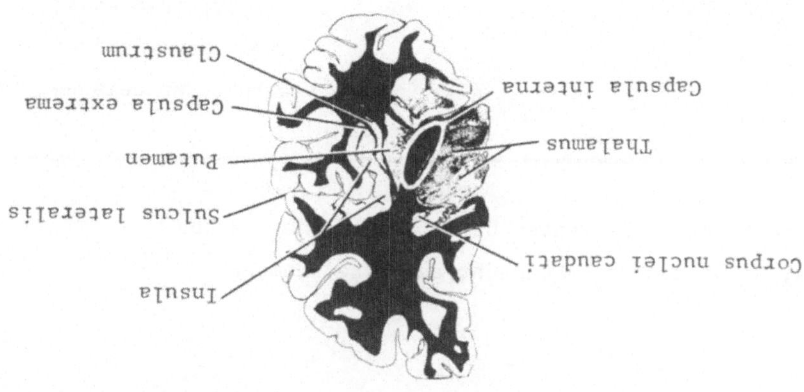

345A.

---

377. Kennzeichnen Sie die mit Hinweislinien versehenen Gebiete des Hirnstammes!

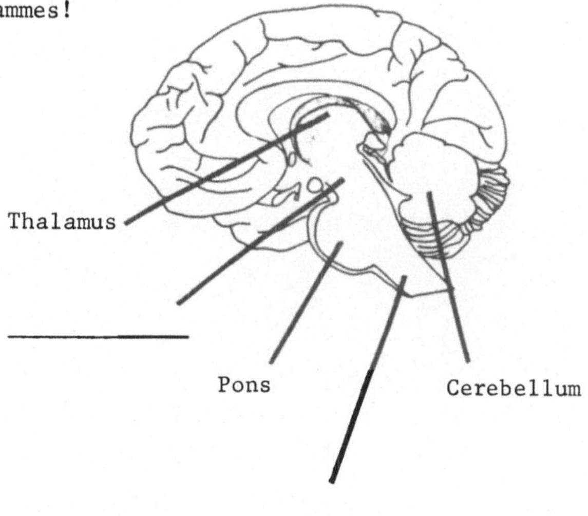

706A. außerhalb

Synapsen der sensiblen Bahnen: Tr. spinothalamicus lateralis und
Tr. spinothalamicus anteriorior.

(Abschnitt 743 - 775)

E

1037A. äußeren Augenmuskel

äußere Augenmuskel

hypoglossi (XII)

abducentis (VI)

F

G

<u>1072.</u> Wenn eine Gesichtsseite eines Patienten beim Lächeln oder Lachen
maskenartig starr bleibt, so besteht der Verdacht auf eine Lähmung
des N. _______.

16. Zwischen Sulcus lateralis und Sulcus temporalis
superior liegt ein _____.

A

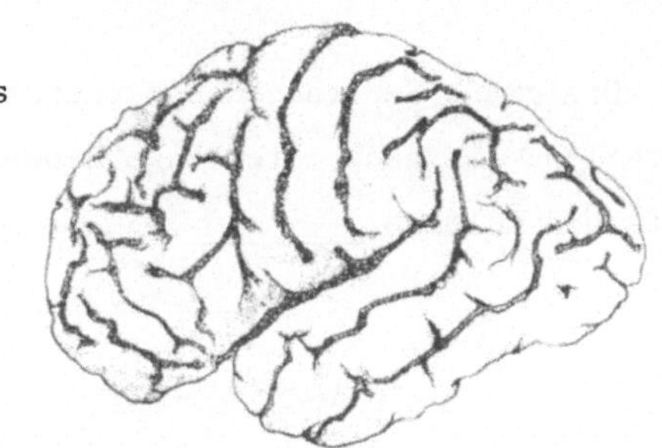

B

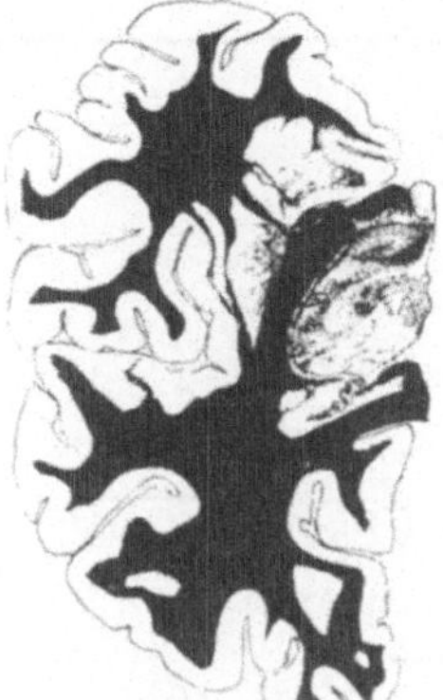

345. Zeichnen Sie Hinweislinien ein!

C

377A.

D

706. Der schematisch dargestellte Anfang eines peripheren
Nerven enthält zahlreiche Nervenfasern für den linken
Fuß. Ein Patient konnte seinen linken Fuß nicht bewegen und hatte die Fähigkeit verloren, Lage, Bewegung,
Schmerzen und andere Empfindungen in diesem Fuß wahr-
zunehmen. Bewegungsfähigkeit und Empfindungsvermögen im
übrigen Körper waren nicht gestört. Der pathologische Prozeß lag wahrscheinlich _____ halb des ZNS.

65

743. Die graue Substanz des Rückenmarks kann man beiderseits in je drei Säulen einteilen, die nach ihrer Lage benannt werden: Columna ________, Columna lateralis und Columna ________.

1037. Von den vier somatischen Hirnstammkernen (mediale Hirnnervenkerne) versorgt der Nucl. n. trochlearis (IV) einen ______ ____muskel, Nucl. n. oculomotorii (III) mehrere ______ ____muskeln, Nucl. n. ________ (___) die Zungenmuskeln und Nucl. n. ________ (___) den M. rectus lateralis des Auges.

1073. Schreiben Sie die zugeordneten Hirnnervennummern hinter die entsprechenden branchialen Muskeln.

a) Larynx- und Pharynxmuskulatur ___, ___, ___

b) M. sternocleidomastoideus und M. trapezius ___

c) Kaumuskulatur ___

d) Mimische Muskulatur (Gesichtsausdruck) ___.

<u>16A.</u> Gyrus

B

Thalamus

Globus pallidus (oder anstelle der beiden letzten Nucleus lentiformis)

Putamen

<u>344A.</u> Claustrum

C

<u>378.</u> Schreiben Sie anterior und posterior an
die entsprechenden Stellen! An der Stelle "M"
befindet sich die Schnittfläche der ______ .
Seite des zum Hirnstamm gehörenden __________ .

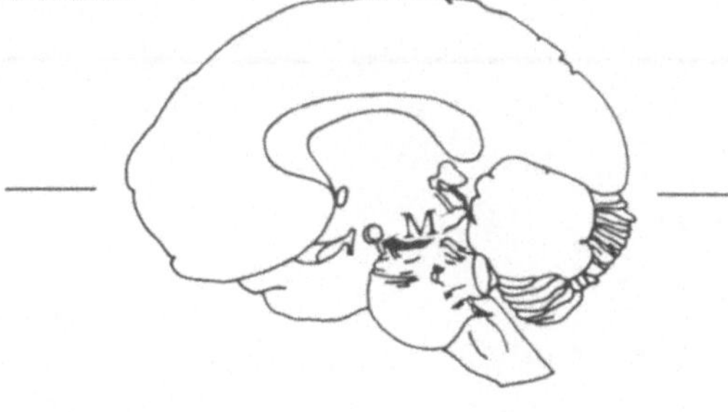

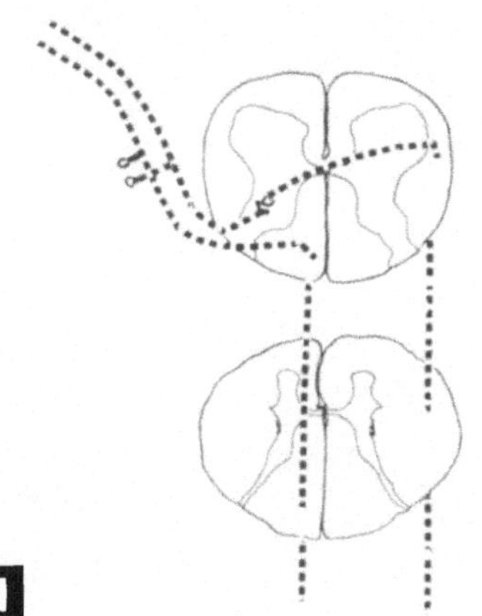

D

<u>705.</u> Im peripheren Nervensystem liegen verschiedene
Empfindungsarten leitende Fasern ______ beieinander.
Die gleichen Fasern können im Zentralnervensystem -
wie dargestellt - ______ voneinander verlaufen.

<u>744.</u> Auf den Querschnitten sieht das Profil der Rückenmarks-
säulen, die hauptsächlich aus Zellen bestehen, wie ein
Horn aus. Die sekundären (unteren) motorischen
Neuronen des Rückenmarks bilden eine länglich
angeordnete, überwiegend aus Zellen bestehende
Säule. Ihr Querschnitt wird Cornu ________
genannt. Umzeichnen Sie es auf beiden Seiten
des Querschnittes durch das Halsmark!

E

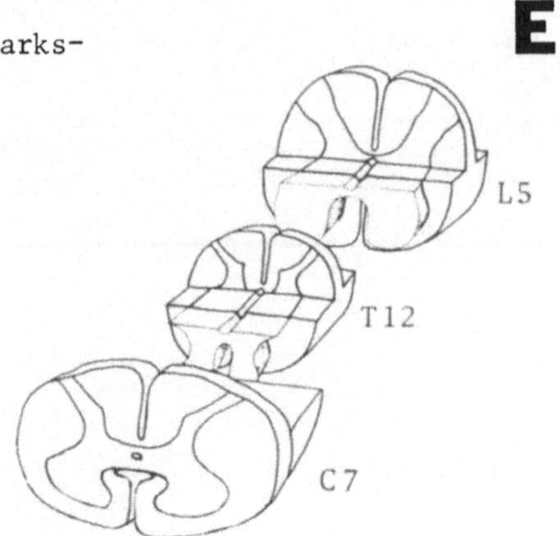

F

G

<u>1073A.</u> a) IX, X, XI
     b) XI
     c) V
     d) VII

17. Beschriften Sie die Hinweislinien!

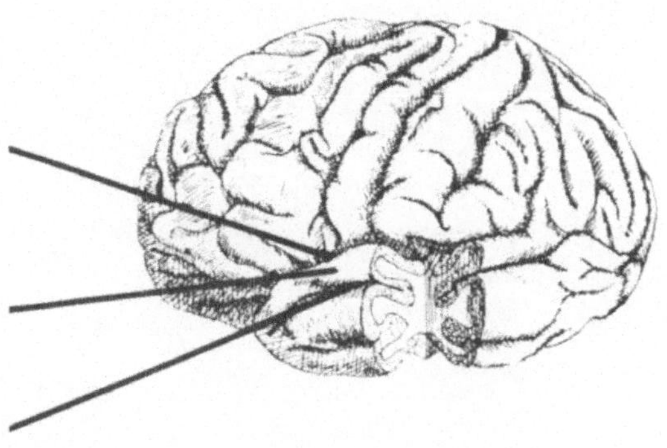

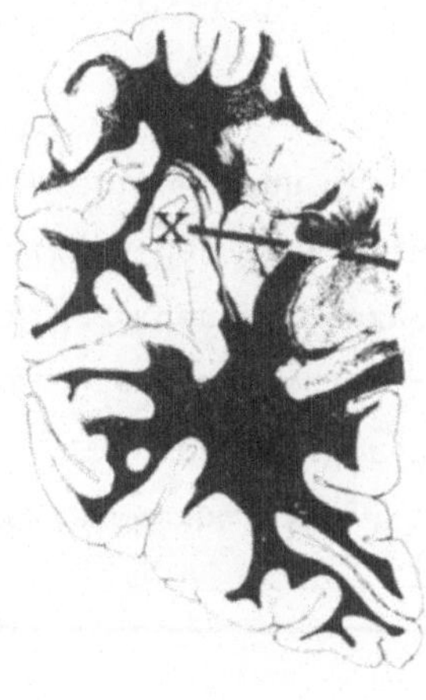

344. Nennen Sie alle Gebilde die aus grauer Substanz bestehen und von der Linie geschnitten werden, die von der Marke "X" in der grauen Substanz der Insel ausgeht.

378A. linken

Mesencephalon (Mittelhirn)

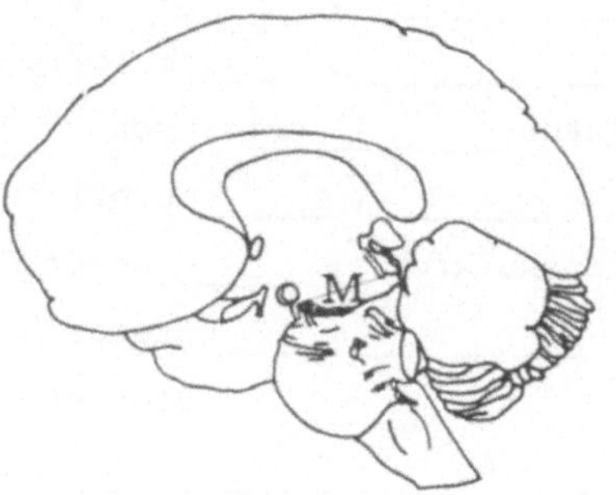

704A. peripheren

 anterius (Cornu anterius = Vorderhorn)

E

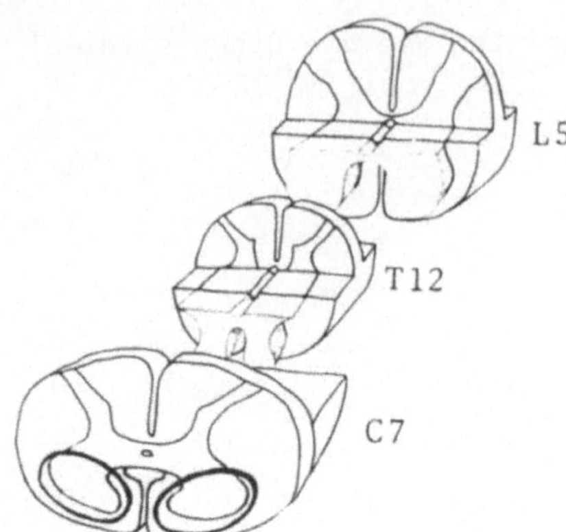

F

1036. Die Hirnstammkerne sind Ansammlungen von Nervenzellkörpern. Sie gehören damit zur ______ Substanz. Hirnnerven und -kerne werden mit römischen Zahlen gekennzeichnet. Die somatische Gruppe (Kerne der medialen Reihe) besteht aus vier Kernen, die zu den Hirnnerven Nr. III, IV, VI und XII gehören. Der Nucleus n. hypoglossi (Kern des XII. Hirnnerven) liegt am weitesten caudal. Er inner- viert die Zunge. Die Nerven Nr. ___, ___ und ___ versorgen die ______ Augen- muskeln

G

1074. Schreiben Sie hinter die Hirnnervenzahl die zugeordneten Skeletmuskeln! Geben Sie an, ob die Innervation vom branchial- oder somatomotorischen Typ ist:

III.: M. ______ ________, M. ______ ________, M. ______ _________,

     M. ______ ________, ______motorisch

IV.: M. ________ ________, ______motorisch

V.: ___muskulatur ________motorisch

VI.: M. ______ ________, ______motorisch

VII.: ________ Muskulatur, ________motorisch

IX.: ______ ______, ________motorisch

X.: ______ ______, ________motorisch

XI.: M. ________, M. ____________________, ______, ______,

     ________motorisch

XII.: ______muskeln, ______motorisch

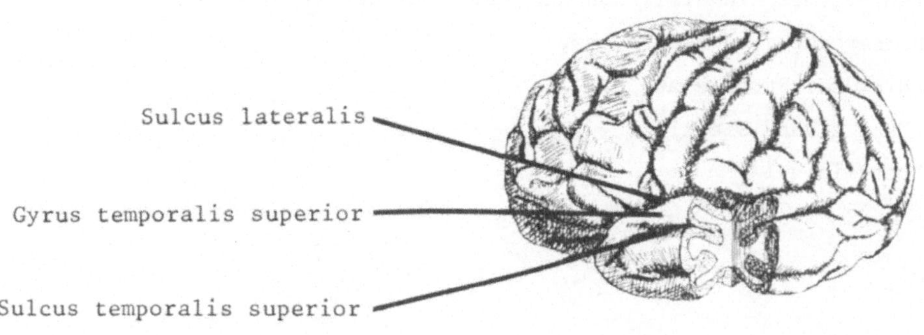

B 343. In Horizontal- und Frontalschnitten liegt der Kopf des Nucleus caudatus unmittelbar medial von der Capsula interna und direkt ______ vom Ventriculus lateralis.

C <u>379.</u> Die rechtsseitige Abbildung zeigt die Basalganglien der ______ Hirnhälfte, die seitliche Oberfläche der Medulla oblongata und den ____ der ______ Seite. Der eingezeichnete Tractus corticospinalis kommt aus dem Gyrus __________ der ______ Großhirnhemisphäre. Zeichnen Sie in der rechten Abbildung einen Pfeil an den gerade eben sichtbaren Sulcus centralis!

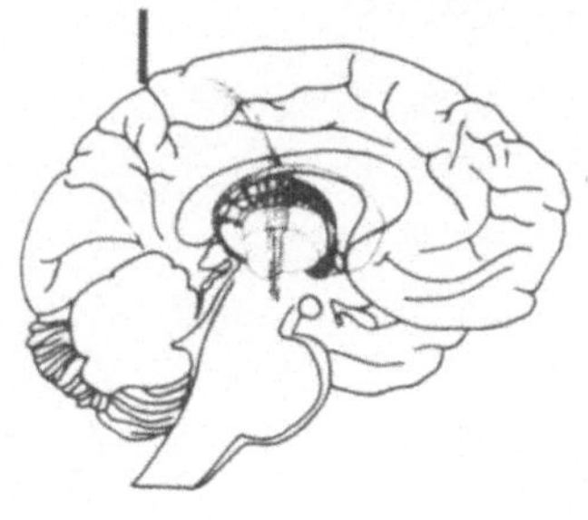

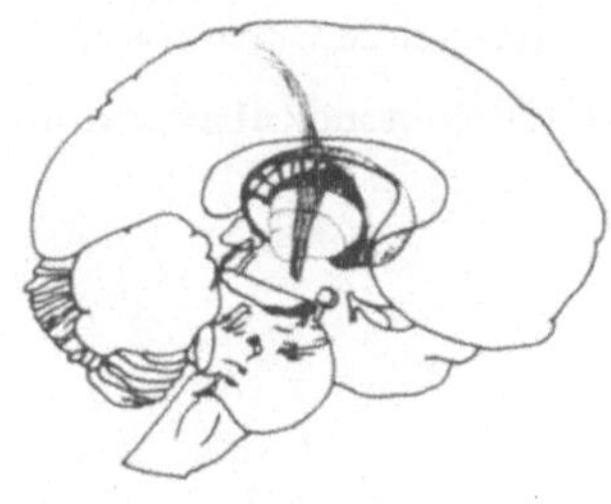

D 704. Gemischte periphere Nerven enthalten efferente und afferente Nervenfasern. Wenn an einer umschriebenen Stelle des Körpers die motorische Funktion ausgefallen ist, und mehrere Empfindungsarten gestört sind, so liegt die Schädigung wahrscheinlich im ______ Nervensystem.

E

745. Kennzeichnen Sie mit Hinweislinien und Namen auf der rechten Seite der
Abb. die drei Hörner der grauen Substanz,
auf der linken die drei Stränge aus
weißer Substanz und ziehen Sie links
entsprechende Grenzlinien!

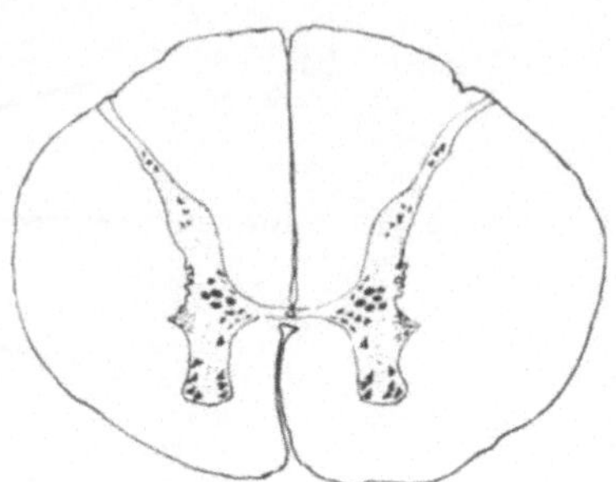

F

G

1074A. III. rectus superior, rectus medialis, rectus inferior,
obliquus inferior, somatomotorisch

IV. obliquus superior, somatomotorisch

V. Kaumuskulatur, branchialmotorisch

VI. rectus lateralis, somatomotorisch

VII. mimische, branchialmotorisch

IX. Larynx, Pharynx, branchialmotorisch

X. Larynx, Pharynx, branchialmotorisch

XI. trapezius, sternocleidomastoideus, (Larynx, Pharynx)
branchialmotorisch

XII. Zungenmuskulatur, somatomotorisch

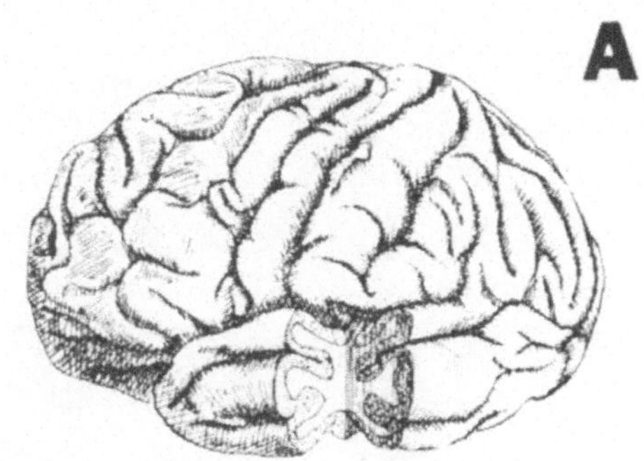

18. Benachbarte Gyri scheinen an der Hirnoberfläche
durch Sulci getrennt zu sein. Der Schnitt in der Abbildung zeigt aber, daß die Oberfläche in Wirklichkeit nach innen gefaltet ist, so daß benachbarte
Gyri in der Tiefe der Sulci __ _________ stehen.

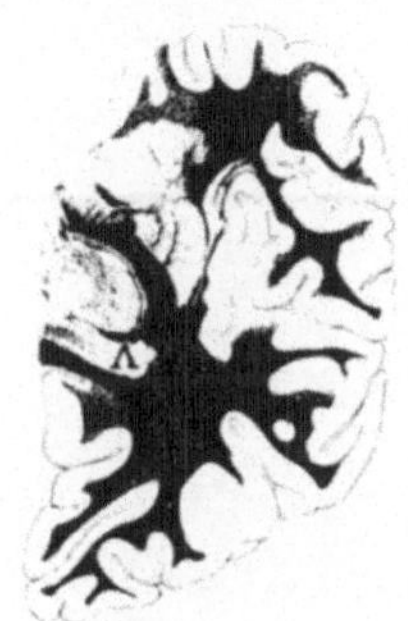

342. In der rechten Abbildung liegt
der Seitenventrikel (V) unmittelbar
al vom Nucleus _________ .

<u>379A.</u> linken
Pons
rechten
praecentralis
linken

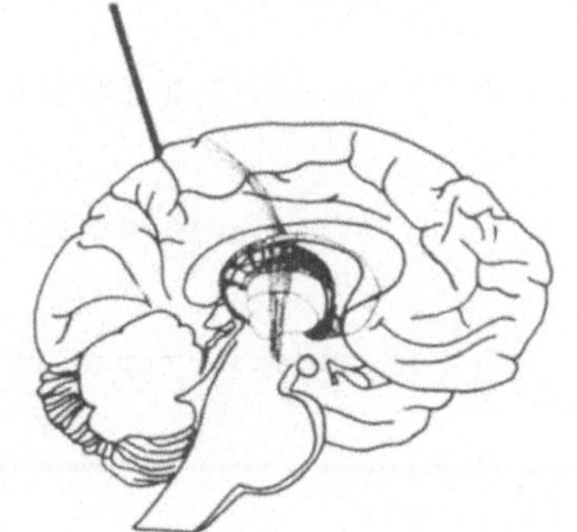

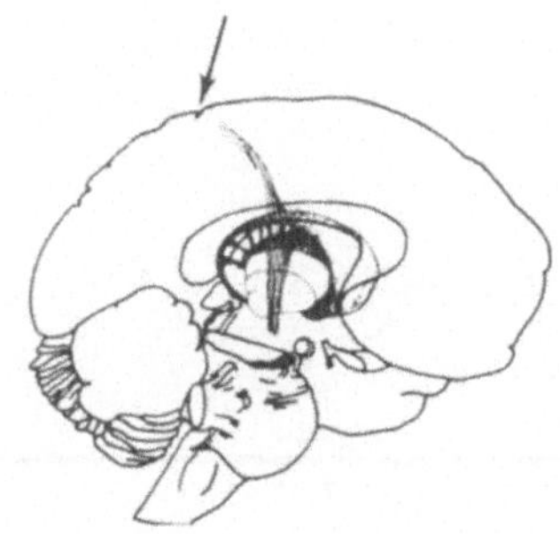

703A. sekundären
tertiären
efferenten
stimulierender
hemmender

E

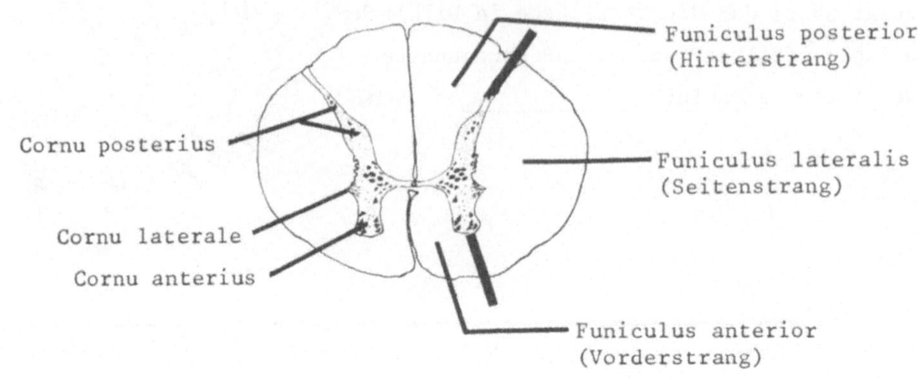

F

1035A. M. sternocleidomastoideus und M. trapezius? B
Zungenmuskeln? S
Glatte Muskeln des Thorax und Abdomens? V
Äußere Augenmuskeln? S
Mimische Muskeln? (Gesichtsausdruck) B
Speicheldrüsen? V
Kaumuskeln? B
Quergestreifte Muskeln des Pharynx u. Larynx? B
M. sphincter pupillae? V

G

1075. Branchial- und somatomotorische Kerne versorgen die quergestreifte
Skeletmuskulatur. Sympathische und parasympathische Anteile des autonomen
(vegetativen) Nervensystems versorgen die ______ Muskulatur der Eingeweide
des ganzen Körpers.

A

18A. in Verbindung (ineinander übergehen oder eine analoge Aussage).

B

341A. Globus pallidus 3; Caput nuclei caudati 2; Sulcus calcarinus 4;
Polus frontalis 1

C

380. Bei M sind beide Seiten des ____________ quergeschnitten worden. Die dunklen Zonen in der Schnittfläche des Mittelhirns stellen Querschnitte von Nervenfasern dar. Zum Teil gehören sie zum Tractus ______________. Der eingezeichnete Tractus corticospinalis verschwindet auf der ______ Seite der Mittelhirnquerschnittsfläche. Er kreuzt in dieser Gegend nicht die Mittellinie.

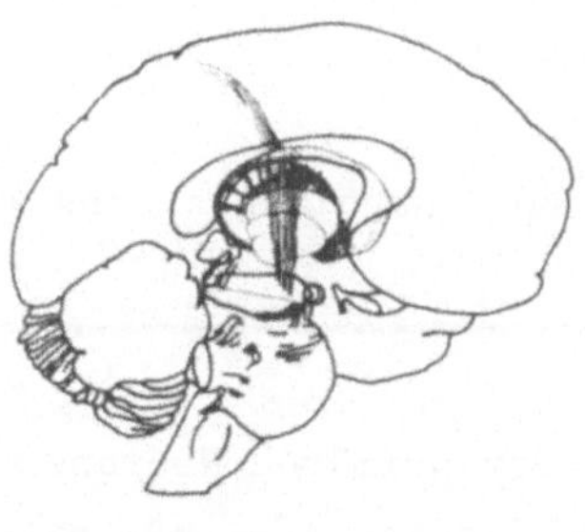

D

703. Im Gegensatz zu den vereinfachten Schemata, die Sie in den vorangegangenen Abschnitten gesehen haben, bildet ein primäres Neuron einer afferenten Bahn wahrscheinlich mit Hunderten von __________ Neuronen Synapsen. Das Neuronennetz wird dadurch noch komplizierter, daß ein sekundäres Neuron mit vielen ________ Neuronen einer afferenten Bahn Synapsen eingeht und auch direkt oder indirekt mit __ferenten verknüpft ist. Die Reaktion eines bestimmten Neurons zu einem bestimmten Zeitpunkt resultiert aus der Wirkung vieler ____________ der und ________ der Einflüsse auf das Neuronennetz.

E

746. Die Vorderhörner enthalten Zellkörper von _fferenten Neuronen;
in den Hinterhörnern liegen Zellkörper von _fferenten. Die Synapsen
liegen fast ausschließlich in der ______ Substanz.

F

1035. Verwenden Sie die Buchstaben S, B und V zur Kennzeichnung der drei
Gruppen der motorischen Hirnstammkerne!
M. sternocleidomastoideus und M. trapezius? _
Zungenmuskeln? _
Glatte Muskeln des Thorax und Abdomens? _
Äußere Augenmuskeln? _
Mimische Muskulatur? (Gesichtsausdruck) _
Speicheldrüsen? _
Kaumuskeln? _
Quergestreifte Muskeln des Pharynx u. Larynx? _
M. sphincter pupillae? _

G

1076. Die Perikaryen der primären Neuronen des Sympathicus liegen in den
thoracalen und ________ Segementen des Rückenmarks. Hier bilden sie einen
länglichen Kern, der auf Grund seiner Lage Nucleus ______________ genannt
wird; er liegt in der Columna lateralis. Die Perikaryen der parasympathischen
Nerven befinden sich im Hirnstamm und Sacralmark, die cranialen und sacralen,
visceralen Komponenten werden kurz ____ sympathicus genannt.

A

19. Mehr als die Hälfte der Oberfläche eines
Gyrus ist von außen unsichtbar und bildet
die Wände eines ______ oder einer ______.
Markieren Sie in der Abbildung die von außen
nicht sichtbaren Abschnitte des Cortex
cerebri im Bereich der mit G gekennzeichneten
Hirnwindung. Der obere markierte Bezirk bildet die untere Begrenzung des Sulcus
______ ______.

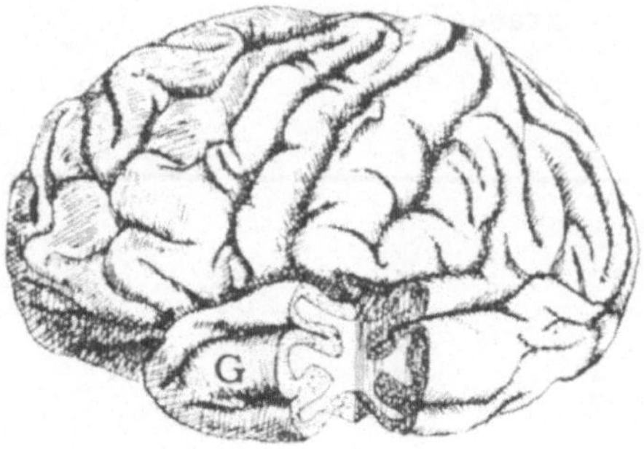

B

341. Numerieren Sie die folgenden Gebilde in ihrer topographischen Reihenfolge
von ventral nach dorsal mit 1 beginnend: Globus pallidus _; Caput nuclei
caudati _; Sulcus calcarinus _; Lobus frontalis _.

C

380A. Mesencephalon
corticospinalis
linken

D

702. Neurone leiten Potentiale über Synapsen grundsätzlich nur in ____
Richtung. Ein Neuron des Spinalganglions kann Impulse leiten, die zur
Stimulation oder Hemmung eines Rückenmarksneurons führen, aber der
________ Vorgang tritt ____ ein.

746A. efferenten

afferenten

grauen

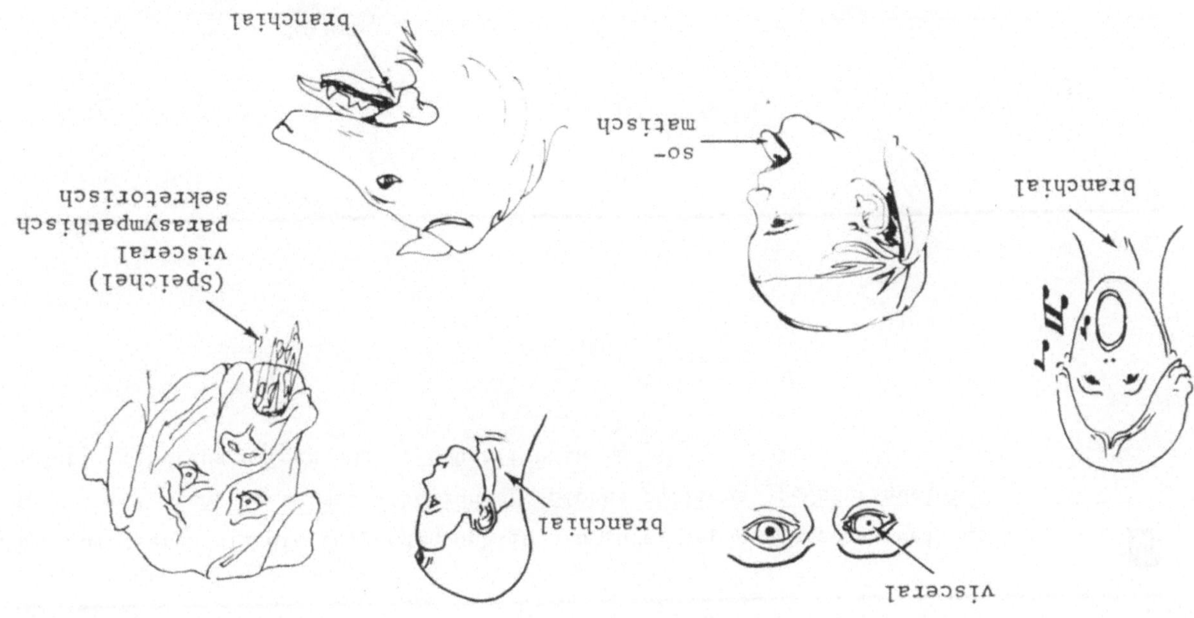

F

G

1076A. lumbalen (L1 bis L2 oder L3)

intermediolateralis

Parasympathicus

19A. Sulcus

   Fissur(a)

   temporalis superior

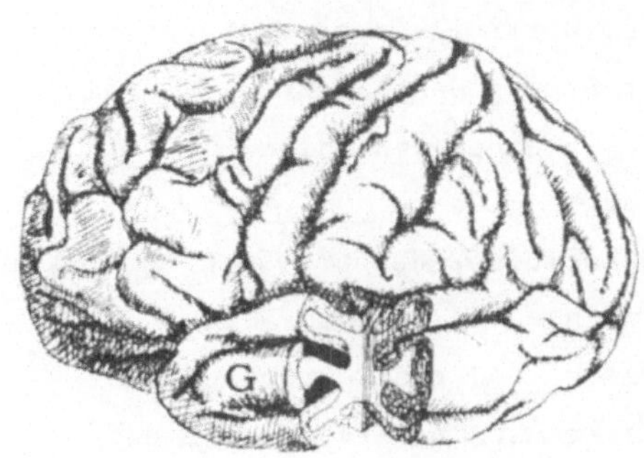

340A. 1
      3
      4
      2

---

381. Der Polus occipitalis liegt dorsal,
der Polus frontalis ventral. Im Mittelhirn
liegt die dunkel punktierte Zone _____al.
Alle efferenten Bahnen aus dem Cortex
cerebri zum Hirnstamm laufen in die
_____alen Bezirke des Mittelhirns.

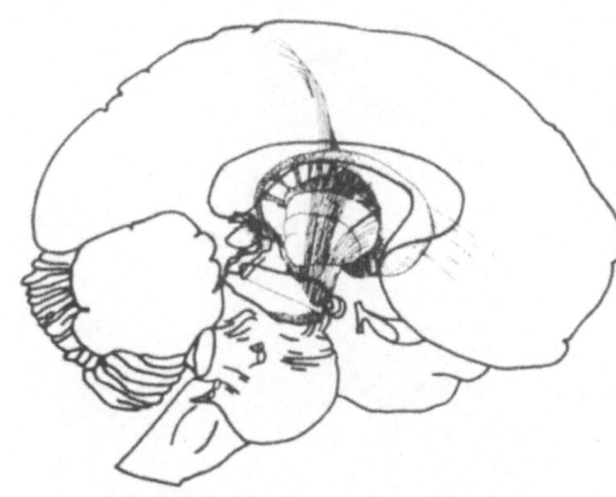

701A. Spinalganglien (sensiblen Ganglien)
      Thalamus
      drei

747. Die Receptoren der Schmerzbahnen sind freie, marklose
Nervenenden. Der Zellkörper des ersten (primären)
Neurons der Schmerzbahn liegt _____ halb des
Rückenmarks in einem sensiblen ________, der
des sekundären im Cornu _________.
Liegen die Zelleiber der primären und sekun-
dären Neuronen auf derselben Seite? ____.
Das Axon des _______ren Neurons der
Schmerzbahn kreuzt die Mittellinie und
steigt im Rückenmark auf der anderen
Seite im Tr. ______________
_________ auf.

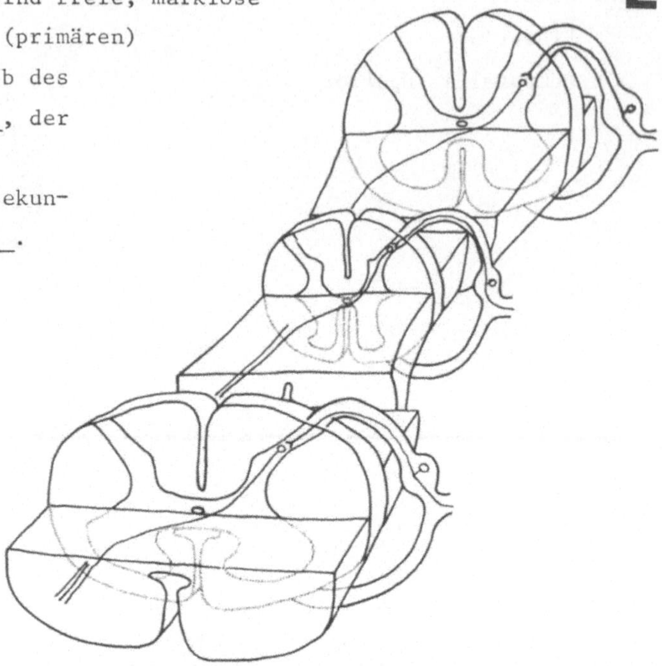

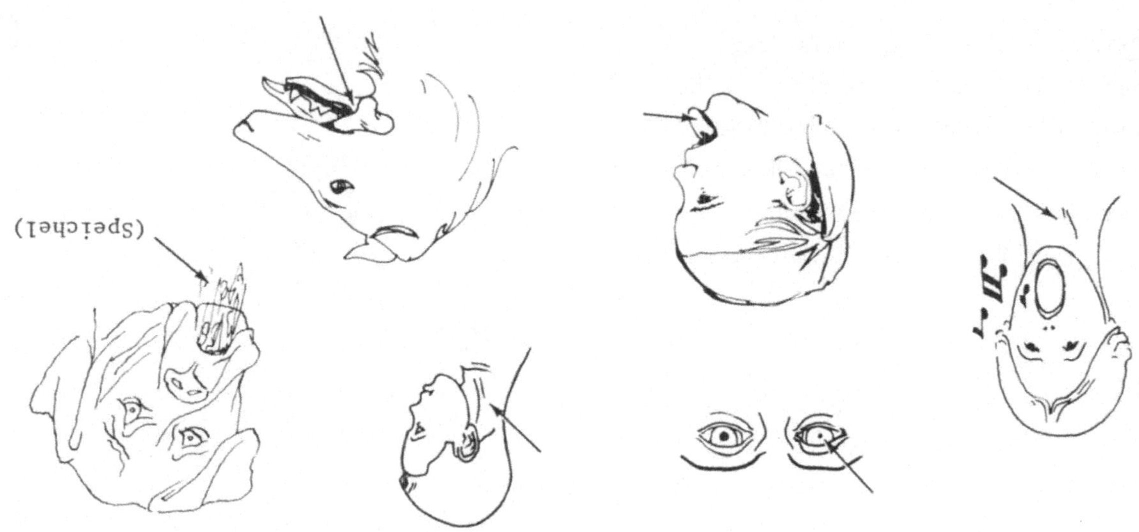

1034. Schreiben Sie an die Abbildungen welche Gruppe von motorischen Hirnstammkernen die abgebildeten in Aktion befindlichen Muskeln innerviert!

1077. Vier Hirnnerven enthalten unter anderem parasympathische Fasern
aus Kerngebieten des Hirnstammes. Es handelt sich um den III., VII.,
IX. und X. Hirnnerv. Zusammen bilden Sie die Klasse der ______motori-
schen Hirnnervenkerne. Welche der genannten Hirnnerven haben auch
branchialmotorische Anteile? ___, ___ und ___.

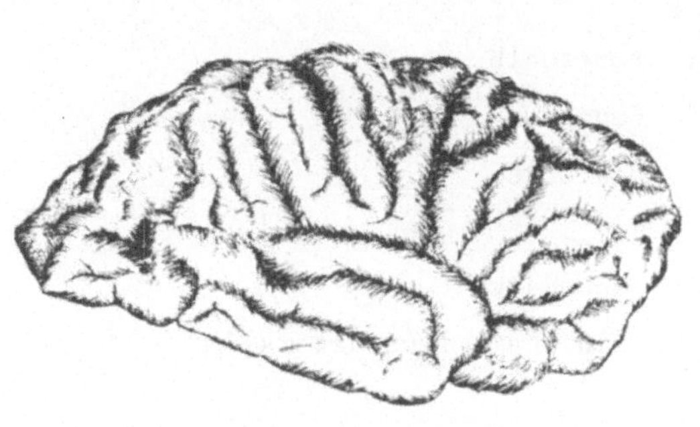

20. Unterhalb des Sulcus lateralis bildet der Gyrus temporalis superior den obersten Teil des Lobus __________. Kennzeichnen Sie diesen Gyrus mit Hinweislinien und notieren Sie seinen Namen.

A

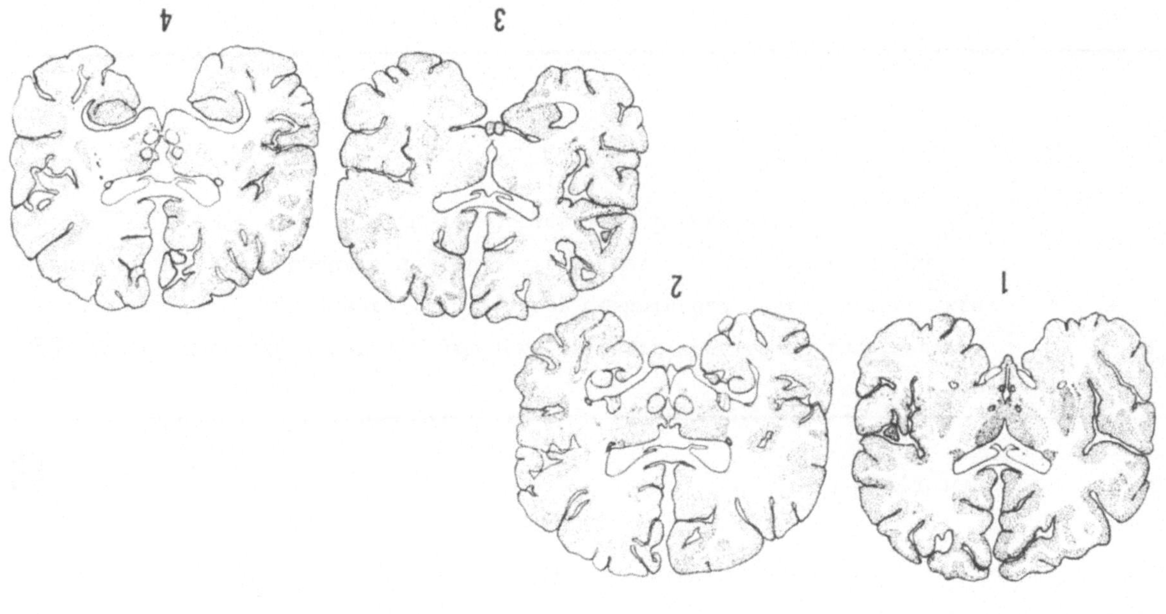

B

340. Die Reihenfolge der Schnitte von ventral nach dorsal ist:

Nr. _, _, _ und _ .

C

381A. ventral

ventralen

D

701. Die Zellkörper primärer Neurone der somatosensiblen Systeme liegen in den __________, die Zellkörper der tertiären Neuronen im __________. In den somatosensiblen Bahnen beträgt die Mindestzahl der Neurone, die eine Information aus peripheren Receptoren in die Hirnrinde leiten, __________.

747A.   außerhalb

Ganglion

posterius

ja

sekundären

spinothalamicus lateralis

E

1033. Visceromotorische parasympathische sekretorische Kerne innervieren
die Speichel ______ . Das Herz, die glatten Muskeln des Respirationstrakts,
Esophagus, Magens, Dünndarms und eines Teils des Dickdarms werden von
einem ______ motorischen Kern des Hirnstammes innerviert.

F

G

1077A.   visceromotorischen

VII, IX, X

A

20A. temporalis

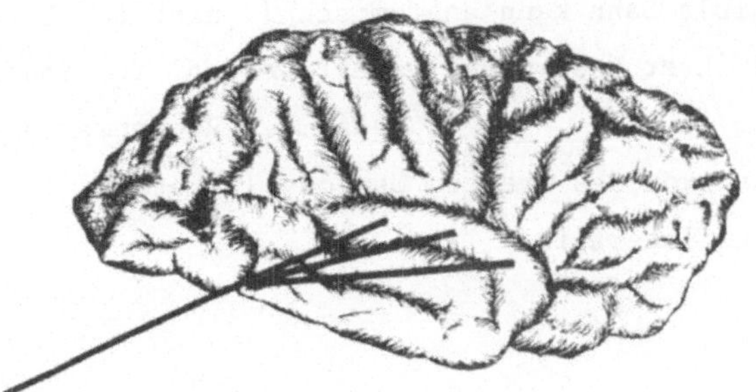

B

339A. rechten

C

382. Vor ihrem Eintritt in den Hirnstamm laufen die efferenten Fasern in der inneren Kapsel entlang der lateralen Oberfläche des _______.

D

700A. Spinalganglien
Zentralnervensystem
primäre
grauen
Hirnstammes
Thalamus
Cortex cerebri (oder Gyrus postcentralis, Lobus parietalis)

E

748. Jede sensible Bahn kann anatomisch 1. nach der Lage ihrer Synapsen und
2. dem Verlauf ihrer Fasern analysiert werden. So finden wir die erste Synapse
der Schmerzbahn in der _____ Substanz des Rückenmarks auf _______ Seite der
Receptoren. Das Axon des zweiten Neurons leitet die Impulse auf die Gegen____
in den Funiculus lateralis.

F

G

1078. Am weitesten von allen visceromotorischen Nerven verteilt sich der X.
Hirnnerv. Er wandert (vagari: umherziehen, umherwandern) vom Kopf aus in
die Brust- und Bauchhöhle. Er endet am Cannon-Böhmschen Punkt, der sich etwa
am Übergang vom mittleren zum linken Drittel des Colon transversum befindet.
Der X. Hirnnerv heißt N. _____ .

A

21. Kennzeichnen Sie mit Hinweislinien und den lateinischen Namen die seitliche Hirnfurche, obere Schläfenfurche und obere Schläfenwindung!

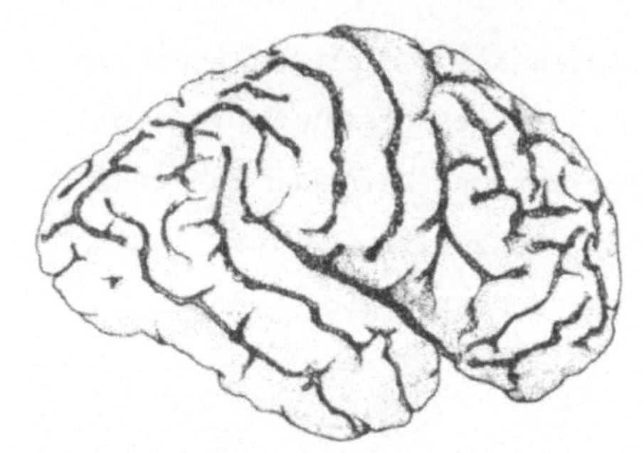

B

339. Je weiter dorsal ein Frontalschnitt liegt, um so größer erscheint der Thalamus und um so kleiner der Nucleus lentiformis. Die Schnittebene auf der ______ Seite liegt etwas weiter dorsal als die der anderen Gegenseite.

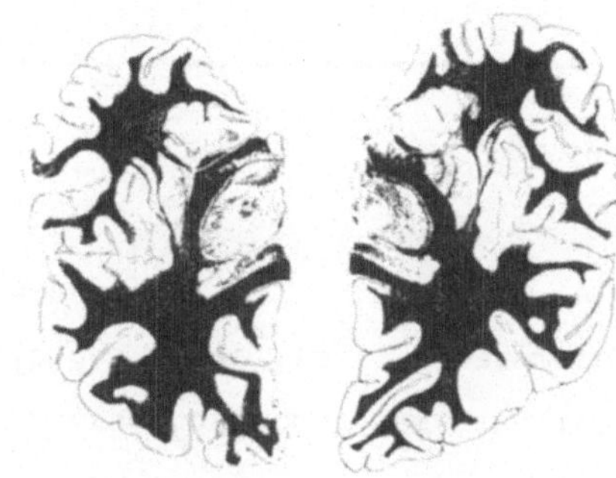

C

382A. Thalamus

D

700. Die primären Neurone sensibler Bahnen, die aus Receptoren unterhalb des Halsbereiches kommen, liegen in den Spinal______ und übermitteln Potentiale aus Sinnesreceptoren in das ______nervensystem. Das ______ sensible Neuron ist in örtliche Reflexbögen eingeschaltet, oder es kann das erste Neuron in einer aufsteigenden Neuronenkette sein. Der Zellkörper des sekundären Neurons in der afferenten Kette liegt in der ______ Substanz des Rückenmarks oder der Medulla oblongata. Das sekundäre Neuron kann Impulse bis in den Thalamus, den obersten Abschnitt des __________, leiten. Ein tertiäres Neuron überträgt dann die Impulse aus dem ______ in den ______ ______.

749. Verbinden Sie den eingezeichneten
Nervenfortsatz des ersten Neurons mit
seinem Perikaryon. Zeichnen Sie das
Perikaryon des zweiten Neurons, mit
dem das erste Neuron eine Synapse
bildet!

E

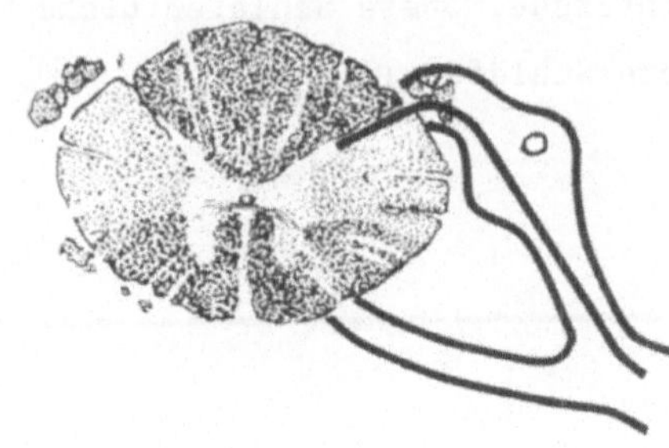

F

1032. Ein visceromotorischer Kern innerviert den M. sphincter pupillae,
der _______ halb des Auges liegt. Somatomotorische Kerne versorgen die
_______ Augenmuskeln.

G

1079. Glatte Muskeln des Thorax und Abdomens werden von den _______ motorischen Anteilen des ___ Hirnnerven innerviert, der auch N. _____ genannt
wird. Larynx und Pharynx werden von den _________ motorischen Komponenten
desselben Hirnnerven versorgt. Auch andere Hirnnerven können Axone aus
mehreren Kernen des Hirnstammes enthalten. Z.B. besitzt der VII. Hirnnerv
ähnlich wie der X. Axone aus viscero- und _________ motorischen Kernen.
Der III. Hirnnerv enthält Neuriten aus viscero- und _____ motorischen
Kernen.

A

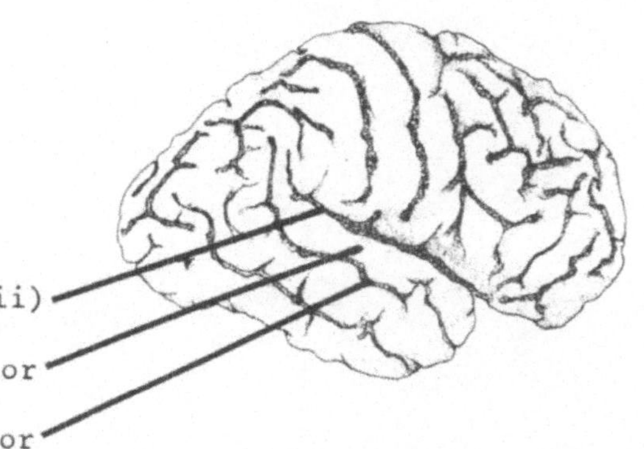

B

333A. rechten

medial

C

383. Efferente Fasern aus der Großhirnrinde laufen lateral vom Thalamus und medial von _____ ______ in der ______ _____ und liegen dann im basalen Bereich des Mittelhirns, der sich _____al befindet.

D

699. Das sensible Neuron und Neuron "A" bilden den einfachsten Reflexbogen, der nur aus _ Neuronen besteht. Der Reflexbogen in dem abgebildeten Schnitt durch das Halsmark besteht aus _ Neuronen.

E

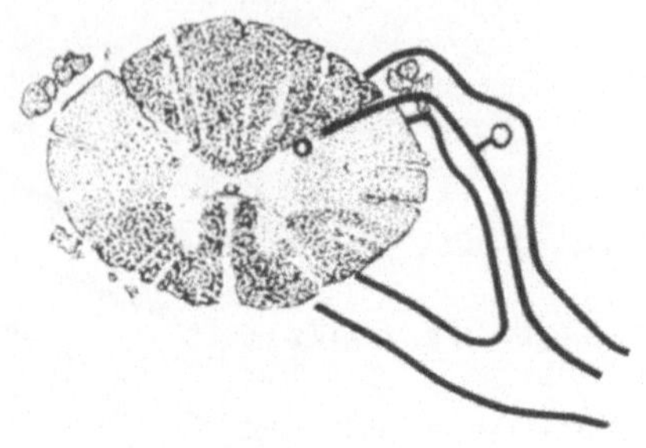

F

1031. Der M. sphincter pupillae ist ein glatter Muskel. Er wird von einem ________ motorischen Kern des Hirnstammes inerviert. Der M. sphincter pupillae ________ die Pupille.

G

1079A. visceromotorischen (oder parasympathischen)

X.

vagus

branchialmotorischen

branchialmotorischen

somatomotorischen

22. Unterhalb des Sulcus lateralis liegt der Lobus ________ .

B

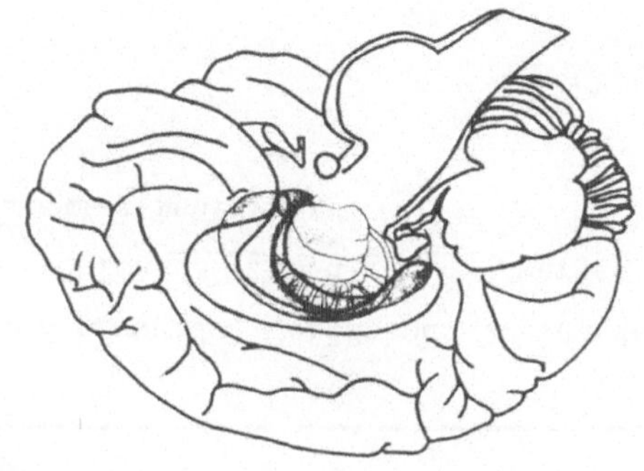

338. Ist der Frontalpol des Großhirns auf der linken oder rechten Seite der Abbildung ______ zu sehen? Der breiteste Teil des Thalamus liegt in einer Ebene, die ______ und etwas dorsal vom breitesten Teil des Linsenkerns liegt.

C

383A. Globus pallidus (oder Nucleus lentiformis)
Capsula interna
ventral

D

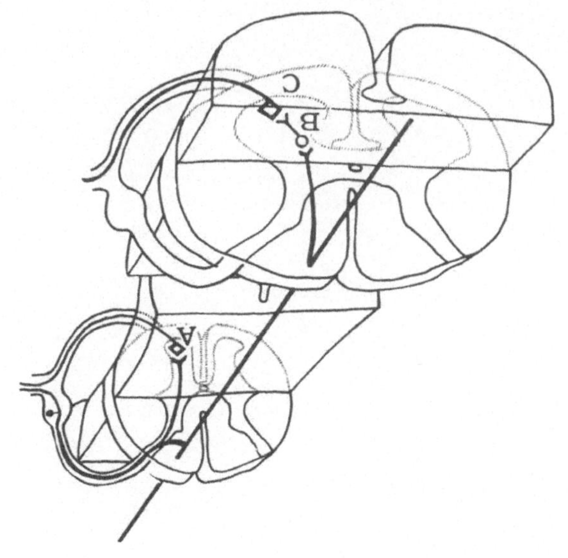

698A.

750. In der Schmerzbahn liegen - wie in allen sensiblen Bahnen - die Zellkörper der ersten und zweiten Neuronen auf der ________ Seite.

E

F

1030. Eingeweide, Gefäße und Drüsen des Kopfes sowie der beiden großen
Körperhöhlen werden von ______ und ______ motorischen Kernen des
Hirnstammes innerviert.

G

1080. Die visceromotorischen Kerne sind der ___, VII., IX. und ___.
Sie innervieren Drüsen (parasympathisch-sekretorisch) und ______ Muskeln.
Der VII. und IX. Hirnnerv versorgen Speicheldrüsen. Die Speicheldrüsen
werden von ________________ Komponenten des VII. und IX. Hirnnerven innerviert und die Skeletmuskeln von ihren ________________ Anteilen.

B

337A. Gyrus postcentralis x; Capsula interna x; Polus frontalis ; Sulcus lateralis x; Claustrum x; Sulcus parietooccipitalis .

C

384. Wie aus der Bezeichnung hervorgeht, enden die Fibrae corticospinales in der

______ ______. Nach Passieren des Mittelhirns müssen sie nacheinander durch den ____ und die ______ ______ des Hirnstammes laufen.

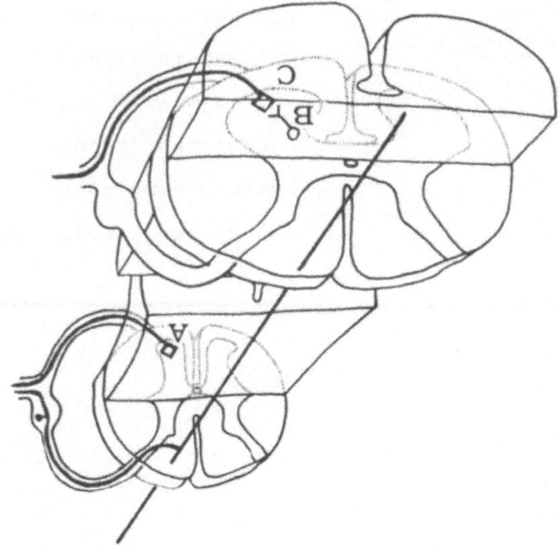

698. Im Rückenmark können Äste eines primären sensiblen Neurons sowohl aszendieren als auch deszendieren und Synapsen auf verschiedenen Ebenen bilden. Zeichnen Sie einen Ast des abgebildeten sensiblen Neurons, das eine Synapse mit dem Neuron "A" bildet und einen anderen Ast (im Cervicalschnitt), der in der grauen Substanz nach vorn läuft und eine Verbindung mit dem Schaltneuron "B" eingeht.

D

751. Die Axone fast aller sensiblen primären Neurone teilen sich, nachdem sie in das Rückenmark eingetreten sind. Ein Ast der abgebildeten "Schmerzfaser" läuft direkt in das Vorderhorn und bildet mit einem kurzen Schaltneuron eine Synapse. Dieses Schaltneuron geht seinerseits mit einem __________ Neuron eine synaptische Verbindung

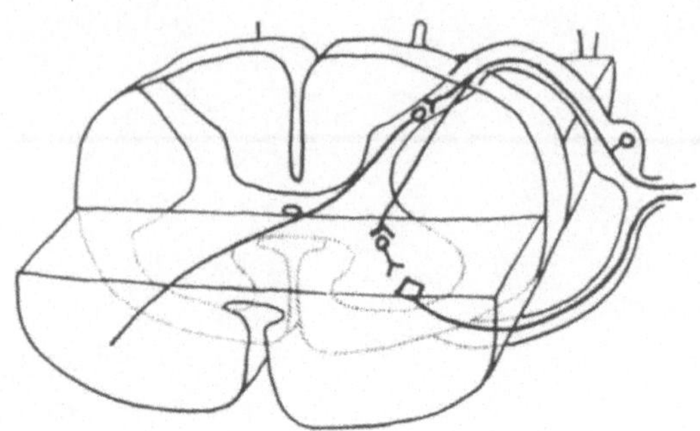

ein. Der andere Ast verbindet sich mit einem sensiblen ____ten Neuron, dessen Axone die Mittellinie kreuzen. Wie die Axone des Tr. corticospinalis anterior kreuzen diejenigen des zweiten Neurons der Schmerz- und Temperaturbahnen die Medianebene in der Com______ _______ unmittelbar ___ dem Zentralkanal.

1029A. trapezius
sternocleidomastoideus
Larynxmuskulatur
Pharynxmuskulatur
Kaumuskulatur
Gesichtsmuskulatur
Zunge
äußeren Augenmuskeln

1080A. III, X
glatte
visceromotorischen (sekretorischen)
branchialmotorischen

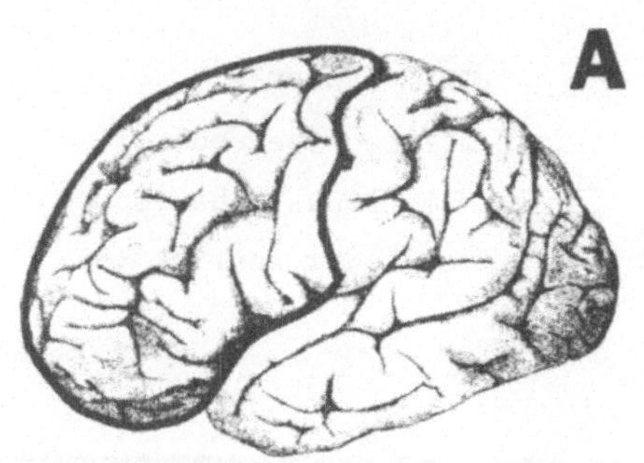

23. Am Gehirn unterscheiden wir mehrere Lappen (Lobi). (Betrachten Sie ein Hirnpräparat, Modell oder eine Abbildung!) Einer dieser Lappen, der nach seiner Lage im frontalen Bereich des Gehirns benannt wurde, ist der Lobus ________.

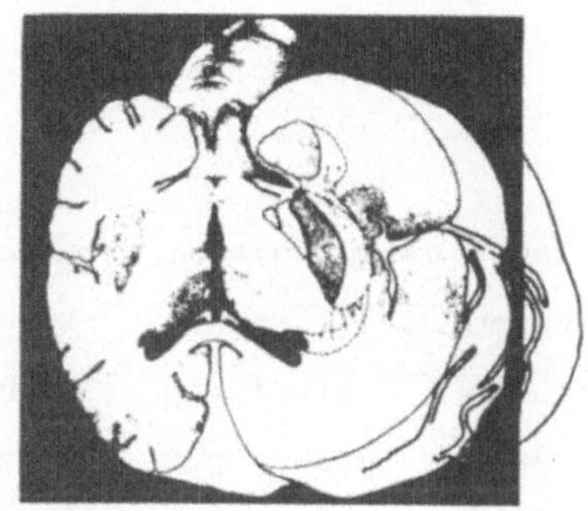

337. Kreuzen Sie die Namen derjenigen Gebilde an, die eine andere Querschnittsfläche zeigen, als an der vorliegenden freien Schnittoberfläche, wenn man den Schnitt in die schwarz gezeichnete Ebene legt.
Gyrus postcentralis _; Capsula interna _;
Polus frontalis _; Sulcus lateralis _;
Claustrum _; Sulcus parietooccipitalis _.

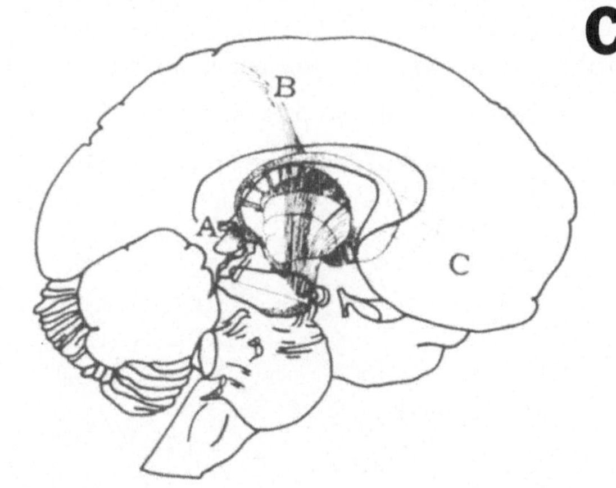

385. Die vier größten Teilgebiete des Hirnstammes sind in der Reihenfolge von oben nach unten Thalamus, ____________, ____ und _______ ________. Die Faserbündel A, B und C laufen durch die innere Kapsel lateral vom ________ und treten anschließend in den ventralen Bereich des ___________ ein, das zum Hirnstamm gehört.

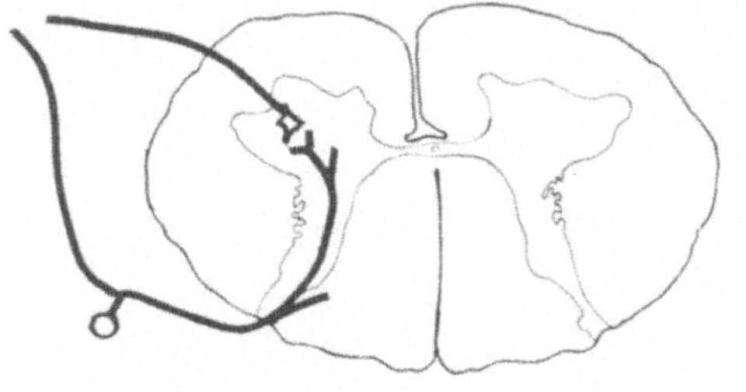

697. Die Fortsätze eines primären sensiblen Neurons können erst eine bestimmte Strecke im Rückenmark auf- oder absteigend zurücklegen oder kurz nach ihrem Eintritt in das Rückenmark mit weiteren Neuronen Synapsen bilden. Das in der Abbildung gezeigte sensible Neuron bildet mit dem Zellkörper eines _______ Neurons in der _______ der grauen Substanz des _______ Rückenmarks Synapsen.

E

<u>751A.</u> motorischen

zweiten (sekundären)

Commissura alba (Commissura anterior)

vor (oder ventral von)

F

1029. Zusammenfassung: Die branchialmotorischen Kerne versorgen zwei große
Muskeln am Hals und Rücken, den M. _________ und M. ___________________,
zwei Gruppen am Hals, die ________ - und ______muskulatur sowie zwei weitere
Gruppen, die ___ - und _______muskulatur; die somatomotorischen Kerne
innervieren die inneren Muskeln der _____ und _______ __________.

G

<u>1081.</u> Wenn der VII. Hirnnerv an seiner Austrittsstelle aus dem Schädel
durchtrennt wird, so ist die Funktion der ________drüsen und der
_________ Muskulatur beeinträchtigt.

A

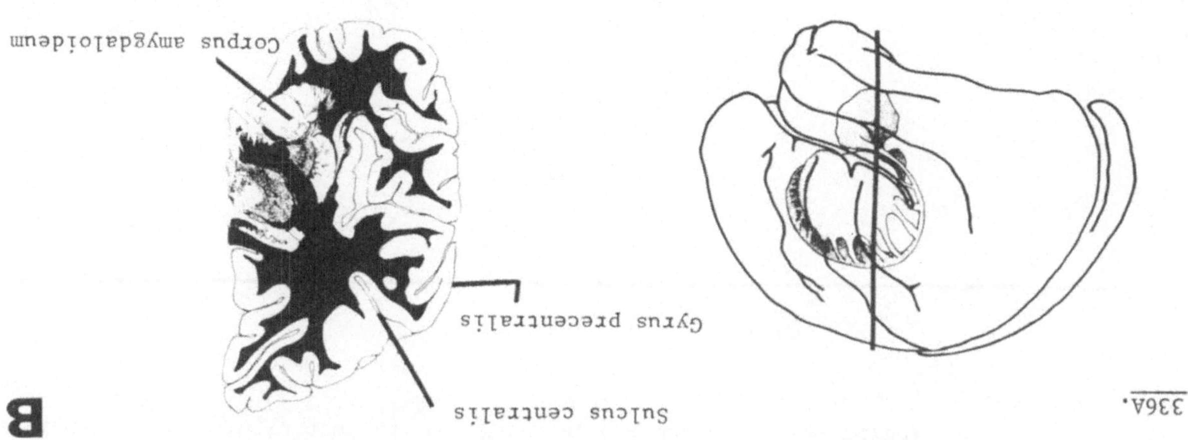

B

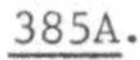

336A.

C

385A.

Mesencephalon

Pons

Medulla oblongata

Thalamus

Mesencephalon

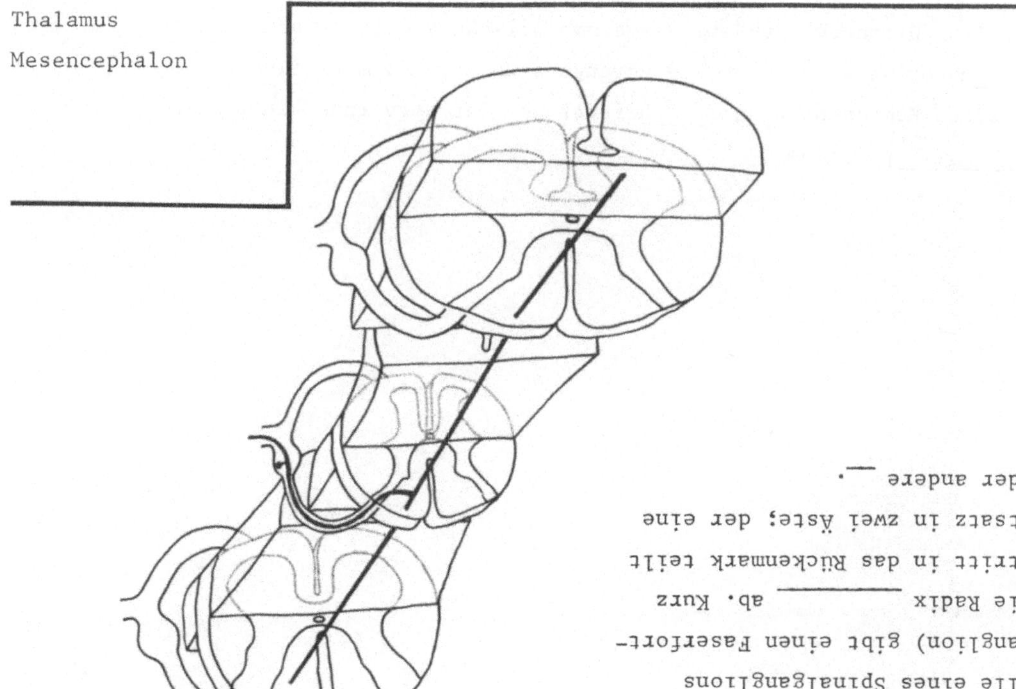

D

696. Die schematische Darstellung zeigt:
Die Nervenzelle eines Spinalganglions
(sensibles Ganglion) gibt einen Faserfort-
satz durch die Radix _______ ab. Kurz
nach dem Eintritt in das Rückenmark teilt
sich der Fortsatz in zwei Äste; der eine
steigt _______, der andere _______.

752. Zeichnen Sie einen Pfeil an die
Comissura alba (C. anterior)!

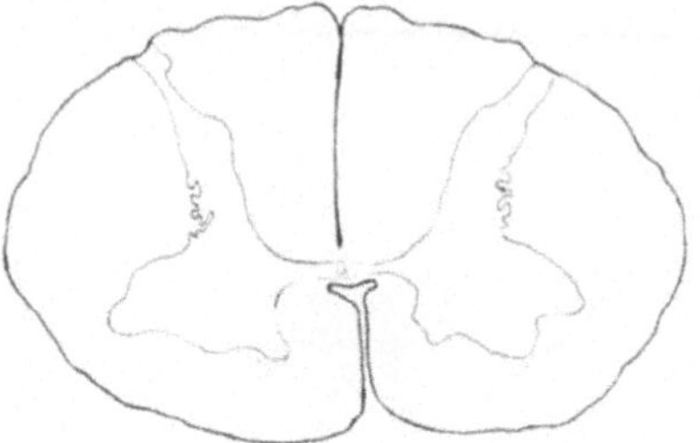

F

1028. Branchialmotorische Kerne versorgen u.a. zwei Gruppen von Muskeln,
die eine setzt am Unterkiefer an und die andere beeinflußt die Mimik. Es
sind dies die ___muskulatur und die Muskeln, die den Gesichtsausdruck
hervorrufen.

G

1082. Die visceralen Komponenten des ___ und IX. Hirnnerven innervieren die
Speicheldrüsen. Der ___ Hirnnerv versorgt die Eingeweide des Thorax und
Abdomens. Der III. Hirnnerv enthält, visceromotorische Neuriten, aber hauptsächlich ___motorische. Die Pupille verengt sich unter dem Einfluß der
visceromotorischen Komponenten des ___ Hirnnerven. Der Nerv innerviert also
u.a. den M. ___pupillae.

A

24. Um den die hintere Grenze des Lobus frontalis
bildenden Sulcus darzustellen, ist die Arachnoidea
________ und die Pia ____ ________ in der Gegend zwischen den beiden unterbrochenen Linien ab-
zuziehen. Drei etwa parallele Hirnfurchen laufen
von der cranialen Oberfläche nach lateral herunter
bis fast an den Sulcus lateralis. Lokalisieren Sie
diese drei Hirnfurchen an einem Präparat, einer
Abbildung oder an der nebenstehenden Zeichnung!
Kennzeichnen Sie die Gruppe dieser drei Sulci im Schema!

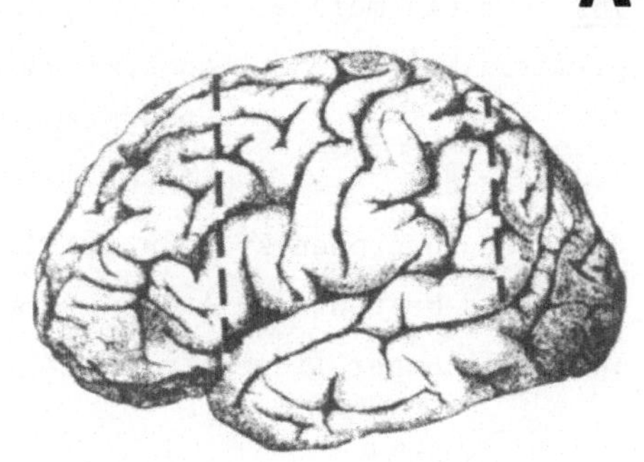

B

336. Zeichnen Sie eine Gerade durch die linke Abbildung, die der Schnittebene
im rechten Bild entspricht!

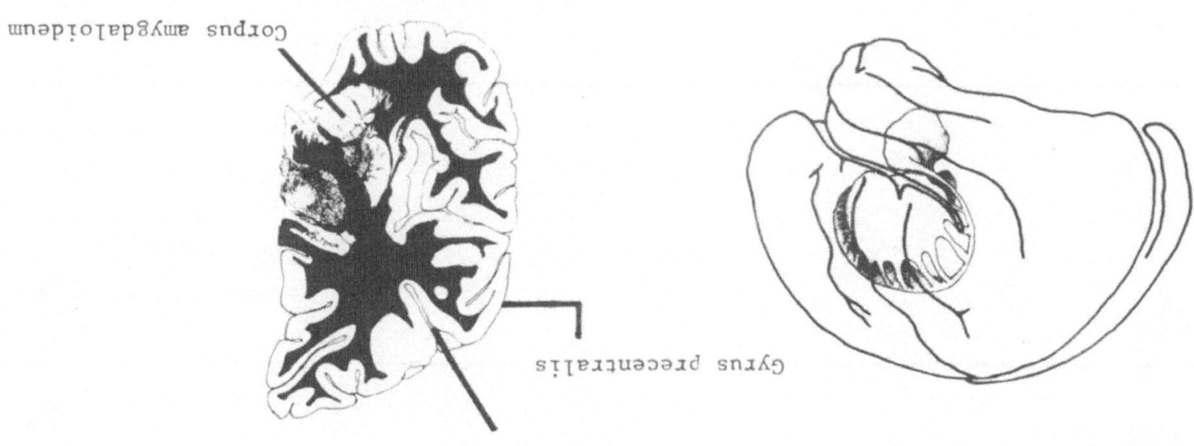

C

368. Der Tractus frontopontinus beginnt im
Stirnlappen und endet in einem Teil des Hirnstammes, der ____ genannt wird. Markieren Sie
die Bahn mit C an der Stelle, wo sie in der
Capsula interna liegt.

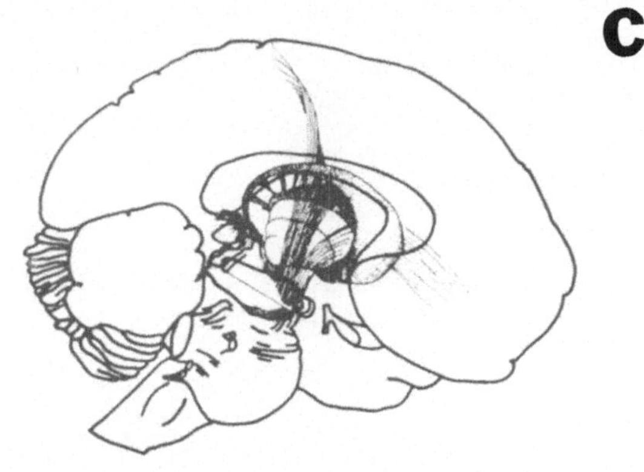

D

695. Die Zellkörper fast aller primären sensiblen Neuronen liegen in den
sensiblen ________ ________halb des ZNS.

E

<u>753.</u> Wie die meisten sensiblen primären Neurone liegen die Zelleiber der
primären Neurone der Schmerz- und Temperaturbahnen außerhalb des ZNS im
_________ ______. Die Perikaryen der ersten und zweiten Neurone befinden sich auf ________ Seite und die ______ der sekundären Schmerz- und
Temperaturneuronen kreuzen die Medianebene. Der linke Tr. spinothalamicus
lateralis besteht aus Axonen, die zu sensiblen ______ären Neurone gehören.
Ihre Zellkörper liegen im Cornu posterius der ______ Seite.

F

1027A. Kaumuskeln
       Pharynxmuskeln

G

<u>1082A.</u> VII.
        X.
        somatomotorische
        III.
        sphincter

24A. encephali
mater encephali

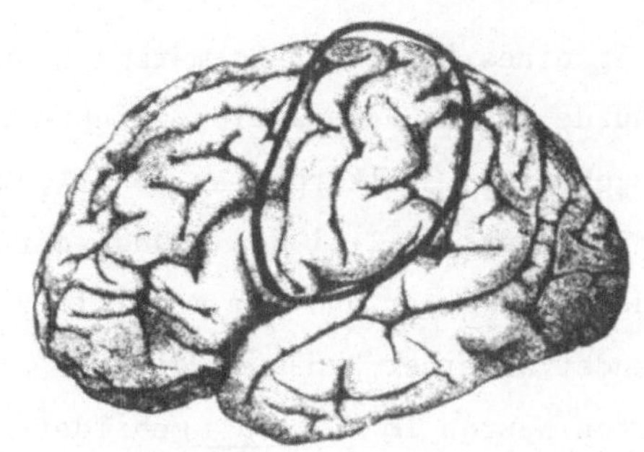

A

B

335A.

Globus pallidus

Capsula externa

Capsula interna

Capsula extrema

Corpus nuclei caudati

Insula

386A. Pons

C

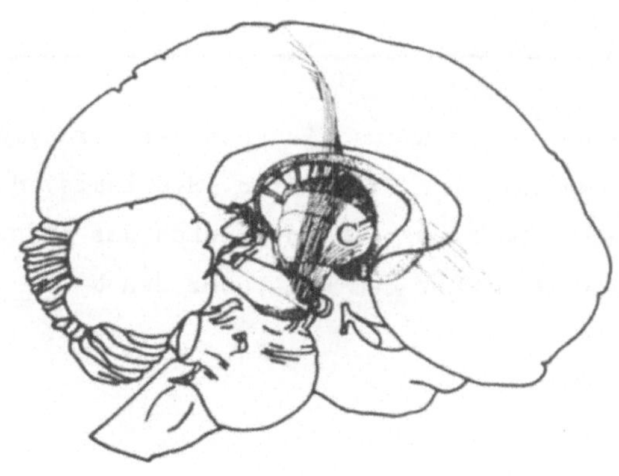

D

694A. Berührung

Schmerzen

afferente Fasern

Druck

aus Muskeln

Kinästhesie

Temperaturempfindung

754. Der Weg eines Axons der Schmerzbahn durch einige
Segmente wurde in das Schema eingezeichnet. Zeichnen
Sie den zugehörigen Zellkörper an der richtigen
Stelle ein, ferner den Teil des Axons, der
zwischen dem Zellkörper und dem Pfeil liegt.
Das Axon endet an einer Synapse, die mit
einem dritten Neuron im ________ gebildet wird.

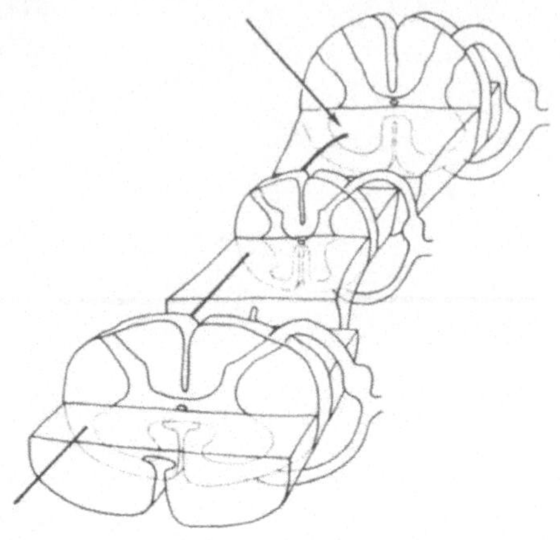

1027. Obgleich die von branchialmotorischen Kernen versorgten Muskeln quer-
gestreift (Skeletmuskeln) sind, haben einige von ihnen eine enge funktionelle
Beziehung zum Verdauungstrakt. Es handelt sich hierbei um die ____ muskeln der
Kiefer und die ____ muskeln.

1083. Beide, sowohl der Sympathicus als auch der Parasympathicus, beeinflussen die Pupillenweite. Eine Dilatation (Mydriasis) der Pupillen kommt
entweder durch einen Sympathicusreiz oder durch das Aussetzen der
_______________stimulation auf dem Wege über den N. ____________ zustande.

25. In der Reihenfolge von vorn nach hinten werden diese drei ungefähr parallel laufenden Hirnfurchen Sulcus precentralis, Sulcus __________ und Sulcus postcentralis genannt.

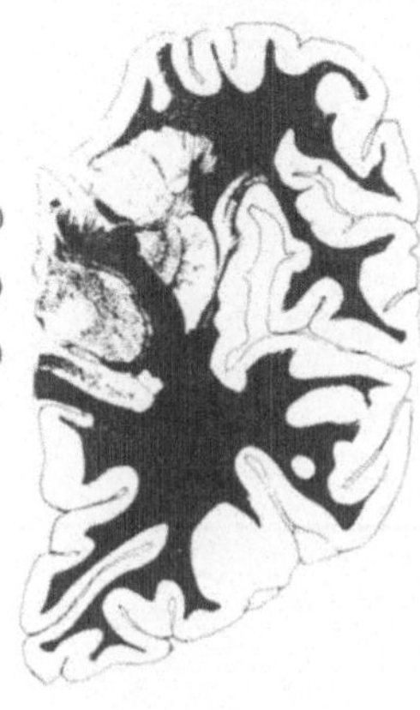

335. Ziehen Sie Hinweislinien von den Bezeichnungen zu den entsprechenden Hirnstrukturen!

387. Das mit A gekennzeichnete Faserbündel beginnt im Scheitel- und Schläfenlappen. Es endet im Pons, nachdem es das zum Hirnstamm gehörende __________ durchsetzt hat.

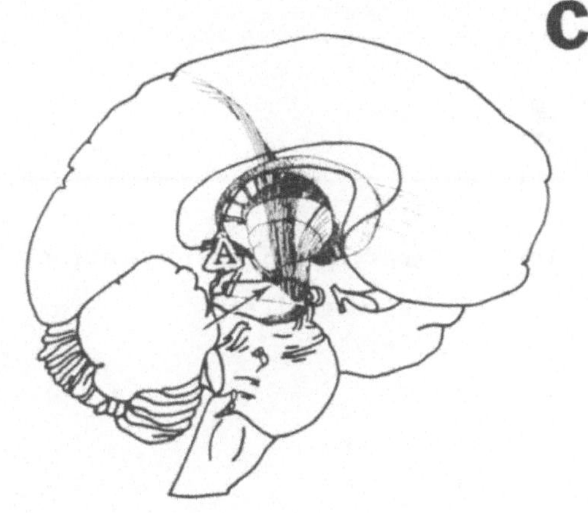

694. Drei Gruppen afferenter Bahnen sollen in Betracht gezogen werden. Kreisen sie im folgenden Text jeden Begriff ein, der anatomisch und funktionell mit der Berührungsempfindung zusammenhängt! Streichen Sie die Begriffe, die nichts mit dem Bewußtsein zu tun haben!

Kinästhesie   Temperaturempfindung

aus Muskeln

afferente Fasern   Druck

Berührung   Schmerzen

754A. Thalamus

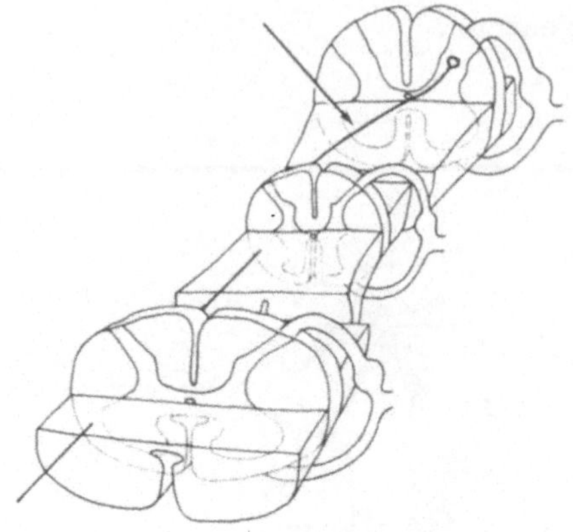

F

1026A. sternocleidomastoideus
trapezius
Larynx
Pharynx
Gesichtsausdrucks

G

1083A. Parasympathicusstimulation
oculomotorius

D

693. Schmerz- und Temperaturempfindung werden von der Berührungs-, _____-
und Gelenkempfindung unterschieden, da sie in _______ anatomischen Bahnen
geleitet werden.

C

387A. Mesencephalon

B

334A.

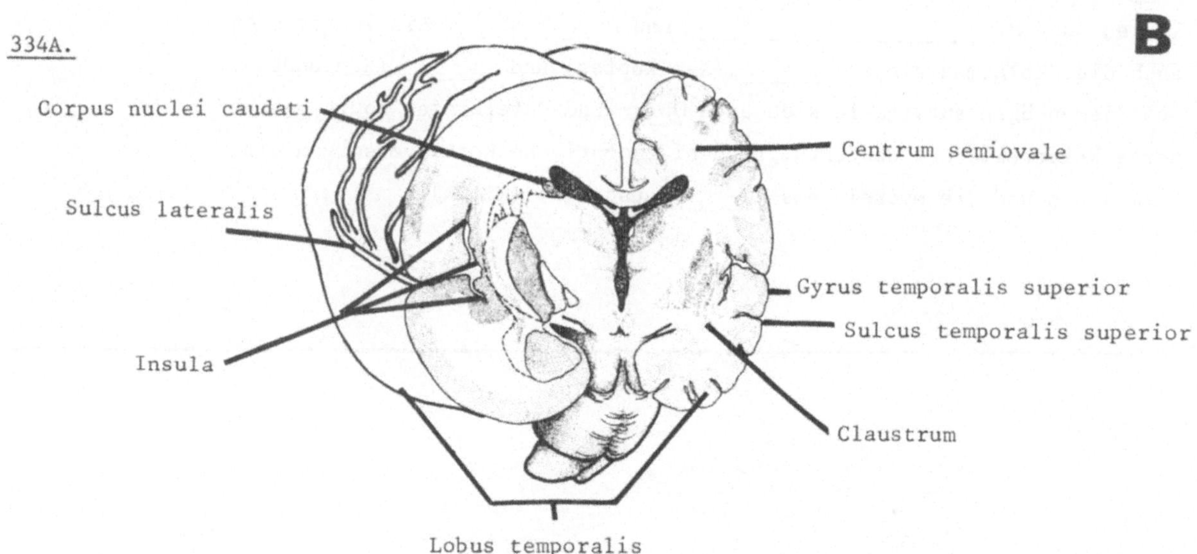

A

25A. centralis

755. Zeichnen Sie den Nervenzellkörper eines sekundären schmerzleitenden Neurons auf der rechten Seite des Lendenmarks und einen anderen gleichartigen auf der linken Seite des Brustmarks! Zeichnen Sie die zugehörigen Axone beider Nervenzellen bis in das Halsmark, und markieren Sie mit Pfeilen die Richtung der Impuls-Leitung!

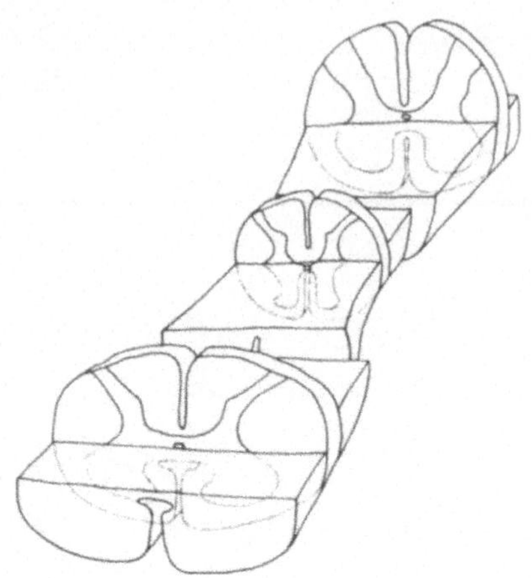

1026. Branchialmotorische Kerne versorgen zwei große Muskeln am Hals und Rücken, den M. _____________________ und M. _________. Sie innervieren auch die Skeletmuskeln des ______ (Kehlkopfes) und ______ (Schlundes). Aus Kiemenbögen entwickeln sich auch Ober- und Unterkiefer sowie benachbarte Weichteile des Gesichts. Branchialmotorische Kerne versorgen die Kaumuskeln und die Muskeln des ________ausdrucks (Mimik).

1084. Das linke Auge des Patienten ist nach lateral gerichtet und seine linke Pupille ist _________. Er hat wahrscheinlich eine Läsion (Verletzung, Entzündung, Tumor etc.) des linken ___ Hirnnerven. Sowohl die ______motorische als auch die ______motorische Komponente dieses Hirnnerven sind betroffen.

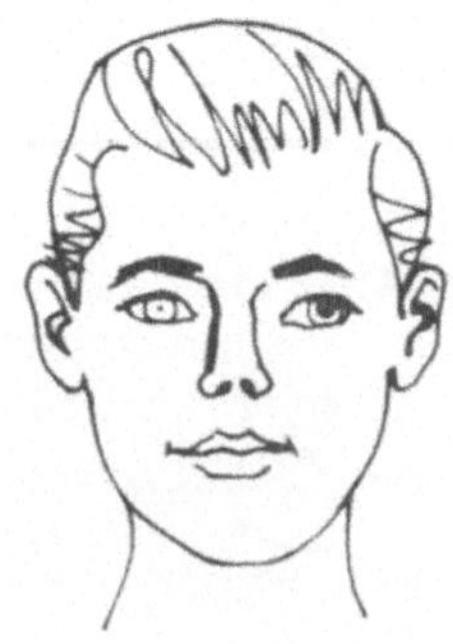

26. Der Sulcus centralis (Zentralfurche) bildet die dorsale Grenze des Lobus __________.

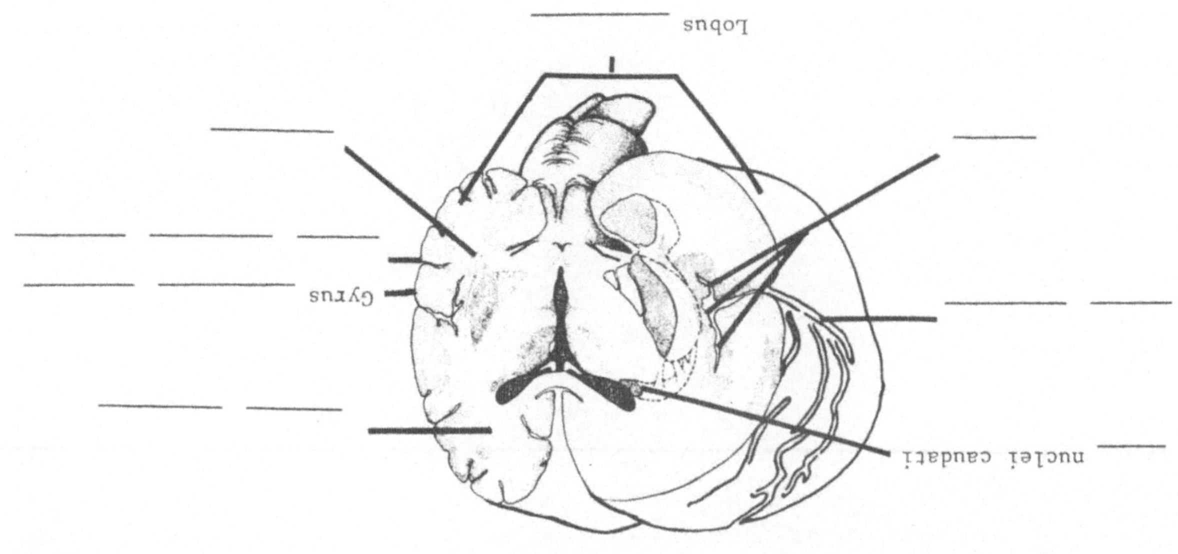

B

334. Setzen Sie die Bezeichnungen ein!

C

388. Zwei große efferente Bahnen aus dem Cortex cerebri enden im Pons (Brücke). Es handelt sich hierbei um den Tractus ______pontinus und dem Tractus parieto-temporo________. Markieren Sie diese Bahnen entsprechend mit C und A!

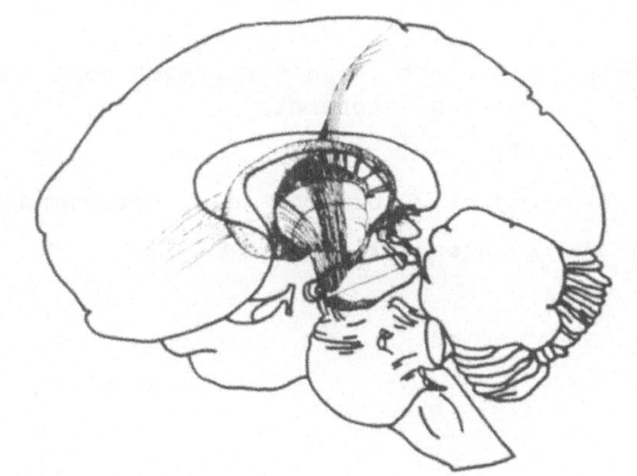

D

692. Der Begriff Proprioception ist verwirrend. Er umfaßt den Informationsfluß aus Skeletmuskeln, Sehnen und Gelenken. Die Gelenkempfindungen gelangen im Gegensatz zu den Informationen aus den Skelet- und Sehnenreceptoren zum Bewußtsein.

E

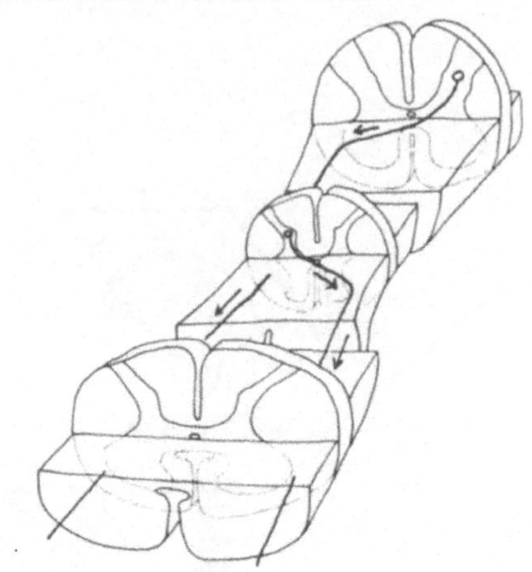

F

1025A. Larynx
Zunge

G

1084A. dilatiert (erweitert, eine Pupillenerverweiterung wird auch
Mydriasis genannt)

III

visceromotorische (oder parasympathische)

somatomotorische

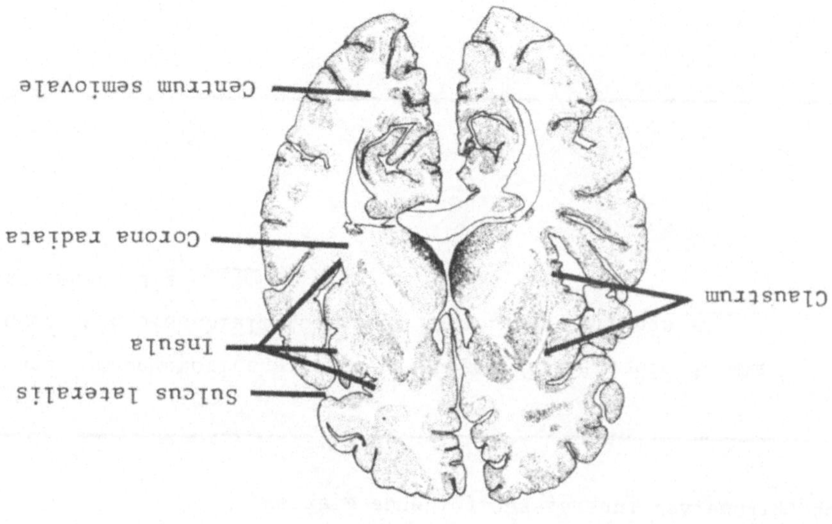

388A. frontopontinus

parietotemporopontinus

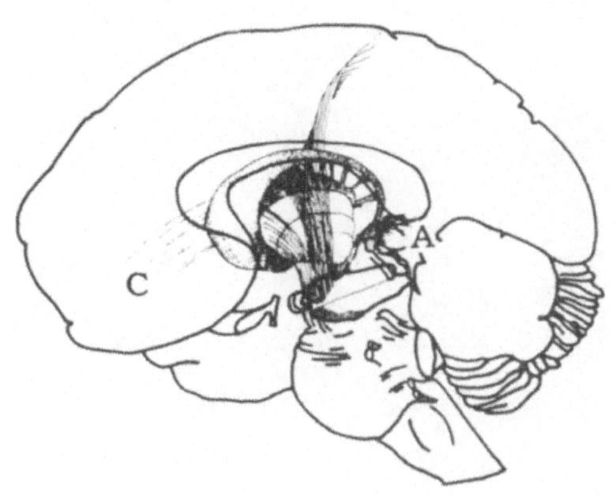

756. Schmerz- und Temperaturinformationen leitende Axone primärer Neurone ziehen in das Rückenmark und teilen sich anschließend. Die Äste dieser Axone bilden mit sekundären sensiblen Neuronen Synapsen in der grauen Substanz der _____hörner. Einige Äste leiten örtliche Reflexbögen, in dem sie Synapsen mit Schalt_______ bilden, die ihrerseits direkt oder indirekt mit _________ Neurone in Verbindung stehen.

1025. Branchial- und somatomotorische Kerne versorgen Muskeln, die Stimme und Sprache erzeugen. Ein branchialmotorischer Kern innerviert den _____ und ein somatomotorischer die ____.

1085. Welche Hirnnerven innervieren folgende glatten Muskeln des Thorax und Abdomen? N. cranialis ___ glatte Muskeln des Thorax und Abdomen; N. cranialis ___ und N. cranialis ___ - Speicheldrüsen; N. cranialis ___ - M. constrictor pupillae.

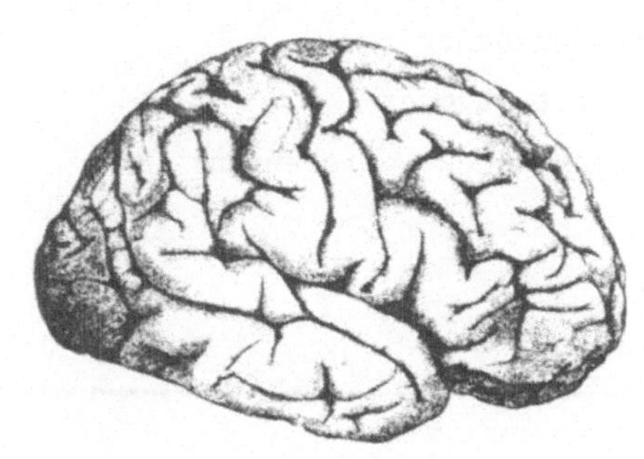

A

27. Die drei angegebenen Sulci begrenzen zwischen sich zwei ___.

B

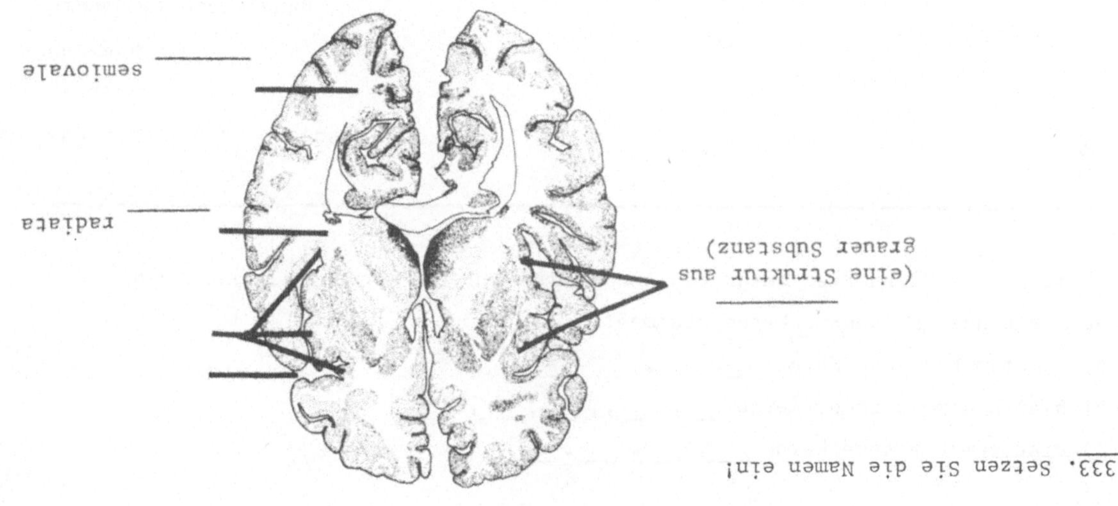

333. Setzen Sie die Namen ein!

C

389. Bahn A und C enden im ___ ,
B in der ___ ___!

D

691. Eine andere Gruppe von Impulsen, die in bestimmten Bahnen geleitet werden, entsteht in den sensiblen Receptoren der Skelettmuskeln und -sehnen. Diese Impulse tragen zur Regulation des Muskeltonus bei. Da der Muskeltonus nicht zum Bewußtsein gelangt, bezeichnen wir den Informationsfluß aus Muskel- und Sehnen-receptoren nicht als ___ wahrnehmung.

756A. Vorderhörner

Schaltneuronen

motorischen (efferenten)

1024A. sternocleidomastoideus

Trapezius

Pharynx

branchialmotorischen

1086. Welche Hirnnerven enthalten Axone, die von den Nervenzellperikaryen der folgenden Hirnnervenkerne stammen?

a) somatomotorische Kerne ___, ___, ___, ___,

b) branchialmotorische Kerne ___, ___, ___, ___, ___,

c) visceromotorische Kerne ___, ___, ___, ___,

<u>27A.</u> Gyri (oder Hirnwindungen)

A

B

332A. Transversalschnitte
Horizontalschnitte

C

<u>389A.</u> Pons (Brücke)

Medulla spinalis (Rückenmark)

D

690A. Schmerz- und Temperaturempfindung

757. Der Übersichtlichkeit halber haben wir auf
dem Querschnitt die Axone der sekundären Neurone
der Schmerzbahn so gezeichnet, daß sie die
Medianebene kreuzen. Das Bild zeigt, daß die
Axone in Wirklichkeit um ein oder zwei Rückenmarkssegmente aufsteigen während sie kreuzen.
Die Axone kreuzen im Rückenmark _______ vom
Canalis centralis und steigen dann gemeinsam als _______ _________________
_________ in der Gegenseite auf.

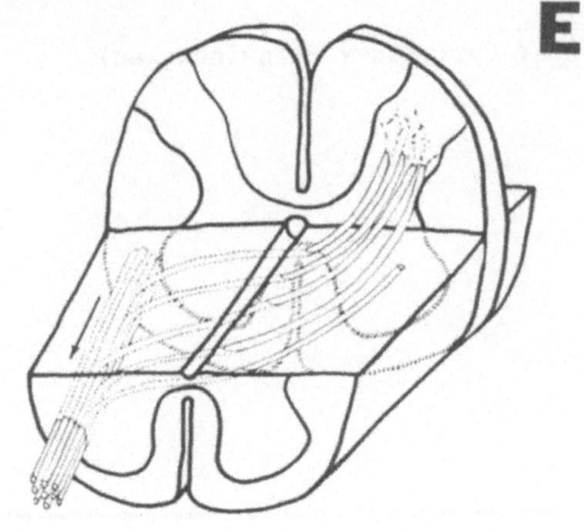

1024. Zwei von branchialmotorischen Kernen innervierte Halsmuskeln sind
der M. sterno_______________ und der M. _________. Die Skeletmuskeln
des Kehlkopfes und Schlundes entstehen auch aus Kiemenbögen.
Larynx- und ___rynxmuskeln werden von _________________
Kernen innerviert.

1086A. III, IV, VI, XII
       V, VII, IX, X, XI
       III, VII, IX, X,

28. Die beiden vor und hinter dem Sulcus centralis befindlichen Hirnwindungen werden dem Sulcus precentralis und Sulcus __________ analog benannt.

---

332. Schnitte, die senkrecht zur Medianebene und zu den Horizontalebenen stehen, werden ______ schnitte genannt. Zur Körpermittellinie senkrecht stehende Schnitte nennt man ______ schnitte. Sagittalschnitte laufen in der Medianebene oder parallel zu ihr.

---

390. Alle efferenten Bahnen aus der Großhirnrinde zum Hirnstamm passieren zwischen
dem Nucleus caudatus und dem Nucleus
lentiformis. Der Tractus parieto______ -
pontinus zieht zwischen der ______ nuclei
caudati und dem Teil des Linsenkerns,
der ______ ______ genannt wird.

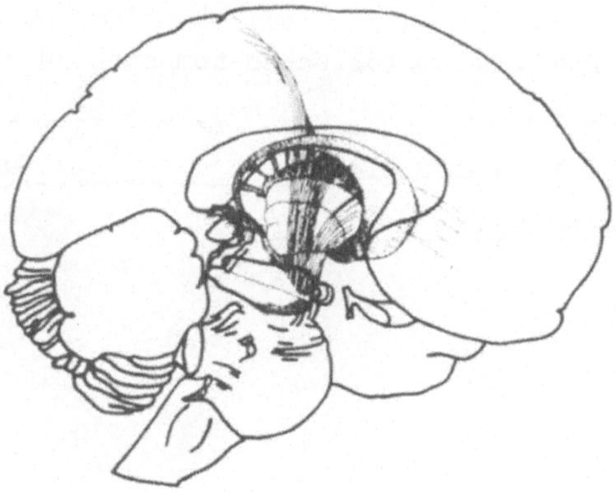

---

690. Druck-, Berührungsempfindung und Kinästhesie werden zu einer Gruppe zusammengefaßt, die man auch epikritische Sensibilität nennt. Die ______-empfindung bezeichnet man gemeinsam auch als protopathische und ______ Sensibilität.

758. Aus Gründen der Übersichtlichkeit wurden die Äste der
primären sensiblen Fasern so dargestellt, daß ihre Synapsen
in derselben Ebene wie die entsprechenden Zellkörper
liegen. In Wirklichkeit können die Äste um ein oder
zwei Segmente auf- oder absteigen, bevor sie mit
den sensiblen sekundären Neuronen eine Synapse
bilden. In der Zeichnung bildet der mit _ gekennzeichnete Zweig eine Synapse auf einer Ebene, die
tiefer liegt als der zugehörige Zellkörper. Der
mit _ bezeichnete Ast bildet eine Synapse, die
höher liegt als der entsprechende Zellkörper.
In örtliche Reflexbögen ist der mit _ gekennzeichnete Ast eingeschaltet.

E

1023. Die meisten Skeletmuskeln der Kiefer, des Gesichtes, und
Halses entstehen aus Kiemenbögen. Von diesen reichen der
M. __________ und M. trapezius am weitesten
nach caudal.

F

1087. Die somatomotorischen Komponenten des XII. Hirnnerven stammen
aus dem Nucleus __ __________, des VI. aus dem __ ________,
des IV. aus dem Nucleus __ __________ und des III. Hirnnerven aus
dem Nucleus __ __________.

G

28A. postcentralis

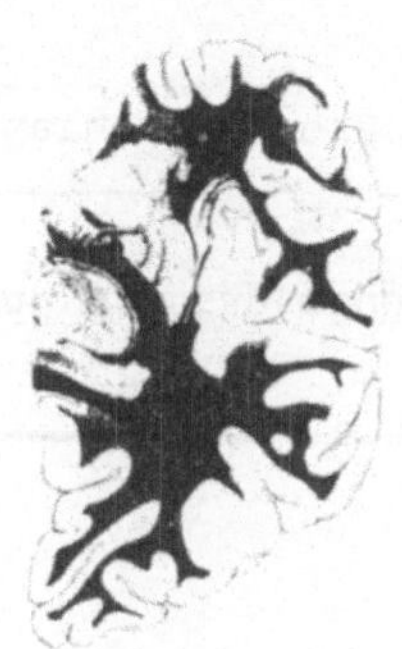

B

331A.

390A. parietotemporopontinus
Cauda
Globus pallidus

C

D

689. Informationen über die Somatosensibilität entstehen in den Nerven-
endigungen und Receptoren der Haut und ________.

758A.　A

　　　　B

　　　　C

E

1022. Der M. sternocleidomastoideus und M. trapezius entwickeln sich aus Kiemenbögen. M. _________________ und M. ________ werden von _________________ motorischen Kernen versorgt.

F

G

1087A.　n. hypoglossi

　　　　n. abducentis

　　　　n. trochlearis

　　　　n. oculomotorii

29. Zwischen der präzentralen und der zentralen Hirnfurche liegt der
Gyrus ___________.

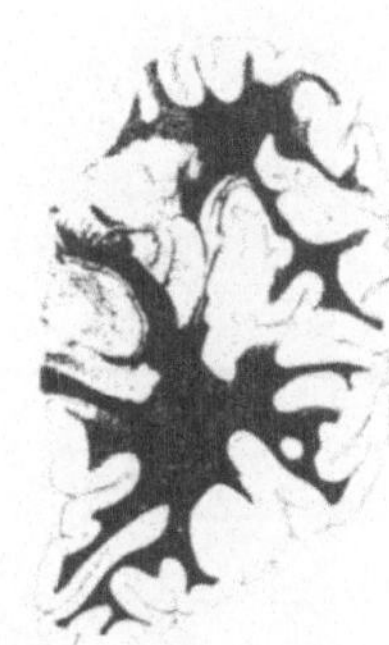

331. Kreuzen Sie den weiter ventral liegenden Schnitt an!

391. Einige efferente Fasern aus der Großhirnrinde enden in den Basalganglien. Andere ziehen hinunter in den Hirnstamm, wo man sie hauptsächlich im Tractus corticospinalis, Tractus parietotemporo________ und
Tractus ___________ antrifft.

688A. Gelenkempfindung
Ellenbogengelenk
Lagewechseln

759. An diesem Schnitt ist eine

_____ -Färbung angewandt worden. Die

mit weit auseinanderliegenden, feinen

Punkten gezeichneten Gebiete gehören

zur _____ Substanz. Der deutlich an-

gefärbte Teil der Neurone ist der

Zell_____. Im allgemeinen besitzen

Neurone mit kleinen Zelleibern dünne Axone und solche mit großen Zelleibern

haben verhältnismäßig dicke Axone. Im Cornu posterius befinden sich Zellkör-

per verschiedener Größe in mit _, _, und _ gekennzeichneten Zonen. Die mit

Tr. _____________ (Lissauer) beschriftete Bahn – links mit 1 gekennzeichnet

– enthält kurze auf- und absteigende Äste _____er sensibler Neurone.

Tr. dorsolateralis (Lissauer)

E

A
B
C
D

F

1021A. Zunge
äußeren
Augen

G

1088. Viscero- und branchialmotorische Kerne befinden sich an ___________

Stellen des Hirnstammes, wenn auch ihre Perikaryen Axone an ________ periphe-

ren Nerven abgeben. Viscero- brachial- und somatomotorische Funktionen können

sämtlich bei Läsionen peripherer Nerven betroffen sein, wenn der Nerv Axone

für die genannten Funktionen enthält. Der selektive Ausfall einer Funktion

ist wahrscheinlicher, wenn sich der Herd im________ befindet.

A

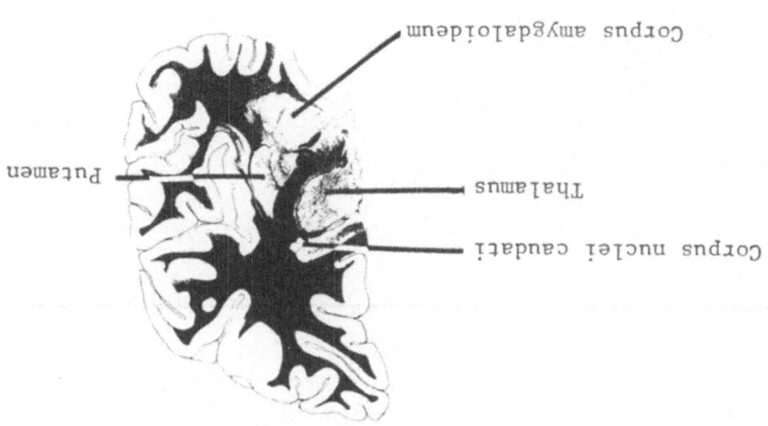

B

330A.

C

392. Kennzeichnen Sie im Bereich der inneren Kapsel die drei Hauptbahnen, die von der Großhirnrinde in den Hirnstamm gelangen! Markieren Sie diese Bahnen mit Hinweislinien und Namen.

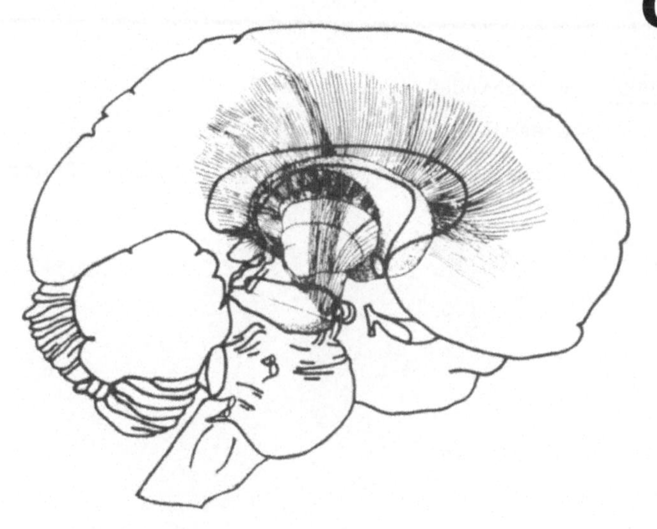

D

688. Die Begriffe Lageempfindung, _____empfindung, Kinästhesie und Bewegungsempfindung sind Synonyme. Wir nehmen z.B. die Bewegung des Unterarmes zum Oberarm wahr, wenn die Receptoren im _____gelenk stimuliert werden. Kinästhesie bedeutet Bewegungsempfindung. Es erscheint paradox, daß Lage- und Bewegungsempfindung Synonyme sind. Es ist aber tatsächlich so, daß wir die Bewegung als eine zeitliche Folge von ___ wechseln merken.

E

759A. Nissl

weißen

Zellkörper

B, C, D

dorsolateralis

A

primärer

F

1021. Die inneren Muskeln der _______ und die _______ Muskeln der _______ entwickeln sich aus Somiten.

G

1088A. verschieden (getrennten)

dieselben

Hirnstamm (oder Kerngebiet, Zentrum, Zentralnervensystem)

30. Von den beiden den Sulcus centralis begrenzenden Gyri heißt der im Lobus frontalis liegende ____ _________.

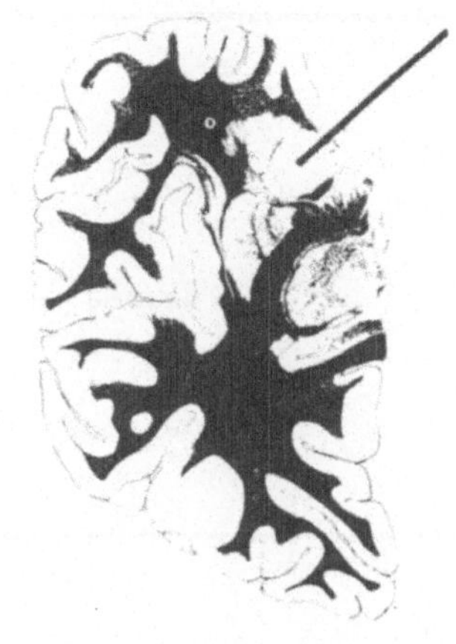

392A.

330. In diesem Frontalschnitt ist das Corpus nuclei caudati durch die Corona radiata und Capsula interna vom Nucleus lentiformis getrennt. Kennzeichnen Sie mit Hinweislinien und Beschriftung Corpus nuclei caudati, Thalamus und Putamen!

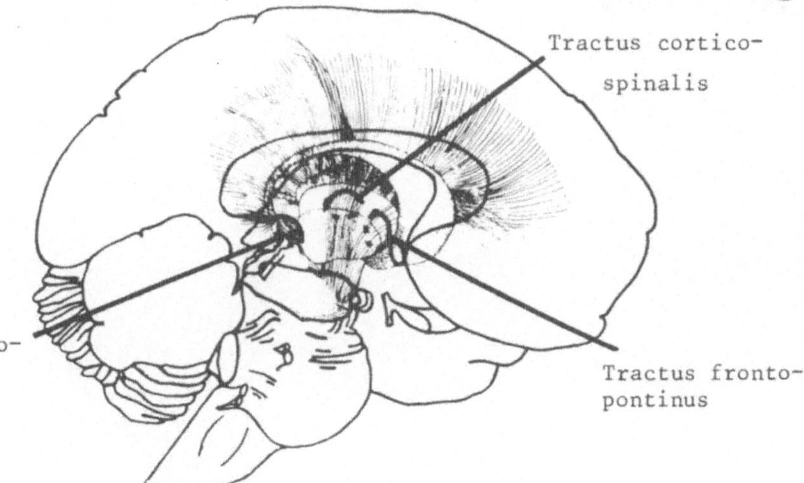

687A. Berührungsempfindung
Druckempfindung
Gelenken

760. Durch einen Nadelstich in die linke Großzehe hervorgerufene Impulse laufen über die Radix _________ auf _________ Seite in das Rückenmark. Mit einem sekundären Neuron wird eine Synapse gebildet. Das sekundäre Axon steigt in dem Funiculus _________ auf der _______ Seite nach oben.

1020A. bewegen
in
bewegen

1089. Sowohl motorische, als auch sensible Funktionen können bei Erkrankungen eines oder mehrerer peripherer Nerven ausfallen. Es ist weniger wahrscheinlich, daß beide Funktionen bei einem Krankheitsherd im ZNS betroffen sind als bei einem peripheren Prozeß, da die Nervenzellkörper in ____________ Gebieten des ZNS liegen.

B

329A.

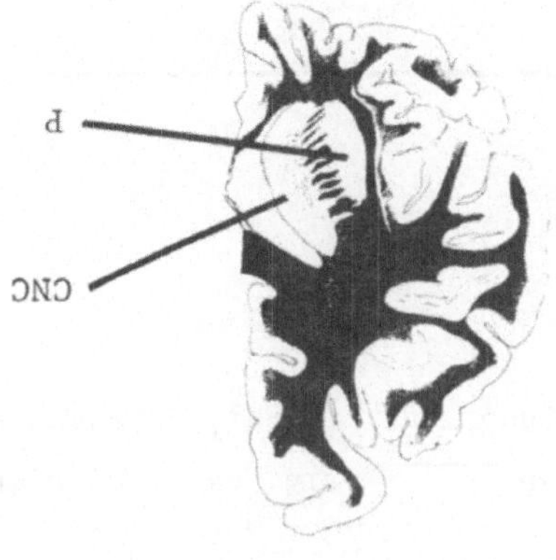

C

393. Einige efferente Bahnen laufen von der Großhirnrinde zu den Basalgang-lien. Die einzigen direkten efferenten Bahnen, die von der Großhirnrinde zum Hirnstamm laufen, sind der Tractus cortico________ und die beiden Tractus ___________.

D

687. Wenn der Untersucher mit einem Wattebausch oder einem Pinsel z.B. über eine Hautstelle des Armes streicht, so gibt der Untersuchte normalerweise eine Wahrnehmung an, die ___________________ genannt wird. Preßt man die Fläche eines Lineals auf die Haut, so wird eine ______________ angegeben. Das Erkennen der Lage oder Bewegung eines Körperteils (Gelenkempfindung) wird von Receptoren ausgelöst, die in den G_____en lokalisiert sind.

760A. dorsalis

derselben (ipsilateralen)

oder linken

lateralis

anderen (contalateralen oder rechten)

E

1020. Die äußeren Augenmuskeln setzen am Bulbus oculi an. Sie ______ das
Auge. Die inneren Zungenmuskeln (Zungenbinnenmuskeln) liegen __ der Zunge.
Sie ______ die Zunge.

F

1090. Der Nucleus spinalis n. accessorii versorgt bestimmte Skeletmuskeln
des Hals-Rückenbereiches. Die Skeletmuskeln des Pharynx und Larynx werden
vom Nucleus ambiguus innerviert. Der XI. Hirnnerv enthält Fasern vom
________ motorischen Typ. Diese stammen sowohl aus Nervenzellkörpern des
Nucleus __ ________ als auch des Nucleus ________.

G

A

31. Unmittelbar hinter dem Sulcus centralis liegt der Gyrus ___________.
Direkt vor dem Sulcus centralis liegt der _____ ___________.

B

329. Der vorliegende Frontalschnitt zeigt die aus Nervenzellkörpern bestehenden Verbindungsbrücken zwischen
Putamen und Caput nuclei caudati. Kennzeichnen Sie mit
Hinweislinien und den Abkürzungen (P), (CNC) das Putamen
und das Caput nuclei caudati!

C

393A. corticospinalis
corticopontini (Tractus frontopontinus und Tractus parietotemporopontinus
werden unter der Bezeichnung Tractus corticopontini zusammengefaßt)

D

686A. Berührung
Druck

761. Die Bahnen des ZNS sind individuell verschieden. Ausnahmsweise können z.B. als seltene Variante die Schmerz- und Temperaturbahnen ungekreuzt im Rückenmark aufsteigen. Aber gewöhnlich kreuzen die Axone der __________ Neurone in der

______________ ____. Danach laufen sie - auf der Gegenseite - also im Tractus

________________ __________ zum ________ .

E

F

1019. Aus den embryonalen Somiten entwickeln sich u.a die äußeren Augen- und inneren Zungenmuskel. Somatomotorische Kerne innervieren die Muskeln für die
- ________ und ________ bewegungen.

G

1090A. branchialmotorischen

n. accessorii

ambiguus

<u>31A</u>. postcentralis

Gyrus precentralis

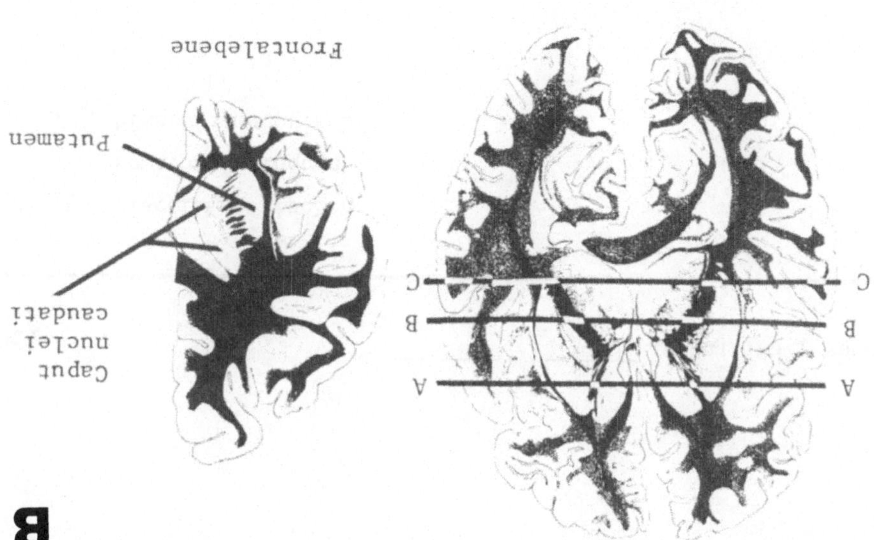

A

nein

<u>328A</u>. nein

<u>394</u>. Abgesehen von den Bahnen aus der Hirnrinde zum Rückenmark, Hirnstamm und den Basalganglien, ist die große Zahl der übrigen Fasern, die in der inneren Kapsel verlaufen im Hinblick auf die Hirnrinde, __ferent. Diese Fasern kommen aus Zellkörpern, die im _______ liegen.

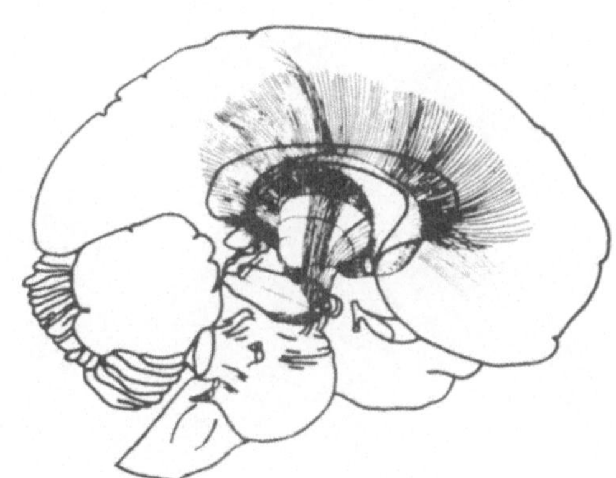

<u>686</u>. Zur Gruppe der speziellen Empfindungen (Sinnesempfindungen) gehören Geschmack, Geruch, Hören und Sehen. Unter der Gruppe der allgemeinen Körperempfindungen (somatosensible Empfindungen) faßt man _______, _______, Lage- (Gelenkstellungs-, Temperatur-, Wärme- und Kälte-) sowie Schmerzempfindung zusammen.

761A. sekundären

Commissura alba

spinothalamicus lateralis

Thalamus

E

F

1018A. visceromotorischen

somatomotorischen

branchialmotorischen

G

1091. Der Nucleus ambiguus liegt in der _______ _________.

32. Der am weitesten hinten gelegene Gyrus des Stirnlappens (Lobus frontalis) ist der ____ ________.

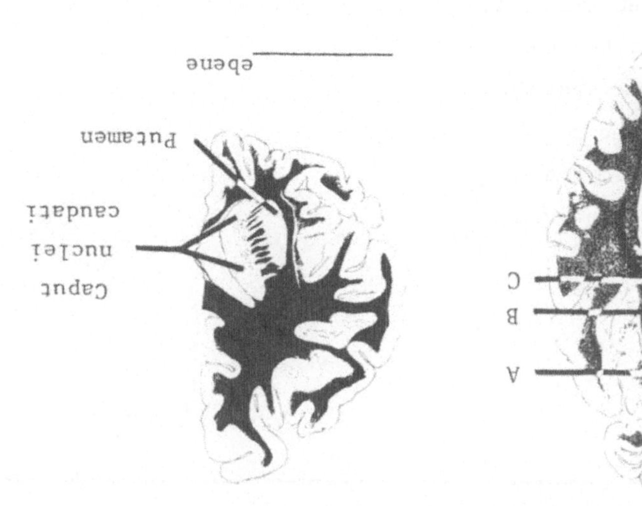

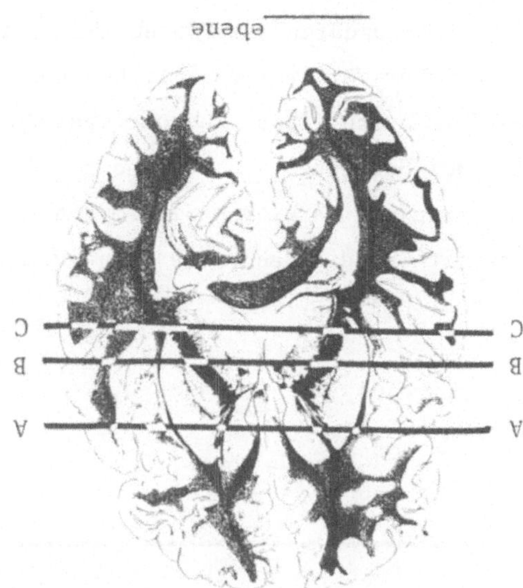

328. Ist in der rechten Abbildung der Globus pallidus sichtbar? ____. Sieht man in ihr den Thalamus? ____. Die Schnittebene der rechten Abbildung ist mit dem Buchstaben ___ in der linken gekennzeichnet.

395. Informationen, die aus sensiblen Receptoren stammen, werden aus dem Thalamus vorwiegend in den Lobus ________, Lobus ________ und Lobus ________ geleitet. In der linken Abbildung zeigt die Pfeilspitze auf einen Sulcus, der die Grenze zwischen Lobus ________ und Lobus ________ bildet. Zeichnen Sie einen Pfeil an den gleichen Sulcus auf der rechten Abbildung!

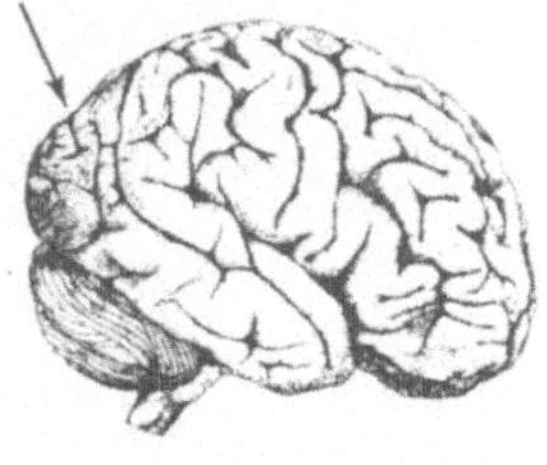

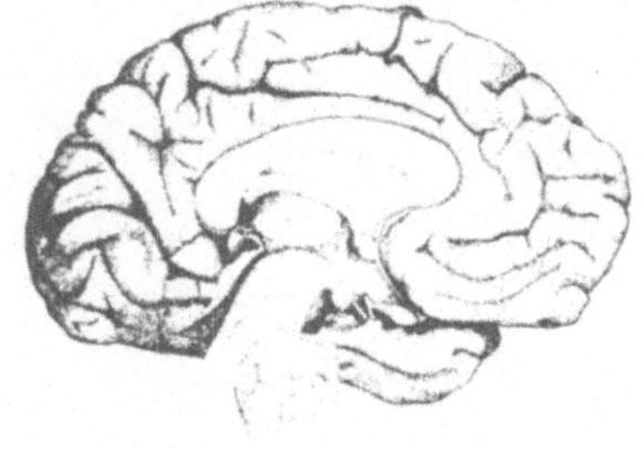

685A. somatosensible
Kälte
Schmerz

762. Schmerzempfindungen leitende Fasern laufen gemischt mit Wärme und Kälte leitenden Faserelementen. Umzeichnen Sie das Gebiet, das die Perikaryen der sekundären Neurone enthält, die Informationen über Wärmereize am linken Fuß übertragen! Die Axone dieser Neurone steigen um ein bis zwei Segmente ___, während sie die Medianebene kreuzen. Markieren Sie im anderen Querschnitt mit "x" die Bahn, die Axone von "Wärmeneuronen" enthält.

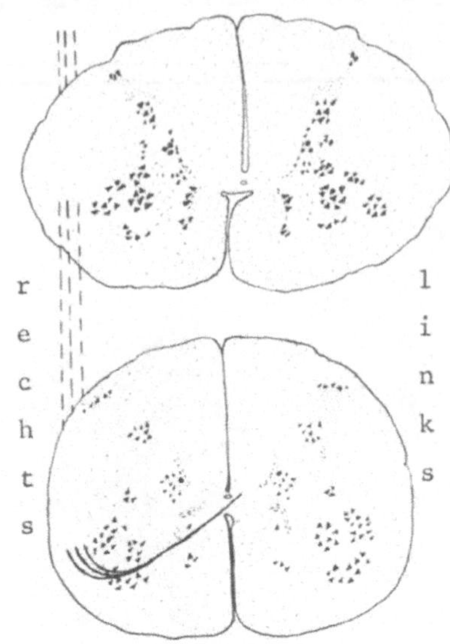

1018. Im Gegensatz zu den Skeletmuskeln werde die glatten Muskeln und Drüsen von ___ motorischen Kernen innerviert. Skeletmuskeln des Kopfes und Halses werden von ___ und ___ Kernen des Hirnstammes versorgt. Die visceromotorische Versorgung der Drüsen wird auch parasympathisch - sekretorische Innervation genannt.

1091A. Medulla oblongata

32A. Gyrus precentralis

327A. Caput nuclei caudati __; Corpus nuclei caudati x; Crus posterius capsulae internae x; Nucleus lentiformis x; Sulcus calcarinus __; Thalamus x.

395A. parietalis; temporalis; occipitalis (oder in einer anderen, beliebigen
Reihenfolge)

parietalis; occipitalis (oder in umgekehrter Reihenfolge)

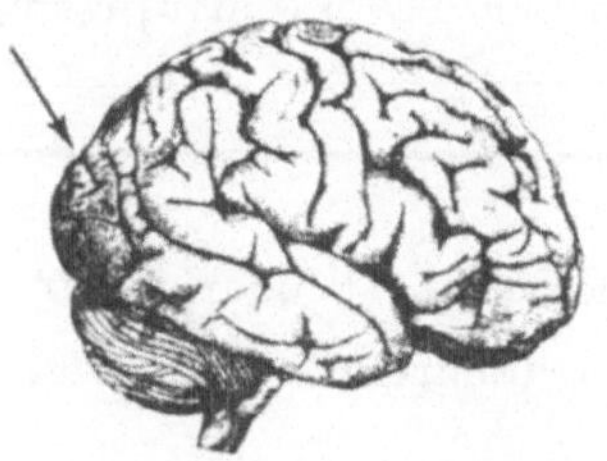

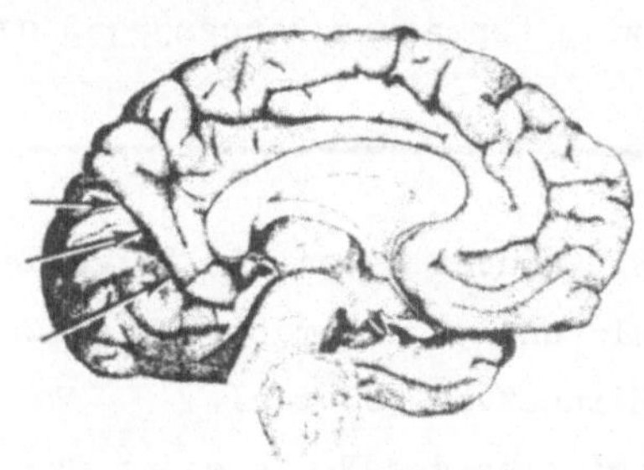

685. Die allgemeinen Körperempfindungen (das griechische Wort soma bedeutet
Körper) werden unter dem Begriff __ sensible Empfindungen zusammengefaßt.
Zu diesen Empfindungen gehören Berührung, Druck, Lage (Gelenkstellung), Tempe-
ratur (Wärme und __) sowie (__).

762A. auf

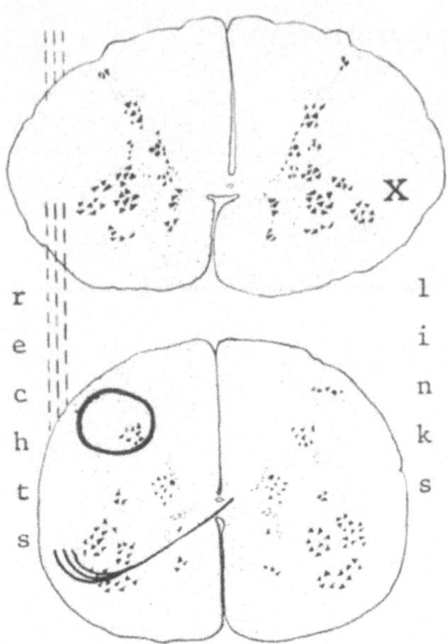

1017. Glatte Muskulatur, die z.B. in den Blutgefäßwänden sowie den Eingeweiden des Thorax und Abdomens vorkommt, wird u.a. von den _______ motorischen Kernen des Hirnstammes versorgt.

1092. Schreiben Sie hinter jeden der folgenden Hirnnerven s, b oder v für somato-, branchial- und visceromotorische Funktionen! (Mehrere Buchstaben können zu einem Hirnnerven gehören).

    Radices spinales des N. accessorius __

    N. trochlearis __

    n. hypoglossus __

    n. oculomotorius __

A

33. Unmittelbar hinter dem Lobus frontalis liegt der Lobus parietalis (Schläfenlappen). Der Gyrus postcentralis befindet sich im Lobus _________.

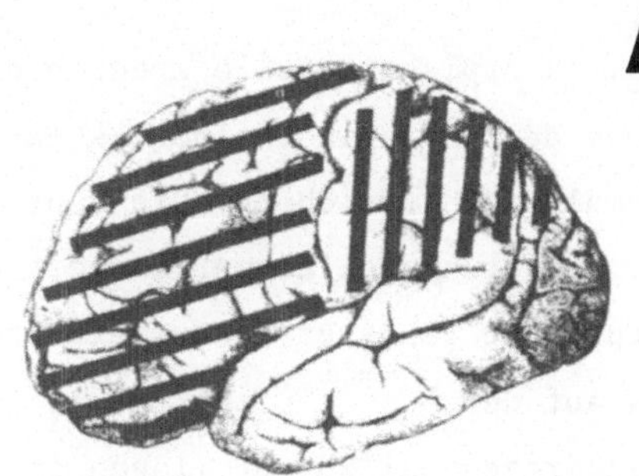

B

327. Kreuzen Sie die Namen von vier Hirnstrukturen an, die ein einziger Frontalschnitt erfassen könnte: Caput nuclei caudati _; Corpus nuclei caudati _; Crus posterius capsulae internae _; Nucleus lentiformis _; Sulcus calcarinus _; Thalamus _.

C

396. Obgleich alle Hirnlappen efferente Fasern in niedrigere Zentren entsenden, ist von einem der vier Lobi cerebri gegenwärtig noch nicht bekannt, ob er eine bedeutendere motorische Bahn in den Hirnstamm oder das Rückenmark abgibt. Umzeichnen Sie die Grenzen dieses Lappens in beiden Abbildungen!

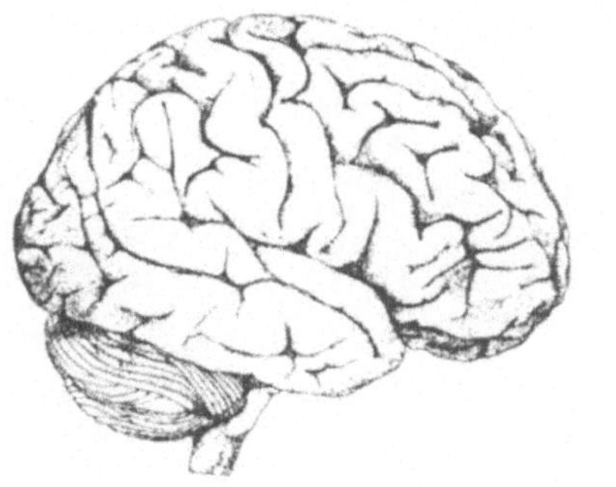
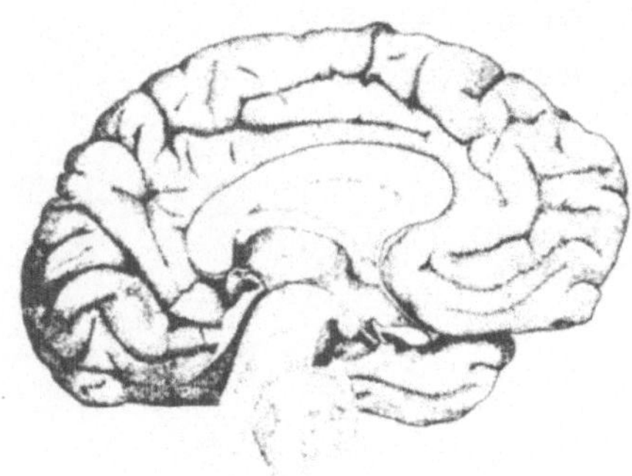

D

Die verschiedenen Arten der somatosensiblen Empfindungen. Beziehungen zwischen peripheren sensiblen Bahnen und Rückenmark (Abschnitt 685-708).

763. Im typischen Falle kreuzen die sensiblen
Axone des Tr. spinothalamicus lateralis nur
einmal die Mittelebene. Die zentralen Enden
(vom Ursprungszellkörper am weitesten entfernt) der längsten der umzeichneten Axone enden auf der _________ Seite des Thalamus. Die
zugehörigen Zellkörper liegen in der Substantia
_______ in einer _______eren Ebene des Rücken-
marks auf der _______ Seite. Obgleich uns Schmerz-, Wärme- und Kälteempfindungen bewußt werden, hat man noch nicht feststellen können, welche Bahnen
die Impulse von den Perikaryen tertiärer Neurone des _________ in den
_______ cerebri leiten.

E

F

1016A. somatomotorische Kerne (Kerne der medialen Reihe)
branchialmotorischen (Kerne der lateralen Reihe)

G

1092A. Radices spinalis des N. accessorius b

    N. trochlearis s

    N. hypoglossus s

    N. oculomotorius s, v

A

B

326A. dorsal

396A.

C

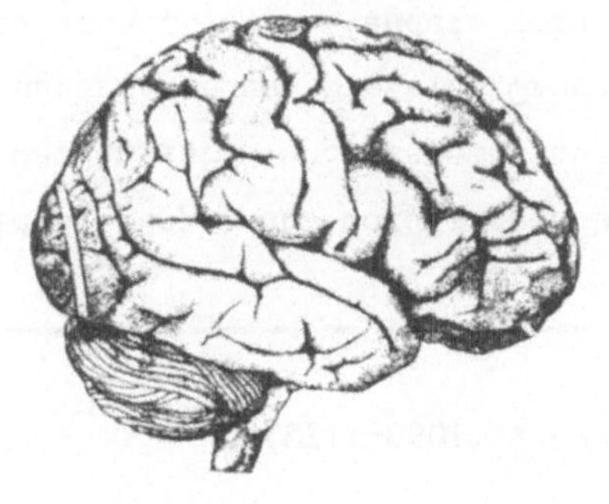 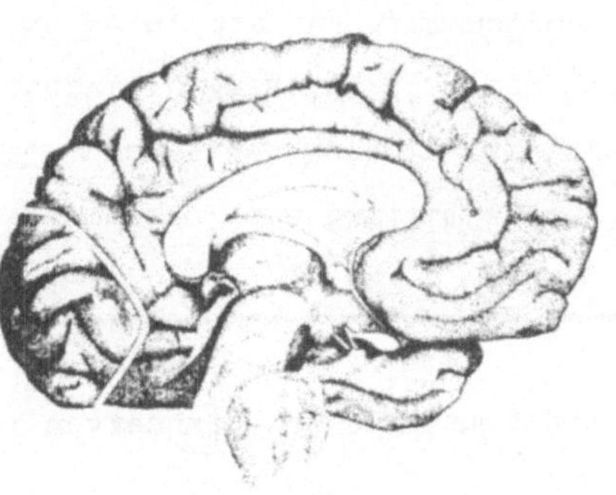

ventralis
lumbalis
thoracica
Columna lateralis
dorsalis
anterius
sacralis
cervicalis
684A. Teil B.

D

763A. derselben (ipsilateralen oder rechten)

niedrigeren oder tieferen

anderen (contralateralen oder linken)

Thalamus

Cortex

F

1016. Die beiden Gruppen der motorischen Hirnstammkerne, die Skeletmuskeln innervieren, werden auf Grund des embryonalen Ursprungs der Muskeln, die sie innervieren, unterschieden. Die eine Gruppe innerviert Muskeln, die sich von den Somiten ableiten, und die andere versorgt Muskeln, die aus Kiemenbögen hervorgehen. Welche Gruppe der motorischen Hirnstammkerne innerviert Skeletmuskeln, die sich aus Somiten entwickeln? _________________ ______. Skeletmuskeln die sich aus embryonalen Kiemenbögen entwickeln werden von der _________________ Gruppe der Hirnnervenkerne innerviert.

G

Motorische Hirnstammkerne und Hirnnerven (Abschnitt 1093-1122)

A

34. Die Grenze zwischen Stirnlappen und
Schläfenlappen bildet der Sulcus ________.
Markieren Sie diese Hirnfurche mit einem
Pfeil!

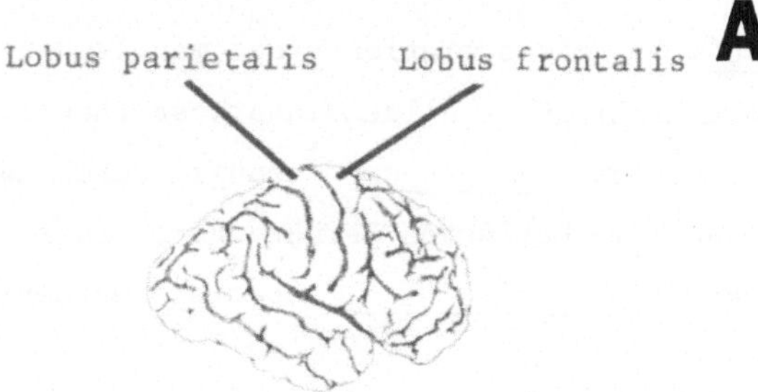

B

326. Der Thalamus liegt ________ al vom Kopf des Nucleus caudatus.

C

397. Läsionen (Verletzungen, Tumoren, Abszesse,
Entzündungen, Blutungen, Embolien, Thrombosen)
in der Capsula interna und Corona radiata sind
häufig. Eine Läsion an der Stelle X wird
sowohl die motorischen als auch die sensiblen Funktionen beeinträchtigen, da
Fasern die Capsula interna und Corona
radiata in ______ Richtungen passieren.

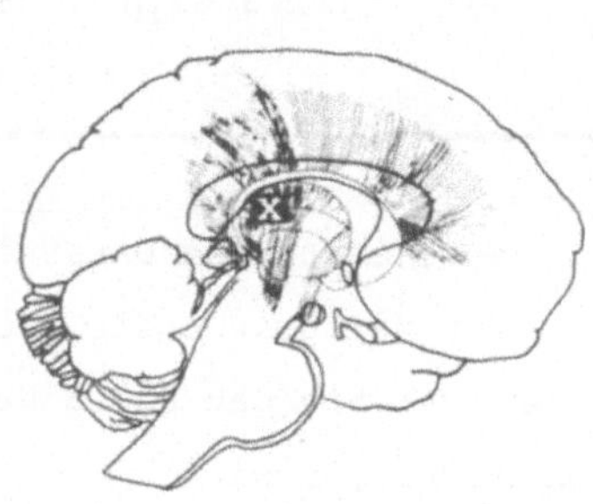

D

684. Teil B. Die Zahl der corticospinalen Fasern ist in der Pars ________ am
größten und in der Pars sacralis am niedrigsten. Im Cornu ________ der Medulla
spinalis befinden sich die meisten ihrer Synapsen. Durch die Radix ________
ziehen die sensiblen Fasern in das Rückenmark. Die Sympathicus-Perikaryen des
autonomen Nervensystems liegen zwischen Columna anterior et posterior in der
________ ________ im Bereich der Pars ________ und Pars ________ des Rückenmarks. Ihre Axone treten durch die Radix ________ aus.

764. Bei Hirnoperationen hat man früher die Erfahrung gemacht, daß bei Patienten, die nicht unter Allgemeinnarkose (Lokalanästhesie der Haut) standen, keine Temperatur- oder _______empfindungen durch das Skalpell hervorgerufen wurden. Dagegen gaben die Patienten Berührungs-, Druck- und Lageempfindungen an, wenn im Bereich des Gyrus ___________ operiert werden mußte.

F

1015. Es gibt drei Gruppen von motorischen Kernen im Hirnstamm: somatische, branchiale und viscerale. Sie innervieren zwei Muskeltypen:

somatomotorische Kerne
branchialmotorische Kerne }——→ Skeletmuskeln

visceromotorische Kerne ——→ { glatte Muskeln der Eingeweide, Gefäße und Drüsen

______ - und ______motorische Kerne innervieren ______muskeln.

G

1093. Dies ist eine schematische Darstellung des Hirnstammes von rechts dorsolateral. Das Cerebellum und die rechten Kleinhirnschenkel sind entfernt worden. Schreiben Sie den Namen der großen Öffnung im Hinterhauptsbein an die entsprechende Linie!

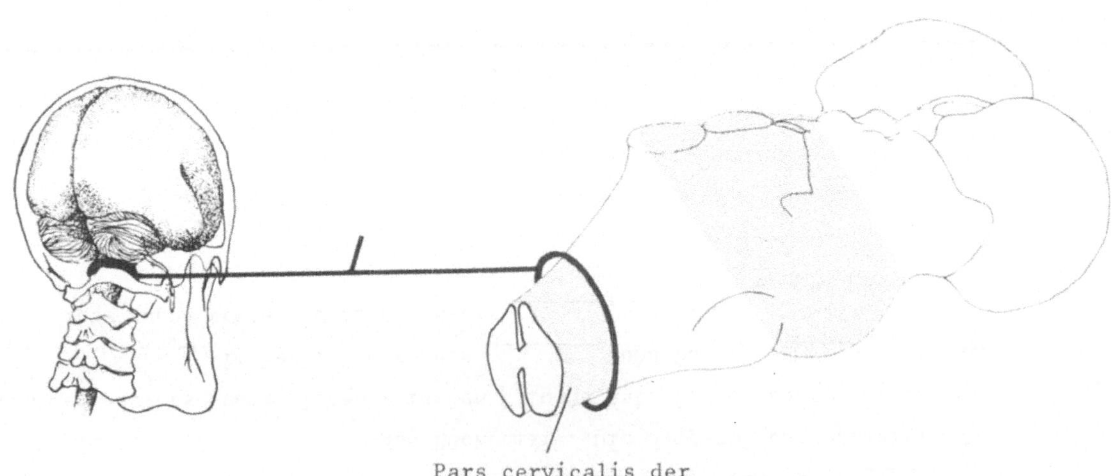

<u>34A.</u> centralis

Lobus parietalis   Lobus frontalis   **A**

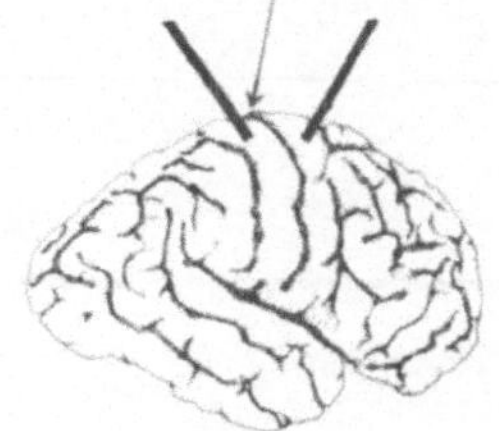

B

Das corticospinale System und die Strukturen des Hirnstammes: Mittelhirn
(Abschnitt 398–432)   **C**

D

765. Im allgemeinen unterscheidet man folgende somatische Empfindungsarten:
Wärme, ______, __________, ______, ______________ und ______ .

E

F

1014A. quartus (IV.)

ventral

lateral

G

1094. Wie auf der linken Seite der Abbildung dargestellt, setzt sich der
Nucleus __________ __ __________ aus einem Kollektiv von Nervenzellen zu-
sammen, die bis in das obere Halsmark unterhalb des Foramen magnum reichen.
Der Nucleus ________ liegt im oberen Bereich der Medulla oblongata. Beide
Kerne gehören zur ________motorischen Gruppe. Sie geben beide Axone an
den ___ Hirnnerv ab.

A

35. Der Sulcus centralis bildet die vordere Grenze des Lobus _________.

B

325. Erfaßt der Frontalschnitt den Globus pallidus? __. Die Ebene des Frontalschnittes ist mit dem Buchstaben _ im Horizontalschnitt angegeben.

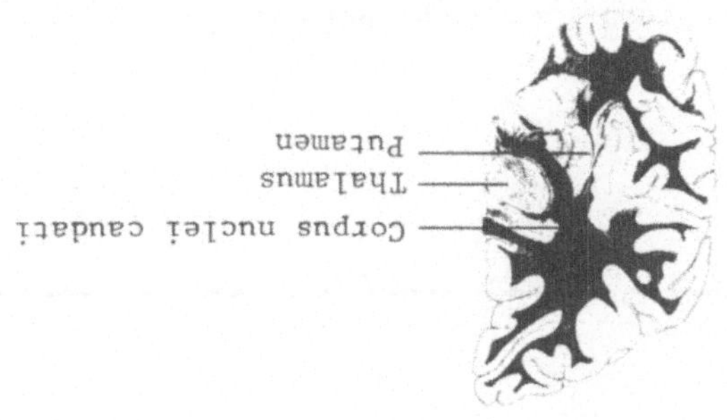

C

398. Der Hirnstamm hat beim Menschen eine andere Lagebeziehung zum Schädel als bei den Vierfüßlern (=Tetrapoden). Beim Hund liegt das Mittelhirn ventral von der Brücke. Beim Menschen befindet sich das Mesencephalon ______ vom Pons.

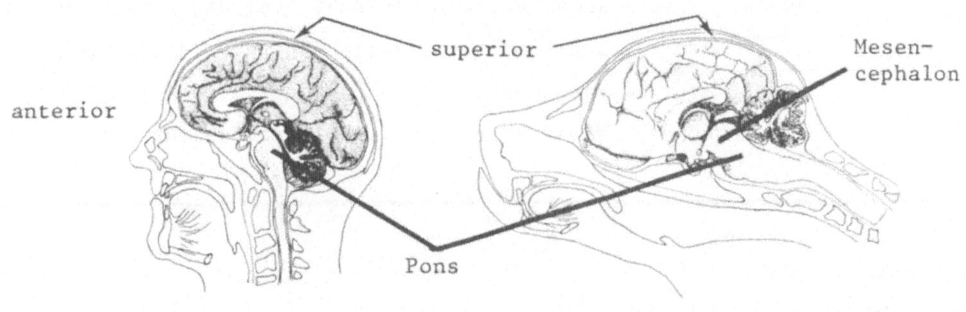

D

684. Teil A. Sie haben den Verlauf des corticospinalen Systems aus dem Cortex cerebri bis zu den Muskelfasern verfolgt. Es beginnt in den ________ Riesenzellen, die hauptsächlich im Gyrus precentralis liegen und endet als ein neuromuskuläres System, das _________ _______ genannt wird. Die Neuronen enden auf der _______ Seite des Rückenmarks. Nachdem die corticospinalen Fasern nacheinander durch drei Hirnstammbereiche _____________, ____ und _______ ________ gelaufen sind, kreuzen 80-90% von ihnen in der _________ ________ und laufen im Rückenmark nach unten als Tractus corticospinalis ________. Die übrigen 10-20% ziehen im Tractus corticospinalis _______ und kreuzen von einer Seite zur anderen in Höhe der _________ ____.

E

765A. Kälte

Berührung

Druck

Lageempfindung (Gelenkempfindung, Bewegungsempfindung, Kinästhesie)

Schmerz

F

1014. In den Querschnittsebenen des Rückenmarks liegen die motorischen
Neurone ventral und die sensiblen dorsal vom Zentralkanal. Im oberen
Bereich der Medulla oblongata erweitert sich der Ventriculus ______.
Die motorischen Kerne behalten etwa die gleiche relativ nahe Lage zur
Medianebene und ______al vom Ventrikel. Die sensiblen Kerne werden von
dem sich ausweitenden Ventrikel weiter nach ventral und ______ ver-
drängt.

G

1094A. spinalis n. accessorii

ambiguus

branchialmotorischen

XI

<u>35A</u>. parietalis

B

324A. Caput
corticospinalis
Crus posterius
Thalamus
Thalamus

C

<u>399</u>. Beim Menschen heißen die "kleinen Hügel" im dorsalen Bereich des Mesencephalon gemäß ihrer Anordnung Colliculi superiores et ________.

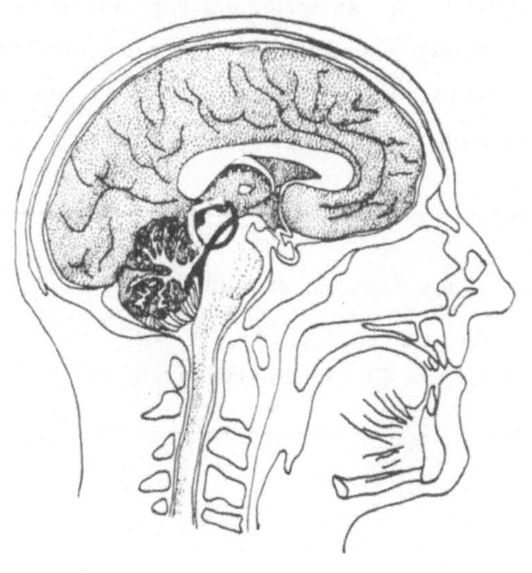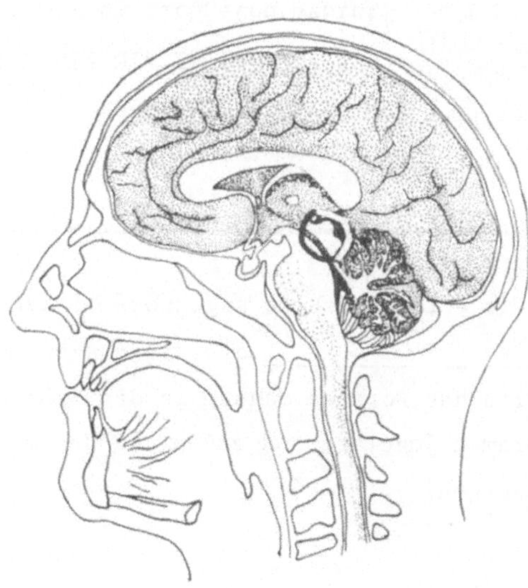

683A. rechten
normal (oder unverändert)
normal
gesteigert

D

766. Auf der Abbildung sehen wir schematisch
dargestellte Zellen und ihre Fortsätze.
Welche Empfindungsarten (Sensibilitätsquali-
täten) leiten sie? __________ und _____ .

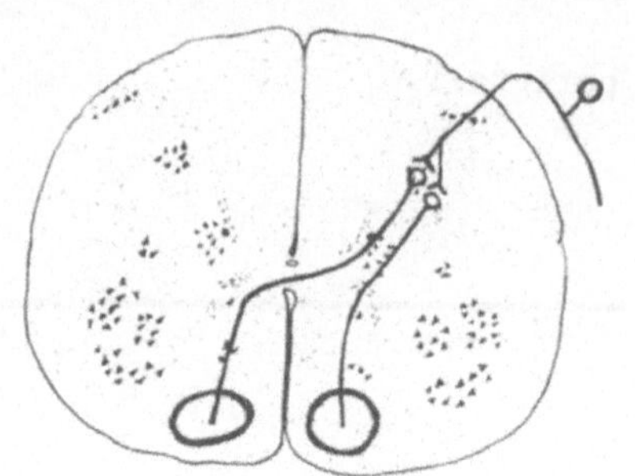

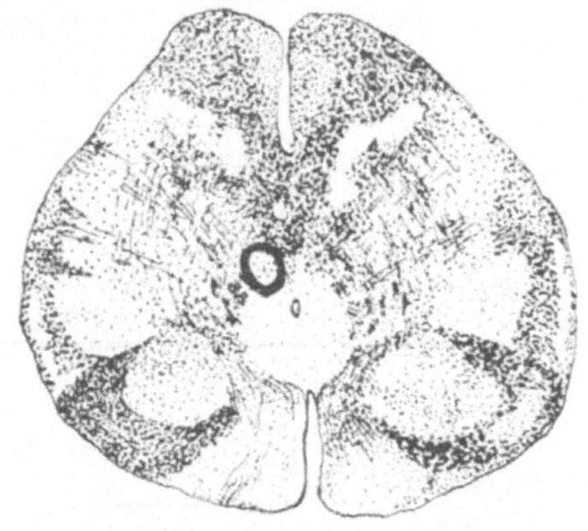

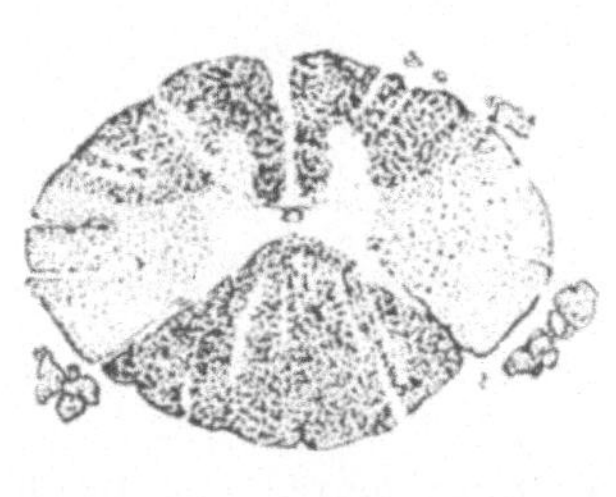

1013. Beachten Sie die Lage des Zentralkanals in bezug auf den umzeichneten
Kern der rechten Abbildung! Die Zellen dieses Kerns verhalten sich im Hinblick auf ihre Lokalisation und Funktion ähnlich wie die Zellen der
______ hörner des Rückenmarks. Die Zellkörper in dem umzeichneten Gebiet
haben _________ Funktionen.

1095. Wie auf dem Schema angegeben bilden die Axone der Neurone des Nucl.
________ __ _________ die Radices spinales des N. _________ . Diese laufen durch das Foramen magnum in den Schädel und dann als XI. Hirnnerv durch
das Foramen jugulare nach außen, um den M. _________ und M. _________________
zu versorgen.

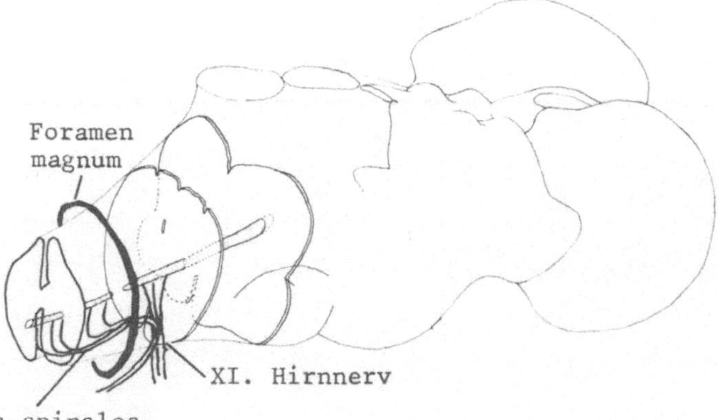

A

<u>36.</u> Dorsal vom Gyrus precentralis des
Lobus _________ liegt der Lobus
_________. Kennzeichnen Sie mit einem
Pfeil die Grenze zwischen diesen bei-
den Lappen!

B

C

<u>399A.</u> inferiores

<u>324.</u> Für Frontalschnitte in den Ebenen A, B
und C gilt: Schnitt A läuft durch das _____
nuclei caudati, aber nicht durch den Thalamus.
Lateral beginnend erfaßt der Schnitt B den
Nucleus lentiformis, danach markhaltige Nervenfasern des Tractus _____________ im _____
_________ capsulae internae und dann den
_______. Schnitt C geht eben noch durch den
Nucleus lentiformis, dann durch die Capsula
interna und breiten Teil des _______.

D

<u>683.</u> Nach einer Unterbrechung (Verletzung, krankhafter Prozeß) des Tractus
corticospinalis lateralis in Höhe von T6 auf der rechten Rückenmarksseite kann der
Untersucher eine Dorsalflexion und/oder das Spreizphänomen beim Bestreichen der lateralen Fußsohle oder -seite des ______ Fußes auslösen. Die Sehnenreflexe sind im
rechten Arm _____, im linken Bein _____ und _________ im rechten Bein.

767. Primäre Neurone, die Berührungsempfindungen leiten, bilden Synapsen
sowohl mit sekundären Neuronen, deren Axone die Mittelebene kreuzen und
dann im gegenseitigen Tractus _______________ ________ des Rückenmarks
aufsteigen, als auch mit sekundären Neuronen, deren Axone auf ________
Seite aufwärts (cranialwärts)
laufen.

E

1012A. cervicalis
Hinterhörner
Vorderhörner

F

1095A. spinalis n. accessorii
      accessorius (XI)
      trapezius
      sternocleidomastoideus

G

A

<u>36A.</u> frontalis

parietalis

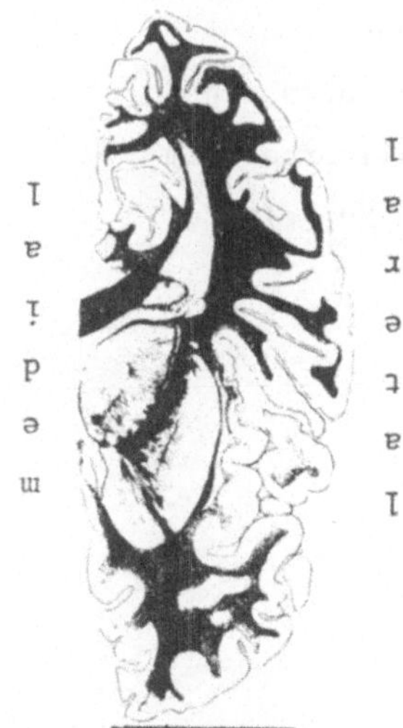

Schreiben Sie an die entsprechenden Stellen der Abbildungen anterior, posterior, superior und inferior!

B

C

<u>400.</u> Cranial liegen der rechte und linke Colliculus ________, unterhalb davon befinden sich der rechte und linke Colliculus ________. Die Gesamtzahl dieser "kleinen Hügel" des Mittelhirns beträgt _.

<u>682A.</u> corticospinalis

Plantarflexion

Plantarflexion

D

E

<u>767A.</u> Spinothalamicus anterior

derselben (ipselateralen).

F

<u>1012.</u> Der Nucleus tr. spinalis n. V liegt in der Medulla oblongata und den
oberen Teilen der Pars _________ des Rückenmarks. Er geht kontinuierlich in
die _____hörner des Rückenmarks über. Gleichartig gehen einige motorische
Komponenten des Hirnstammes kontinuierlich in solche der _____hörner des
Rückenmarks über.

G

<u>1096.</u> Peripher laufen die Axone des XI. Hirnnerven in verschiedene
Richtungen. Axone aus Zellkörpern der ____ _________ des Rückenmarks ziehen
zum M. sternocleidomastoideus und M. trapezius. Die Axone aus Zellkörpern im
Nucleus _______ der Medulla oblongata laufen zu quergestreiften Muskeln des
_______ und _______.

A

<u>37.</u> Die vorderste Hirnwindung des Lobus parietalis ist der Gyrus ___________.

B

<u>322A.</u> Myelin

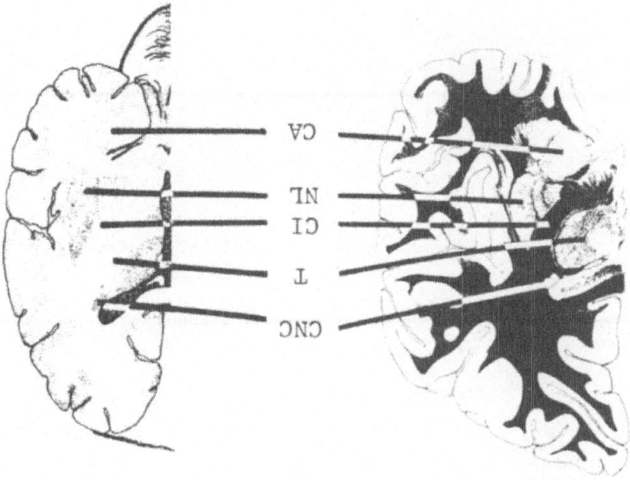

CNC
T
CI
NL
CA

C

<u>400A.</u> superior

inferior

4

D

<u>682.</u> Normalerweise ist bei einem Säugling in den ersten Monaten nach der Geburt das Babinskische Zeichen positiv (auslösbar). Nachdem aber die Entwicklung des Tractus ___________ ein bestimmtes Stadium erreicht hat, wird diese Bahn funktionstüchtig. Das Bestreichen der lateralen Bereiche der Fußsohle – oder auch der Außenseite des Fußes – führt zu einer ___________ der Zehen. Die normale Reaktion beim Erwachsenen ist eine ___________ oder ein sogenannter Fluchtreflex.

768. Im Sinne der Definition werden Neuritenbündel, die die Medianebene kreuzen und äquivalente, symmetrische Strukturen verbinden, Commisuren genannt. Andere Begriffe werden für Neuritenbündel verwendet, die unsymmetrische Strukturen verbindend die Medianebene überqueren. Zum Beispiel werden Fasern, die von der Pyramide zur Medulla oblongata und dem rechten Tractus corticospinalis _________ ziehen unter der Bezeichnung Decussatio _________ zusammengefaßt.

E

F

1011A. Canalis centralis

grauer

G

1096A. Pars cervicalis

    ambiguus

    Larynx

    Pharynx

A

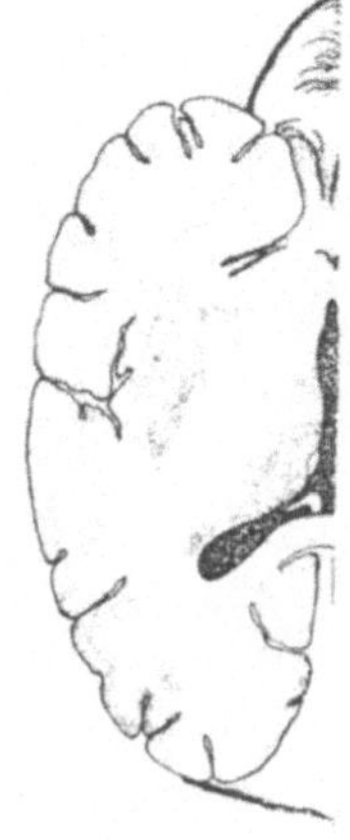 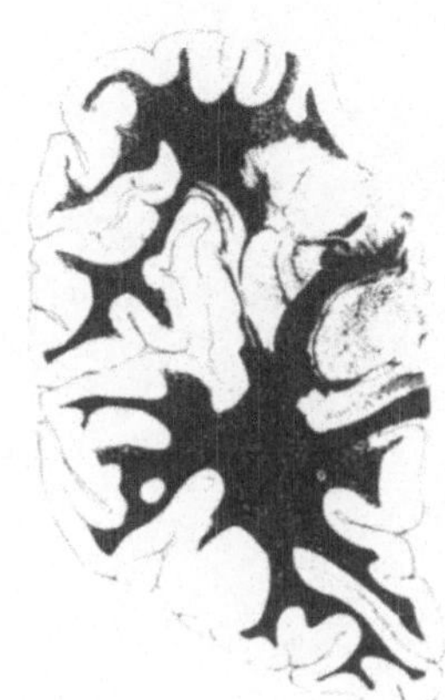

B

322. Im linken Frontalschnitt ist das ___ angefärbt worden. Zeichnen Sie in beide Abbildungen mit den folgenden Abkürzungen ein. Nucleus lentiformis (NL), Capsula interna (CI), Thalamus (T), Corpus nuclei caudati (CNC), und Corpus amygdaloideum (CA)!

C

401. Beim Hund würde man die analogen Gebilde des Mittelhirns - auf der Abbildung liegen sie in dem Kreis - _________ anterior und _________ posterior nennen.

D

681. Von einem positiven Babinskischen Zeichen spricht man, wenn eine Dorsalextension der Großzehe und/oder eine Spreizung der 2. bis 4. Zehe (Spreizphänomen) ausgelöst werden können.

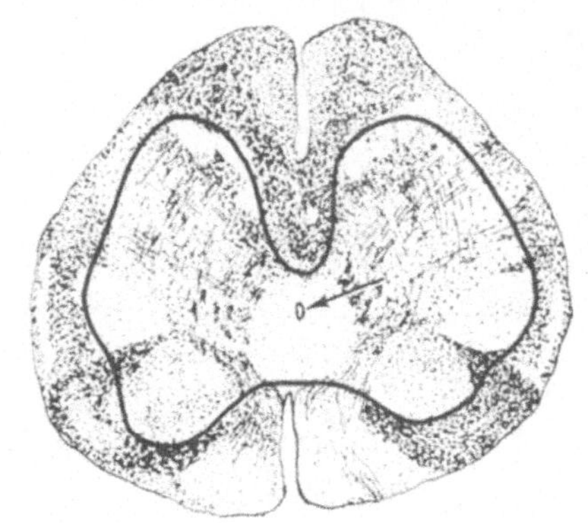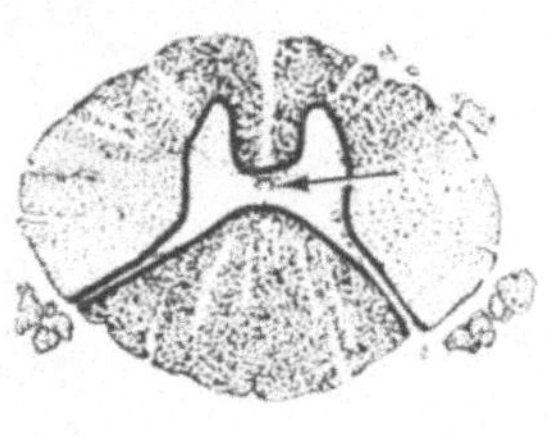

1011. Die graue Substanz des Rückenmarks geht kontinuierlich in die des verlängerten Marks über. Auf beiden Schnitten zeigt der Pfeil auf den ____.
Die große Fläche innerhalb der dick gezeichneten Kontur setzt
sich hauptsächlich aus ____ Substanz ____ zusammen.

F

1097. Ein kleiner Teil der Axone aus
dem Nucleus ambiguus läuft zum Larynx
und Pharynx über den XI. Hirnnerven.
Die meisten Axone aus diesem Kern
ziehen im ___ und ___ Hirnnerven nach
außen. Ein Teil der Axone aus dem
Nucl. ambiguus verläßt den XI. Hirnnerv und schließt sich dem N. _____
unmittelbar außen vom Foramen jugulare
an. Zeichnen Sie auf der rechten Seite
des Schemas Axone, die vom Perikaryon
des Nucleus ambiguus und Nucl. spina-
lis n. accessorii im IX., X. und XI. Hirnnerv nach außen laufen.

38. Der Sulcus centralis ist in den einzelnen Gehirnen ziemlich konstant. Markieren Sie den Sulcus
centralis in der Abbildung beiderseits mit einem
C! Die Abbildung stellt die Hirnoberfläche in der
Ansicht von _______ dar.

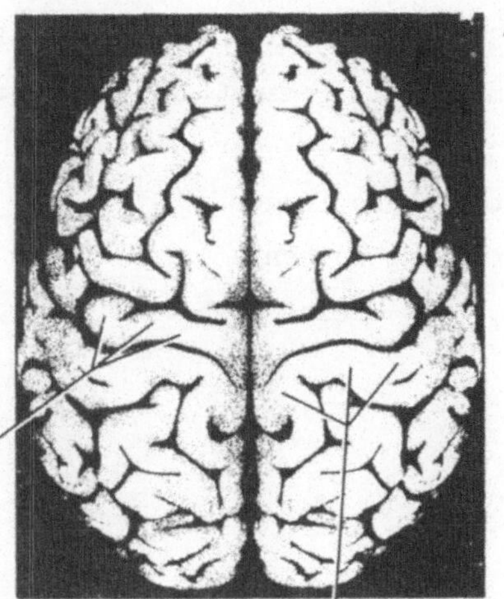

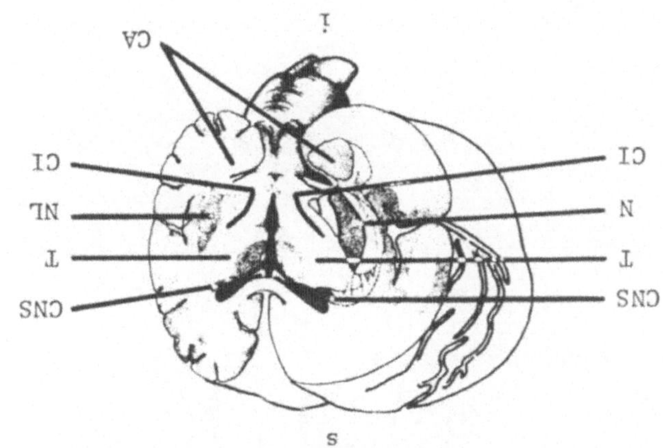

321A.

402. Die Colliculi superiores und Colliculi inferiores
liegen im dorsalen Bereich des ____________, das ein
Teil des Hirnstammes ist.

680A. Babinskischen

oben (oder cranial), Dorsalextension)

<u>769.</u> In der Praxis werden oft alle die Medianebene kreuzenden Fasern
Com________ genannt. Alle sekundären Schmerz- und Temperaturaxone sowie
ein großer Teil der sekundären Druck- und ________axone kreuzen die
Mittelebene in der ________ _____ des Rückenmarks. Andere Druck und
Berührung leitende Axone ziehen im Fasc. ________ und Fasc. ________ auf
________ Seite nach cranial.

F

Die motorischen Kerne des Hirnstammes. (Abschnitt 1011-1035)

G

<u>1097A.</u> X. (N. vagus)

XI. (N. accessorius)

N. vagus

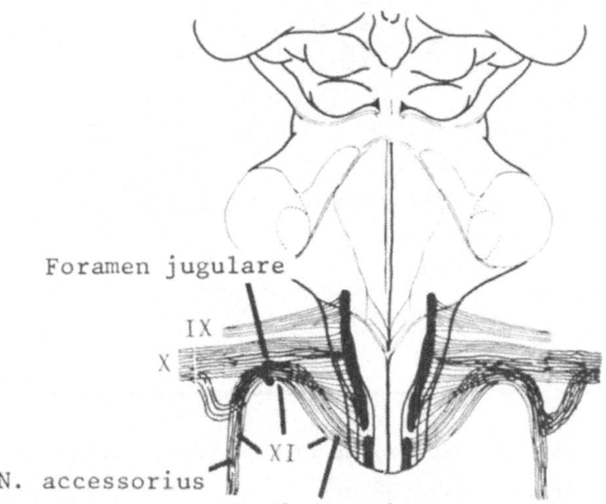

680. Wenn der Untersucher den lateralen Bereich
der Fußsohle eines Erwachsenen mit einem stumpfen
Gegenstand in der Längsrichtung ein oder mehr-
mals bestreicht, so reagiert dieser normalerweise
mit einer Plantarflexion aller Zehen oder er
zieht den Fuß weg (Fluchtreflex). Bei auslösbarem
(positiven) ___________ Zeichen spreizen sich
die 2. bis 4. Zehe und die Großzehe bewegt sich
nach ___ .

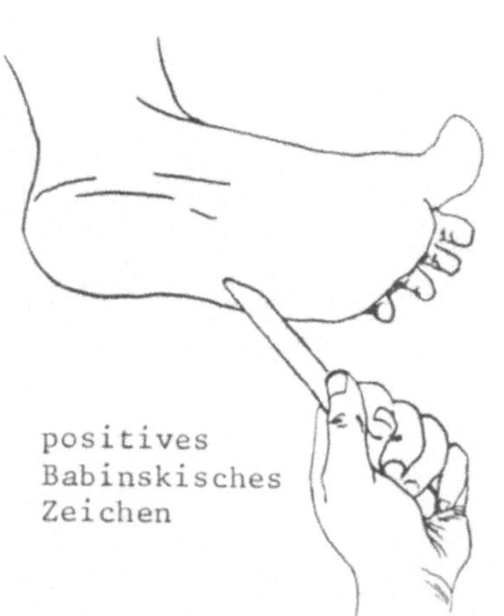

D

402A. Mesencephalon (oder Mittelhirn)

C

321. Markieren Sie mit Hinweislinien und Buchstaben in der Schnittebene auf beiden Seiten den
Nucleus lentiformis (N), das Corpus nuclei caudati
(CNC), Corpus amygdaloideum (CA), den Thalamus (T)
und die Capsula interna (CI). Schreiben Sie
superior (s) und inferior (i) an die entsprechenden Stellen der Abbildung!

B

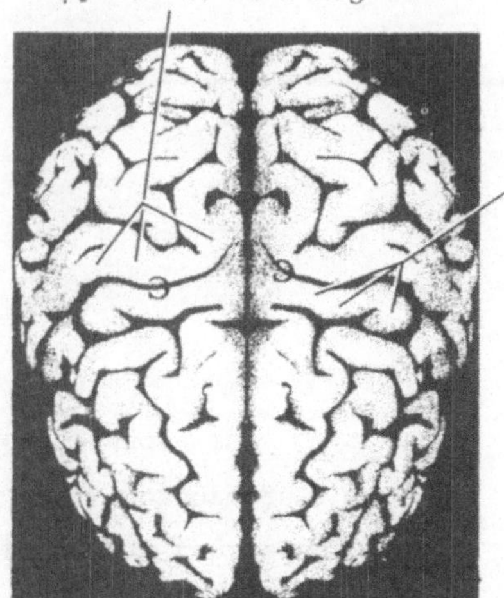

38A. cranial (oder: oben, superior)

A

E

770. Zeichnen Sie die beiden fehlenden
Zellköper der sekundären, Berührungsempfindungen leitenden Neurone in
die Abbildung!

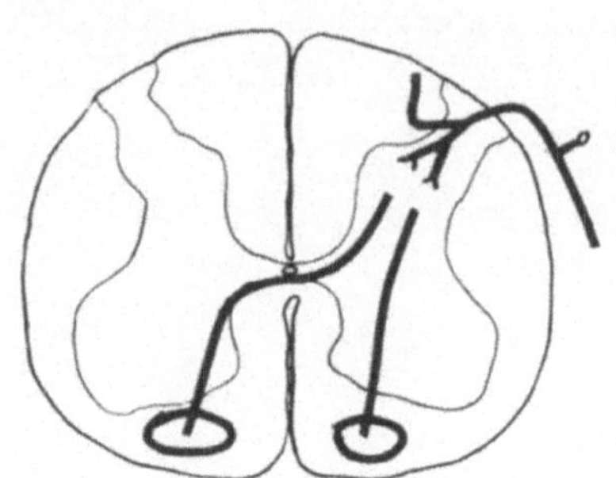

F

1010A. linken (contralateralen)
spinothalamicua
rechten
rechten
contralateralen
ipselateralen

G

1098. Kennzeichnen Sie die Radices
spinales und den peripheren Teil
des N. accessorius (XI), den
N. vagus (X) und N. glossopharyngeus (IX)!

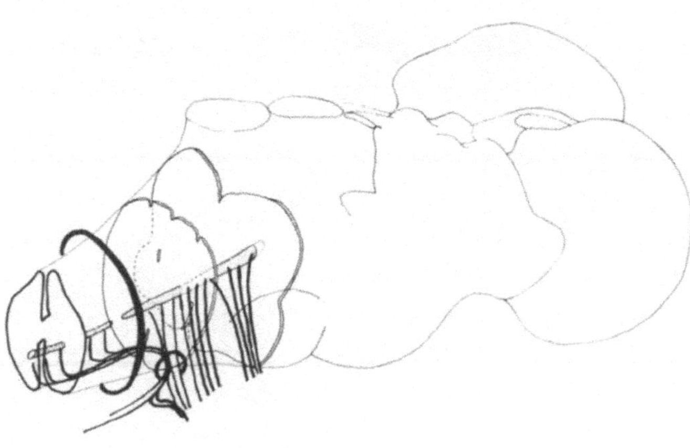

A

 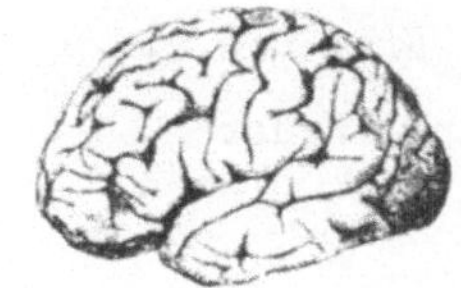 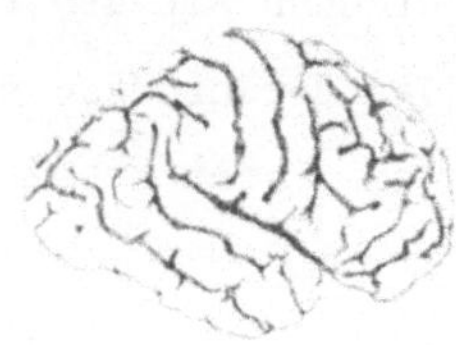

Das Muster der Hirnfurchen variiert von Gehirn zu Gehirn. Kennzeichnen Sie den Gyrus precentralis mit einem p in den drei Abbildungen.

B

320A. medial
dorsal

C

403. Kennzeichnen Sie in diesem Median-schnitt die Hirnstruktur, auf die die Hinweislinie zeigt! Geben Sie an, auf welcher Hirnseite sie liegt!

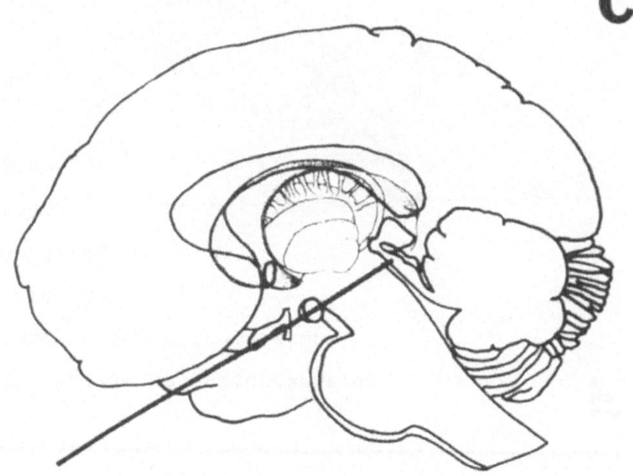

D

679. Der wichtigste und für die Erkennung eines Schadens im Tractus corticospinalis nützlichste Reflex wird zu Ehren eines polnischen Neurologen, der ihn beschrieben hat, ________ Zeichen (Phänomen) ge-nannt.

E

771. Zeichnen Sie die fehlende sekundäre sensible
Faser der Berührungs- und Druckbahn ein! Die einzu-
zeichnende Faser kreuzt im Rückenmark in der

______ ___.

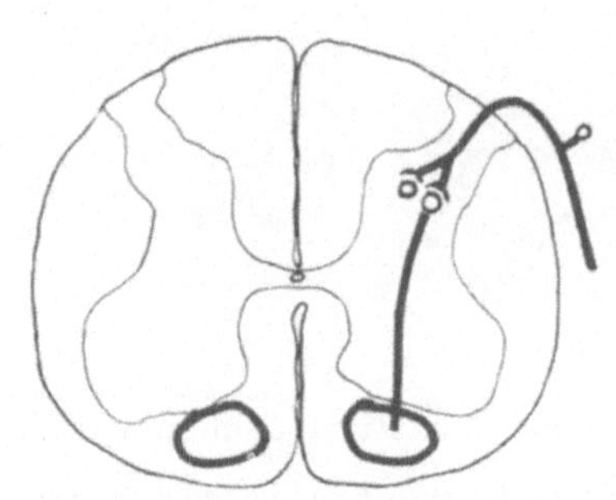

F

1010. Die mit gekreuzten Linien dargestellte Schädigung verursacht den
Ausfall der Schmerz- und Temperaturempfindung in den Extremitäten
und dem Rumpf der ______ Körperhälfte, da sie den
Tr. ______ lateralis bei seinem Aufstieg
in der ______ Hälfte der Medulla oblongata
unterbricht. Ebenso unterbricht die Schädigung die absteigenden primären Axone des
Tr. spinalis n. V und verursacht damit den
Ausfall der Schmerz- und Temperaturempfindung der ______ Gesichtshälfte. Bei dieser
gelegentlich vorkommenden Schädigung im
seitlichen Bereich der Medulla oblongata
fallen also die Schmerz- und Temperaturempfindungen der ______ Körper- und ______ Gesichtshälfte aus.

G

1098A.

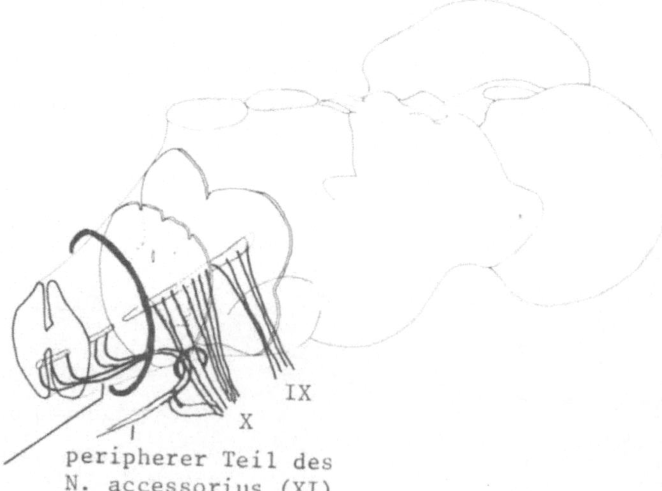

Radices spinales des   peripherer Teil des
N. accessorius (XI)   N. accessorius (XI)

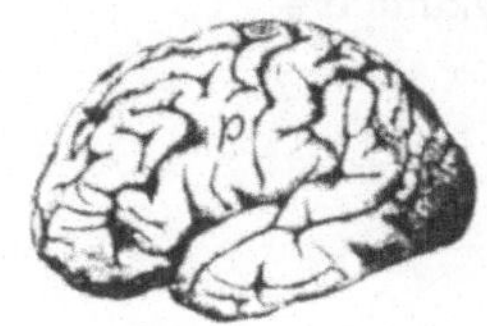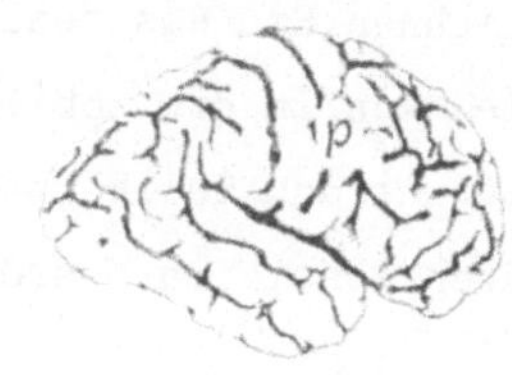

A

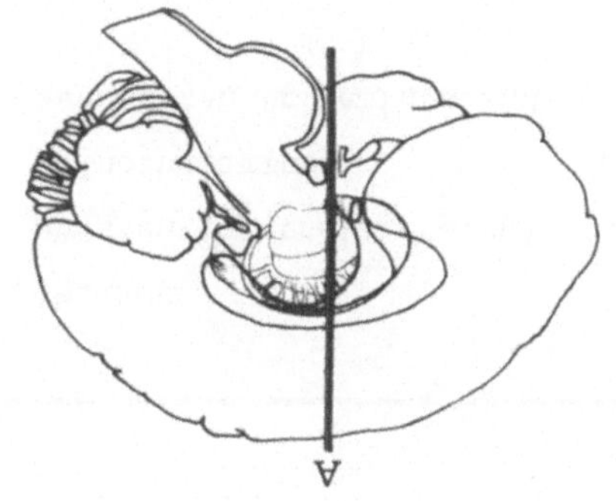

B

320. In der frontalen Schnittebene A liegt
der Thalamus hauptsächlich ____ al vom
Nucleus lentiformis. Der Thalamus liegt
____ al vom Caput nuclei caudati.

C

403A.

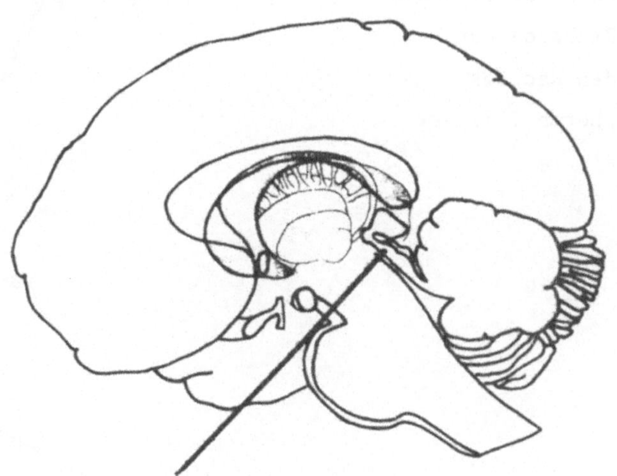

678A. weißen
thoracalis
lumbalis
linken (oder derselben, ipsilateralen, homolateralen)

D

772. Zeichnen Sie das fehlende, sekundäre sensible Axon in die Abbildung! "A" kennzeichnet den Zellkörper des _____ären sensiblen Neurons.

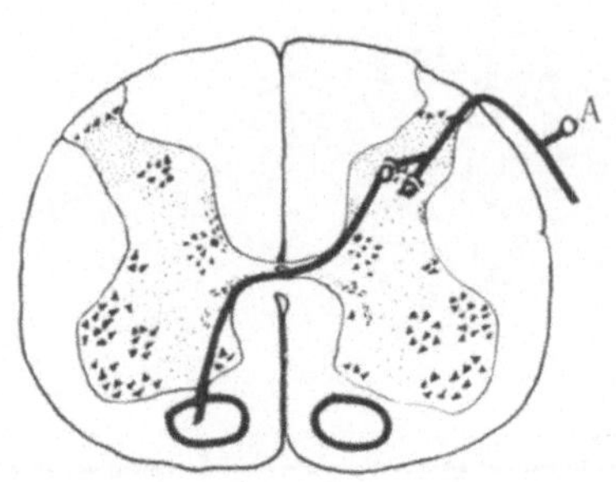

F

1009A. Thalamus

anderen (contralateralen) spinothalamicus sekundären Trigeminusbahn

G

1099. Hals und Kopf einer Giraffe wurden abgebildet. Zeichnen Sie die Radices spinales und den peripheren Teil den N. accessorius (XI) von den Nervenzellkörpern bis zu den Muskeln! Geben Sie mit Pfeilen die Richtung der Erregungsleitung in den Radices spinales und im peripheren Teil der Nerven an!

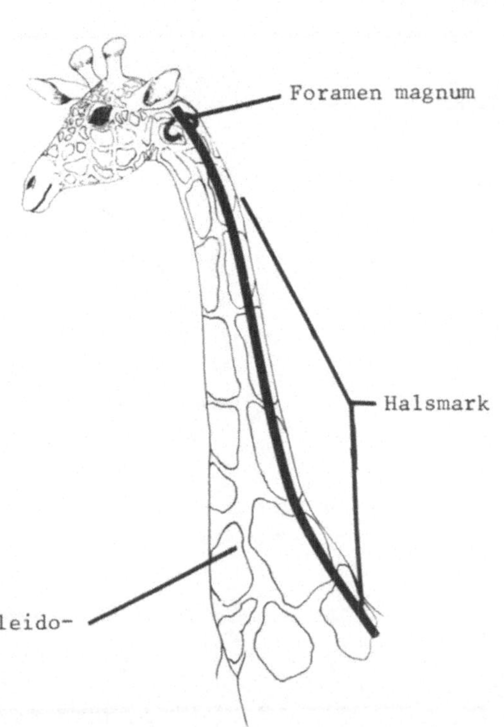

A

40. Kennzeichnen Sie mit Hinweislinien und Namen die drei
den Gyrus precentralis und
Gyrus postcentralis begrenzenden Sulci!

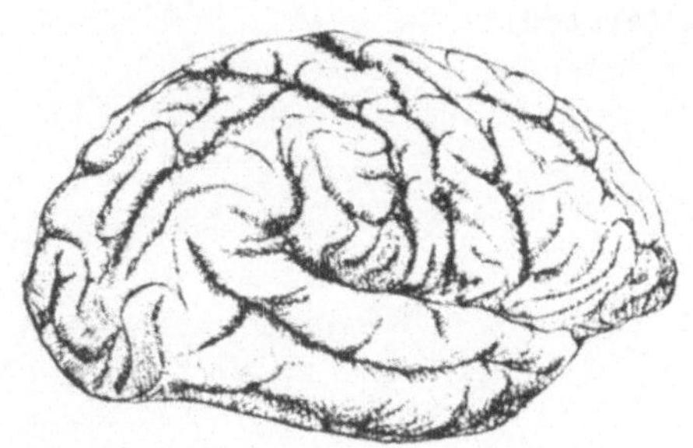

B

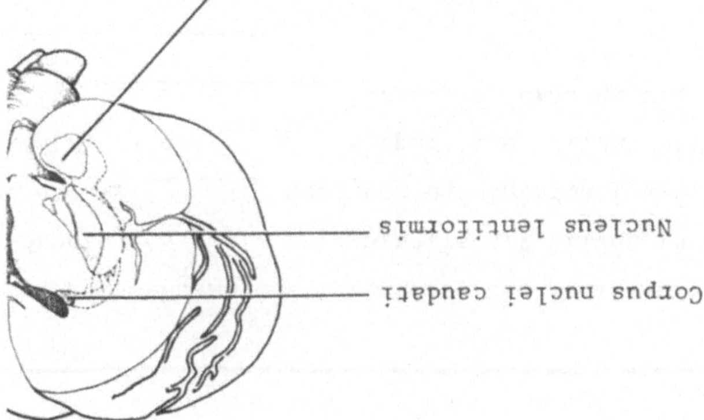

319A.

C

404. Richtungsbezeichnungen am
Schädel und Gehirn:
anterior oder _______
posterior oder ______
superior oder _______
inferior oder ______

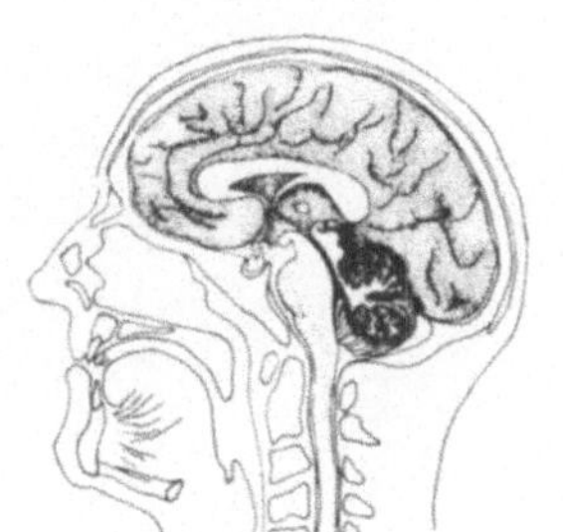

D

678. Eine Spastik (straffe Lähmung) im linken Bein bei normalen Sehnen-
reflexen in den Armen ist sehr verdächtig auf eine Läsion der ______
Substanz in der Pars ______ oder oberen Pars ______ auf der ______
Seite.

E

772A. primären (ersten)

F

1009. Die Axone des Tr. spinothalamicus lateralis, der medialen Schleife und Axone aus Nervenzellkörpern des Nucl. tr. spinalis n.V bilden ihre oberste Synapse mit Neuronen, die im ________ beginnen und Informationen über verschiedene Empfindungsqualitätn aus der ______ Körperseite leiten. Der Rumpf und die Gliedmaßen werden vom Tr. ___________ lateralis versorgt wie der Kopf von der vorderen ________ _________ .

G

1099A.

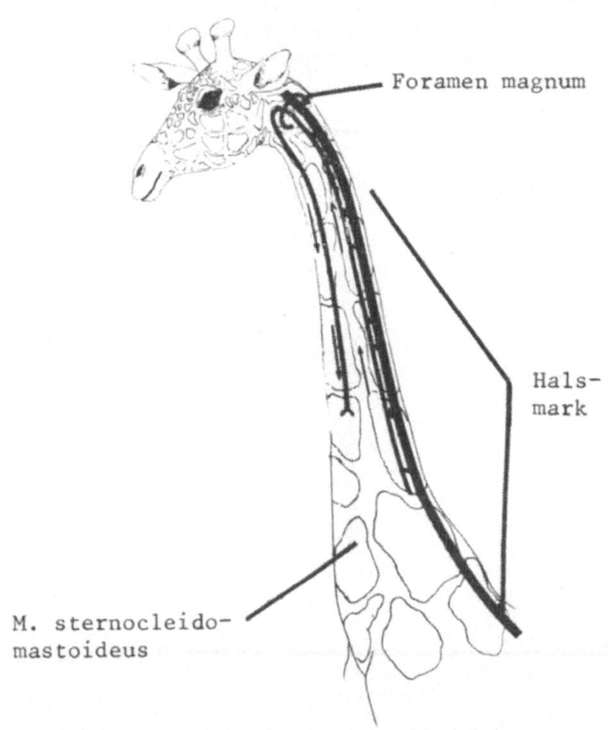

H

Schlagen Sie Seite 592 auf und arbeiten Sie die Krankengeschichten klinischer Fälle durch!

40A.

A

---

319. Markieren Sie mit Hinweislinien und Namen in der rechten Abbildung das Corpus amygdaloideum, den Nucleus lentiformis und den Körper des Nucleus caudatus!

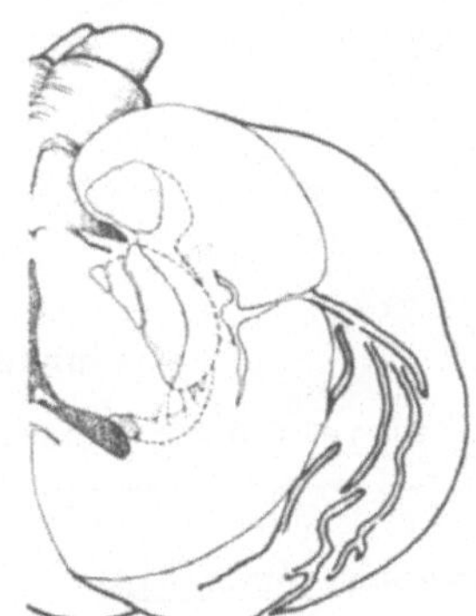
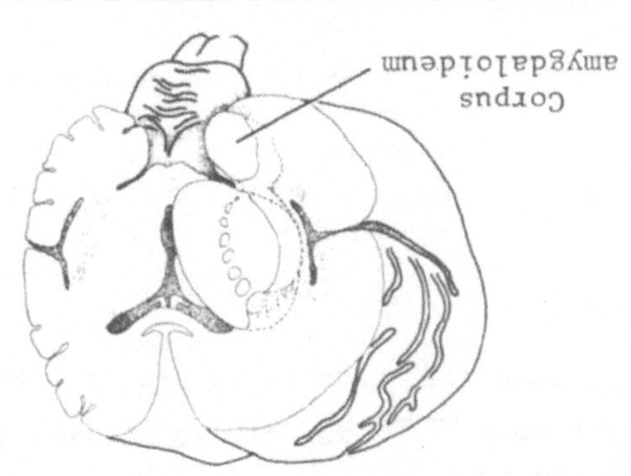

B

---

405. Bei niederen Tieren wird das rostrale (frontale) Ende mit _______ bezeichnet, und das caudale Ende mit _______. Jedoch wird oben ______ und unten ______ genannt.

C

677A. Vorderhorn g; Hinterhorn g; Tractus corticospinalis lateralis w; Tractus corticospinalis anterior w; Columna lateralis g; Capsula interna w.

D

773. Zeichnen Sie auf der linken Seite das Perikaryon eines primären Neurons der Berührungsbahn mit seinem Axon! Kreisen Sie beiderseits den Tr. spinothalamicus anterior ein! Zeichnen Sie die Perikaryone zweier sekundärer sensibler Neurone und die Axone der Berührungsbahn ein! (Ein Axon kreuzend, das andere nicht kreuzend). Diese Bahnen leiten auch die _____empfindung.

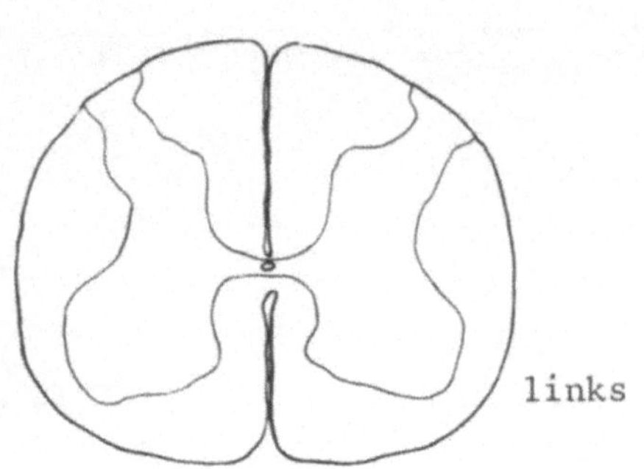

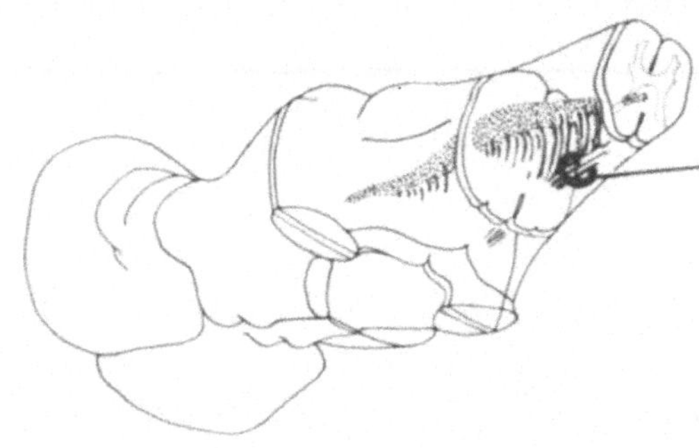

1008. Die umzeichneten Fasern bilden in ihrer Gesamtheit die _____. Es handelt sich um Axone, der _____ären _____ Neurone in der afferenten Bahn, nachdem sie die Medianebene gekreuzt haben.

1100. Welcher von den beiden caudalsten branchialmotorischen Kernen gibt Axone an den XI. Hirnnerv zur Versorgung des M. sternocleidomastoideus und M. trapezius ab? _____ _____ ___ _____. Aus welchem Kern erhält der XI. Hirnnerv Axone zur Versorgung des Larynx und Pharynx? _____ _____. Branchialmotorische Axone des IX. und X. Hirnnerven kommen aus dem Nucl. _____. Der IX. und X. Hirnnerv enthalten auch Axone aus _____motorischen Kernen.

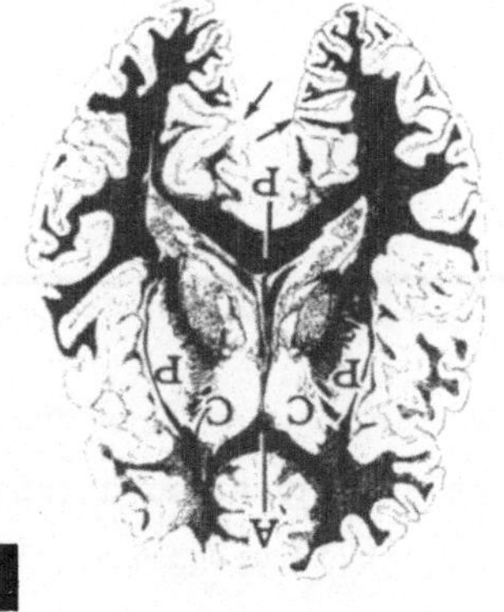

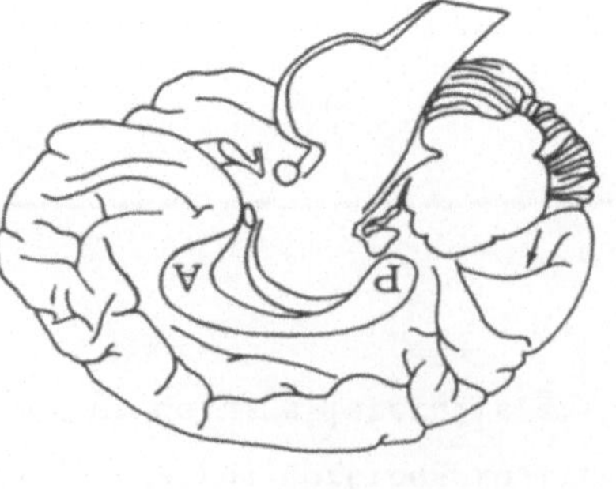

1306A. 2. medialen occipitalis Sehvermögen 3. Brücken Capsula interna (oder eine entsprechende Feststellung)

41. Verbinden Sie die randständigen Bezeichnungen mit den entsprechenden Hirnstrukturen durch Linien! Nennen Sie den Lappen, zu dem die einzelnen Hirnwindungen gehören!

Gyrus precentralis

Sulcus centralis

Gyrus postcentralis

Sulcus precentralis

vordere Grenze des Lobus parietalis

Sulcus lateralis

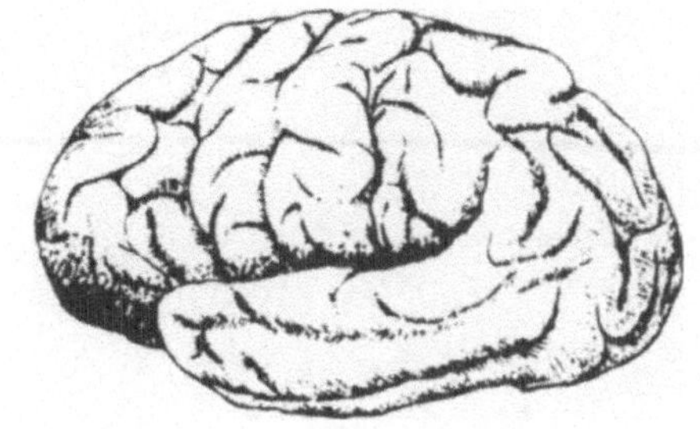

Sulcus postcentralis

Gyrus temporalis superior

Sulcus temporalis superior

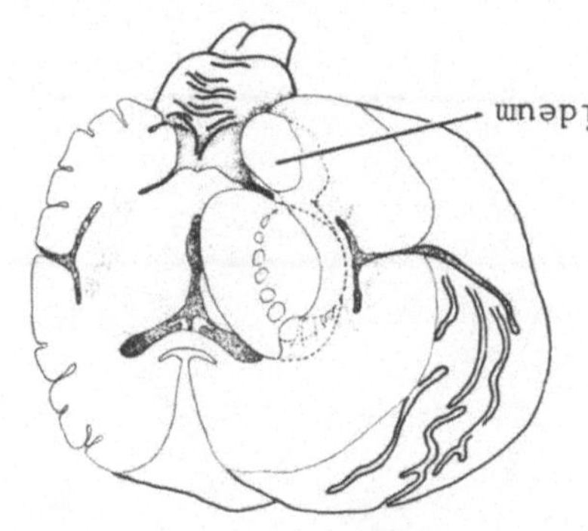

318. Kennzeichnen Sie mit einem X auf der seitlichen Oberfläche des Nucleus lentiformis die Stelle, die dorsal von der Schnittebene liegt! Kennzeichnen Sie mit einem Pfeil des Corpus nuclei caudati unmittelbar an der freien Schnittfläche!

---

406. In der anatomischen Terminologie des Rückenmarks werden zum Teil die Adjektive ventral und dorsal im Sinne der jetzt gültigen internationalen anatomischen Nomenklatur verwendet. Wir werden uns weitgehend an die internationale Nomenklatur halten, um eine Übereinstimmung mit den neuen Lehrbüchern zu gewährleisten. In der neuroanatomischen Literatur finden wir konsequenterweise oft die Bezeichnungen _________ und _________.

anterior posterior

---

677. Notieren Sie in Verbindung mit jedem der folgenden Begriffe, ob die getrennte Hirnstruktur aus weißer (w) oder grauer Substanz (g) besteht! Vorderhorn _, Hinterhorn _, Tr. corticospinalis lateralis _, Tr. corticospinalis anterior _, Columna lateralis _, Capsula interna _.

773A. Druckempfindung

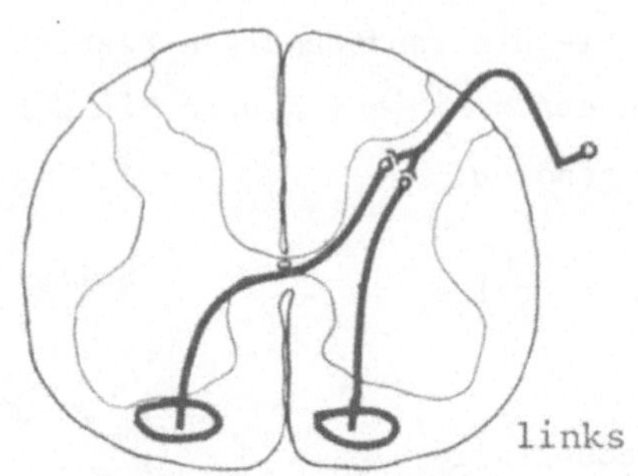

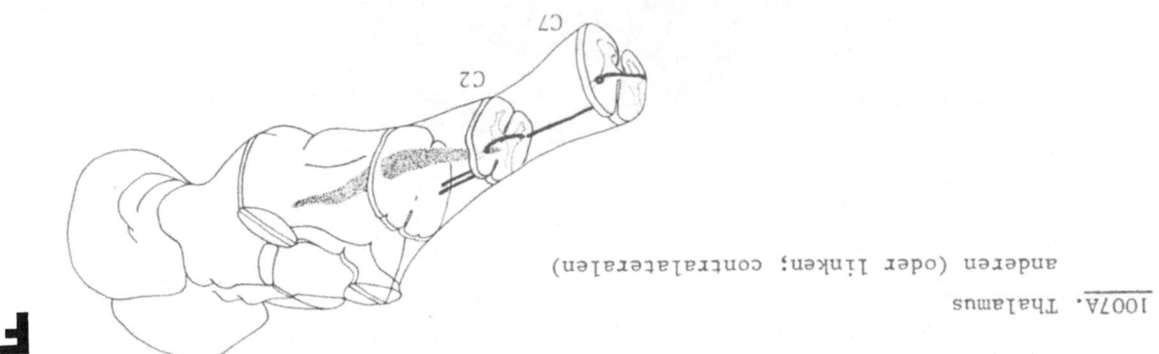

1007A. Thalamus

anderen (oder linken; contralateralen)

F

G

1100A. Nucleus spinalis n. accessorii

Nucl. ambiguus

ambiguus

viscero-

motorisch

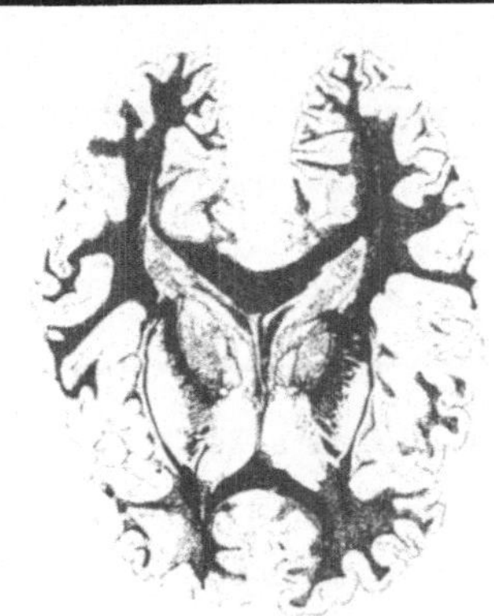

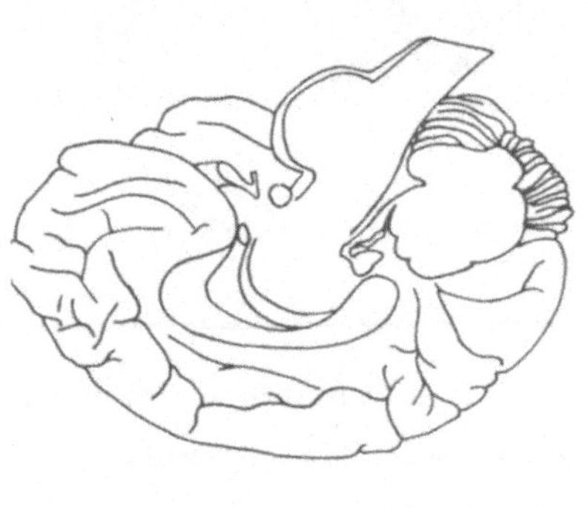

1306. Bezeichnen Sie mit A(anterior) und P(posterior) die ventralsten und dorsalsten Teile des Corpus callosum auf beiden Abbildungen! 2. In der grauen Substanz des Sulcus calcarinus, der fast vollständig im Bereich der _______ Oberfläche des Lobus __________ liegt, befinden sich Neurone, die das ______vermögen übertragen. Kennzeichnen Sie den Sulcus calcarinus auf beiden Abbildungen mit Pfeilen! 3. Markieren Sie auf beiden Seiten des Horizontal-schnittes beide Bestandteile des Corpus striatum mit ihren Initialen! Beide Teile werden durch die Nervenzellen enthaltende _______ verbunden. Sie gingen ganz ineinander über, wenn nicht die Fasern der _______ _______ hier durch-liefen.

H

A

41A.

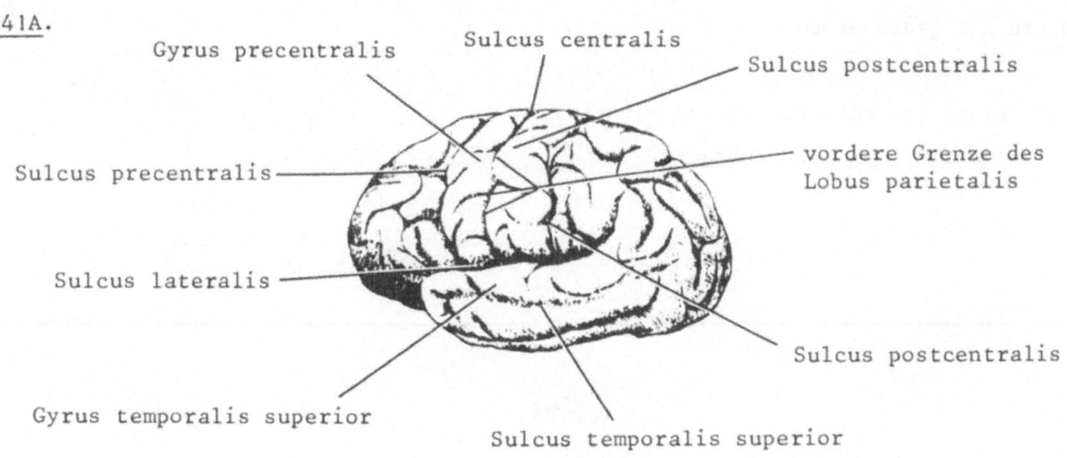

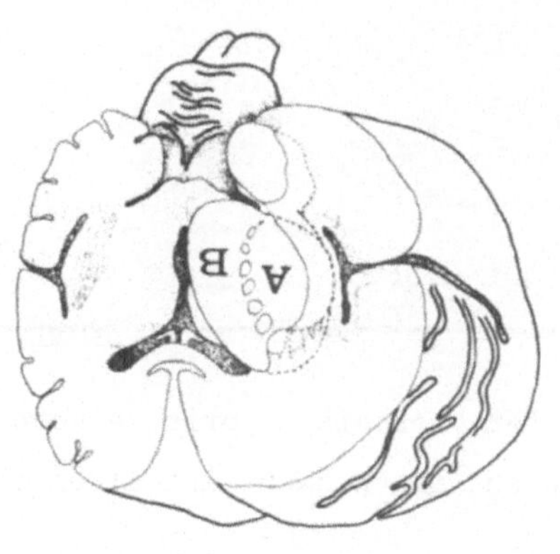

317A.

B

406A. anterior; posterior

C

676. Ein Patient mit einem ausgedehnten Schaden des linken Tractus pyramidalis im Bereich der Medulla spinalis kann seinen _____ Arm und sein _____ Bein nicht bewegen. Selbst die Sehnenreflexe erlöschen, wenn Perikaryen oder Axone der _____ motorischen Neurone ausfallen.

D

E

774. Fasern aus jedem Hinterhorn ziehen in den Tr. spinothalamicus anterior beiderseits. Die Fasern eines Tr. spinothalamicus anterior stammen also aus ______ Hinterhörnern.

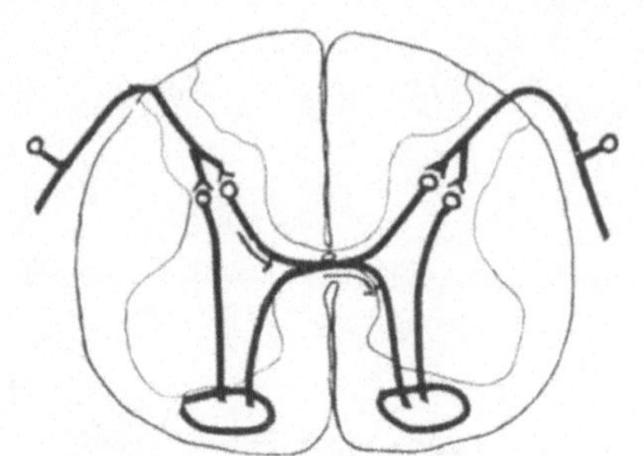

F

1007. Ein sekundäres "Schmerzaxon" ist in C 7 eingezeichnet worden. Es steigt in den Hirnstamm auf. Zeichnen Sie auf den Schnitt C 2 ein analoges Axon, das aus einem Zellkörper im Nucl. tr. spinalis n. V kommt. Beide Axone enden im ________ auf der ______ Seite.

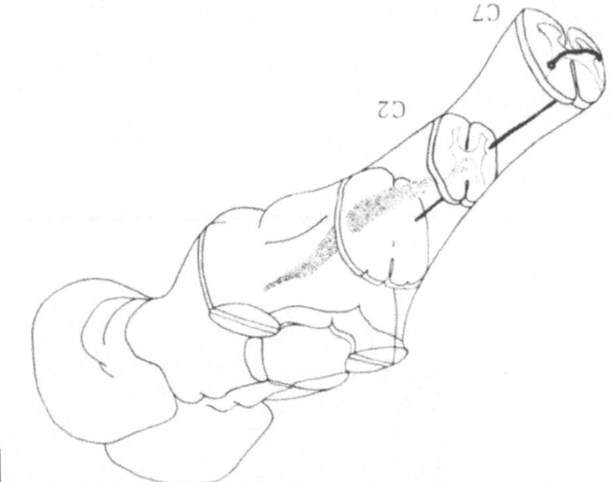

G

1101. Es gibt vier branchialmotorische Kerne. Schreiben Sie die Hirnnerven, die aus ihnen Axone enthalten mit ihren Ordnungszahlen hinter die Kerne!

a) Nucl. spinalis n. accessorii ___

b) Nucl. ambiguus ___ , ___ , ___

c) Nucl. n. facialis ___

d) Nucl. motorius n. trigemini ___

H

1305A. 1 Thalamus

posterius

2 linken (contralateralen)

linken

linke

die meisten efferenten "Gesichtsfasern" weiter vorn in der inneren Kapsel liegen (oder eine äquivalente Feststellung)

A

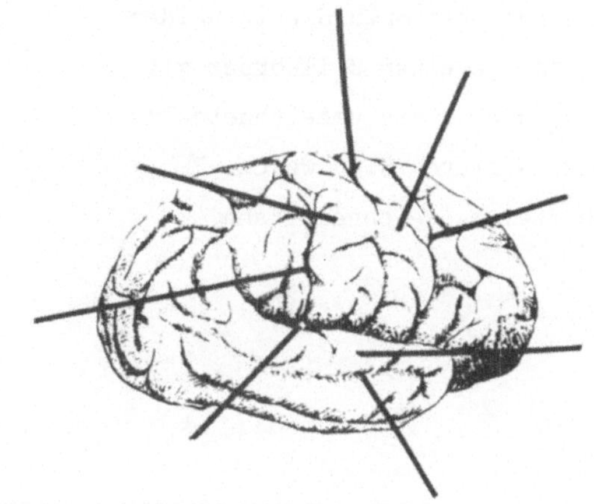

B

Corpus amygdaloideum

317. Kennzeichnen Sie mit A das Caput nuclei caudati
und mit B das Putamen an der Stelle, die von der
freien Schnittfläche nach rostral ragt.

C

407. Das Cerebellum (Kleinhirn)
liegt beim Menschen ____al des
Mesencephalon, ____ und der
Medulla oblongata.

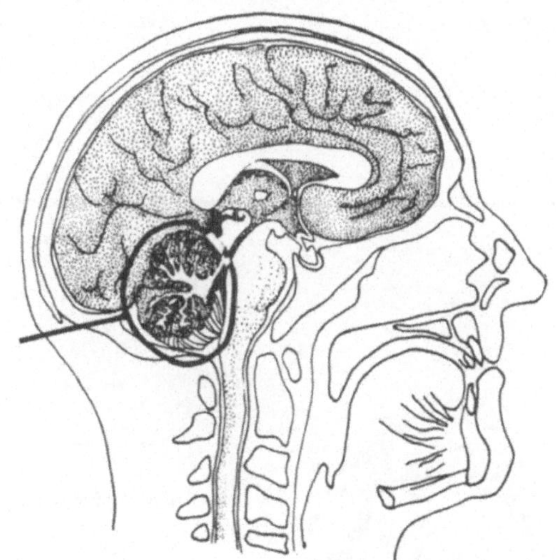

D

675A. cerebri
anterius
Medulla spinalis
ersten (oder primären, oberen)
nein

775. Umzeichnen Sie im abgebildeten Schnitt durch das Lumbalmark den linken Tr. spinothalamicus anterior! Zeichnen Sie in beiden Rückenmarkshälften je einen Zellkörper mit seinem Axon ein, der in die umzeichnete Bahn einstrahlt. Notieren Sie, welche Empfindungsarten die umgezeichnete Bahn leitet!

E

F

1006A. anderen (oder linken, contralateralen)
Thalamus
Somatosensibilität
linken

G

1101A. a) IX
  b) IX, X, XI
  c) VII
  d) V

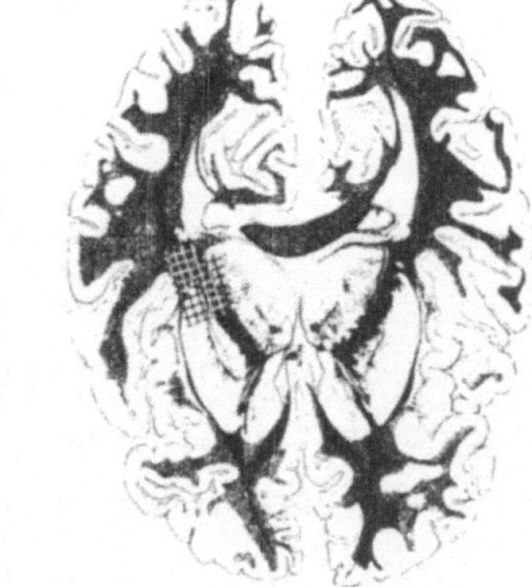

H

1305. 1. Afferente Fasern, die im Lobus parietalis, occipitalis und temporalis enden, kommen aus Zellkörpern, die im _______ liegen. Sie laufen durch das Crus _______ capsulae internae. 2. Bei einem Patienten mit der eingezeichneten Läsion kam es zu Sensibilitätsausfällen auf der _______ Körperseite. Seinen _______ Arm und das _______ Bein kann er willkürlich nicht mehr bewegen. Die Gesichtsmuskulatur ist nur geringfügig beeinträchtigt, da

A

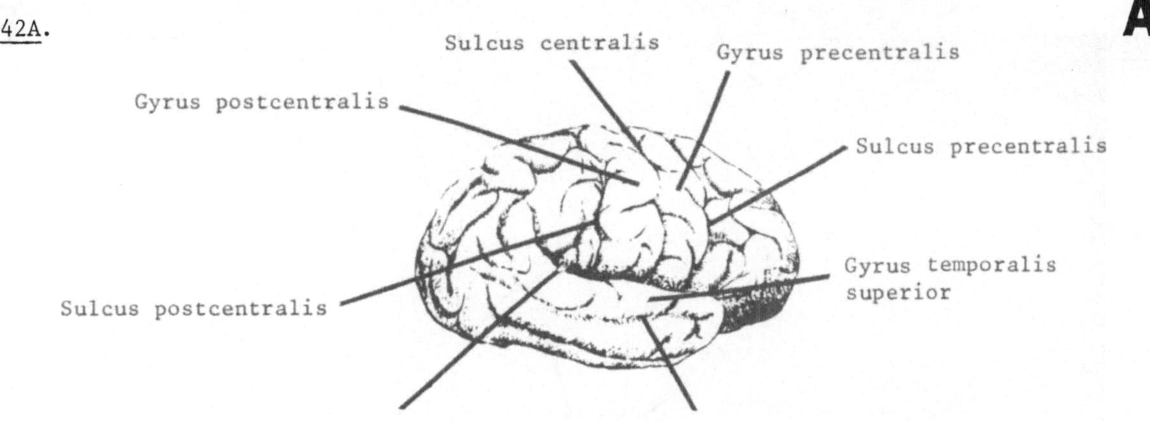

B

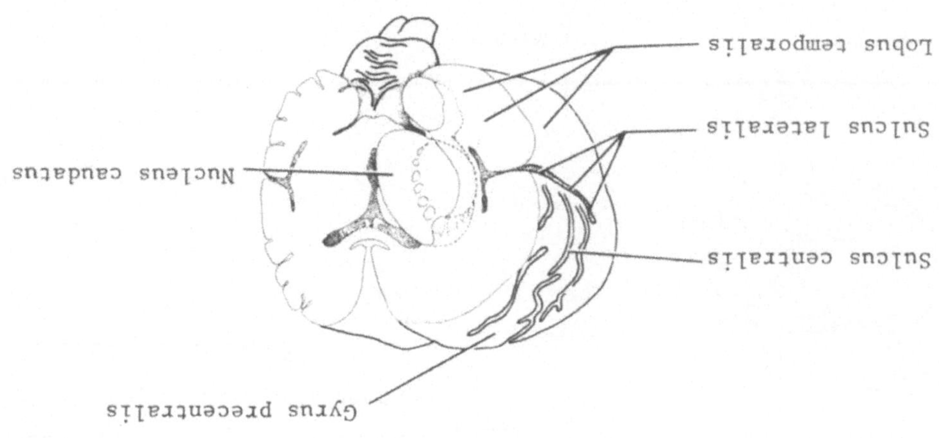

C

408. Infolge des aufrechten Ganges liegt beim Menschen der Polus frontalis ______ und der Polus occipitalis ______. In der gleichen Terminologie ist die Ansicht des Hirnstammes und Rückenmarks von hinten eine ______ Ansicht und von vorn eine ______.

D

675. Die Zellkörper der ersten (primären, oberen) motorischen Neuronen liegen im Cortex ______. Zellkörper der zweiten (sekundären, unteren) motorischen Neuronen befinden sich hauptsächlich im Cornu ______ der ______. Spastik ist ein klinisches Zeichen für eine Schädigung im ______ motorischen Neuron. Führt diese Schädigung zum Verlust der Sehnenreflexe? ______.

E

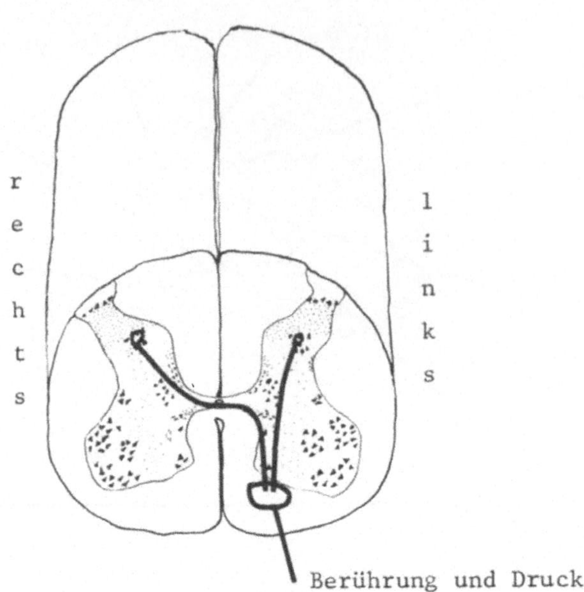

F

1006. Die schematisch eingezeichneten Axone enden auf der _______ Seite des _______. Sie leiten Informationen über die _______ aus der _______ Seite des Kopfes.

G

1102. Der Nucleus _______ __ _______ innerviert die ___muskeln. Die branchialmotorische Komponente des N. trigeminus wird auch Radix _______ (Portio minor) genannt, zur Unterscheidung vom sensiblen Teil, der Radix sensoria (Portio major). Der Schmerz- und Temperaturempfindungen leitende Teil des N. trigeminus besitzt Zellkörper im Ganglion _______ und Wurzelfasern, die im Hirnstamm und dem oberen Halsmark als Tractus _______ __ _______ laufen.

H

1304A. precentralis
frontalis
lentiformis
Putamen
Globus pallidus

Oberfläche des Gehirns: Teil II (Abschnitt 43-86); (Blättern Sie um und fahren Sie fort mit Abschnitt 43!)

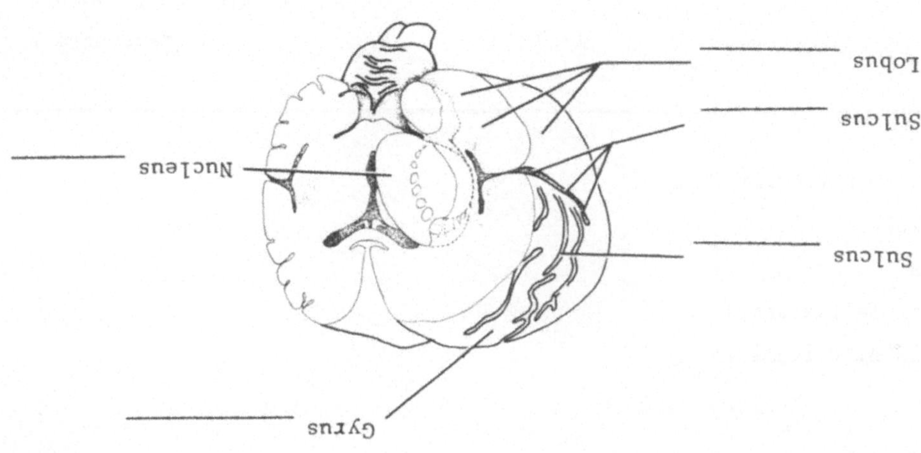

316. Schreiben Sie die entsprechenden Namen an die Abbildung!

B

C

408A. ventral (anterior)

dorsal (posterior)

dorsale (posteriore)

ventrale (anteriore)

674A.

D

Schlaffheit der Muskulatur — Läsion in der Capsula interna

Spastik der Muskulatur — Läsion in der Radix ventralis

Synapsen der sensiblen Bahnen: Hinterstränge und spinocerebellare Bahnen
(Abschnitt 776-809).

1005A. somatosensible
anderen (contralateralen)
Thalamus

1102A. motoria n. trigemini

Kaumuskeln

motoria

trigeminale (Gasseri)

spinalis n. trigemini

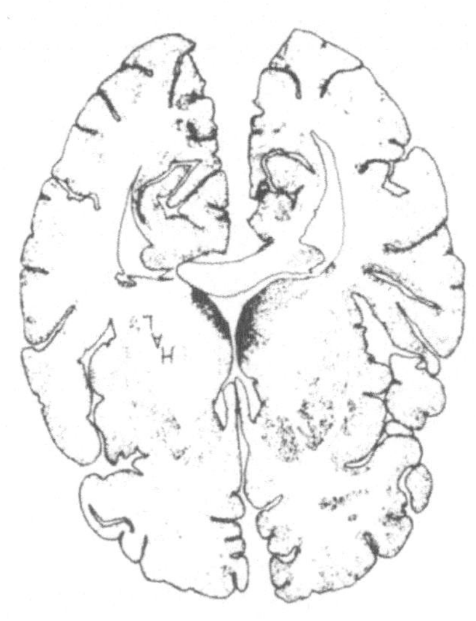

1304. Die Buchstaben in der rechten Capsula interna geben die topographische
Verteilung der Axone an, die aus Zellkörpern im Gyrus __________ des Lobus
__________ kommen. Die Capsula interna begrenzt den Nucl. __________ nach
medial, der aus dem __________ und __________ besteht.

174

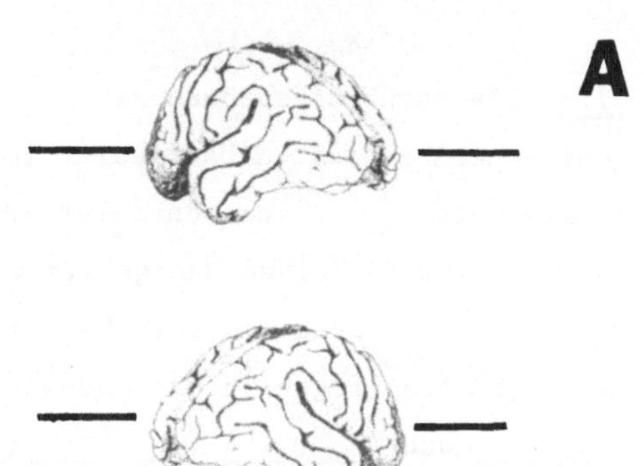

A

43. Der ventrale Bezirk der Hirnrinde ist ein Teil des Lobus frontalis, der entgegengesetzte dorsale - ein Teil des Lobus occipitalis (Hinterhauptslappen). Schreiben Sie die Namen der Hirnlappen in der lateinischen und deutschen Terminologie an die Hinweisstriche! Beachten Sie, daß die Abbildungen eine Schrägansicht darstellen!

B

315. Betrachten Sie den Nucleus caudatus und das Putamen! Sie blicken von _______ auf das Gehirn. Auf der _______ Hirnseite ist das Corpus ______ schematisch dargestellt worden. Es ragt teilweise aus der Ebene des _______- schnittes heraus.

C

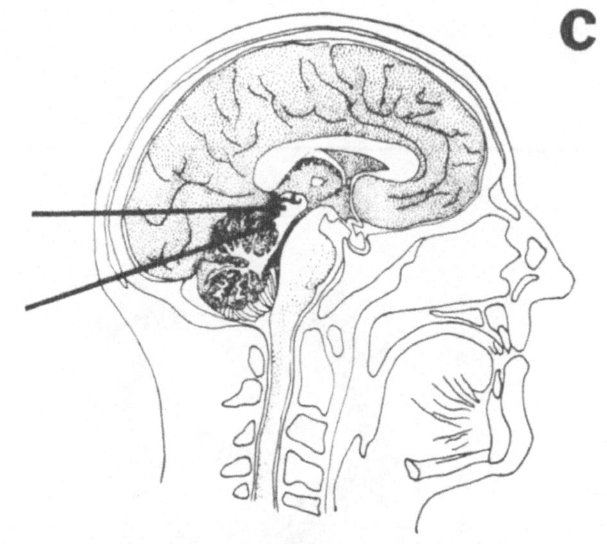

409. Die beiden mit Hinweislinien versehenen Gebilde sind hinten oder _____ am Mittelhirn erkennbar. Kennzeichnen Sie die Linien mit den entsprechenden Namen.

D

674. Ziehen Sie Verbindungslinien zwischen zusammengehörigen Begriffen der rechten und linken Reihe!

Schlaffheit der Muskulatur   Läsion in der Capsula interna

Spastik der Muskulatur   Läsion in der Radix ventralis

776. Die Berührungsbahnen sind im Rückenmark weit verteilt. Z.B. laufen Impulse aus einem bestimmten Hautgebiet im Tr. spinothalamicus anterior beiderseits in den Axonen ________er sensibler Neurone. Andere Berührungsempfindungen leitende Impulse aus demselben Hautgebiet werden in den Hintersträngen derselben Seite geleitet. Die Synapsen zwischen den ersten und zweiten Neuronen der Hinter-strangbahnen liegen in der Medulla oblongata. Die Bahnen heißen ________

________ und ________ ______ .

1005. Trigeminusfasern leiten u.a. ______ sensible Qualitäten aus dem Kopf-bereich. Wie die entsprechenden Rückenmarksfasern enden die Axone der zwei-ten Trigeminusneurone auf der ______ Seite im ________ .

1103. Die (branchialen) Muskeln für die Kaubewegungen werden vom Nucleus ________ __ ________ versorgt und die branchialen Gesichtsmuskeln vom Nucleus __ ________ .

1303A. Horizontalschnitte

oben

Genu capsulae internae

abducentis

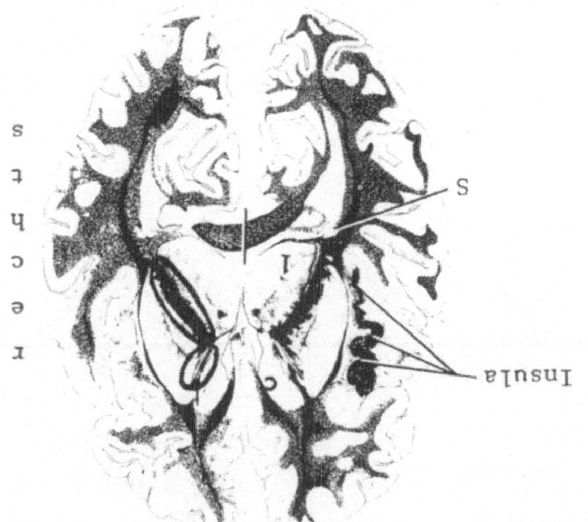

176

A

43A.

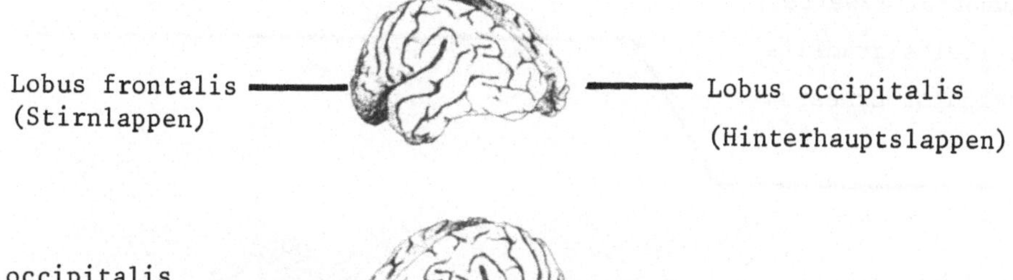

B

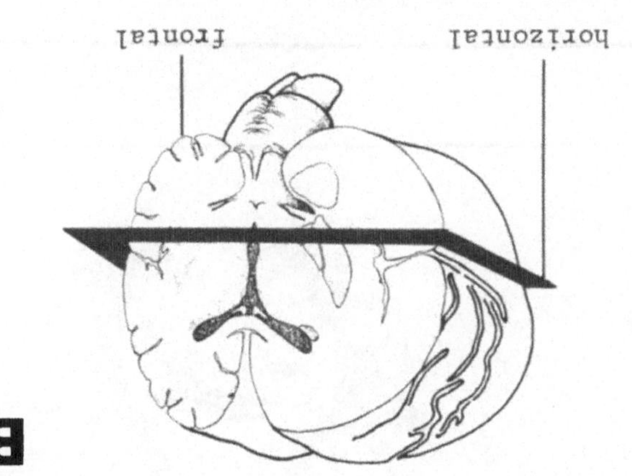

314. Schnitte, die senkrecht zu den Horizontalebenen und zur Medianebene stehen, liegen in ______ Ebenen.

C

409A. dorsal (oder posterior)

Colliculus sup.

Colliculus inf.

D

673A. Spastizität

herabgesetzten (oder verminderten)

Hyporeflexie

Schlaffheit (oder Hypotonus der Muskulatur)

1303. Die Abbildungen zeigen __________ schnitte. Der Polus frontalis der rechten und linken Großhirnhemisphäre liegt in der Abbildung ____. 1. Bezeichnen Sie in dem Markscheidenpräparat die Gehirngegend, in der der Lemniscus medialis endet! Zeichnen Sie eine Linie, die den dorsalen Teil des Corpus callosum in der Median-ebene schneidet! Kennzeichnen Sie auf der linken Seite des abgebildeten Markschei-denpräparates das Caput nuclei caudati mit C und die Cauda nuclei caudati mit S! Umzeichnen Sie getrennt das Crus anterius et Crus posterius capsulae internae der rechten Seite! 2. Die winkelförmige Verbindung zwischen dem vorderen und hinteren Schenkel der inneren Kapsel wird ____ ________ ________ genannt. (Es ist nicht zu verwechseln mit dem Bogen, den die Fasern des N. facialis um den Nucl. n. __________ bilden). Malen Sie auf der linken Seite des Markscheidenpräparates den großen in der Tiefe liegenden Rindenbezirk lateral vom Claustrum schwarz an und bezeichnen Sie ihn.

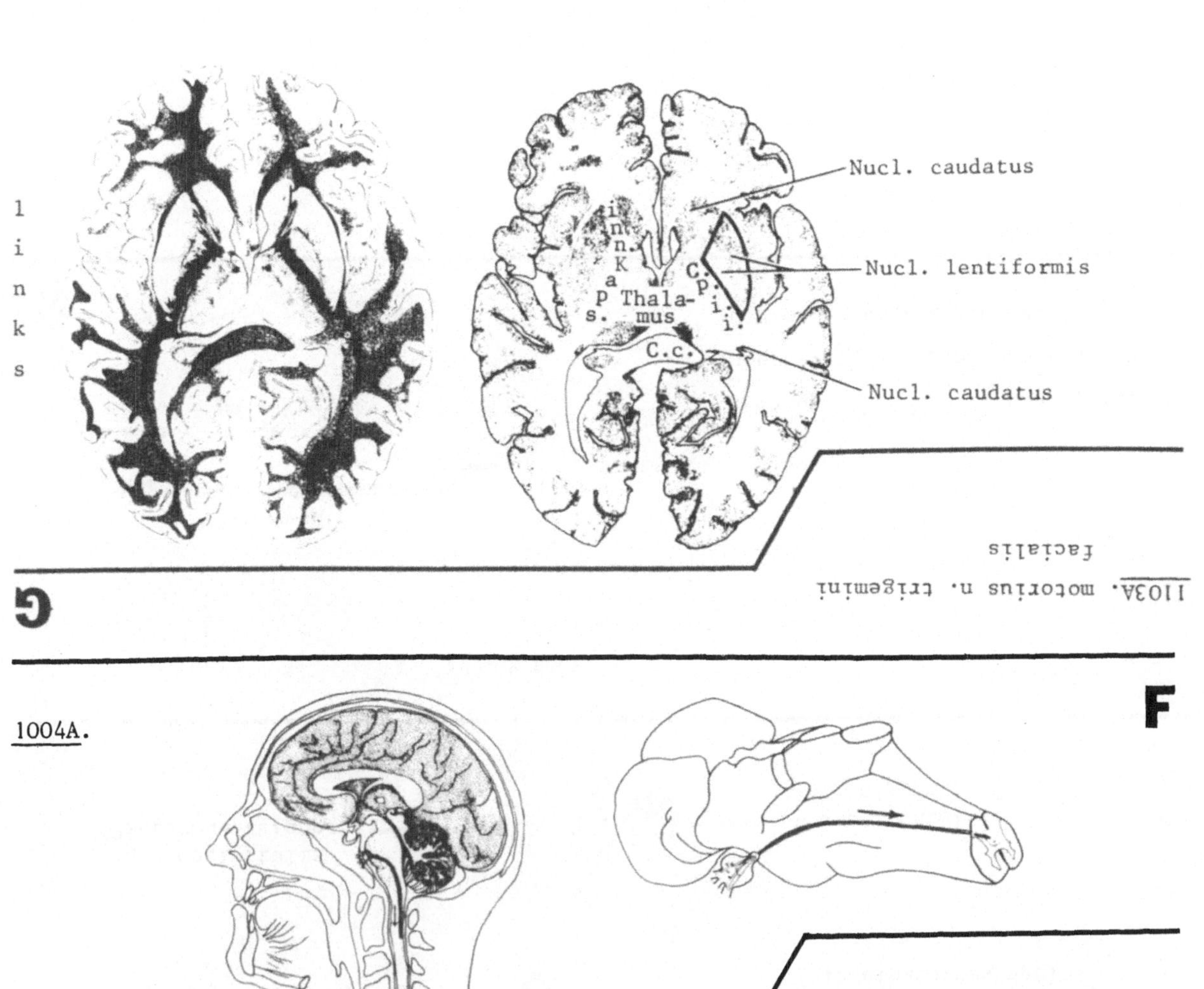

1103A. motorius n. trigemini
facialis

1004A.

776A. sekundärer (zweiter)
Fasciculus gracilis
Fasciculus cuneatus

A

<u>44.</u> Die entgegengesetzten ventralen und dorsalen Enden der Hirnrinde werden
oft Pole genannt. Wir unterscheiden so einen frontalen und occipitalen Pol.

Von jetzt an werden die Antworten nicht immer angeführt. Sie ergeben sich
aber aus dem Zusammenhang.

B

Das corticospinale System, Basalganglien, Thalamus (Abschnitt 314-361)

C

<u>410.</u> An der Basis beider Seiten des Mittelhirns
___al von den Colliculi liegt beiderseits
ein massives Gebilde aus weißer Substanz.
Es ist das ____ ______. (Plural:
Crura cerebri)

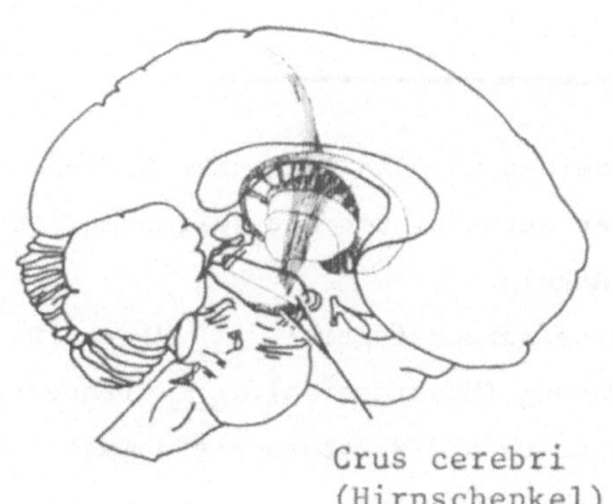

D

<u>673.</u> Krankhafte Schlaffheit der Muskulatur (Hypotonus der Muskulatur) ist das
Gegenteil von ________. Eine pathologisch schlaffe Extremität weist einen
Muskeltonus und ________reflexe auf. Die herabgesetzte oder fehlende
Dehnungsreflexaktivität ist als ________ erkennbar.

777. Welche der numerierten Fasern überträgt keine Informationen
über Berührungsempfindungen? Faser Nr._ . Informationen über
Gelenkempfindungen können durch Faser Nr._
geleitet werden.

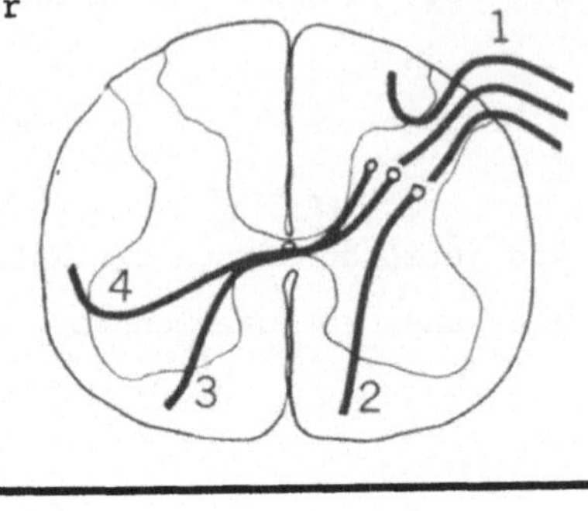

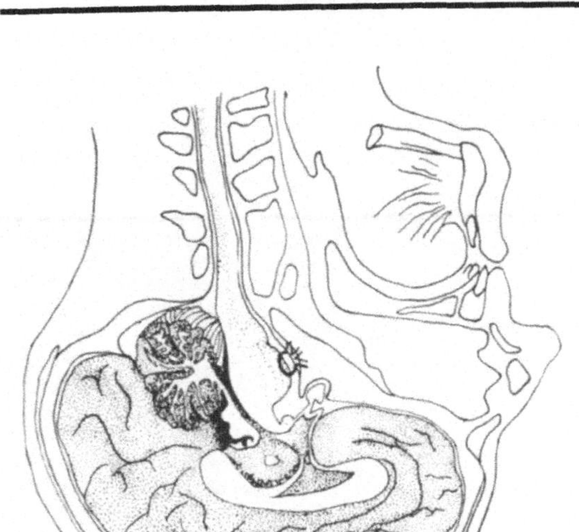

1004. Zeichnen Sie in beiden Abbildungen eine Faser des Tr. spinalis
n. V vom Pons bis in das Halsmark! Geben Sie die
Richtung der Impulsleitung mit einem Pfeil an!

1104. Schreiben Sie die römischen Zahlen der motorischen Hirnnerven und die
Namen ihrer Kerne hinter die folgenden, von ihnen innervierten branchialmotorischen Muskeln.
a) Gesichtsausdruck (Mimik). ___ Hirnnerv, Nucl. __ ________
b) Kaubewegung (Mastikation). ___ Hirnnerv, Nucl. ________ __ ________
c) M. trapezius und M. sternocleidomastoideus. ___ Hirnnerv, Nucl.________

___ ________
d) Larynx und Pharynx. ___, ___ und ___ Hirnnerv, Nucl. ________ .

Blättern Sie um und nehmen Sie bitte Abschnitt 1303 vor!

45. Der Sulcus _________ biegt (am oberen Hirn-
pol) ab und verläuft dann ein Stück weit an
dessen medialer Oberfläche. An der Biegung
liegt der Sulcus näher am _________ Pol als
an dem andern Pol.

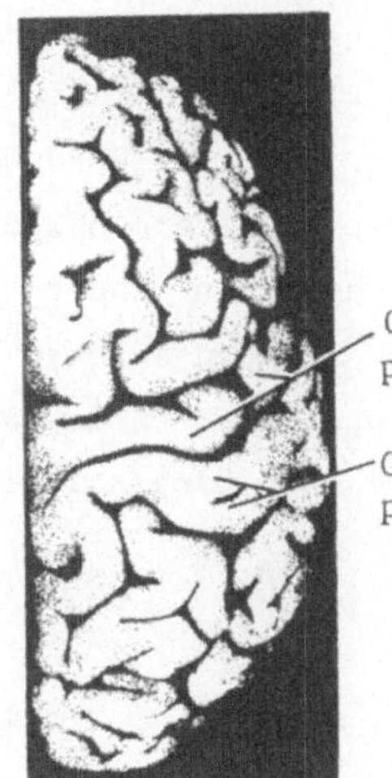

313. Ein großer Teil der Informationen aus Sinnesreceptoren gelangt in den
Thalamus. Der Thalamus kann diese Impulse in die Großhirnrinde leiten. In
bezug auf diese sind solche Impulse _ fferent.

411. Corticospinale Fasern laufen von der
Capsula interna aus zum Mittelhirn und
gelangen dann, die Basis des Mittelhirns
passierend, in die _____ cerebri.

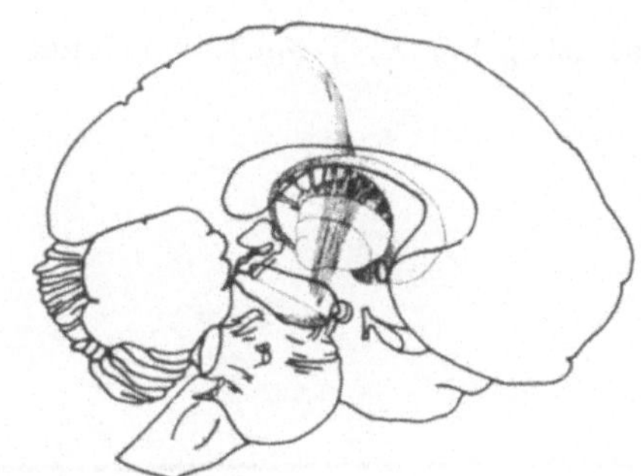

672A. erhöhter
Hyperreflexie
Klonus
Spastik

778. Medial und lateral sind relative Be-
griffe. Der mediale Teil der Radix posterior
befindet sich am ______len Rand des
Funiculus posterior. Fasern für die
Kinästhesie (Bewegungsempfindung,
Gelenkempfindung) treten aus dem medialen
Teil der Radix posterior in das Rückenmark
ein. Kennzeichnen Sie eine solche Faser!

E

F

1003A. Schmerz- und Temperatur
Druck- und Berührungsempfindung

G

1104A. a) VII., Nucl. n. facialis

    b) V., Nucl. motorius n. trigemini

    c) XI., Nucl. spinalis n. accessorii

    d) IX., X., XI., Nucl. ambiguus

H

1302A. frontalis
Nucleus caudatus
Putamen
Capsula interna
Claustrum

45A. centralis

occipitalen

312A. medial (oder medio-caudal) (im funktionellen Sinne ist auch unter
richtig)

Hirnstammes

412. Beschriften Sie die umzeichnete, unmittelbar unterhalb des Thalamus liegende Gegend!

672. Zeichen (Symptome) einer Schädigung des Tractus corticospinalis sind
______ Muskeltonus, ____reflexie und _____. Sie werden zusammengefaßt
in dem Begriff ______. Unter einer spastischen Lähmung versteht man eine
straffe Lähmung (stark erhöhter Muskeltonus). Patienten mit derartigen
Lähmungen nennt man kurz Spastiker.

E

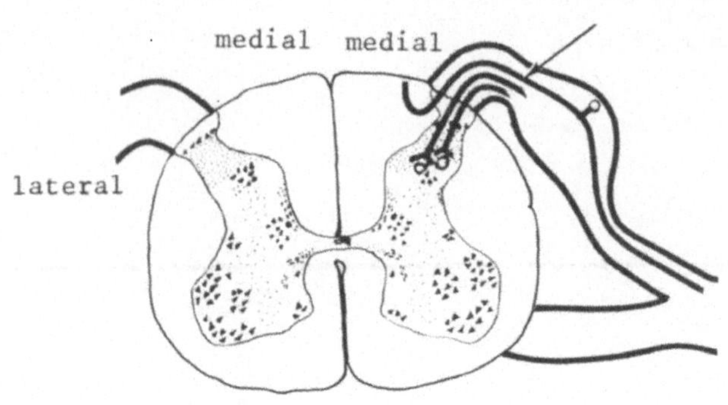

F

1003. Die Nervenzellperikaryen im Cornu posterius des Rückenmarks und Nucleus tractus spinalis n. trigemini umfassen im Grunde genommen alle sekundären Neurone der Bahnen für die Empfindungen von ________ und ________ und einen geringen Prozentsatz von Neuronen für die _____ - und ________empfindungen.

G

1105. Der "craniale" Teil des parasympathischen Nervensystems besteht aus Neuronen, deren Zellkörper zur ______ motorischen Gruppe der Hirnstammkerne gehören. Seine Axone laufen aus dem Zentralnervensystem im ___, ___, ___ und ___ Hirnnerven nach außen.

H

1302. Drei Basalganglien sind auf diesem Frontalschnitt durch den Lobus ________ getroffen worden. Das den Ventrikel begrenzende Basalganglion ist der ______ ________. Unmittelbar lateral von ihm und durch Zellbrücken mit ihm verbunden befindet sich das ______. Zwischen den Zellbrücken laufen efferente und afferente markhaltige Fasern in die ______ ______. Unmittelbar lateral von der Capsula externa befindet sich eine dünne Schicht grauer Substanz, die im allgemeinen zu den Basalganglien gerechnet wird. Es handelt sich um das ________.

A

<u>46.</u> Man teilt das Großhirn in vier Lappen ein. Die meisten Lappengrenzen sind unscharf. Zeichnen Sie Hinweislinien zu den vier Lappen und kennzeichnen Sie diese mit ihren deutschen und lateinischen Namen!

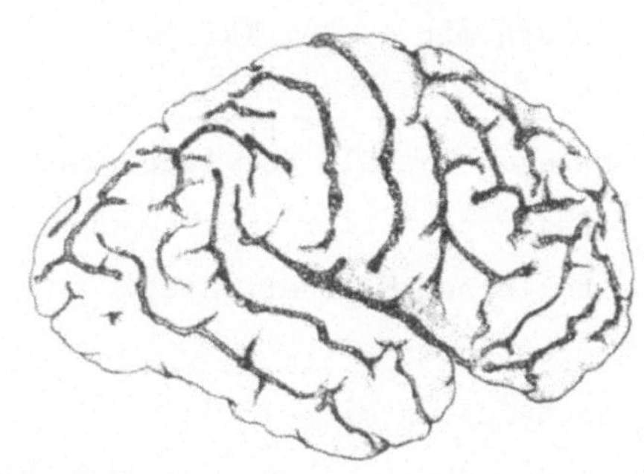

B

<u>312.</u> Thalamus und Großhirnhemisphäre sind im Bereich der inneren Kapsel miteinander verschmolzen. Der Thalamus liegt ______ von der Großhirnhemisphäre. Er ist der oberste Teil des ________ .

C

<u>412A.</u>

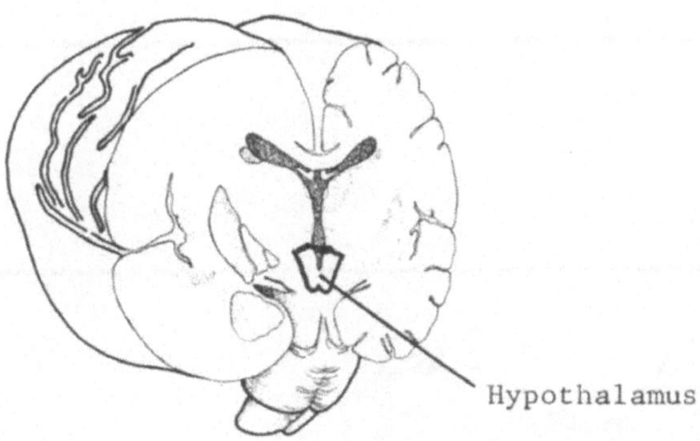

D

<u>671A.</u> Hyperreflexie
Klonus

779. Der mediale Teil der Hinterwurzel
enthält Fasern mit großem Kaliber,
die in den _______ _______ eintreten. Dagegen enthält der laterale
Teil der Radix posterior überwiegend
Fasern mit kleinem Kaliber. Diese
Fasern laufen in den Tr. ___________
und bilden Synapsen mit kurzen
Schaltneuronen sowie sekundären sensiblen Neuronen der ______ Substanz.

E

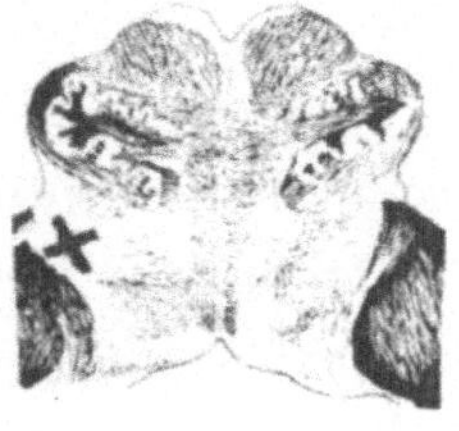

mittlere (oder obere) Medulla oblongata

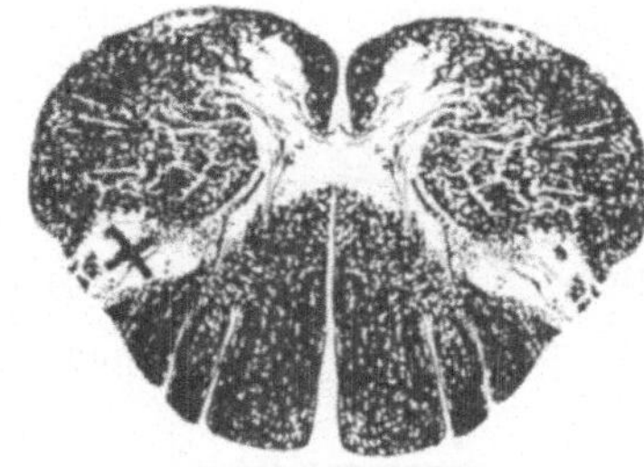

oberes Halsmark (C1 oder C2)

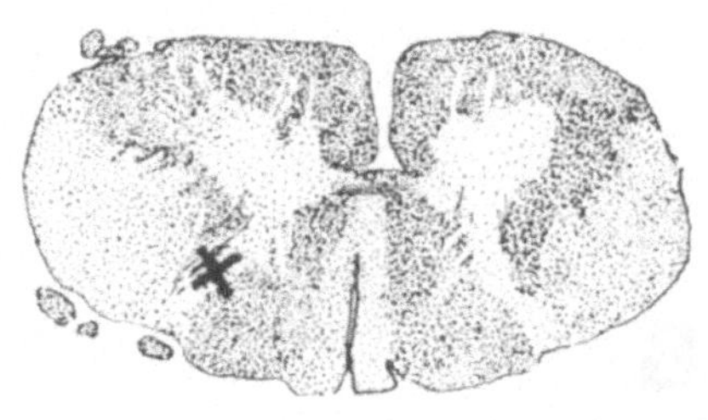

unteres Halsmark (C6, C7 oder C8)

1002A. mittleren

F

1105A. visceromotorisch
III, VII, IX, X

G

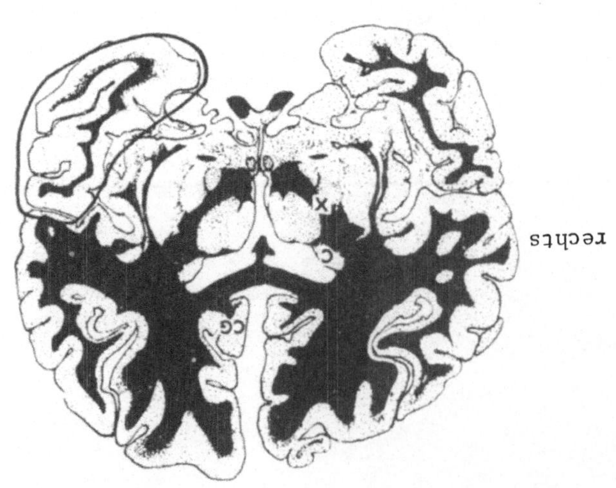

1301A. Linken (contralateralen)

H

A

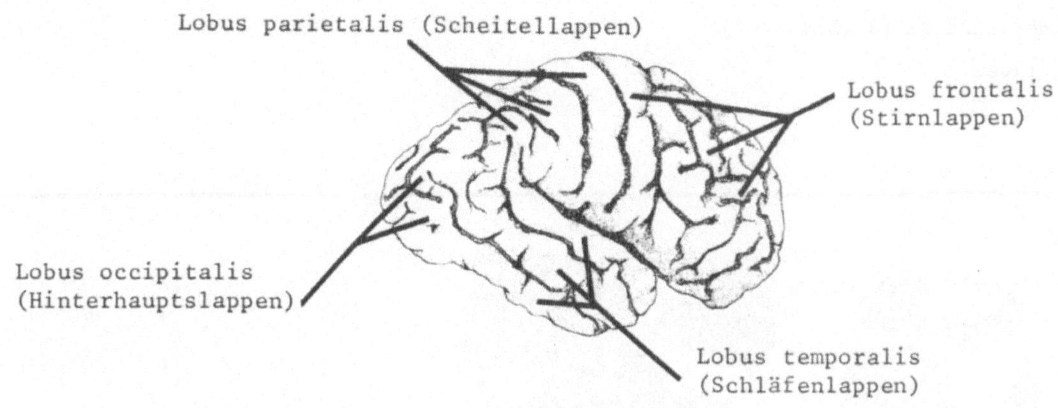

B

311. Die Capsula interna ist ein Teil der Großhirnhemisphären und umfaßt zusammen mit der Capsula externa den Nucleus __________.

C

413. Die Capsula interna liegt unmittelbar _______ vom Thalamus und _________us.

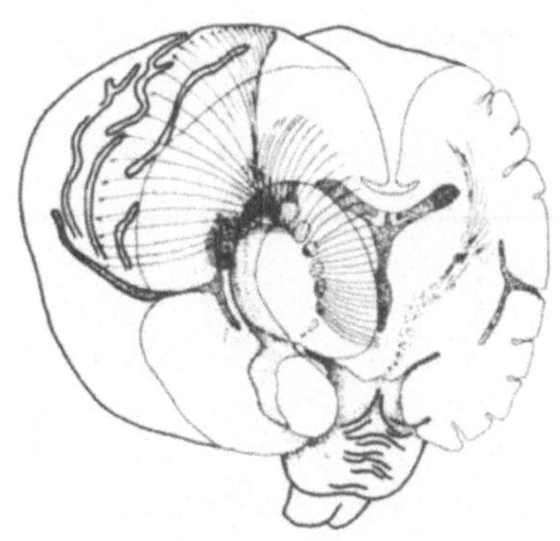

D

671. Der klinische Ausdruck Spastik bedeutet, daß der Muskeltonus gesteigert und eine _______ reflexie vorhanden ist. Die Spastik kann auch durch das Symptom _______ zum Ausdruck gebracht werden.

779A. Funiculus posterior (Hinterstrang)

dorsolateralis (Lissauer)

grauen

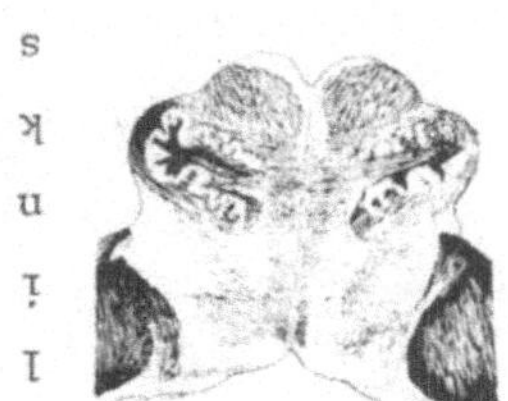

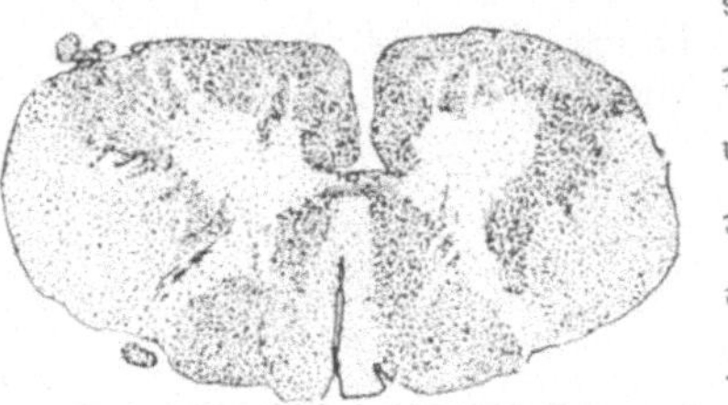

1002. Markieren Sie mit einem X das linke Hinterhorn und den linken Nucleus tractus spinalis n. trigemini! Geben Sie die ungefähre Höhe jedes Schnittes an! Die Nervenzellperikaryen afferenter Neurone des Rückenmarks und des N. trigeminus liegen in gemischter Anordnung in den Hinterhörnern auf dem _______ der drei Schnitte.

1106. Der längste parasympathische Fasern enthaltende Hirnnerv innerviert Drüsen, Eingeweide und Gefäße. Der ___ Hirnnerv wandert durch weite Gebiete des Körpers. Er erhielt deswegen die Bezeichnung N. _____.

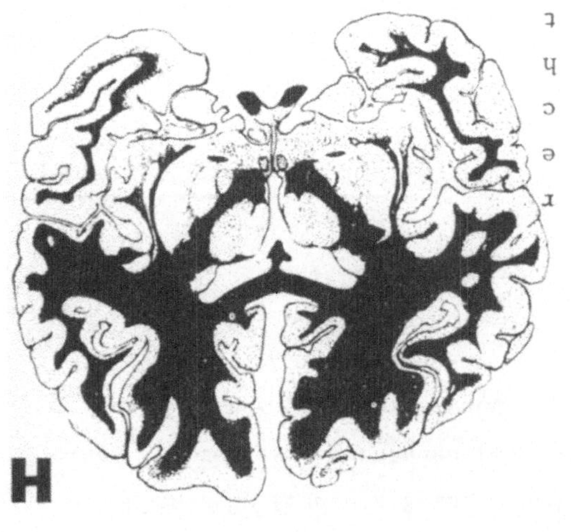

1301. Dieser Frontalschnitt liegt etwas weiter vorn, als der im vorigen Abschnitt dargestellte. Markieren Sie mit C das rechte Corpus nuclei caudati und G.c. den linken Gyrus cinguli! Umzeichnen Sie den rechten Lobus temporalis! Kennzeichnen Sie mit einem großen X die Capsula interna zwischen dem lateralen Teil des rechten Globus pallidus und dem Thalamus. Eine Läsion bei X verursacht den Ausfall der willkürlichen Bewegung und einiger Empfindungsqualitäten auf der _______ Körperseite.

A

47. Der occipitale Pol des Gehirns befindet sich am _______ Ende des Hinterhauptlappens. Die vordere Zentralwindung liegt _______ vom Sulcus centralis. Das ventrale Ende des Lobus frontalis heißt _____ _______. Der größte Teil des Schläfenlappens liegt _______ vom Scheitellappen. Der Sulcus lateralis liegt _______ vom Sulcus temporalis superior.

B

310A. medial

C

413A. lateral

Hypothalamus

D

670. Die wiederholte, abwechselnde, kurzzeitige Kontraktion antagonistischer (engegengesetzt wirkender) Muskeln nennen wir Klonus. Als Beispiel für einen Kl._____ wurde die alternierende Kontraktion der Extensoren und Flexoren gewählt. Die Beobachtung oder der Nachweis eines Klonus zeigt, daß die Regulation der Dehnungsreflexe im Sinne einer hyp__aktivität gestört ist.

<u>780.</u> Die Zellkörper der primären Neurone für die Kinästhesie liegen im ________ ______ . Zeichnen Sie einen solchen Zellkörper in die Abbildung ein! Sein Axon läuft auf dem Wege zum Rückenmark im medialen Teil der Radix ________ . Zeichnen Sie ein solches Axon in der Radix posterior!

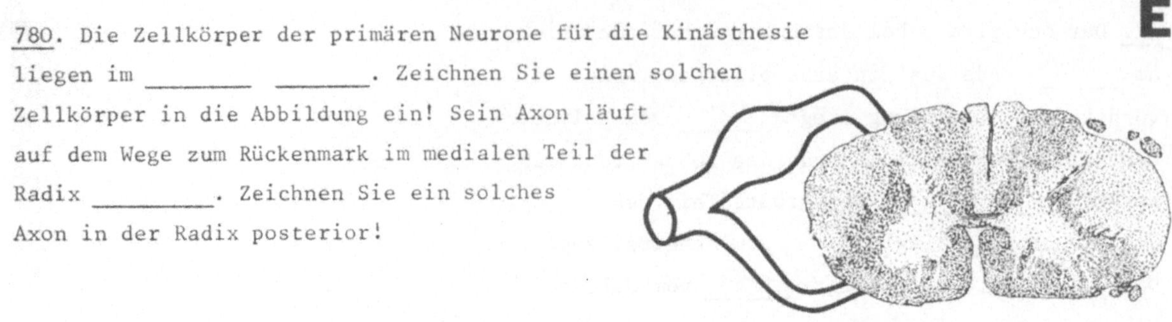

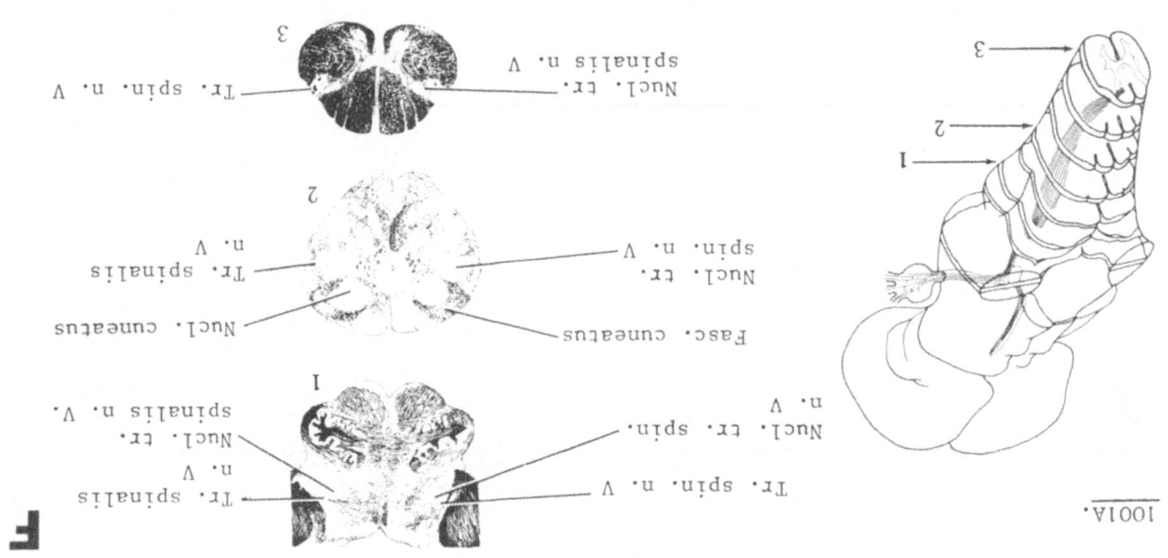

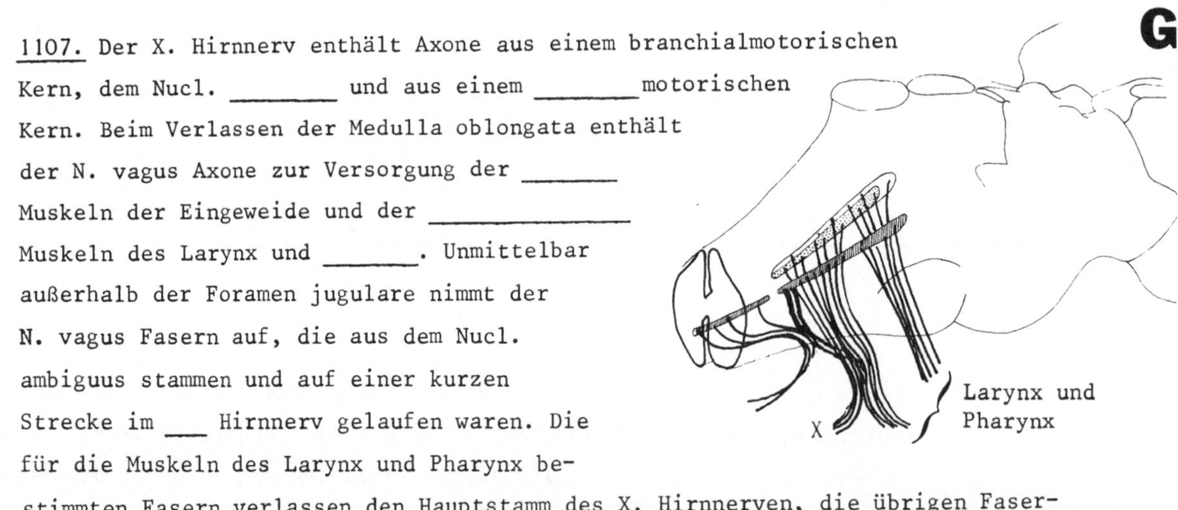

<u>1107.</u> Der X. Hirnnerv enthält Axone aus einem branchialmotorischen Kern, dem Nucl. ________ und aus einem ______motorischen Kern. Beim Verlassen der Medulla oblongata enthält der N. vagus Axone zur Versorgung der ______ Muskeln der Eingeweide und der ____________ Muskeln des Larynx und ______ . Unmittelbar außerhalb der Foramen jugulare nimmt der N. vagus Fasern auf, die aus dem Nucl. ambiguus stammen und auf einer kurzen Strecke im ___ Hirnnerv gelaufen waren. Die für die Muskeln des Larynx und Pharynx be-stimmten Fasern verlassen den Hauptstamm des X. Hirnnerven, die übrigen Faser-bündel ziehen in den Thorax und zum Teil in das ______ als eigentlicher N.___ .

Blättern Sie um und lesen Sie Abschnitt 1301.

47A. dorsalen (oder hinteren, posterioren)

ventral (oder vorn, anterior)

Polus frontalis

caudal (oder unterhalb, inferior)

cranial (oder oberhalb, superior)

---

310. Der Thalamus liegt _____ vom hinteren Schenkel der inneren Kapsel.

---

414. Das Mittelhirn - in der Abbildung umzeichnet - liegt unterhalb des __________, sowie oberhalb des ____. Beschriften Sie die freien Hinweislinien!

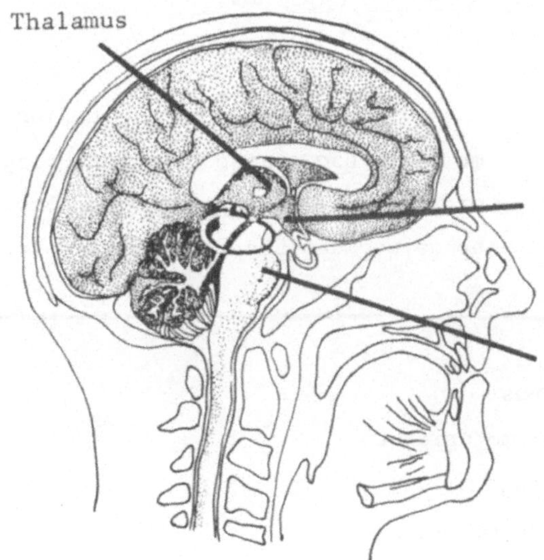

669A. Hyperreflexie; (Im klinischen Sprachgebrauch versteht man unter lebhaften Reflexen eine gegenüber dem Durchschnitt erhöhte Reaktion bei der Auslösung an typischer Stelle. Von gesteigerten Reflexen (Hyperreflexie) spricht man, wenn die reflexogenen Zonen erweitert sind.) erhöhten (oder verstärkten);
Hyperreflexie

780A. Ganglion spinale (oder sensibles Ganglion)
      posterior

1001. Numerieren Sie die drei Pfeile der linken Abbildung den Zahlen der
Querschnitte entsprechend. Vervollständigen Sie die Namen! Zeichnen Sie
Pfeile zwischen die Paare markierter Strukturen des oberen Schnittes um
die Richtung der Impulsübertragung zu zeigen!

Fasc. cuneatus
Nucleus
spinalis n. V.
Nucl. tr.
spinalis n. V
Tr. spinalis
n. trigemini
spinalis n. V.

1107A. ambiguus

       visceromotorischen

       glatten

       quergestreiften

       Pharynx

       XI

       Abdomen

       Vagus

1300A. Capsula interna 7; Putamen 5; Capsula externa 4;
Insula 1; Capsula extrema 2; Globus pallidus 6;
Thalamus 8; Claustrum 3.

A

48. Zeichnen Sie Pfeile an die frontalen Pole! In der Reihenfolge von vorn nach hinten liegen in Scheitelnähe Lobus ________, Lobus ________ und Lobus ________.

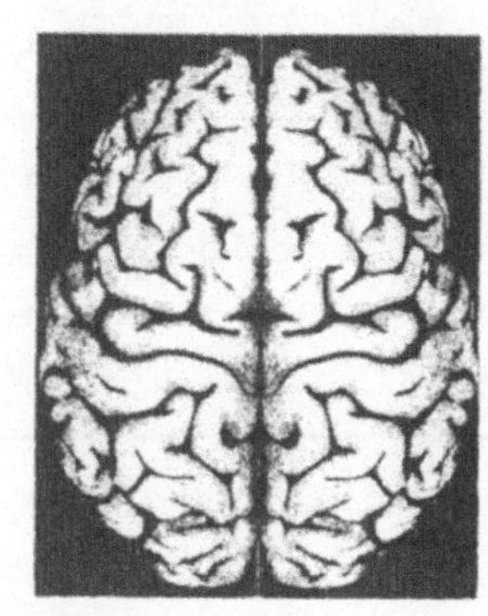

B

414A.

C

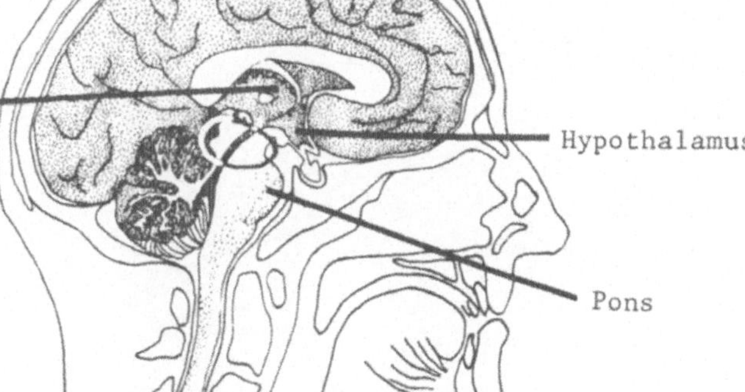

309A. Crus capsulae internae

D

669. Wenn die Reflexe abgeschwächt sind, spricht man von Hyporeflexie, sind sie gesteigert, von ______reflexie. Das Fehlen von Reflexen nennt man Areflexie. Schädigungen des Tractus corticospinalis führen zu ________ Muskeltonus und ______reflexie.

781. Umzeichnen Sie auf der Skizze Synapsen
für die Schmerz-, Temperatur- und Berührungsempfindungen! Die Hinterstränge enthalten
im Gegensatz zu den Seiten- und Vordersträngen hauptsächlich Axone der ___ten afferenten Neurone.

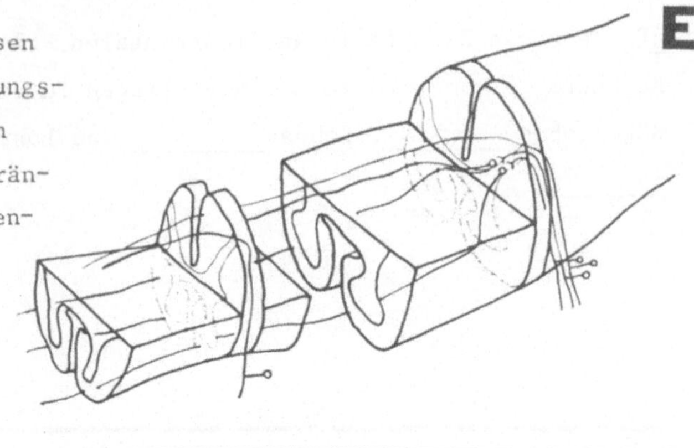

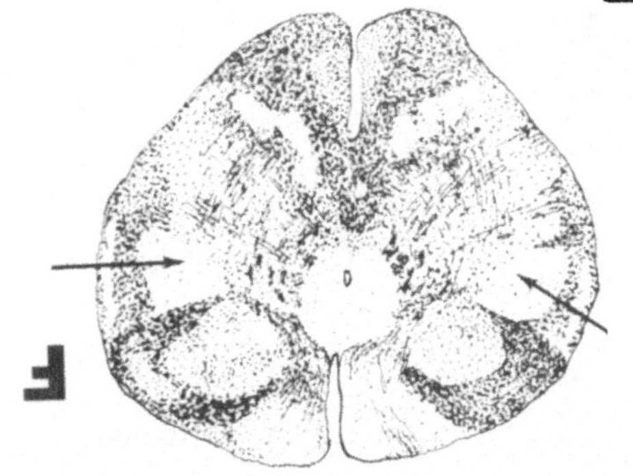

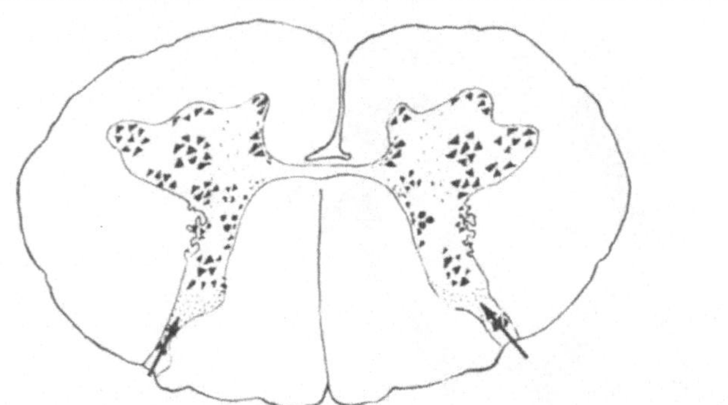

1108. Die Zellkörper der branchialmotorischen Komponenten
des N. vagus liegen im _______ _______ wie die Abbildung zeigt; die Zellkörper der visceralen
Komponenten des X. Hirnnerven
liegen im Nucl. _______ __
___.

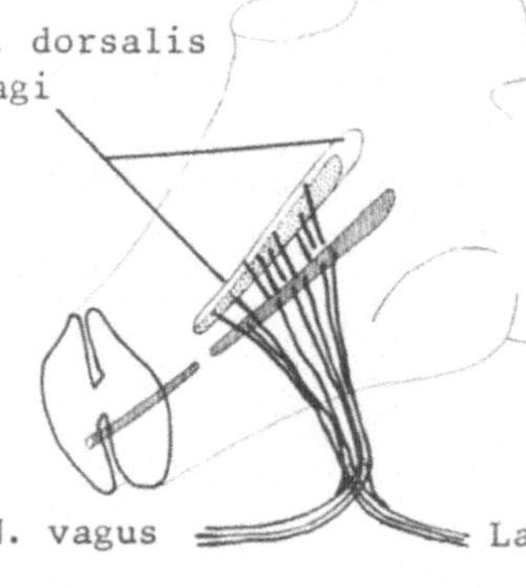

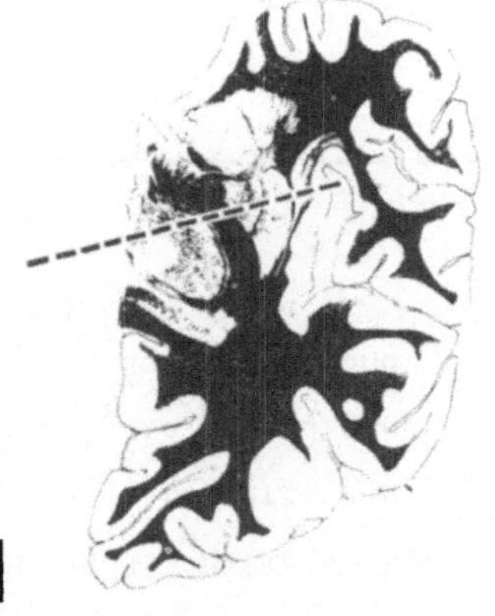

1300. Numerieren Sie die folgenden Strukturen mit 1
beginnend in einer Reihenfolge, die sich - vom Sulcus
lateralis ausgehend - entlang der unterbrochenen Linie
nach medial ergibt: Capsula interna __; Putamen __;
Capsula externa __; Insula __; Capsula extrema __; Globus
pallidus __; Thalamus __; Claustrum __.

48A. frontalis

parietalis

occipitalis

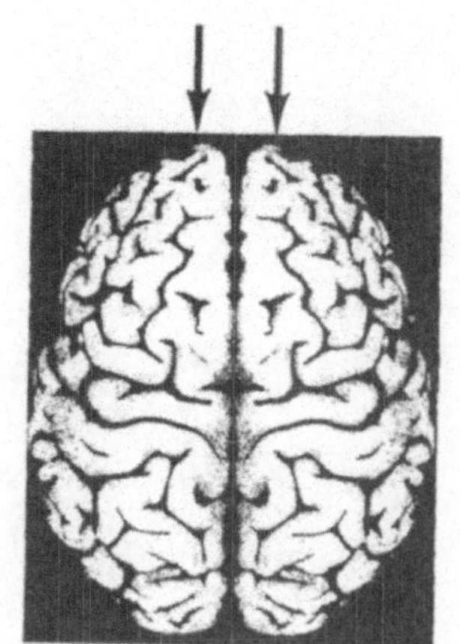

309. Der Hirnstamm ist mit dem Großhirn-hemisphären durch eine Schicht weißer Sub-stanz verbunden. Diese ist das _____ _____ posterius. _____ . Kreisen Sie dieses Gebiet auf beiden Seiten des Ge-hirns ein!

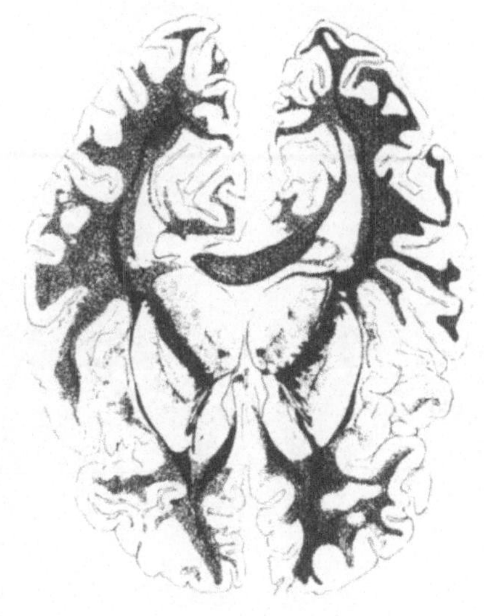

B

C

415. Ein Transversalschnitt (steht senkrecht auf der Medianebene) durch die eingezeichnete Gerade wäre wenig geeignet für das Grundlagenstudium der Hirnstammanatomie, denn er läuft schräg durch das Mesencephalon, den ____ und die Medulla oblongata.

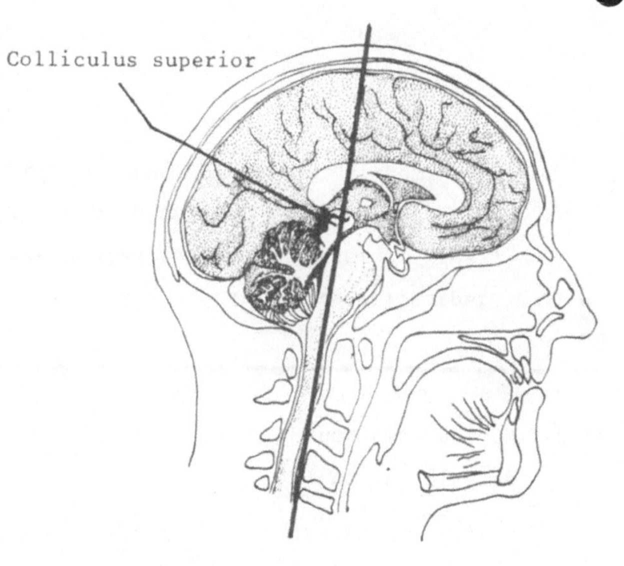

D

668A. Muskeltonus

gesteigert

781A. ersten (primären)

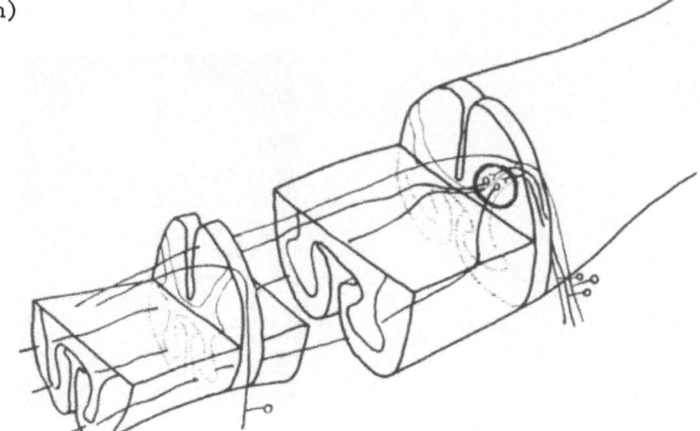

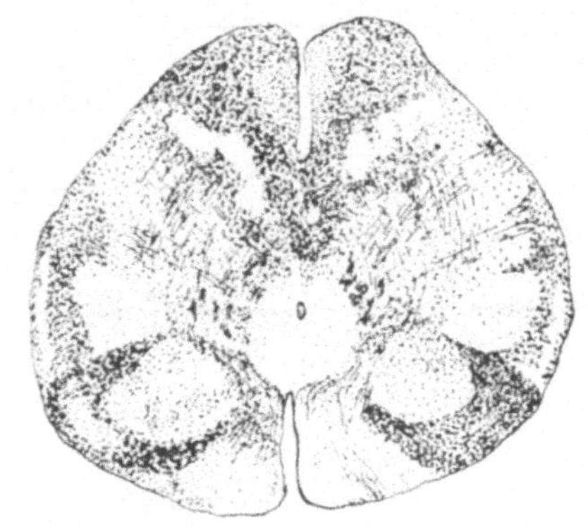
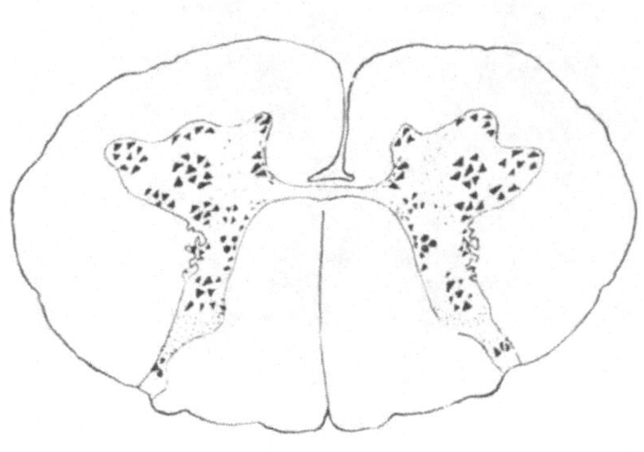

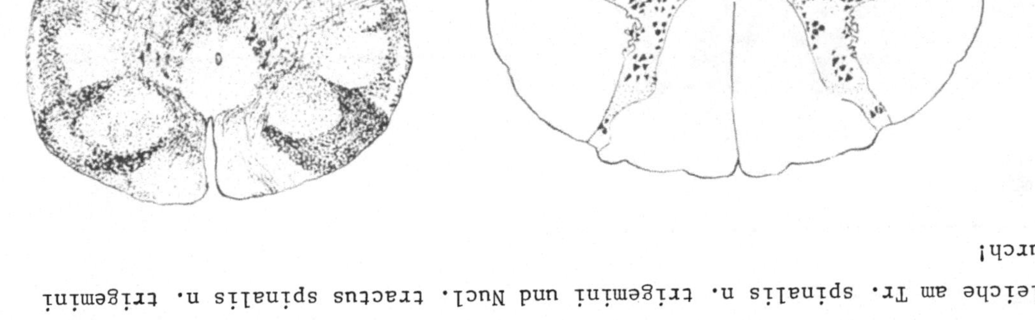

1000. Verbinden Sie den Tr. dorsolateralis (Lissauer) und die Nervenzellkörper des Hinterhorns auf beiden Seiten der entsprechenden Abbildung mit einem Pfeil, der die Richtung der Impulsleitung über die Synapsen angibt! Führen Sie das gleiche am Tr. spinalis n. trigemini und Nucl. tractus spinalis n. trigemini durch!

1108A. Nucleus ambiguus
       dorsalis n. vagi

1299A. centralis
       lateralis

49. Die Grenze des Scheitellappens bildet nach vorn der Lobus _________ nach hinten der Lobus _________ und nach seitlich der Lobus _________.

308. Der Thalamus stellt eine ausgedehnte Ansammlung von Nervenzellen dar, die in Gruppen angeordnet sind, so daß in ihm mehrere Unterkerne abgegrenzt werden können. Wie die Basalganglien besteht er aus _________ Substanz. Im Gegensatz zu den Basalganglien gehört er zum Hirn _________.

416. Sieht man auf der Schnittfläche der rechten Abbildung den Thalamus? ____. Hypothalamus? ____. Etwas vom Mittelhirn? ____. Pons? ____. Zeichnen Sie eine Gerade in die linke Abbildung, die der Schnittebene der rechten entspricht!

668. Ein unwillkürlicher, abnorm gesteigerter Widerstand der passiven (fremd-tätigen) Bewegungen einer Extremität ist ein Zeichen dafür, daß der Muskel _________ gesteigert ist. Die Sehnenreflexe sind in der betroffenen Extremität _________ wahrscheinlich.

782. Die Axone eines Teils der primären afferenten Neurone laufen im ________ ________ beiderseits bis in die Medulla oblongata, bevor sie im Nucleus gracilis und im Nucleus cuneatus Synapsen mit ____ten, afferenten Neuronen bilden. Obgleich die Zellkörper der ersten und zweiten Neuronen weit voneinander entfernt liegen, befinden sie sich auf ________ Seite.

999A. Tractus
Nucleus
sekundäre
Trigeminussystems
somatosensible

1109. Der Nucleus dorsalis __ ____ enthält Zellkörper von Neuronen mit ________ Komponenten des __ Hirnnerven.

Insula

Sulcus lateralis

Gyrus postcentralis

Sulcus centralis

Gyrus precentralis

Gyrus cinguli

Sulcus cinguli

1299. Beachten Sie die Gyri cerebri und Sulci cerebri, die an der seitlichen Oberfläche des Cortex cerebri bezeichnet worden sind! Auf dieser Schnittfläche könnten die Grenzen des Lobus parietalis angegeben werden, indem man Linien vom Seitenventrikel zum Sulcus ________ und von demselben Ventrikel zu irgend einem Punkt des Sulcus ________ zieht.

50. Die Grenze zwischen dem Stirn- und Scheitellappen bildet der _______ _________.

A

307A. lateral (oder seitlich) lentiformis

B

C

416A. ja
ja
ja
nein

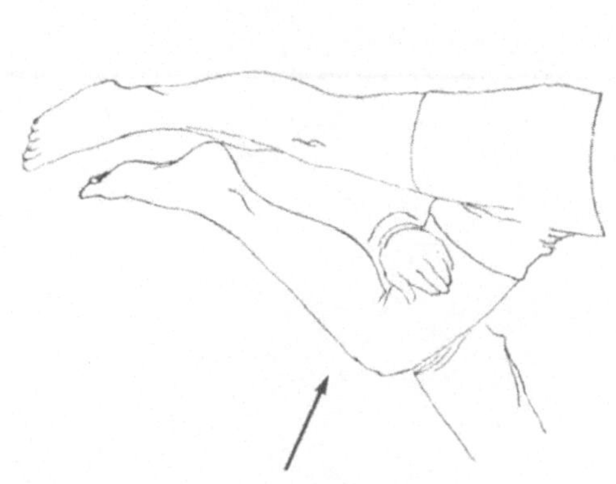

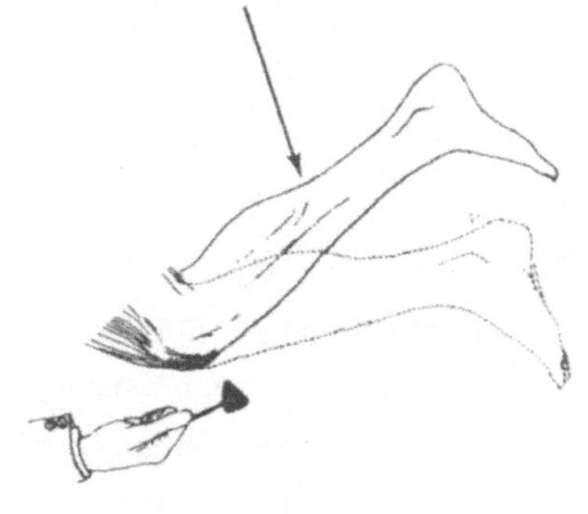

667A. corticospinalis

D

E

782A. Funiculus posterior (Hinterstrang)

zweiten (sekundären)

derselben (ipsilateralen)

F

999. Die Fasern des _______ spinalis n. V leiten Impulse in Neuronen, deren Zellkörper im _______ tr. spinalis n. V liegen. Die letztgenannten Neuronen sind _______äre sensible Neuronen des Tri_______systems. Sie übertragen _____________ Empfindungsqualitäten.

G

1110. Die Axone des N. laryngeus superior gehören zu den Neuronen deren Zell-körper im Nucleus _______ liegen. Die die Herztätigkeit und glatten Muskeln der Eingeweide versorgenden Axone gehören zu Neuronen, die vom Nucleus _______ __ ____ ausgehen. Beide Fasergruppen werden unmittelbar außerhalb des Hirnstammes als ___ Hirnnerv zusammengefaßt.

H

1298A. 1. Centrum semiovale, Corona radiata, Capsula interna, Crus cerebri

2. Corpus callosum

3. temporalis
Ventriculus lateralis

B

307. Auf allen Schnittebenen liegt die innere Kapsel __________ vom Thalamus und medial (nach innen) vom Nucleus __________.

C

417. Der Verlauf der Fasern von der inneren Kapsel in die Basis des __________ ist in einem Frontalschnitt in der abgebildeten Ebene oder ____al davon mit der Markscheidenfärbung deutlich darstellbar. (Markscheidenfärbung nach Weigert, Spielmeyer, Olivecrona oder Heidenhain-Wölcke u.a.)

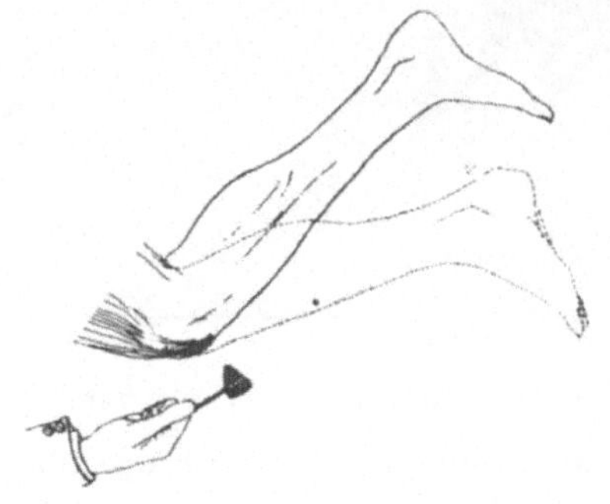

D

667. Ein erhöhter Muskeltonus führt zu gesteigerten Sehnenreflexen. Beide Erscheinungen sind die Folge von Schädigungen des Tractus __________.

783. Die Schädigung eines peripheren Nerven kann den Verlust der Berührungsempfindung in einem bestimmten Gebiet verursachen. Es ist weniger wahrscheinlich, daß dies bei verhältnismäßig kleinen, umschriebenen Rückenmarksläsionen
der Fall ist, da die Berührungsempfindungen in Bahnen geleitet werden, die im
Rückenmark nicht unmittelbar benachbart liegen. Es handelt sich um den beiderseitigen Funiculus ________ und den Tr. ______________ ________ .

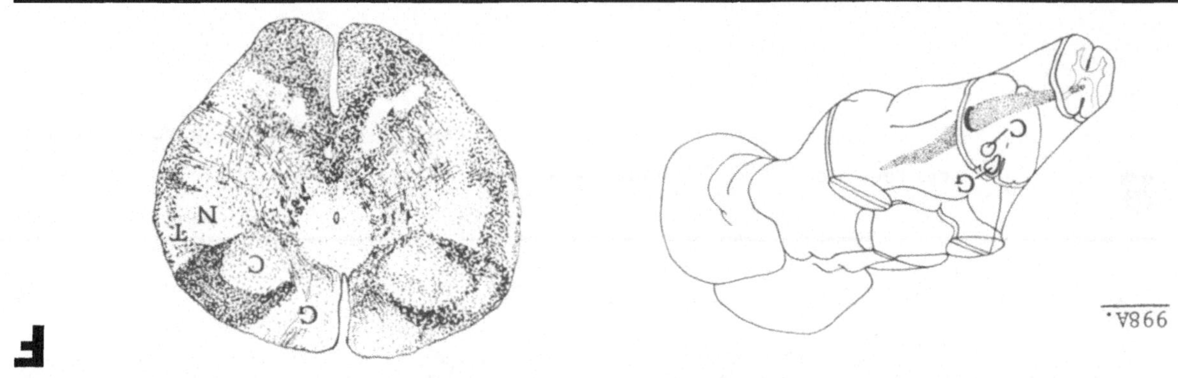

F

1100A. ambiguus

dorsalis n. vagi; (visceromotorischer Teil dieses Kerns)

X

1298. 1. Das Axon einer Betzschen Riesenzelle läuft nacheinander durch die
folgenden Bereiche der weißen Substanz, die in der Abbildung angegeben worden
sind: ______ ________ , ______ ______ , ______ ______ , ____ ______ .
2. Ein ausgedehntes Bündel von Commissurfasern ist in der Abbildung zum Teil
sichtbar. Es handelt sich um das ______ ______ . 3. Die Cauda nuclei caudati
ist in den tiefen Bereichen des Lobus parietalis quer getroffen worden, sie
wurde nicht ein zweites Mal quergeschnitten in der Tiefe des Lobus ________ .
Alle Teile des Nucl. caudatus grenzen an den flüssigkeitsgefüllten
________ ______ .

51. Ein Teil der Grenze zwischen Lobus
parietalis und Lobus temporalis ist un-
scharf und bildet eine Zone (schraffiert),
die parieto-________ übergangsregion
genannt wird.

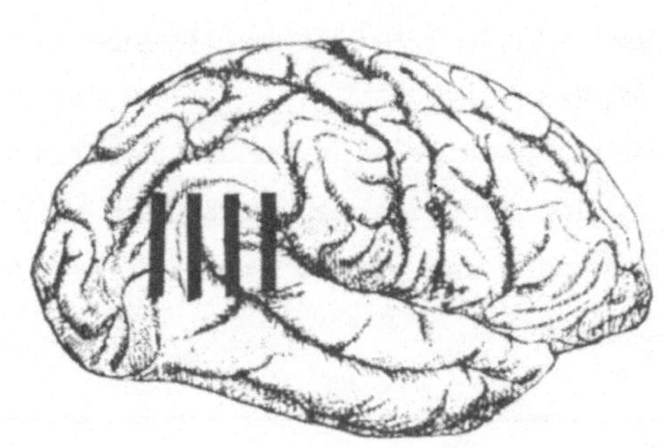

306A. Nucleus caudatus
Thalamus

417A. Mesencephalon
dorsal

666A. erhöht
gesteigert
anderen (contralateralen)

E

784. Jede Faser, die Lageempfindungen (Gelenkempfindung, Kinästhesie) leitet, zieht in die Columna ________ und teilt sich in zwei oder mehrere Äste. Der aufsteigende Ast gelangt in die Medulla oblongata ohne Zwischenschaltung einer Synapse, der absteigende Ast bildet einen spinalen Reflexbogen mit kurzen Schaltneuronen auf weiter caudal liegenden Rückenmarksebenen.

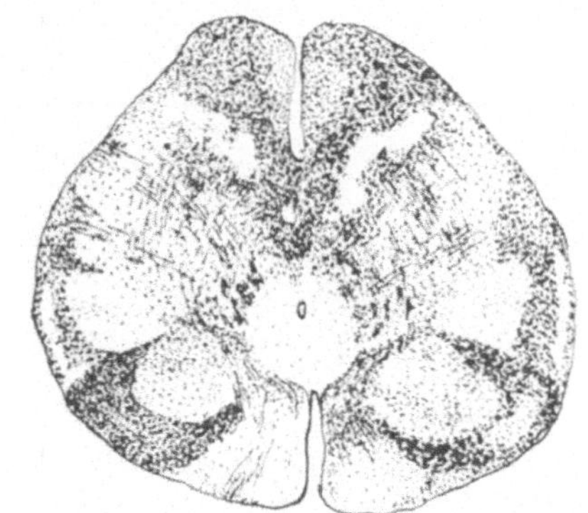

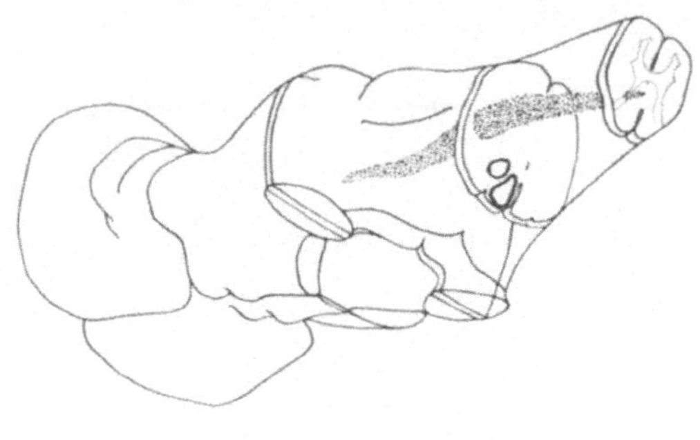

F

998. Kennzeichnen Sie mit Hinweislinien und den Buchstaben G und C die umzeichneten Querschnitte des Nucl. gracilis et cuneatus in Höhe der Medulla oblongata in der linken Abbildung! Malen Sie das dem Tr. spinalis n. V repräsentierende Feld lateral vom rechten Nucl. tr. spinalis n. V auf dem genannten Querschnitt schwarz aus! Zeichnen Sie auf der linken Seite des rechten Schnittes G (Nucl. gracilis), C (Nucl. cuneatus), N (Nucl. tr. spinalis n. V) und T (Tr. spinalis n. V) auf die entsprechenden Felder!

G

1111. Die visceromotorischen Kerne sind der Nucl. dorsalis n. vagi, Nucl. salivatorius superior et inferior und Nucleus autonomicus (Westphal-Edinger).
a) Die Axone des visceromotorischen Teils des Nucl. dorsalis n. vagi laufen im ___ Hirnnerv nach außen.
b) Die parasympathisch-sekretorischen Neuriten des VII. und IX. Hirnnerven kommen aus dem Nucl. __________ superior und Nucl. __________ inferior.
c) Der M. spincter pupillae wird vom Nucl. __________ (Westphal-Edinger) innerviert. Die Axone aus diesem Kern und dem Nucl. n. oculomotorii laufen zusammen im ___ Hirnnerv.

H

Bitte fahren Sie fort mit Abschnitt 1298!

52. Außer der parieto-occipitalen Übergangsregion gibt es weitere unscharfe Grenzen im Bereich der seitlichen Großhirnfläche. Auf der Abbildung wurden sie schraffiert. Es handelt sich um die parieto-__________ und __________-occipitale Übergangsregion.

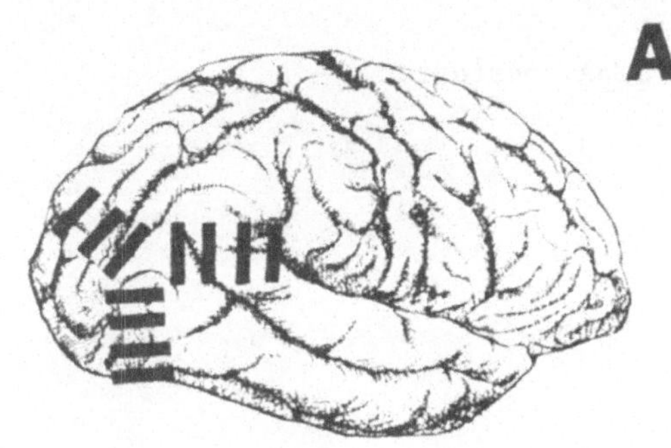

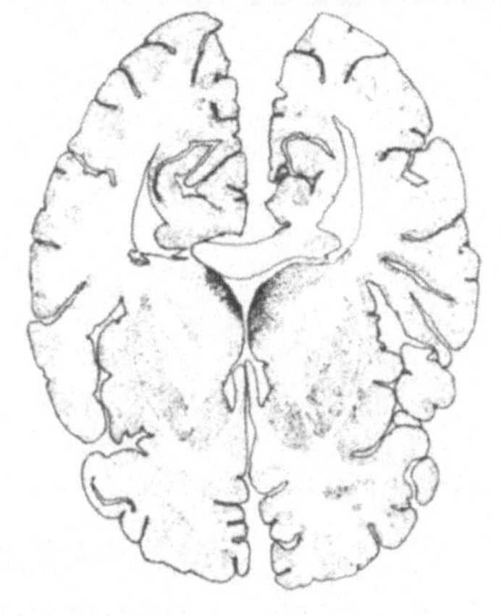

306. Das Crus anterius capsulae internae trennt den Nucleus lentiformis vom __________. Der hintere Schenkel der inneren Kapsel trennt den Linsenkern vom __________.

418. Dieser Schnitt, dessen Lage der unterbrochenen Linie entspricht, läuft im Hirnstamm durch den Thalamus, Hypothalamus und das __________. Die weiße Substanz, auf die der Pfeil zeigt, liegt unmittelbar unterhalb der inneren Kapsel und kaum im __________, einem Teil des Hirnstamms.

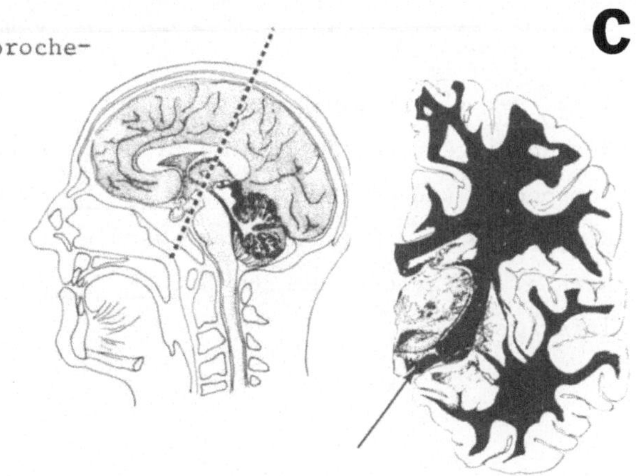

666. Die corticospinalen Impulse verringern normalerweise den Muskeltonus. Ein erhöhter Muskeltonus ist mit einer erhöhten Aktivität der Dehnungsreflexe vergesellschaftet. Bei einem Patienten mit einem Schlaganfall sind die willkürlichen Bewegungen fast immer beeinträchtigt, der Muskeltonus ist __________ und die Dehnungsreflexe sind __________. Die beiden letztgenannten Symptome treten erst Tage bis Wochen nach dem Schlaganfall auf. Wenn der Herd auf einer Seite des Gehirns oberhalb der Pyramidenkreuzung liegt, so sind die Extremitäten auf der __________ Seite betroffen.

E

F

C2

Tr. spinalis
n. trigemini

997A. sekundären
primären
I

G

1112. Der III. Hirnnerv enthält Axone von Zellkörpern, die in verschiedenen
Kernen liegen. Der Nucl. n. oculomotorii liefert die _______________motorische
Komponente und der Nucleus __________ (Westphal-______) die ______motorische
Komponente. Die Speicheldrüsen werden von visceromotorischen (parasympathischen
Kernen) innerviert, dem Nucl. __________ superior und dem Nucl. __________
inferior.

H

1297A. 1. frontal
2. caudatus, Putamen, Globus pallidus, Corpus amygdaloideum,
Claustrum (oder in einer beliebigen anderen Reihenfolge)
3. cinguli

52A. occipitale

temporo

305A. lateral

418A. Mesencephalon (Mittelhirn)

Mesencephalon

665. Der dauernd vorhandene Zustand der Muskelspannung, der weitgehend von Fasersystemen bestimmt wird, die die Aktivität der ______ reflexe beeinflussen, wird Muskel____ genannt.

785. Eine primäre, afferente Faser die aus Gelenkreceptoren der oberen Extremität kommt und in das Rückenmark eintritt, ist in eine hintere Wurzel einzuzeichnen, einschließlich ihrer Aufzweigung im Hinterstrang derselben Seite. Zeichnen Sie den absteigenden Ast bis zu seinem spinalen Reflexbogen mit einem kurzen Schaltneuron in der Lumbalebene ein!

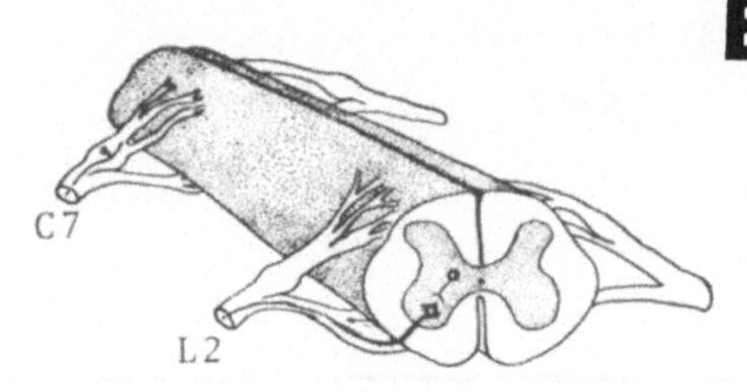

997. Auf der linken Abbildung gehören die mit 2 gekennzeichneten Zellkörper zu ________ ären sensiblen Neuronen. Die Fasern bei 1 gehören zu ________ ären sensiblen Neuronen. Der Tr. spinalis n. trigemini des rechten Schnittes entspricht im Hinblick auf seine Lage und Funktion der mit 1 auf den linken Bild gekennzeichneten Bahn. Zeichnen Sie auf beiden Seiten des Schnittes in Höhe von C2 ein X auf den erweiterten Teil des Hinterhorns. Er enthält den Nucl. tr. spinalis n. V.

1113. Die Hirnnerven werden vorn beginnend von I bis XII durchnumeriert. Der Nucl. salivatorius superior gibt seine Axone an den VII. Hirnnerv ab und der Nucl. __________ inferior an den ____ Hirnnerv.

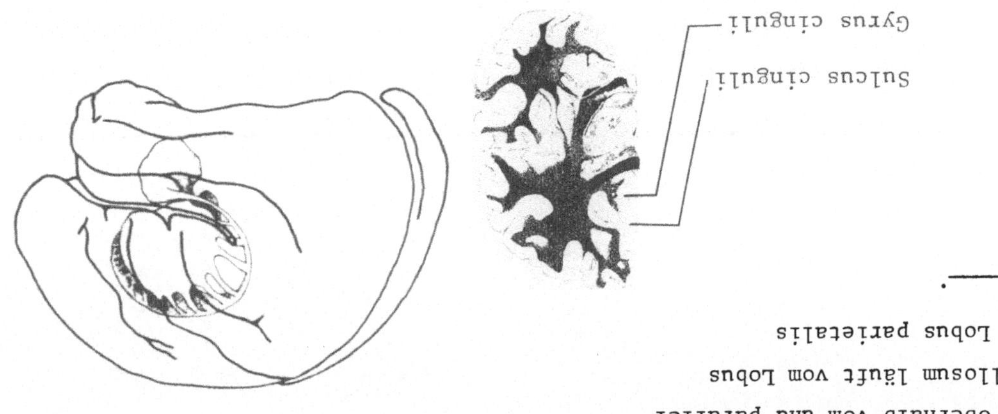

1297. 1. Das gefärbte Präparat zeigt die __________ geschnittene rechte Großhirnhälfte. 2. Der Schnitt trifft je einen Teilbereich der folgenden Basalganglien: Nucl. __________, __________, __________ und __________. 3. Oberhalb vom und parallel zum Corpus callosum läuft vom Lobus frontalis zum Lobus parietalis der Gyrus __________.

53. Der Sulcus centralis stellt eine scharfe Grenze zwischen zwei Lappen dar. Außer ihm sind auf der seitlichen Oberfläche des Gehirns keine grenzbildenden Sulci erwähnt worden, da der Lobus _________, Lobus _________ und Lobus _________ zum Teil fließende Übergänge aufweisen.

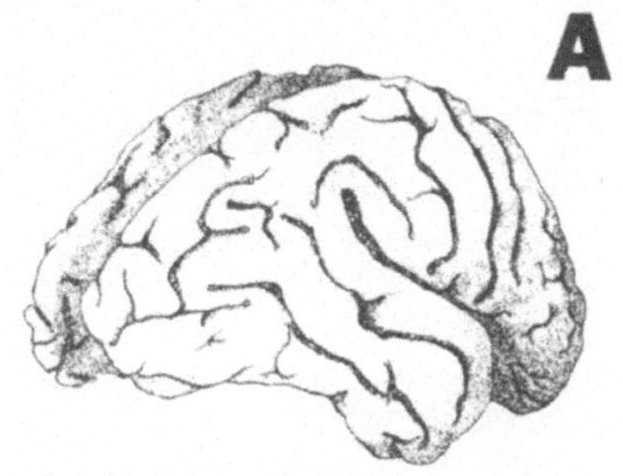

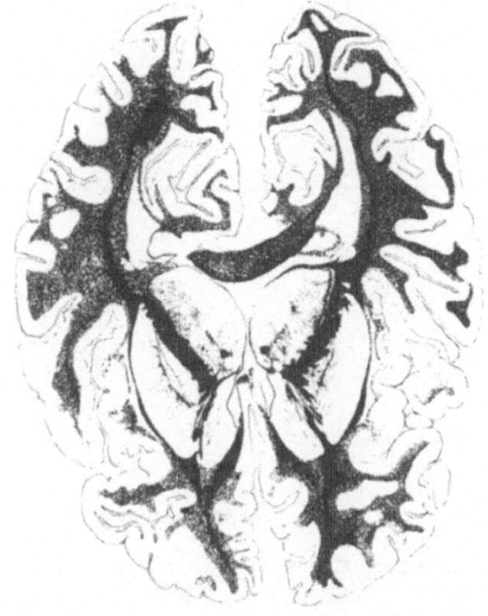

305. Der Schwanz des Nucl. caudatus liegt etwas dorsal und _______ vom Thalamus.

419. Die corticospinalen Fasern verlassen die Hirnhemisphäre, indem sie ohne Unterbrechung durch die innere Kapsel zur Basis des ___________ und dann durch die _____ _____ laufen. Schreiben Sie ein X auf das Crus cerebri.

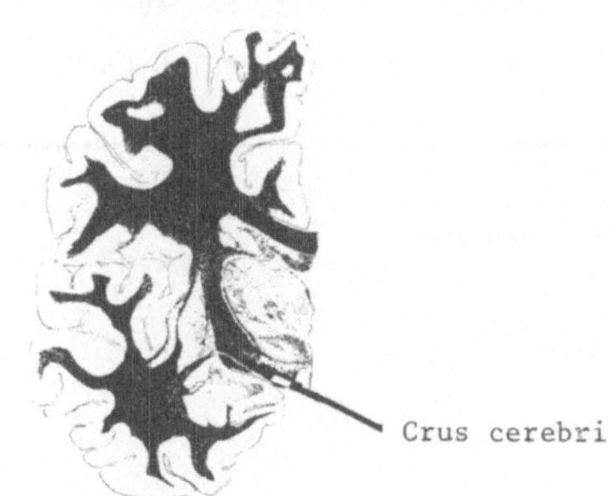

664. Ein bestimmtes Ausmaß von Aktivität oder Spannung ist in den Muskeln immer vorhanden. Das Ausmaß dieser Spannung hängt von der Impulsfrequenz der afferenten und efferenten Systeme ab. Der Muskeltonus (Muskelspannung, Aktivität) wird also weitgehend von neurophysiologischen Einflußgrößen in Form der Netzaktivität der Dehnungs _________ bestimmt.

H

1296A. grauen

  dorsomedial

G

1113A. salivatorius

  IX

F

996. Die Zellkörper der Hinterhörner des Rückenmarks bilden mit den in jeder Segmenthöhe eintretenden Fasern der Hinterwurzeln Synapsen. Die Hintersäulen gehen kontinuierlich in eine analoge Struktur des Hirnstammes über, wo die Zellen des Nucleus _______ _______ __ _______ Synapsen mit Fasern aus dem Tr. _______ __ _______ bilden. In der Medulla oblongata und dem Pons sind die segmentalen sensiblen Nerven von einem großen Nerv, dem N. _______ ersetzt worden.

E

785A.

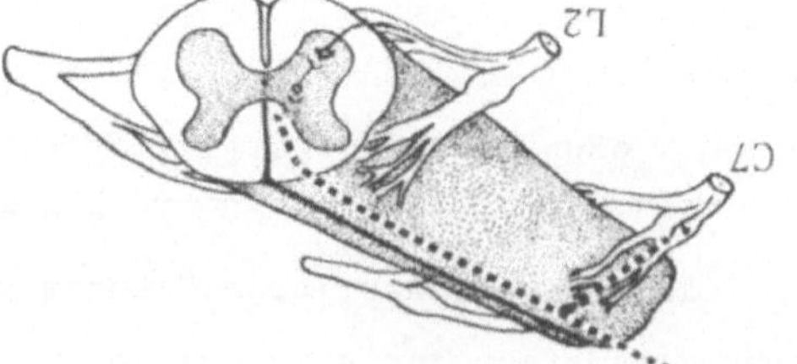

54. Eine Gerade, welche die Incisura
praeoccipitalis und den Sulcus parietooccipitalis verbindet, bildet die ungefähre vordere Grenze des Lobus __________
im Bereich der seitlichen Oberfläche der
Großhirnrinde.

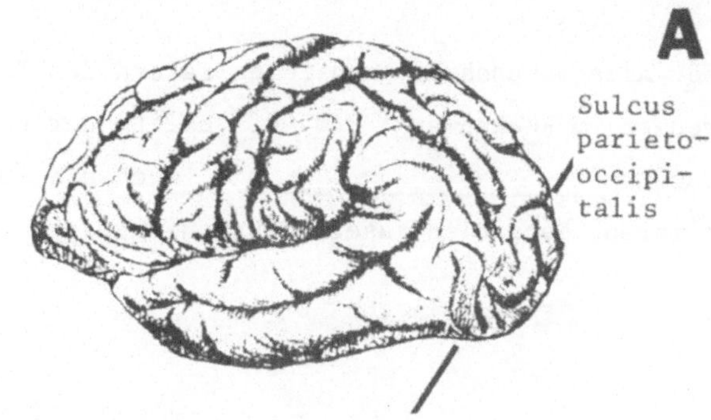

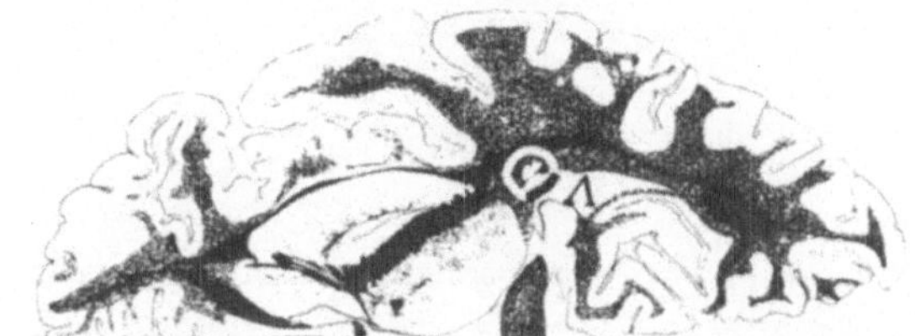

304A. lateral
temporalis

420. Die __________ superiores und __________ inferiores des Mittelhirns
bestehen aus grauer Substanz, die Crura cerebri aus Substantia ____.

C

663A. Achillessehnenreflex

211

786. Alle sekundären, sensiblen Fasern des Tractus ____________ ________
kreuzen im Rückenmark. Etwa die Hälfte der sekundären, sensiblen Fasern des
Tractus ____________ ________ wechseln im Rückenmark die Seite. Keine
primären, sensiblen Fasern des Funiculus ________ kreuzen im Rückenmark.

995A. spinalis n. trigemini
tractus spinalis nervi trigemini

1114. Der Nucl. salivatorius ________ und Nucl. salivatorius ________ haben
nur eine geringe klinische Bedeutung. Die wichtigen visceromotorischen Kerne
sind der visceromotorische Teil des Nucl. ________ n. vagi und der Nucl.
____________ (Westphal-________).

1296. Die Substantia nigra gehört zur ________ Substanz. Sie kann auf allen
Schnitten durch die Crura cerebri gefunden werden und liegt immer unmittelbar ________ - medial von den Crura cerebri.

A

55. Auf der seitlichen Oberfläche der meisten Ge-
hirnpräparate sind der Sulcus parietooccipitalis
und die Incisura praeoccipitalis nicht eindeutig erkennbar. Schraffieren Sie in der
Skizze die ungefähre Ausdehnung des Hinterhauptlappens!

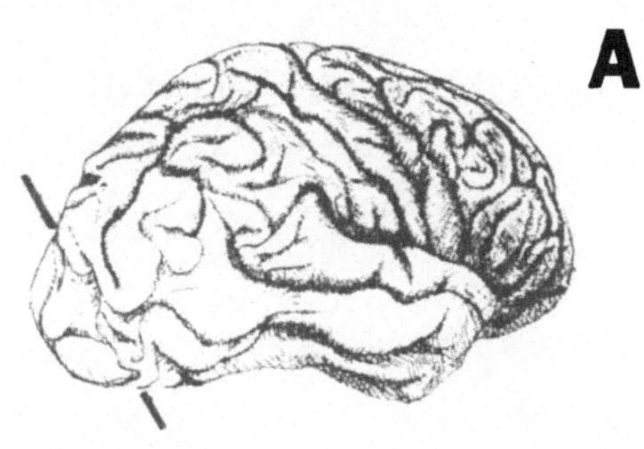

B

304. Das Corpus nuclei caudati folgt auf das
Caput und geht in die Cauda über. Es läuft dabei nach dorsal und wendet sich allmählich
nach caudal und ______. Das Ende der Cauda
nuclei caudati liegt im Lobus ________. Umzeichnen Sie diese auf beiden Abbildungen und
setzen Sie ein V auf den benachbarten Teil
des Seitenventrikels!

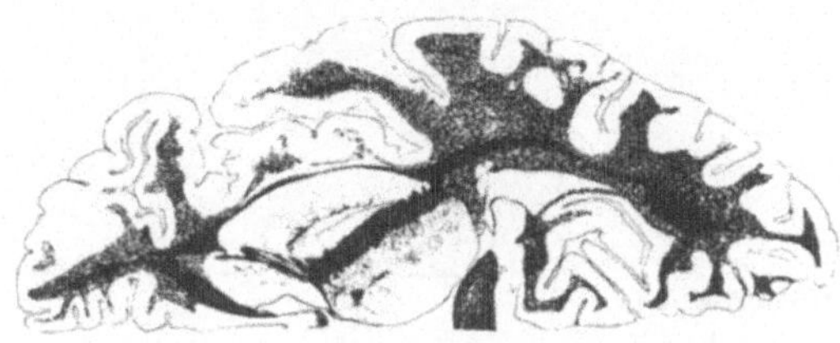

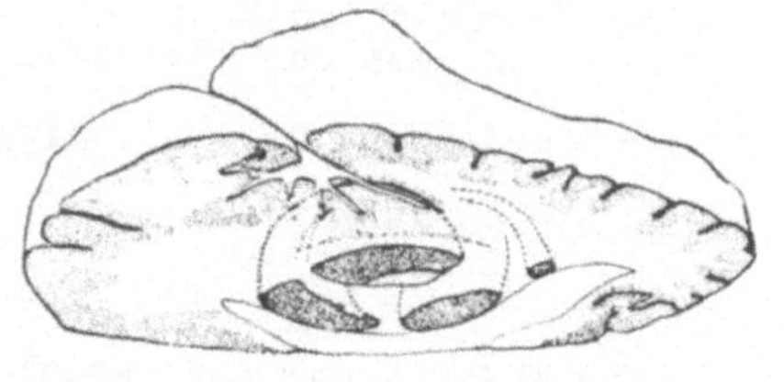

C

420A. Colliculi
Colliculi
alba

D

663. Der gallertartige Nucleus pulposus, der in
den Bandscheiben liegt, kann durch den Anulus
fibrosus dringen (Nucleus pulposus Prolaps)
und einen Druck auf Spinalnervenwurzeln aus-
üben. Der rupturierte Discus intervertebralis - auf der Abbildung mit einem Pfeil
markiert - verursacht Schmerzen, die auf die
Dorsalseite des Oberschenkels ("Ichias")
oder des ganzen Beines ausstrahlen und den
Ausfall des ______ sehnenreflexes bedin-
gen. Zeichnen Sie einen gerissenen Discus
intervertebralis ein, der so liegt, daß
"Bandscheibensymptome", ein normal auslös-
barer Achillessehnenreflex und ein fehlender
Patellarsehnenreflex wahrscheinlich sind!

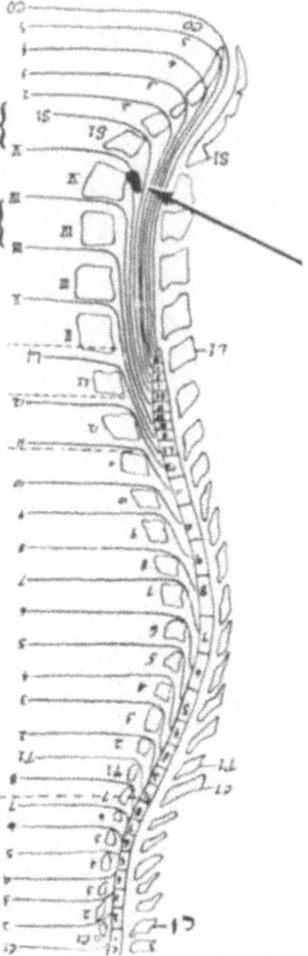

786A. spinothalamicus lateralis
spinothalamicus anterior
posterior

E

---

995. Beachten Sie die Lage des
Nucl. tr. spinalis n. trigemini
in Höhe von C2! Etwa zwischen
C4 und C2 wird der Tr. dorsolateralis (Lissauer) von dem ihm entsprechenden Tractus ________ __
________ ersetzt, während die
sekundären afferenten Neuronen
des Hinterhorns von dem ihnen
entsprechenden Neuronen des Nucleus tractus
________ __ ________ ersetzt werden.

F

G

1114A. superior
inferior
dorsalis
autonomicus (Westphal-Edinger)

1295A. Tegmentum
cerebri
nigra
Crura cerebri

H

A

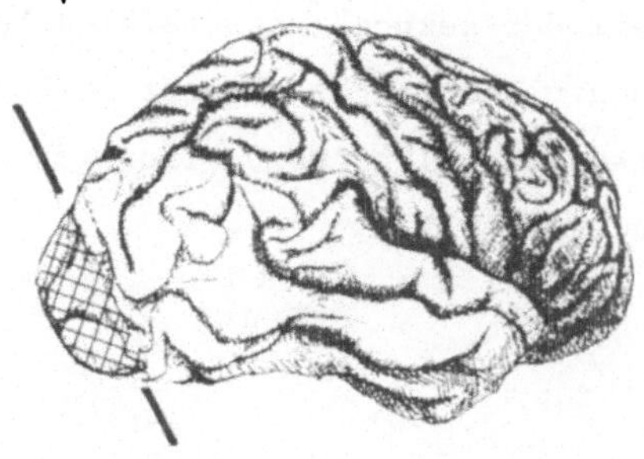

B

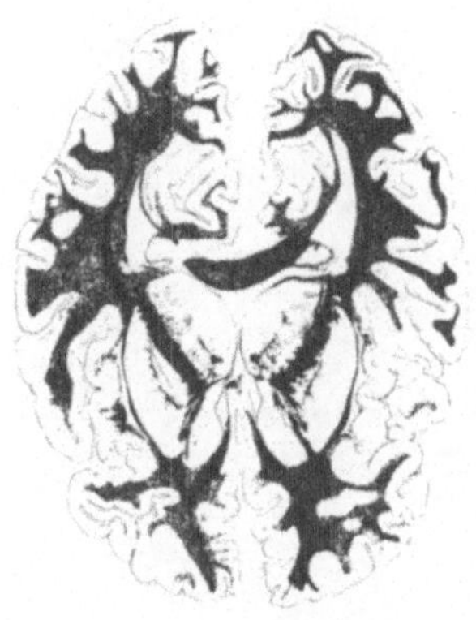

---

421. Beide Schnittebenen gehen durch den
Nucleus _____ und die _____ _______ des
Mesencephalons. Nur die den Hirnstamm
quer schneidende Ebene läuft im dorsalen Bereich des Mesencephalons durch
die _________ _________ .

C

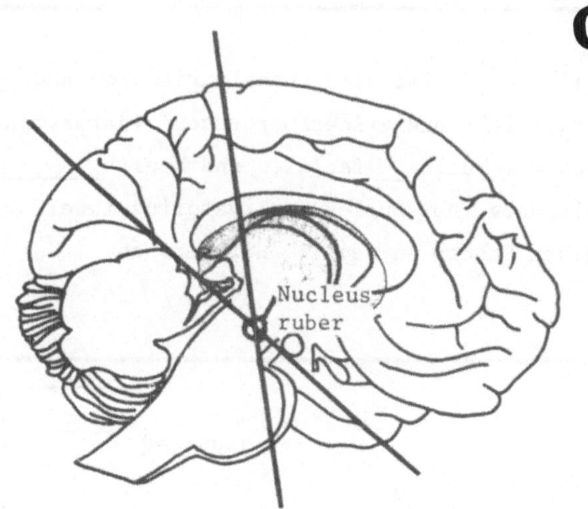

D

787. Alle sekundären Fasern, die ______- und ______empfindungen leiten, kreuzen im Rückenmark. Ein Teil der sekundären sensiblen Neuriten, die ________- und ____ empfindungen übertragen, kreuzt im Rückenmark. Die __________ leitenden, primären sensiblen Axone sind nicht an der Bildung von Synapsen im Rückenmark beteiligt.

F

994A.

G

1115. Der N. facialis enthält viscero- und ________motorische Anteile. Branchial- und visceromotorische (parasympathisch-sekretorische) Fasern aus dem Nucl. __ facialis und Nucl. __________ ________ laufen im ___ Hirnnerv. Der Nucleus salivatorius inferior und der Nucleus ________ geben Fasern an den ___ Hirnnerv ab.

H

1295. Die Substantia nigra besteht aus einer Anhäufung von Nervenzellkörpern, die zum Teil stark pigmentiert sind. Sie befindet sich in beiden Hälften des Mittelhirns. Die Peduncula cerebri, die man als säulenförmige Stützen des Gehirns auffassen kann, bestehen aus dem ________ und den Crura ______. Die Substantia ____ befindet sich im Tegmentum an der Grenze zu den ____ ________.

A

56. Die seitliche Fläche des Lobus occipitalis ist die _____ste Fläche von allen Hirnlappen.

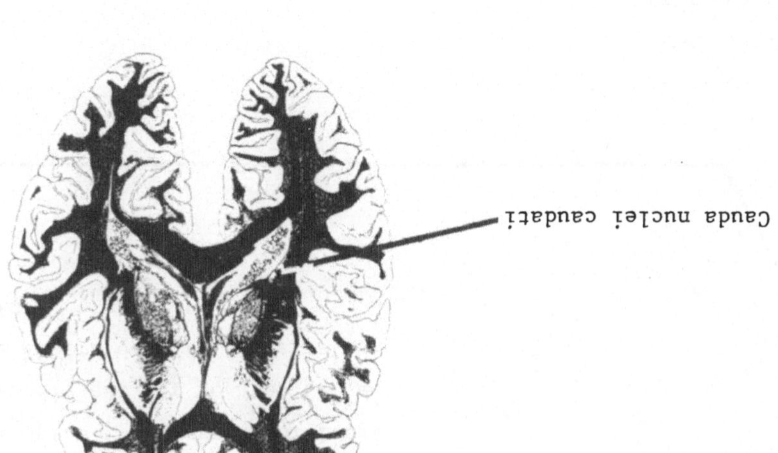

B

302. Die Cauda nuclei caudati liegt _____al und _____ vom Kopfe des _____ Schweifkerns.

C

421A. ruber

Crura cerebri (Sing. Crus cerebri)

Colliculi superiores (Sing.: Colliculus superior)

D

662. Die Dehnungsreceptoren reagieren bei einer durch efferente Impulse ausgelösten Muskelkontraktion und keinesfalls also nur, wenn mit dem Reflexhammer auf eine _____ geklopft wird.

E

788. Der Fasciculus _______ wurde auf dem Schema umzeichnet.
Die zentralen Enden der umzeichneten
Axone liegen in der Medulla oblongata.
In den __________ liegen die Zellkörper. Die peripheren Enden befinden
sich in der Haut oder den _______
der _______ Extremität auf _______
Seite. Die Länge eines primären,
kinästhetischen Neurons, das z.B.
eine Zehe versorgt, beträgt mehr
als 1 m.

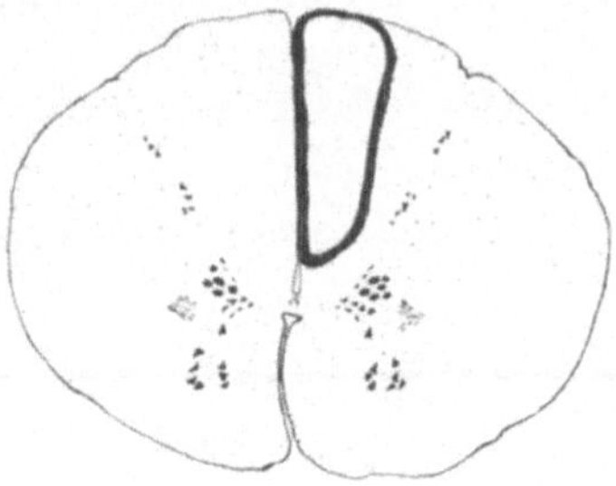

F

994. Die Fasern des Tr. spinalis
n. trigemini bilden Synapsen mit
sekundären Zellkörpern, die unmittelbar medial von den Fasern des Nucl.
tractus spinalis n. trigemini liegen.
Zeichnen Sie auf der rechten Seite
mehrere Fasern des Tr. spinalis
n. V ein!

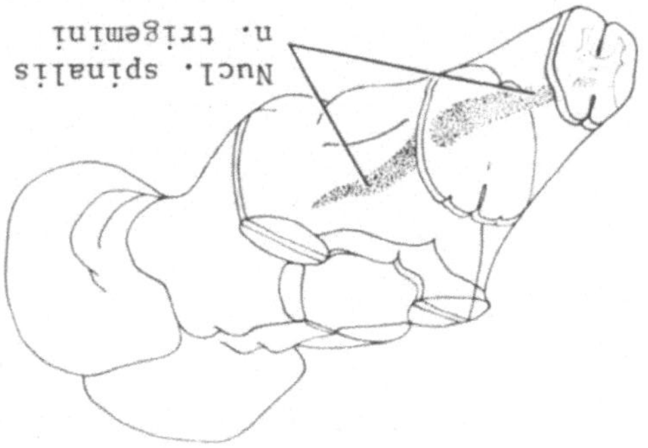

G

1115A. branchialmotorische; n.
salivatorius superior
VII
ambiguus
IX

H

1294A. 2. cranial (ventral)
ruber
rechten (contralateralen)
linken (ipsilateralen)
3. autonomicus (Westphal-Edinger)
visceromotorischen
sphincter pupillae
4. linken
lateral (außen, temporal)
Dilatation (= Erweiterung = Mydriasis)

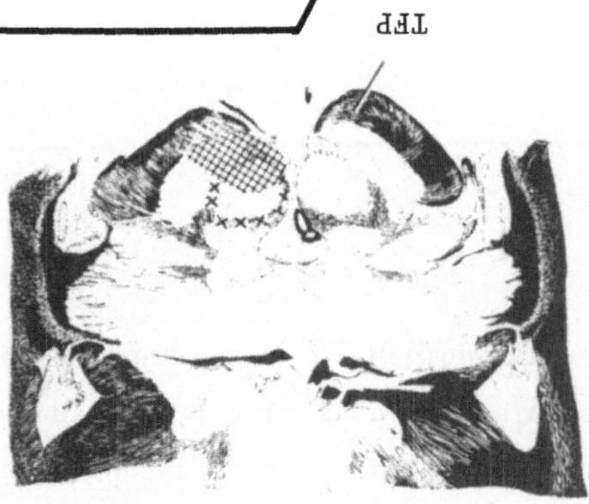

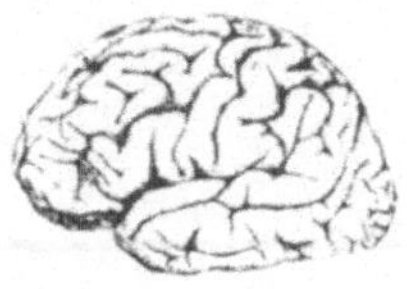

linke laterale Ansicht

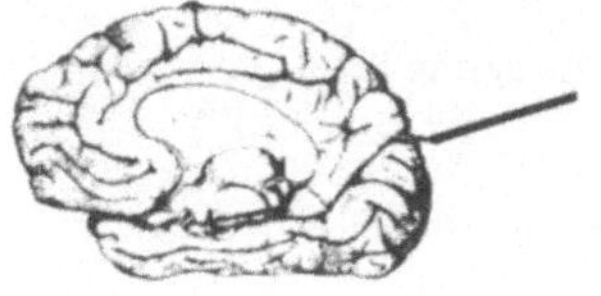

rechte mediale Ansicht

Betrachten Sie die Abbildungen! Tasten Sie den Sulcus parietooccipitalis
an Ihrem Präparat ab! Entfernen Sie aus ihm die Arachnoidea encephali und
die Pia mater encephali! Verfolgen Sie die genannte Hirnfurche von der seitlichen bis zur medialen Hirnoberfläche oder umgekehrt! Markieren Sie den
Sulcus parietooccipitalis und Lobus occipitalis auf der seitlichen Ansicht!

B

301A. dorsaler (oder dorso-medialer)

C

422. Die Crura cerebri liegen ventro-
____al vom Tegmentum des Mesencephalons.
In der rechten und linken Hälfte des
Tegmentums befindet sich je ein Nucleus
______. Zeichnen Sie einen Kreis um die
Gegend der Crura cerebri!

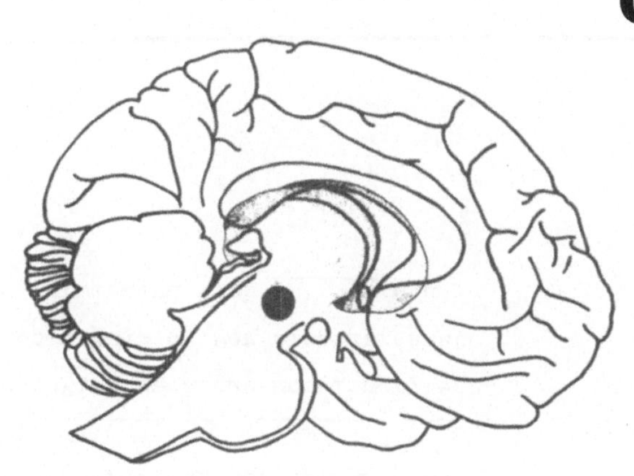

D

661. Wenn man auf das Ligamentum Patellae schlägt, schnellt der Unterschenkel
nach vorn oder es ist mindestens eine Kontraktion der Quadricepsgruppe erkennbar, sofern der Reflex auslösbar ist. Er wird Patellar________ genannt.
Wenn man auf die Achillessehne klopft, entsteht eine Plantarflexion oder minde-
sten eine Kontraktion der Tricepsgruppe. Dieser Reflex wird ________
genannt.

1294. 1. Kennzeichnen Sie den rechten
Tr. frontopontinus mit TFP und einer Hinweislinie! 2. Der abgebildete Schnitt
liegt ______ von der Decussatio
pedunculorum cerebellarium superiorum.
Die mit kleinem x markierten Fasern
laufen um den Nucl. _____ zum Thalamus.
Sie kommen aus der ______ Seite des
Kleinhirns und enden in der _____ Seite des
Thalamus. 3. Der kleine umzeichnete Kern, der kappenförmig auf dem umzeichneten Nucleus n. oculomotorii sitzt, wird Nucl. _________ (______ ______)
genannt. Er gehört in die Klasse der ______motorischen Kerne und innerviert
den M. _________ _______, einen inneren Augenmuskel. 4. Der eingezeichnete
Herd verursacht eine Drehung des _____ Auges vorwiegend nach _____ und
eine ________ der Pupille.

1116. Die Axone des III. Hirnnerven beginnen im Nucleus __ _________ und
im Nucleus _________ (______ - ______) Der X. Hirnnerv erhält seine
Neuriten aus Zellkörpern, die im Nucleus ______ und Nucleus ______ __
___ liegen.

993A. primäre

788A. gracilis
Spinalganglien
Gelenken
unteren
derselben

A

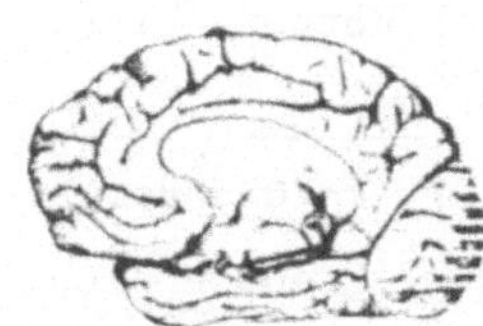
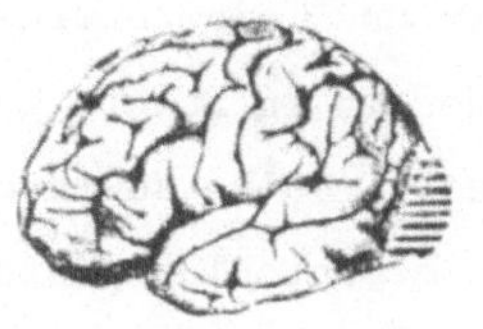

Der Hinterhauptlappen hat medial eine ____ere Fläche als lateral. Kontrollieren Sie dies an einem Hirnpräparat! Ziehen Sie in der medialen Ansicht eine Hinweislinie an den Sulcus parietooccipitalis und kennzeichnen Sie diese mit ihrem deutschen und lateinischen Namen!

B

301. Vom Kopf des Nucleus caudatus aus erreicht man in ____ Richtung den Thalamus.

C

422A. ventro-lateral

ruber (Definition: Das Tegmentum (Haube) liegt zwischen einer Transversalebene durch den Aquaeductus mesencephali und die Crura cerebri und ist ein Teil des Mesencephalon.)

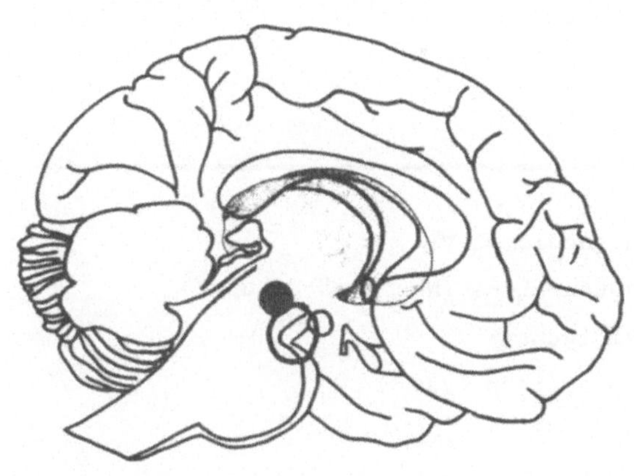

D

660. Dehnungsreceptoren erzeugen Impulse, wenn sie mechanisch beansprucht werden. Ein einfacher Zusammenhang zwischen sensiblem und motorischem System kann beim Patellarsehnenreflex gezeigt werden. Die Anzahl der beteiligten Neurone beträgt ____. Das eine Neuron ist afferent und das andere ____.

E

789. Schmerz- und Temperaturempfindungen aus allen Körpergebieten unterhalb des Halses werden in Fasern geleitet, die in der ________ _____ kreuzen. Die Kinästhesieimpulse sowie diejenigen von den Druck- und Berührungsempfindungen, die im Funiculus posterior geleitet werden, kreuzen nicht im Rückenmark, sondern erst im untersten Teil des Hirnstammes, der ________ ________ .

F

993. Zeichnen Sie die Umrisse der Struktur, die die Zellkörper der umzeichneten Fasern enthalten, gegenüber der Schnittfläche im Pons! Setzen Sie einen Pfeil neben die Fasern, um die Richtung der Impulsleitung anzugeben! Ähnlich wie die kurzen segmentalen Fasern des Tr. dorsolateralis (Lissauer) im Rückenmark, sind die langen Fasern des Tr. spinalis n. trigemini in der Medulla oblongata ____äre Axone.

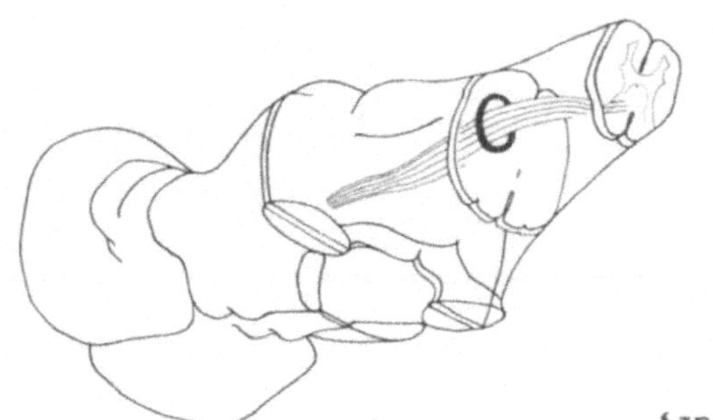

G

1116A. n. oculomotorii

autonomicus (Westphal-Edinger)

ambiguus

dorsalis n. vagi

H

1293A. Nucl. ruber; Tr. parietopontinus; Tr. temporopontinus; Tr. trigeminothalamicus secundus anterior; Decussatio pedunculorum cerebellarium superiorum; Tr. tegmentalis centralis; (Die Commissura zwischen den Colliculi superiores enthält eine Bahn, die den rechten und linken Colliculus superior direkt verbindet); Tr. spinothalamicus lateralis; Colliculi inferiores;

A

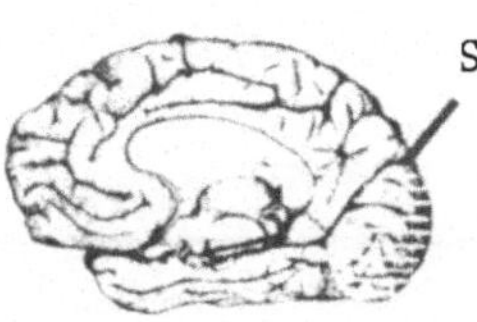

B

300. Es gibt zwei Nuclei caudati, zwei Sulci laterales, __ Gyri precentralis,
und __ Thalamus. Der Thalamus liegt wie die anderen Teile des Hirnstammes in
den ______ en Bezirken.

C

423. Der Tractus corticospinalis läuft im Mittelhirn ventro-lateral von der
Substantia nigra und vom Nucleus ruber, die beide im Tegmentum liegen. Die
Colliculi ________ und Colliculi _________ sind Teile des Tectum mesen-
cephali (Mittelhirndach). Der Nucleus _____ ist eisenhaltig.

D

659. Unsere Kenntnisse über die Funktion der sensiblen Fasern im Muskel sind
unvollständig. Die Auffassungen ändern sich auf Grund laufender Forschungen
auf diesem Gebiet. Die sensiblen Nervenfasern geben Impulsserien ab, wenn
Muskelfasern gedehnt werden. Man nennt die sensiblen Receptoren, die auf eine
Dehnungs-, Längenänderung reagieren, _________ receptoren.

789A. Commissura alba (= Commissura anterior)
Medulla oblongata

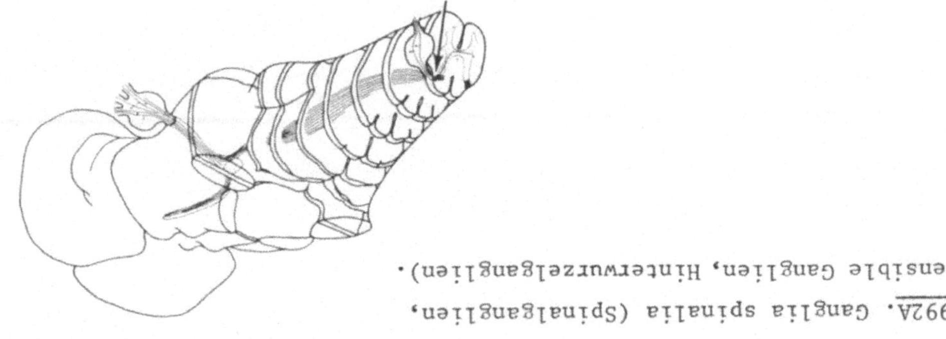

1117. Notieren Sie die vier visceromotorischen Kerne mit der Nummer des
Hirnnerven, an den sie ihre Axone abgeben!

1293. Kennzeichnen Sie in der folgenden Aufzählung durch unterstreichen die
Namen der im Bereich des Tegmentum mesencephali liegenden Strukturen! Nucl.
ruber; Tr. parietopontinus; Tr. temporopontinus; Tr. trigeminothalamicus
secundus anterior; Decussatio pedunculorum cerebellarium superiorum; Tr.
tegmentalis centralis; (Die Commissur zwischen dem Colliculi superiores enthält eine Bahn, die den rechten und linken Colliculus superior direkt verbindet); Tr. spinothalamicus lateralis; Colliculi inferiores.

A

59. An einem nicht aufgeschnittenen Gehirn kann man
die mediale Oberfläche nicht betrachten. Bei der seitlichen Ansicht ist der größte Teil der Hirnoberfläche
des Hinterhauptlappens (wie bei einem Eisberg)
________.

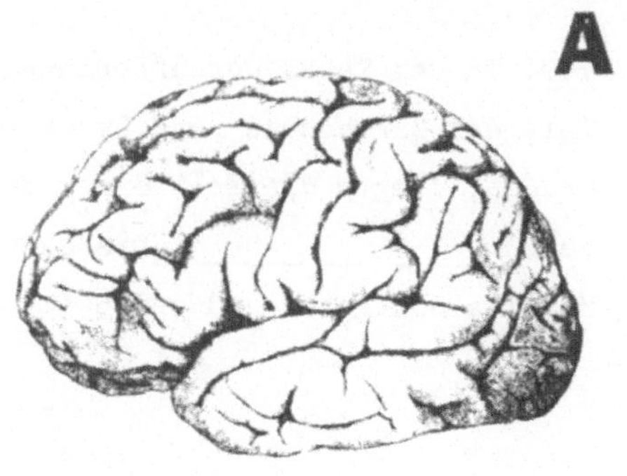

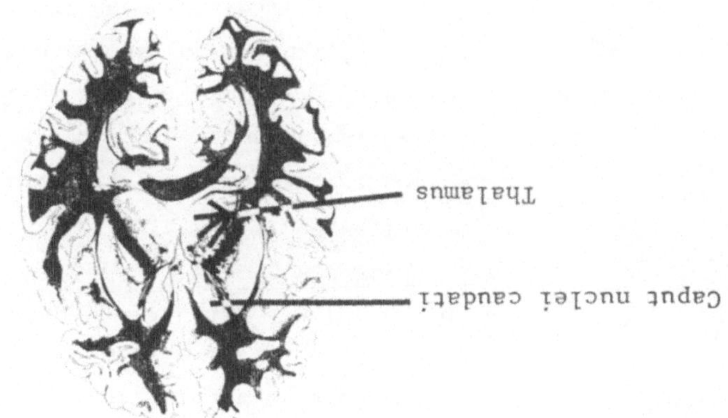

B

299A. ventral

C

423A. superiores
inferiores
ruber

D

Reflexe und neuromotorische Krankheiten (Abschnitt 659-684)

790. In der Kette der afferenten Neurone, die die Lageempfindungen und einen Teil der Berührungs- und Druckempfindungen z.B. aus dem linken Daumen übertragen, liegen die Zellkörper der sekundären Neuronen auf der ______ Seite der ______ ________. Die Axone der sekundären Neuronen kreuzen in der Medulla oblongata und enden im ________.

992. Die umzeichneten Fasern der oberen Abbildung sind afferent. Ihre Zellkörper liegen in den ______ ________. Vergleichbare Fasern finden sich an gleicher Stelle in allen Rückenmarksbereichen. Die untere Abbildung zeigt einige primäre sensible Neurone in Höhe von C2. Ihre zentralen Fortsätze laufen in den Tr. dorsolateralis und ziehen innerhalb des Rückenmarks um ein bis zwei Segmente nach oben und unten. Zeichnen Sie einen Pfeil an diese Fasern im Tr. dorsolateralis! Malen Sie auf der Querschnittfläche in Höhe von C2 den Tr. dorsolateralis auf der anderen Seite schwarz!

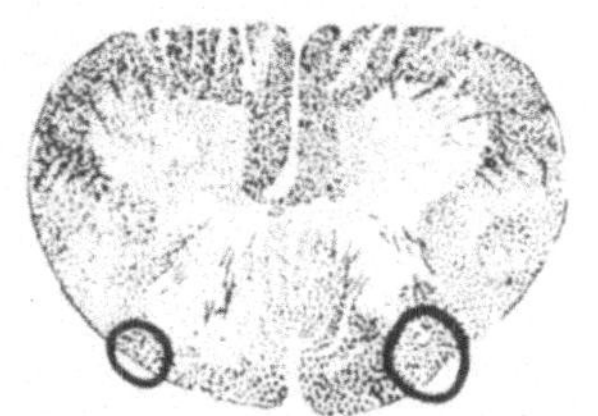

1117A. Nucl. autonomicus (Westphal-Edinger), III
Nucl. salivatorius superior, VII
Nucl. salivatorius inferior, IX
Nucl. dorsalis n. vagi, X

1292A. spinotectalis
reticularis
Thalamus
Lemniscus medialis

60. Markieren und beschriften Sie den in der
Abbildung deutlich erkennbaren Sulcus, der
im Bereich der medialen Hirnoberfläche den
Lobus parietalis nach dorsal begrenzt!

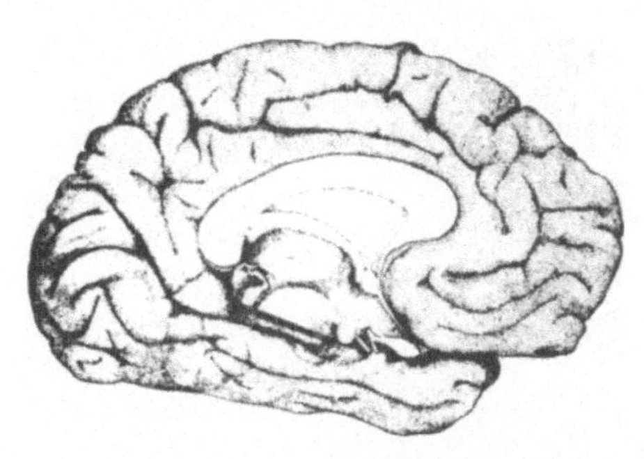

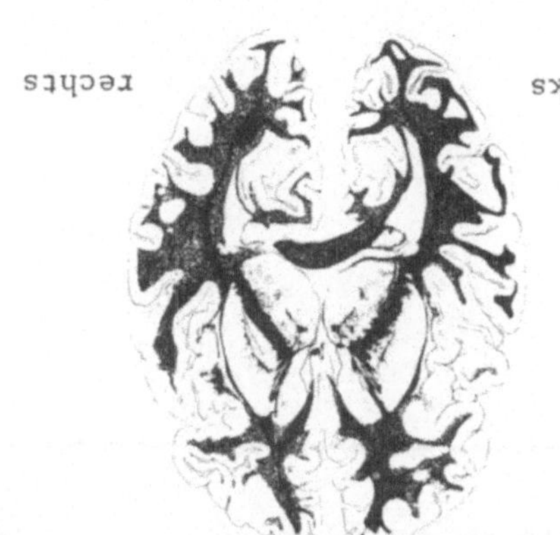

299. Das Caput nuclei caudati liegt
in der Nähe der Medianebene. Es liegt
al vom Thalamus. Markieren Sie
das Caput nuclei caudati und den
Thalamus auf der linken Seite der
Abbildung mit Namen und Hinweislinien!

424. Das Tectum mesencephali (Mittelhirndach)
liegt dorsol-cranial von einer durch den
Aqueductus mesencephali gehenden Transversalebene. Zeichnen Sie einen Kreis um das
Tectum mesencephali! Durch die Gerade ist
eine Frontalebene bestimmt. Zeichnen Sie eine
Gerade, die sich mit der abgebildeten schneidet in der Art, daß sie einem Transversalschnitt durch das Mittelhirn entspricht und
den Colliculus superior schneidet!

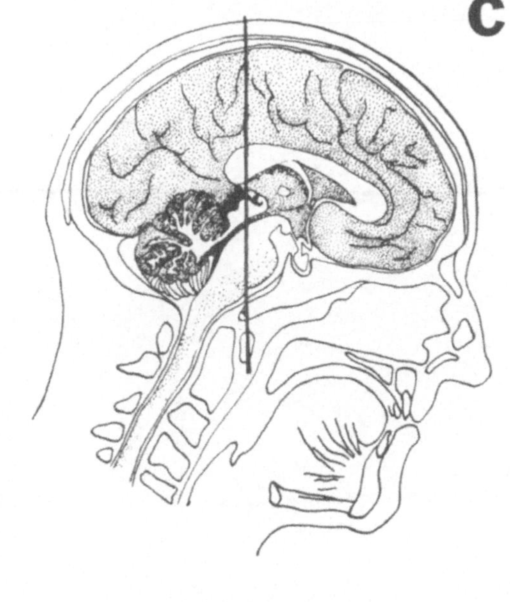

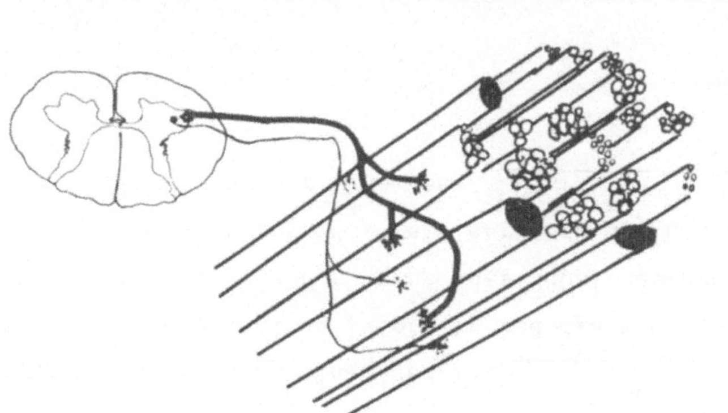

658A. motorische Einheit (neuromotorische Einheit)

790A. linken (oder derselben)

Medulla oblongata

Thalamus

E

991A. Medulla oblongata

dorsolateralis

Rückenmark

F

1118. Welche Hirnnerven sind rein sensibel und enthalten keine Fasern aus irgend einem motorischen Hirnstammkern? ___, ___ und ___.

G

1292. Ein Teil der im Rückenmark aufsteigenden Fasern des Tr. spinothalamicus lateralis endet im Tectum. Diese Fasern sind nach ihrem Ursprung und Ende benannt worden. Sie bilden den Tr. __________. Ein anderer Teil der Fasern des Tr. spinothalamicus lateralis und die Fibrae trigeminothalamicae bilden Synapsen mit Neuronen motorischer Kerne oder Schaltneuronen in der Formatio __________ des Tegmentums. Der größte Teil der noch übrigen Fasern endet im _______ zusammen mit oder in der Nähe vom __________ _______.

H

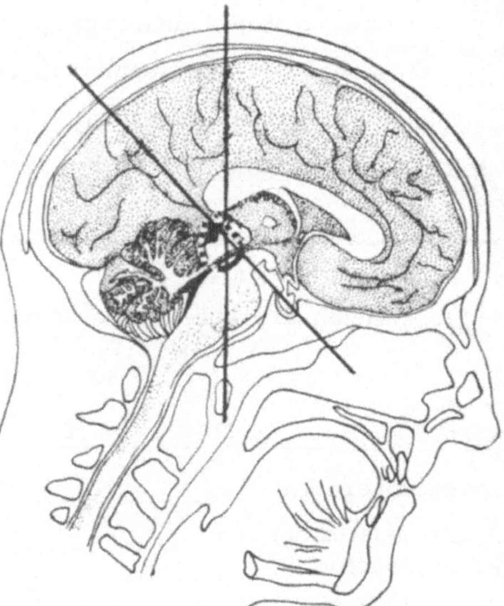

D

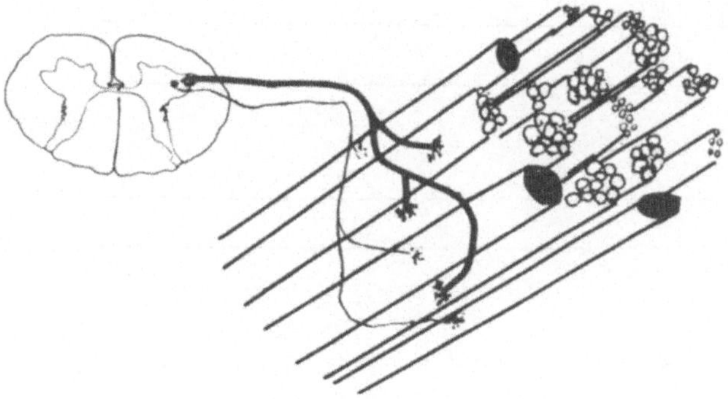

658. Bei bestimmten Krankheiten, zum Beispiel der Poliomyelitis anterior acuta, werden untere (sekundäre, zweite) motorische Neurone zerstört. Malen Sie die Querschnitte der paralytischen und atrophischen Muskelfasern, zu denen die geschädigten (dünnen) Neurone ziehen, links auf der Abbildung schwarz! Diese Muskelfasern bilden zusammen mit dem geschädigten Neuron eine krankhaft veränderte m________ E_____.

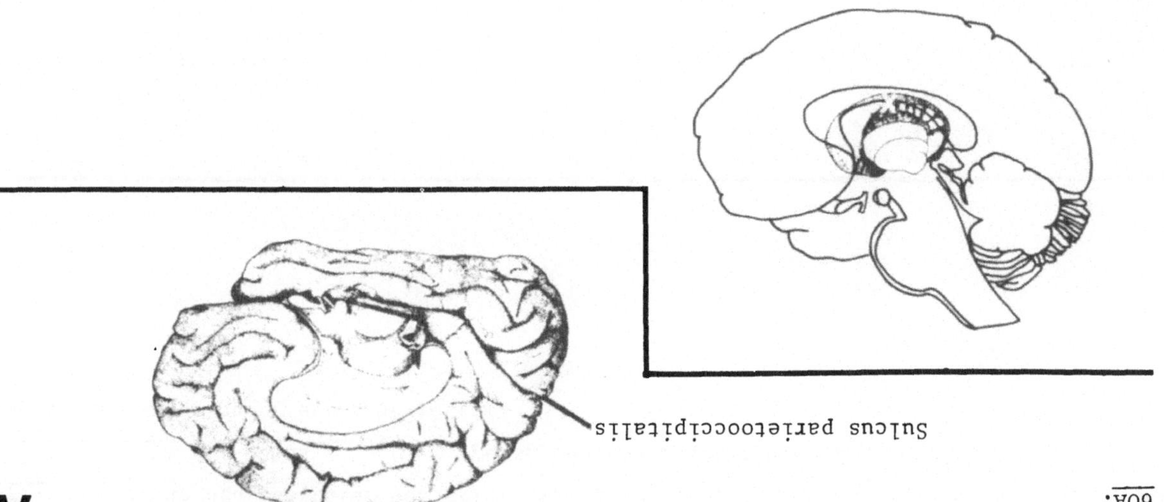

C

B

A

791. Die Axone des Funiculus posterior leiten Impulse, die bis in den Gyrus ___________ des Lobus __________ gelangen. Insgesamt laufen die Impulse über eine Kette aus wieviel Neuronen? _.

F

991. In der Anatomie wurden viele Bezeichnungen geschaffen, um die Verständigung zu vereinfachen. Es ist z.B. leichter Tr. dorsolateralis (Lissauer) zu sagen als "das Gebiet dorsolateral vom Cornu posterius", das ascendierende und descendierende Axone primärer Neurone enthält, die Schmerz-, Temperatur-, Druck- und Berührungsempfindungen übertragen. Der Tr. spinalis n. V im oberen Halsmark und in der _______ ________ kann bezüglich seiner Struktur und Funktion mit dem Tr. ___________ (Lissauer) im ________ verglichen werden.

G

1119. Kreuzen Sie alle motorischen Komponenten sämtlicher Hirnnerven an!

Kern	I	II	III	IV	V	VI	VII	VIII	IX	X	XI	XII
somatomotorisch												
branchialmotorisch u. parasympathisch-sekretorisch												
visceromotorisch												

H

1291A. Lemniscus medialis ____________
Tectum

61. Der Sulcus calcarinus ist der andere deutlich erkennbare Sulcus auf der medialen Seite des Lobus occipitalis. Kennzeichnen Sie den Sulcus calcarinus mit Hinweislinien und Beschriftung auf der Abbildung! Präparieren Sie die Pia mater encephali und Arachnoidea encephali aus dem Sulcus calcarinus und der umgebenden Hirnrinde ab!

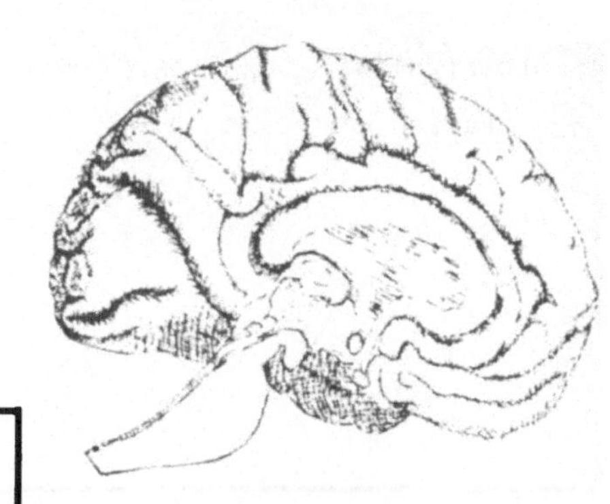

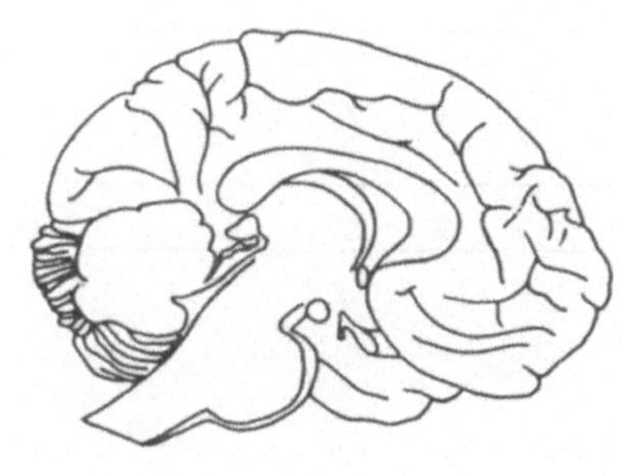

298. Schreiben Sie auf die linke Abbildung X in das Gebiet der grauen Substanz, die oberhalb der Ebene des rechten Bildes zwischen den beiden unterbrochenen Linien liegt.

---

425. Prägen Sie sich die Strukturen auf dem Querschnitt ein! Zeichnen Sie eine Gerade durch die linke Abbildung, die der Querschnittsebene entspricht!

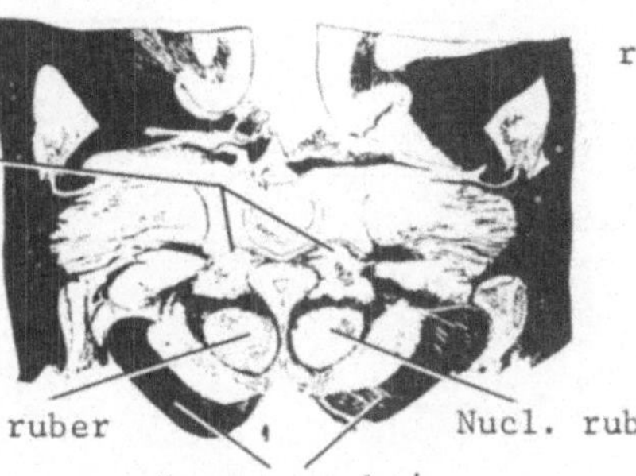

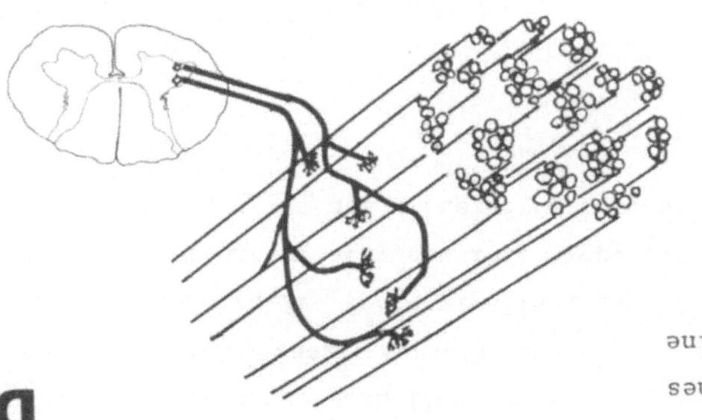

657. Gewöhnlich verzweigt sich ein einzelnes Axon und versorgt mehrere __________ fasern. Eine motorische Einheit wird definiert als ein sekundäres (zweites, unteres) Neuron mit allen, von ihm innervierten Muskelfasern. Aus welchen Komponenten besteht also eine Motorische Einheit?

791A. postcentralis
parietalis
3

990A. posterius
spinalis n. trigemini

1119A.

Kern	I	II	III	IV	V	VI	VII	VIII	IX	X	XI	XII
somatomotorisch			X	X		X						X
branchialmotorisch u. parasympathisch-sekretorisch					X		X		X	X	X	
visceromotorisch			X				X		X	X		

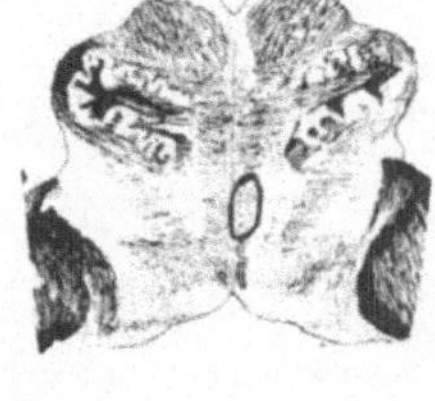

1291. Die umzeichnete Bahn liegt zwischen
Fasciculus longitudinalis medialis und ______
. Sie wird Tr. tectospinalis genannt.
Der Name weist darauf hin, daß ihre Axone aus
Zellkörpern im ______ des Mittelhirns kommen.

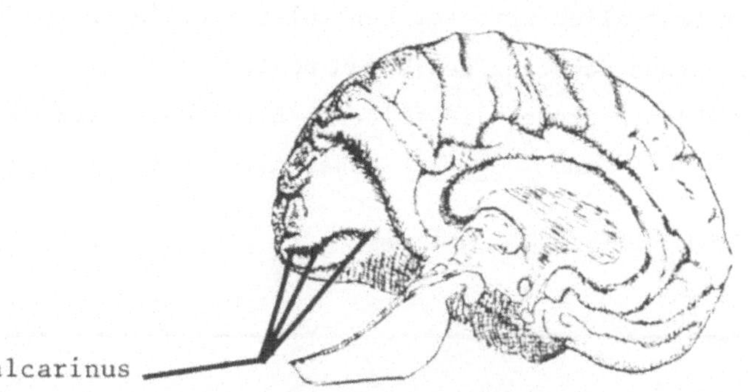

A

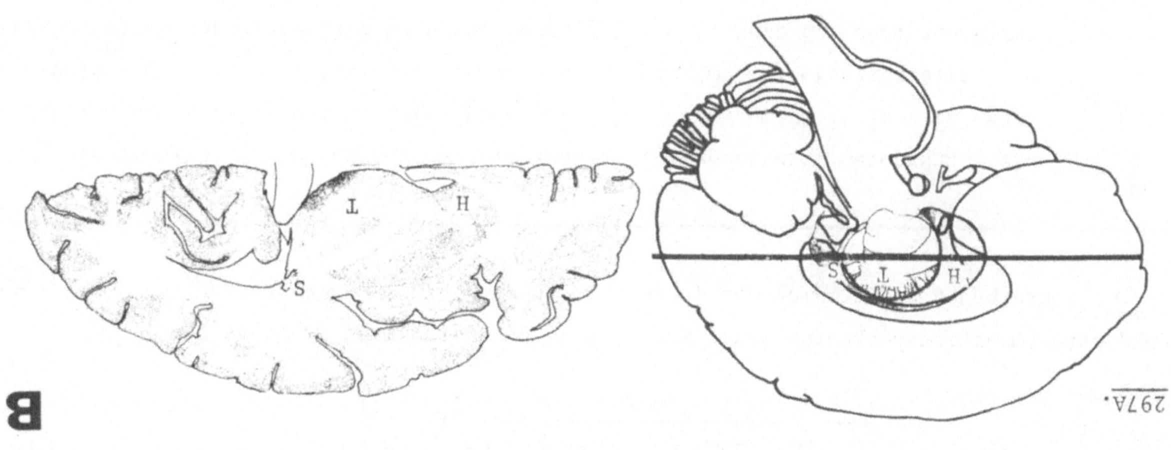

B

C

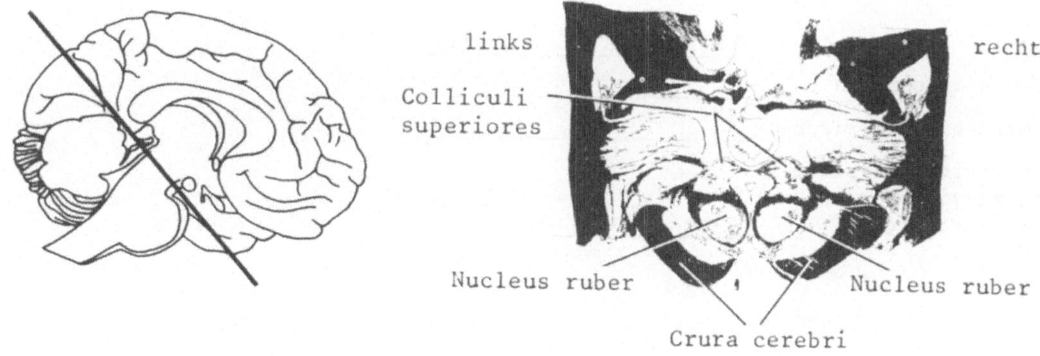

656A. Parese (= Teillähmung; Paralyse = vollständige Lähmung)
Atrophie (= Verschmächtigung, Verkümmerung, Rückbildung)
Parese (oder Paralyse)

D

E

<u>792.</u> Die Zellkörper fast aller primärer sensibler Neurone liegen in den

__________. Die graue Substanz des Cornu posterius enthält die Zellkörper

der sekundären sensiblen Neurone, die folgende Empfindungsarten leiten:

______ ________ ____ und ________, aber nicht die __________.

F

<u>990.</u> Die Axone der primären Neurone der Schmerz-, Temperatur-, Berührungs- und
Druckbahnen teilen sich nach ihrem Eintritt in das Rückenmark in je zwei Äste.
Diese laufen eine kurze Strecke nach oben und unten im Tr. dorsolateralis
(Lissauer) am dorsolateralen Rand des Cornu ________. Äste der analogen Hirn-
nervenfasern ziehen im Hirnstamm nach abwärts als Tr. ________ ___ ________.

G

<u>1120.</u> Schreiben Sie den Namen der Kerne auf, aus denen die motorischen

und parasympathisch-sekretorischen Komponenten der Hirnnerven stammen!

	I	II	III	IV	V	VI	VII	VIII
somatomotorisch								
branchialmotorisch								
visceromotorisch u. parasympathisch-sekretorisch								

	VIII	IX	X	XI	XII
somatomotorisch					
branchialmotorisch					
visceromotorisch u. parasympathisch-sekretorisch					

H

<u>1290A.</u> superiores
Tectum mesencephali
Crura cerebri
Tegmentum

62. Der Sulcus _________ liegt an der medialen Hirnoberfläche caudal
und dorsal vom _____ parietooccipitalis.

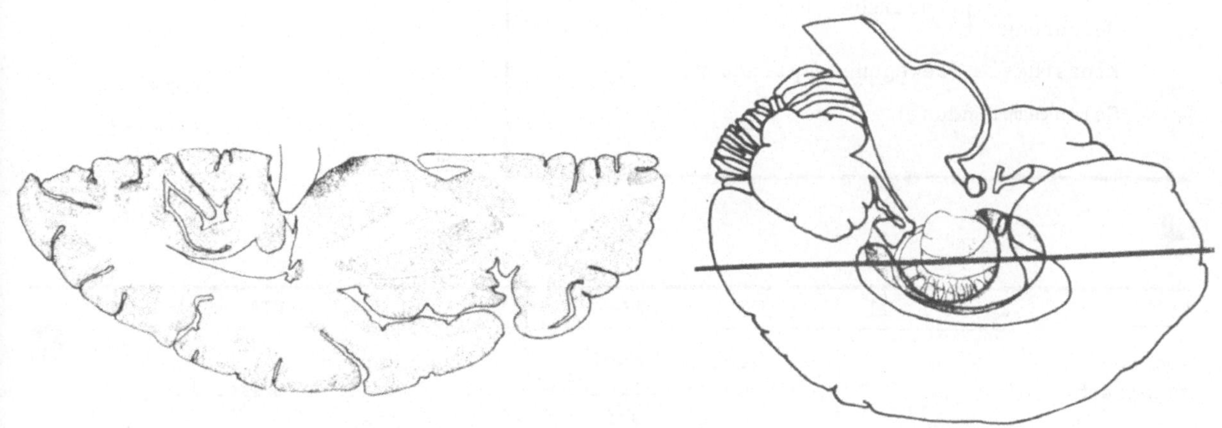

297. Die Gerade liegt ungefähr in der Ebene des Horizontalschnittes.
Kennzeichnen Sie die Schnittstellen der Geraden mit dem Caput nuclei
caudati mit C, dem Thalamus mit T und dem Schwanz des Nucleus caudatus
mit S. Markieren Sie mit diesen Buchstaben auch die entsprechenden
Stellen des Horizontalschnittes!

426. Beschriften Sie die Hinweislinien! Rahmen Sie die Namen der beiden
am weitesten ventral liegenden Gebilde ein!

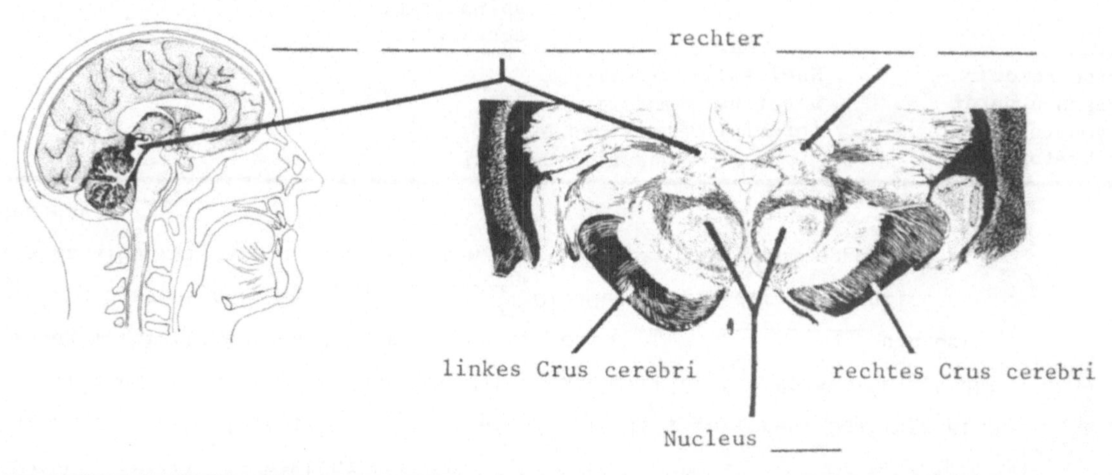

656. Eine Schädigung der Zellkörper oder Axone der zweiten (sekundären, unteren)
motorischen Neurone führt zur _____ und _____ der von ihnen versorgten
Muskelfasern. Die hauptsächliche Auswirkung einer Läsion der ersten (primären,
oberen) Motorneurone ist eine _____.

E

792A. Spinalganglien (Ganglia spinalia oder sensible Ganglien)

Schmerz
Temperatur
Druck
Berührung } (oder in einer anderen beliebigen Reihenfolge)

Kinästhesie (Bewegungsempfindung, Gelenkempfindung)

989A. Trigeminus

V
primärer
afferenter

F

G

1120A.	I	II	III	IV	V	VI	VII
somato-motorisch			Nucl.n. oculo-motorii	Nucl.n. trochle-aris		Nucl.n. abducen-tis	Nucl.n. fascialis
branchial motorisch					Nucl.motorius n.trigemini		
visceromoto-risch u. para-sympathisch-sekretorisch			Nucl.au-tonomicus Westphal-Edinger				Nucl.sali-vatorius superior

	VIII	IX	X	XI	XII
somato-motorisch					Nucl.n. hypoglossi
branchial-motorisch		Nucl.ambi-guus	Nucl. ambiguus	Nucl.ambi-guus, Nucl. spinalis n. accessorii	
visceromoto-risch u.para-sympathisch-sekretorisch		Nucl.sali-vatorius inferior	visceromotorischer An-teil des Nucl. dorsalis n. vagi		

H

1290. Das Mesencephalon besteht aus Tectum mesencephali (Mittelhirndach), Tegmentum (Haube) und den Crura cerebri (Hirnschenkel). Unter dem Tectum mesencephali verstehen wir das Gebiet dorsal einer Querebene durch den Aqueductus cerebri. Es besteht aus der Lamina tecti, den Colliculi _________ und Colliculi inferiores. Das Tegmentum liegt zwischen dem Mittelhirndach und den Hirnschenkeln. Der dorsalste auf der Abbildung markierte Teil des Mittelhirns ist das _____ _________ und der ventralste besteht aus dem _____ _______. Die Gesamtheit der Substantia grisea et alba zwischen diesen Gebieten – wie auf der Abbildung angegeben – bilden das _______.

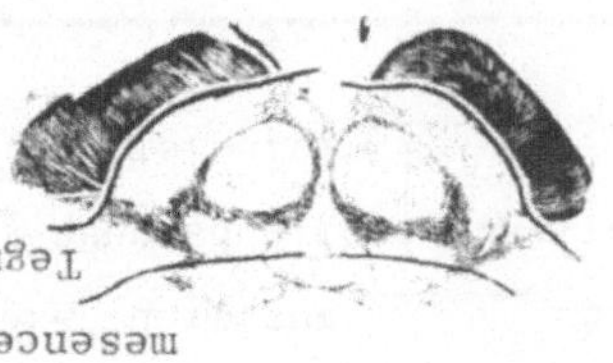

63. Den auf der Abbildung schraffierten Hirnrindenbe-
reich hat man nach der Hirnfurche, die in ihm liegt
benannt. Schreiben Sie den Namen dieses
Bereiches an die Abbildung!

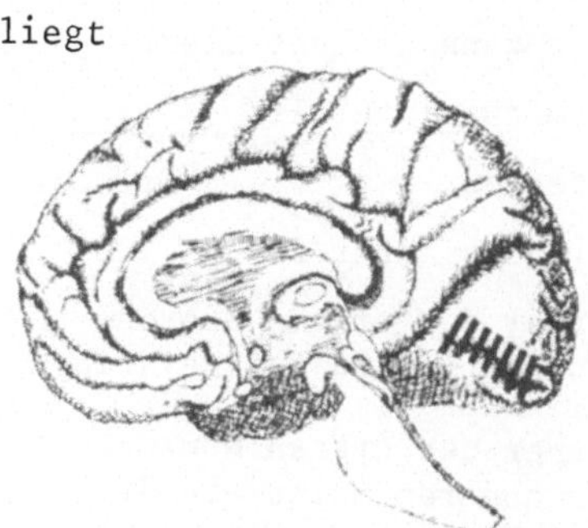

296A. Thalamus
Nucleus caudatus

426A.

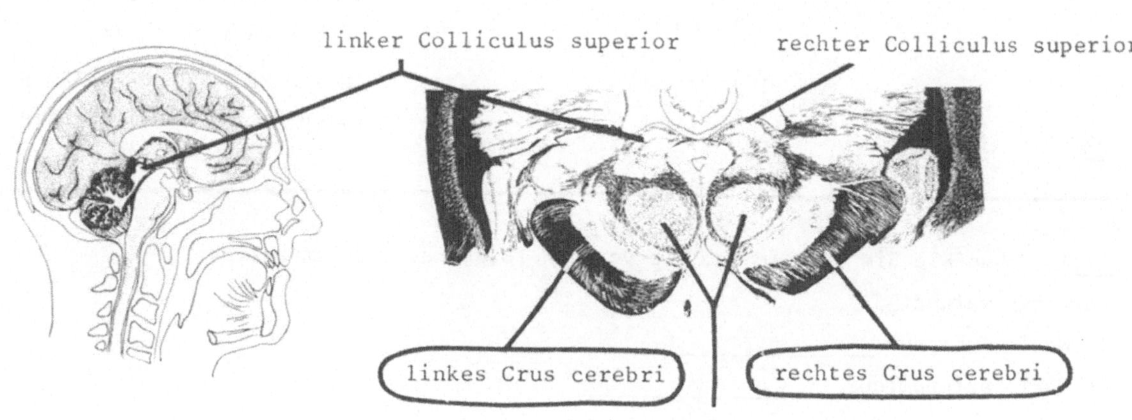

655A. 1

E

<u>793.</u> Schreiben Sie hinter jede Bahn die Zahl, mit der die unten stehenden Eigenschaften gekennzeichnet sind:

Tr. spinothalamicus lateralis _________; Tr. spinothalamicus anterior _________;

Funiculus posterior _________; Tr. corticospinalis lateralis _________;

Tr. corticospinalis anterior _________.

1. Die Zellkörper der ersten Neurone und Fasern der Bahn liegen auf derselben Seite.
2. Die Zellkörper der ersten Neurone liegen auf der anderen Seite wie die Fasern der Bahn.
3. Die Axone des ersten Neurons liegen im Tr. dorsolateralis (Lissauer).
4. Die ersten Neurone liegen in einer aufsteigenden Rückenmarksbahn.
5. Die Zellkörper der zweiten Neurone liegen im Cornu posterius.
6. Die Zellkörper der zweiten Neurone liegen in der Medulla oblongata.
7. Die Axone des zweiten Neurons befinden sich in aufsteigenden Rückenmarksbahnen.
8. Die Neuriten kreuzen in der Commissure alba.
9. Die Fasern kreuzen in der Decussatio pyramidum.
10. Die Axone kreuzen in der Medulla oblongata oder stehen in Verbindung mit Axonen, die im verlängerten Mark die Seite wechseln.

F

<u>989.</u> Die Abkürzung Tr. spinalis n. V wird oft verwendet, da der N. ________ der ___ Hirnnerv ist. Obgleich die Impulse dieser Bahn zunächst in die Medulla oblongata und das Rückenmark laufen, sind sie zuletzt für den Thalamus und Cortex cerebri bestimmt. Der Tr. spinalis vervi trigemini enthält Axone ____ärer, __ferenter Neurone.

G

<u>1121.</u> Geben Sie die Muskeln an, die von den folgenden Hirnstammkernen versorgt werden:

1. Nucl. ambiguus _________________

2. Nucl. autonomicus _________________

3. Nucl. n. trochlearis _________________

4. Nucl. spinalis n. accessorii _________________

H

<u>1289A.</u> caudalen

praecentralis

linken

A

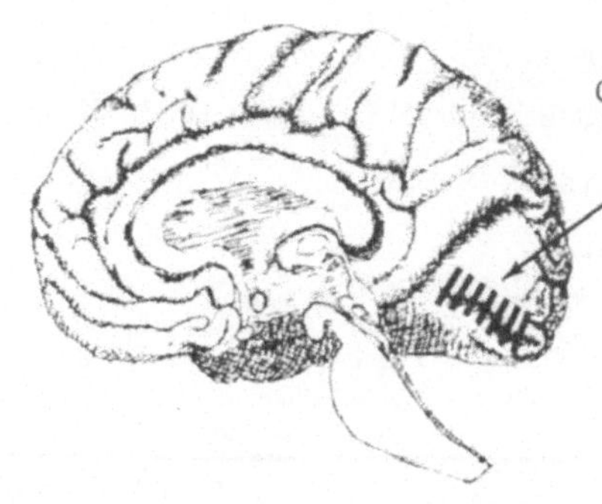

B

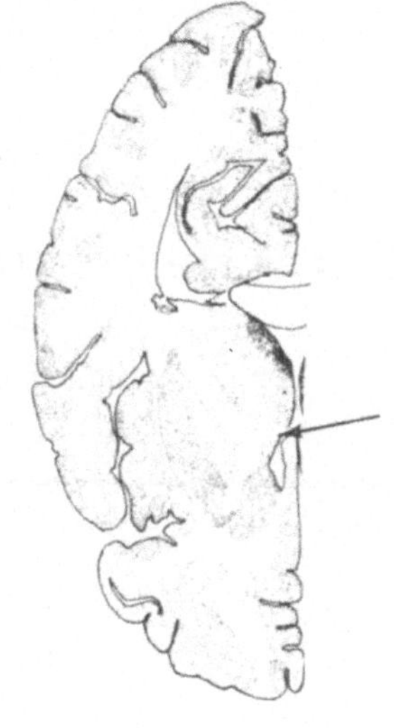

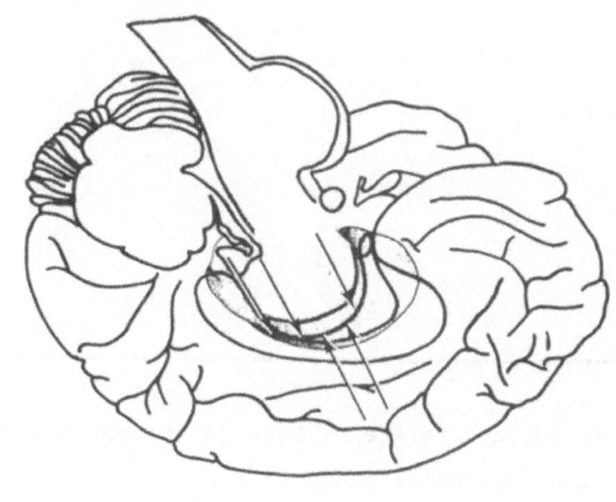

296. Die Pfeile auf den beiden Abbildungen zeigen auf die Rinne zwischen ________ ________ und ________ ________ .

C

427. Die beiden roten Kerne (Nuclei rubri) liegen durch Gewebsschichten getrennt ______al von den Colliculi. Kennzeichnen Sie auf beiden Seiten des abgebildeten Querschnittes die Nuclei rubri und Colliculi superiores!

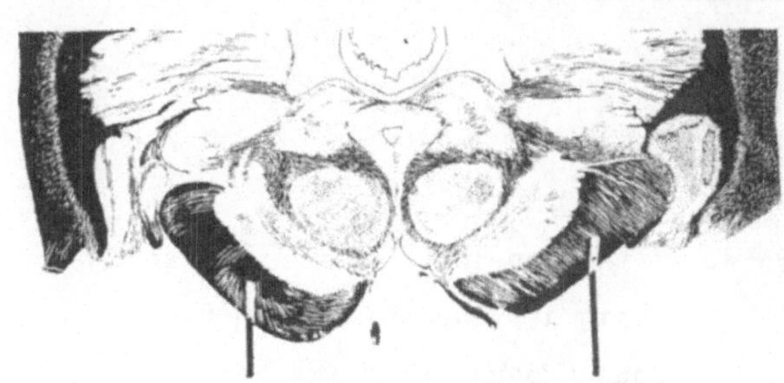

D

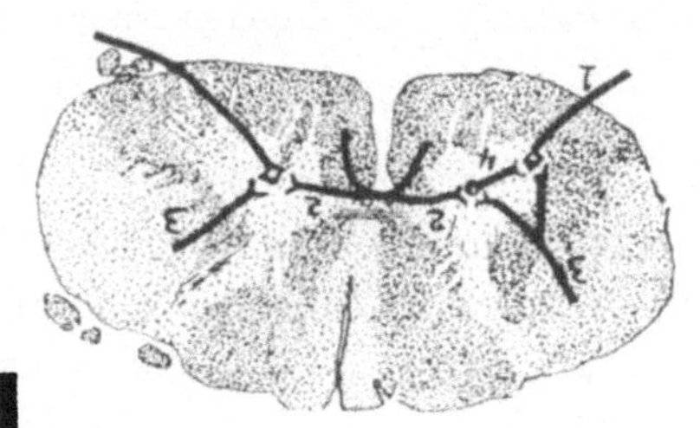

655. Eine Atrophie der Hand- und Fingermuskeln infolge des Verlustes der trophischen Wirkung ist die Folge einer Läsion des mit Nr. ___ bezeichneten Nerven.

793A. Tr. spinothalamicus lateralis 2, 3, 5, 7, 8
Tr. spinothalamicus anterior 1, 2, 3, 5, 7, 8
Funiculus posterior 1, 3, 4, 6, 10 (3 kann fehlen)
Tr. corticospinalis lateralis 2, 9, 10
Tr. corticospinalis anterior 1, 8

988A. außerhalb
Ganglion
Trr. spinalis n. trigemini

F

G

1121A. 1. quergestreifte Muskeln des Larynx und Pharynx
2. M. sphincter pupillae
3. M. obliquus superior
4. M. sternocleidomastoideus und M. trapezius

1289. 1. Zeichnen Sie Axone des N. oculomotorius von dem umzeichneten Kerngebiet bis zur Austrittsstelle des Nerven ein! 2. Schreiben Sie ein kleines x an den benachbarten Aquaeductus cerebri! 3. Umzeichnen Sie das linke Crus cerebri! 4. Setzen Sie ein großes X genau auf die Fasern, die Impulse für die willkürliche Bewegung der rechten Gesichtshälfte leiten! Diese Fasern entspringen aus Perikaryen (erinnern Sie sich an den Homunculus auf der Hirnrindenoberfläche!) im ______ Bereich des Gyrus ______ auf der ______ Seite.

H

64. Die Abbildung zeigt das Gehirn von medial und caudal. Der schraffierte Bereich stellt die ungefähre Grenze zwischen Lobus ___________ und Lobus ___________ dar.

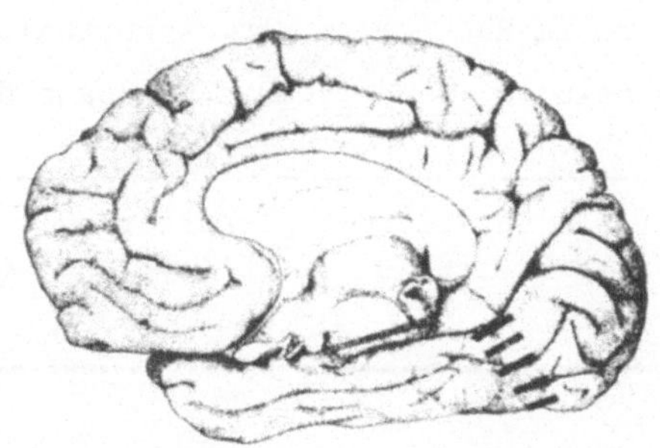

295A. Thalamus außerhalb

427A. ventral (oder anterior)

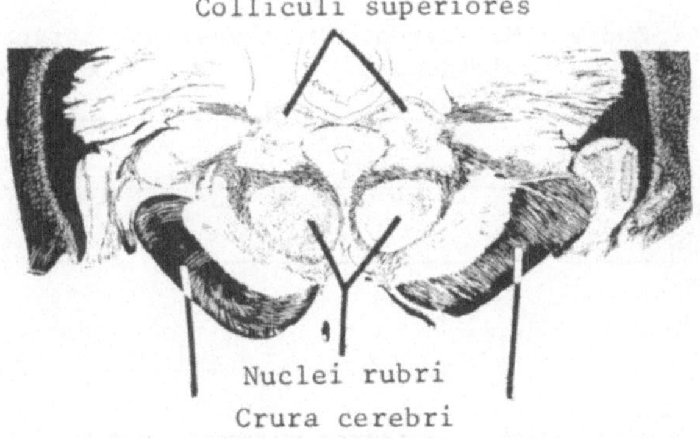

654A. Nein, die geschädigten corticospinalen Fasern sind nicht direkt mit den Beinmuskeln verbunden. (Zwischen den ersten und zweiten Neuronen liegt eine Synapse; es kann auch ein weiteres Neuron mit einer entsprechenden zusätzlichen Synapse eingeschaltet sein.)

E

794. Die Synapsen der Neuronen des Tr. corticospinalis lateralis et anterior
liegen im Rückenmark. Tr. spinothalamicus lateralis et anterior bilden ihre
Synapsen im ________. Die Synapsen der Hinterstrangbahnen befinden sich in
der ________ ________. Im ________ liegen die Synapsen des Tr. spinocerebellaris anterior et posterior.

Tr. spinalis n. trigemini

F

988. Die Zellkörper der afferenten Trigeminusfasern, die vom Pons aus durch
die Medulla oblongata bis in das Halsmark absteigen, liegen ____halb des
Hirnstammes in einem cranialen ________. Die Gesamtheit der absteigenden
Trigeminusfasern einer Seite bilden einen der beiden Trr.________ __
________. Zeichnen Sie einen Pfeil, um die Richtung der Impulsübertragung
in den durch die Medulla oblongata laufenden Fasern anzugeben!

G

1122. Schreiben Sie die Namen der Kerne auf, von denen aus die Innervation
der angegebenen Gebilde erfolgt!

Art des Kerns	Zunge	M. sterno-cleidomast-oideus	M. trapezius	Larynx u. Pharynx	Thorax u. Abdomen	Speichel-drüsen
somato-motorisch						
branchial-motorisch						
visceromo-torisch u. parasym-pathisch-sekretorisch						

Art des Kerns	Gesichts-ausdruck	M. rectus lateralis	Kau-vorgang	M. obli-guus superior	M. rectus medialis	M.rect. sup.et inf.	M.constrictor pupillae
somato-motorisch							
branchial-motorisch							
viscero-motorisch							

H

Bitte blättern Sie um und nehmen Sie Abschnitt 1289 vor!

65. Auf der medialen Großhirnoberfläche bildet der _____ ______occipitalis die Grenze zwischen Scheitel- und Hinterhauptlappen. Der Sulcus ________ liegt vollständig im Lobus occipitalis.

295. Die Basalganglien sind bilateral-symmetrische Teile der Großhirnhemisphären. Der Hirnstamm liegt medial. Sein oberer, vorderer Teil ist der ________. Die Basalganglien liegen ______ vom Thalamus.

428. Betrachten Sie die Abbildung! An der freien basalen Hirnoberfläche ist das eine ____ ______ umzeichnet worden.

Crus cerebri

654. Verursacht eine Schädigung an der Stelle X den Verlust der trophischen Wirkung auf die Beinmuskeln? ______ . Begründen Sie ihre Antwort!

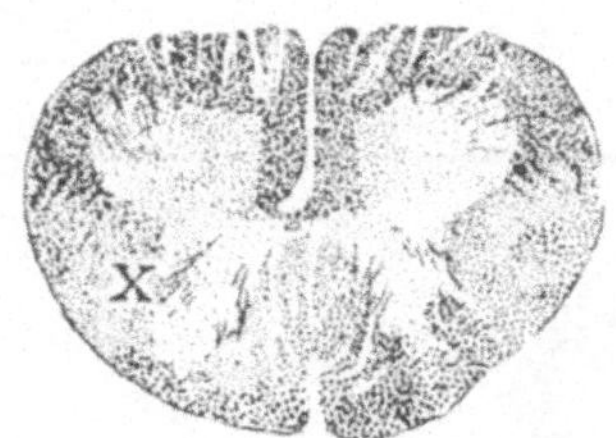

794A. Thalamus

Medulla oblongata

Cerebellum

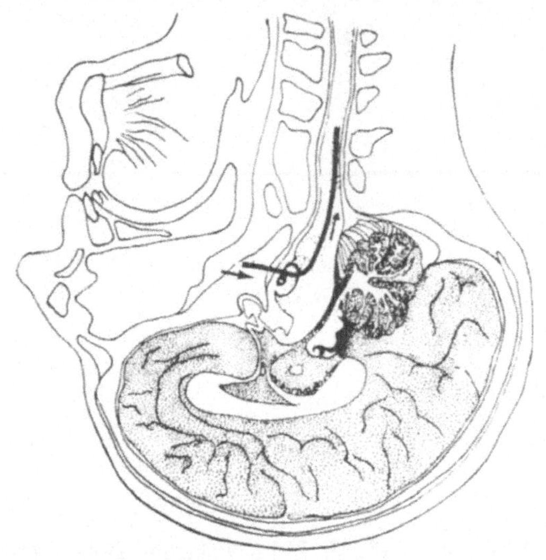

F

987. Die Trigeminuswurzel läuft in eine Hirnstammregion, die ____ genannt wird. Fasern, die Schmerz- und Temperaturempfindungen sowie in einem begrenzten Ausmaß Berührungs- und Druckempfindungen leiten, biegen um und steigen ab - wie schematisch dargestellt - durch die ganze Länge der ____ ____ bis in die oberen Segmente der Pars ____ des Rückenmarks.

1122A.

G

Art des Kerns	Zunge	M.sternocleidomastoideus	M.trapezius	Larynx u. Pharynx	Thorax	Speicheldrüsen
somatomotorisch	Nucl. hypoglossi					
branchialmotorisch		Nucl.spinalis n.accessorii	Nucl.spinalis n.accessorii	Nucl. ambiguus		
visceromotorisch u.parasympathischsekretorisch					Nucl. dorsalis n. vagi	Nucl.salivatorius superior et inferior

Art des Kerns	Gesichtsausdruck	M. rect. lateralis	Kauvorgang	M. obliquus sup.	M. rectus med.	M. rectus sup. et inf.	M.constrictor, pupillae
somatomotorisch		Nucl. n. abducentis		Nucl.trochlearis	Nucl.n. oculomotorii	Nucl.n. oculomotorii	
branchialmotorisch	Nucl. n. facialis		Nucl.motorius n.trigemini				
visceromotorisch							Nucl.autonomicus (Westphal-Edinger)

1288A.

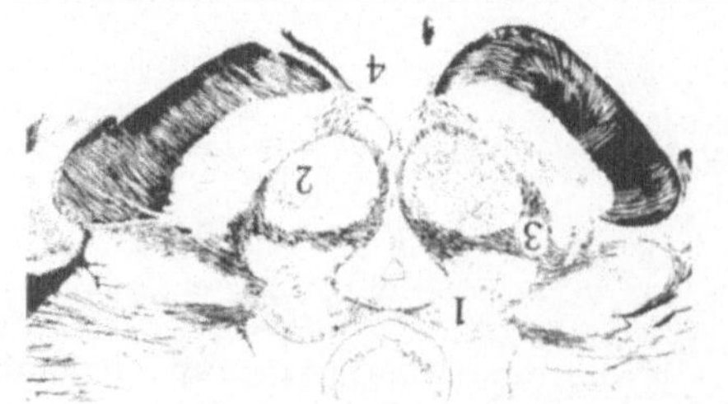

H

65A. Sulcus parietooccipitalis
calcarinus

294A. lateral (oder seitlich)
lateral

429. Ein Pedunculus cerebri ist definitions-
gemäß ein Crus cerebri mit der zugehörigen
Halbseite des Mittelhirns bis zu einer Transversalebene durch den Aquaeductus cerebri.
Das Tectum mesencephali gehört also nicht zum
Pedunculus cerebri. Ein Pedunculus ist eine
Basis, Ständer oder Säule, die etwas anderes
trägt. Die beiden ________ _______ "stützen"
die Großhirnhemisphären, die ___ al vom Mesencephalon liegen.

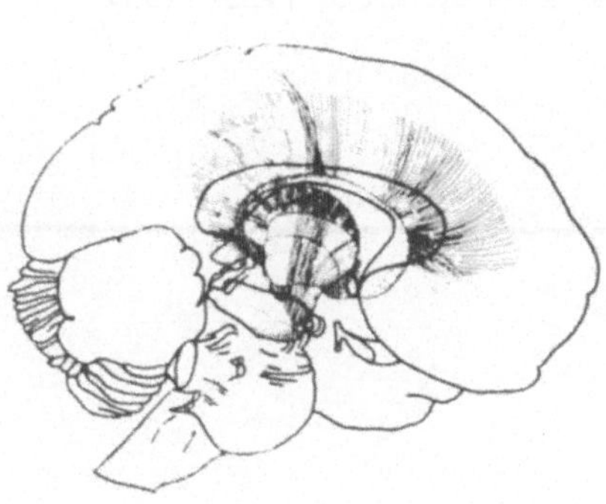

653. Die trophische Beeinflussung des Zielorgans wie zum Beispiel
eines Muskels, setzt die ________ Nervenversorgung voraus.

E

<u>795.</u> Ein großer Teil der den Muskeltonus beeinflussenden Impulse werden auf dem Wege über die Tractus _________________ in das Kleinhirn geleitet. Dagegen laufen die Lageempfindungen übertragenden Impulse bis in den ______ ______ .

F

<u>986A.</u> Afferente (oder sensible)
efferente (oder motorische) } (oder in umgekehrter Reihenfolge)

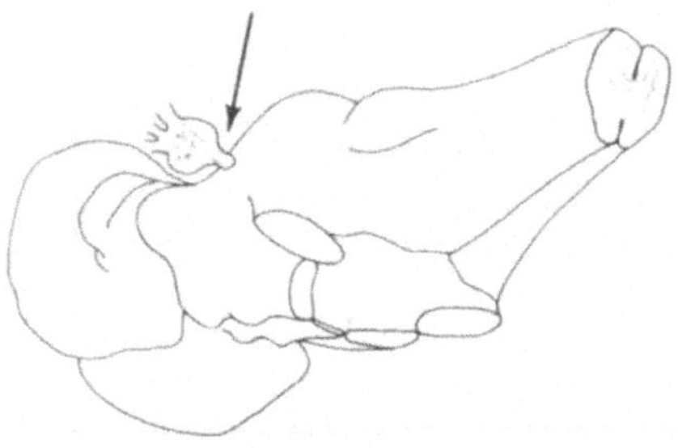

G

Die Lokalisation der motorischen Hirnnervenkerne in Umrißdarstellungen des Hirnstammes (Abschnitt 1123-1139)

H

<u>1288.</u> Tragen Sie die den folgenden Strukturen zugeordneten Zahlen auf die entsprechenden Stellen des Querschnitts ein!

1. rechter Colliculus superior
2. linker Nucl. ruber
3. Informationen über die Kinästhesie aus der linken Körperseite leitende Fasern
4. linker III. Hirnnerv bei seinen Austritt in der Fossa interpeducularis (zwischen den Hirnschenkeln).

66. Beschriften Sie die Hinweislinien!

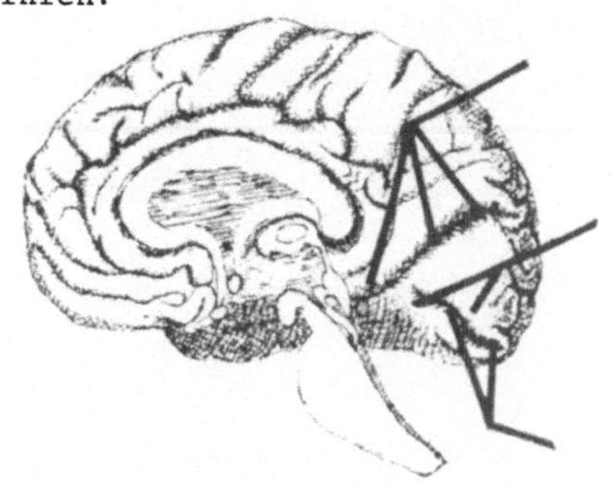

294. In der linken Abbildung wurde der Thalamus grau und in der rechten durchsichtig gezeichnet. Das Corpus nuclei caudati ist an der Pfeilspitze nicht sichtbar, da es ______ vom Thalamus liegt. Der Globus pallidus befindet sich ____al vom Thalamus.

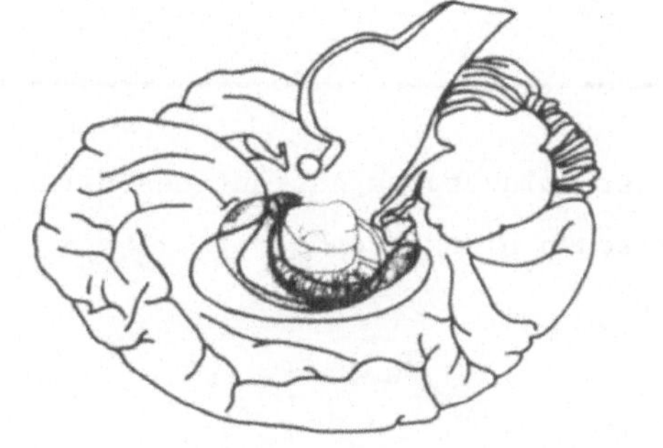

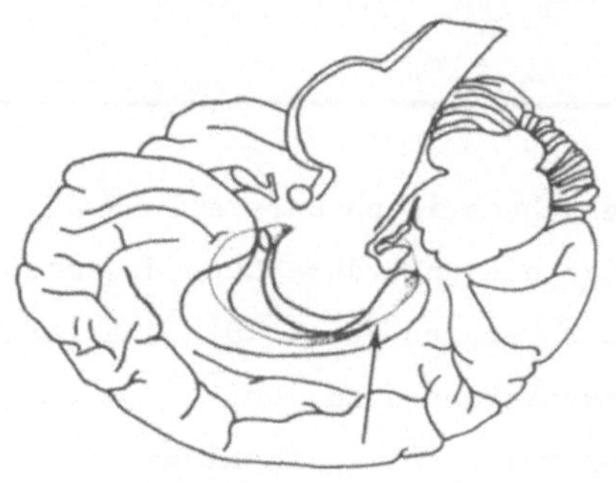

429A. Pedunculi cerebri
      cranial

652A.

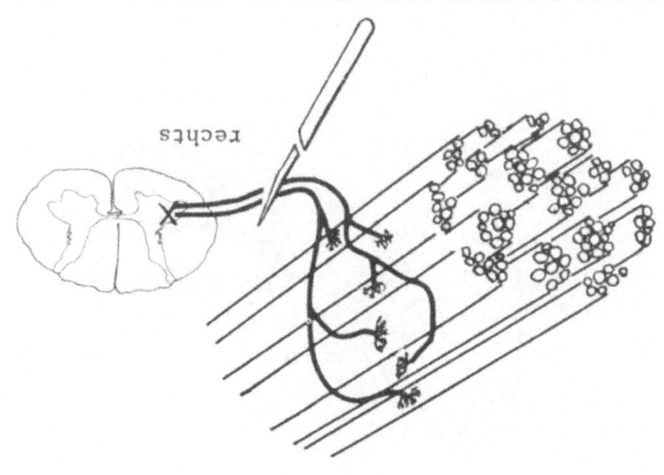

795A. spinocerebellares

Cortex cerebri

F

G

1123. Diese schematische Darstellung der posterolateralen Ansicht des Hirnstammes zeigt die ungefähre Lage der motorischen Hirnnervenkerne auf der rechten Seite. Die drei Arten
von Hirnnervenkernen sind mehr
oder weniger reihenförmig im Hirnstamm angeordnet. Die Kerne der
medialen Reihe bilden die Gruppe
der _____ motorischen Hirnnervenkerne. Aus dem am weitesten caudal
liegenden geht der ___ Hirnnerv
hervor. Der oberste gibt den ___
Hirnnerv ab.

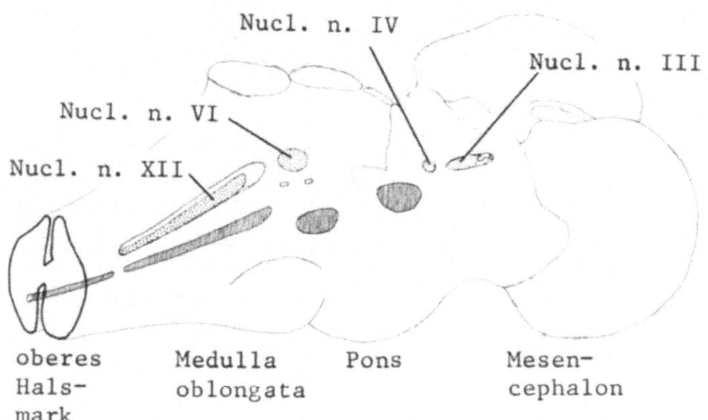

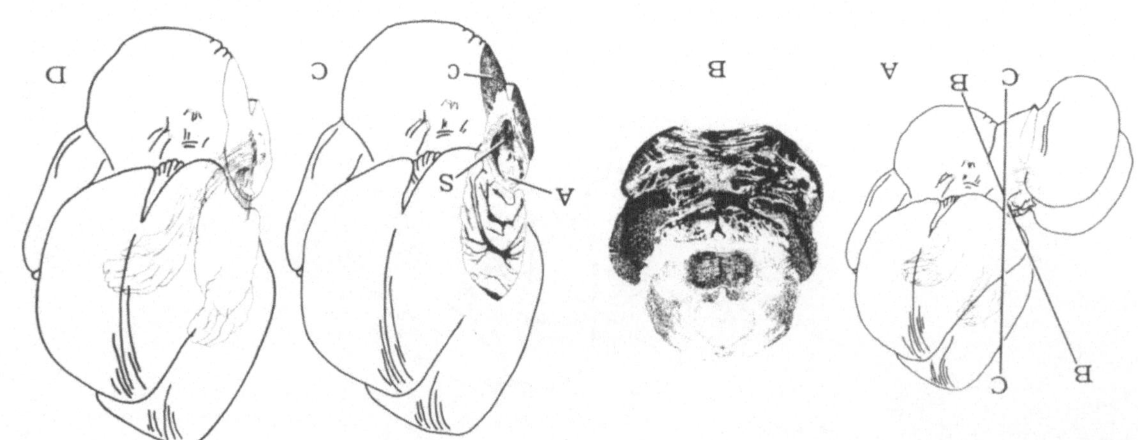

H

1287A. Mesencephalon; Pons

A

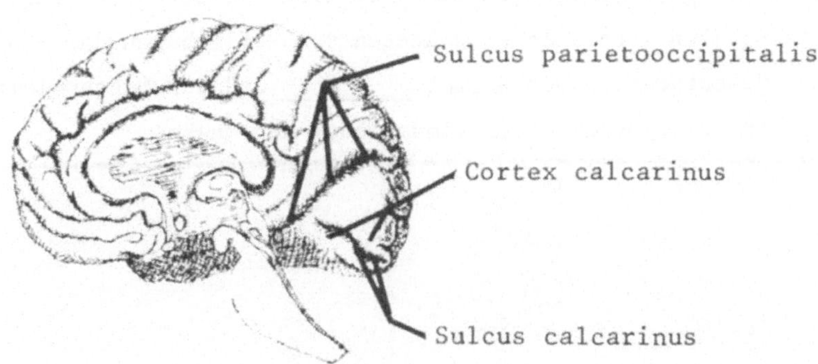

B

293A. dorsalen
callosum
Thalamus

C

430. Der Teil des Mittelhirns, der die Großhirnhemisphären stützt, wird ______ ______ genannt. Die weiße Substanz, welche die ventrale Basis eines Pedunculus cerebri bildet, heißt ____ ______.

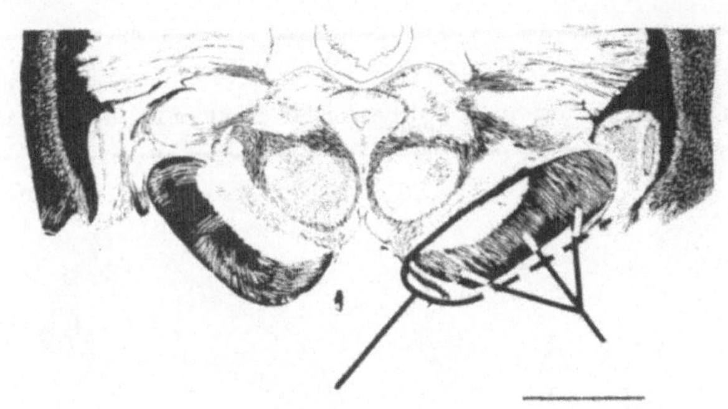

D

652. Wenn die eingezeichneten Neuriten unterbrochen werden, entsteht eine Lähmung und später eine Atrophie des zugeordneten Muskelfaserbündels. Kennzeichnen Sie mit einem X die ungefähre Lage der Zellkörper, die die Muskeln der rechten Hand und Finger versorgen!

796. Impulse aus sensiblen Receptoren werden nicht notwendigerweise bewußt wahrgenommen. Derartige Impulse sind nicht sensibel im buchstäblichen Sinne des Wortes. Sie stellen __ferente Komponenten von Reflexbögen dar. Spinocerebellare Impulse aus Receptoren in der Skelet________ und den Sehnen leiten nicht ins Bewußtsein gelangende Informationen über den Muskel________ .

F

985. Der Pfeil zeigt auf einen Nerven, den wir N. trigeminus (V. Hirnnerv) nennen, da er aus drei Hauptästen peripher vom Ganglion besteht. Das Ganglion ________ ist ein craniales Ganglion. Seine Zellen können mit jenen der Spinalganglien, die außerhalb der ______ ________ liegen, verglichen werden.

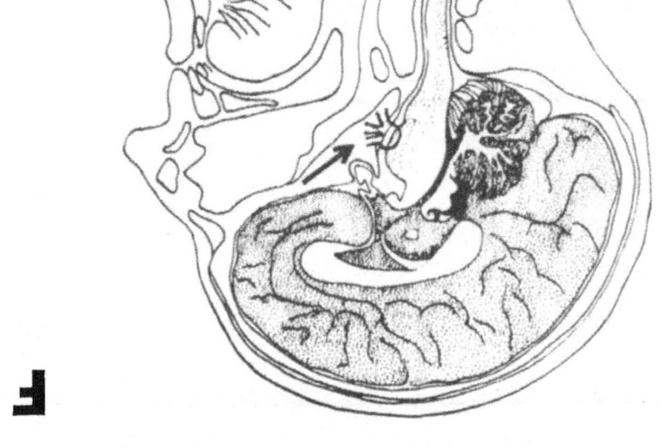

G

Blättern Sie um und fahren Sie fort mit Abschnitt 1124!

H

1287. Die Abbildungen B und C zeigen Schnitte, die unter verschiedenen Winkeln am Übergang vom __________ zum ____ des Hirnstammes angefertig worden sind. Es ist unvermeidlich, daß die Schnittwinkel von Gehirn zu Gehirn verschieden sind, und das erklärt die variierenden Formen der Schnitte in verschiedenen Büchern. Betrachten Sie die Abbildungen C und D! Markieren Sie in der Abbildung C den Pedunculus cerebellaris superior (S), den Aqueductus cerebri (A) und das linke Crus cerebri (C)! Zeichnen Sie in der Abbildung A zwei sich schneidende Geraden ein, um die Lage der Schnitte B und C zu kennzeichnen! Markieren Sie entsprechend die beiden Linien mit B und C!

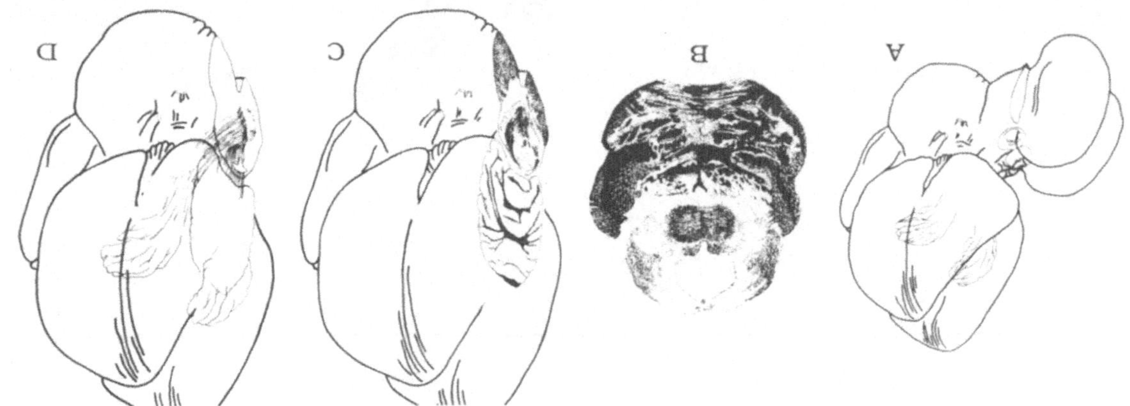

67. Die topographische Einteilung der Hirnrinde hat nicht nur deskriptive Bedeutung. Viele Hirnrindenbezirke haben bestimmte Funktionen, z.B.: Sehen, Hören,
Somatosensibilität, Somatomotorik. Wenn der Gyrus precentralis zerstört wird,
treten Lähmungen auf. Der Lobus ________ enthält also motorische Zentren.

B

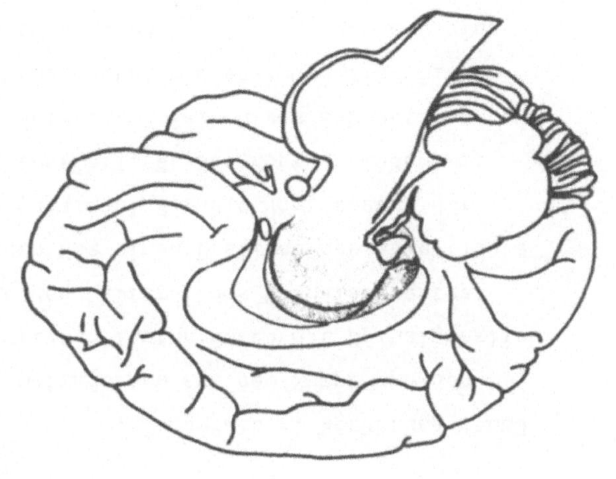

293. Das X steht auf dem ________ len Teil
des Corpus ________ ; dieses wurde in
der Medianebene durchschnitten. Das
dunkel gezeichnete Gewebe, das gleichzeitig gekennzeichnet wurde, ist
der postero-laterale Teil des
________ .

C

430A.

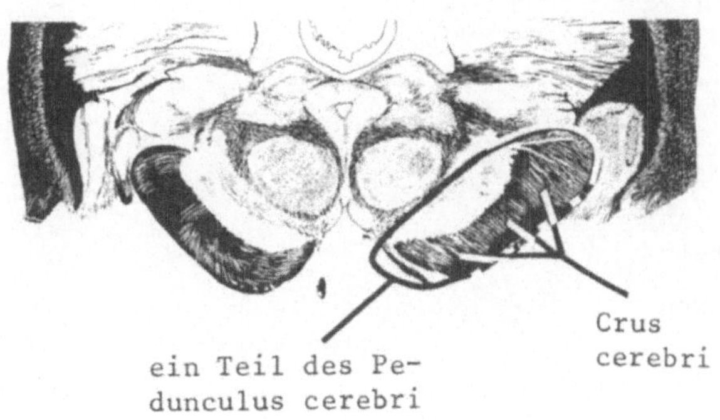

D

651. Wenn die Impulsleitung in motorischen Nerven längere Zeit unterbrochen ist, atrophiert (verkümmert) der von ihm versorgte Muskel.

796A. afferente

Skeletmuskulatur

Muskeltonus

F

984. Schmerz-, Temperatur-, Berührungs- und
Druckempfindungen aus dem Rumpf und den
Extremitäten laufen durch die Spinalganglien
auf beiden Seiten jedes Spinalsegmentes.
Zeichnen Sie einen Pfeil an das abgebildete
Spinalganglion! Für die Übertragung der
Somatosensibilität des Kopfes finden wir
keine derartigen Reihen von segmentalen
Ganglien. Anstelle dieser Ganglien findet
man das Ganglion __________ das als eine
Verschmelzung segmentaler Ganglien aufzufassen ist, durch die alle
primären Neuronen für die ______ sensibilität des Kopfes laufen.

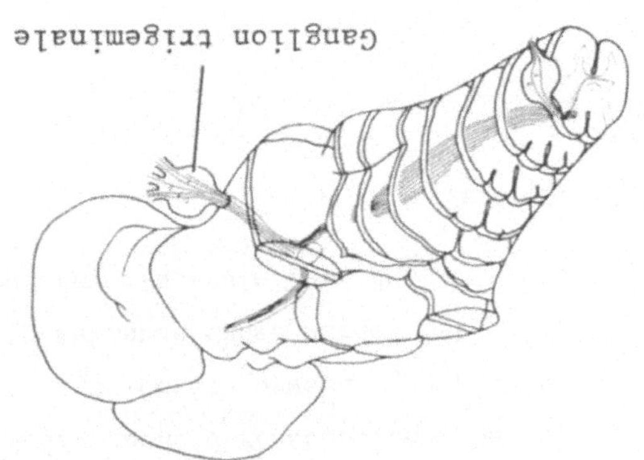

G

1124. Der unterste somatomotorische
Kern läuft längs in der Medulla
oblongata. Kennzeichnen Sie ihn mit
seinem Namen in der Abb.! Der
einzige somatomotorische Kern
im Pons ist der Nucl. n.
abducentis. Kennzeichnen Sie
ihn, sowie die beiden im Mittelhirn liegenden somatomotorischen
Kerne!

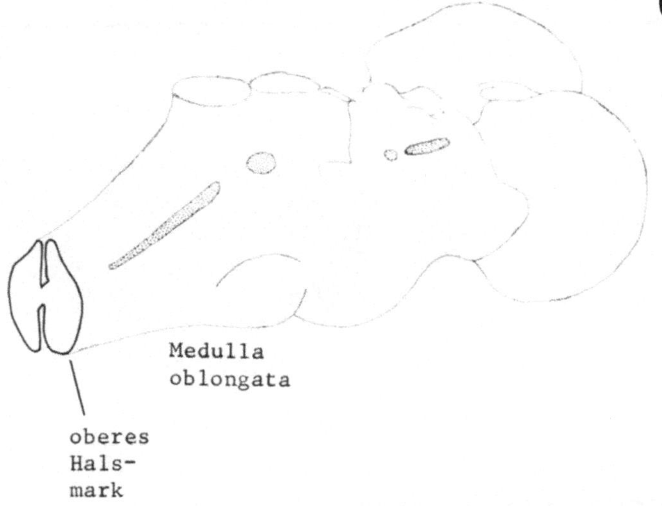

H

Bitte blättern Sie um!

68. Betrachten Sie beide Abbildungen! Die Anzahl der auf ihnen markierten primären sensiblen Hirnrindenfelder beträgt _. Wieviele motorische Felder sind eingezeichnet worden? _.

a) Vom Hörrindenfeld ist von außen nur wenig sichtbar. Es liegt größtenteils in dem nach innen gekehrten Bereich des Gyrus __________ _______, der zum Lobus _________ gehört.

b) Das Sehvermögen ist die einzige Sinneswahrnehmung, die auf der medialen Fläche der Hirnrinde lokalisiert ist. Das primäre Sehfeld befindet sich in den Wänden des Sulcus _________ im Lobus _________.

c) Der dritte eingezeichnete sensible Bezirk ist das ___________ Feld. Es befindet sich im Gyrus __________ des Lobus _______.

292A. Thalamus
caudatus

---

431. Die Crura cerebri bestehen aus ______ Substanz. Ein Pedunculus cerebri setzt sich aus ______ und ______ Substanz zusammen. Auf dem Querschnitt sind im dorsalen Bereich des Mittelhirns die _________ _________ getroffen worden.

650A.

797. Der klassische Begriff Proprioreception wird in zwei Unterbegriffe geteilt:

	Die Impulse entstehen in	Die Informationen gelangen ins Bewußtsein
Proprioreception	___empfindung___	
	___tonus___	bleiben
	und	___

1124A.

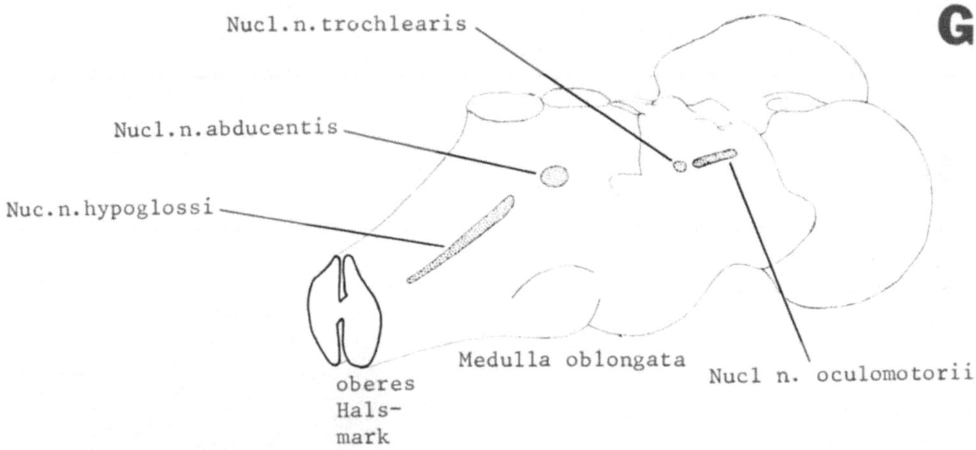

1286A. Lemniscus medialis

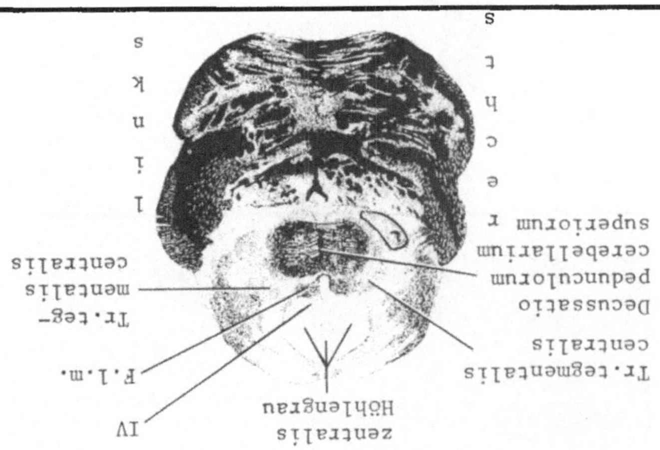

A

68A. 3; 1

    a) temporalis superior

       temporalis

    b) medial

       calcarinus

       occipitalis

    c) somatosensible

       postcentralis

       parietalis

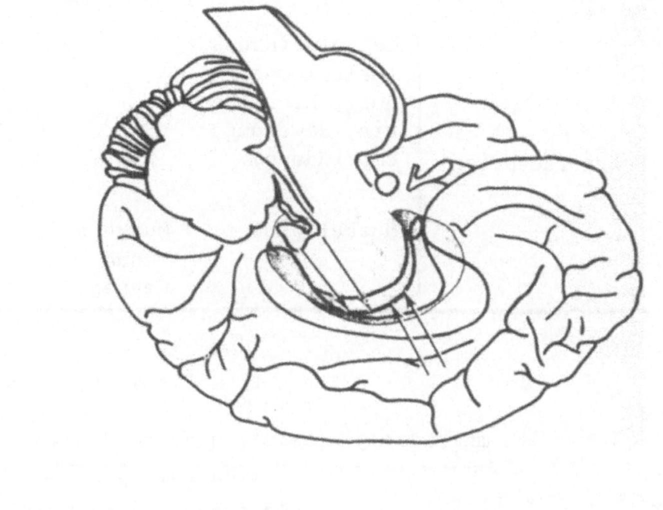

B

292. Die Pfeilspitzen zeigen auf eine flache Rinne, die den unterhalb lie-genden ________ vom Nucleus ________ trennt.

C

431A. weißer

    weißer

    grauer (oder umgekehrt)

    Colliculi superiores

D

650. Schreiben Sie unter alle Abbildungen die entsprechende Region, aus der die Schnitte stammen! Zeichnen Sie ein X auf die Zellkörper, nach deren Zerstörung eine isolierte Parese der Flexorgruppe des linken Handgelenkes entsteht.

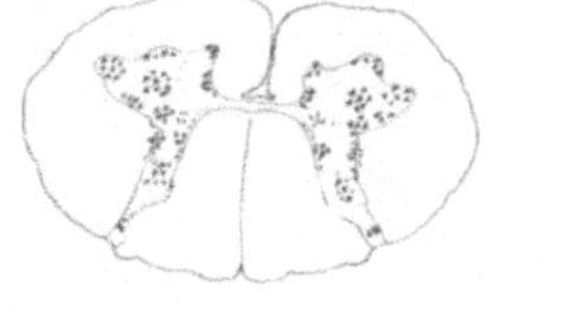

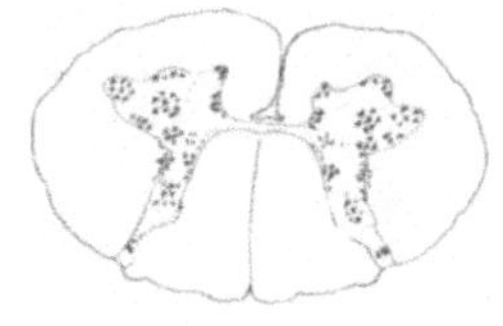

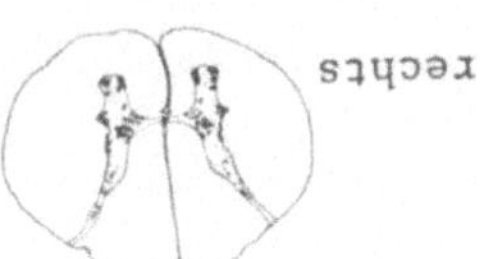

255

797A.

	Die Impulse entstehen in	Die Informationen gelangen ins
	<u>Gelenken</u>	<u>Bewußtsein</u>
Prorioreception { Lageempfindung (Gelenkempfindung, Kinästhesie, Bewegungsempfindung)		
Muskeltonus	Muskeln und Sehnen	bleiben unbewußt

F

983A.

Funktion	Lokalisation der 1. Synapse	Bahn, in der das 2. Axon läuft	Ende des 2. Axons
Temperatur-empfindung	Cornu posterius	Tr. spinothalamicus lateralis	Thalamus
Gelenk-empfindung	Nucl. gracilis Nucl. cuneatus	Fibrae arcuatae internae und Lemniscus medialis	Thalamus
Berührungs- und Druck-empfindung	Cornu posteriorius oder Nucl. gracilis oder Nucl. cuneatus	Tr. spinothalamicus anterior od. Fibrae arcuatae internae und Lemniscus medialis	Thalamus
Muskeltonus	Nucl. thoracicus (Nucl. dorsalis)	Trr. spinocerebellares	Cerebellum

---

G

1125. Zum Verständnis der Abb. ist folgendes zu beachten: 1. Der unterste somatomotorische Kern wäre von dem etwas größeren Nucl. dorsalis n. vagi verdeckt, wenn dieser nicht durchsichtig gezeichnet worden wäre. 2. Auf der oberen Fläche des obersten somatomotorischen Kerns sitzt kappenförmig der kleine autonome Nucl. Westphal-Edinger. Malen Sie die somatomotorischen Kerne dunkel aus! Zeichnen Sie Hinweislinien und schreiben Sie die Namen an diese Kerne!

H

Blättern Sie weiter bis zum Abschnitt 1286A.

69. Bestimmte Empfindungsqualitäten wie Be-
rührungs-, Druck- und Lageempfindung werden
unter der Bezeichnung ________________
zusammengefaßt. Schreiben Sie an die Hinweislinien der Abbildung die in den angezeigten
Feldern lokalisierten Funktionen!

A

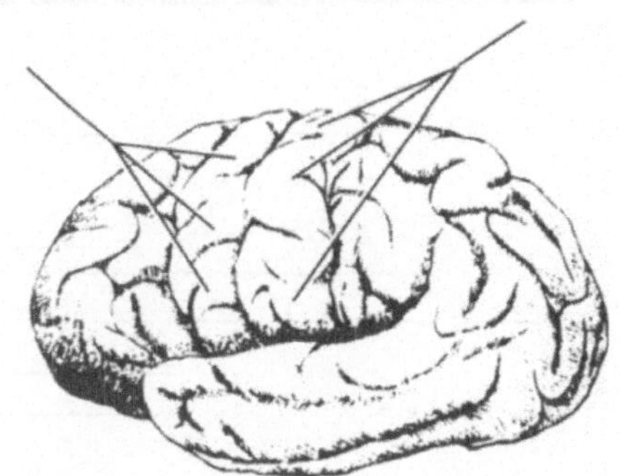

B

291A. Mittelhirns
craniale (oder obere)

C

432. Bezeichnen Sie die mit Hinweislinien versehenen Bezirke!

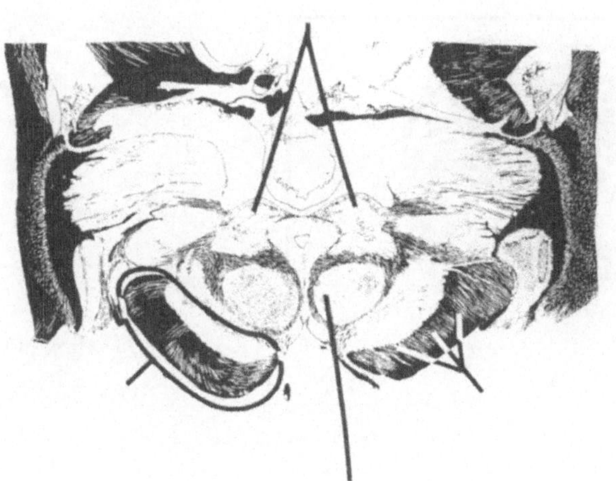

D

649A. lateral

H

<u>1286.</u> 1. Schreiben Sie den Namen an die beiden mit Hinweislinien versehenen Zonen der Abbildung! 2. Der somatomotorische Kern liegt in diesem Schnitt in der Nähe der Medianebene vor dem Aqueductus cerebri und unmittelbar dorsal vom stark markhaltigen Fasc. longitudinalis medialis. Kennzeichnen Sie den Kern mit seiner Ordnungszahl auf der linken Seite und den Fasciculis longitudinalis medialis mit der Abkürzung F.l.m.! 3. Auf der rechten Seite ist der __________ __________ umzeichnet worden. Zeichnen Sie in dieses Feld ein B für Fasern ein, die Informationen aus dem ______ Bein leiten. 4. Kennzeichnen Sie mit Hinweislinien und Namen die Bahn, dessen Fasern die rechte Oliva inferior umgeben (in einer tieferen Ebene) und unter Bildung von Synapsen mit Neuronen in der Oliva inferior enden.

G

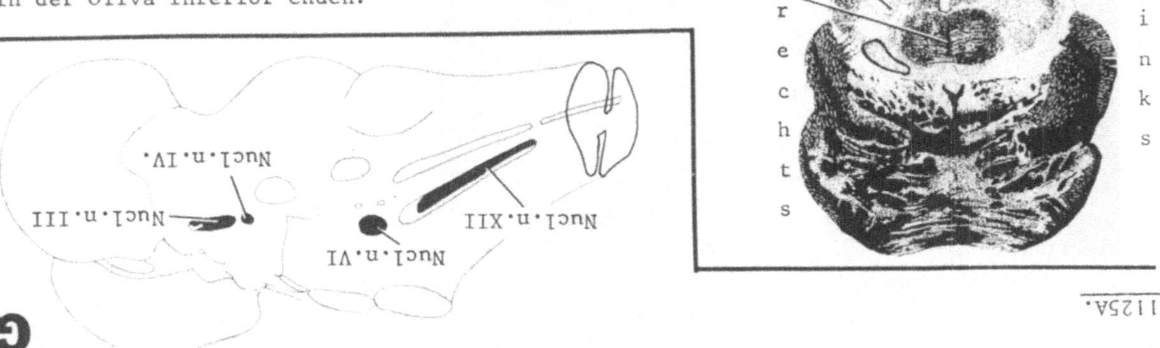

F

<u>983.</u> Vervollständigen Sie die Liste:

Funktion	Lokalisation der 1. Synapse	Bahn in der das 2. Axon läuft	Ende des 2. Axons
Temperatur-empfindung	Cornu posteriorius	Tr. __________	__________
Gelenk-empfindung	Nucl. __________ und Nucl. __________	Fibrae __________ und __________ und __________	__________
__________ und __________ empfindung	Cornu posteriorius oder Nucl. gracilis oder Nucl. cuneatus	Tr. __________ oder Fibrae __________ und __________	__________ oder __________
Muskel-tonus	Nucl. __________	Trr. __________ - __________	__________

E

Blättern Sie um und lesen Sie den Abschnitt 798!

A

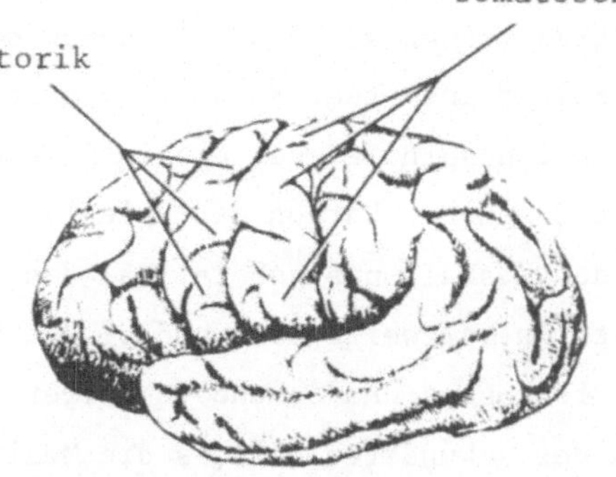

B

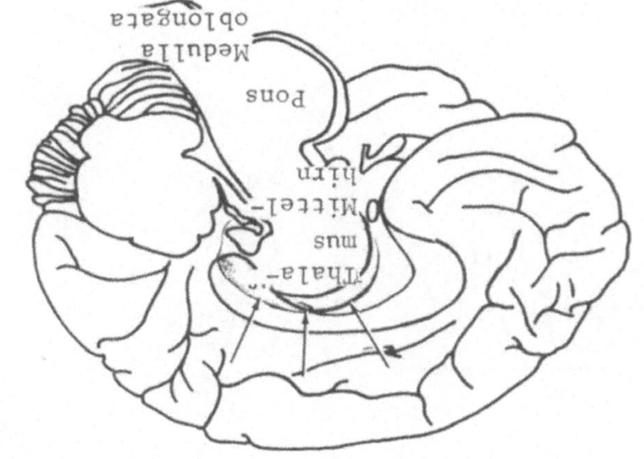

291. Der Thalamus hat keine scharfe untere Grenze. Er geht über in den cranialen Teil des ________, das zum Hirnstamm gehört. Die Pfeilspitzen zeigen auf die ________ le Grenze des Thalamus.

C

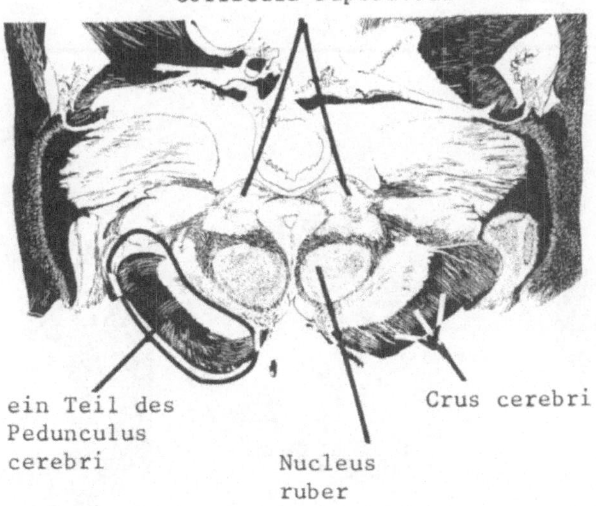

D

649. Im Vorderhorn liegen die Neurone für die distalsten Körpergebiete am weitesten ________.

798. Ähnlich wie die Neurone für die Gelenkempfindung, gelangen primäre Neurone für den Muskeltonus mit ihren Axonen auf dem Wege durch den _______ Teil der ______wurzeln in das Zentralnervensystem. Kennzeichnen Sie im Lumbalabschnitt mit 1 einen Zellkörper des Ganglion spinale, der ein im Fasciculus gracilis aufsteigendes Axon abgibt und mit 2 ein Perikaryon des Spinalganglion, das zur Bahn für die unbewußte Regulation des Muskeltonus gehört. Das den Muskeltonus registrierende primäre afferente Neuron verzweigt sich und bildet Synapsen mit _fferenten zweiten Neuronen eines Reflexbogens und sekundären afferenten Neuronen im Nucleus _______. Kreuzt das Axon des sekundären Neurons die Medianebene? ____. Umzeichnen Sie auf dem Brustmarkschnitt den Tr. spinocerebellaris!

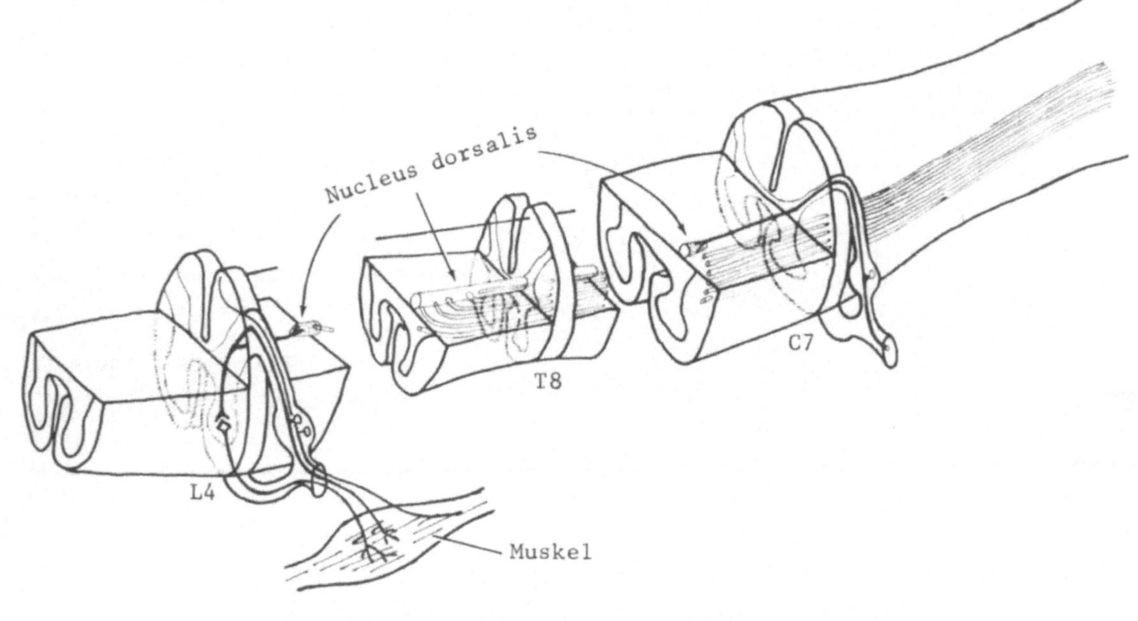

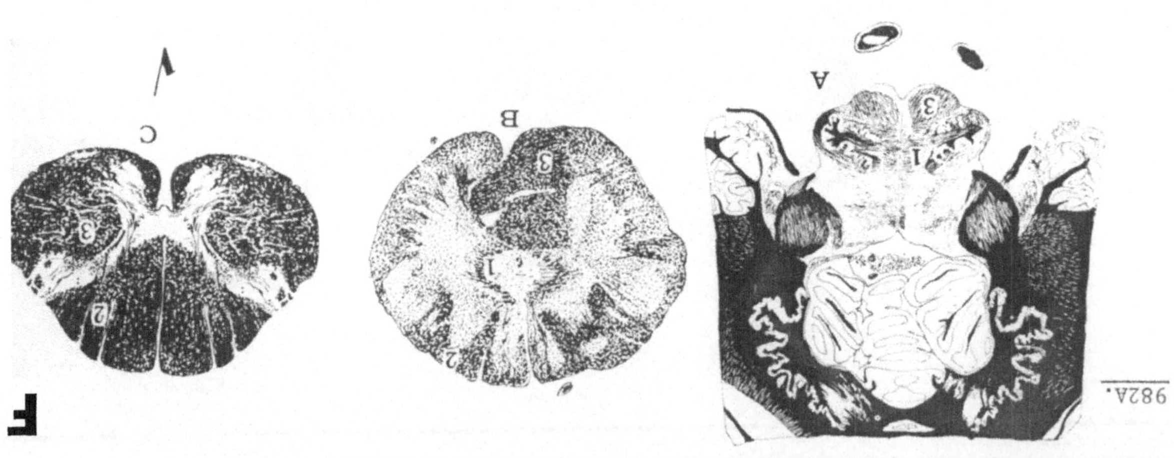

Blättern Sie um und lesen Sie Abschnitt 1126!

Fahren Sie fort mit Abschnitt 1286!

A

70. Nur ein kleiner Teil des Hörfeldes (schraffiert) im Gyrus __________ ________ ist von
außen sichtbar. Der größte Teil der Hörrinde
liegt verborgen in dem nach innen gewandten
oberen Bereich des Schläfenlappens. Er kann
nur mit dem tastenden Finger im Sulcus
________ erreicht werden.

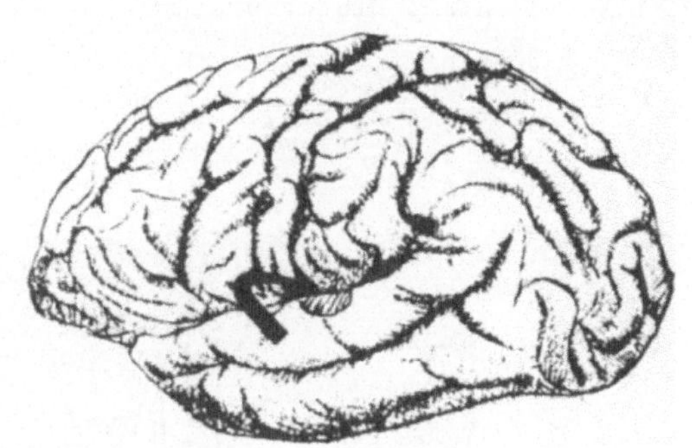

B

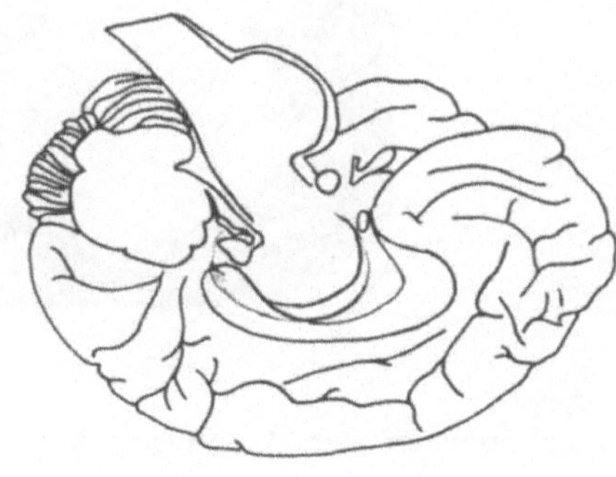

290. Die Bezeichnung Thalamus leitet
sich vom griechischen Wort thalamos
(für Bett, Liegestatt) ab. Die Großhirnhemisphären bedecken den Thalamus.
Beschriften Sie den Thalamus!

C

Das corticospinale System und der Hirnstamm: Pons und Medulla oblongata
(Abschnitt 433-457)

D

648A. untere
motorischen

798A. medialen; Hinterwurzeln;
  efferenten; dorsalis
  (thoracicus, Stilling-
  Clarke);
  nein

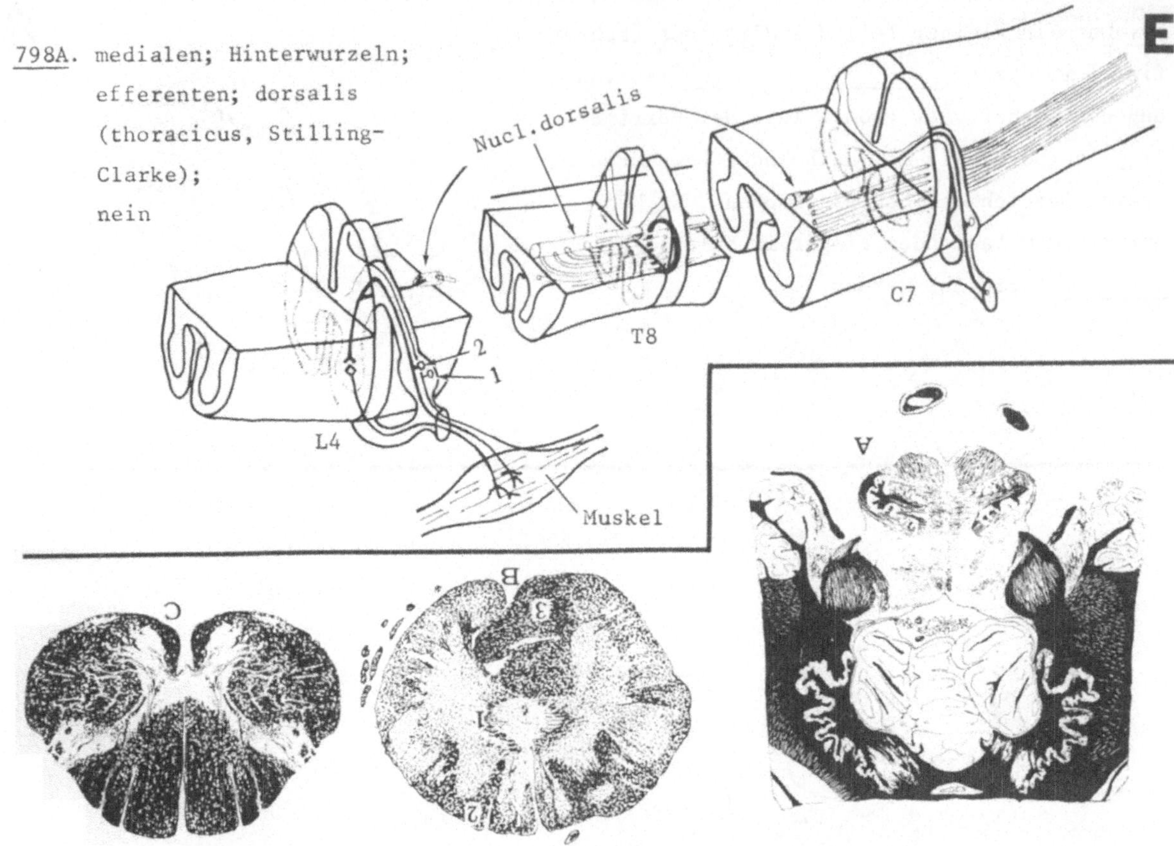

982. Kennzeichnen Sie den im ZNS am weitesten caudal gelegenen der drei abgebildeten Schnitte! Markieren Sie mit 1 die Stelle des Schnittes A, die der mit
1 bezeichneten Struktur im Schnitt B entspricht, mit 2 im Schnitt C das mit 2
gekennzeichnete Gebilde im Schnitt B! Kennzeichnen Sie mit einer 3 im Schnitt
A und C je eine Struktur, die im Schnitt B mit 3 markiert worden ist!

1126. Zeichnen Sie Grenzlinien zwischen benachbarte Gebiete des Hirnstammes!
Schreiben Sie ihre Namen an die Abb.! Welcher somatomotorische Kern liegt vollständig innerhalb der Medulla oblongata?

_________ __ _________. Welcher
somatomotorische Kern liegt im Pons?

_________ __ _________.

Welcher Kern liegt unter
dem Colliculus inferior?

_________ __ _________.

Blättern Sie weiter bis zum nächsten Abschnitt!

A

70A. temporalis superior

  lateralis

B

Das corticospinale System: Beziehungen der Basalganglien zum Thalamus
(Abschnitt 290-313)

C

433. Der Tractus corticospinalis
zieht durch das ____ ______ des
Mesencephalons, bevor er in die
Brücke einläuft.

D

648. Die Neurone des Gyrus precentralis werden obere (primäre) motorische
Neurone genannt, die Neuronen im Vorderhorn des Rückenmarks werden oft
(sekundäre) Neurone genannt. Eine Läsion der corticospinalen Fasern
beeinträchtigt die Willkürmotorik. Die Lähmung der willkürlichen Bewegungen
ist die Folge von Schädigungen der ________ Neurone.

799. Das einzige afferente System, in dem alle Zellkörper und Fasern, die ein bestimmtes Körpergebiet versorgen, auf derselben Seite bleiben, ist das System, das Informationen über den __________ leitet. Die sekundären afferenten Fasern dieses Systems beginnen im Nucleus ________ und enden unter Bildung von Synapsen im __________.

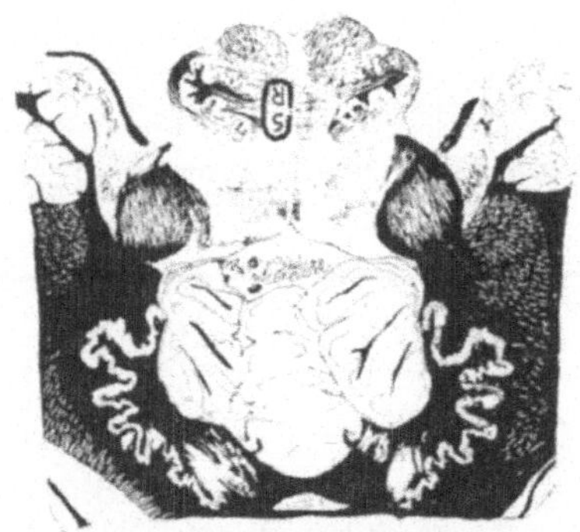

981A.

1126A. Nucl. n. hypoglossi
Nucl. n. abducentis
Nucl. n. trochlearis

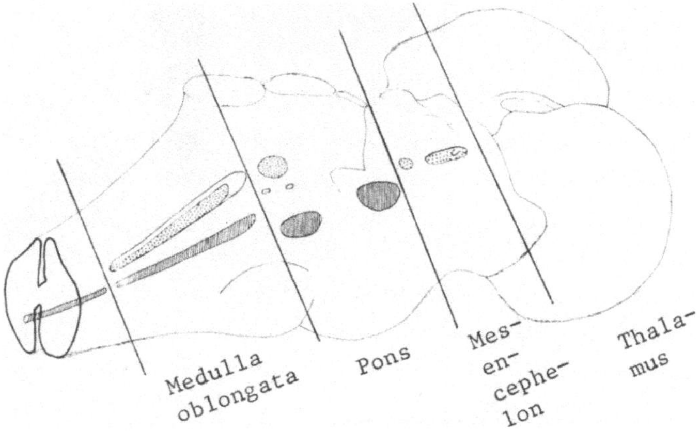

zentrales Höhlengrau (oder Substantia grisea centralis)
Thalamus
III
IV
A
1285A.

71. Die Abbildung zeigt die rechte
__________ Oberfläche der Hirnrinde,
das Sehfeld ist nicht sichtbar, da
es fast vollständig in den Wänden
des Sulcus __________ auf der
__________ Fläche des Lobus
__________ liegt. Schreiben Sie
die Funktionen der betreffenden
Felder an die Hinweislinien!

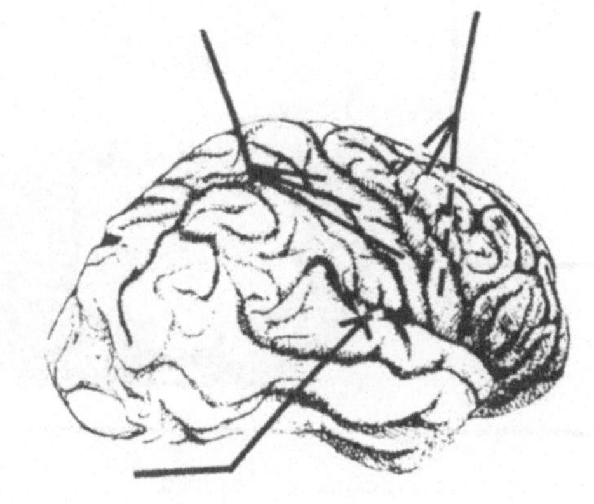

289A.

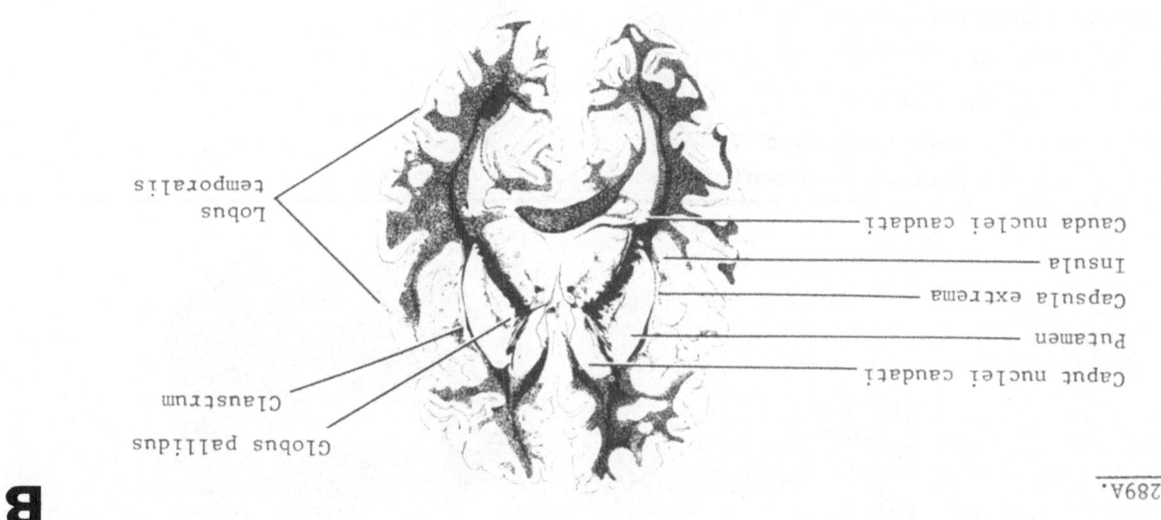

433A. Crus cerebri

647. Schreiben Sie unter die Abbildung den Bereich
des Rückenmarks, aus dem das Segment herausgeschnit-
ten wurde! Eine Schädigung an der Stelle X unterbricht nicht die willkürliche Bewegungsfähigkeit
in den Armen, da die zuständigen corticospinalen
Fasern schon in einem __________ Bereiche enden.

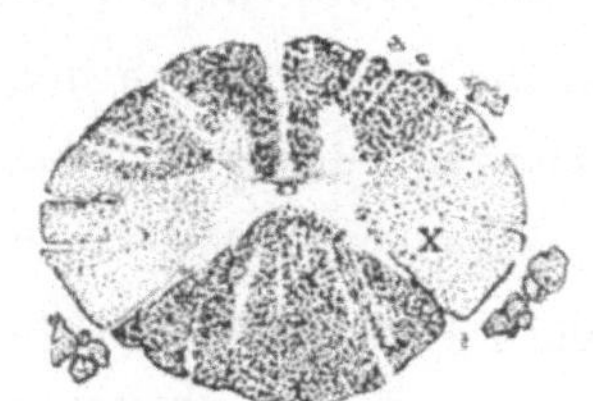

799A.

Muskeltonus
thoracicus
(dorsalis)
Cerebellum

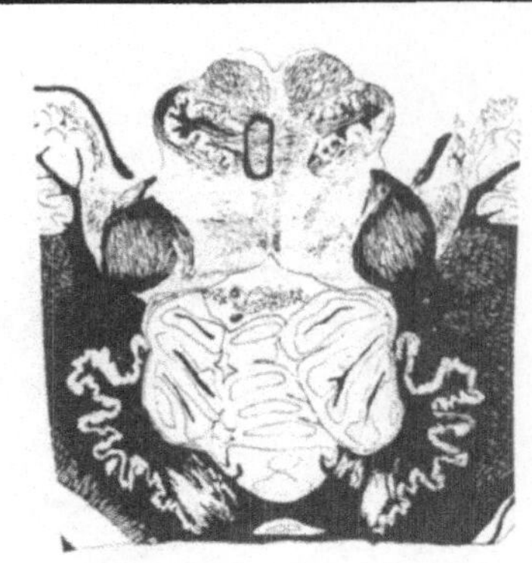

F

E

981. Im Pons laufen die Fasern des Lemniscus medialis aus dem Bein nach lateral, in der Medulla oblongata aber wird der "Homunkulus" durch die Oliva inferior "aufrecht gehalten". Schreiben Sie in den umzeichneten Lemniscus medialis B (Bein) und R (Rumpf) auf das entsprechende Feld!

G

1127. Die vor den Schnittflächen sichtbaren Teile des Nucl. n. hypoglossi sind punktiert gezeichnet worden. Wo dieser Kern von Schnittflächen überdeckt wird, wurden seine Umrisse gestrichelt dargestellt. Zeichnen Sie den Nucl. n. XII auf der linken Seite ein! Auf der rechten Seite sind die übrigen somatomotorischen Kerne einzuzeichnen.

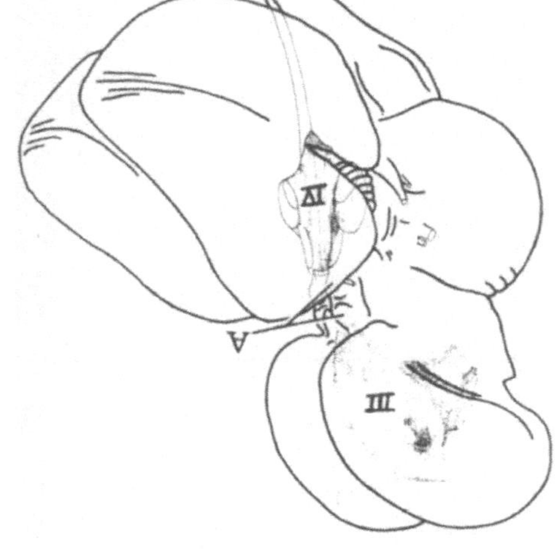

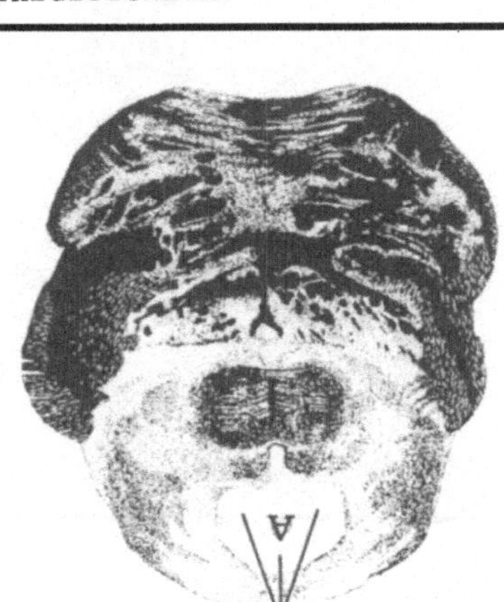

H

1285. Im Mittelhirn ist der Ventrikel auf einen schmalen auf beiden Abbildungen mit _ gekennzeichneten Kanal reduziert. Dieser Kanal erstreckt sich, wie die dreidimensionale Abbildung zeigt, zwischen den ___ Ventrikel caudal und dem ____ Ventrikel cranial im Hypothalamus und ________ . Der Aquaeductus cerebri wird im Mittelhirn von einer scharf begrenzten Zone grauer Substanz, die Schaltneurone enthält, umschlossen. Diese Zone wird ________ ________ genannt.

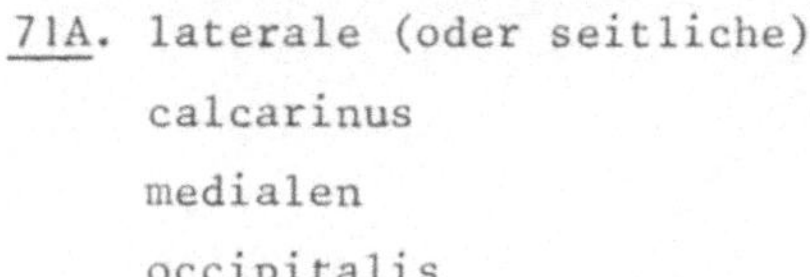

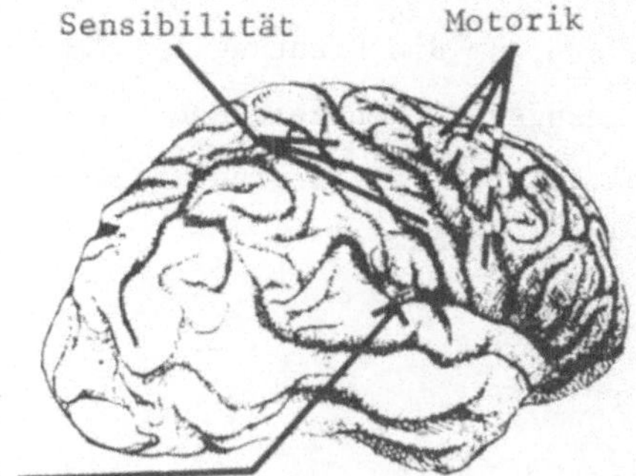

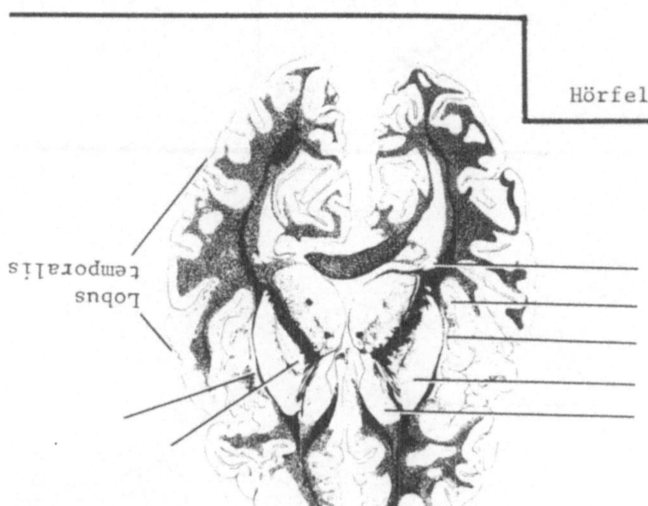

C

<u>434.</u> Von einem Frontalschnitt werden die Fibrae corticospinales in der inneren Kapsel längs getroffen. In einem Querschnitt des Mittelhirns werden dieselben Fasern ____ geschnitten.

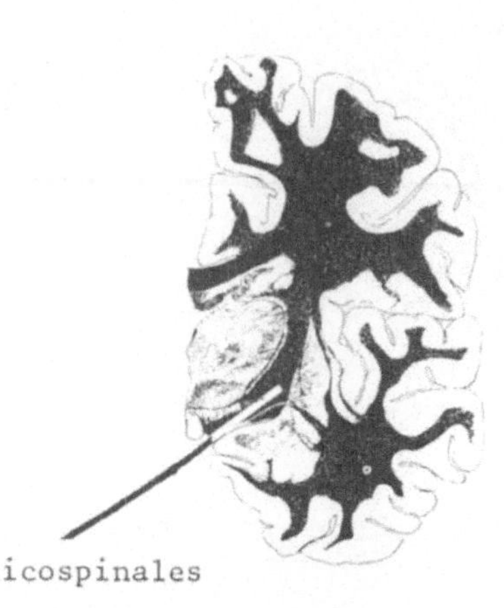

D

<u>646.</u> Eine vollständige Durchtrennung im mittleren Brustmarkbereich wirkt sich nicht auf die motorischen Neuriten aus, die vom Gehirn zu den ____ Extremitäten ziehen.

800. Zeichnen Sie Pfeilspitzen an die vier Striche, um die Richtung der Impulsleitung anzugeben! Kennzeichnen Sie den eingekreisten Bezirk mit einer Hinweislinie und seinem Namen!

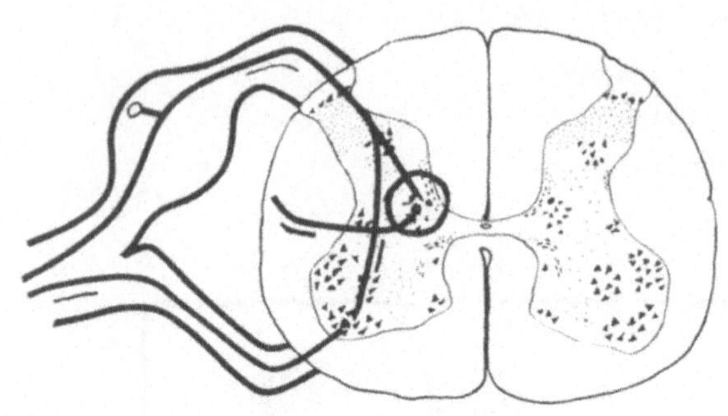

980A.

F

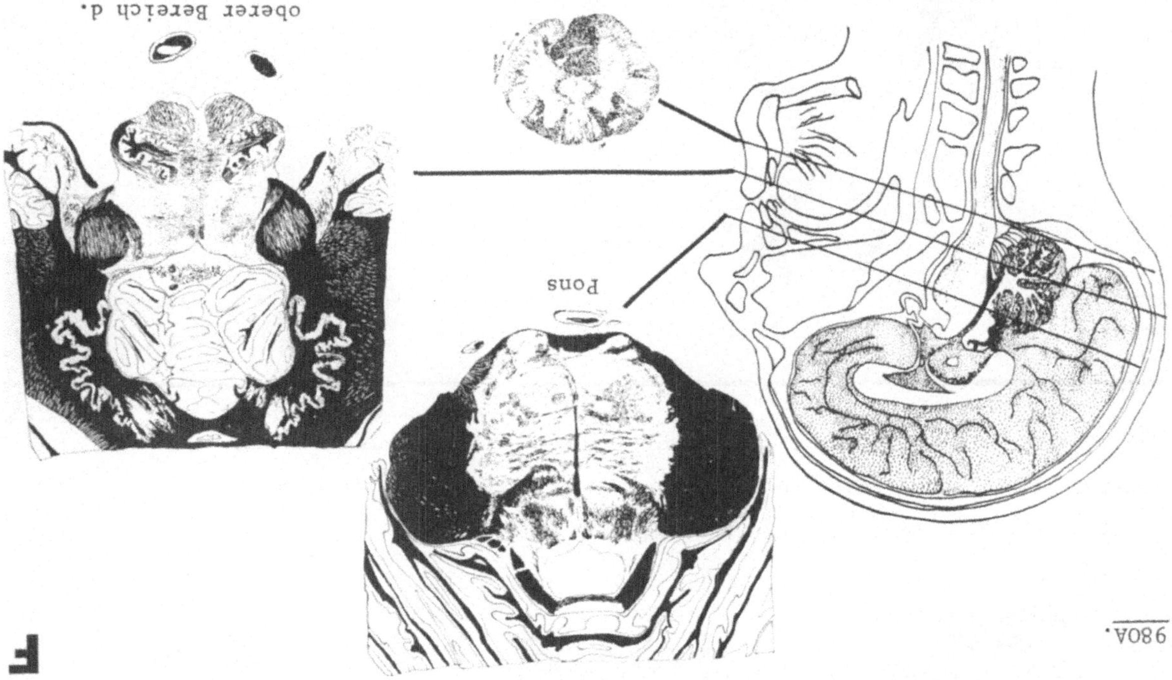

G

1127A.

H

Lesen Sie Abschnitt 1285 auf der übernächsten Seite!

A

72. Die Abbildung zeigt die ______ Oberfläche der ____seitigen Hirnhälfte.
Eine Meßsonde für elektrische Spannungen wurde im Sulcus ________ ange-
bracht. Die Hirnrinde heißt in dieser Gegend nach der in ihr liegenden Hirnfurche Cortex ________ . Eine Spannungsänderung kann beobachtet werden, wenn
das ____ durch Licht gereizt wird.

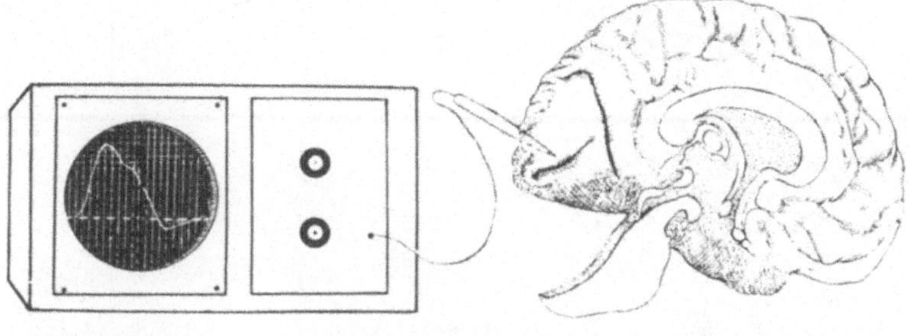

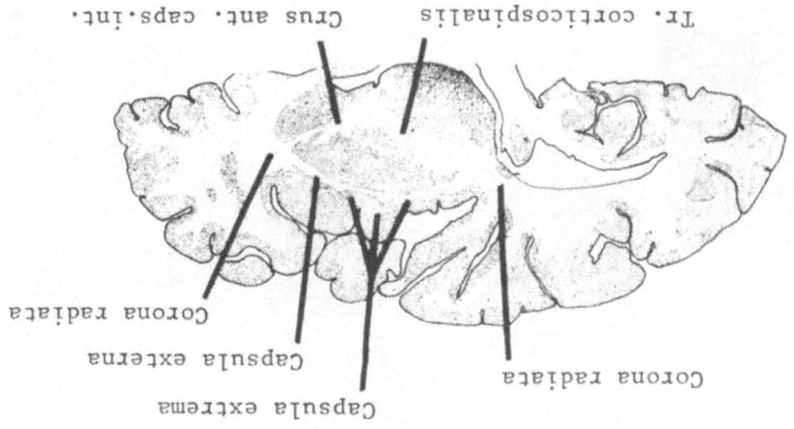

B

288A.

C

434A. quer (oder transversal)

D

654. Die Spinalnerven C5 – T1 bilden ein Ge-
flecht, den Plexus brachialis. Er innerviert
den ____ . Den unteren Bereich des Körperstammes und die untere Extremität versorgen der
Plexus lumbalis et sacralis.

800A.

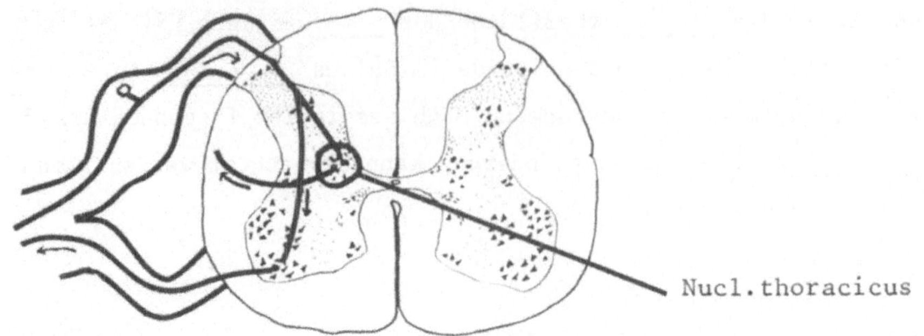

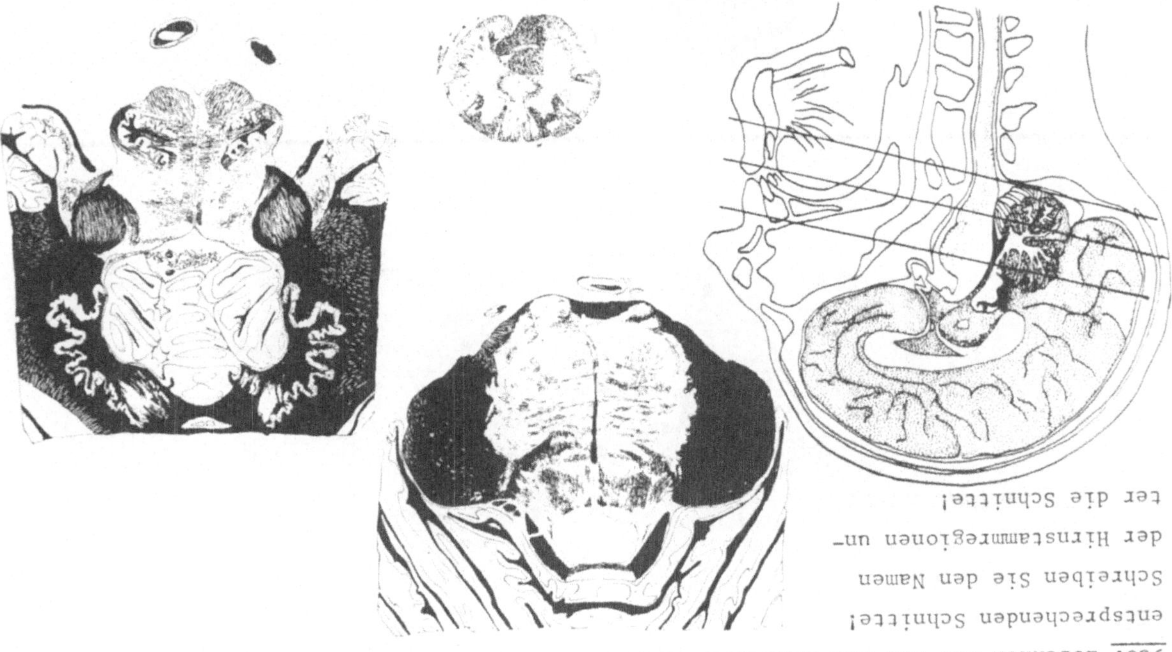

F

1128. Das einzige vollständig kreuzende
Hirnnervenpaar ist das des N. __________.
Folglich wird der __ _______ _______
des linken Auges vom Nucl. __ __________
der _______ Seite innerviert.

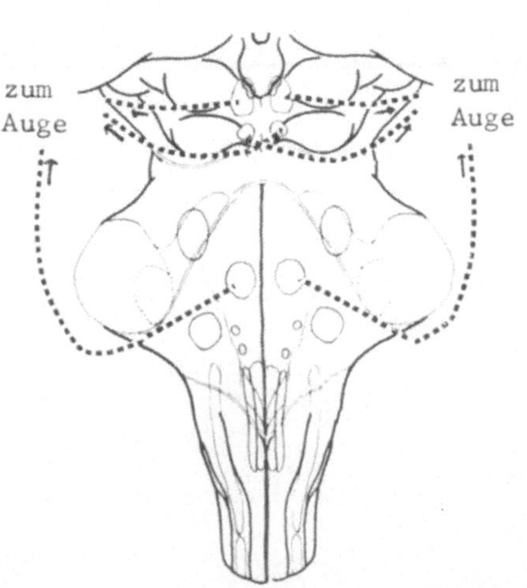

G

H

72A. mediale

linksseitigen

calcarinus

calcarinus

Auge (oder Sehorgan, Retina, visible
Receptoren)

288. Aus der Vielzahl der Strukturen in der folgenden Liste sind diejenigen,
die aus weißer Substanz bestehen, mit
Hinweislinien zur Abbildung zu markieren!
Globus pallidus,
Capsula externa,
Capsula extrema,
Corona radiata,
Claustrum,
Cauda nuclei caudati,
Corpus amygdaloideum,
Crus anterius capsulae internae,
Tractus corticospinalis mit seiner
Lage in der inneren Kapsel.

435. Der ______ Teil des Pons ist
rundlich und vorgewölbt.

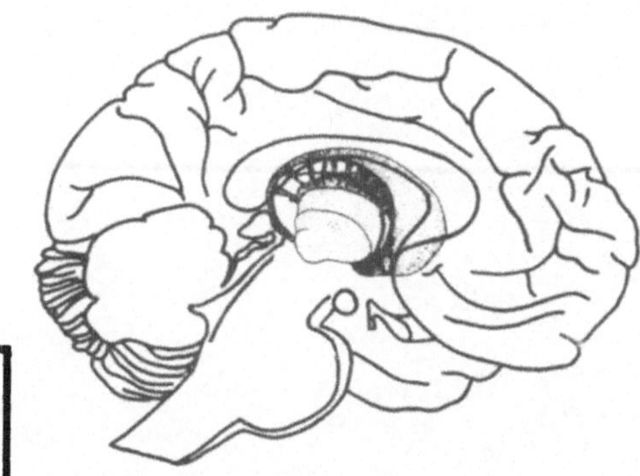

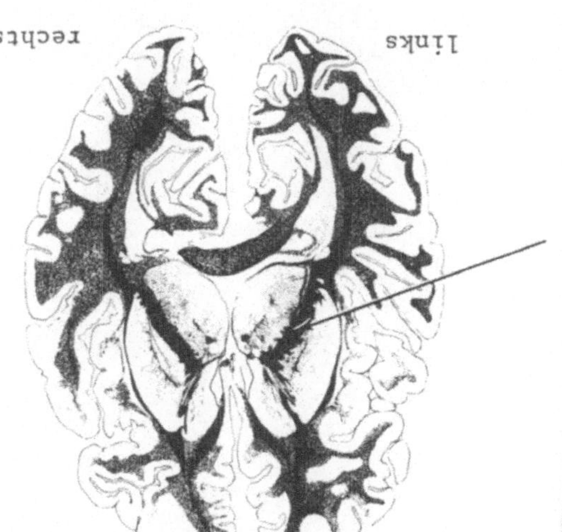

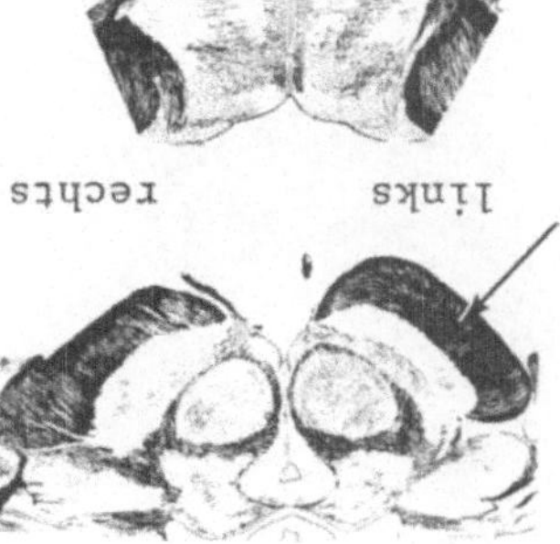

271

801. Ein primäres sensibles Neuron kann einen Ast zur Bildung einer Synapse im Nucleus thoracicus abgeben, von dem aus die Impulse in das __________ geleitet werden und einen anderen Ast, der direkt eine Synapse mit einem motorischen Neuron im Cornu _______ bildet. Der letztgenannte Reflexbogen besteht aus _ Neuronen.

979A. primäre
sekundären
eine (oder zwei, wenn Zwischenneurone eingeschaltet sind)

F

G

1128A. trochlearis
M. obliquus superior
n. trochlearis
rechten

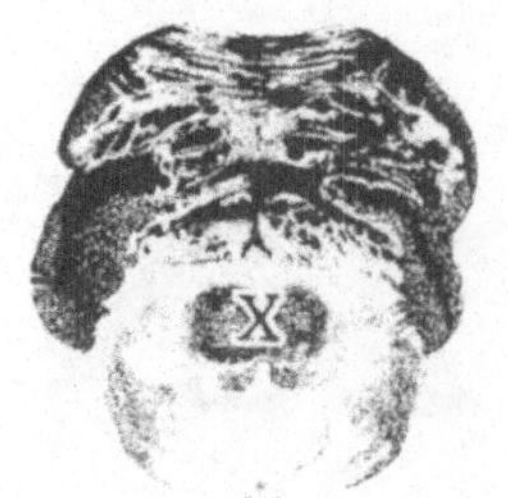

1284A. Pons
caudalen
superior
caudal

H

73. Zwei sensible Felder der Hirnrinde sind von außen weitgehend unsichtbar.
Es handelt sich um die Hirnrindenbezirke für das Sehen und ____, die im Lobus
__________ und im Lobus __________ liegen. In der medialen Hirnrinde liegt
das Repräsentationsfeld für das ____.

287A. parietalis
temporalis (oder in umgekehrter Reihenfolge)
x Nucleus caudatus
x V Putamen
V Globus pallidus
Corpus amygdaloideum
Claustrum (in beliebiger Reihenfolge)

---

436. Betrachten Sie die Form des
IV. Ventrikels auf dem Querschnitt
durch die Brücke (Pons). Die
Schnittebene ist in der linken Abbildung durch die Gerade mit dem Buchstaben _ angegeben worden.

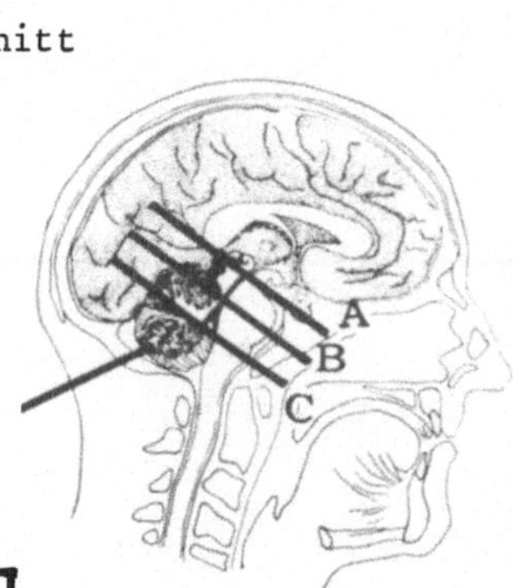

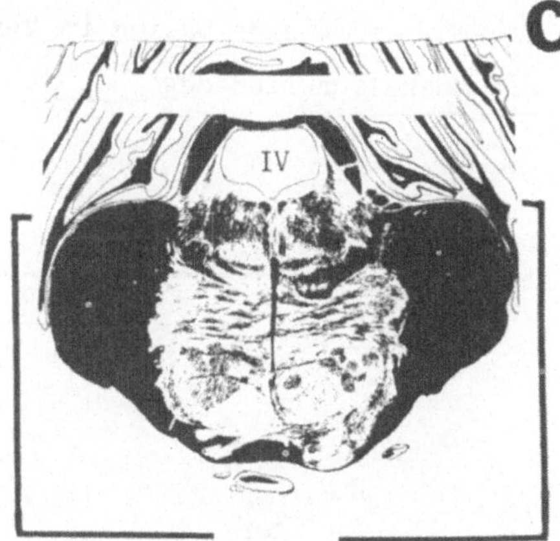

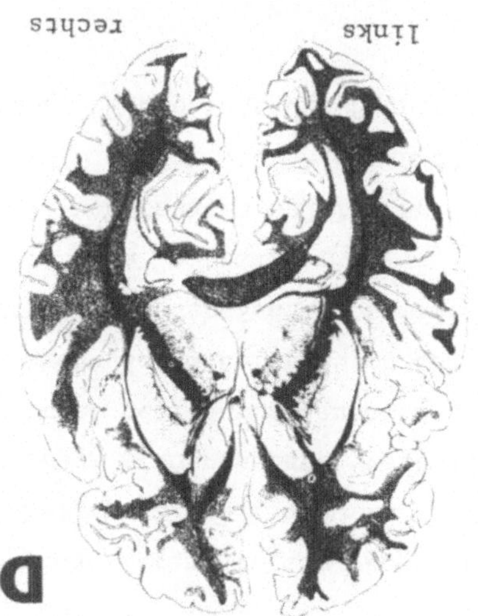

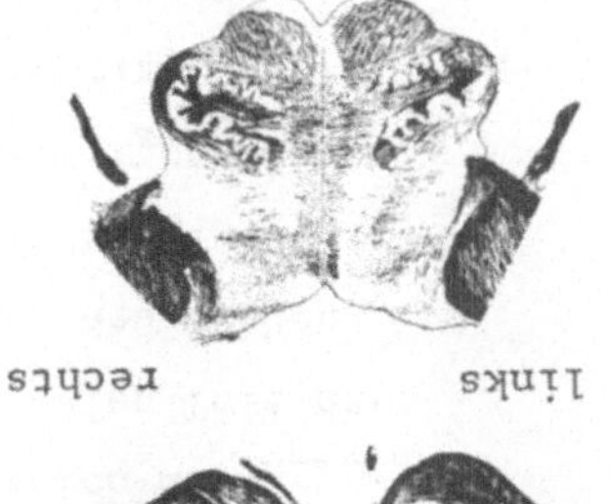

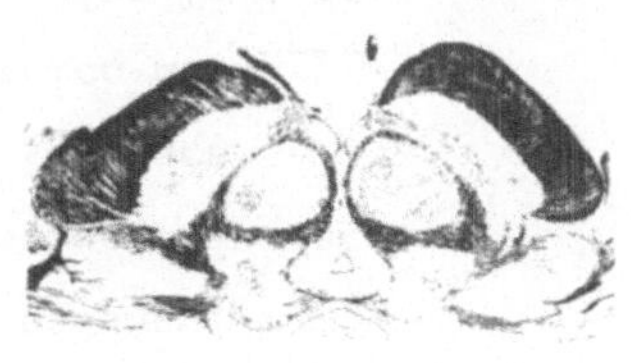

644. Kennzeichnen Sie in allen
drei Schnitten mit einem
Pfeil die ungefähre Lage der
Axone, die die willkürlichen
Bewegungen des rechten Armes
steuern!

801A. Cerebellum

anterius

2

---

979. Das _______ Neuron des Fasciculus gracilis reicht aus der Peripherie über
die Zellkörper der Spinalganglien bis in den Nucleus gracilis. Vom Nucleus
gracilis (als Fibrae arcuatae internae) und Lemniscus medialis ziehen die
_________ Neurone bis in den Thalamus. Wieviele Schaltstationen liegen zwischen
Betzschen Riesenzellen und ihren Fasern auf dem Weg durch das Centrum semiovale,
die Corona radiata, Capsula interna, das Crus cerebri, die Decussatio pyramidum
und den Fasern der Radix anterior? _____.

1129. Klinische Schädigungen des III., IV. oder VI. Hirnnerven betreffen fast
immer die Nervenbahn und selten den Kern. Unabhängig davon, wo die Zellkörper
liegen, stört eine Läsion im Verlaufe eines dieser Hirnnerven der rechten Seite
die Muskelfunktion des _______ Auges.

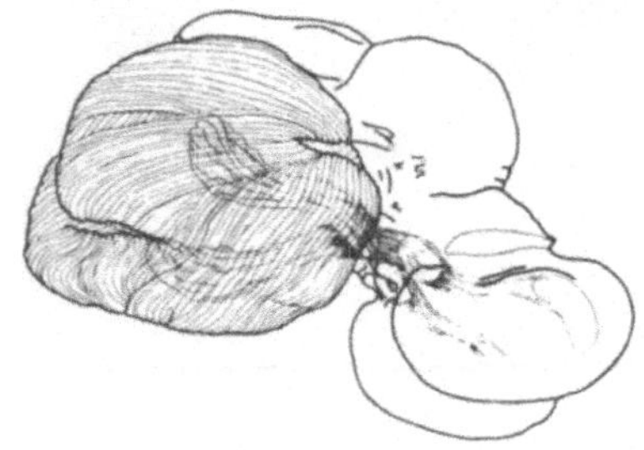

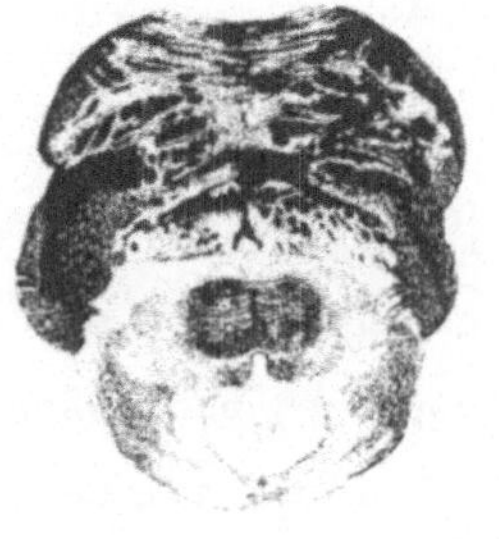

1284. Markieren Sie die Decussatio pedunculorum
cerebellarium superiorum im Markscheidenpräparat
mit einem X! Der untere (ventrale) Teil des
Schnittes geht durch den oberen Bereich des ____.
Oben geht der Schnitt durch den ____alen Teil des
Mittelhirns. Der Schnitt trifft auch den linken
und rechten Colliculus _________. Er liegt aber
____al vom rechten und linken Nucleus ruber.
Ziehen Sie eine Gerade durch das dreidimensionale
Schema, um die Lage des Schnittes anzugeben!

A

<u>73A.</u> Hören

occipitalis

temporalis

Sehen (oder Auge)

B

<u>287.</u> Basalganglien liegen im Lobus frontalis, Lobus __________ und Lobus __________. Schreiben Sie die Namen der fünf Basalganglien auf! Setzen Sie je ein V vor die den Nucleus lentiformis bildenden Basalganglien! Kennzeichnen Sie die Stammganglien aus denen sich das Corpus striatum zusammensetzt mit X!

C

<u>436A.</u> B

D

<u>643.</u> Der schraffiert gezeichnete Herd im Crus cerebri verursacht eine Parese in der ______ Extremität auf der ______ Seite.

E

802. Der aus zwei Neuronen bestehende, spinale Reflexbogen wird auch Streck-
(Dehnungs-)reflex genannt. Das afferente Neuron gibt Aktionspotentiale ab,
wenn der Skeletmuskel _________ wird, das efferente Neuron läuft aus dem
Rückenmark zum _____. Eine Möglichkeit einen Muskel zu dehnen besteht darin,
daß man auf eine seiner Sehnen klopft. Der Kliniker klopft mit seinem Reflexhammer auf Sehnen, um die Funktion des _____reflexbogens zu prüfen.

F

978. Am Übergang von Rückenmark zur Medulla oblongata laufen die Fasern der
_____stränge in den Nucl. gracilis und Nucl. cuneatus. An der vorderen
Fläche dieses Bereiches kreuzen absteigende Fasern des rechten und linken
Tr. _______________ und laufen danach als Tr. _______________ _______ und
Tr. _______________ _______ im Rückenmark abwärts.

G

1130. Der unterste Kern der branchialmotorischen Reihe liegt im Halsmark.
Er heißt Nucl. _______ __ _________.
Umzeichnen Sie ihn beiderseits in
der Abbildung!

H

1283A. dentatus
kreuzen
inferiores
ruber
Thalamus
Decussatio

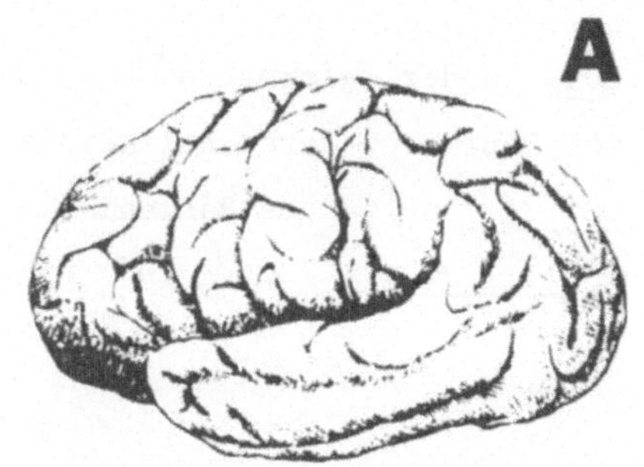

A

<u>74.</u> Eine Läsion (Verletzung, Tumor usw.) in der Umgebung des Sulcus centralis beeinträchtigt die somatomotorischen und _______________ Funktionen. Zeichnen Sie Hinweislinien an die beiden betroffenen Hirnwindungen und schreiben Sie ihre Funktionen an die Linien!

B

<u>286A.</u> Corpus amygdaloideum
lentiformis
Cauda
Caput

C

<u>437.</u> Kennzeichnen Sie den Pons mit P und die Medulla oblongata mit M. Ein charakteristisches Merkmal der Struktur des Pons ist ein Gewebsmuster, das aus sich durchflechtenden Bündeln weißer Substanz in seinem ventralen, sich vorwölbenden Bereich besteht. Der Pfeil liegt in der Längsrichtung der Fasern, die zum Cerebellum laufen. Die meisten anderen Fasern ziehen in Richtung auf die Medulla oblongata und gehören zum Tractus

_______________.

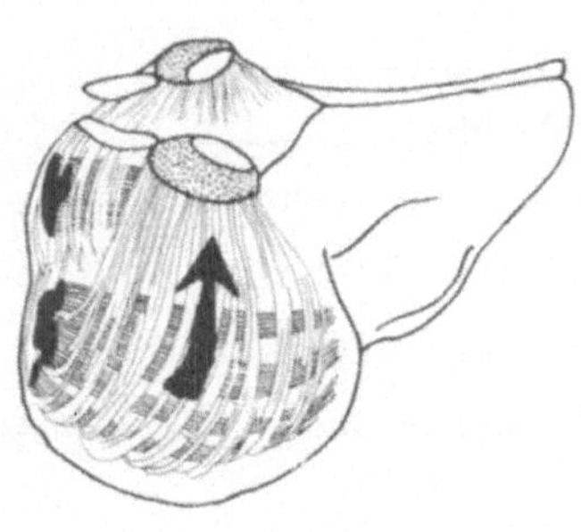

D

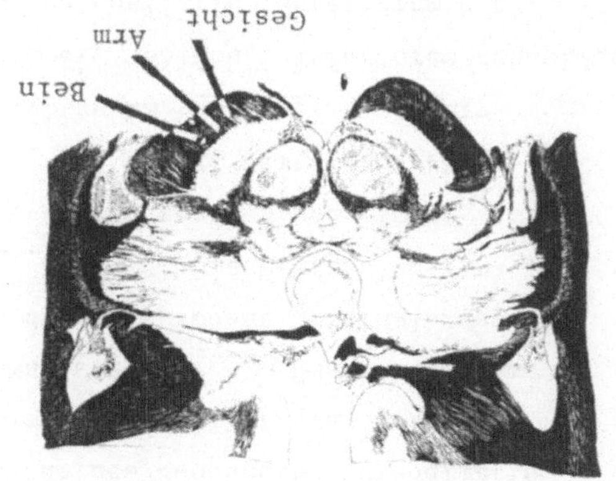

<u>642A.</u> drei
Crus cerebri

E

803. In der Information über den Muskeltonus leitenden Bahn laufen die Axone von Neuronen, deren Zellkörper im rechten Nucleus _______ liegen auf der _______ Seite des Rückenmarks nach oben. Die Bahnen heißen Trr. _______________ .

F

977A. Kinästhesiebahn
Ganglia spinalia
arcuatae internae
sekundäre
Thalamus

G

1131. Unmittelbar oberhalb vom Nucl. spinalis n. XI. liegt in der branchialmotorischen Reihe (laterale Reihe) der Nucl. __ _______ . Er läuft parallel zum Nucl. _______ __ ____ des visceralen Systems. Der Nucl. n. facialis liegt unmittelbar oberhalb der Grenze zwischen Medulla oblongata und ____ . Kennzeichnen Sie den Nucl. n. facialis!

H

1283. Die Axone des Pedunculus cerebellaris superior kommen aus Zellkörpern im rechten und linken Nucleus _______ des Cerebellums und _______ die Mittelebene unterhalb der Colliculi _________ . Die Mehrzahl der Fasern läuft um den rechten und linken Nucleus ____ und steigt weiter auf. Sie enden schließlich im _______ . Ein Querschnitt durch die Colliculi inferiores schneidet die _________ pedunculorum cerebellarium superiorum quer.

D

642. Fasern aus dem Gyrus precentralis
liegen in den mittleren ____ Fünfteln
des ____ ______. Hier ist die Reihenfolge von lateral nach medial analog der
dorso-ventralen in der inneren Kapsel.
Schreiben Sie "Gesicht", "Arm" und
"Bein" an die entsprechenden Hinweislinien.

C

437A. corticospinalis

B

286. Ein auf der Medianebene senkrecht
stehender Schnitt entlang der eingezeichneten Geraden würde in der Reihenfolge von unten-vorn nach hinten-oben
das ______ ____________ im Schläfenlappen, den Nucleus __________ und
den Übergang der ____ nuclei caudati
zum ____ nuclei caudati erfassen.

A

74A. somatosensiblen   somatomotorisch   somatosensibel

804. Vervollständigen Sie die folgende Tabelle:

Bezeichnung der Bahn	Was leitet die Bahn	Auf welcher Seite liegen die Axone der zugehörigen Zellkörper	Wo liegen die Zellkörper?
Tr. spinothalamicus lateralis dexter	_____ und _____ _____	_____	Cornu _____
Tr. spinothalamicus anterior dexter	_____ und _____ _____	_____	Cornu _____
Funiculus posterior dexter	_____ _____ und _____	_____	_____ _____
Tr. spinocerebellaris anterior et posterior sinister	_____ - _____	_____	Nucleus _____

977. Die gemeinsame Bahn für die Leitung von Bewegungs-, Druck- und Berührungsempfindungen wird __________bahn genannt. Die Perikaryen der primären Neuronen dieser Bahn liegen in den _______ _______. Sie kreuzt die Medianebene als Fibrae _______ _______, die zu Zellkörpern im Nucleus _______ und Nucleus _______ gehören. Es handelt sich um _____äre afferente Neurone. Die sekundären Axone bilden mit den Zellkörpern der tertiären Neurone im _______ Synapsen.

1132. Malen Sie die vier Kerne der branchialmotorischen Reihe schwarz. Schreiben Sie die Namen an diese Kerne! Der oberste branchialmotorische Kern, der in den mittleren Bereichen des Pons liegt, versorgt die ___muskeln.

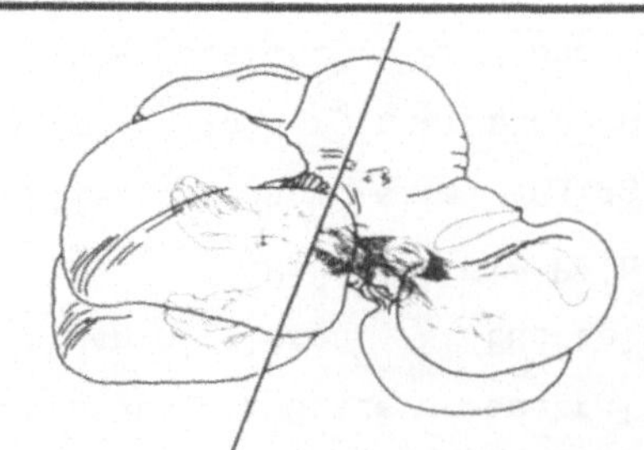

1282A. Pons

Cerebellium

Mesencephalon

75. Wenn bei einem Patienten bestimmte Hirnrindenbezirke zerstört sind und er gelähmt ist, so liegen diese Herde wahrscheinlich im Lobus _________ . Wenn ein Patient mit einem Hirnrindenherd keine Berührungsempfindung mehr hat, so liegt der Prozeß wahrscheinlich im Lobus _________ .

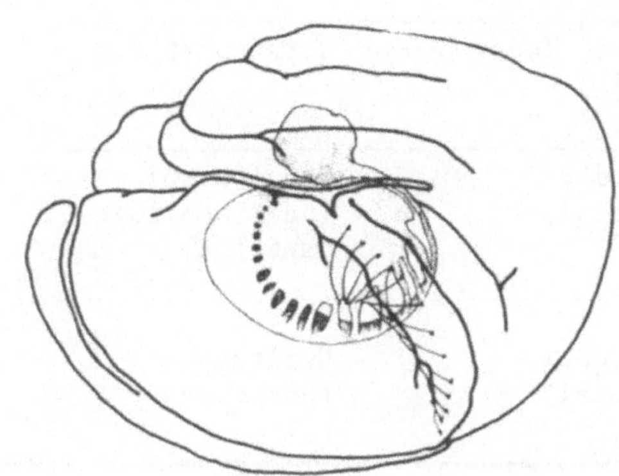

B

285. Zeichnen Sie eine Gerade in die Abbildung, die einer den oberen Teil des Corpus amygdaloideum erfassenden Ebene entspricht! Das Corpus amygdaloideum liegt im Lobus _________ .

C

438. Markieren Sie mit Hinweislinien Bündel corticospinaler Fasern und kennzeichnen Sie diese mit CS! Zeichnen Sie die Richtung der Impulsleitung angebenden Pfeile auf die seitlichen Massen der grauen Substanz!

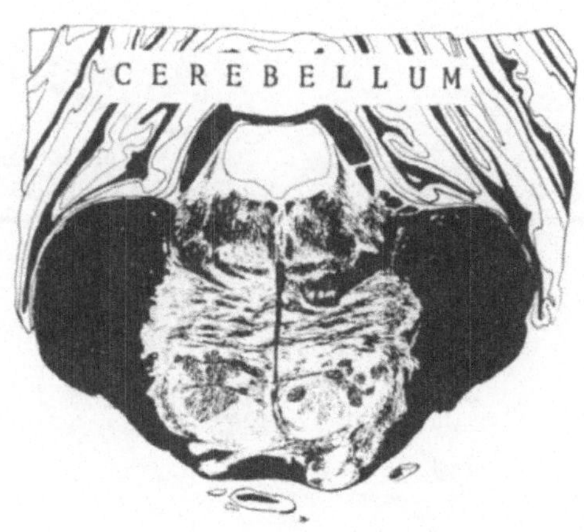

D

641A. rechten Gesichtshälfte

E

Bezeichnung der Bahn	Funktion der Bahn	Angabe d. Seite, auf der die Axone bezüglich des zugehörigen Zellkörpers liegen	Lokalisation der Zellkörper
Tr. spinothalamicus lateralis dexter	Schmerz und Temperatur	links (oder contralateral)	Cornu posterius
Tr. spinothalamicus anterior dexter	Berührung und Druck	beidseitig (oder doppelseitig)	Cornu posterius
Funiculus posterior dexter	Berührung, Druck u. Kinästhesie	links (oder ipselateral)	Ganglia spinalia (oder sensible Ganglien)
Tr. spinocerebellaris anterior et posterior sinister	Muskeltonus	rechts (oder ipselateral)	Nucleus thoracicus

F

976A. Oliva inferior

Thalamus (oder Mittelhirn)

G

1132A. Kaumuskeln

H

1282. Ziehen Sie eine Gerade durch das dreidimensionale Schema, die die Lage der Schnittebene des Markscheidenpräparates zeigt! Im Schnitt liegen die Pedunculi cerebellares superiores im dorsalen Teil des _____; Sie sind hier auf ihrem Weg vom _____ zu ihrer Kreuzung im _____.

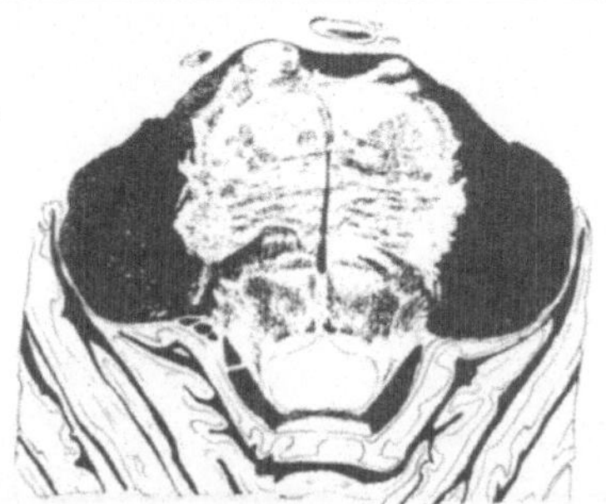

75A. frontalis
     parietalis

284A. Insula

483A.

641. Eine herdförmige Schädigung unmittelbar dorsal vom rechtsseitigen
Genu capsulae internae führt zum Ausfall der willkürlichen Muskelfunktionen der ________ unteren ________ hälfte.

805. Im Funiculus lateralis läuft eine große efferente Bahn, der Tr.
_____________ _________. Er enthält außerdem große afferente Bahnen, den
Tr. _____________ _________ und die Trr. spinocerebellares.

F

976. Die schematische Darstellung zeigt, daß die Schmerz- und Kinästhesiebahn im Rückenmark und dem größten Teil des Hirnstammes getrennt voneinander liegen. Im oberen Abschnitt der Medulla oblongata liegt der Tr. spinothalamicus lateralis deutlich getrennt von Lemniscus medialis und dicht an der hinteren und seitlichen Fläche der _____ _______. Beide Bahnen laufen beim Eintritt in den _______ praktisch zusammen.

G

1133. Geben Sie bei dieser Aufgabe übungshalber die vollen Namen und nicht nur die Ordnungszahl der gefragten Kerne an! Schreiben Sie die Namen an die beiden im untersten Bereich der Brücke liegenden Kerne! (Der eine ist branchial- und der andere somatomotorisch). Kennzeichnen Sie mit einer Hinweislinie und seinem Namen den branchialmotorischen Kern im mittleren Bereich des Pons! Die beiden somatomotorischen Kerne im Mittelhirn sind der etwas weiter unten liegende Nucl. __ _________ und der nur etwas weiter dorsal (oben) liegende Nucl. __ _________. Kennzeichnen Sie beide in den entsprechenden Abbildungen.

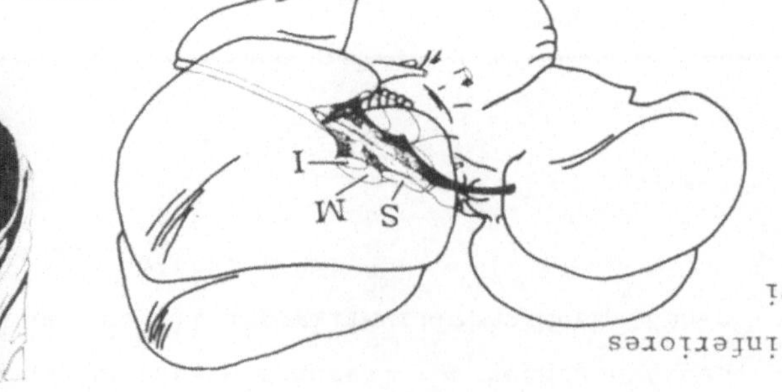

H

1281A. Colliculi inferiores
Aqueductus cerebri
Mesencephalon

76. Markieren Sie in die entsprechenden Skizzen mit Hinweislinien die Hör-, Seh-, somatomotorischen und somatosensiblen Hirnrindenfelder! Beschriften Sie die Hinweislinien und schreiben Sie auf, in welchem Lappen die aufgezählten Felder liegen!

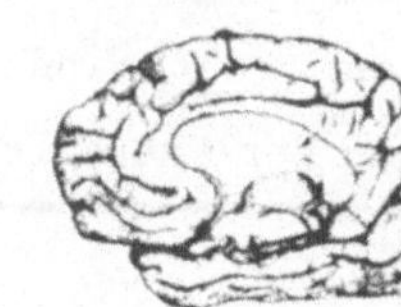

284. Die Capsula extrema ist die weiße Substanz unter der ______ .

439. Die obere Abbildung zeigt einen Querschnitt durch das zum Hirnstamm gehörende ____________, die untere einen Schnitt durch den _____. Die eingekreisten Gebiete beider Abbildungen enthalten Neuriten des Tractus ________________ .

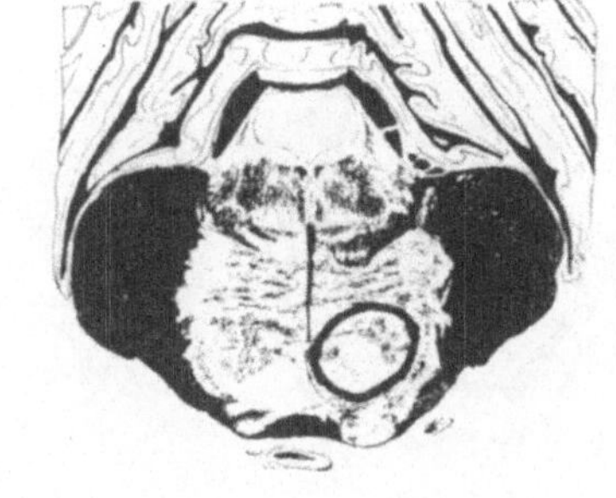

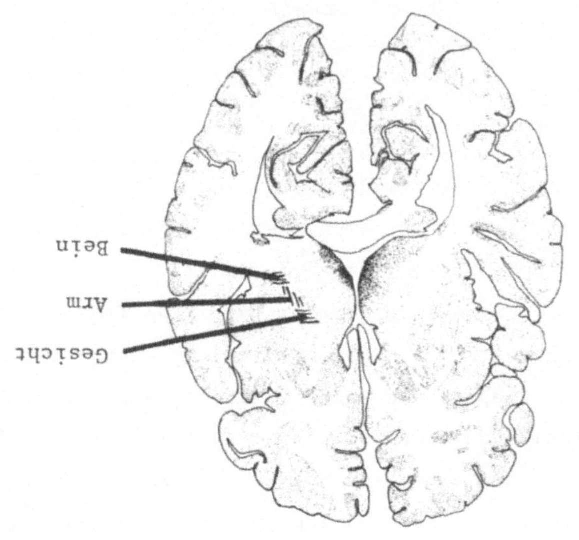

640A.

806. Eine Unterbrechung aller Fasern in beiden Vordersträngen (Funiculi anteriores) in Höhe des Spinalsegmentes C4 würde nicht zum vollständigen Ausfall der Berührungsempfindungen führen, da die aufsteigenden Fasern im Funiculus _______ beiderseits unter den gegebenen Voraussetzungen noch intakt wären. Ist die Funktion des Tr. corticospinalis lateralis auf beiden Seiten erhalten? _____. Sind die willkürlichen Bewegungen der Extremitäten erhalten?

1133A. n. trochlearis
    n. oculomotorii

1281. Kennzeichnen Sie auf der rechten Seite der mittleren Abbildung die Schnittflächen der drei Kleinhirnschenkel mit I (inferior), M (medius) und S (superior)! Schreiben Sie IV in den sich verengenden IV. Ventrikel auf dem Schnitt durch die mittleren Bereiche des Pons! Der andere Schnitt geht durch eine höhere Ebene des Hirnstammes als der rechte. Er schneidet die _______ ________. Der Ventrikel ist auf diesem Schnitt zu einem dünnen Kanal reduziert. Er wird _ _______ genannt. Malen Sie den Aqueductus cerebri auf der mittleren Abbildung mit seinem Verlauf unter den Colliculi und durch das ganze __________ des Hirnstammes schwarz aus.

A

Motorik, Lobus frontalis   Sensibilität, Lobus parietalis

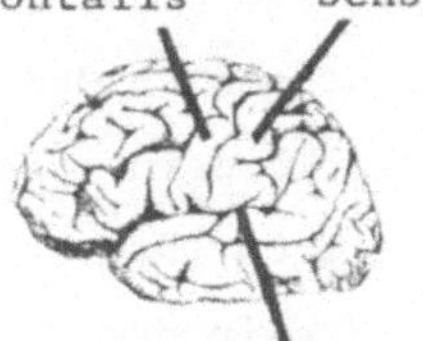
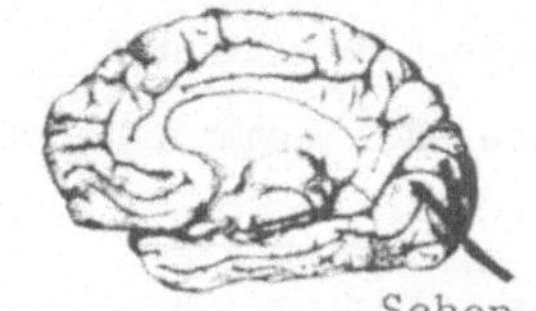

Hören, Lobus temporalis

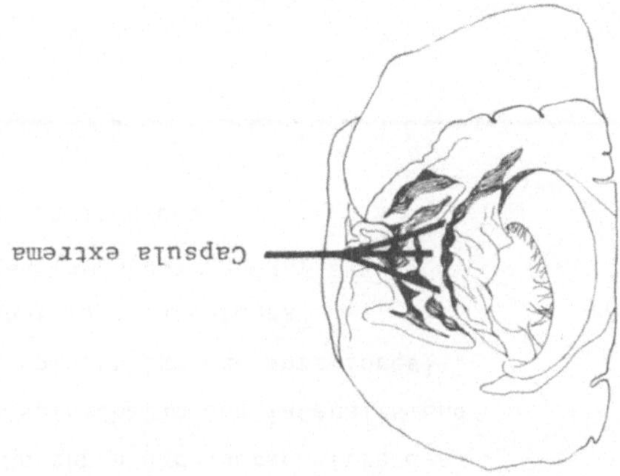

283A.

B

C

440. Scheitel- und Schläfenlappen geben efferente Fasern in die Brücke ab.
Der Tractus ______________ und Tractus ______________ folgen den Wegen
weißer Substanz durch den hinteren Schenkel der ______ ______ und dann
durch das ____ ______ des Mittelhirns.

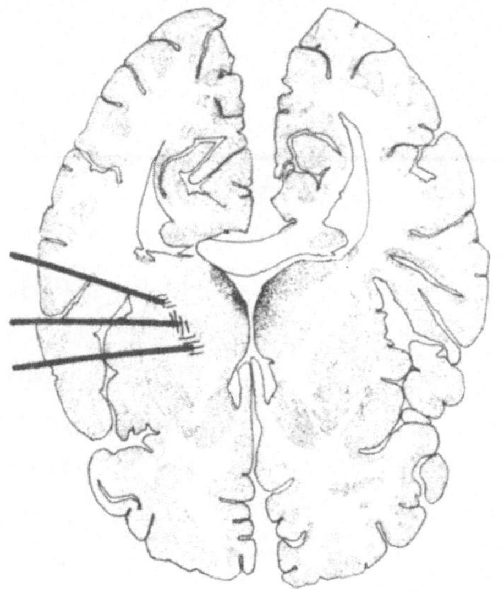

D

640. Die Felder für Gesicht, Arm und Bein
liegen im Gyrus precentralis von lateral
nach medial und in der inneren Kapsel
von ventral nach dorsal. Schreiben
Sie "Gesicht", "Arm" und "Bein" an
die Hinweislinien!

E

807. Im Bereich der Decussatio pyramidum kreuzen die Fasern des Tr.

___________ _______ die Medianebene. Mehrere andere Bahnen kreuzen die

Medianebene des Rückenmarks in der __________ ____. Die Axone des linken Tr.

corticospinalis lateralis kommen hauptsächlich von Zellkörpern, die auf der

______ Seite des Lobus ________ im Cortex cerebri liegen. Die Axone des linken

Tr. corticospinalis anterior kommen von Zellkörpern, die in der ______ Hirnseite

liegen.

F

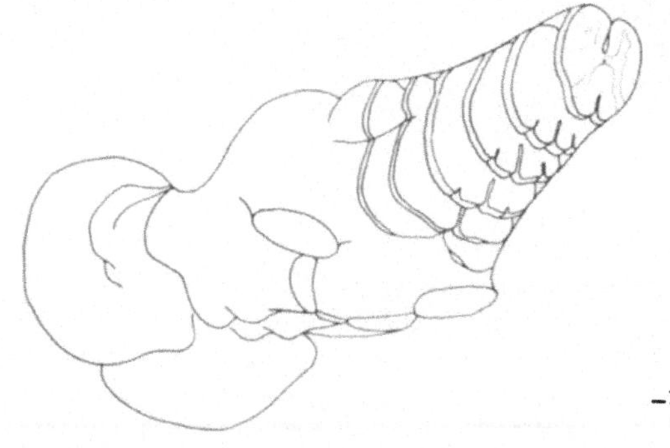

975. Zeichnen Sie auf der untersten Schnittfläche die Konturen der Querschnitte des
rechten Tr. spinothalamicus lateralis und
beider Trr. spinothalamicae anteriores!
Alle drei übertragen afferente
Informationen (Impulse) aus derselben
Körperseite, nämlich der ______.

G

1134. Schreiben Sie neben jeden
der somato- und branchialmotorischen
Nerven die Nummer der Hirnnerven, an
den er seine Neuriten abgibt! Malen
Sie die vier visceromotorischen
Kerne schwarz aus!

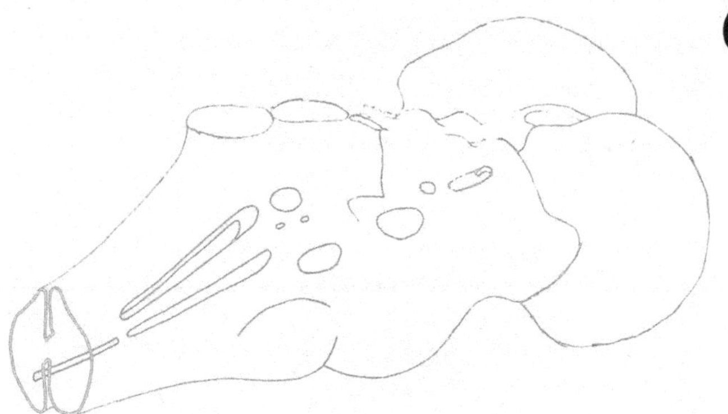

H

1280A. 1. linken
linken
rechten
Kaumuskulatur
2. linken
T
olivaris inferior

A

77. a) Das motorische (somatomotorische) Hirnrindenfeld liegt im Gyrus

___________ des Lobus _________ .

b) Die Hörrinde (Hörfeld) befindet sich überwiegend in dem nach innen zu-

gekehrten Bereich des Gyrus __________ ________ im Lobus _________ .

c) Das Sehfeld (Sehrinde) liegt im Cortex _________ der den Sulcus

__________ umgibt im Lobus __________ .

d) Das ______sensible Feld liegt im Gyrus ___________ des Lobus _________ .

B

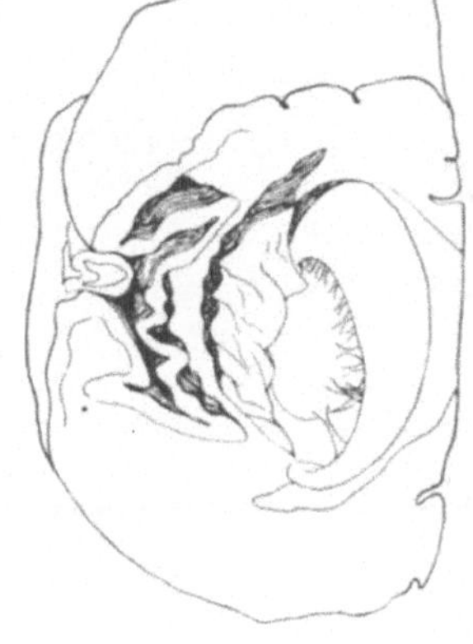

283. Zeichnen Sie eine Hinweislinie mit Beschriftung an die weiße Substanz, die das Claustrum von der oberflächlichen, grauen Schicht der Insel trennt!

C

440A. parietopontinus

temporoponinus

Capsula interna

Crus cerebri

D

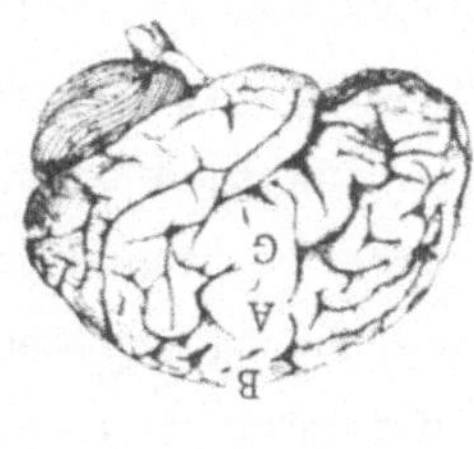
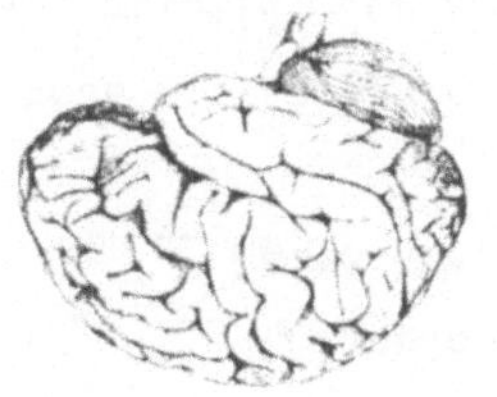

639A.

1280. 1. Der schraffierte Herd auf der rechten Seite der Brücke verursacht einen Ausfall der Schmerz- und Temperaturempfindung auf der _____ Körperseite und den Verlust der Vibrations- und Lageempfindung auf der _____ Seite des Körpers. Wenn der V. Hirnnerv von diesem Herd mitbetroffen ist, so ist die _____ Gesichtsseite anästhetisch und es entsteht eine Parese mit Atrophie der ___muskeln auf derselben Seite. 2. Der Tr. tegmentalis centralis, der auf der _____ Seite der Abbildung mit einem _ gekennzeichnet wurde, enthält viele Fasern, die caudal von der Schnittebene unter Bildung von Synapsen mit im linken Nucl. _____ _____ enden.

H

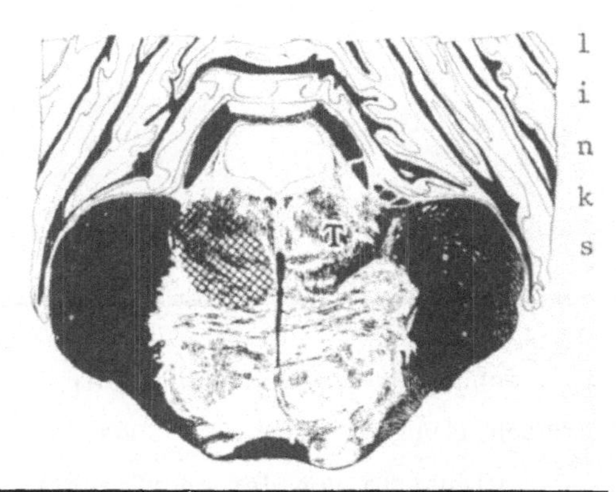

G

1134A.

F

974A. cuneatus
linken
Medulla oblongata
arcuatae internae
Lemniscus medialis
rechten

E

807A.
Corticospinalis lateralis
Commissura alba
rechten (oder kontralateralen)
frontalis
linken (oder ipselateralen)

77A. a) precentralis
        frontalis
     b) temporalis superior
        temporalis

c) calcarinus
   calcarinus
   occipitalis
d) somatosensible
   postcentralis
   parietalis

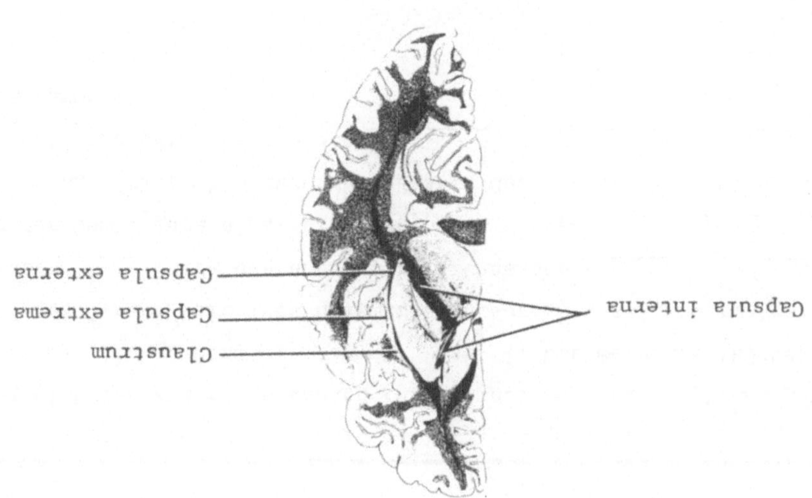

282A.

441. Eine andere efferente Bahn, die vom Lobus frontalis zum Pons reicht, folgt einer im großen und ganzen ähnlichen Route mit der Ausnahme, daß sie durch den vorderen Schenkel der inneren Kapsel läuft. Sie heißt Tractus ________pontinus.

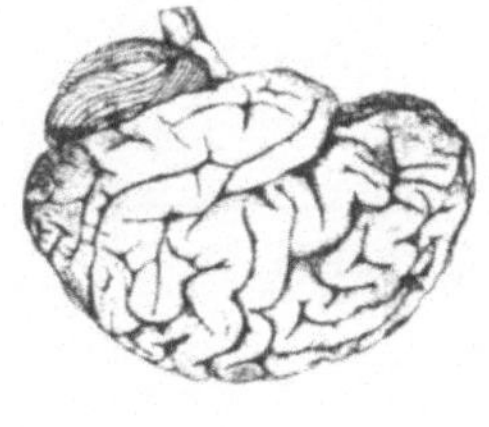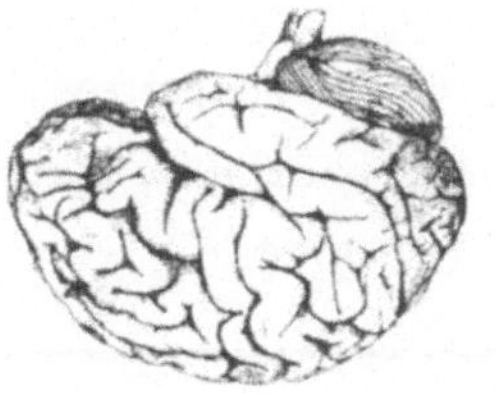

639. Schreiben Sie die Buchstaben B, A und G in die Gegend der Betzschen Riesen- zellen, die für die Bewegungen des rech- ten Beines, des rechten Armes und der rechten unteren Gesichtshälfte verant- wortlich sind!

808. Schreiben Sie die entsprechenden Bezeichnungen an die Hinweislinien!
Fasciculus ______

Fasciculus ______

974. Beim Vergleich der zentralen Bahnen für Schmerz- und Lageempfindungen von den Fingern der linken Hand stellen wir fest: 1. Die Nervenzellkörper im Hinterhorn auf der linken Seite des Halsmarks entsprechen solchen im Nucleus ______ auf der ______ Seite des unteren Bereiches der ______. Die Fasern in der Commissura alba entsprechen den Fibrae ______. Nach ihrer Kreuzung entsprechen sekundäre Fasern des rechten Tr. spinothalamicus lateralis den sekundären Fasern des ______ auf der ______ Seite des Hirnstammes.

1135. Der Nucl. dorsalis n. vagi stellt eine Säule aus Zellen dar. Er liegt in der Medulla oblongata zwischen dem lateral von ihm liegenden Nucl. ______ und dem medial von ihm befindlichen Nucl. __ ______.
Markieren Sie mit einem X den Nucl. dorsalis n. vagi! Unmittelbar oberhalb von ihm liegen zwei kleine parasympathisch - sekretorische (visceromotorische) Kerne. Kennzeichnen Sie diese mit Hinweislinien und Namen! Der oberste von den visceromotorischen Kernen ist der autonome Nucleus

(Westphal - Edinger). Er liegt in einem Teil des Hirnstammes, der ______ genannt wird. Als kleine Kappe liegt er auf der oberen vorderen, medialen Fläche des Nucl. __ ______.

Fahren Sie fort mit Abschnitt 1280 auf der übernächsten Seite!

78. Auf der medialen Ansicht sehen wir drei
ausgedehnte Gebilde, die etwa konzentrisch
angeordnet sind. In der Reihenfolge von
innen nach außen liegen: _____ ______,
____ ______, _____ _____.

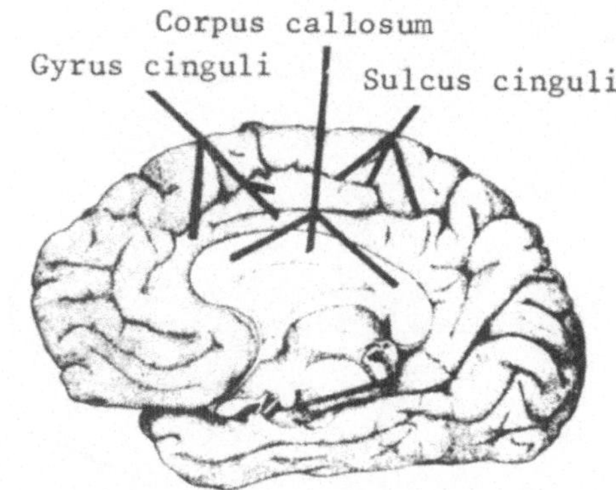

282. Kennzeichnen Sie mit Hinweislinien und
Namen die Capsula interna, das Claustrum
und die Capsula externa!

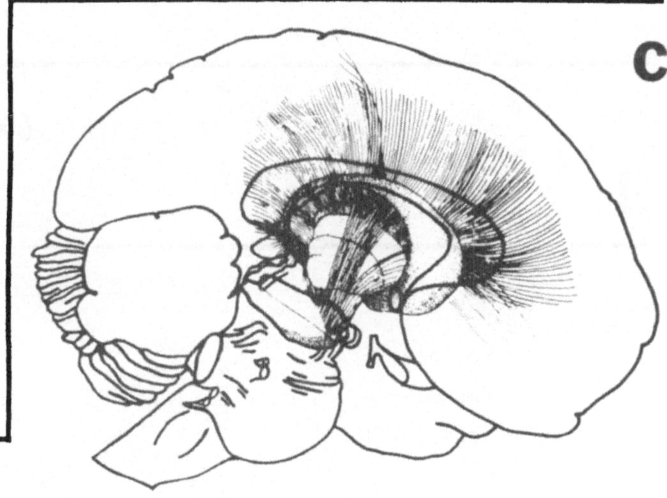

442. Umzeichnen Sie den
Tractus parietopontinus, Tractus
temporopontinus und Tractus frontopontinus im Bereich der inneren Kapsel.
Im Crus cerebri liegt der Tractus
____________ der Medianebene
am dichtesten.

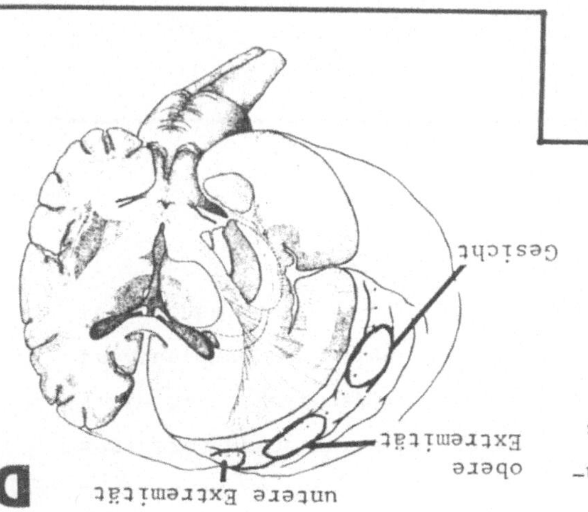

638. Im Gyrus praecentralis liegen (in topographischer Reihenfolge), lateral in der Nähe des
Sulcus lateralis beginnend und nach oben medial ausstrahlend die motorischen Repräsentationsfelder für das Gesicht und die Extremitäten. Es folgen nacheinander ______,
______ Extremität und ______ Extremität.

293

E

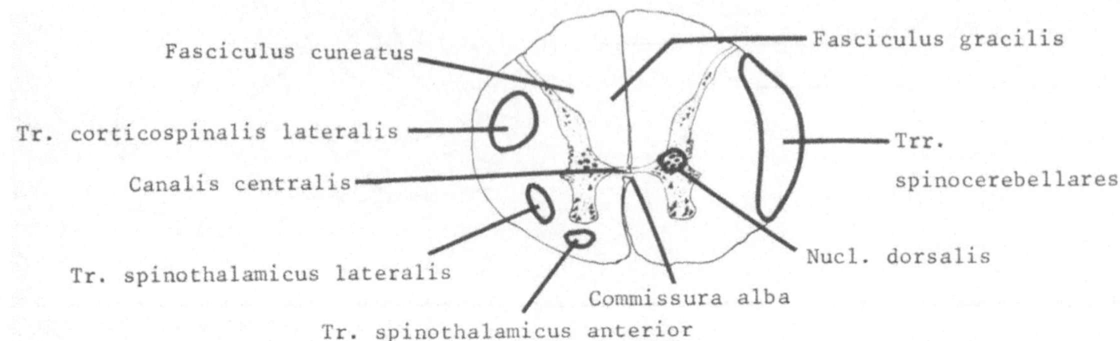

F

973A. lateral (seitlich)

Columnae posteriores (Hintersäulen)

G

1135A. ambiguus

n. hypoglossi

Mesencephalon

n. oculomotorii

H

1279A. motorius n. trigemini

sensorius principalis n. trigemini

V. (= N. trigeminus)

tractus mesencephalicus

mesencephalicus

A

79. Von den drei konzentrisch angeordneten
Strukturen liegt das ______ callosum
(Balken) am weitesten innen. Zeichnen Sie Hinweisstriche in die Abbildung und beschriften Sie diese mit
den entsprechenden Namen!

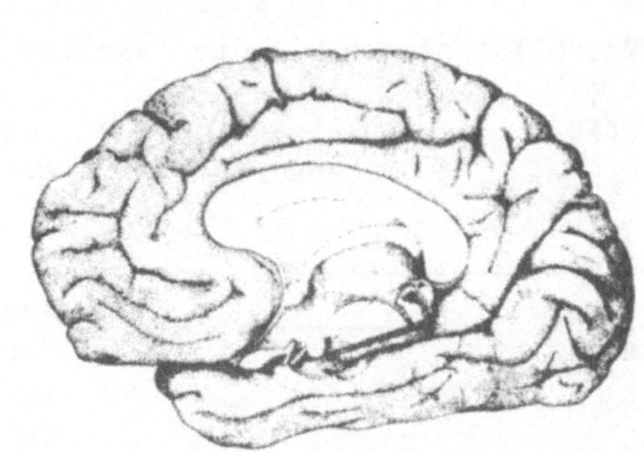

B

281A. Claustrum
externa

C

442A. frontopontinus

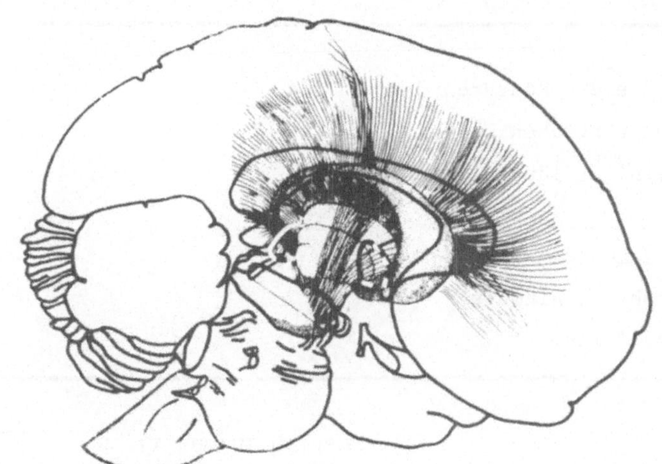

D

637A. lateralis
anderen (contralateralen)

<u>809.</u> Vervollständigen Sie die Tabelle:

Modalität	Lokalisation der Receptoren	Lokalisation der ersten Synapsen	Bahnen, in der die Impulse im Rückenmark geleitet werden
____ - empfindung	____	Nucl. gracilis Nucl. cuneatus in der Medulla oblongata	____ ____ und ____ ____ im ____
____ tonus	____ und ____	____	Trr. ____ - ____

<u>973.</u> Im rechten und linken Tr. spinothalamicus lateralis wie auch im rechten und linken Lemniscus medialis liegen die aus den Beinen stammenden Informationen leitenden Fasern am weitesten ____. Diese Anordnung ist nur in einem Bereich umgekehrt: In den ____ des Rückenmarks.

<u>1136.</u> Zeichnen Sie die Konturen des größten visceromotorischen Kerns in die Abbildung ein! Er läuft längs in der Medulla ________. Kennzeichnen Sie die anderen visceromotorischen Kerne mit Hinweislinien und ihren Namen!

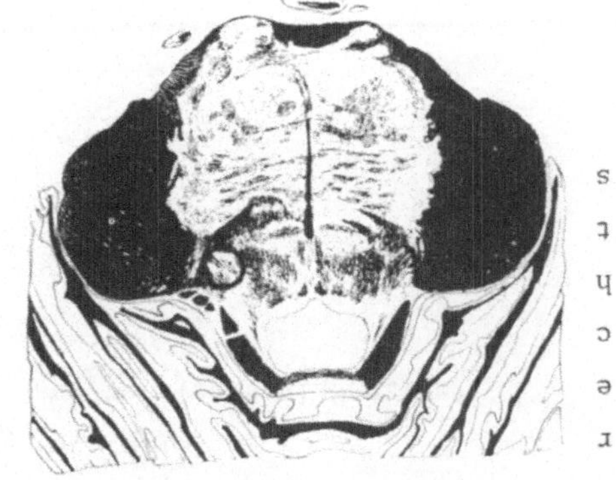

<u>1279.</u> Der Kreis auf der linken Seite des Schnittes umfaßt den Nucl. ____ und Nucl. ____. Sie werden voneinander getrennt durch Fasern des ____ Hirnnerven. Einige dieser Fasern leiten Impulse zu primären afferenten Zellen des Nucleus ____ n. trigemini. Diese Fasern kann man wieder zwischen dem IV. Ventrikel und dem Pedunculus cerebellaris superior beobachten, wo sie den Tr. ____ n. trigemini bilden.

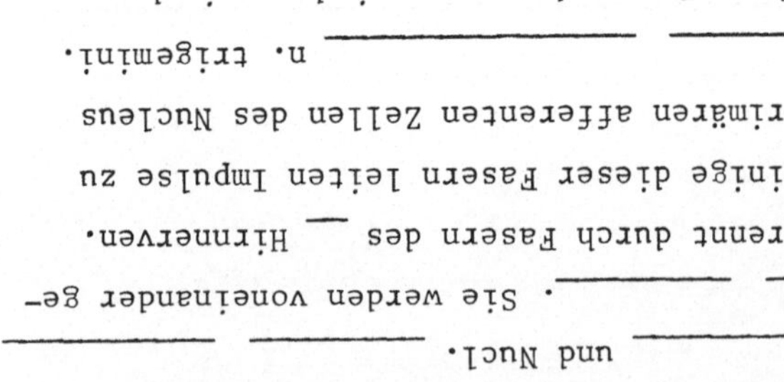

A

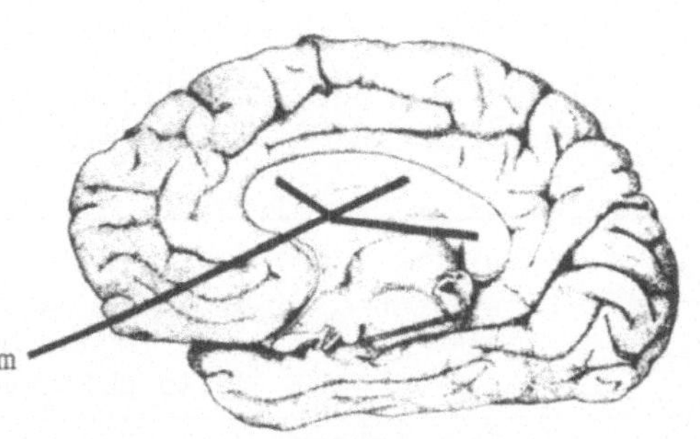

B

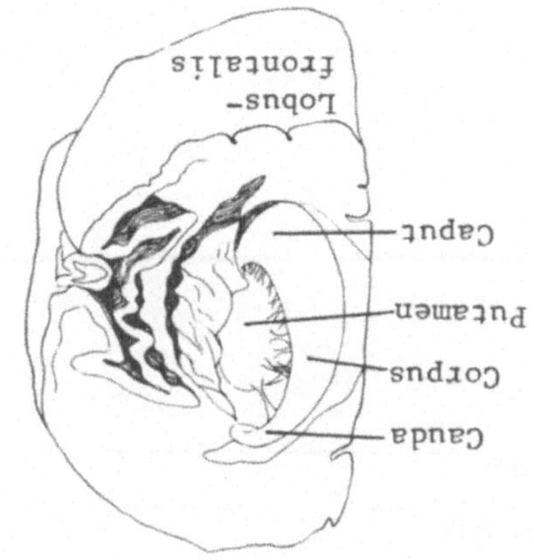

281. In der dreidimensionalen Darstellung erscheint das _____ als eine dünne, gefal-
tete Schicht aus grauer Substanz, die durch
die Capsula _____ vom Putamen getrennt ist.

C

443. Schreiben Sie die Zahlen 1-3 an
die Bahnen in der Reihenfolge, daß
1 die lateralste und 3 die medialste
im Crus cerebri angibt. Tractus
frontopontinus _, Tractus parietopontinus und Tractus temporopontinus _, Tractus corticospinalis _.

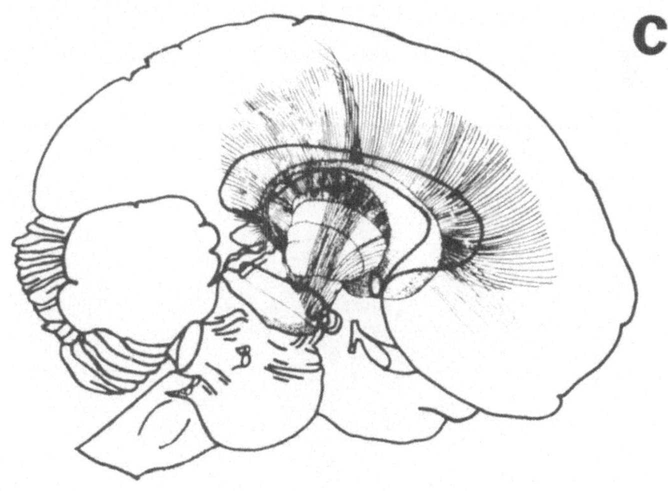

D

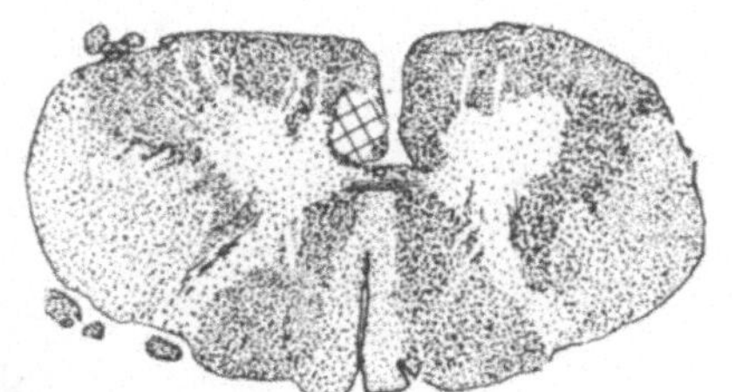

637. Eine Läsion in dem schraffierten Gebiet beeinträchtigt nicht die motorischen Funktionen, wie
sie bei üblichen klinischen Tests geprüft werden,
da 80-90% der Axone, die in denselben Muskel ziehen wie die ausgefallenen, aus dem unversehrten
Tractus corticospinalis _____ der _____
Seite kommen.

E

Modalität	Lokalisation der Receptoren	Lokalisation der ersten Synapsen	Bahnen, in der die Impulse im Rückenmark geleitet werden
Gelenkempfindung (Lage- und Bewegungsempfindung, Kinästhesie)	Gelenke u.a.	Nucl. gracilis u. Nucl. cuneatus in der Medulla oblongata	Fasciculus gracilis u. Fasc. cuneatus im Funiculus posterior
Muskeltonus	Muskeln u. Sehnen	Nucl. dorsalis	Trr. spinocerebellares

F

972. Die Schmerz- und Temperaturempfindungen leitenden primären Neurone der linken Hand z.B. laufen in das Halsmark und bilden Synapsen mit den Zellkörpern sekundärer afferenter Neurone im Cornu ________. Die sekundären Axone kreuzen in der ________ ____ des Rückenmarks und laufen bis zum ________ im Tr. ____________ ________ der ______ Seite.

G

1136A. oblongata

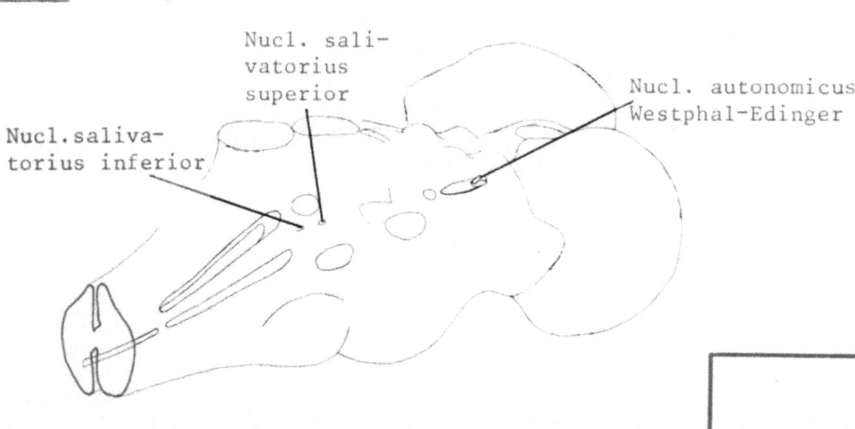

H

1278A. mesencephalicus

Nucleus

mesencephalicus

cerebellaris superior

basilaris

ventralen

80. Oberhalb vom Gyrus cinguli befindet sich der Sulcus cinguli. Caudal
vom Gyrus cinguli liegt das _______ _______.

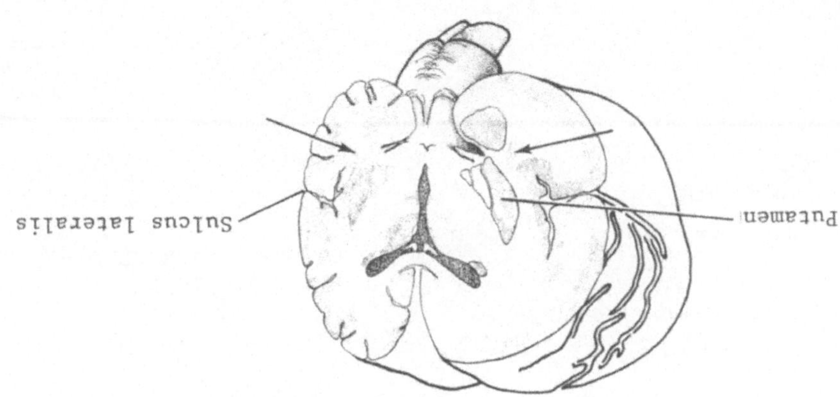

280A.

443A. Tractus frontopontinus 3
Tractus parietopontinus, Tractus temporopontinus 1
Tractus corticospinalis 2

636A. lateralis

E

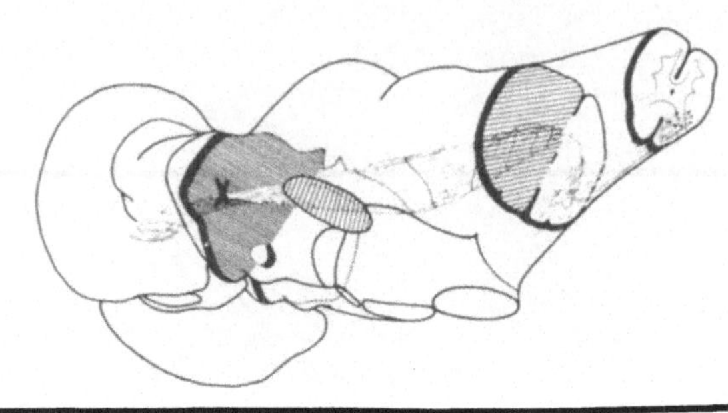

F

971A. dorsal

G

1137. Zeichnen Sie alle branchial-
und somatomotorischen Kerne ein!
Kennzeichnen Sie die Kerne mit
Hinweislinien und ihren Namen!

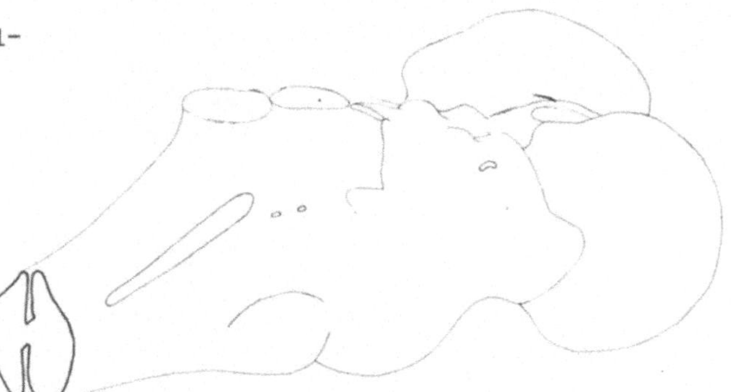

H

1278. Der Tractus __________ n. V. und ______ tr. __________ n. V.
liegen lateral vom IV. Ventrikel und unmittelbar medial vom Pedunculus
__________ ______. Die beiden Aa. vertebrales, die auf der Oberfläche der
Medulla oblongata liegen, haben sich zu einem Gefäß vereinigt, der A. ______,
die auf der ______ Fläche des Pons läuft.

280. Selbst bei Schnitten, die zu den vorher beschriebenen senkrecht stehen, sieht das Claustrum ähnlich aus. Kennzeichnen Sie es beiderseits mit Pfeilen!

444. Schreiben Sie die Namen der
Bahnen 1-3 an die Hinweislinien!

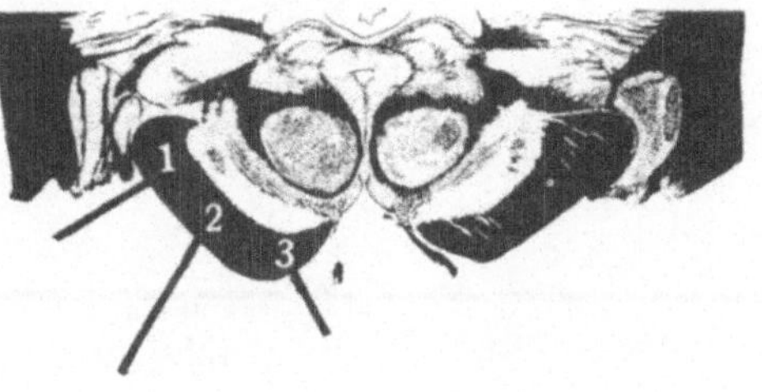

636. Da die Fasern für die Extremitäten schon oberhalb der spinalen Segmente die Seite gewechselt haben, werden bei Schädigungen des Tractus cortico-spinalis ______ die Extremitäten derselben Seite betroffen.

810. In fast allen Faserbündeln, die eine topographische Gliederung besitzen, werden die oberen Körpergebiete von medial und die Beine von lateral liegenden Feldern repräsentiert. Kreuzen Sie die Namen der Felder im Crus _______ an, die cortico-spinale Fasern führen! Allerdings stellen die Hinterstränge einen Sonderfall dar: der die Beine repräsentierende Fasc. _______ liegt _______.

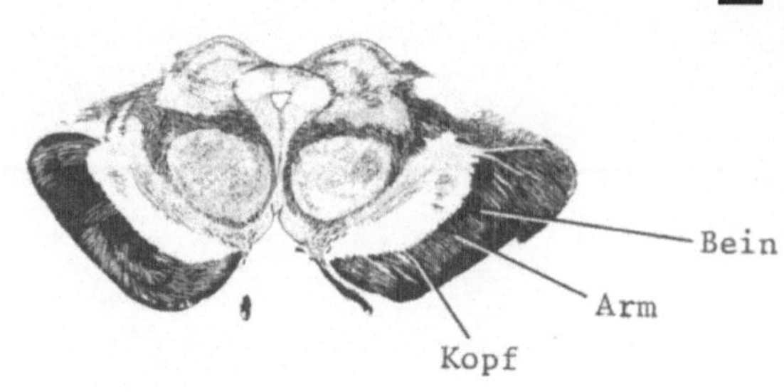

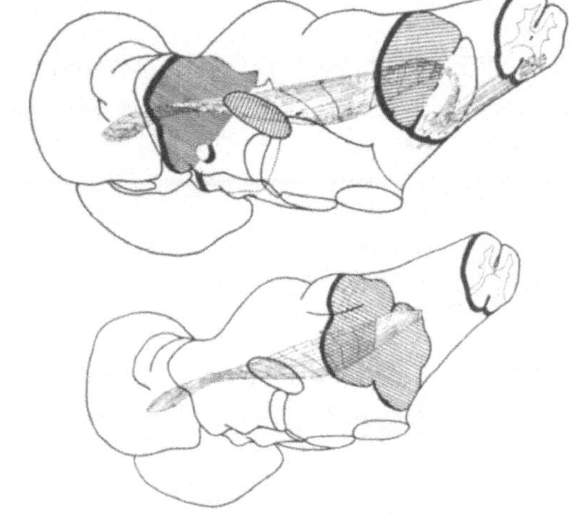

971. Im oberen Bild liegen im Bereiche des schraffierten Querschnittes Fasern aus dem Arm im Lemniscus medialis von den entsprechenden aus dem Bein. Markieren Sie in der unteren Ab-bildung mit einem x die Fasern des Lemniscus medialis, die aus dem Bein Informationen leiten im Bereich ihres Eintrittes in den schraffiert gezeich-neten Teil des Mittelhirns!

1137A.

1277A. n. abducentis
n. trochlearis
Crus cerebri
Pyramiden (oder Pyramidenbahnen)

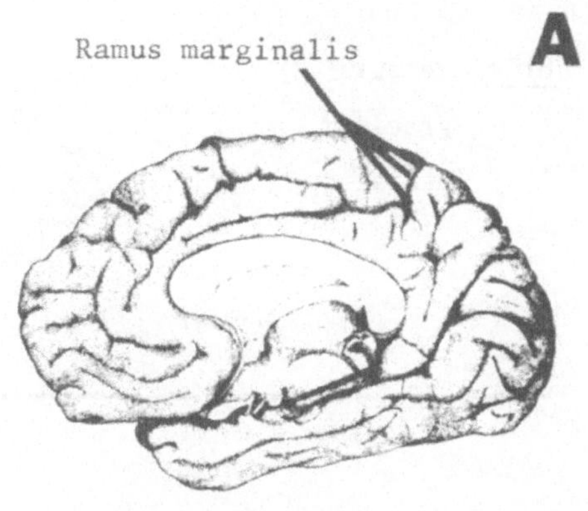

A

<u>81.</u> Der Ramus marginalis ist zur topographi-
schen Orientierung geeignet. Er ist eine
Hirnfurche, die als Seitenausläufer des
Sulcus ______ auf der medialen Oberfläche
zur ________ Kante (Mantelkante) des
Großhirns zieht.

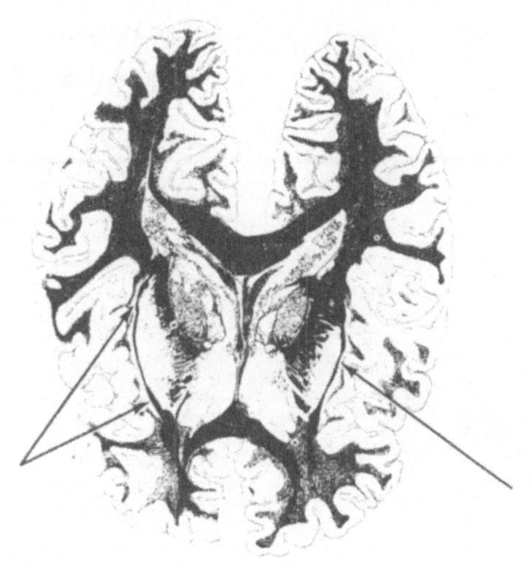

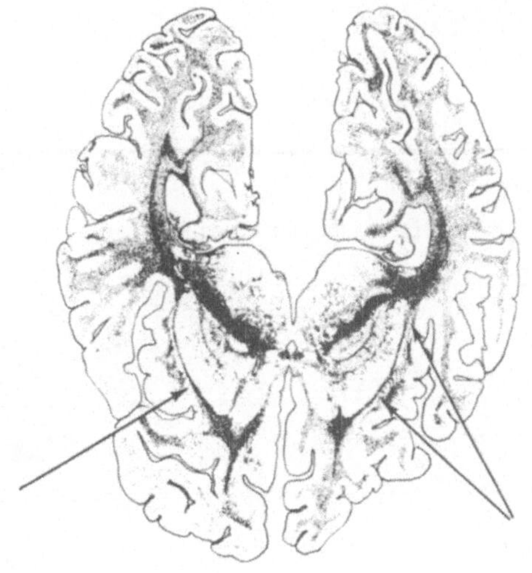

B

<u>444A.</u>

C

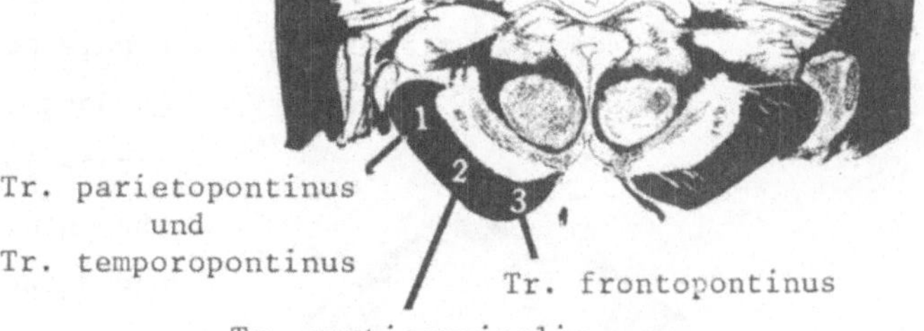

<u>635.</u> Eine Schädigung der corticospinalen Fasern auf der linken Seite der
Brücke beeinträchtigt die willkürliche Bewegung des ________ Armes und Beines.

D

810A. cerebri
      gracilis
      medial

970A. medialsten
      ventralsten
      Thalamus
      lateralsten

1138. Zeichnen Sie die visceromotorischen
Kerne in das Schema!

1277. Die Fasern des Fasc. longitudinalis
medialis werden im medialen Bereich des
Mittelhirns in der Nähe der unterbro-
chenen Reihe der somatomotorischen
Kerne im Querschnitt getroffen. In der
Ebene dieses Schnittes läuft der Fasc.
longitudinalis medialis zwischen dem
Nucl. __ _________ unterhalb und
dem Nucl. __ _________ oberhalb.
Auf dem Querschnitt wurden auch deut-
lich hervortretende Bündel efferenter
Fasern getroffen, die in das Rücken-
mark ziehen. Im Mesencephalon sind diese Fasern ein Teil des ____ ______.
In der Medulla oblongata bilden Sie die ________.

304

81A. cinguli

cranialen (oder oder oberen)

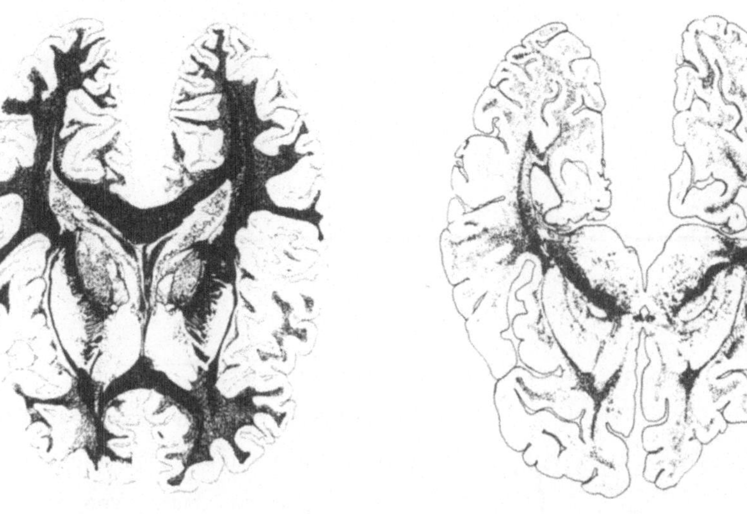

279. Das Claustrum hat auf allen Horizontalschnitten ein ähnliches Aussehen.
Kennzeichnen Sie in beiden Abbildungen das Claustrum der rechten und linken
Seite mit einem Pfeil!

C

445. Fasern der Bahn A enden im ____ .
Die Neuriten der Bahn B laufen abwärts nacheinander durch den ____ ,
die ______ ______ und in die
______ ______ .

D

634. 80-90% der corticospinalen Fasern aus der linksseitigen Großhirnrinde
kreuzen in Höhe der Medulla oblongata und befinden sich im Rückenmark im
Tractus corticospinalis der ______ Seite. In der Commissura alba
des Rückenmarks kreuzende Fasern gehören zum Tractus corticospinalis
______ .

811. Die Funiculi posteriores werden im klinischen Sprachgebrauch in der Regel Hinterstränge genannt. Sie bestehen aus _____ Substanz. Die Hinterhörner stellen ____ Substanz dar. Das Repräsentationsfeld für die Beine liegt in den Hintersträngen _____. In den meisten Bahnen, z.B. dem Tr. spinothalamicus lateralis liegen die das Bein versorgende Fasern ______.

F

970. Die somatosensiblen Nervenfasern sind in topographischer Reihenfolge angeordnet. Informationen aus dem linken Fuß leitende Fasern befinden sich im ______sten Teil der Hinterstränge. Im mittleren und oberen Bereich der Medulla oblongata liegen sie im ______sten Teil des Lemniscus medialis. Die genannten Fasern befinden sich im Pons und auf dem ganzen Wege von hieraus bis zum _______ in den ______sten Bezirken der medialen Schleife.

G

1138A.

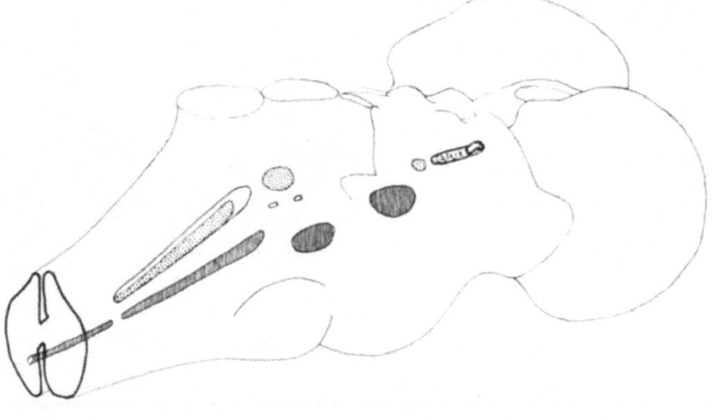

H

1276A. lateral
trigeminothalamicus posterior secundus
spinothalamicus lateralis

A

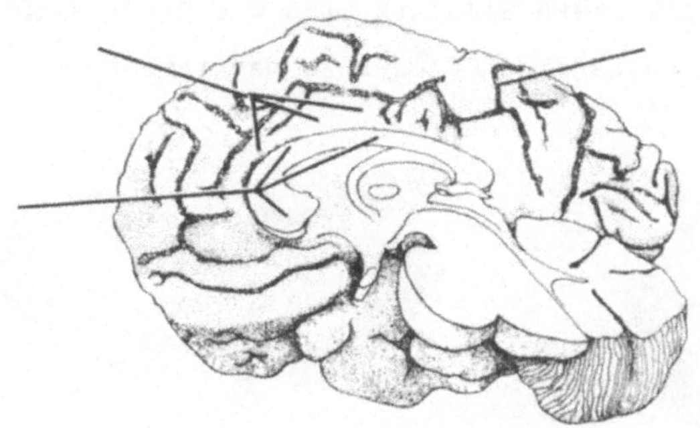

B

278A. Claustrum
grauer
amygdaloideum
Basalganglien

C

445A. Pons
Pons
Medulla oblongata
Medulla spinalis

D

Klinische Zeichen bei Schädigungen des corticospinalen Systems
(Abschnitt 634-658)

<u>812.</u> Markieren Sie mit B, A und K für Bein, Arm, Kopf und Hinweislinien die entsprechenden Felder des rechten Hirnschenkels! Im rechten Funiculus posterior des abgebildeten Schnittes durch das obere Halsmark sind mit Hinweislinien B, S und A die für Bein, Stamm und Arm zuständigen Felder zu markieren.

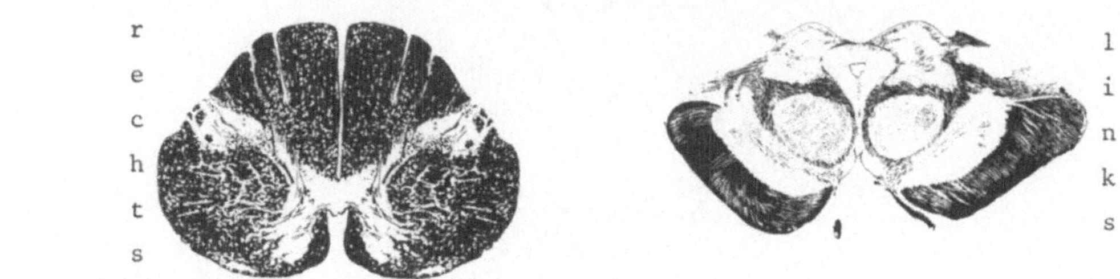

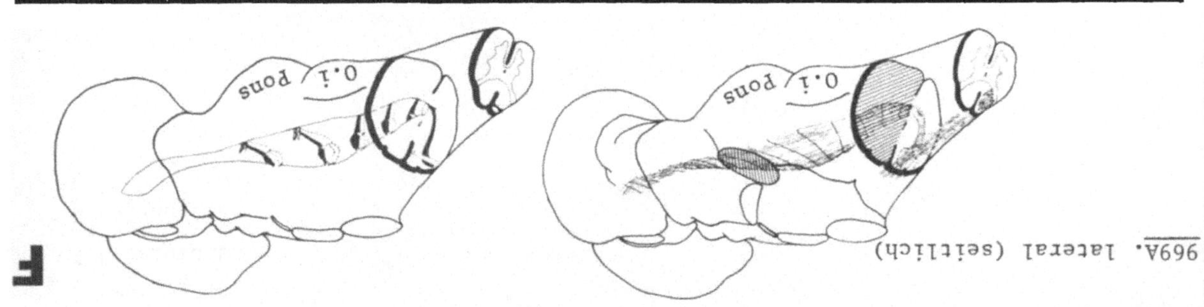

F

<u>1139.</u> Zeichnen Sie die Umrisse aller motorischen Kerne der drei Klassen in das Schema!

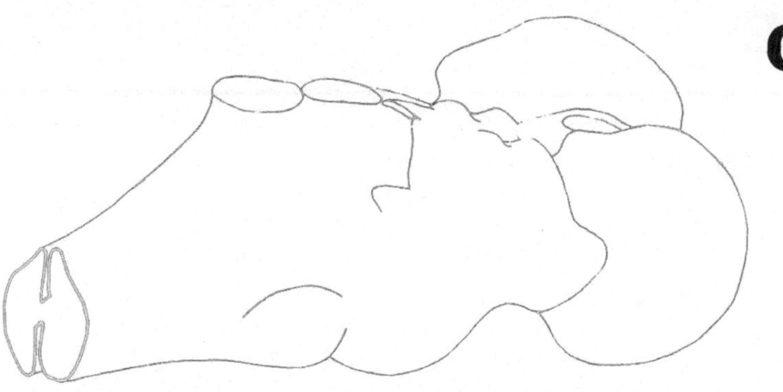

G

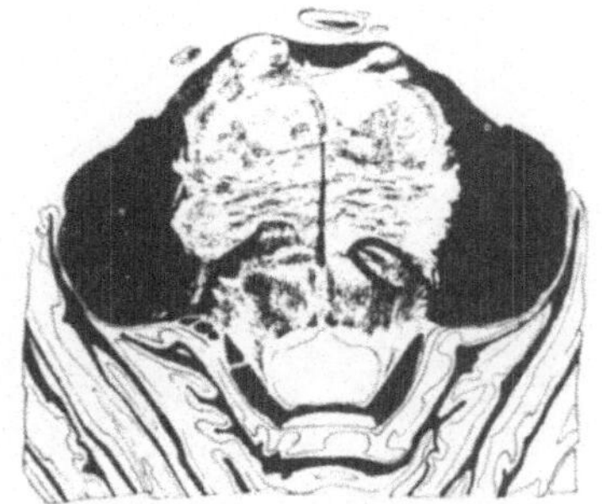

1276. Der Lemniscus medialis ist umgezeichnet worden. In ihm liegen die Fasern für das Bein am weitesten ______. In unmittelbarer Nachbarschaft dieser Bahn befinden sich die sekundären Neurone der Schmerzbahnen aus dem Kopf und übrigen Körper. Es handelt sich um den Tr. ______ und ______ ______. Tr.

H

A

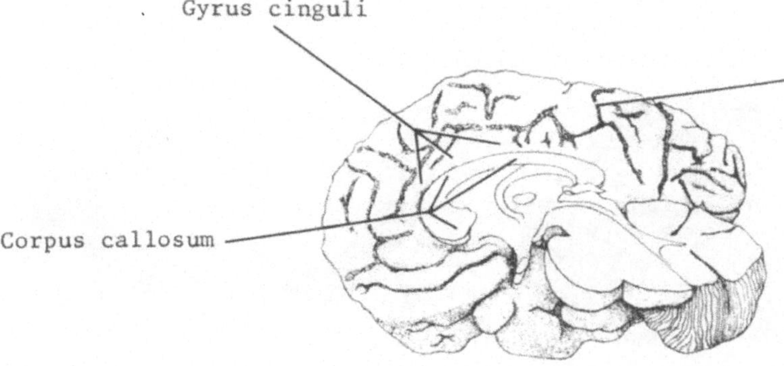

B

278. Das _____ strum besteht aus _____ Substanz. Es wird gewöhnlich – wie zum Beispiel Nucleus caudatus, Putamen, Globus pallidus und Corpus _____ – zu den _____ ganglien gerechnet.

C

446. Die Linie in der linken Abbildung gibt die Schnittebene an. Von welcher Region des Hirnstammes stammt der Querschnitt? _____ _____.

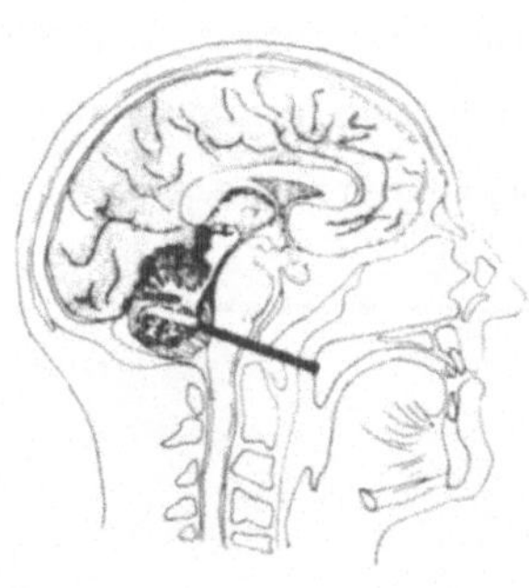

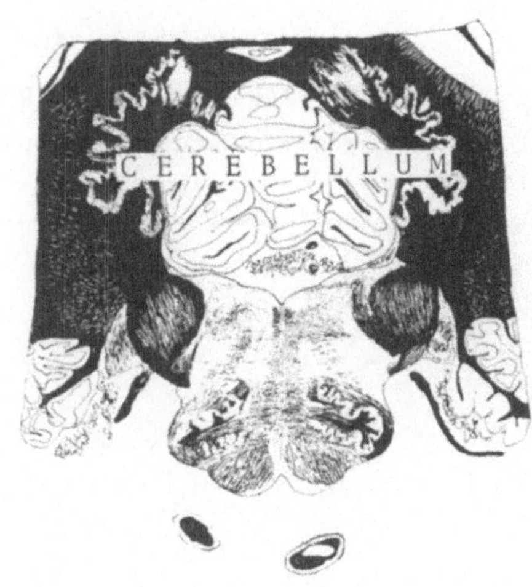

D

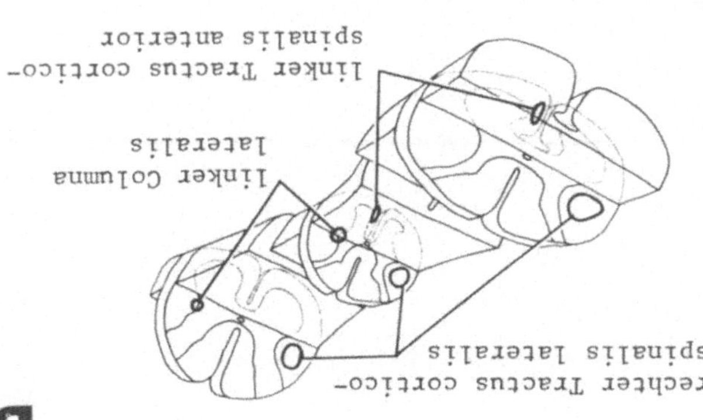

633A.

H

<u>1275A.</u> rechten

oberhalb des mittleren Bereiches des Pons

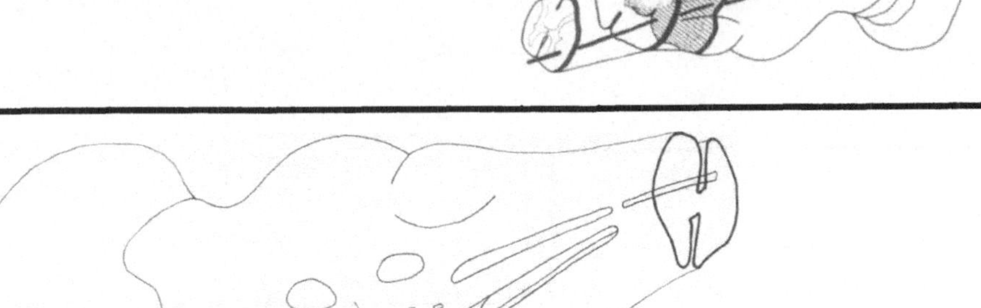

G

<u>1139A.</u>

F

<u>969.</u> Schreiben Sie auf die rechte Oliva inferior beider Abbildungen die Abkürzung O.i.! In dem in der Medulla oblongata liegenden Teil des Lemniscus medialis steht der Homunculus aufrecht. Oberhalb der Oliva inferior "gleiten seine Füße unter ihm weg", so daß Informationen von den Beinen ______ von den Meldungen aus den Armen geleitet werden.

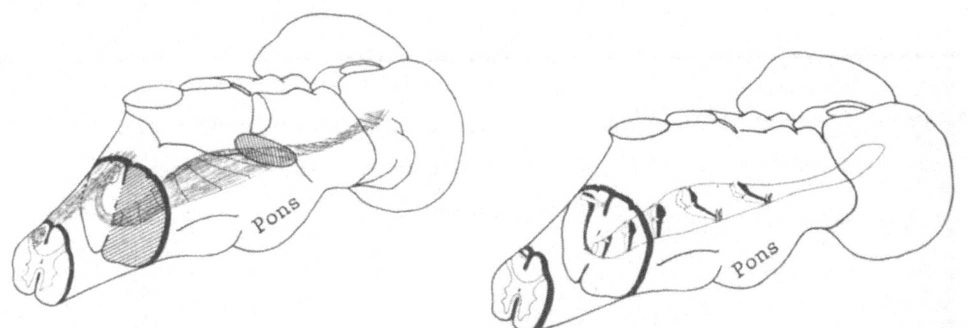

E

<u>812A.</u>

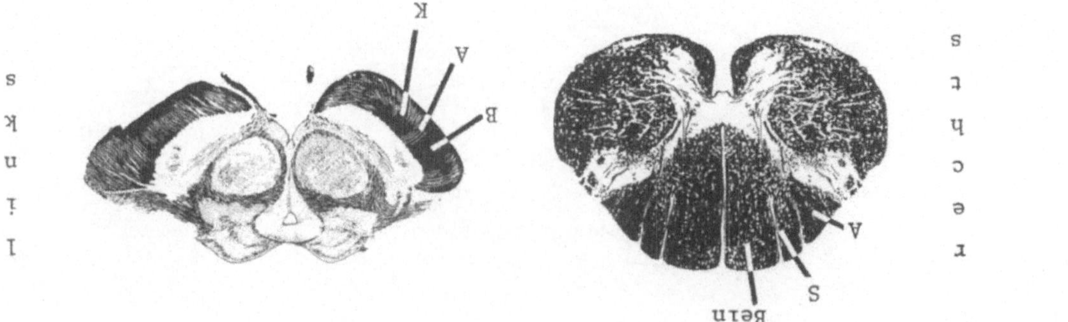

83. Der Sulcus centralis ist auf der medialen
Ansicht eben gerade sichtbar. Er liegt als
nächste Hirnfurche vor dem ____ ____
des ____ ____ .

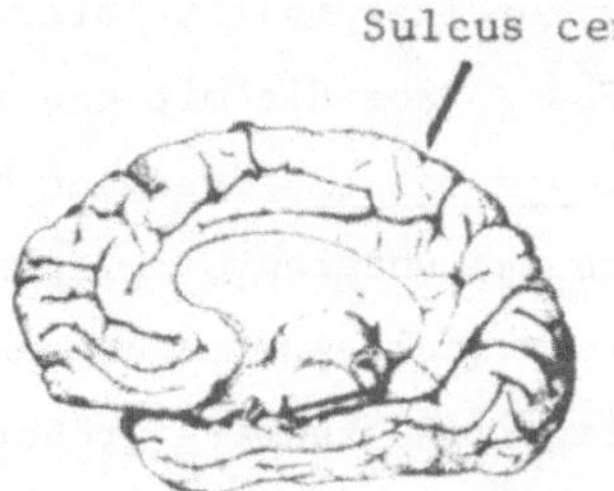

277. Das Claustrum liegt zwischen Capsula ____ und Capsula ____ .

447. Die corticospinalen Fasern sind nun
wieder in Form eines kompakten Bündels im
________ Bereich der Medulla oblongata angeordnet. Hier hat es beiderseits die Form
einer Pyramide. Man nennt den Tractus corticospinalis daher auch Tractus ________ .

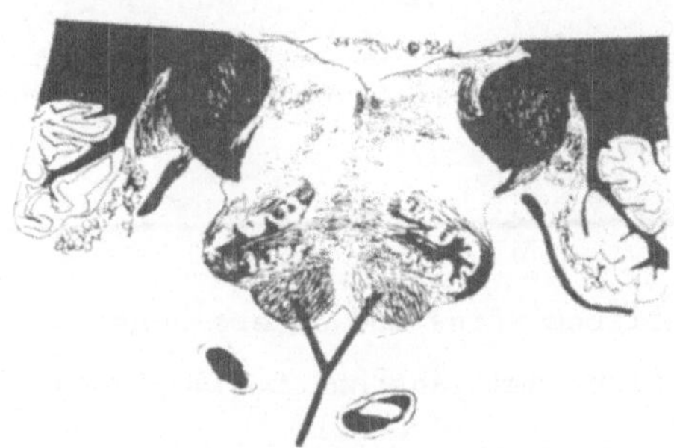

corticospinale Fasern

633. Umzeichnen und kennzeichnen Sie mit Hinweislinien
und Beschriftung folgende Gebilde in allen Schnitten:
rechter Tractus corticospinalis lateralis,
linker Tractus corticospinalis anterior,
linke Columna lateralis.

813. Der Tr. corticospinalis lateralis gibt im Zuge seines Verlaufes im
Rückenmark Fasern ab, die mit den zweiten motorischen Neuronen in der grauen
Substanz der __________ Synapsen bilden. Der Plexus cervicalis entsteht
hauptsächlich aus unteren Cervicalsegmenten. Deswegen sind die Vorderhörner
der unteren Cervicalsegmente besonders ____. Die sensiblen Bahnen werden bei
ihrem ___stieg im Rückenmark größer. Kennzeichnen Sie die beiden Schnitte mit
"u" (unteres Halsmark) und "o" (oberes Halsmark)!

E

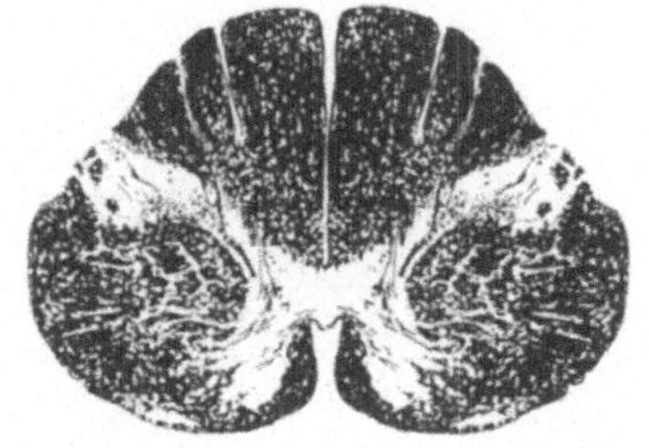

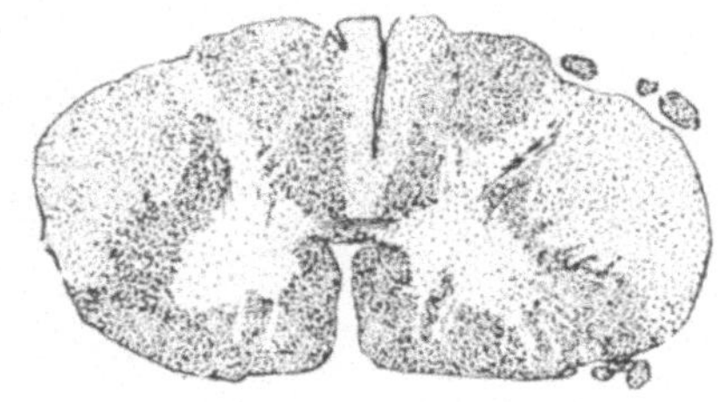

F

968A. caudalen (unteren)
      cranial

G

Motorische Kerne und andere sonstige Strukturen auf Querschnitten durch
den Hirnstamm (Abschnitt 1140-1184)

H

1275. Die in der Abbildung dargestellte Bahn leitet
Informationen über die Kinästhesie der ______ Körperseite. Die Schmerz- und Temperaturbahnen liegen unmittelbar dorsal und lateral von der Oliva inferior
im verlängerten Mark und dorsal vom Lemniscus medialis
im Mittelhirn. Ziehen Sie die Schmerz- und Temperatur-
bahn mit einer einzigen Linie auf der rechten Seite
der Abbildung durch das Halsmark nach oben! Wo werden die Kinästhesie- und
Schmerzempfindungen wahrscheinlich durch einen einzigen kleinen Herd am stärksten
beeinträchtigt? Rückenmark und Medulla oblongata oder oberhalb des mittleren
Bereichs des Pons? ________ ___ _________ ________ ___ ___.

A

83A. Ramus marginalis
    Sulcus cinguli

B

276A. Capsula externa
     Claustrum
     Capsula extrema
     Insula

C

447A. ventralen (oder vorderen)
     pyramidalis

D

632A.

Tractus vestibulospinalis
Tractus corticospinalis ant.
Columna lateralis
Tractus corticospinalis lateralis

E

813A.

Vorderhörner
(Cornua anteriora)

groß (oder ausge-
dehnt, ausgeprägt)

Aufstieg

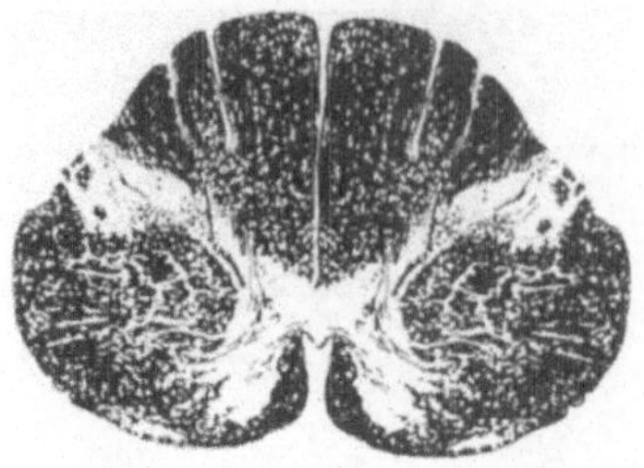

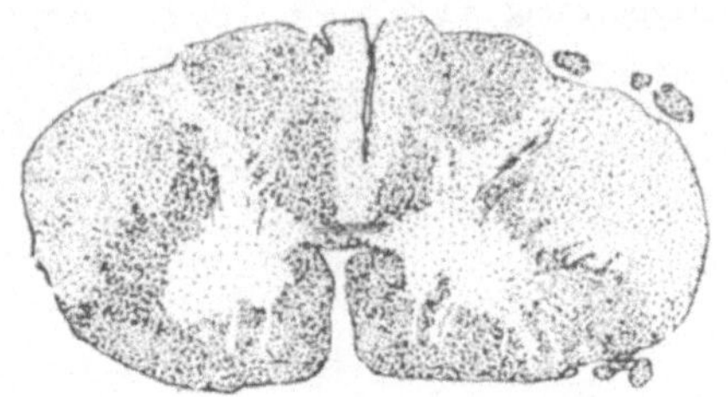

o   u

F

968. Markieren Sie in der Abbildung
mit einem I das untere mit einem
S das obere Ende des Lemniscus
medialis! Die untersten Fibrae
arcuatae internae kommen aus dem
Nucleus gracilis und leiten Kin-
ästhesieinformationen aus den ______
Körperregionen. Informationen aus den Armen werden
in ______ al liegenden Fibrae arcuatae internae geleitet.

G

1140. Schreiben Sie die Namen an die mit Hinweislinien versehenen Gebilde der oberen Abbildung!
Das Vorhandensein der ventralen Gebilde zeigt,
daß es sich um einen Querschnitt durch einen Teil
des Hirnstammes handelt, den wir ________

________ nennen. Die auf dem unteren
Schnitt umzeichnete Bahn enthält afferente
Axone aus ______ären Neuronen, deren Zell-
körper im Nucl. dorsalis der ______
Seite liegen. In den unteren der beiden
Schnitte durch den Hirnstamm beginnen
die Axone der umzeichneten Bahn in den
________ __________ inferior einzutreten.

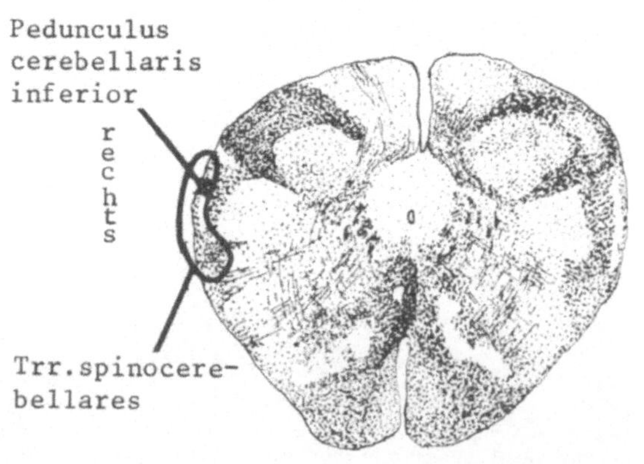

H

Bitte blättern Sie um und fahren Sie fort mit Abschnitt 1275!

A

84. Der Stirnlappen wird begrenzt vom Corpus callosum, Sulcus lateralis und _____ _______. Zeichnen Sie in beiden Abbildungen die Grenzen des Lobus frontalis ein!

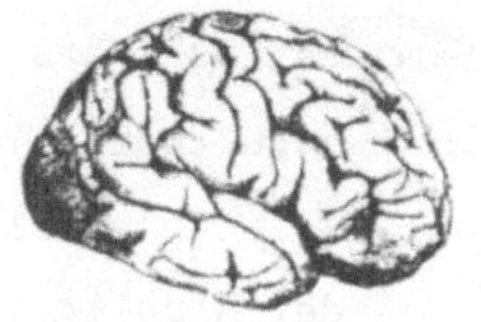

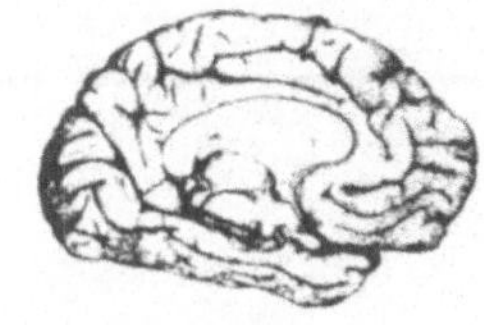

B

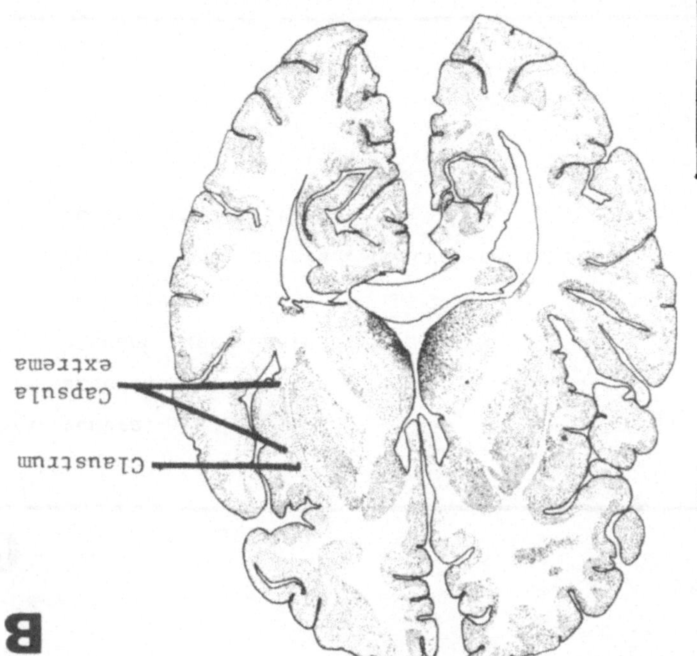

276. Wenn man vom Putamen aus nach lateral geht, kreuzt man nacheinander die _____, das _____, die _____ und die oberflächliche, graue Substanz der _____.

C

448. Die Pyramidenbahn besteht aus _____ Substanz. Das auf der rechten Seite angewandte Färbeverfahren erfaßt die _____ Substanz. (Der XII. Hirnnerv wurde eingezeichnet. Er wäre bei der hier angewandten Färbemethode nicht dargestellt worden). Kennzeichnen Sie mit Hinweislinien und Beschriftung auf der linken Seite die Olive, den XII. Hirnnerv (N. hypoglossus) und den Tractus pyramidalis!

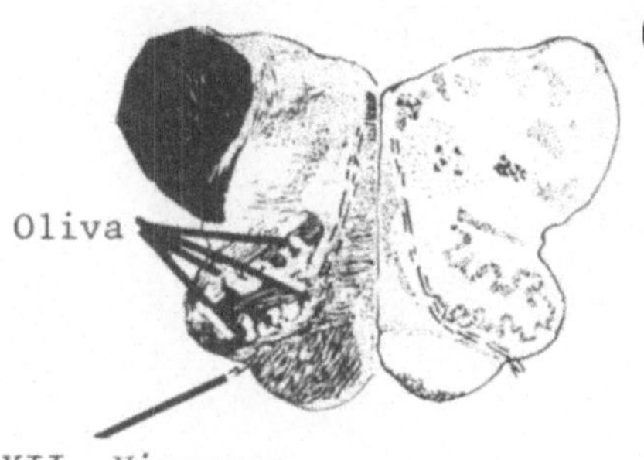

D

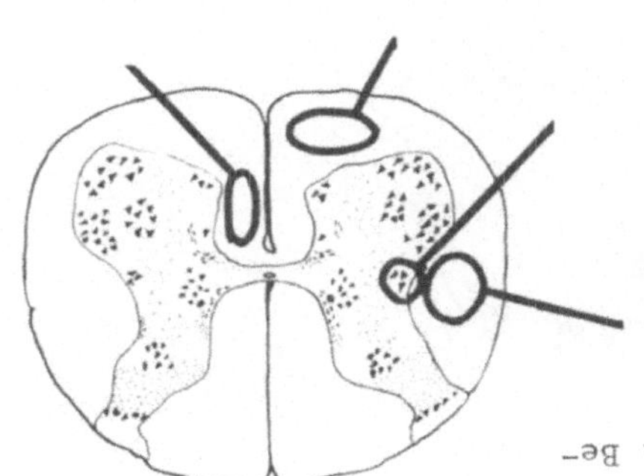

632. Schreiben Sie die zugehörigen Bezeichnungen an die Hinweislinien!

315

814. Der Sympathicus (Pars sympathica des Systema nervosum autonomicum)
wird manchmal auch thoracolumbales System genannt. Die Columna lateralis
und der Nucleus intermediolateralis fehlen in der Pars __________ und
Pars _______ der Medulla spinalis.

967A. ventral
arcuatae internae
kreuzen (oder überqueren)
Lemniscus medialis
rechten (oder anderen, contralateralen)
sekundären (zweiten)

1140A. Medulla oblongata
    sekundären
    rechten (oder derselben)
    Pedunculus cerebellaris

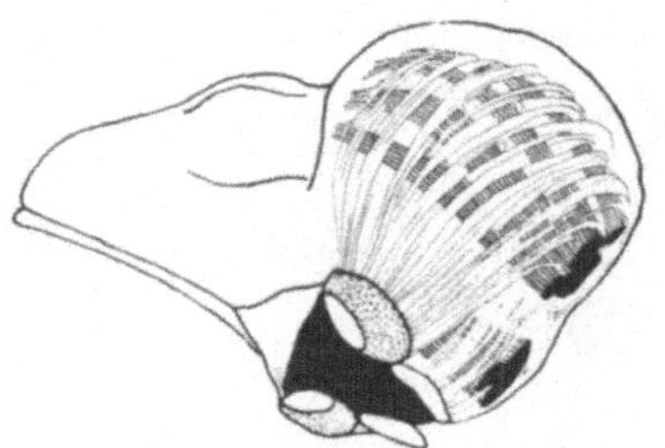

1274A. B
superior
lateralen

A

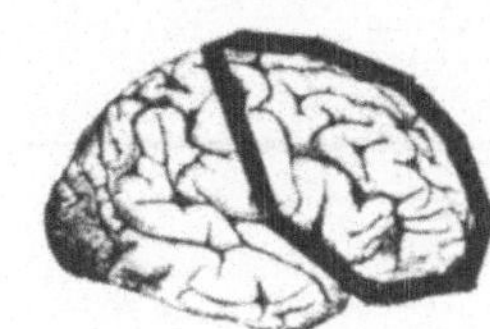
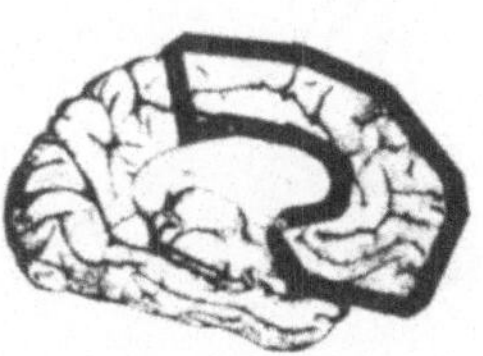

B

275. Die innere und äußere Kapsel bestehen aus ______ Substanz.

C

448A. weißer, weiße

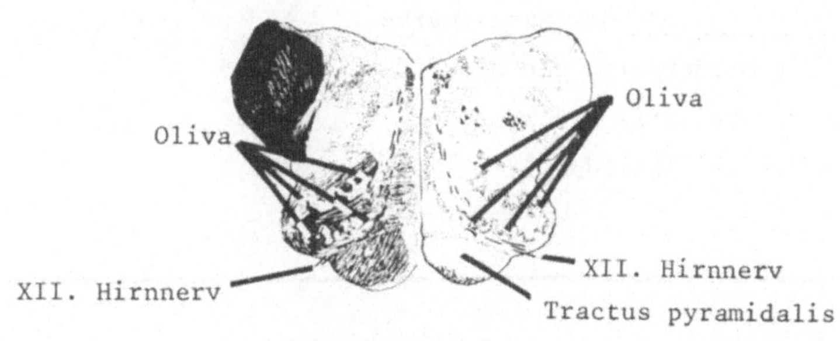

D

631. Die verschiedenen efferenten Bahnen, die aus dem Hirnstamm in das Rückenmark ziehen, sind bei den niederen Säugern von großer Bedeutung, sie spielen aber keine große Rolle beim Menschen, bei dem die Motorik hauptsächlich auf dem Wege über das corticospinale System beherrscht wird. Die meisten Fibrae corticospinales kreuzen die Medianebene in den ______ Teilen der Pyramiden.

E

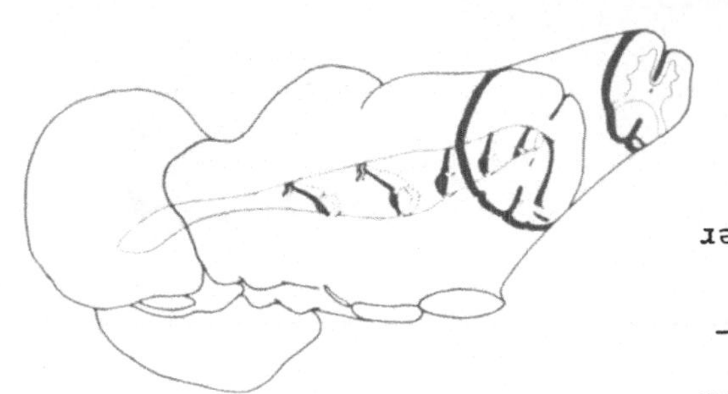

F

967. Der eingezeichnete "Homunkulus" zeigt, daß die Kinästhesieimpulse aus dem Bein in den Nucl. gracilis laufen und danach zunächst durch die sekundären Axone bogenförmig in erster Linie nach ______al. Das eingezeichnete Bein repräsentiert Fibrae ________ ________, die die Medianebene ________ und dann einen Teil des ________ ________ bilden. Der linke Lemniscus medialis leitet Somatosensibilitätsinformationen aus der ________ Körperseite. Die Medianebene wird von __________ Axonen der afferenten Neuronenkette überquert.

G

1141. Der Pedunculus cerebellaris ________ leitet Informationen über den Muskeltonus in das __________ aus dem caudalen Bereich der Medulla oblongata und den Trr. ________________ des Rückenmarks. Schreiben Sie beiderseits ein x auf den Pedunculus cerebellaris inferior der rechten und linken Abbildung!

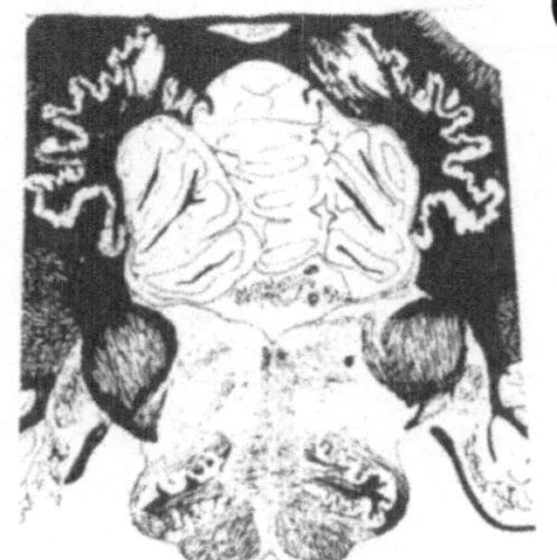
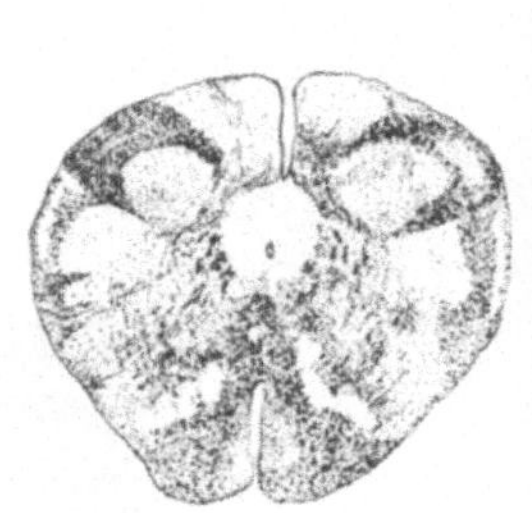

H

1274. Der obere der beiden Schnitte, in denen die Markscheiden gefärbt wurden, ist mit _ gekennzeichnet. Auf dem Schnitt B zeigt die Pfeilspitze auf den rechten Pedunculus cerebellaris ________. Malen Sie auf der linken Abbildung die Teile des IV. Ventrikels schwarz aus, die von den drei Kleinhirnschenkelpaaren begrenzt werden. Der Pedunculus cerebellaris medius ist nur im ________ Bereich des Pons getroffen worden.

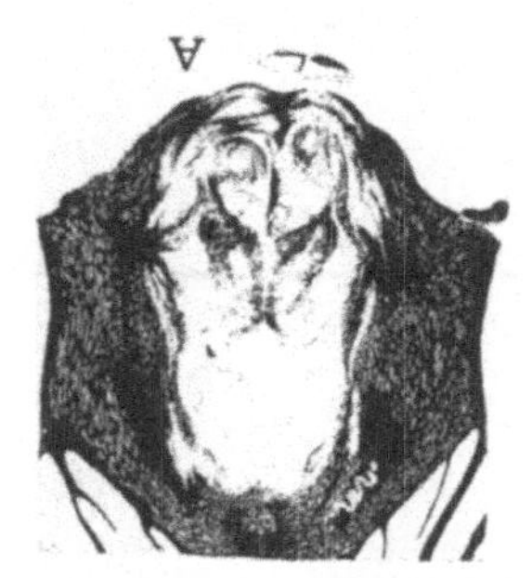

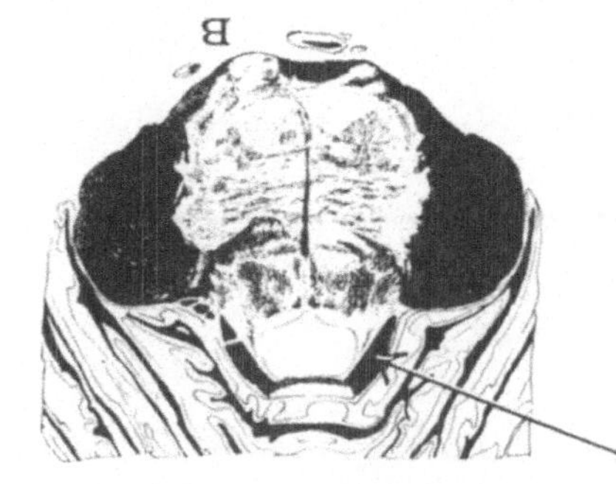

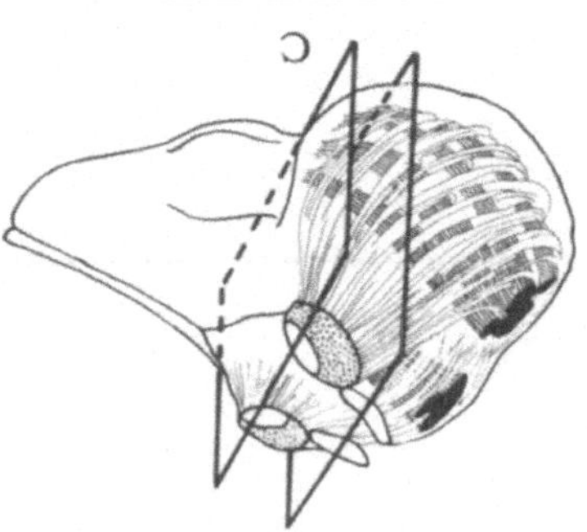

85. Schreiben Sie die Namen der Hirnbezirke an die Hinweislinien! Geben Sie die zugehörigen Funktionen, die in den vorangehenden Abschnitten vorgekommen sind, an!

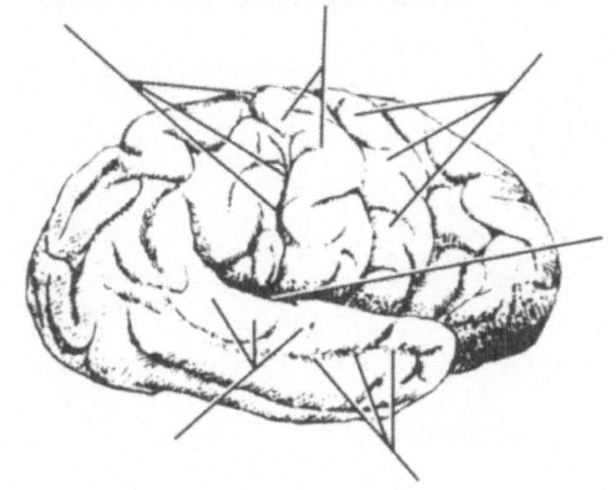
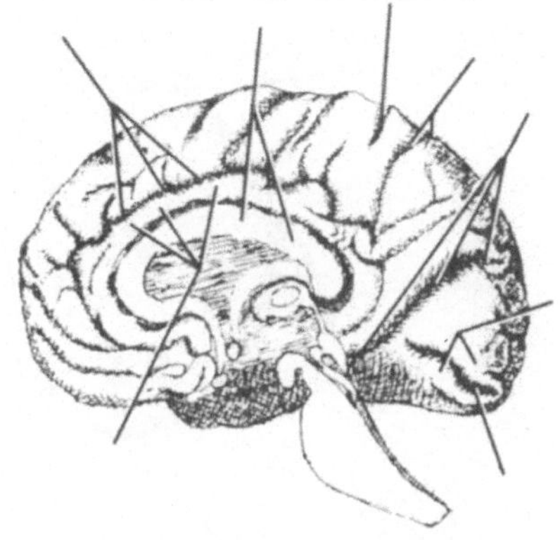

274. Unmittelbar medial vom Nucleus lenti-formis liegt die ______. Direkt lateral von ihm befindet sich die Capsula ______.

449. Der XII. Hirnnerv tritt zwischen der Olive und der Pyramidenbahn aus dem Hirnstamm hervor. Kennzeichnen Sie auf beiden Seiten die Austrittsstellen mit Pfeilen! Der XII. Hirnnerv, die Olive und Pyramide sind Kriterien, an denen man einen Querschnitt durch die ______ ______ erkennen kann.

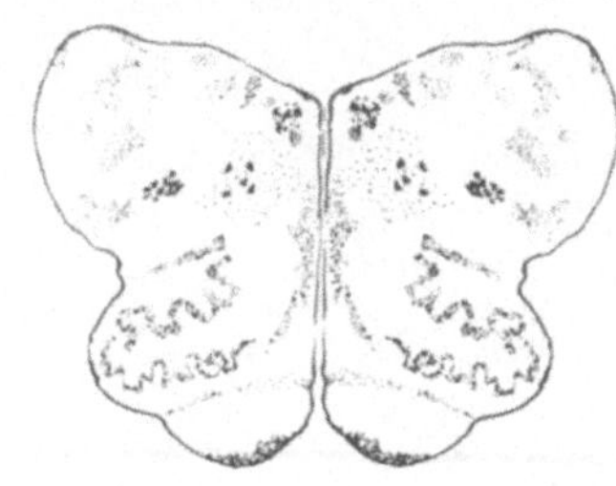

630A. vestibulospinalis

E

815. Die thoracalen und oberen Lumbalsegmente des Rückenmarks unterscheiden sich von allen anderen Segmenten dadurch,
daß ______hörner vorhanden sind.

F

966. Die eine Körperhälfte des "Homunkulus" ist mit unterbrochenen Linien
gezeichnet worden, um das Bild zu verdeutlichen. Nur die schwarze Hälfte
des "Homunkulus" repräsentiert die dargestellten Bahnbereiche. Der Pfeil
zeigt auf ein verlängertes Bein, das die ______ Körperseite darstellt.

G

1141A. inferior

Cerebellum

spinocerebellares

H

1273A. inferior

medius

superior

A

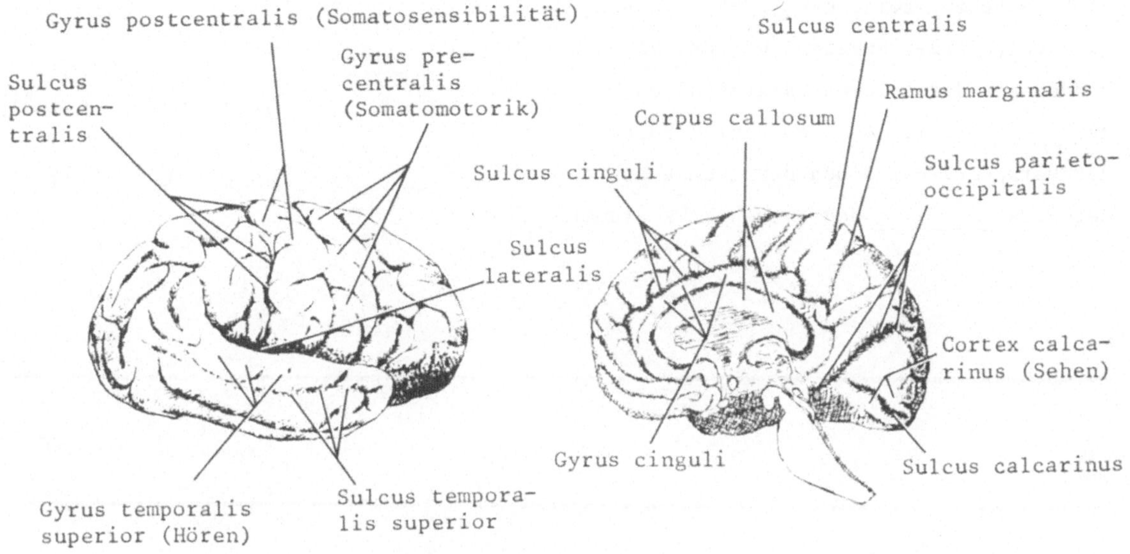

B

273A. weißer
graue
weiße

C

449A. Medulla oblongata

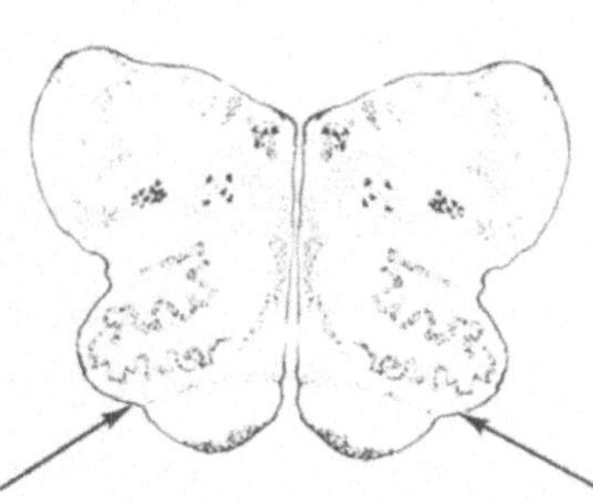

D

630. Mehrere efferente Bahnen haben Zellkörper
im Hirnstamm und ziehen von diesem zum Rückenmark. Die umzeichneten Bahnen kommen aus vesti-
bulären Neuronen der Medulla oblongata. Es handelt sich um den rechten und linken Tractus
...bulo...

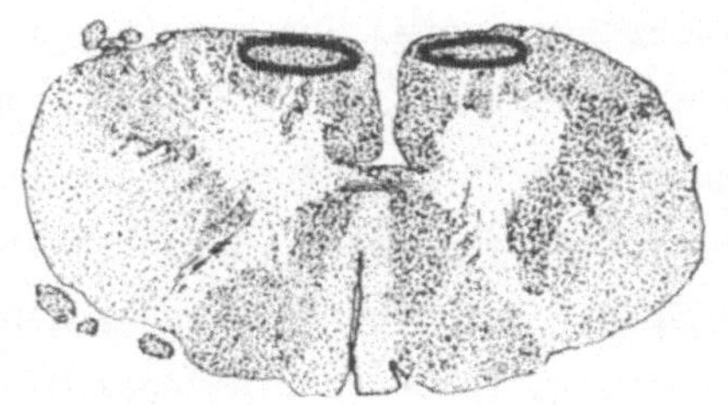

816. Obgleich die beiden Schnitte ähnlich aussehen, zeigt das Verhältnis von grauer zu weißer Substanz und das Vorhandensein der Columna lateralis, daß der _____ Schnitt aus dem oberen Bereich der Pars cervicalis und der andere aus der Pars _______ des Rückenmarks stammt.

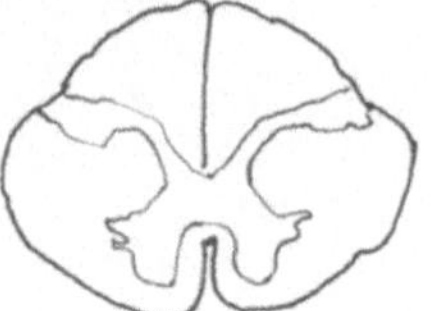 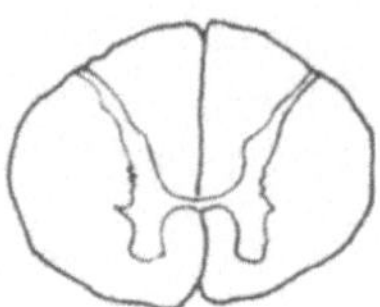

965A. Fuß

1142. Der hauptsächlich in der Pars _______ des Rückenmarks liegende Nucl. thoracicus entspricht dem im unteren Bereich der Medulla oblongata lokalisierten Nucl. _______ acessorius. Die Axone beider Kerne laufen im _______ _______ der _______ Seite.

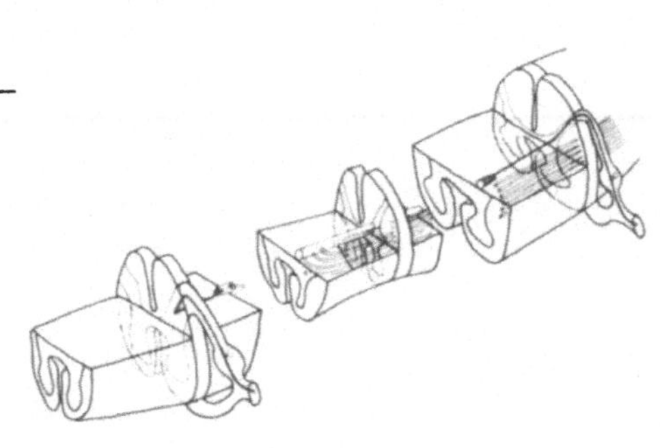

1273. Die Gerade in der oberen Abbildung entspricht der Ebene des Schnittes, in dem die Markscheiden gefärbt wurden. Gehen Sie vom IV. Ventrikel aus längs der Geraden nach rechts oder links: Der erste Schenkel, auf den man trifft, ist der Pedunculus cerebellaris _______, anschließend kommt man zu dem massiven Pedunculus cerebellaris _______. Beschriften Sie die beiden mit Hinweislinien versehenen Kleinhirnschenkel in der unteren Abbildung! Der Buchstabe S steht auf der Schnittfläche des Pedunculus cerebellaris _______.

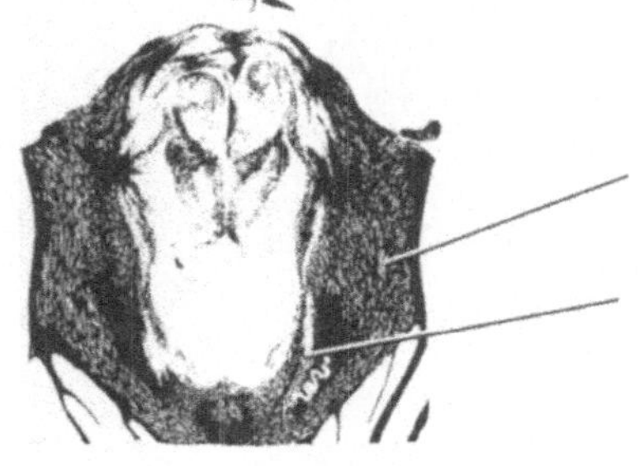

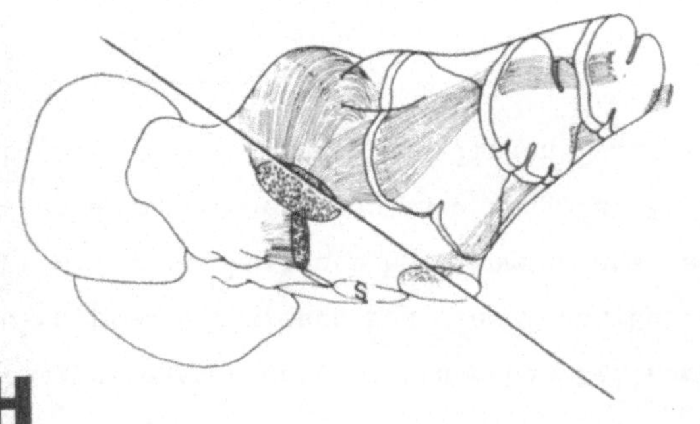

86. Da die Hirnwindungen verschiedener Gehirne variiren, sollten Sie übungshalber die Gyri und Felder für die motorischen und sensiblen Funktionen an mehreren Gehirnen identifizieren!

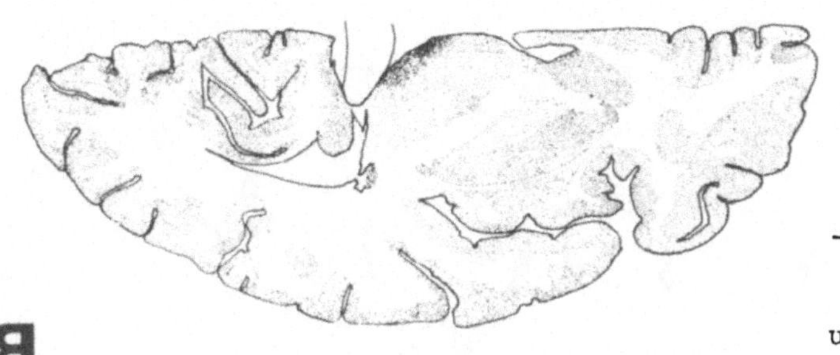

273. Wenn man von der oberflächlichen grauen Substanz der Insel aus in das Putamen vordringt, so folgen nacheinander die graue Substanz der Insel, eine Schicht _____ Substanz, dann _____ Substanz, dann wieder _____ Substanz und dann das Putamen.

450. Der Pons wurde mit _ numeriert. Der Querschnitt der Medulla oblongata ist mit der Zahl _ gekennzeichnet. Setzen Sie im folgenden ein P hinter Strukturen, die auf einem Querschnitt durch die Brücke zu erkennen sind und ein M hinter die in der Medulla oblongata sichtbaren. Wenn eine Struktur auf beiden Querschnitten vorkommt, schreiben Sie beide Buchstaben auf und verzichten Sie auf die Beschriftung, wenn die Struktur weder in der Medulla oblongata noch im Pons vorkommt: Oliva __, Tractus parietopontinus __, Tractus temporopontinus __, XII. Hirnnerv __, Capsula interna __, Tractus pyramidalis __, ein Teil des Cerebellums __.

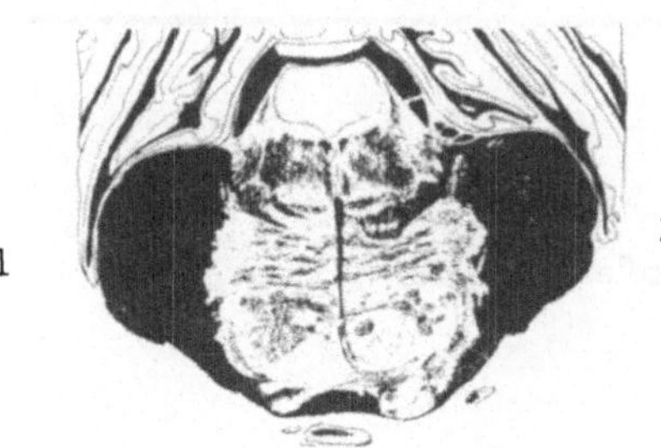

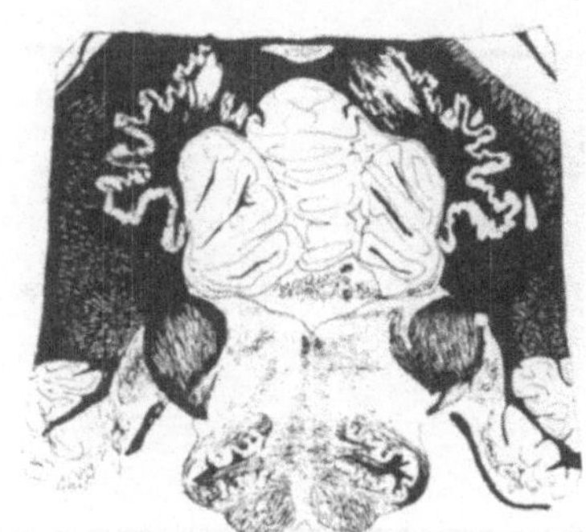

629A.

816A. linke

thoracica

F

965. Der Pfeil in Höhe der Halsmarkebene zeigt auf einen "Homunkulus" ohne Kopf. Dieser repräsentiert die Projektion einer Körperseite in den Hintersträngen. Wenn ein entsprechender Homunkulus auf der anderen Seite des thalamischen Querschnittes gezeichnet worden wäre, so wäre sein am weitesten medial gelegener Körperteil der ___ .

G

1142A. thoracica

cuneatus

Pedunculus cerebellaris inferior

derselben

H

1272A. B

3. rechten

4. rectus lateralis

Das corticospinale System: Der Verlauf der Nervenfasern von der
Hirnrinde zu den Basalganglien (Abschnitt 87-156)

A

B

272A. weißer

C

<u>450A.</u> 1

2

Oliva <u>M</u>

Tractus parietopontinus <u>P</u>

Tractus temporopontinus <u>P</u>

XII. Hirnnerv <u>M</u>

Capsula interna __

Tractus pyramidalis <u>M</u>, ein Teil des Cerebellums <u>P,M</u>

D

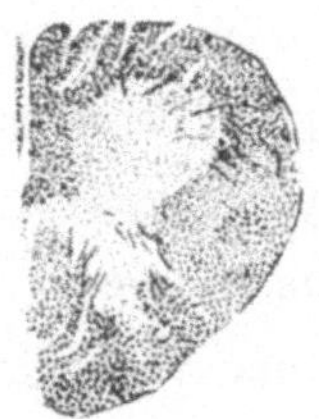
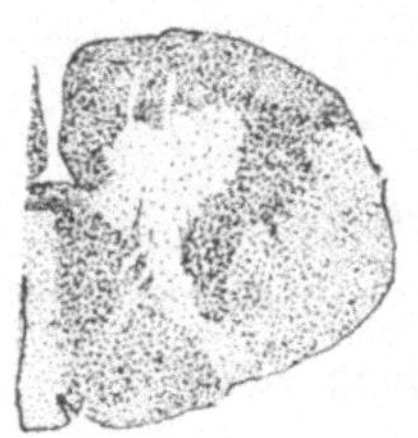

629. Geben Sie die Höhe der Querschnitte
im <u>Rückenmark</u> an! Kennzeichnen Sie mit
einem F das Gebiet, in dem die Nervenzellkörper für die Finger liegen!
Kennzeichnen Sie mit einem S das Gebiet, in dem sich die Nervenzellkörper des Sympathicus befinden!

817. Kreuzen Sie die im Cervicalsegment C7 erkennbaren Merkmale an: große efferente und afferente Bahnen in der weißen Substanz _; große Vorderhörner _; Columna lateralis vorhanden _; es gibt einen Fasciculus gracilis, aber keinen Fasciculus cuneatus _.

F

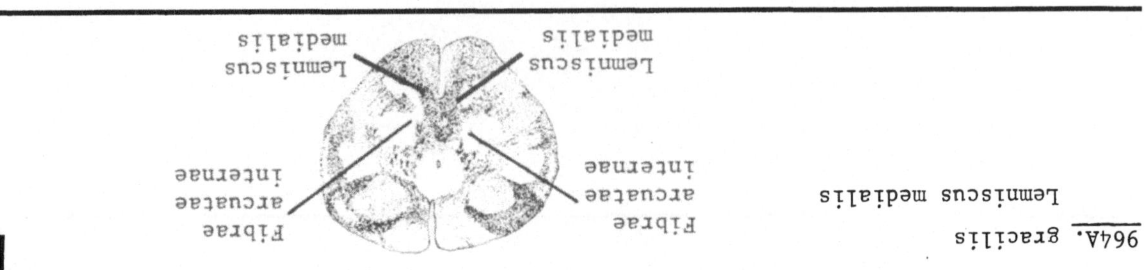

964A. gracilis

Lemniscus medialis

G

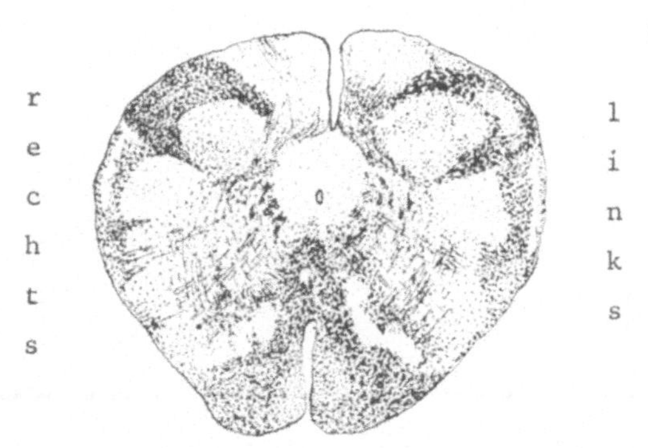

1143. Die Schnittführung wurde schräg vorgenommen. Der Nucl. cuneatus accessorius ist nur auf der ______ Seite sichtbar. Er wird von Fasern des Fasc. ________ umgeben.

H

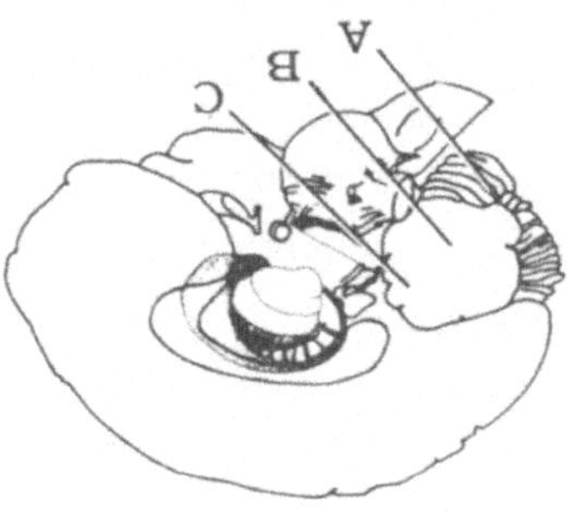

1272. 1. Die rechte Abbildung stellt einen Schnitt in der Ebene _ des linken Schemas dar. 2. Umzeichnen Sie auf der rechten Abbildung das rechte Genu n. facialis! 3. Eine Schädigung an der Stelle x verursacht eine spastische Parese des Armes und Beines auf der _______ Seite. 4. Eine Schädigung, die zur Zerstörung des linken Nucl. n. abducentis führt, lähmt den linken M. _____ ________. 5. Markieren Sie mit einem X den IV. Ventrikel! 6. Kennzeichnen Sie beiderseits den Nucl. fastigii, der aus grauer Substanz des Kleinhirns besteht und beiderseits die Grenzen des Daches des IV. Ventrikels in der Nähe der Medianebene bildet!

87. Anatomische Bahnen, die neuroelektrische Impulse zur Hirnrinde leiten, werden im Hinblick auf die Hirnrinde afferente Bahnen genannt. Bahnen, die von der Hirnrinde wegleiten, heißen im Hinblick auf die Hirnrinde efferent. Wir werden zunächst die _fferenten Bahnen in der Hirnrinde beginnend verfolgen, danach auf umgekehrtem Wege die _______ Bahnen.

---

272. Unter der oberflächlichen Schicht der Insel befindet sich eine dünne Zone ______ Substanz, die sich in die Gyri fortsetzt.

---

451. Schreiben Sie den Namen des entsprechenden Hirnstammabschnittes an die Abbildungen! Tragen Sie auf der rechten Seite ein X auf das corticospinale Fasern enthaltende Feld ein!

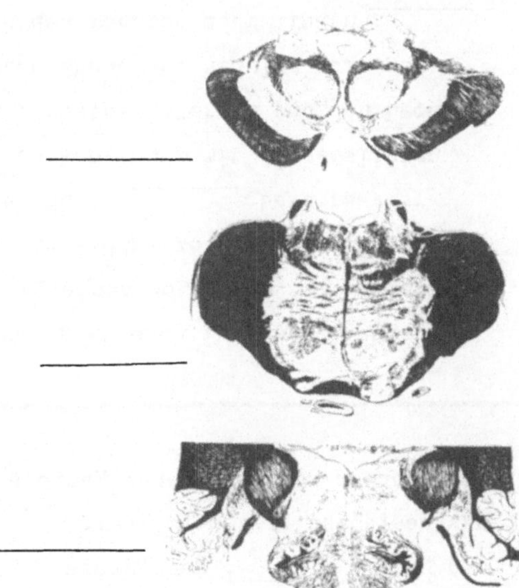

628A. präganglionären
lateralis
thoracalen
lumbalen

E

817A. große efferente und afferente Bahnen in der weißen Substanz x; große Vorderhörner x; Columna lateralis vorhanden; es gibt einen Fasciculus gracilis, aber keinen Fasciculus cuneatus.

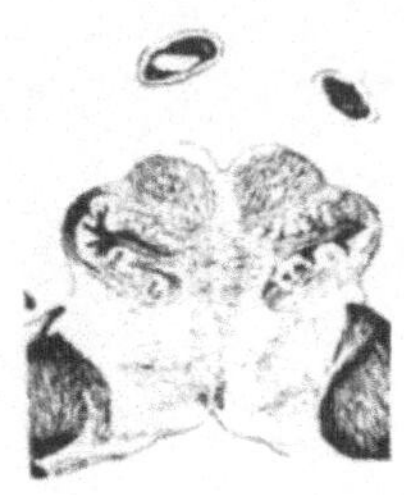 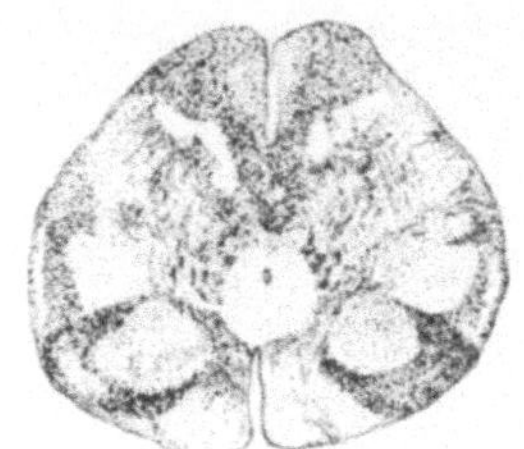 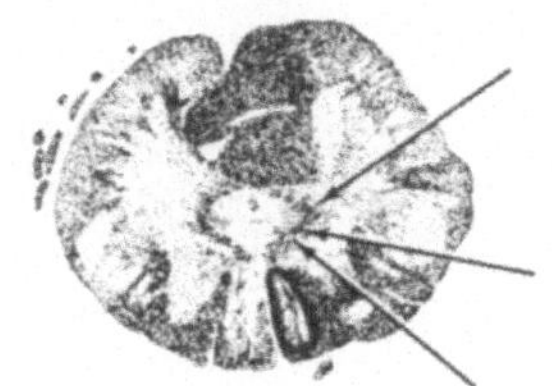

F

964. Die Fibrae arcuatae internae laufen schräg nach oben in höhere Gebiete der Medulla oblongata, während sie gleichzeitig einen Bogen von dorsal nach ventral beschreiben. Die Pfeile in der linken Abbildung zeigen auf einige Fibrae arcuatae internae, die den umzeichneten Nucl. _______ bereits verlassen haben. Kennzeichnen Sie in der mittleren Abbildung mit Hinweislinien und Beschriftungen die beiderseitigen Fibrae arcuatae internae und den Lemniscus medialis! Auf der im rechten Bild gezeigten Ebene der Medulla oblongata sind alle Fibrae arcuatae internae bereits in den rechten oder linken _______ _______ eingestrahlt.

G

1144. Die Zellkörper der sekundären Neurone in der Kinästhesiebahn liegen im Nucl. _______ und Nucl. _______. Sobald die Axone dieser Neurone im Bogen nach ventral laufen, werden sie als Fibrae _______ _______. Sie kreuzen dann die Medianebene und ziehen als _______ _______ in den _______.

H

Bitte fahren Sie fort mit Feld Nr. 1272!

87A. efferent

afferenten

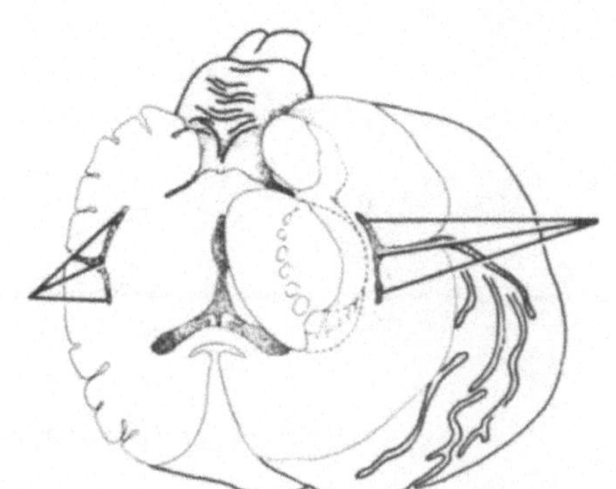

271A. grauer

451A.

628. Die Zellkörper der ______ ganglionären Sympathicusneuronen befinden sich in der Columna ______ der ______ und ______ Segmente des Rückenmarks.

818. Die Cauda equina besteht aus Nervenwurzeln des lumbalen und sacralen Teils der Medulla spinalis. Die Bezeichnungen der beiden genannten Teile werden oft zusammengefaßt, und man bezeichnet die Wurzeln gemeinsam als __________le Wurzeln

---

963A. Lemniscus medialis

anderen (rechten contralateralen)

frontalis

rechten (derselben, ipselateralen)

1145. Schreiben Sie die jeder Struktur zugeordnete Zahl auf die entsprechende Stelle des Schnittes!

1. rechter Nucl. gracilis
2. linker Nucl. cuneatus
3. linker Fasc. cuneatus
4. linker Nucl. cuneatus accessorius
5. Canalis centralis
6. rechte Fibrae arcuatae internae
7. Decussatio lemniscorum

1271A.

f. __________ Anhäufungen von Schaltneuronen, verteilt über Hirnstamm und Rückenmark

g. somatomotorische Kerne verbindende Fasern.

h. Druck und Berührung leitende, sekundäre Neurone des N. trigeminus

i. Kleinhirnkern, dessen Form der Oliva inferior ähnlich ist

j. mit Liquor cerebrospinalis ausgefüllte Höhle (Ventrikel)

88. Afferente und efferente Bahnen leiten Impulse zu einer Stelle des Nervensystems oder von ihr weg. Als Beispiel wurde der Cortex cerebri erwähnt.

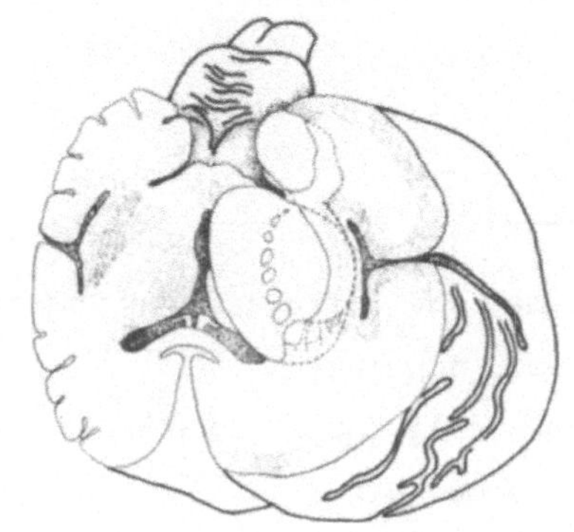

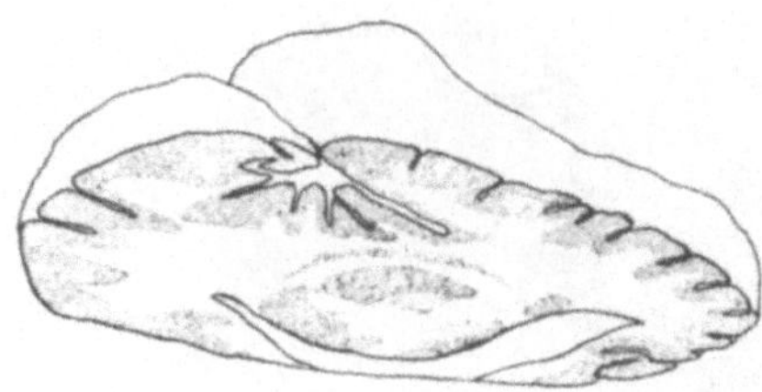

B

271. Die oberflächliche Schicht der Insel besteht aus ______ Substanz.

Ziehen Sie beiderseits in der rechten Abbildung Hinweislinien zur Insel!

C

452. Corticospinale Fasern (Neuriten), die eine bemerkenswerte Länge bis zu etwa 1 m haben, laufen ohne ______ von der Großhirnrinde zum Rückenmark. Je nach ihrer topographischen Lage wird in verschiedener Weise auf sie bezug genommen. Z.B. sind sie unmittelbar bevor sie in die Umgebung der Basalganglien gelangen, Teil der fächerförmigen ______ ______. Nachdem sie die Kante des Nucleus lentiformis passiert haben, schließen sie sich anderen Fasern in der ______ ______ an. In der Medulla oblongata liegen sie in der ______.

D

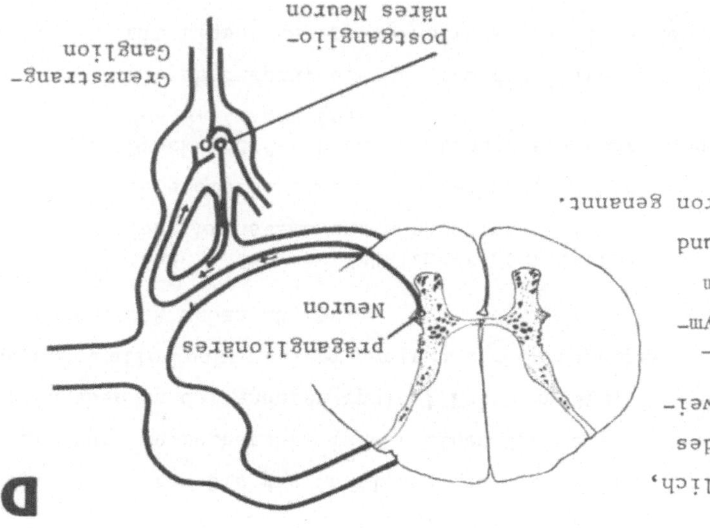

627. Wie aus der Abbildung ersichtlich, bildet das erste (primäre) Neuron des Sympathicus eine Synapse mit dem zwei-ten (sekundären) Neuron im ______. In der Kette efferenter sym-pathischer Neurone wird das vor dem Ganglion liegende ______ ganglionäres und das folgende ______ Neuron genannt.

H

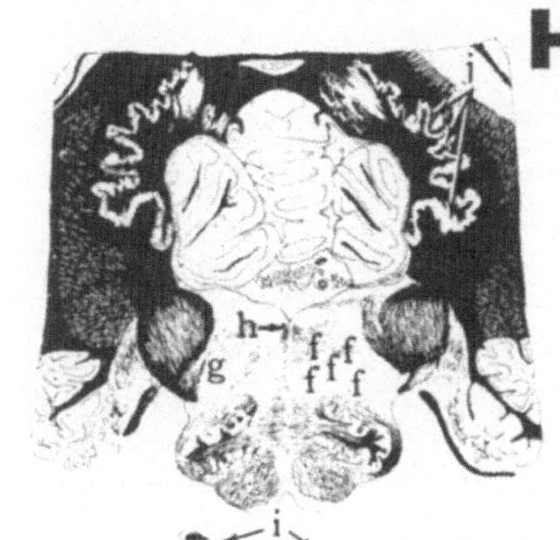

1271. Betrachten Sie die Abbildung und ziehen Sie
Linien von den Buchstaben in der einen Spalte zu
den Angaben in der anderen Spalte! Beachten Sie,
daß nicht alle Punkte beider Spalten ein entsprechen-
des Gegenstück haben müssen!

f.   Anhäufungen von Schaltneuronen, verteilt
          über Hirnstamm und Rückenmark

g.   somatomotorische Kerne verbindende Fasern

h.   Druck und Berührung leitende, sekundäre Neurone
          des N. trigeminus

i.   Kleinhirnkern, dessen Form der Oliva inferior ähnlich ist

j.   mit Liquor cerebrospinalis ausgefüllte Höhle (Ventrikel).

G

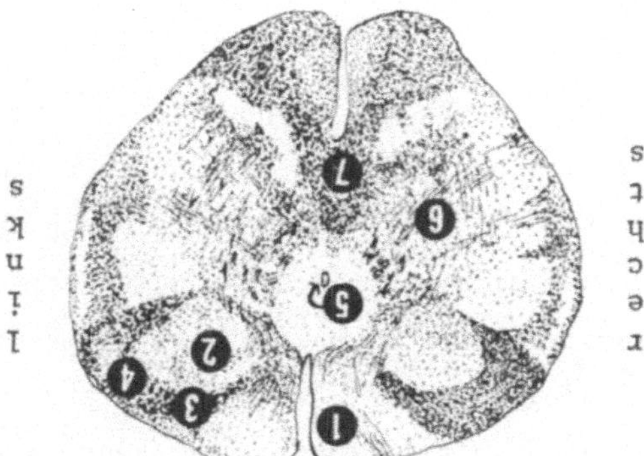

1145A.

F

963. Die Fasern an der Stelle x gehören
zum _________ _______. Sie kommen aus
Zellkörpern des Nucl. gracilis und Nucl.
cuneatus der _______ Seite. Mit y markierte
Fasern kommen hauptsächlich aus dem Cortex
cerebri des Lobus _________ der _______ Seite.

rechts   links

E

818A. lumbosacrale

89. Sensible Bahnen leiten Impulse aus sensiblen Receptoren in das Zentralnervensystem (ZNS). Somit sind sensible Bahnen in bezug auf das ZNS _______ .
Motorische Fasern gehören zum Typ der _______ Bahnen in bezug auf das ZNS.

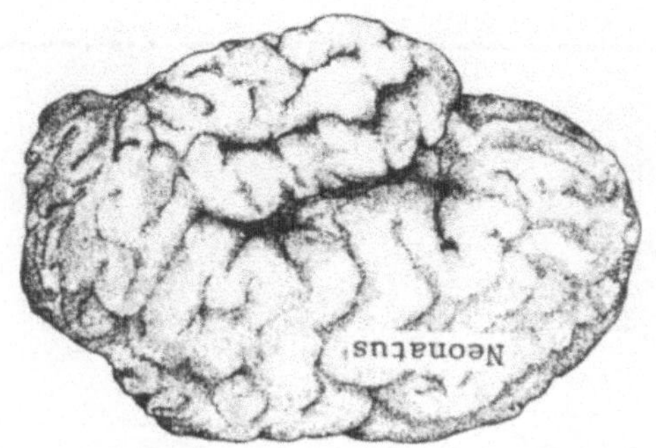

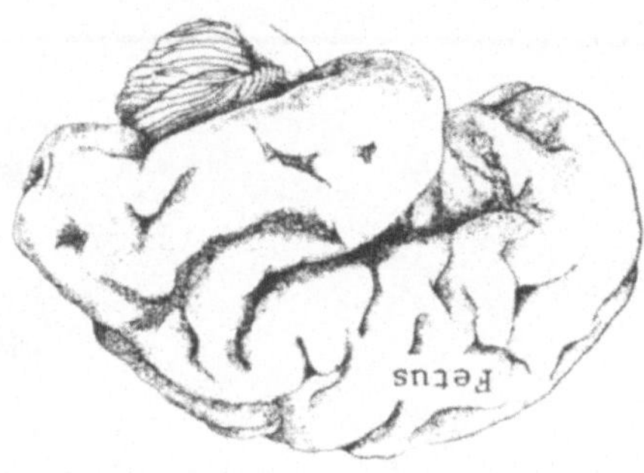

B

270. Im späten Fetalstadium ist die Oberfläche der Hirnrinde noch unvollständig gefaltet, so daß die Insel freiliegt. Bei der Geburt ist sie fast vollständig verborgen infolge des starken Wachstums des Lobus _______ und des
Lobus _______ .

C

452A. Unterbrechung

Corona radiata

Capsula interna

Pyramis (Pyramide)

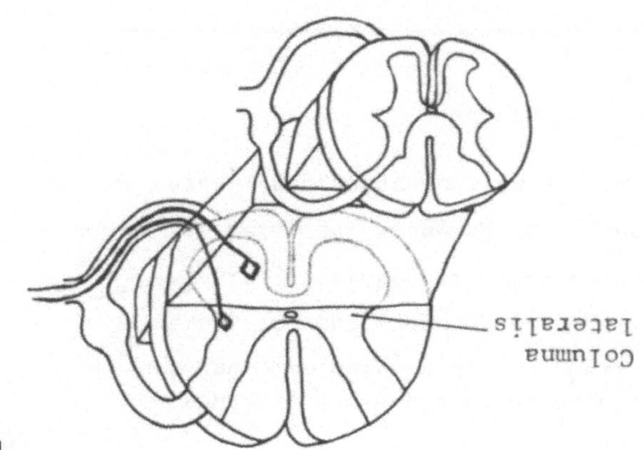

D

626A. ventralis

819. Schreiben Sie auf den entsprechenden Schnitt S3!

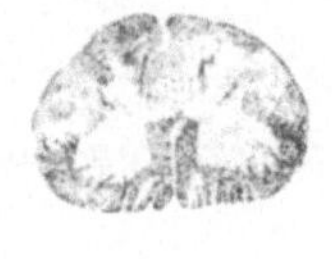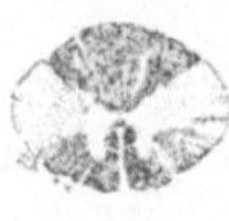

Querschnitte von Spinalnervenwurzeln

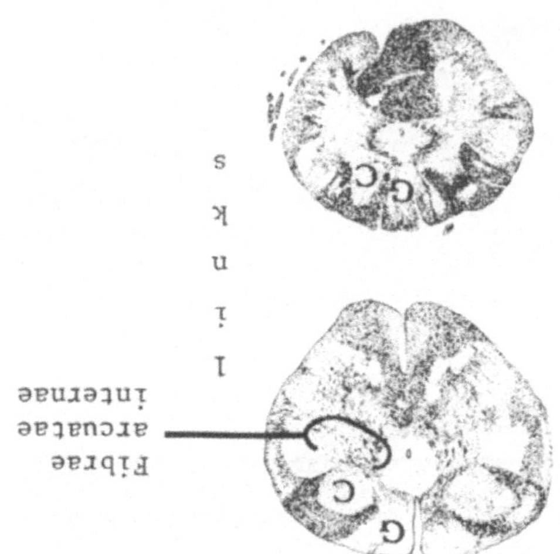

962A.

1146. Die Hintersäulen des Rückenmarks enthalten viele Zellkörper von
Neuronen, die Informationen der Schmerz- und Temperaturempfindungen
leiten. Medulla oblongata und Pons enthalten analoge Zellkörper ____ärer
sensibler Neuronen, die im _______ tractus spinalis n. trigemini liegen;
die Zelleiber der primären und sekundären Neuronen der Schmerz- und
Temperaturbahnen des Rückenmarks und Hirnstammes liegen auf der_________
Seite.

1270A.

a. Axone aus dem Nucl. cuneatus accessorius, und andere
Axone, die hier in das Cerebellum eintreten.

b. Ein Kern, der Axone an den IX. X. und XI. Hirnnerv abgibt.

c. Ein in die linke Seite des Cerebellums Axone abgebender Kern.

d. Ein Kern, der Axone für die linkseitige Zungenmuskulatur liefert.

e. Axone, die hauptsächlich im Thalamus enden.

89A. afferent

efferent

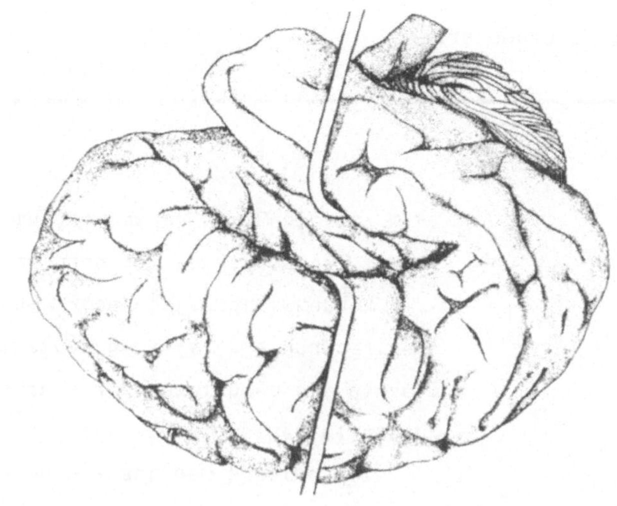

269. Wenn man den Sulcus lateralis auseinander zieht, wird die ______ sichtbar.

453. Kennzeichnen Sie mit Hinweislinien und Namen die vier großen Abschnitte des Hirnstammes! Schreiben Sie ein V vor den Namen der Hirnstammregion, durch die keine Fibrae corticospinalis ziehen!

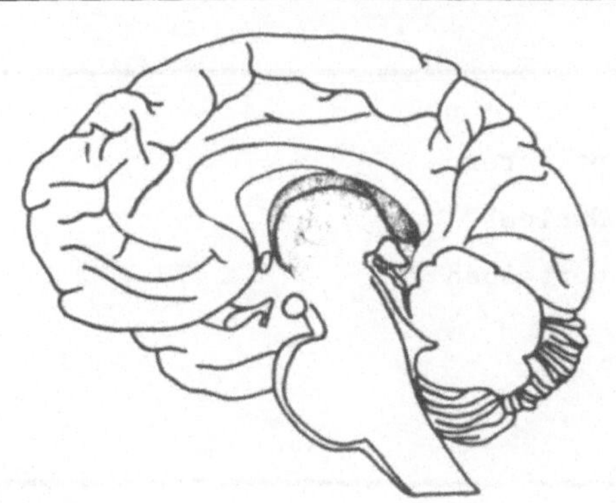

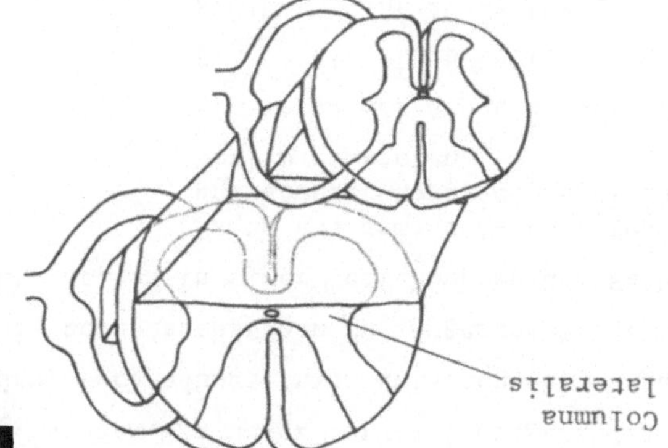

626. Die letzte gemeinsame Bahn aller efferenten Neuronen des Rückenmarks ist die Radix ______. Zeichnen Sie auf der linken Seite des Rückenmarks in Höhe von L5 den Zellkörper einer Vorderhornzelle in das den Hüftmuskeln zugeordnete Feld und einen Nervenzellkörper des Sympathicus sowie die Axone beider Zellen in der richtigen Wurzel!

H

1270. Ziehen Sie unter Berücksichtigung der Abbildung Verbindungslinien zwischen den korrespondierenden Buchstaben und Angaben! Nicht alle
Punkte stehen in einer Beziehung zu den Sachangaben.

a.   Axone aus dem Nucl. cuneatus accessorius,
und andere Axone, die hier in das Cerebellum eintreten.

b.   Ein Kern, der Axone an den IX. X. und XI. Hirnnerv abgibt.

c.   Ein in die linke Seite des Cerebellums Axone abgebender Kern.

d.   Ein Kern, der Axone für die linkseitige Zungenmuskulatur liefert.

e.   Axone, die hauptsächlich im Thalamus enden.

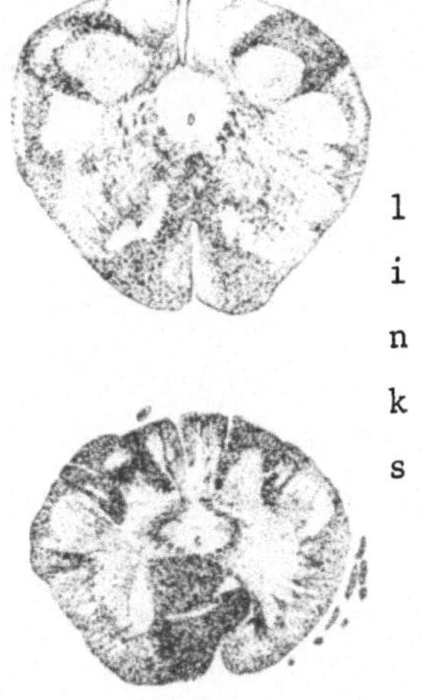

G

1146A. primärer
Nucleus
derselben

F

962. Markieren Sie mit G den linken
Nucl. gracilis und mit C den linken
Nucl. cuneatus in beiden Querschnitten!
Umzeichnen Sie auf dem höheren der
beiden Schnitte die Kinästhesie leitenden Fasern und kennzeichnen Sie dieselben mit einer Hinweislinie und der Bezeichnung ihres ersten Streckenab-
schnittes nach dem Verlassen der Zellkörper in den beiden Kerngebieten.

E

Querschnitte von Spinalnervenwurzeln

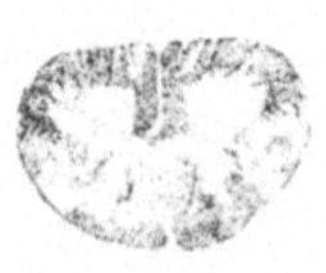
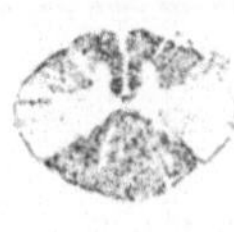

819A.

A

90. Eine Spannungsänderung kann an der eingezeichneten Stelle gemessen werden, wenn Licht in das Auge fällt. Der Oszillograph registriert Impulse der ___erenten Bahnen (auf die Großhirnrinde bezogen)

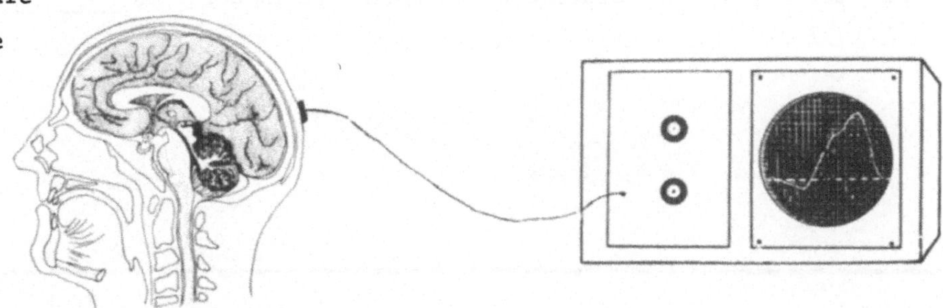

B

268A. grauer

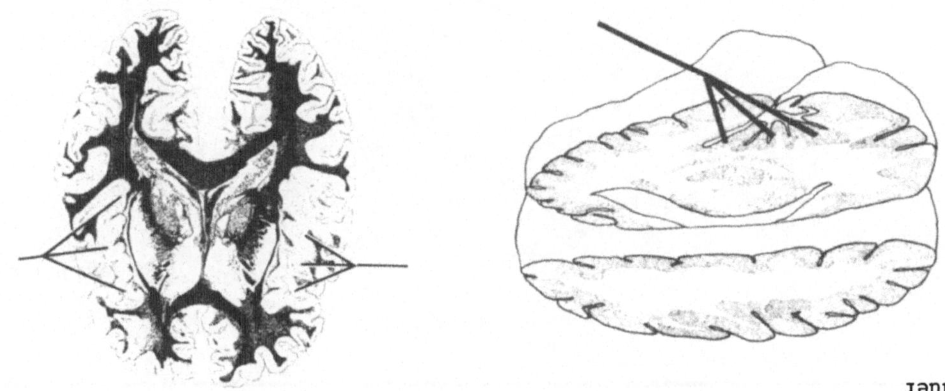

C

453A.

D

625. Die Neurone des Sympathicus leiten wie die Vorderhornzellen _fferente Impulse.

337

E

820. Das untere Halsmark zeichnet sich durch einen flach ovalen Querschnitt aus. Tiefer liegende Querschnitte sind mehr ____förmig. Die Rückenmarkssegmente mit den schmalsten Vorderhörnern finden wir in der Pars ________.

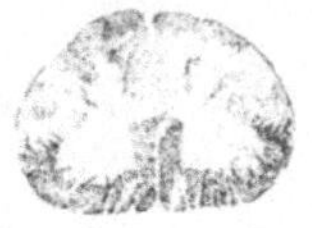

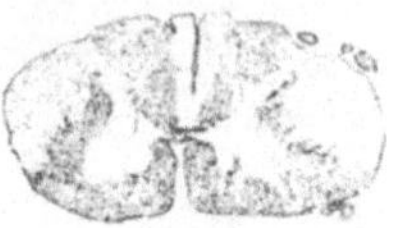

F

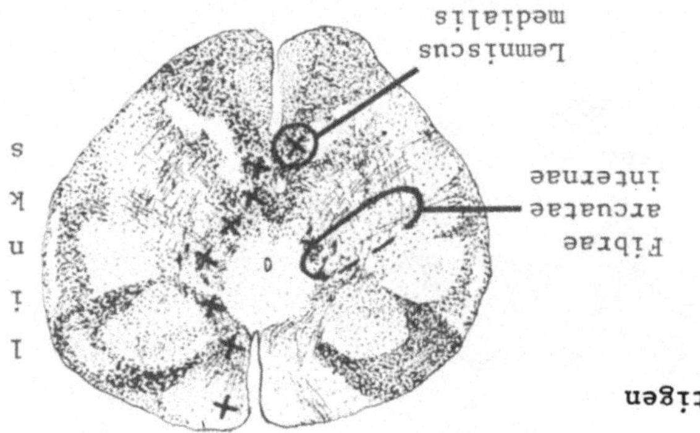

G

1147. Der auf beiden Abbildungen umzeichnete Kern verarbeitet Schmerz- und Temperaturempfindungen ________ Gesichtshälfte. Er heißt ______ ______ ______ __ ________. Umzeichnen Sie den gleichen Kern auf der anderen Seite beider Schnitte!

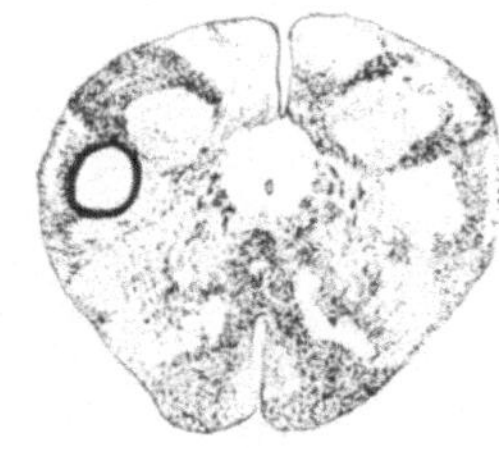
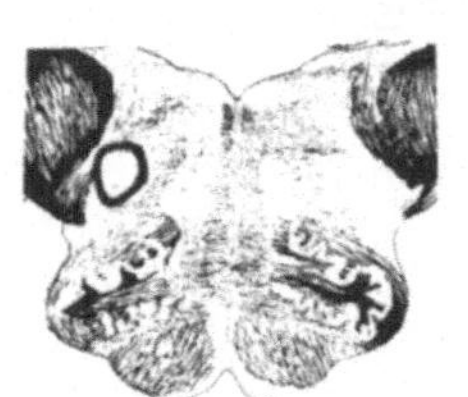

H

1269A. graue
Lemniscus medialis 3; Tr. solitarius 5;
Fasc. longitudinalis medialis 1; Tr. spinalis n. V 2;
Tr. tegmentalis centralis 6; olivocerebellare Fasern
im Hilus der Oliva inferior 4.

A

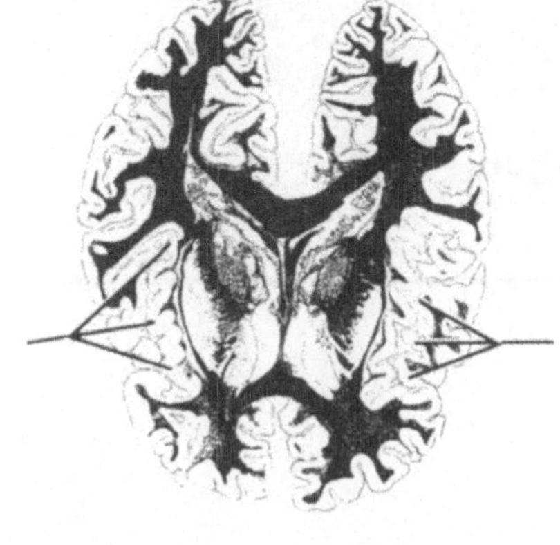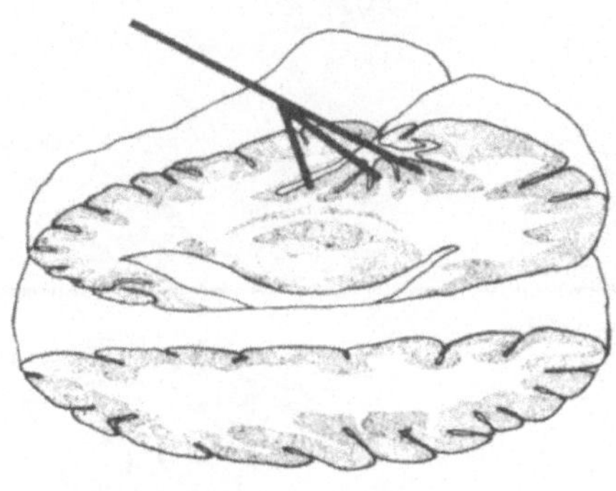

B

268. Die äußere Schicht des Sulcus lateralis besteht – wie alle Sulci und Fissurae cerebri – aus ________ Substanz. Der in der Tiefe des Sulcus lateralis verborgen liegende Teil der Großhirnrinde wird Insula genannt. Beschriften Sie die freien Linien!

C

454. Die corticospinalen Fasern bilden zusammen mit den anderen Fasern der ________ ________ die ____ale Wand des Thalamus.

D

624A. grauen
thoracalen
lumbalen
Sympathicus
(Pars sympathica des Systema nervosum anatomicum)
Columna lateralis

Columna lateralis

821. Schreiben Sie C an den Querschnitt des Cervical- und T an den
des Thoracalsegmentes!

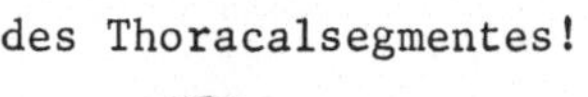
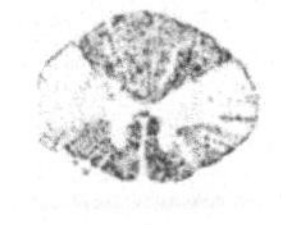
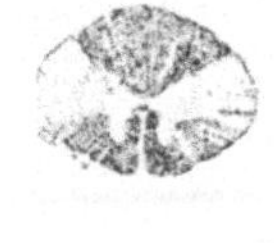

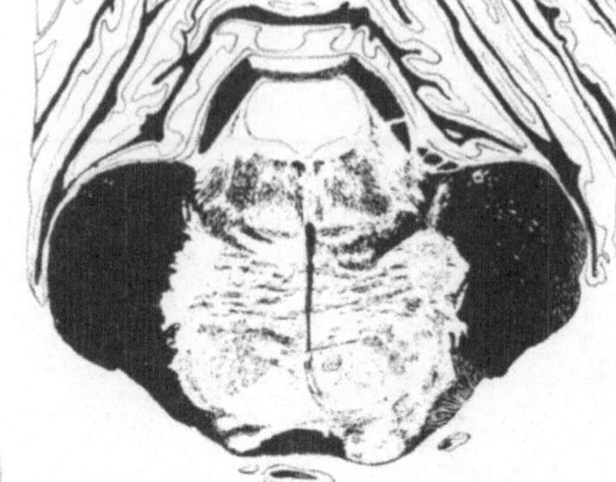

F

961. In der linken Abbildung zeigt der Pfeil auf die Gegend, in der die
Fibrae arcuatae internae in die Schnittebene treten, die Medianebene ________
und dann einen Teil des Lemniscus medialis der anderen Seite bilden. Die
Fibrae arcuatae internae der rechten Seite laufen zum Thalamus im ______seitigen
Lemniscus medialis. Kennzeichnen Sie mit Hinweislinien und Namen die umzeichneten Fibrae arcuatae internae und den Lemniscus medialis in der rechten Abbildung! Markieren Sie in derselben Abbildung mit einer Reihe von x den
Lemniscus medialis, die Fibrae arcuatae internae und den entsprechenden Kern,
die Informationen über die Kinästhesie des linken Beines leiten.

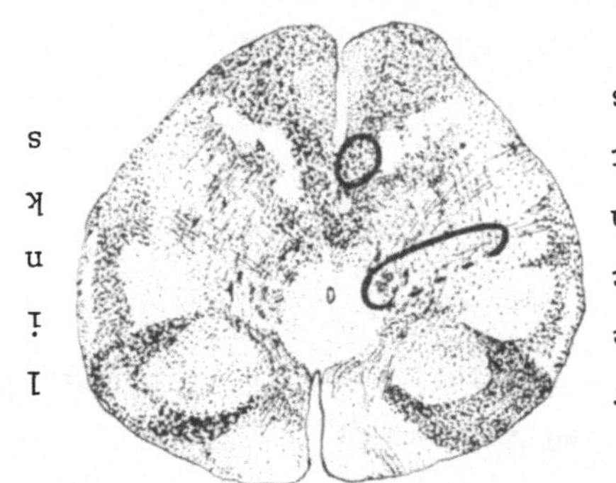

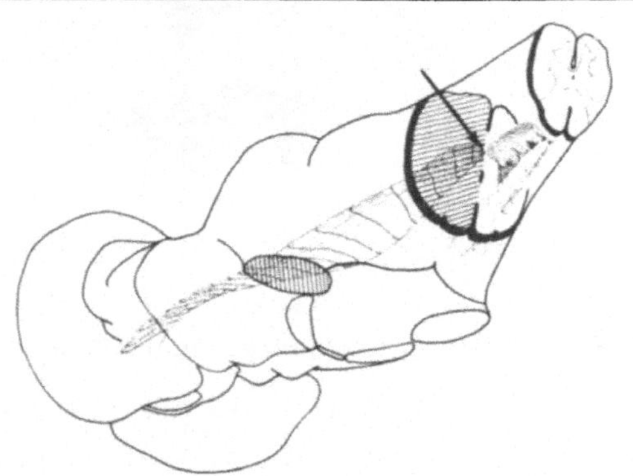

1147A. derselben

Nucl. tractus spinalis n. trigemini

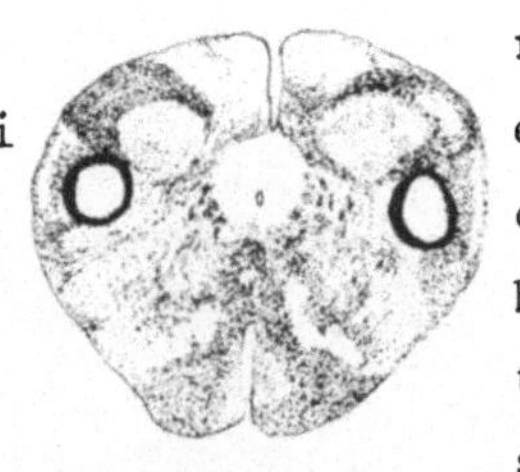

G

Bitte blättern Sie um und fahren fort mit Abschnitt 1269A!

H

A

91. In bezug auf die Großhirnrinde heißt eine Nervenbahn, die Impulse aus dem Thalamus zum Cortex cerebri leitet, eine ________ Bahn.

B

Das corticospinale System: Die Beziehungen von Insula, Claustrum und weißer Substanz zueinander (Abschnitte 268-289)

C

455. Die schematische Darstellung des Hirnstammes zeigt drei efferente Nervenfasern (A, B, C) der Großhirnrinde. Oberhalb des Pfeils liegen sie in der ______ ______, unmittelbar medial von ihr liegt eine große Masse grauer Substanz, der ______. In der durch den Pfeil angezeigten Schnittebene treten die Fasern in das __________ ein. Sehen Sie sich auch die Brücke an! An der corticospinalen Faser steht der Buchstabe _.

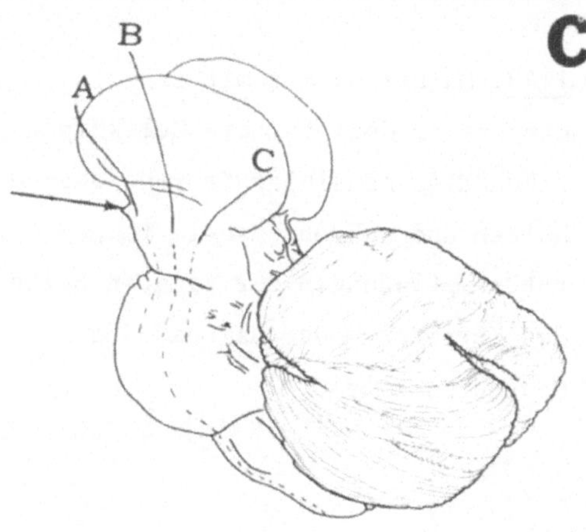

D

624. Beschriften Sie die Hinweislinie! Die im Querschnitt getroffene Säule finden wir nur in der ______ Substanz der __________ und ______ Spinalsegmente. Es handelt sich um eine Zellsäule, die zum __________ gehört. Sie heißt ______ ______.

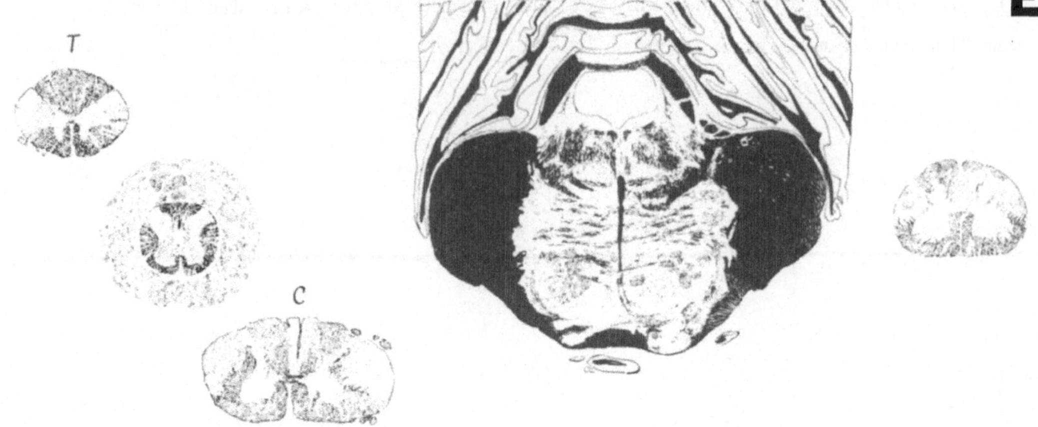

960A. cranial
      tieferen (caudaleren)

F

1148. Markieren Sie mit einem x diejenigen Gebiete, die Zellkörper sekundärer sensibler Neurone enthalten und Schmerz- sowie Temperaturempfindungen der rechten Seite des Körperstammes, Halses oder Gesichtes leiten.

G

1269. Die weiße Substanz besteht vorwiegend aus markhaltigen Nervenfasern. Ein kleiner Teil der markhaltigen Nervenfasern liegt in der grauen Substanz. Ihre Anzahl ist von Gebiet zu Gebiet sehr verschieden. Hauptsächlich liegen in der grauen Substanz Nervenzellkörper und Synapsen bildende Fortsätze. Obgleich das umzeichnete Gebiet viele markhaltige Nervenfasern enthält, wird es allgemein als _____ Substanz aufgefaßt. Füllen Sie die folgenden freien Stellen mit den entsprechenden Nummern der markhaltigen Strukturen aus: Lemniscus medialis _; Tr. solitarius _; Fasc. longitudinalis medialis _; Tr. spinalis n. V _; Tr. tegmentalis centralis _; Tr. olivocerebellaris im Hilus der Oliva inferior _.

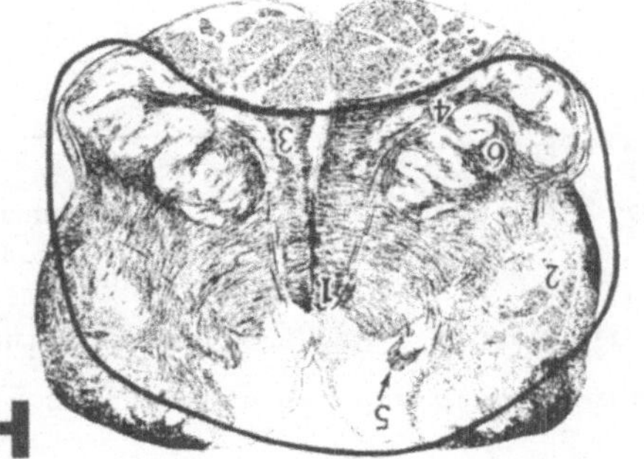

92. Wenn wir den Thalamus als Bezugsort betrachten, leitet eine efferente Bahn (efferent in bezug auf den Thalamus) Impulse ___ dem Thalamus ___ die Großhirnrinde.

A

B

267A. Corpus amygdaloideum
Lobus temporalis

455A. Capsula interna
Thalamus
Mesencephalon (Mittelhirn)
B

C

623A. thoracalen
thoracolumbales

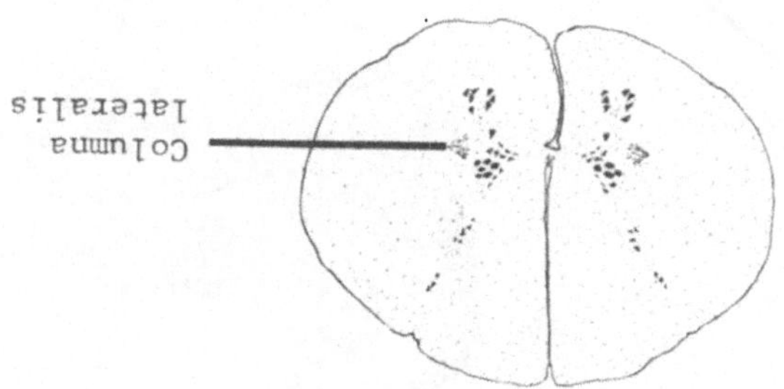

D

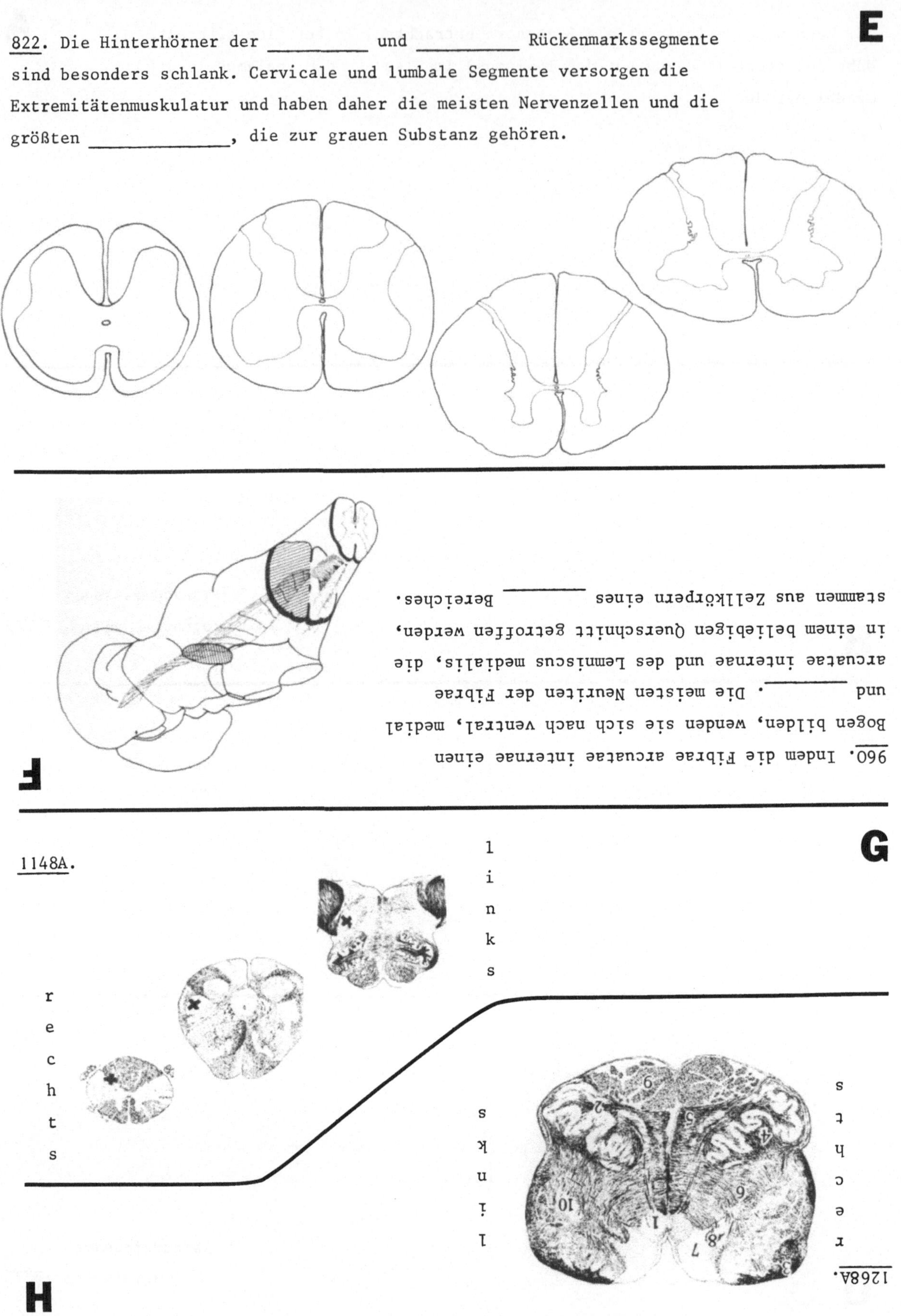

822. Die Hinterhörner der __________ und __________ Rückenmarkssegmente sind besonders schlank. Cervicale und lumbale Segmente versorgen die Extremitätenmuskulatur und haben daher die meisten Nervenzellen und die größten ____________, die zur grauen Substanz gehören.

960. Indem die Fibrae arcuatae internae einen Bogen bilden, wenden sie sich nach ventral, medial und ________. Die meisten Neuriten der Fibrae arcuatae internae und des Lemniscus medialis, die in einem beliebigen Querschnitt getroffen werden, stammen aus Zellkörpern eines ________ Bereiches.

92A. aus

in

B

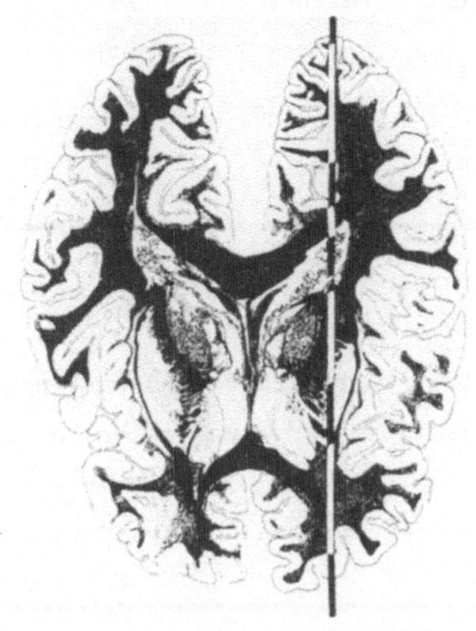

267. Ein Schnitt parallel zur Medianebene, der durch die eingezeichnete Gerade geht, würde ein unterhalb des Putamens liegendes Basalganglion treffen, aber nicht eine Transversalschnittebene des ______. Dieses liegt im medialen Bereich des ____ ________.

C

456. Wenn ein Axon unterbrochen wird, so ist der funktionelle Ausfall unabhängig davon, an welcher Stelle des Verlaufes die Unterbrechung liegt. Die Symptome an einer bestimmten Stelle der inneren Kapsel sind mit den Erscheinungen identisch, die bei einer Läsion des Tractus ____________ in der Medulla oblongata auftreten. Das Hauptsymptom sind ________.

D

623. Beschriften Sie die Zellsäule, die seitlich zwischen der Vorder- und Hintersäule liegt. Sie gehört zur grauen Substanz und besteht überwiegend aus Zellkörpern. Die primären Zellkörper des Sympathicussystems liegen in den ________ und lumbalen Rückenmarkssegmenten. Der Sympathicusteil des autonomen Nervensystems wird gelegentlich auch ______ aco ____les System genannt.

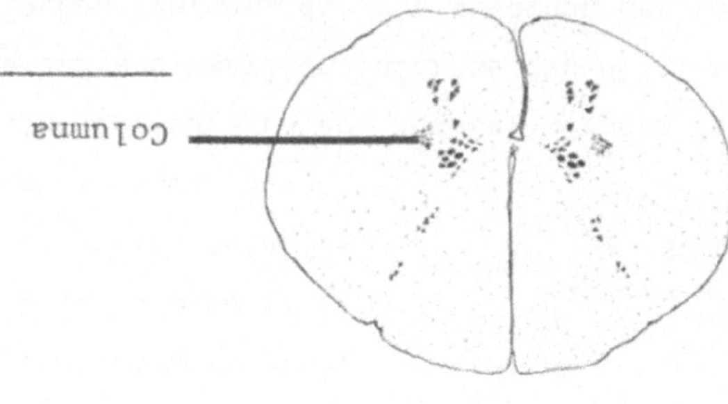

823. Beim Vergleich der cervicalen und lumbalen Rückenmarksebenen finden wir weniger corticospinale Fasern in der ______ Substanz der ______ Segmente. Es gibt weniger Fasern für Kinästhesie, Berührung und Druck in der ______ Substanz der ______ Segmente. In beiden Bereichen des Rückenmarks finden wir viele Nervenzellen in der ______ Substanz der Vorderhörner. Es gibt wenig weiße Substanz im Verhältnis zur grauen in der Pars ________.

E

959A. linke (andere, contralaterale)

Nucleus gracilis

rechten (derselben, ipselateralen)

linken (anderen, contralateralen)

F

1149. Hinterwurzelfasern für Schmerz- und Temperaturempfindung, z.B. im rechten Fuß ziehen in das Rückenmark, teilen sich, steigen auf und ab für eine kurze Strecke im Tr. ____________ (______) und bilden dann Synapsen mit sekundären Neuronen. Zeichnen Sie links einen kleinen Pfeil in der Gegend, die solche Synapsen enthält! Der Pfeil soll außerdem die Richtung der Erregungsleitung angeben. In wieviel Richtungen können Impulse über eine Synapse laufen? __ ______.

G

1268. Tragen Sie die Nummern der folgenden Strukturen in den abgebildeten Querschnitt entsprechend ein! Linker Nucl. n. XII. (1); Tr. olivocerebellaris im Hilus der linken Oliva inferior (2); Pedunculus cerebellaris inferior, olivocerebellare Fasern aus der linken Oliva inferior enthaltend (3); rechter Tr. tegmentalis centralis (die Faserenden bilden Synapsen mit den Neuronen der Oliva inferior) (4); Fasern des Lemniscus medialis, die sensible Informationen aus dem linken Fuß übermitteln (5); rechter Nucl. ambiguus (6); rechter Nucl. dorsalis n. X (7); primäre, viscerale efferente Fasern aus Zellkörpern des rechten Ganglion inferius des N. vagus und des Ganglion inferius des N. glossopharyngens (8). Axone der primären motorischen Neurone, die die Bewegung des rechten Armes und Beines beeinflussen (9); linker Nucl. tr. spinalis n. V (10).

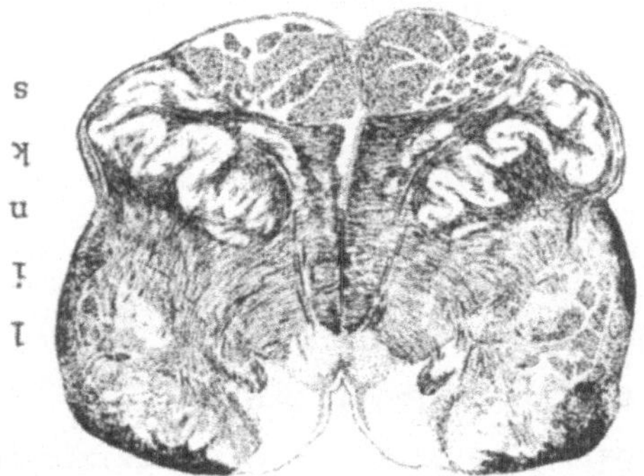

H

93. Eine Bahn, die nur innerhalb des Zentralnervensystems (ZNS) liegt, kann afferent sein ohne damit zwangsläufig zu einem sensiblen Bahnsystem zu gehören. Entsprechend können Nervenbahnen, die irgendwelche Bezirke innerhalb des ZNS verbinden, efferent sein, ohne zwangsläufig ________ zu sein.

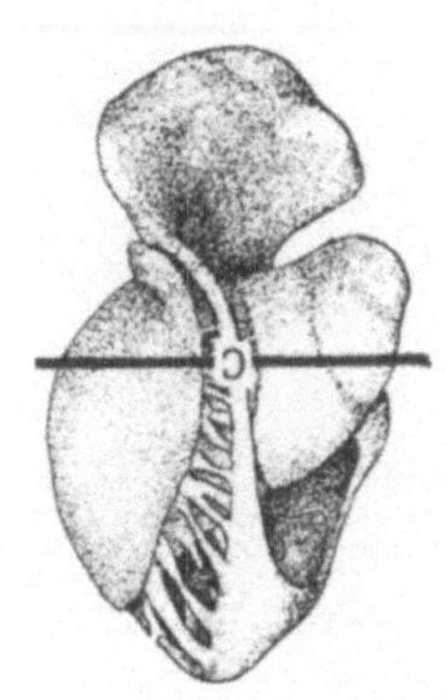

266A.

456A. corticospinalis (oder pyramidalis)

   Lähmungen (Paresen, Paralysen) (Definition: Eine Parese ist eine
   teilweise Lähmung eines oder mehrerer Muskeln. Unter Paralyse
   versteht man die vollständige Lähmung eines oder mehrerer Muskeln.)

---

622. Sympathicusnervenzellkörper befinden sich in der ________ ________ der lumbalen und ________ segmente des Rückenmarks.

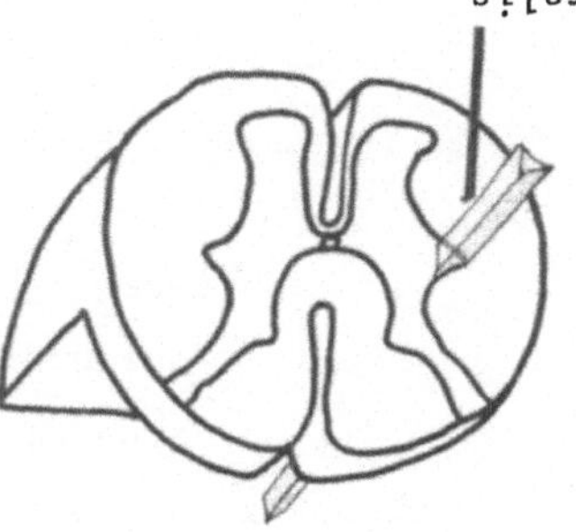

823A. weißen

   lumbalen

   weißen

   lumbalen

   grauen

   lumbalis

F

959. Der Informationsfluß aus der rechten Columna posterior des Rückenmarks gelangt auf die _____ Seite des Thalamus. In der die Kinästhesie aus dem rechten Fuß leitenden Bahn liegt die erste Synapse im _______ _______ auf der ______ Seite. Die nächste Synapse befindet sich im Thalamus auf der _____ Seite.

G

1149A. dorsolateralis (Lissauer)

   in einer

rechts links

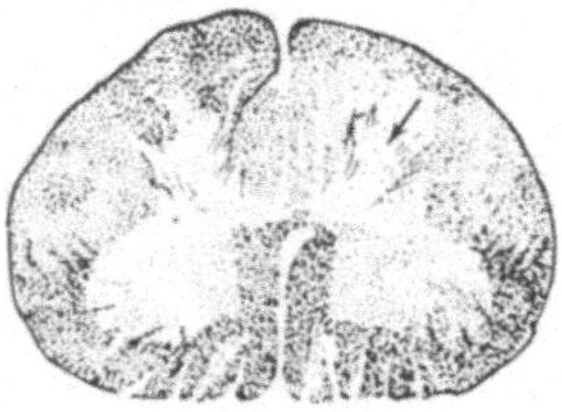

H

1267A. 1. Ganglion trigeminale

   linken

   2. rechten

   3. IX. Ventrikel

links

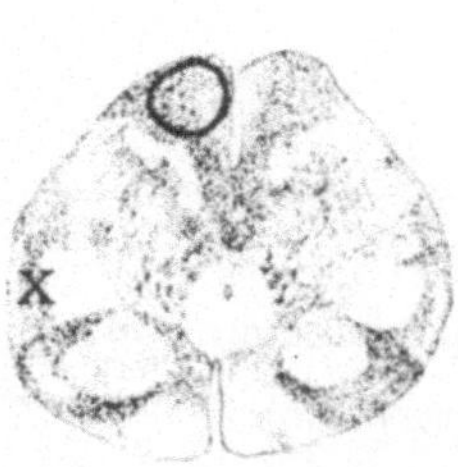

A

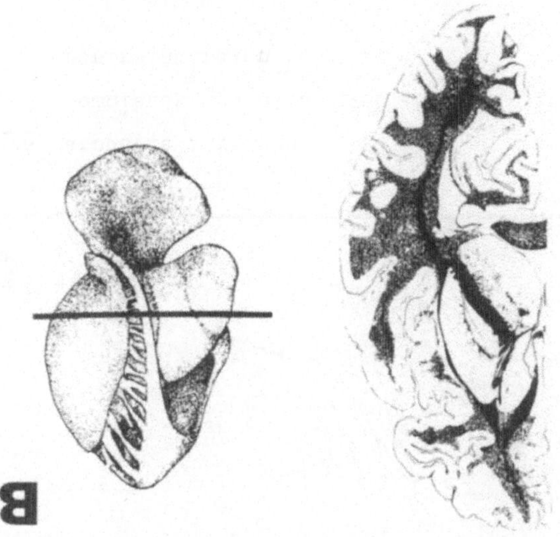

B

266. Der Horizontalschnitt trifft die Basalganglien ungefähr in einer durch die Gerade festgelegten Horizontalebene. Schreiben Sie ein C auf die Schnitt-fläche(-gerade) der Cauda nuclei caudati beider Abbildungen!

C

457. Eine Zerstörung der Fasern in dem mit einem Kreuz markierten Raum des Mittelhirns verursacht den motorischen Ausfall (Lähmung) der oberen und unteren Extremität einer Seite. Kennzeichnen Sie mit einem Kreuz die Querschnittsgebiete der Brücke und des verlängerten Markes (Medulla oblongata), die zu demselben Ausfall führen!

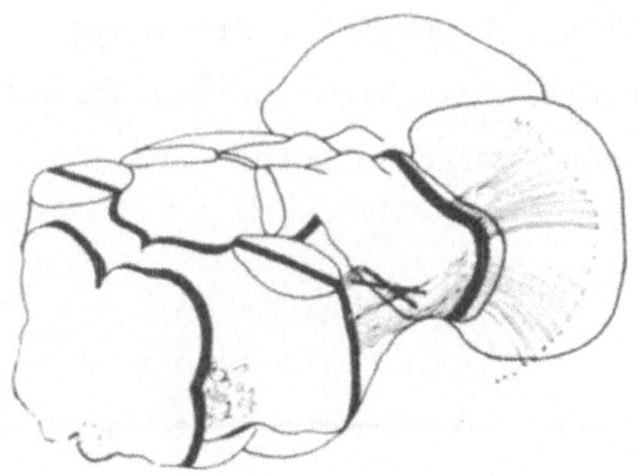

D

Das Sympathicussystem im Rückenmark (Abschnitt 622-633).

824. Kreuzen Sie alle Gebilde an, die in den lumbalen, nicht aber in den cervicalen Segmenten vorkommen:

a) Columna lateralis

b) lang ausgezogen, schmale Hinterhörner

c) wenig weiße Substanz im Verhältnis zur grauen

d) Fasciculus cuneatus.

F

958A. arcuatae internae

Lemniscus medialis (mediale Schleife)

contralateralen

1150. Die Nervenzellkörper primärer Neurone für die Schmerz- und Temperaturempfindungen des Gesichts liegen in dem intracranialen Ganglion

__________ . Im __________ __________ __________

__________ laufen die Wurzelfasern nach caudal. Schreiben Sie die Namen der beiden auf dem unteren Bild erkennbaren Bestandteile dieses Systems an die Hinweislinien! Geben Sie mit einem kleinen Pfeil die Richtung der Impulsübertragung zwischen beiden an!

G

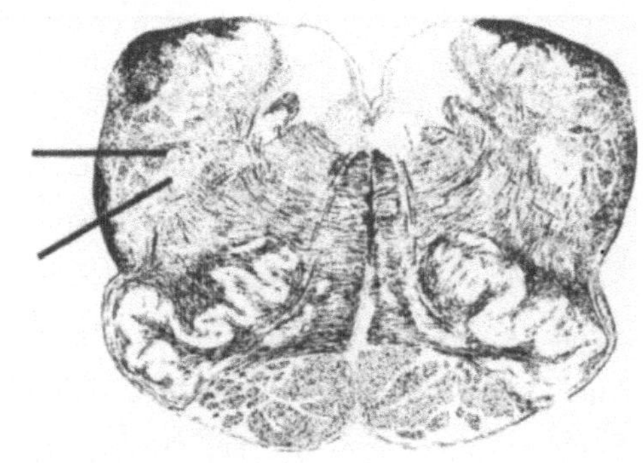

1267. 1. Markieren Sie mit einem x die Fasern, die vom Neurochirurgen durchschnitten werden können, um einen Patienten von therapieresistenten Schmerzen auf der linken Gesichtsseite zu befreien! Die Fasern kommen aus Zellkörpern im __________ auf __________ der __________ Seite. 2. Die umzeichneten Fasern enden auf der __________ Seite des Rückenmarks. 3. Einige Millimeter oberhalb dieses Schnittes erweitert sich der Zentralkanal zum __________ __________ __________ .

H

94. Das Kriterium für die Definition afferent und efferent sind der Bezugsort und die _______ der Impulsleitung.

265A. graue
frontalis

457A.

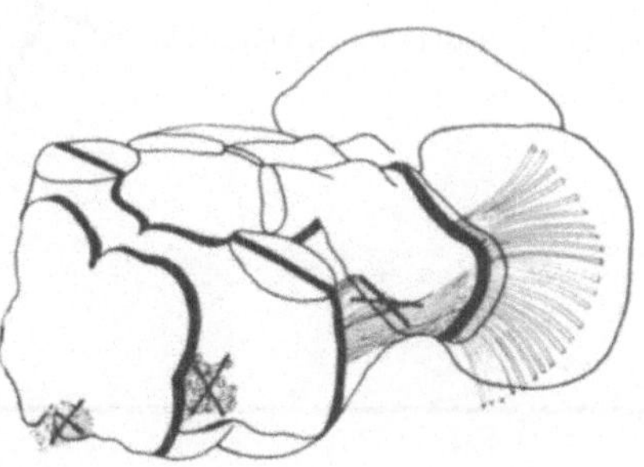

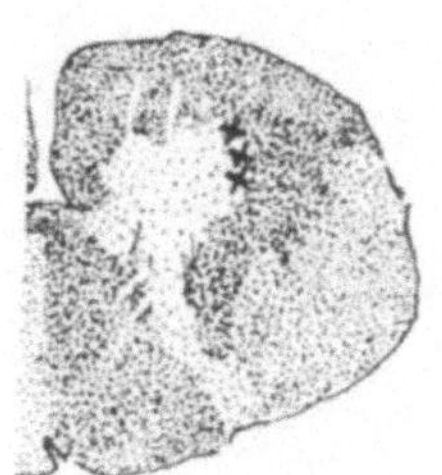

621A. Cervicalsegmenten

824A. a) Columna lateralis X

    b) lang ausgezogene, schmale Hinterhörner

    c) wenig weiße Substanz im Verhältnis zur grauen X

    d) Fasciculus cuneatus

---

958. In der die Kinästhesie leitenden Bahn werden die sekundären Neurone anfangs Fibrae ________ ________ genannt. Im weiteren Verlauf, wo sie einen Teil des ________ der ________ Seite des Hirnstammes darstellen, erhalten sie einen anderen Namen.

1150A. trigeminale

    Tr. spinalis n. trigemini

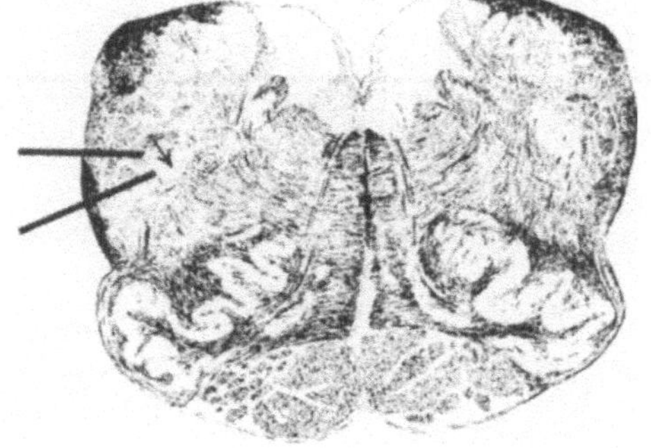

1266A. 1. Nucleus gracilis

    2. Nucleus cuneatus

    3. Nucleus cuneatus accessorius

    4. Nucleus n. hypoglossi

    5. Tr. spinalis n. trigemini

    6. Lemniscus medialis

    7. Tractus pyramidalis

    8. Tractus spinocerebellaris

    9. Fibrae arcuatae internae

A

95. Der Tractus corticospinalis ist eine große, aus der Hirnrinde kommende
Bahn. Er wurde nach seiner Ursprungsstelle im ______ ______ und seinem
Ende in der Medulla ______ benannt.

B

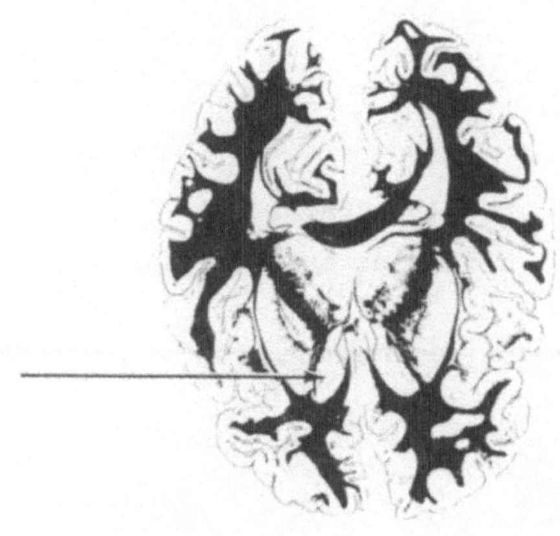 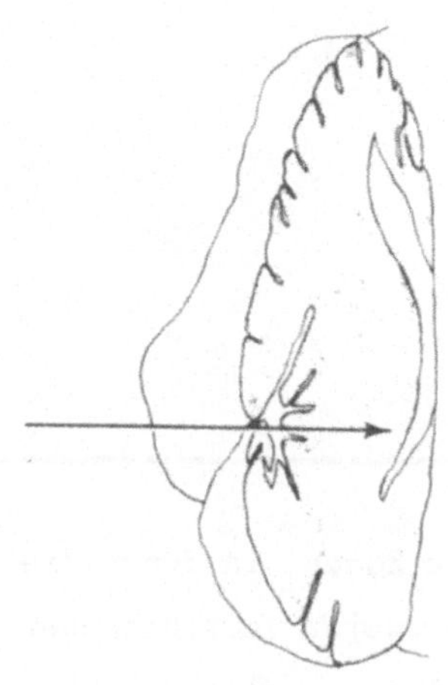

265. Die Pfeilspitzen zeigen auf die ______ Substanz im Bereich der
Basis des Lobus ______.

C

Die Kreuzung der Pyramidenbahnen (Abschnitte 458-485)
Anmerkung: Die Bezeichnungen Tractus corticospinalis und Tractus
pyramidalis werden meistens synonym gebraucht.

D

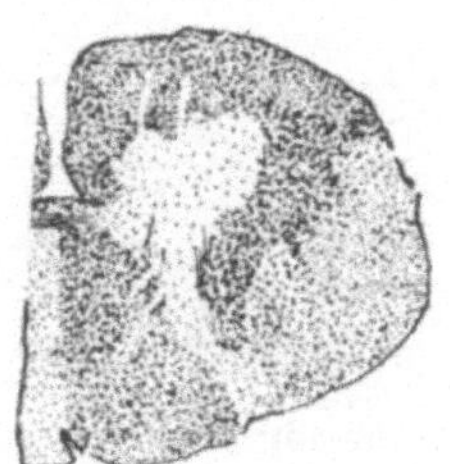

621. Die oberen Extremitäten werden von Neuronen
aus den ______ Segmenten des Rückenmarks versorgt. Kennzeichnen Sie mit einigen Kreuzen
auf der Abbildung die Gegend, in der die Zellkörper liegen, die bei einem Patienten mit
einer Poliomyelitis mit Lähmungen der Fingermuskeln betroffen sind!

825. Schreiben Sie unter jeden Schnitt, ob er aus einem cervicalen (C), thoracalen (T), lumbalen (L) oder sacralen (S) Segment stammt!

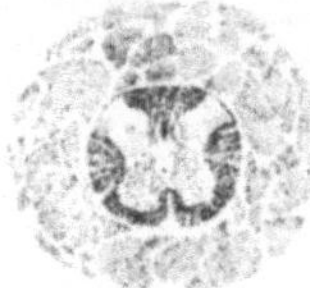 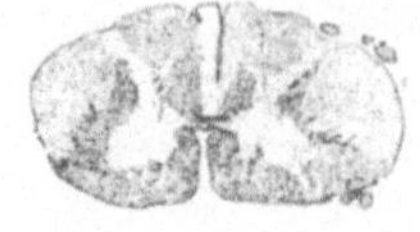 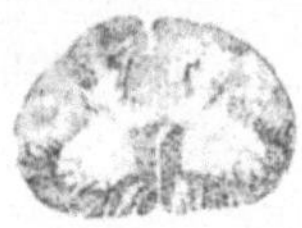 

F

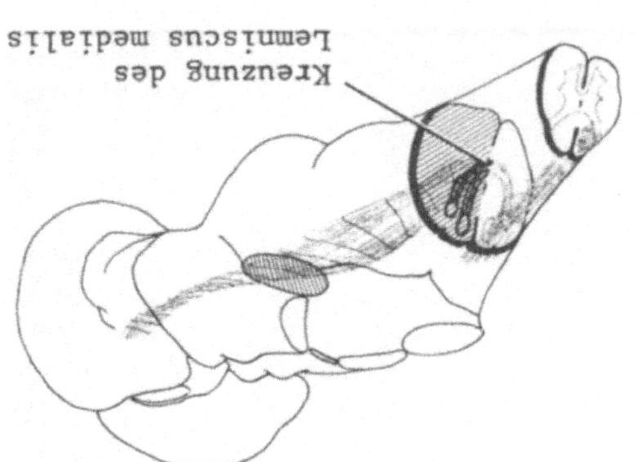

957. Die Fibrae arcuatae internae von der rechten und linken Seite kreuzen in der ________ der ________.

G

1151. Die Zonen, in denen die ersten Synapsen zweier verschiedener sensibler Systeme liegen, sind umzeichnet worden. Kennzeichnen Sie mit Hinweislinien und Namen die beiden präsynaptische Axone enthaltenden Bahnen, und zeichnen Sie einen Pfeil, der die Richtung der Ruhe- und Aktionspotentiale angibt!

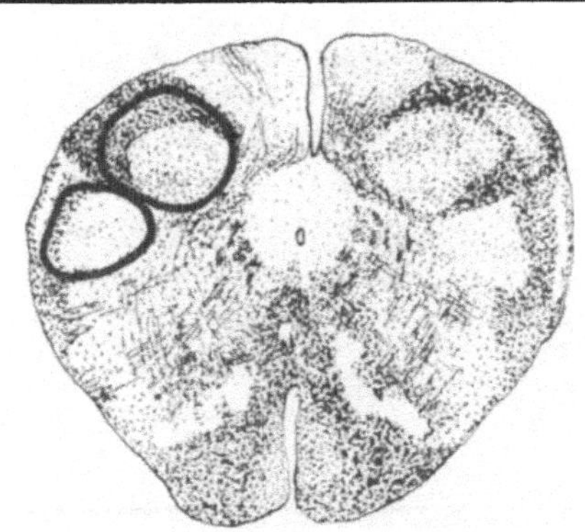

H

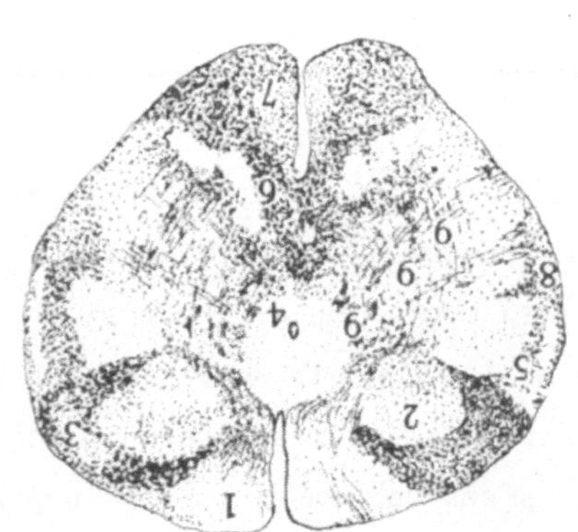

1266. Schreiben Sie die Namen der Kerne und Bahnen auf, gemäß den Zahlen auf dem abgebildeten Querschnitt!

1. ________
2. ________
3. ________
4. ________
5. ________
6. ________
7. ________
8. ________
9. ________

95A. Cortex cerebri
spinalis

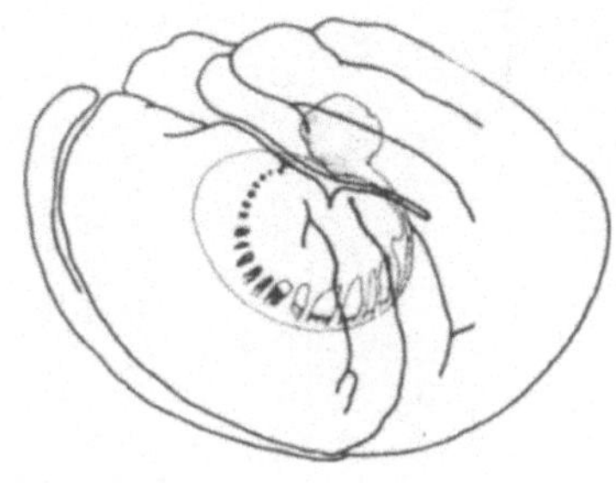

264. Der tiefe Sulcus lateralis trennt teilweise den Lobus frontalis vom Lobus __________ .

458. Der Begriff Tr. pyramidalis bezieht sich auf Fasern, die u.a. in den Pyramiden im ventralen Bereiche der __________ __________ laufen.

620. Das Adjektiv "polio" bezieht sich auf die graue Substanz. "myelon" heißt Mark, die Endung -itis bedeutet Entzündung. Die Poliomyelitis anterior acuta ist eine akut auftretende Infektionskrankheit, die hauptsächlich die __________ der __________ Substanz des __________ betrifft.

E

S
C
L
T

F

Lemniscus medialis
956A. Thalamus

G

Fasc. cuneatus
Tr. spinalis n.V

H

x
2
1
rechts
1265A. 2. rechten
Thalamus
3. Nucl. gracilis
4. lateral
5. rechten linken

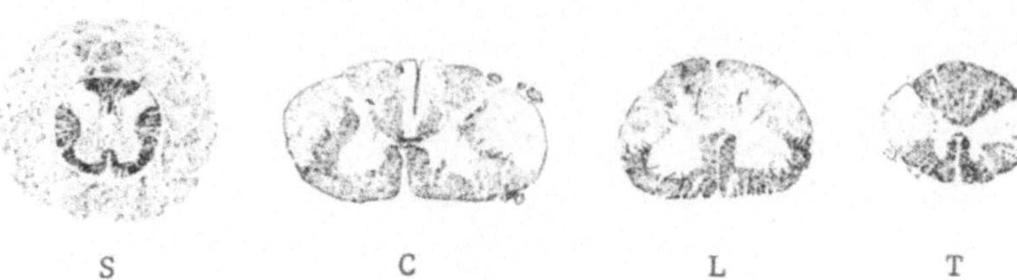

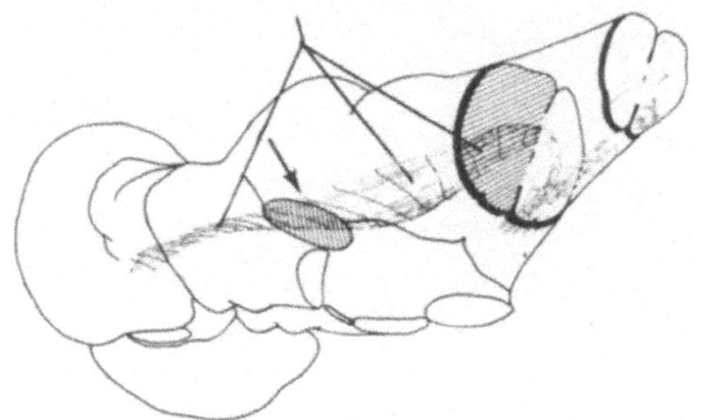

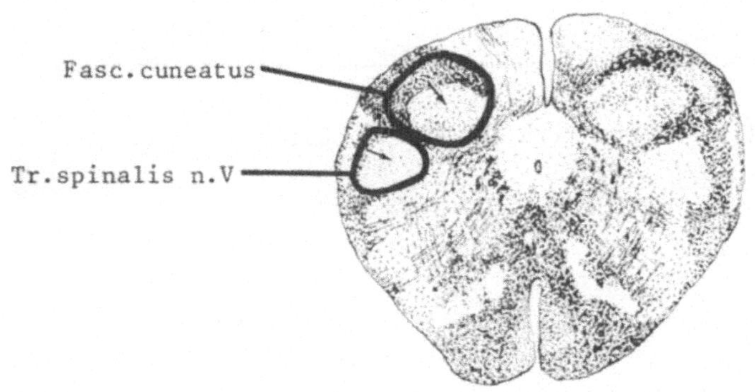

A

<u>96.</u> Bahnen im Zentralnervensystem, die Informationen von sensiblen Receptoren
zur Hirnrinde oder sonstigen zentralen Strukturen übertragen, werden im allgemeinen sensible Bahnen genannt, wenn auch ihre Neurone nicht unmittelbar mit
sensiblen Organen verbunden sind. Entsprechend nennen wir den Tractus corticospinalis, der Impulse zu den Muskeln leitet, aber mit diesen nicht unmittelbar
verbunden ist (zwischen Rückenmark und den Muskeln liegen die zweiten oder
dritten Neuronen) eine __________ Bahn. (Definition: Ein Neuron ist eine Nervenzelle mit allen ihren Fortsätzen)

B

263A. frontalis

C

<u>459.</u> In der schematischen Darstellung sehen
wir Teile des Hirnstammes und Rückenmarks
von vorn. Umzeichnen Sie auf der obersten
Ebene die aus der linken Großhirnhemisphäre kommenden Fasern! Das corticospinale System ist bilateral symmetrisch.

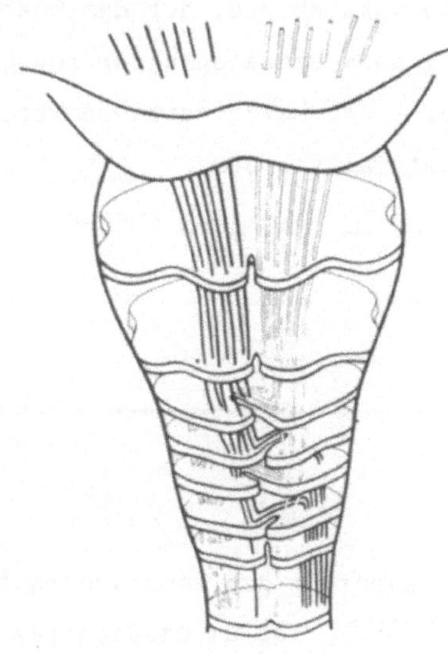

D

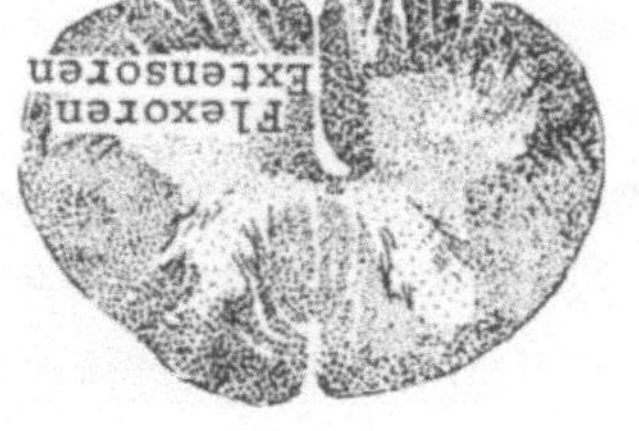

<u>619.</u> Ein weiterer topographischer Gesichtspunkt ist
erwähnenswert: Die Flexoren innervierende Neurone
liegen __________ von jenen, die die __________ muskeln
versorgen.

826. Schreiben Sie die beiden Rückenmarksbereiche auf, in deren Vorderhörnern am wenigsten sekundäre, motorische Neurone beginnen: Pars _________ und Pars _______.

E

F

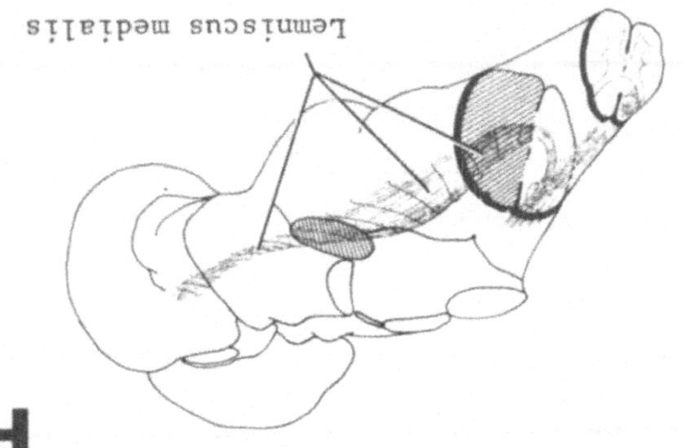

956. Nachdem die Fibrae arcuatae internae ihren Bogen gebildet haben, wenden sie sich scharf umbiegend nach oben und laufen auf dem ganzen Wege ununterbrochen zum _______ der anderen Seite. Auf dieser Strecke, nach ihrer Kreuzung, werden die Fasern Lemniscus medialis (= mediale Schleife) genannt. Markieren Sie mit einem Pfeil die Stelle, an der der Lemniscus medialis unter der horizontalen Schnittfläche des Pedunculus cerebellaris inferior vorbeizieht!

1152. Die vorstehende, auf dem Querschnitt wurmartig aussehende Struktur aus grauer Substanz, liegt beiderseits unmittelbar posterolateral von den _________. Sie wird Nucl. _________ ________ genannt.

G

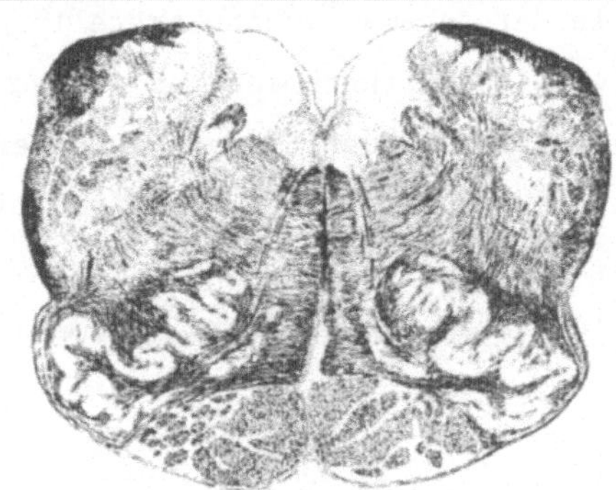

Nucleus olivaris inferior

H

1265. 1. Tragen Sie eine 1 auf den linken Nucl. gracilis ein! 2. Zeichnen Sie einen Pfeil, der die Richtung der Impulsübertragung angibt, auf die Axone sekundärer Neurone der Kinästhesiebahn aus dem rechten Fuß! Diese Axone enden auf der _______ Seite im _________. 3. Die umzeichneten Fasern stammen aus Zellkörpern im rechten _________ ________. 4. Schreiben Sie eine 2 auf den rechten Nucl. tr. spinalis n. V! Die mit diesen Zellen Synapsen bildenden Fasern liegen unmittelbar ________al vom Kern. 5. Das x befindet sich auf Fasern des Tr. spinothalamicus lateralis die aus Zellkörpern in der _______ Rückenmarkshälfte kommen und auf der _______ Seite des Hirnstammes und Thalamus enden.

A

B

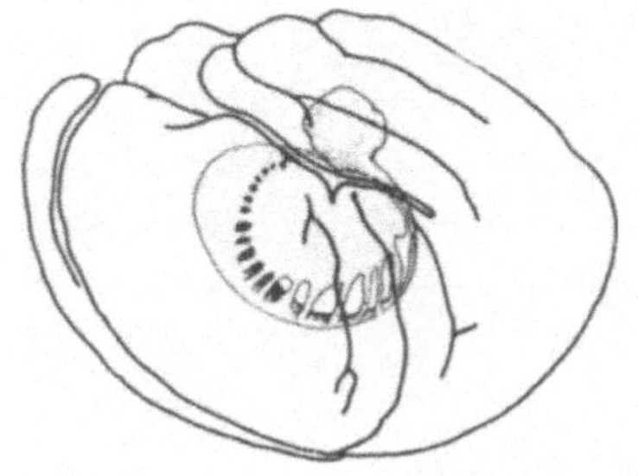

263. Der Kopf des Nucleus caudatus und der größte Teil des Nucleus lentiformis befinden sich im Lobus ________ .

459A.

C

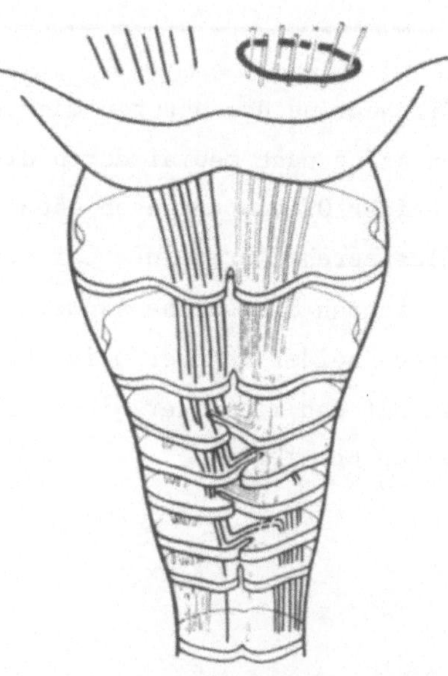

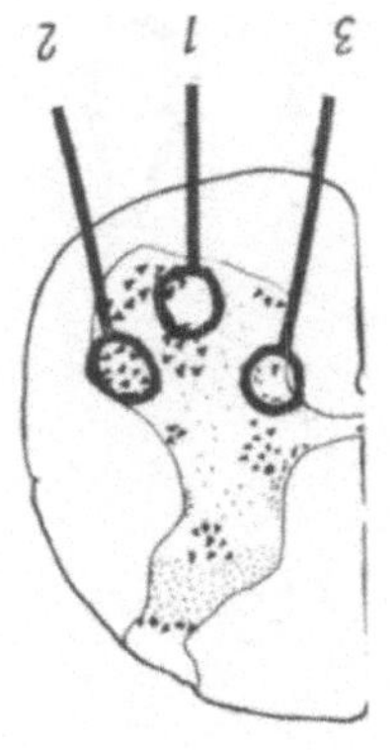

D

618A.

<u>826A.</u> thoracica
      sacralis

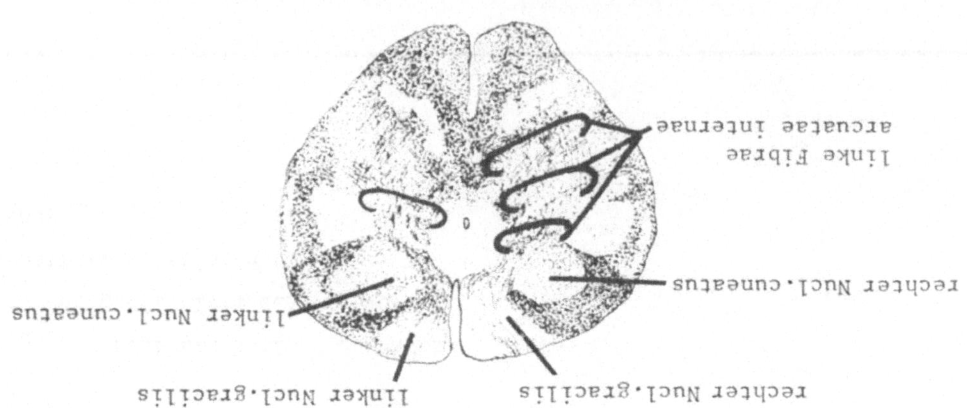

<u>1153.</u> Die Neurone des unteren Olivenkerns
schicken Axone nach medial durch die freie
Stelle beider Oliven und nach oben in den
Pedunculus cerebellaris inferior der Gegenseite. Zeichnen Sie solche Axone, die von
Zellkörpern beider unterer Olivenkerne
ausgehen auf den mit einer Nissel-Färbung
behandelten Schnitt!

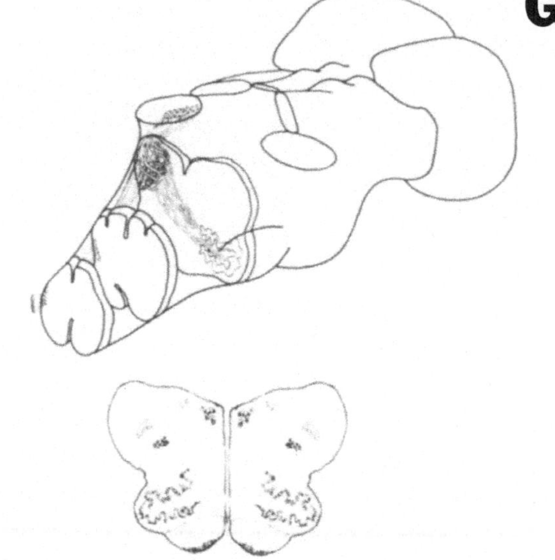

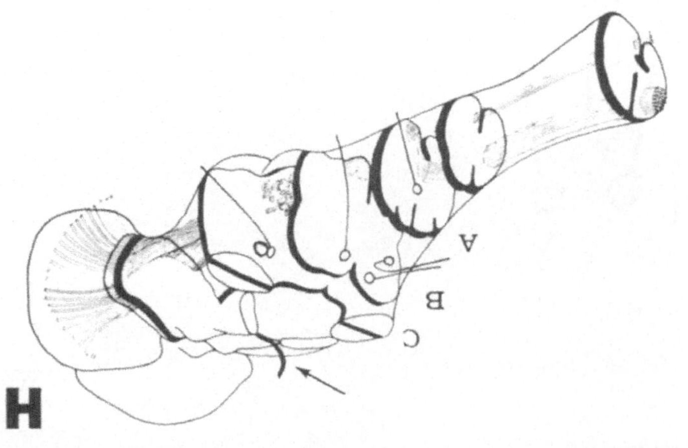

97. Der Tractus ________spinalis beginnt in der 5. Schicht des Cortex cerebri und seine ersten Neurone enden in der Medulla ________.

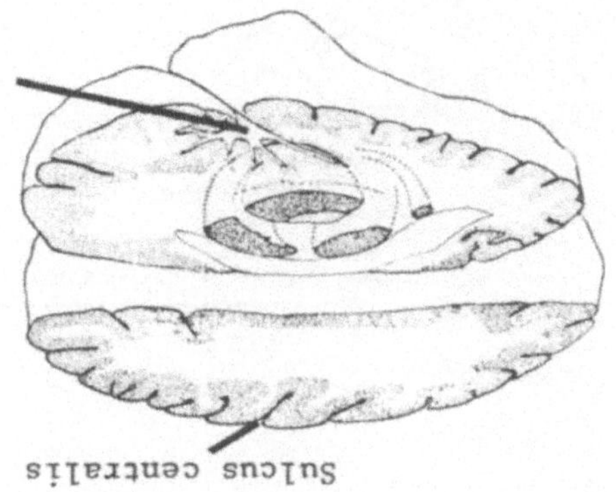

460. Bei ihrem Verlauf nach caudal ______ die meisten Fasern des rechten Tractus corticospinalis (Tractus pyramidalis) im unteren Bereich der Medulla oblongata die Körpermittelebene und laufen als Tractus ____________ lateralis auf der ______ Seite.

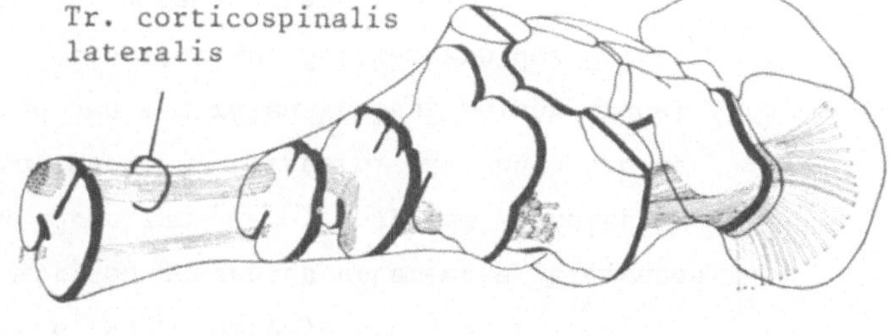

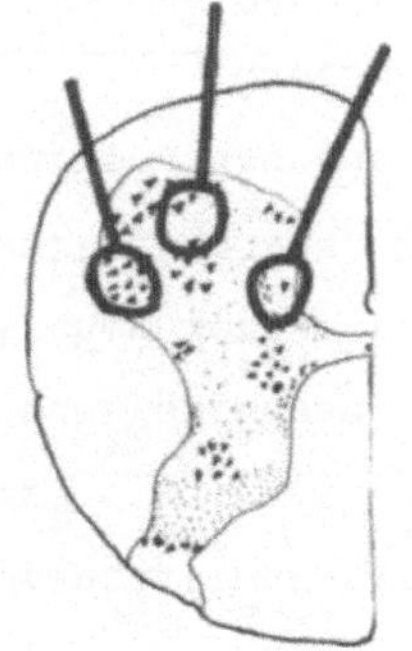

618. Numerieren Sie im Vorderhorn die Neurone, welche die Hüfte innervieren mit 1, die zu den Zehen mit 2 und zum Rumpf mit 3.

827. Im Rückenmark werden die unmittelbar an der grauen Substanz liegenden
Stränge aus weißer Substanz Fasciculi
_______ genannt.

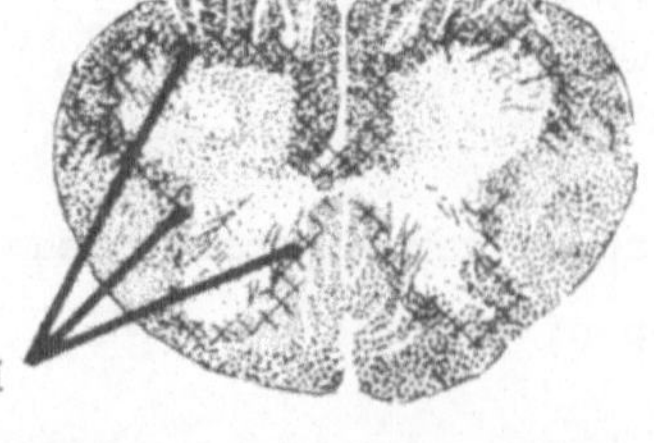

---

955. Umzeichnen Sie die
linksseitigen Fibrae arcuatae
internae und kennzeichnen
Sie die Kerne, aus denen sie
hervorgehen mit Hinweislinien
und ihren Namen!

F

1153A.

G

1264. Alle branchialmotorischen Nerven
kommen an der _______ Oberfläche des
Hirnstammes zum Vorschein. Sämtliche
somatomotorischen Nerven treten an der
_______ Oberfläche aus, mit Ausnahme
des __ Hirnnerven, der aus der contralateralen, _______ Oberfläche kommt.
Zeichnen Sie in den Schnitten A und B
den rechten Nucl. n. hypoglossi und den
N. hypoglossus in der Nähe des Zentralkanals oder Ventrikels ein. Zeichnen
Sie im Schnitt B den linken Nucl.
ambiguus und den linken Nucl. dorsalis n. vagi sowie je ein Axon aus beiden
ein! Afferente Fasern, die gemeinsam mit den genannten efferenten Elementen
in der Medulla oblongata verlaufen, gehören zum _______system. Schnitt C
zeigt den rechten Nucl. sensorius principalis n. trigemini. Zeichnen Sie den
rechten Nucl. motorius n. trigemini und den centralen Verlauf seiner Axone!
Kommen die motorischen Fasern an der Pfeilspitze aus Zellkörpern des Nucl.
_______ der linken oder der rechten Hirnstammseite? _______ Seite.

H

98. Der Tractus ________________ ist ein motorisches Bündel. Der größte Teil des Zelleibes der Nervenzellen liegt im Lobus ________ des Cortex cerebri. (Definition: Der Zelleib ist der verdickte, den Zellkern enthaltende Teil der Zelle. Synonyma: Zellkörper, Perikaryon)

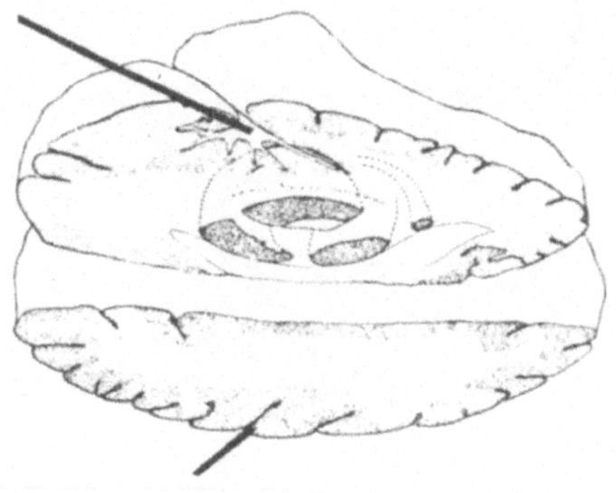

262. Beschriften Sie die beiden Gegenden!

460A. kreuzen

corticospinalis

linken

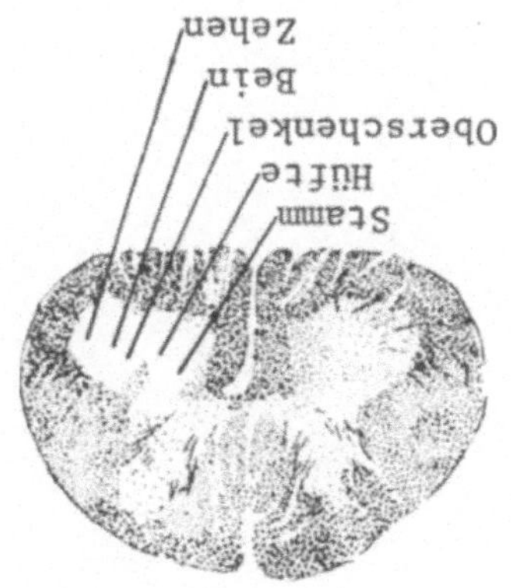

617. Innerhalb des Cornu anterius werden die peripheren Muskeln von topographisch angeordneten Feldern repräsentiert. Zu den distalsten Teilen des Körpers gehören Felder die ________ liegen.

828. Proprius bedeutet eigentlich, zugehörig, ausschließlich. Man hat die Fasciculi proprii so genannt, weil ihre Fasern im Rückenmark beginnen und enden. Die Fasern der Fasciculi proprii gibt es ___ im Rückenmark.

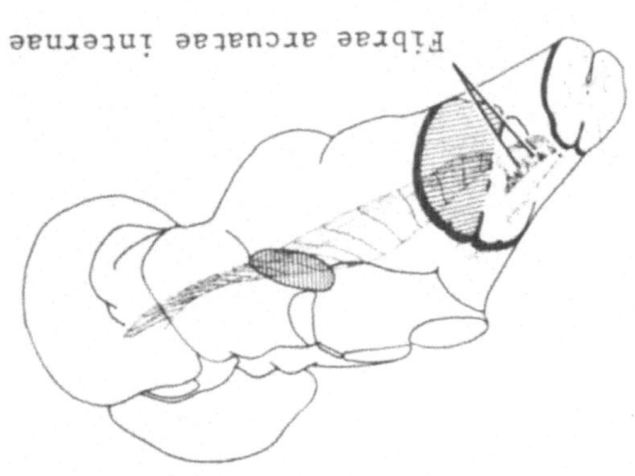

F

954. Aus den Längsflächen des Nucl. gracilis und Nucl. cuneatus hervorgehende Fasern bilden einen Bogen um den Canalis centralis. Aus diesem Grunde werden sie ___ ___ ___ genannt.

1154. In den Kernen der unteren Oliven werden Potentiale umgeschaltet, die auf dem Wege durch den Pedunculus ___________ ________ der ________ Seite das _________ erreichen. Die Axone der Olivenkerne bilden eine Bahn, die nach ihrem Ursprung und Ende Tr. ________________ genannt wird.

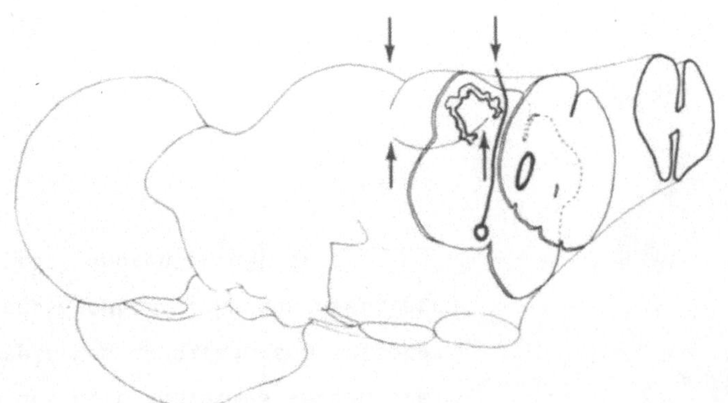

1263A.

H

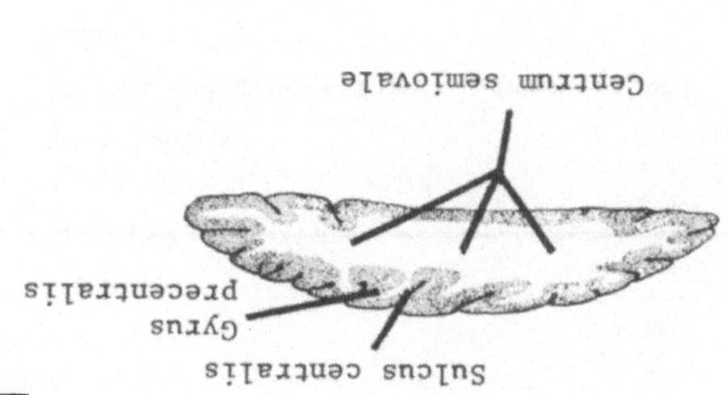

B

261A. nein

C

461. 10-20% der Pyramidenbahnfasern treten ungekreuzt als Tractus ________________ __________ in
das Rückenmark ein. Die Fasern des linken
Tractus corticospinalis lateralis und
rechten Tractus corticospinalis anterior
entspringen aus Zellkörpern in der
_______seitigen Großhirnrinde.

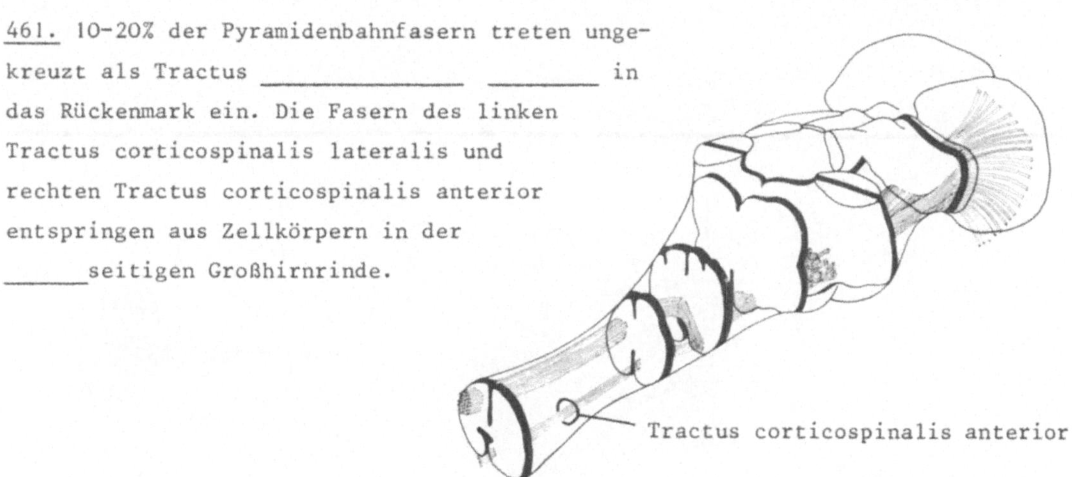

D

616A.

<u>828A.</u> nur (oder ausschließlich)

nein

linken (oder derselben, ipsilateralen)

<u>953A.</u> cuneatus

<u>1154A.</u> cerebellaris inferior

anderen

Cerebellum

olivocerebellaris

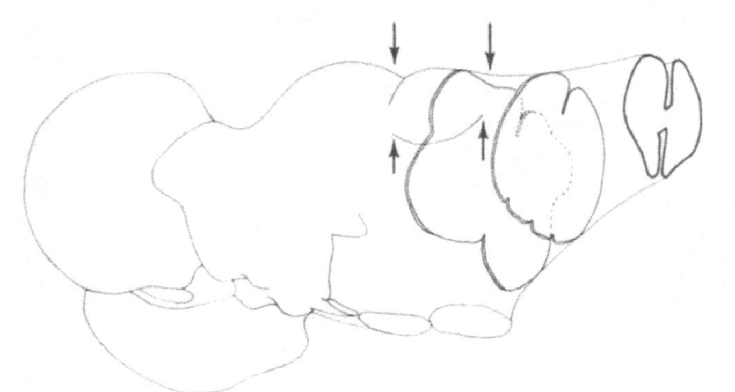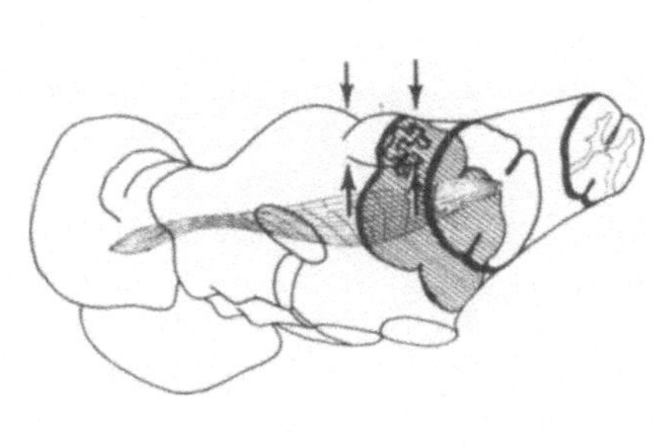

<u>1263.</u> Die Oliva inferior wölbt sich an der lateralen Oberfläche des verlänger-
ten Marks vor. Sie befindet sich in den beiden Abbildungen zwischen den vier
Pfeilen. Zeichnen Sie in der entsprechenden Schnittfläche der rechten Abbildung
die Umrisse der Oliva inferior ein, und in derselben Schnittfläche - unter Ver-
wendung der linken Abbildung als Hinweis - den Umriß des linken Lemniscus medialis!
Auf derselben Schnittfläche ist der rechte Nucleus n. hypoglossi einzuzeichnen
und der intracraniale Verlauf des N. hypoglossus bis zu seiner Austrittsstelle
zwischen Olive und Pyramide.

99. Die meisten Perikaryen der motorischen Neurone (Ganglienzellen, Nervenzellen) befinden sich im Gyrus __________ des Lobus frontalis.

261. Sind auf dem Horizontalschnitt Basalganglien sichtbar? ___.
Ziehen Sie in der linken Skizze eine Gerade, die ungefähr dem Horizon-
talschnitt entspricht. Kennzeichnen Sie das Centrum semiovale und den
Gyrus precentralis auf dem Horizontalschnitt!

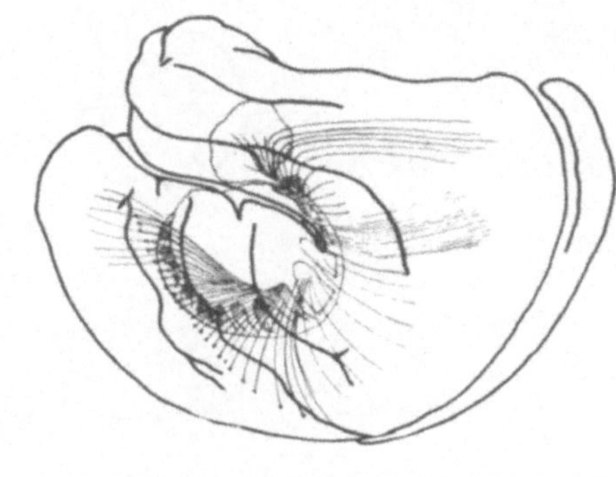

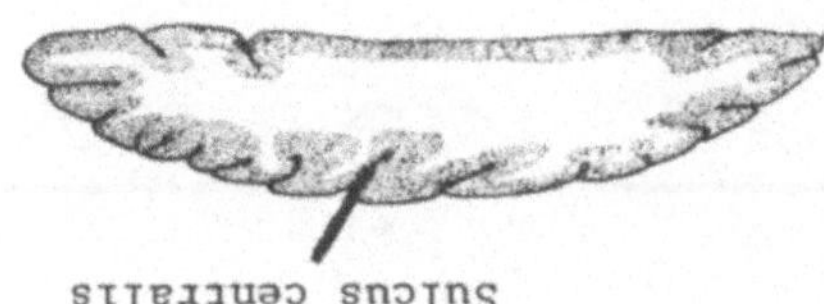

461A. corticospinalis anterior
rechtsseitigen

616. Numerieren Sie diese Querschnitte
mit 1, 2 und 3, wobei sich 1 am cranial-
sten und 3 am caudalsten befindet.

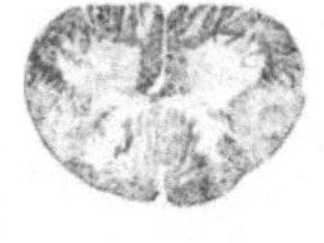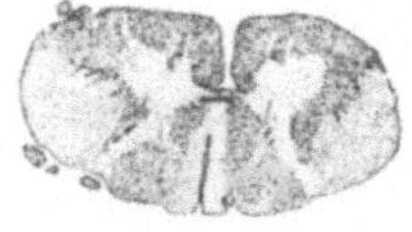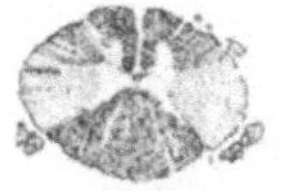

829. Kurz aufsteigende und absteigende Bahnen finden wir im ganzen
Rückenmark. Sie liegen unmittelbar um die graue Substanz in den ________
________. Diese markhaltigen Axone, die Impulse zwischen nahe beieinander
liegenden Rückenmarkssegmenten leiten, gehören nicht zu den primären
motorischen oder sensorischen Neuronen, sondern sind intersegmentale Neurone.

F

953. Kinästhesie-Impulse, die aus dem linken Arm kommen, und zum Cortex
cerebri aufsteigen, laufen erst über eine Synapse im Nucleus ________
auf der ______ Seite. Laufen die Axone nach Verlassen
des Nucleus gracilis und Nucleus cuneatus in derselben
Richtung wie die Axone des Fasc. gracilis und Fasc.
cuneatus? ____.

G

1155. Wie gezeigt wurde, enthalten die Pedunculi cerebellares inferiores
Fasern aus drei Quellen:
a) ungekreuzte, sekundäre Neuriten aus dem
Rückenmark, die im Nucl. ________ (________ -
______ Säule) entspringen. Auf dem nebenstehenden Schema sind sie mit dem Buchstaben
__ gekennzeichnet worden.
b) Die unter a) genannten analogen Axone,
die afferente Informationen aus der Halsmuskulatur leiten und im Nucl. ________
________ entspringen. Sie sind mit __ gekennzeichnet worden.
c) Gekreuzte Fasern aus dem Tr. ________________.
Sie sind mit __ bezeichnet worden.

H

1262A.

100. Die Neuriten (Axone) - es gibt Neuriten, die bis zu 1 m lang sind -
des Tractus corticospinalis ziehen ohne Unterbrechung vom Zelleib im Gyrus
______________ zur _______ ________ . Durchlaufen ihre Impulse zwischen
Großhirnrinde und Vorderhörnern des Rückenmarks Synapsen? ____ .

260A. Putamen
Nucleus caudatus

---

462. In der Übergangszone der Medulla
oblongate in die Medulla spinalis kreuzen
80-90% der corticospinalen Fasern zur Gegenseite. Umzeichnen Sie auf dem untersten
Querschnitt der Abbildung die aus der linken Großhirnhemisphäre kommenden Fasern,
die die Mittelebene gekreuzt haben!

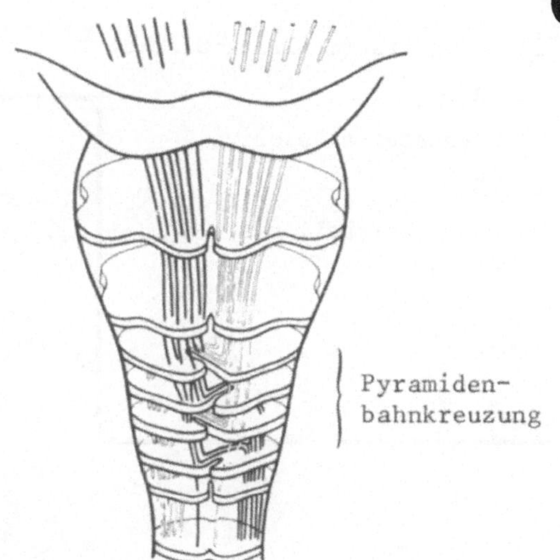

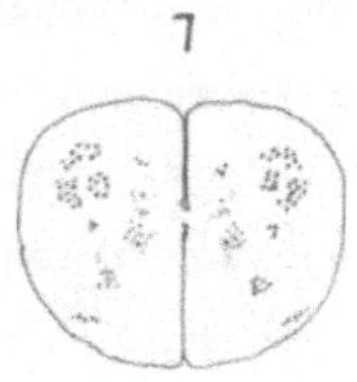

615A.

E

F

952A. Pons

Medulla oblongata

Ventriculus quartus

G

1155A. dorsalis (Stilling-Clarke)

A

cuneatus acessorius

B

olivocerebellaris

C

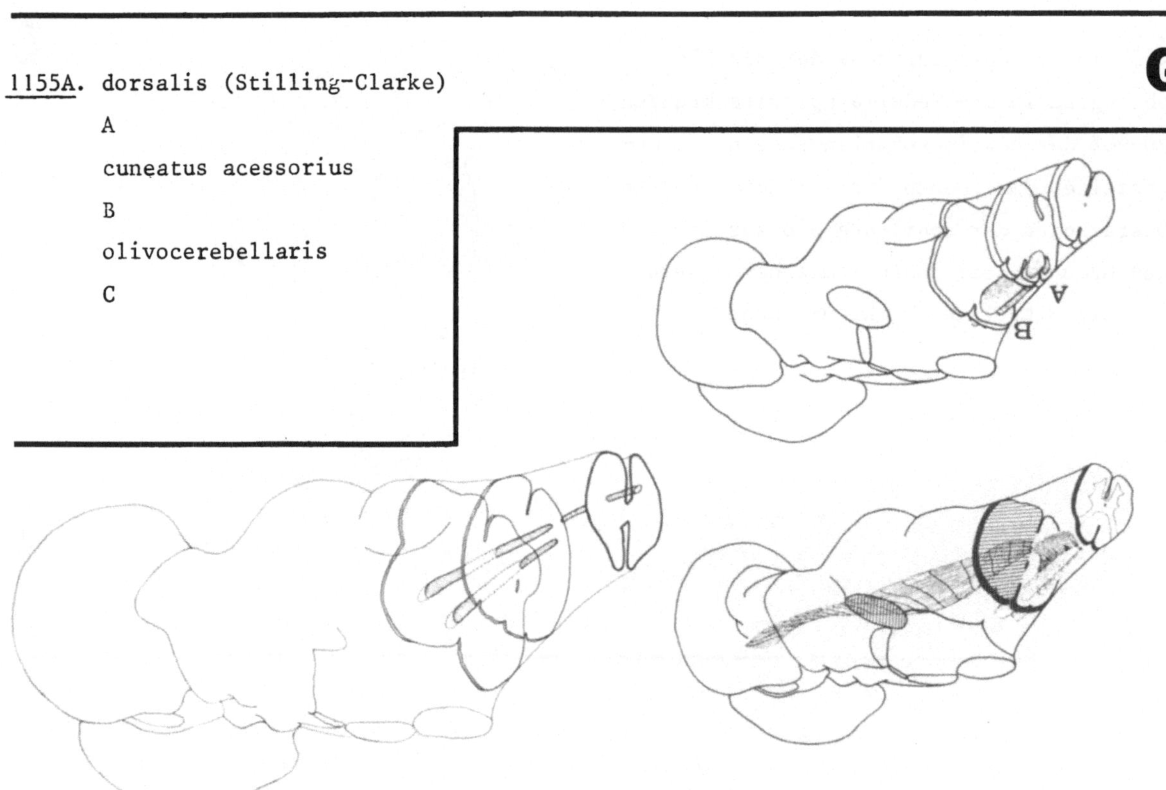

H

1262. Wenn Sie einen Schnitt durch das ZNS betrachten, sollten Sie sich seine Bahnen und Kerne sowie die Lage des Schnittes in bezug auf andere Schnitte besser vorstellen. Betrachten Sie die beiden oberen Abbildungen! Zeichnen Sie in den Schnitt A der unteren Abbildung die linken Fibrae arcuatae internae, die in den rechten Lemniscus medialis lauf ein, und markieren Sie in den Schnitten A und B mit Kreisen den rechten Nucl. n. hypoglossi und Nucl. ambiguus!

100A. precentralis

Medulla spinalis (Rückenmark)

nein (ein Teil der Fasern zieht zu Schaltneuronen, dann gibt es
innerhalb des Rückenmarks eine zusätzliche Synapse)

260. Welche Basalganglien umfaßt der Begriff Corpus striatum?

_________ und _________ .

462A.

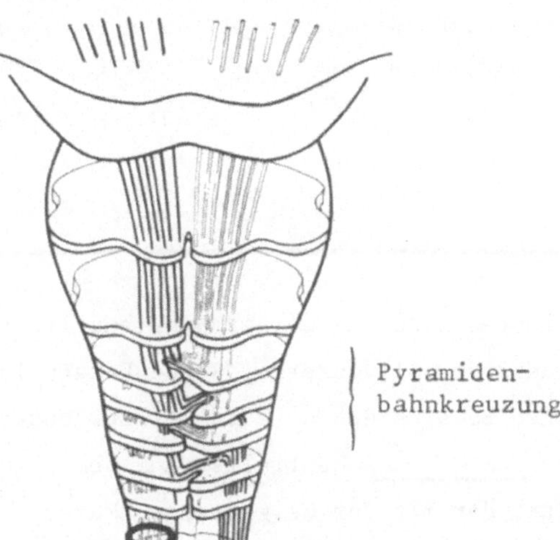

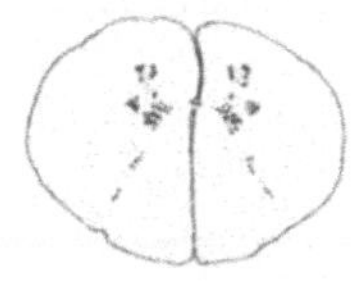 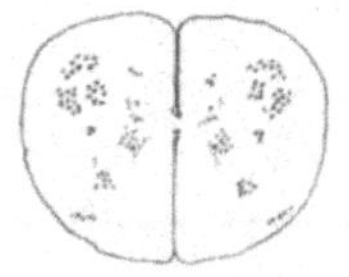

615. Kennzeichnen Sie jeden Schnitt mit
T (thoracal) oder L (lumbal).

830. Die umzeichneten motorischen Bahnen sind der Tr. __________

__________ und Tr. __________ ________. Ihre Querschnittsflächen

werden im Laufe ihres Abstieges ______. Im Lumbalbereich und den unteren

Thoracalsegmenten ist der Tr. corticospinalis

________ nicht mehr vorhanden.

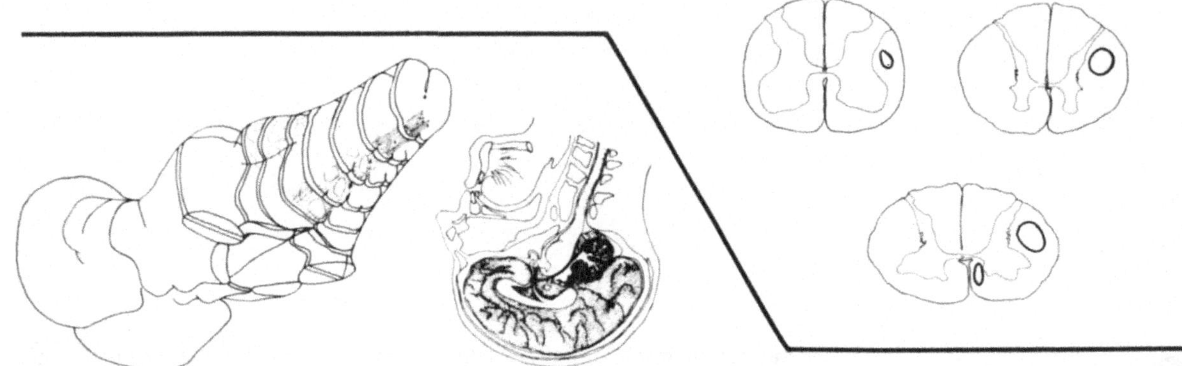

F

952. Zeichnen Sie eine die linken Colliculi superiores verbindende Strecke von
der rechten zur linken Abbildung! Ventral vom Cerebellum liegen zwei Gebiete
des Hirnstammes, der ____ und die ________ ________. Der mit Flüssigkeit ausgefüllte Raum zwischen diesen beiden Gebieten und dem Kleinhirn ist der
________ ______. Umzeichnen Sie auf beiden Abbildungen den Liquor cerebrospinalis enthaltenden Raum!

G

1156. Ein dichtes Band aus weißer Substanz liegt an
der Außenfläche der Olivenkerne. Seine Fasern laufen
aus dem oberen Bereich des Hirnstammes zur unteren
Olive im Tr. __________ centralis. Auf dem abgebildeten Schnitt, der mit der Weigertschen Markscheidenfärbung behandelt wurd, zeigt der Tr.
tegmentalis centralis eine ________ Färbung. Die
Zellkörper der unteren Olive sind ____ gefärbt.

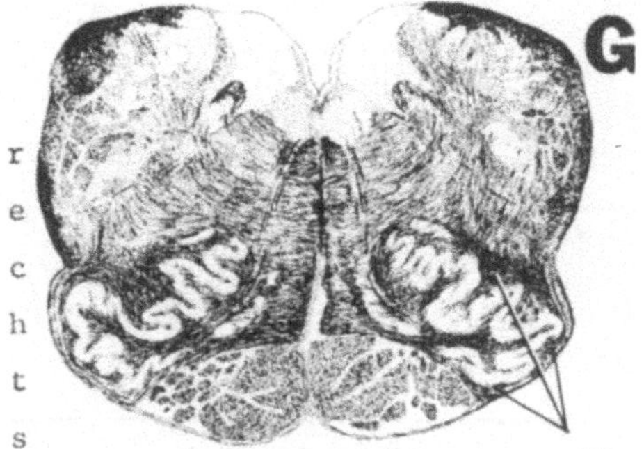

Geben Sie auf der rechten Seite mit einem Pfeil die Richtung der Impulsübertragung vom Tr. tegmentalis centralis zu den Nervenzellkörpern der Oliva
inferior an! Zeichnen Sie mehrer Axone, die aus dieser Olive zum Cerebellum laufen!

H

Fahren Sie fort mit Abschnitt 1262!

A

101. Kennzeichnen Sie in der Skizze den Lobus frontalis mit einer Hinweislinie und Beschriftung! Zeichnen Sie alle Grenzen der seitlichen Oberfläche des rechten Stirnlappens! Markieren Sie den Gyrus precentralis (Beschriftung und Hinweislinien)!

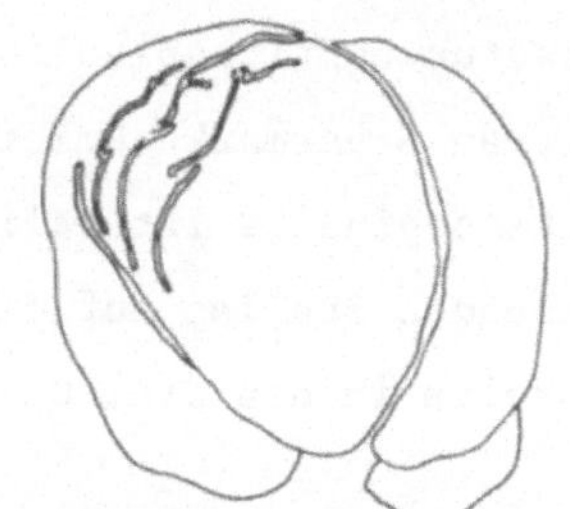

B

259A. A Caput nuclei caudati und Putamen

B Cauda nuclei caudati und Corpus amygdaloideum

C Putamen und Globus pallidus

D Putamen und Corpus nuclei caudati über Verbindungsbrücken

C

463. Kennzeichnen Sie eine der Fasern A mit einem dunklen Stift in ihrem ganzen Verlauf! Kreuzen alle eingezeichneten Fasern die Medianebene in dem abgebildeten Bereich? ____.

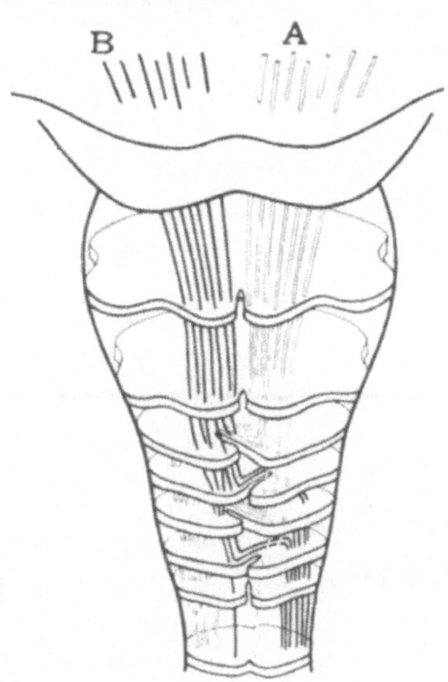

D

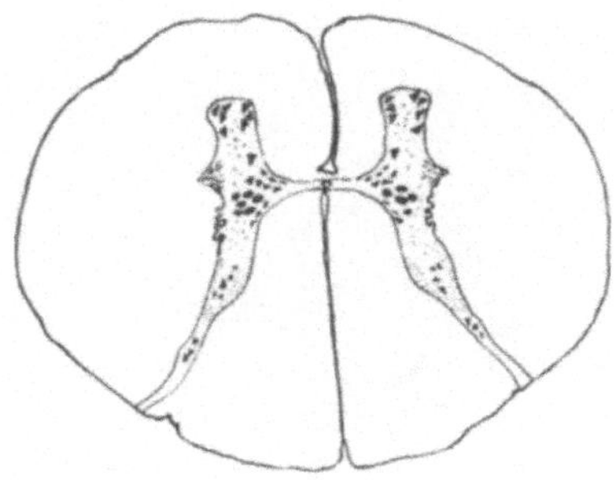

614. In dieser Ebene ist die Querschnittsfläche der Vordersäule verhältnismäßig ______.

831. Der Tractus corticospinalis anterior
endet im oberen Brustmark. Umzeichnen Sie
den Tr. corticospinalis lateralis et anterior
an entsprechenden Stellen auf der linken
Rückenmarksseite in den drei Querschnittsebenen!

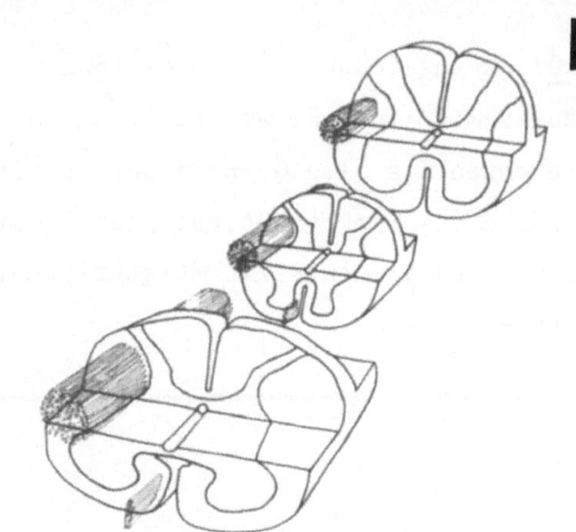

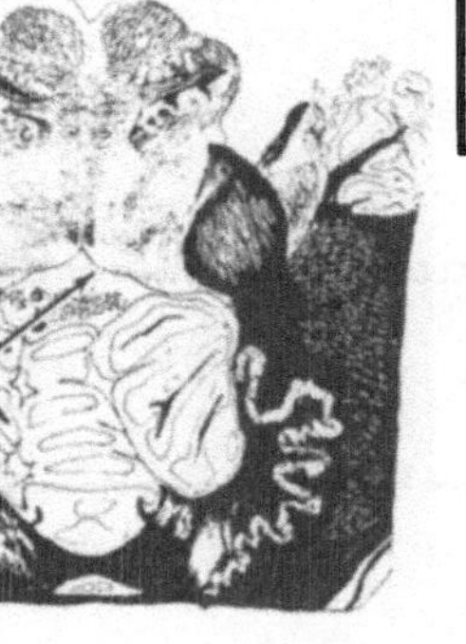

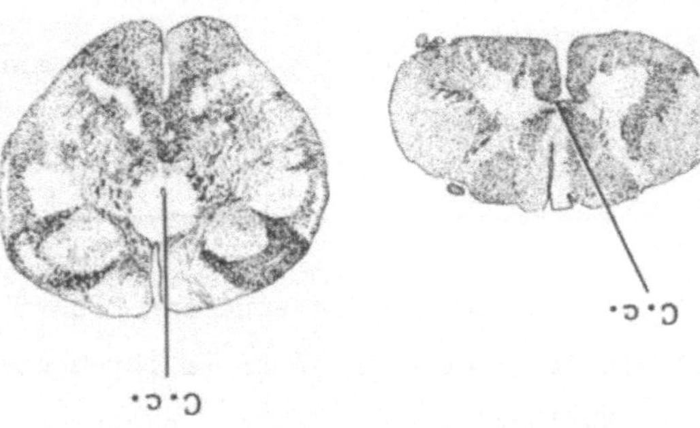

F

1156A. tegmentalis
        schwarze (dunkle)
        weiß (hell)

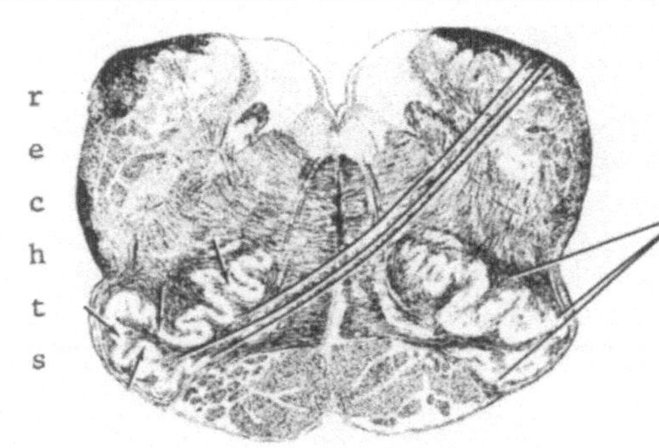

G

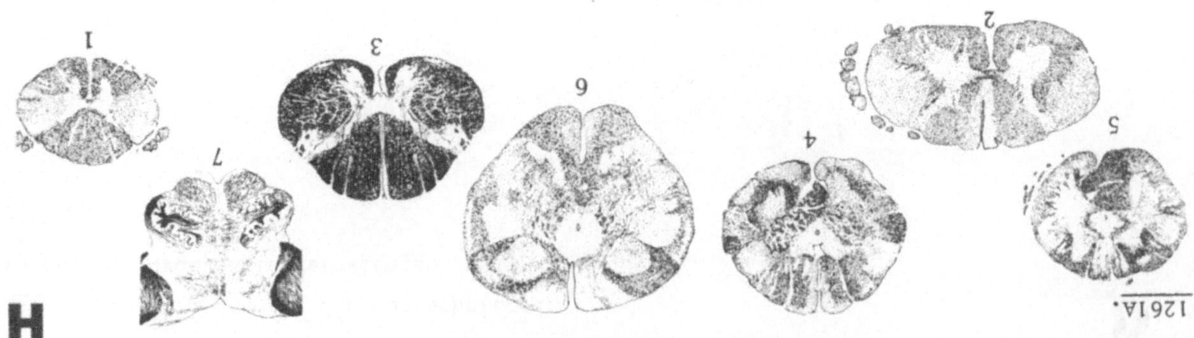

H

374

A

101A. Gyrus precentralis

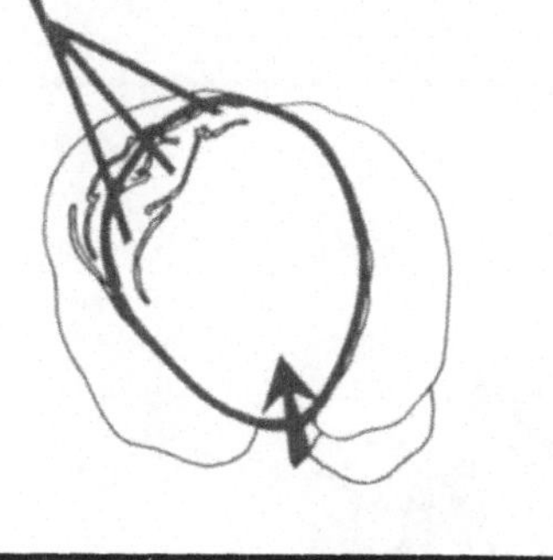

B

259. Die einzelnen Basalganglien gehen entweder kontinuierlich ineinander über oder sie liegen benachbart zueinander. Schreiben Sie die Namen der Basalganglien bzw. ihrer Teile und die Namen derjenigen Hirnstrukturen, in die sie kontinuierlich übergehen, hinter die Buchstaben A, B, C und D!

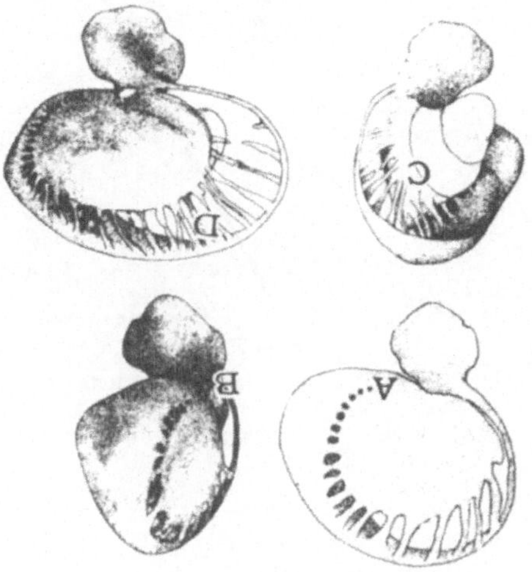

A

B

C

D

C

463A. nein

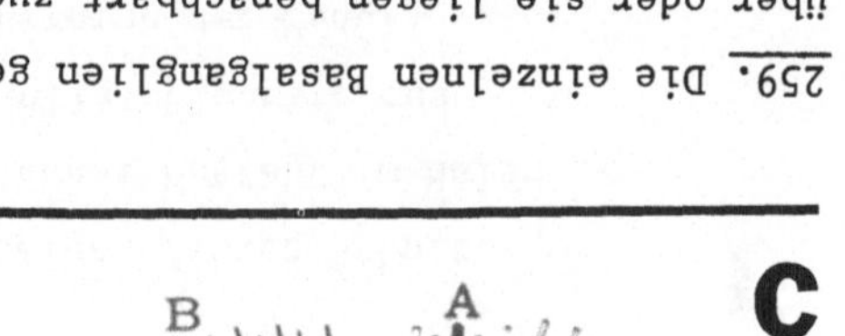

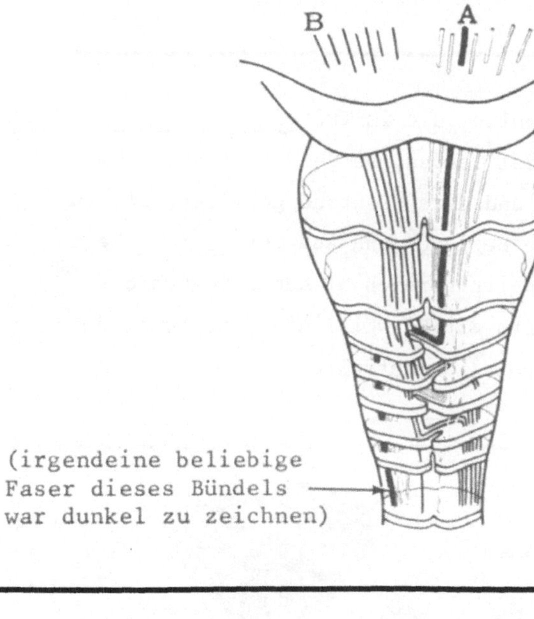

D

613. Man kann erkennen, daß dieser Schnitt aus dem lumbalen und nicht thoracalen Bereich stammt, da der Umfang des Vorderhorns ____ ist.

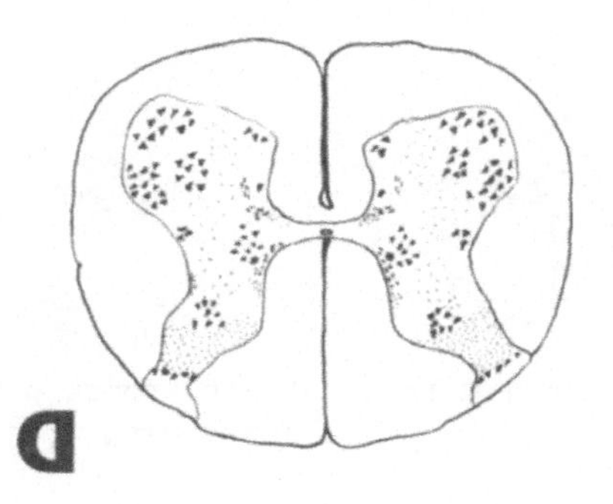

H

1261. Numerieren Sie die abgebildeten Schnitte in der Reihenfolge von caudal nach cranial mit den Zahlen 1 bis 7!

G

1157. Impulse, die im Tr. _________ _________ nach caudal laufen, werden in Synapsen umge- schaltet und durch Neurone geleitet, die in der Olive beginnen und auf der _______ Seite das Kleinhirn erreichen. Kennzeichnen Sie beiderseits mit Hinweislinien und Namen den Tr. tegmentalis centralis!

F

951. Beschriften Sie den dünnen Canalis centralis der beiden linken Schnitte mit C.c! Der größte Teil des Gewebes dorsal vom Zentralkanal besteht im Hals- mark aus _______ Substanz und im unteren Bereich der Medulla oblongata aus _______ (Nucl. _________ und Nucl. _________.) Im oberen Bereich der Medulla oblongata liegt der mit Liquor cerebrospinalis gefüllte _________ _______.

E

A

·102. Die meisten Perikaryen der Nervenzellen liegen in der grauen Substanz des Gehirns. Die Achsenzylinder der Nervenzellen sind zum Teil von dem glänzenden Myelin umhüllt. Oft formieren sie sich zu Bündeln. Diese sind ein Teil der Substantia ____ des Gehirns.

B

258A. pallidus
amygdaloideum
caudatus
Basalganglien

C

464. Die Kreuzung der Pyramidenbahn dehnt sich mehrere Millimeter weit am Übergang der ______ ______ zur ______ ______ aus. Kennzeichnen Sie mit einem Pfeil die Ebene, in der die Kreuzung beginnt!

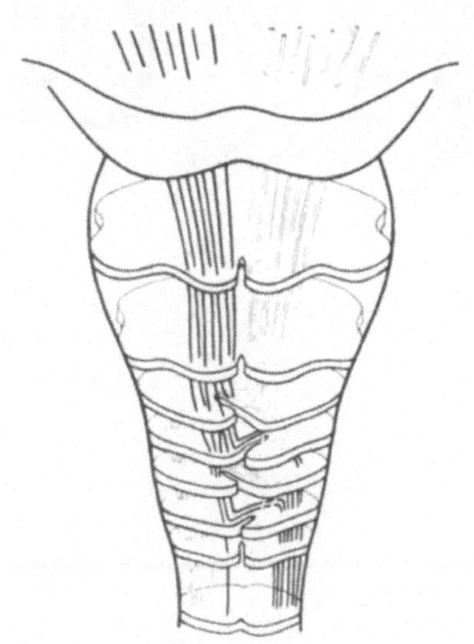

D

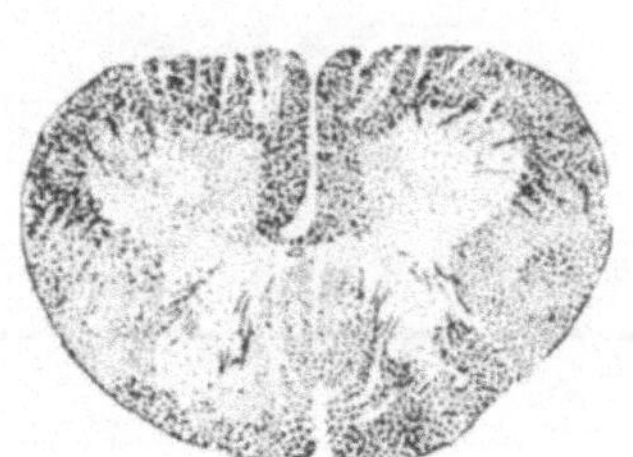

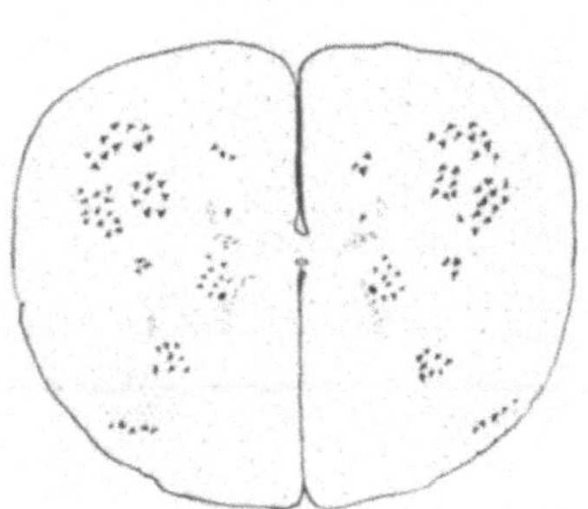

612A.

832. Zwischen den Trr. corticospinales laterales
und der Substantia grisea des Rückenmarks liegen
Teile der _________ ______. Der Fasc. gracilis
und Fasc. cuneatus liegen im Funiculus ________.
Welcher von beiden liegt medial? _________
________. Unterhalb des 4. Thoracalsegmentes fehlt
von den beiden der _________ _______.

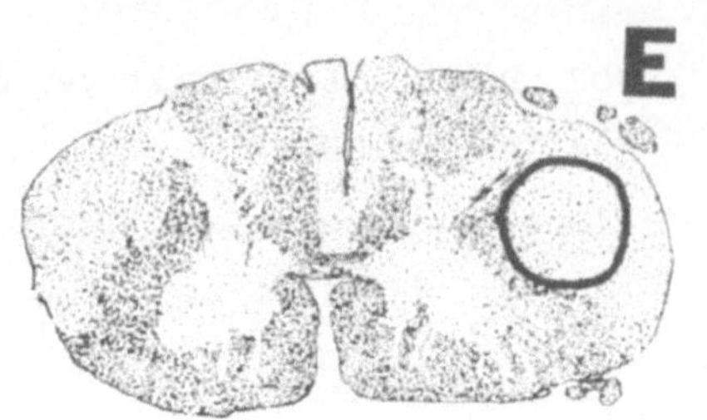

E

F

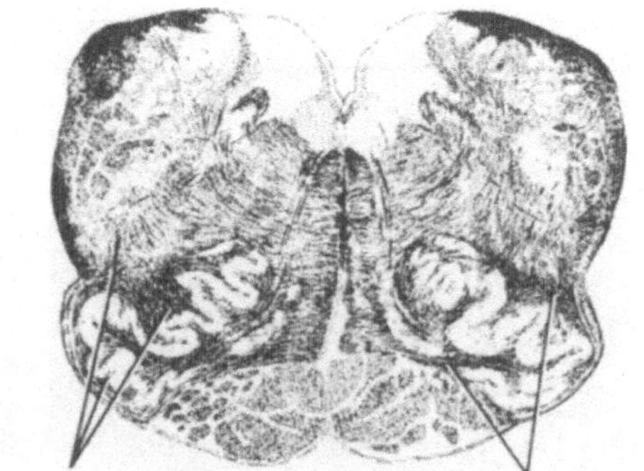

950. Die Grenze zwischen verlängertem Mark und Rückenmark ist willkürlich.
Querschnitte, die sich kreuzende Pyramidenbahnfasern erkennen lassen,
rechnet man gewöhnlich zur Medulla oblongata. Kennzeichnen Sie die Querschnitte 1 bis 5 durch die Medulla oblongata oder das
Halsmark mit M (Medulla oblongata) oder C (Cervical-
mark)! Die Schnitte 1, 2 und 3 sind dreidimensional
dargestellt worden. Ziehen Sie Linien von diesen
drei Schnitten zu den korrespondierenden
Ebenen der Skizze!

1157A. tegmentalis centralis
       anderen

G

H

Bitte blättern Sie weiter!

103. In der makroskopischen Neuroanatomie verstehen wir unter Nucleus
(Kern) eine circumscripte Ansammlung von Nervenzellen im Zentralnervensystem. Ein Hirnkern besteht aus _____ Substanz. Dieser Begriff darf
nicht mit dem histologischen Begriff des Zellkerns (Nucleus) ver-
wechselt werden.

---

258. Das Corpus amygdaloideum ist kein einheitlicher Kern. Er besteht
aus mindestens 8 im Lobus _____ liegenden Kernen.

464A. Medulla oblongata
      Medulla spinalis

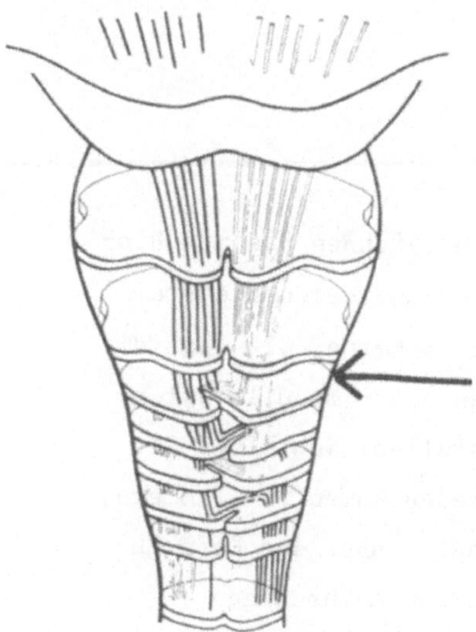

---

612. Eisenhämatoxylin nach Bichro-
matfixierung ist der gebräuch-
lichste Farbstoff für die Darstellung des Myelins. Dieses Verfahren
wurde 1890 von dem Neuropathologen
Carl Weigert eingeführt. Geben Sie
an, welcher der nebenstehenden
Schnitte mit der Nissl- und welcher
mit der Weigert-Färbung behandelt worden ist.

832A. Fasciculi proprii

posterior

Fasciculus gracilis

Fasciculus cuneatus

E

F

949A. cervicalen

Medulla spinalis

cuneatus

Medulla oblongata

kreuzend

Thalamus

1158. Kennzeichnen Sie mit Hinweislinien und Namen die drei
motorischen Kerne, die fast die
ganze Länge der Medulla oblongata ausfüllen! Schreiben Sie
hinter jeden Namen in Klammern,
zu welcher Gruppe der Kern gehört mit den Abkürzungen

v für visceral

s für somatisch und

b für branchial!

G

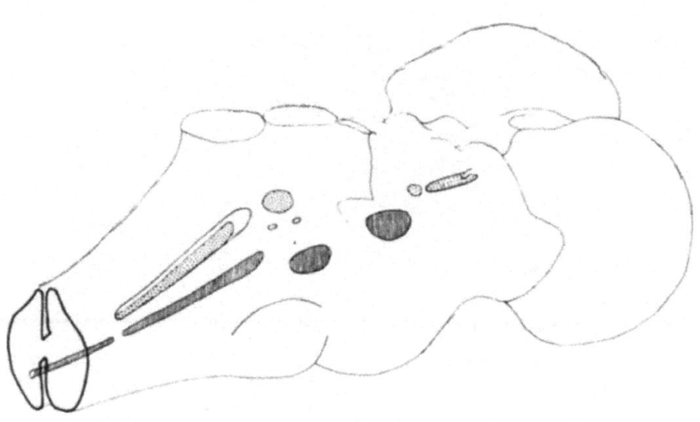

H

1260A. gracilis

cuneatus

Beinen

links

A

B

257. Das Corpus amygdaloideum — gelegentlich auch als Amygdaloidkomplex bezeichnet — stellt keinen einheitlichen Kern dar, sondern besteht aus mindestens 8 Nuclei, die im Lobus __________ liegen.

C

465. Die absteigenden corticospinalen Fasern der einen Seite erscheinen auf den Querschnitten gefärbt. Kreisen Sie auf der untersten Ebene den Querschnitt der aus der linken Großhirnhemisphäre kommenden Fasern, die zur anderen Seite übergewechselt sind.

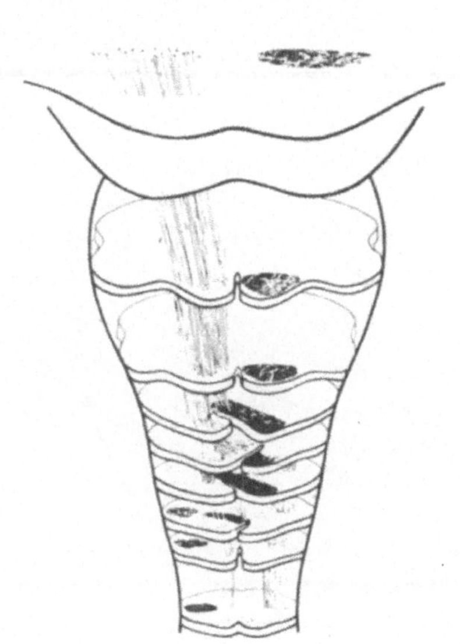

D

611. Kresylviolett, Toluidinblau, Methylenblau und ähnliche Farbstoffe färben Zellkerne und die Nissl-Substanz. Diese Färbemethode wurde 1886 von einem deutschen Medizinstudenten, dem späteren Neuropathologen und Psychiater Franz __________ entwickelt.

833. Die umzeichnete Bahn ist der ________ ________. Notieren Sie in das umzeichnete Feld in Höhe des Halsmarksegmentes C7 den von diesen Neuriten repräsentierten Körperteil!

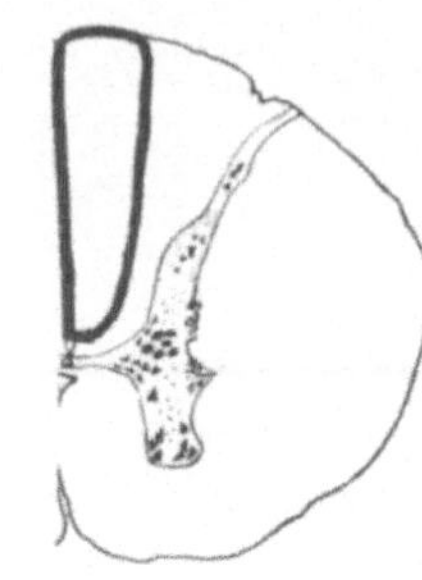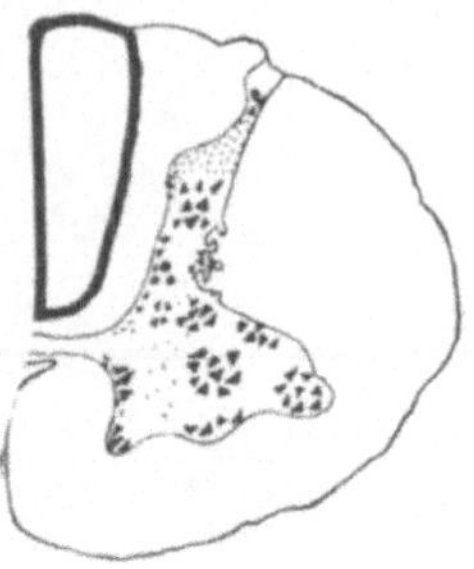

F

949. Die erste Synapse in der Bahn, die z.B. Kälteempfindungen der rechten Hand leitet, liegt im Cornu posterius eines _________ Segmentes der _______ ________. Kinästhesie leitende Fasern der rechten Hand bilden die erste Synapse im Nucleus ________ in der ________ ________. Die Axone der sekundären Neuronen beider Systeme steigen in der Medianebene ________ erst etwas auf und laufen dann zu ihrer Synapse im ________.

G

1158A.

H

1260. Die Hinterstränge werden im cranialen Bereich allmählich vom Nucl. ________ und Nucl. ________ ersetzt. Auf einer der Abbildungen sind Axone sichtbar, die beiderseits aus dem medialen der genannten Kerne kommen und um den Zentralkanal laufen. Diese Axone übertragen Informationen über die Sensibilität aus den ________. Der unterste der drei Schnitte wurde in der Mitte abgebildet, der oberste befindet sich ________.

A

104. Die Großhirnrinde enthält zahlreiche Nervenzellen. Wegen der makroskopisch sichtbaren Farbe, die sie hervorrufen, sprechen wir von

______ Substanz.

B

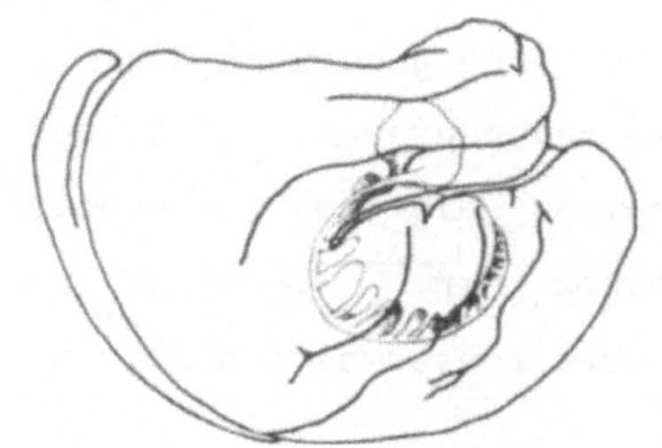

465A.

256. Im Schläfenlappen setzt sich
die schlanke Cauda nuclei caudati
fort in eine Masse aus grauer Substanz, die __________ _____
heißt.

C

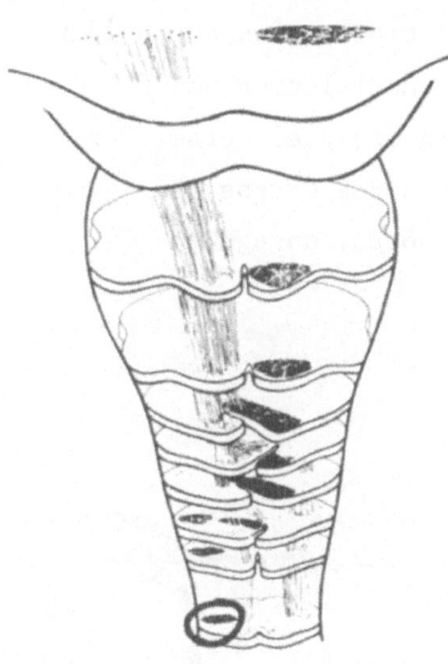

D

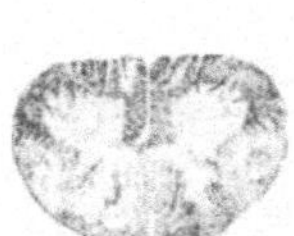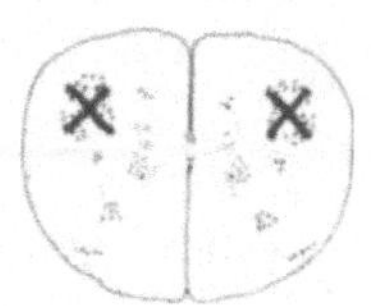

610A.

833A. Fasciculus
      gracilis

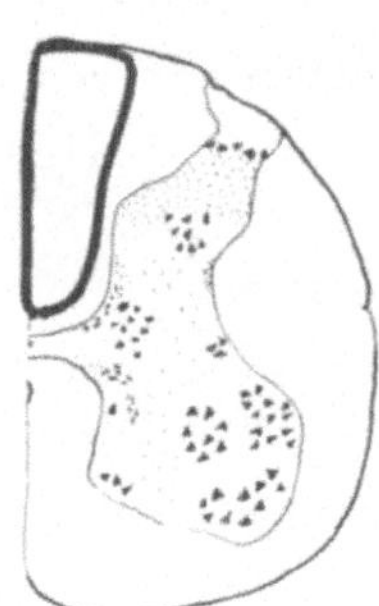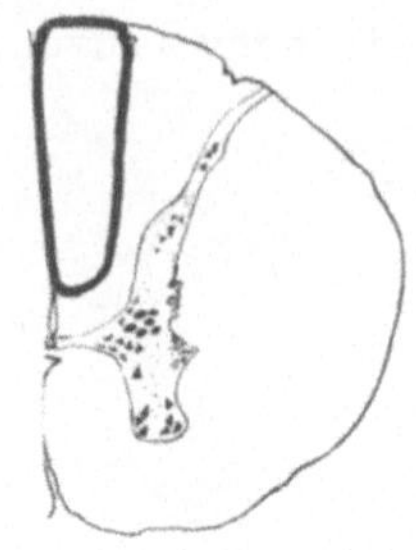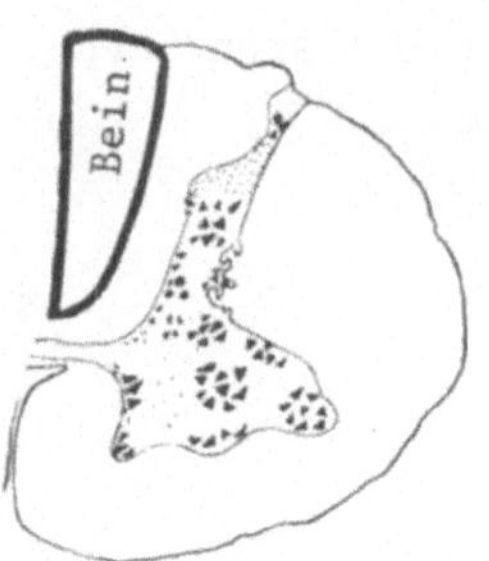

---

948. In der Schmerz- und Temperaturbann gehören die die Medianebene
kreuzenden Axone zu den ______ären Neuronen. Anschließend steigen sie auf
und bilden Synapsen mit tertiären Neuronen, deren Zelleiber in der ______
________ liegen. Auch die sekundären Axone der Bahnen für die Kinästhesie
überqueren die Mittelebene und enden in Synapsen mit _____ären Neuronen
auf der ______ Seite der ______ ________ .

1159. Kennzeichnen Sie auf beiden
Abb. mit Hinweislinien und Namen
linksseitig die drei Kerne, von
denen rechts die Gruppe, zu
der sie gehören, angegeben
worden ist!

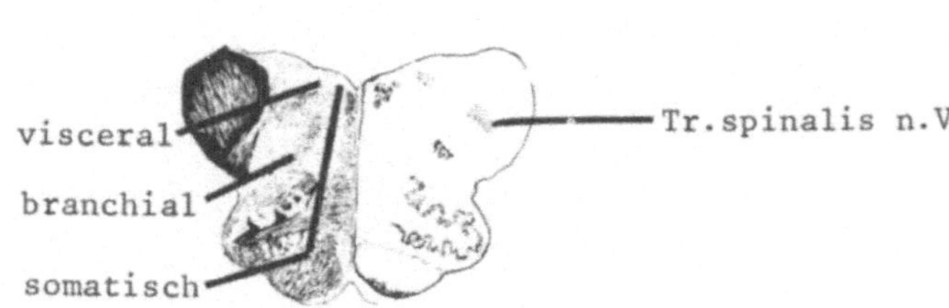

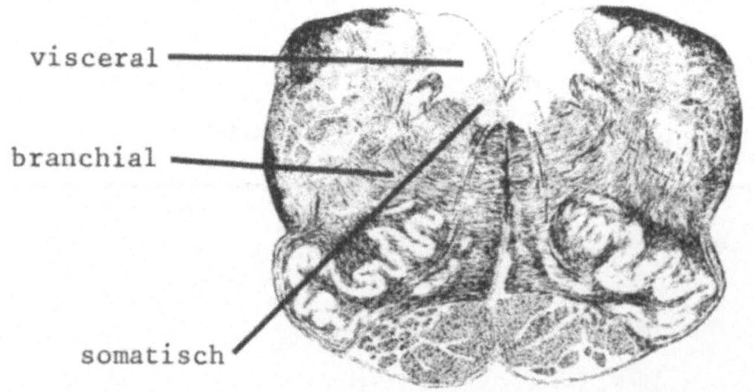

Blättern Sie um und fahren Sie fort mit Abschnitt 1260!

A

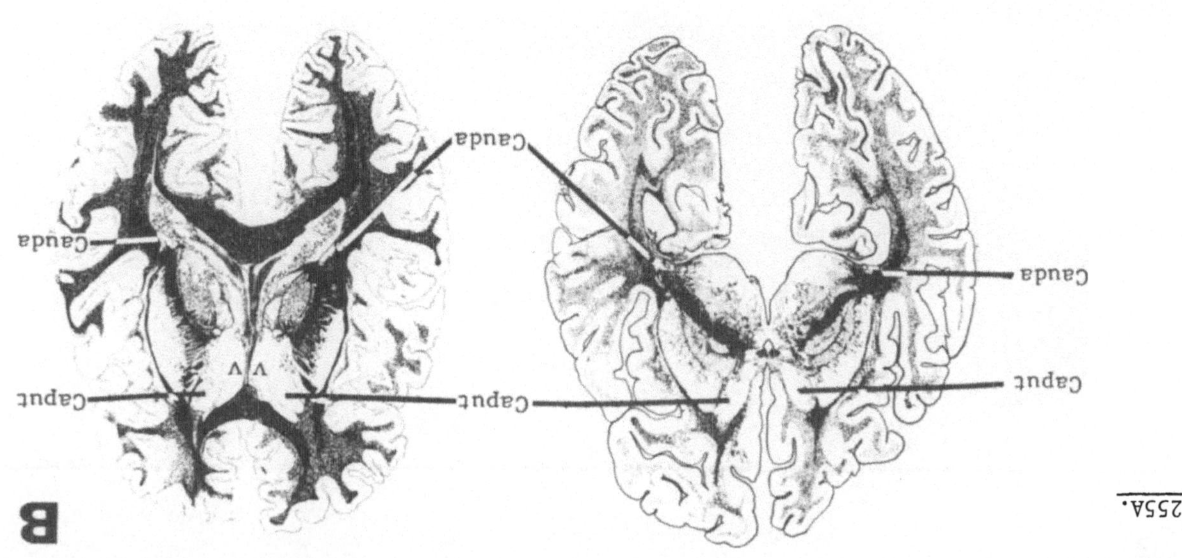

B

C

466. Die absteigenden, mit X gekennzeichneten Fasern, beginnen von der
______ auf die ______ Seite der Medulla
oblongata zu kreuzen. Umzeichnen Sie in
der rechten Abbildung die Querschnitte
der gleichen Fasern am Anfang und Ende
ihrer Kreuzung!

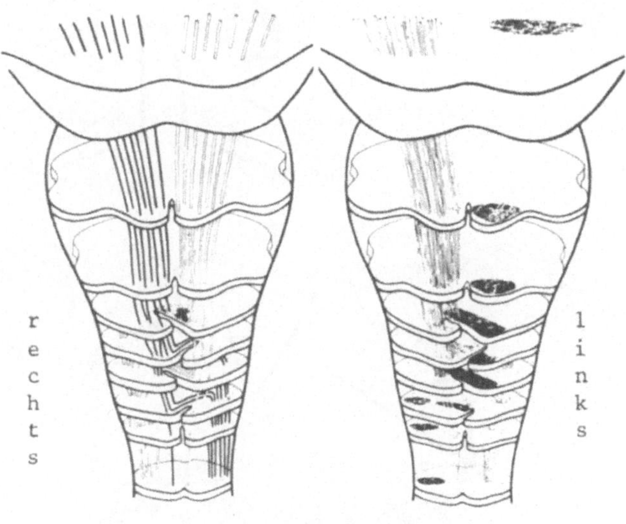

D

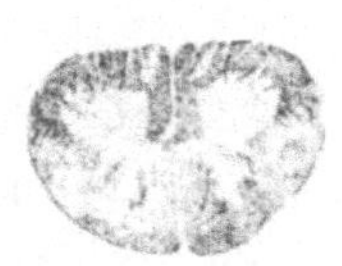

610. Einer dieser Schnitte ist mit Kresylviolett
gefärbt worden, um die Perikaryen darzustellen. Kennzeichnen Sie mit einem X beide
Vorderhörner, in denen die Perikaryen
dargestellt sind!

834. Die umzeichnete Bahn ist der _________ _______. Wir finden ihn nicht
in der Pars _______, Pars _______ und Pars _______. Je weiter wir
nach oben gehen, um so ______ wird diese Bahn. Die rechte Abbildung zeigt
einen Schnitt der Pars _______. Die umzeichnete Bahn wird von der ______
Substanz durch eine schmale Zone, den Fasc. _______ posterior, getrennt.

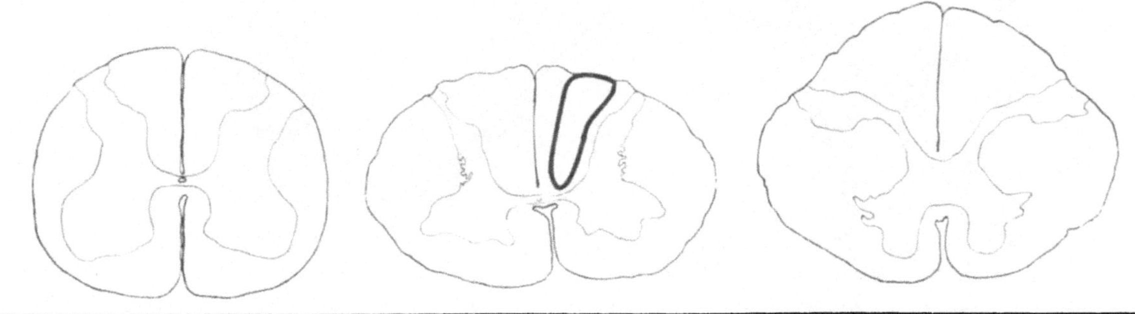

F

947A. derselben (ipse-
lateralen)
derselben (oder lin-
ken, ipselateralen)
derselben
Medulla oblongata (oder Nucleus gracilis)

1159A.

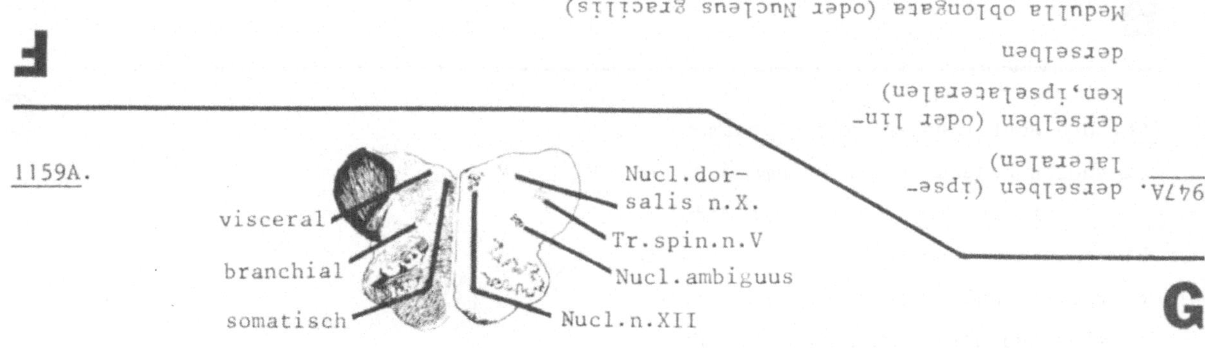

G

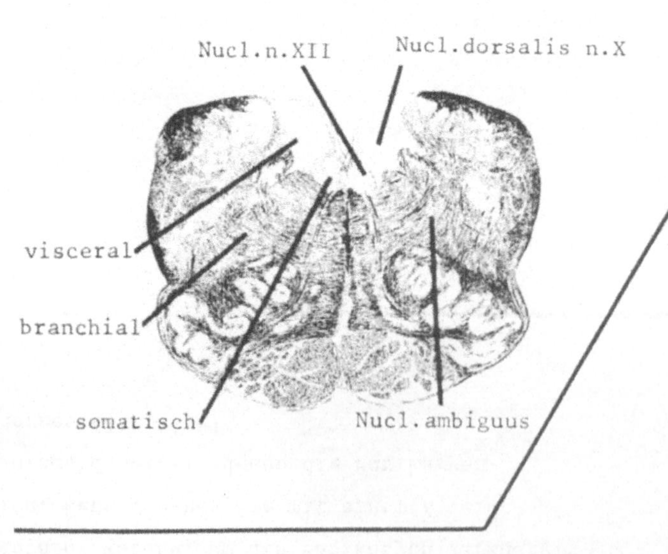

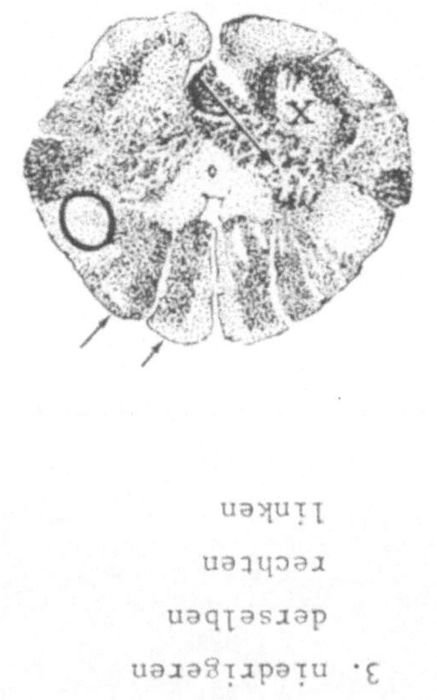

1295A. 2. Nucleus nervi accessorii
XI
3. niedrigeren
derselben
rechten
linken

H

 Die Axone der motorischen Neurone vereinigen sich in der weißen Substanz unter dem Gyrus precentralis um den ______ corticospinalis zu bilden.

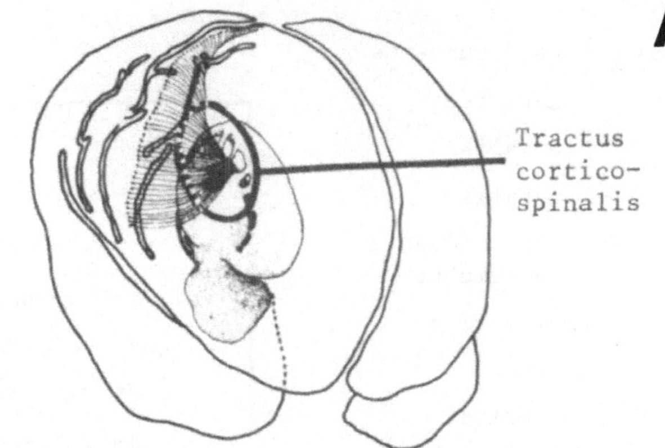

A

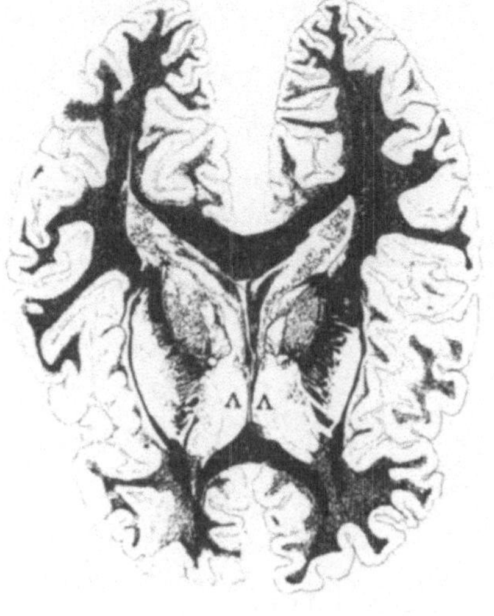

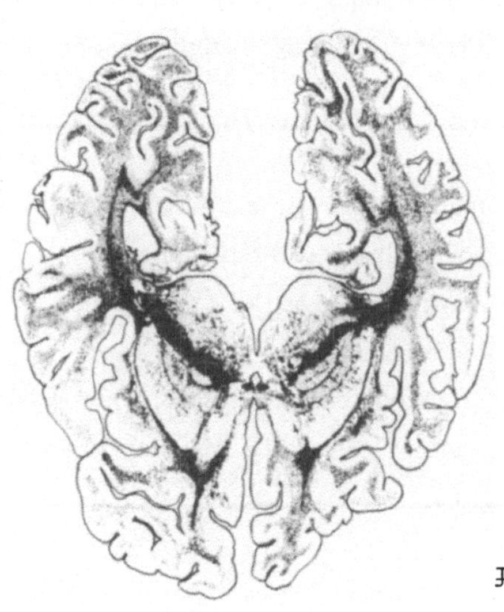

B

255. Markieren Sie den Kopf und Schwanz des Nucleus caudatus in beiden Ab-bildungen beiderseits! In dem rechten Horizon-talschnitt steht das Zeichen V in den Sei-tenventrikeln.

466A. linken
rechte

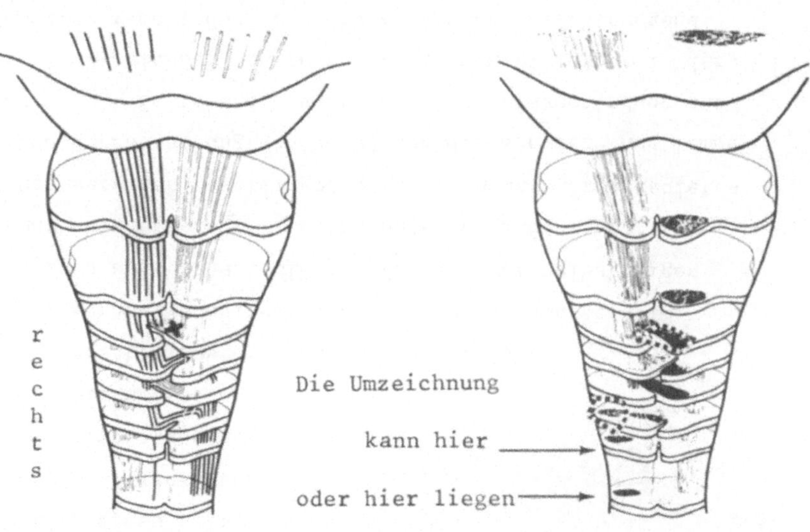

C

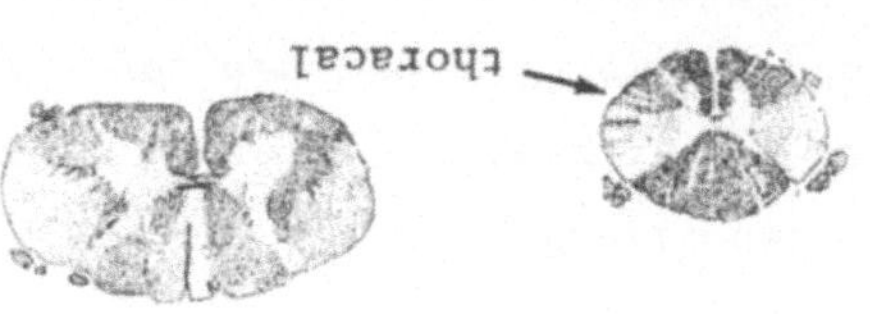

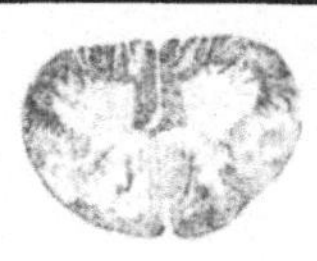

609A. umfangreicher (größer)

D

E

834A. Fasc. cuneatus

thoracica

lumbalis

sacralis

größer (oder um-
fangreicher)

cervicalis

grauen

proprius

F

947. Die Zellkörper der primären und sekundären Neuronen aller sensiblen
Bahnen liegen vorwiegend auf _______ Seite. In der Bahn,
die z.B. Schmerzempfindungen des linken Fußes leitet,
liegen die Zellkörper der sekundären Neuronen auf der
_______ Seite des Rückenmarks. Die Zellkörper der sekundären Neuronen in der Bahn, die Lageempfindungen des linken Fußes leitet, liegen auf _______ Seite in der
_______ _________.

G

l
i
n
k
s

1160. In frühen Embryonalstadien liegen alle motorischen Nervenzellkörper in der Nähe der Medianebene
unmittelbar unterhalb vom vierten Ventrikel. Im Zuge
der weiteren Entwicklung wandern die Nervenzellkörper der _______ motorischen Kerngruppe - wie darge-
stellt - in neue Gegenden. Umzeichnen Sie die Neuronen auf beiden Seiten!

H

r
e
c
h
t
s

1259. 1. Zeichnen Sie einen Pfeil, der die
Richtung der Impulsübertragung in den Fasern
angibt, die von der linken Pyramidalbahn zur
anderen Seite ziehen! 2. Die kreuzenden
corticospinalen Fasern bilden einen Wall
zwischen dem obersten Teil des Vorderhorns
und der grauen Substanz des Zentralkanals.
Die Neuronen bei "X" bilden die unterste
Komponente des branchialmotorischen Systems. Sein Kern ist der _______
_____ _________. Axone dieser Nervenzellen laufen zu den Halsmuskeln im __
Hirnnerv. 3. Die Pfeile zeigen auf Bahnen, die als Folge einer halbseitigen
Durchtrennung des Rückenmarks in einer _____eren Ebene des ZNS auf der _______
Seite einer Wallerschen Degeneration unterliegen würden. In den Körpergebieten
caudal von der halbseitigen Durchtrennungsstelle werden die Schmerz- und Tempe-
raturempfindungen auf der _______ Seite und die feine Berührungsempfindung auf
der _______ beeinträchtigt. 4. Umzeichnen Sie sekundäre Nervenzellkörper in der
Bahn für Schmerz- und Temperaturempfindung der oberen linken Gesichtsgegend!

<u>106.</u> Die corticospinalen Fasern laufen vom Gyrus precentralis nach caudal und größtenteils ______. Die dorsalen Fasern verlagern sich dabei etwas nach ventral. In der Tiefe der Großhirnhemisphäre liegen sie zwischen Nucleus __________ und Nucleus ______. (Definition: In der makroskopischen Neuroanatomie verstehen wir unter Nucleus ein umschriebenes Gebiet, das aus einer Anhäufung von Nervenzellen besteht.)

A

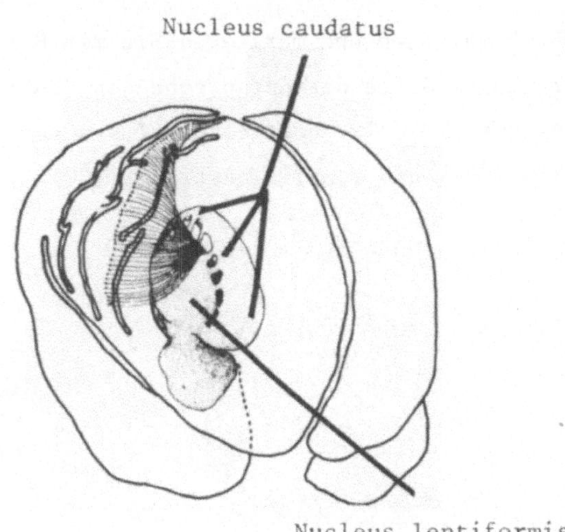

B

254. Blättern Sie weiter zum nächsten Abschnitt!

C

<u>467.</u> Die unterbrochenen Linien der rechten Abbildung sollen Teilabschnitte von zwei Axonen des Tractus corticospinalis darstellen. Die Pfeile neben den beiden obersten Segmenten geben die Richtung der Impulsleitung an. Kurze schwarze Linien befinden sich neben den vier übrigen Segmenten der beiden Axone. Ergänzen Sie die Linien mit Pfeilspitzen, die die Richtung der Impulsleitung angeben!

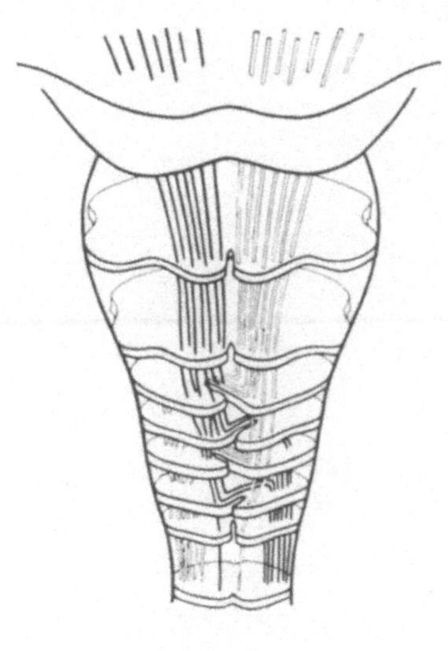
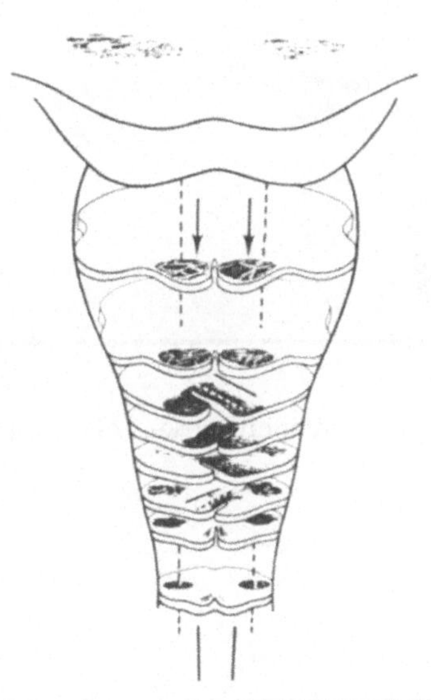

D

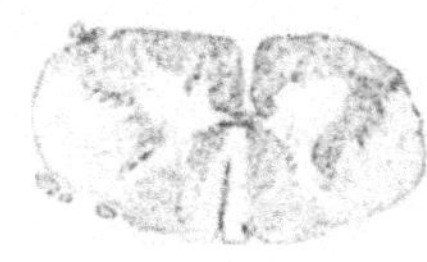
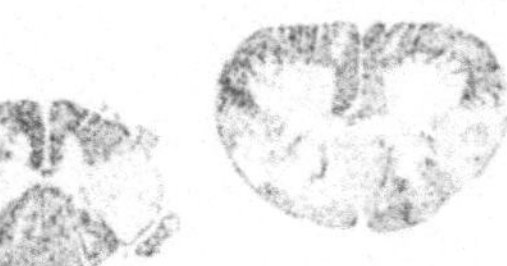

609. Je mehr Muskeln versorgt werden, um so ______ ist das Vorderhorn. Kennzeichnen Sie das thoracale Segment.

835. Umzeichnen und markieren Sie mit Hinweislinien sowie Abkürzungen auf der linken Seite der entsprechenden Schnitte den Fasc. gracilis (FG), Fasc. cuneatus (FC), Tr. corticospinalis anterior (TCA), Tr. corticospinalis lateralis (TCL) und Canalis centralis (CC)!

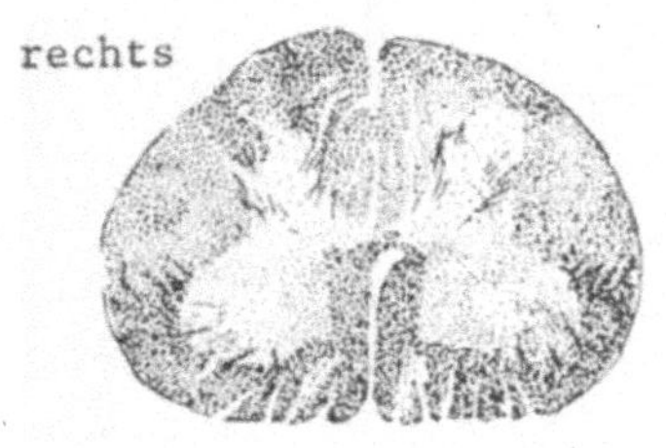

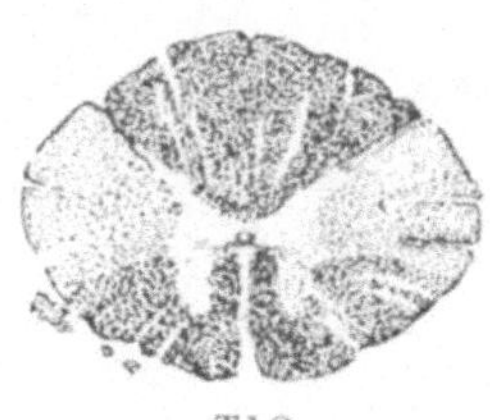

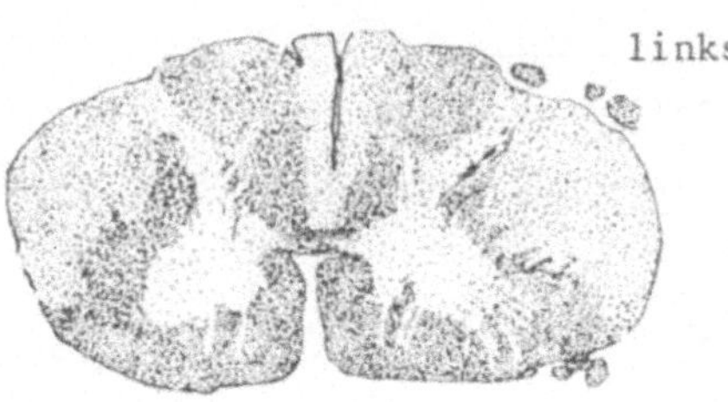

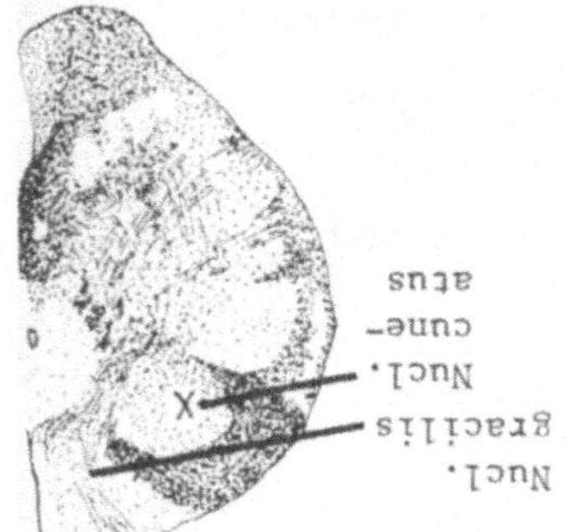

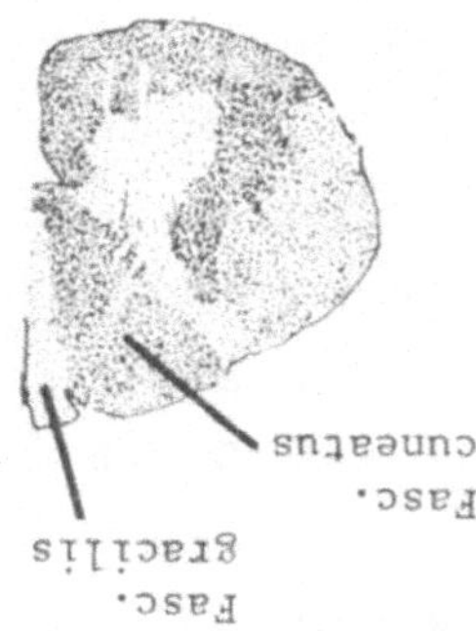

946A. Kernen (Nuclei)

1160A. branchialmotorischen

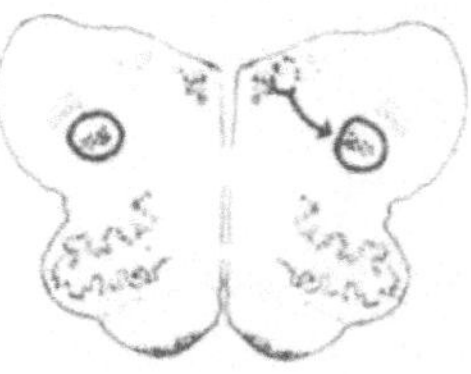

Fahren Sie fort mit Abschnitt 1259!

106A. medial

lentiformis

caudatus (oder in umgekehrter Reihenfolge)

A

106A. medial

lentiformis

caudatus (oder in umgekehrter Reihenfolge)

B

253A. lateral

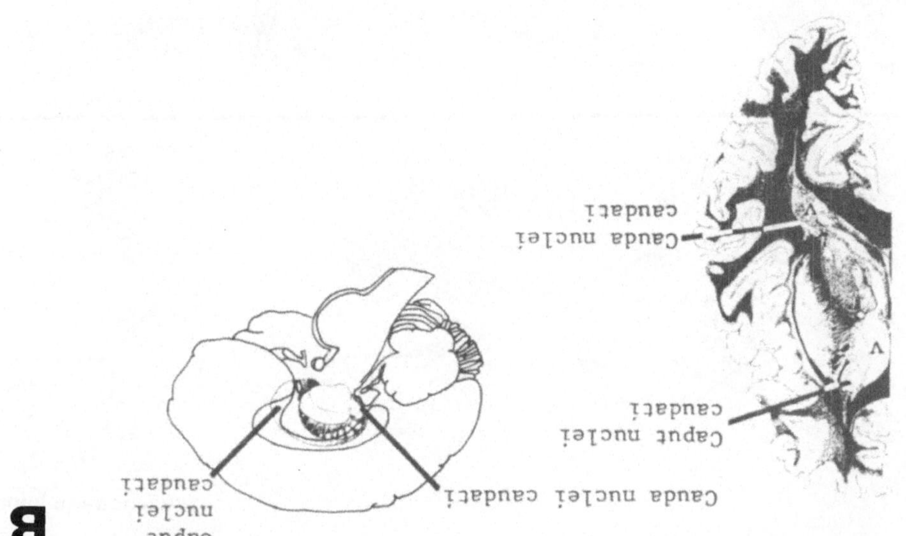

C

476A.

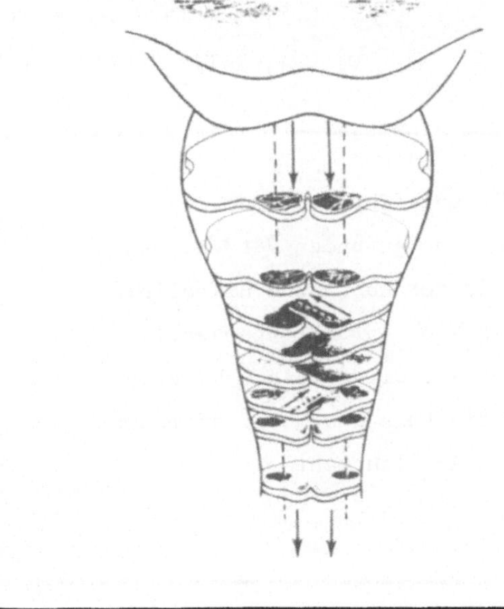

D

608. Die Muskeln der Extremitäten werden hauptsächlich von Neuronen der __________ und __________ Segmente innerviert.

E

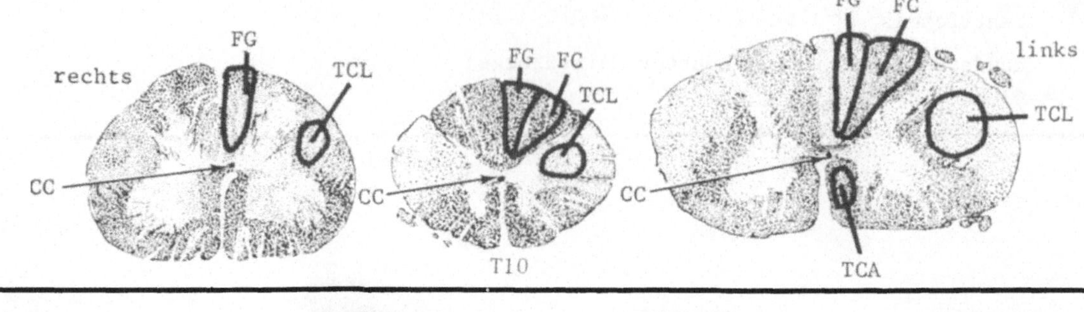

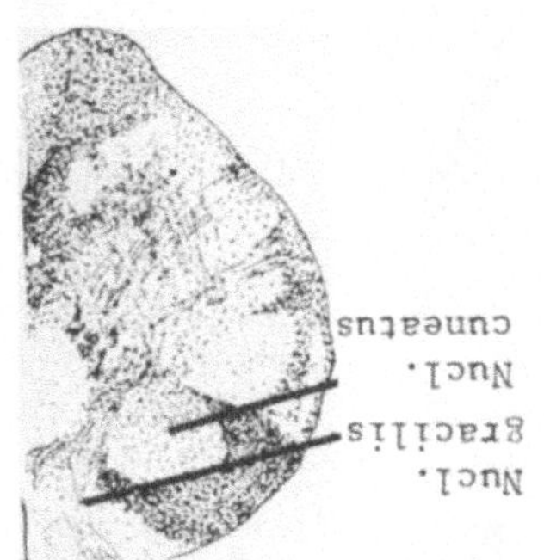
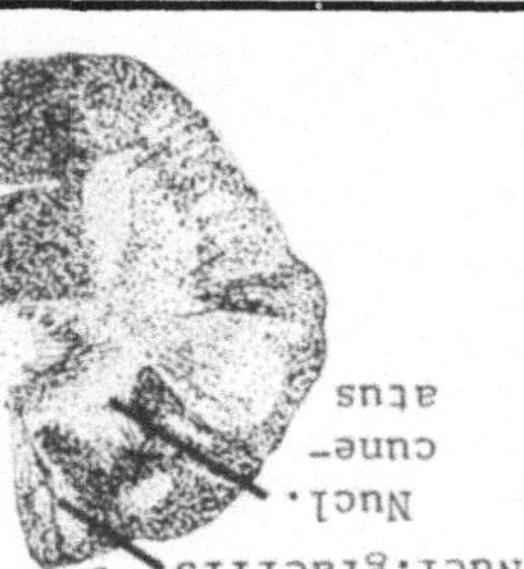

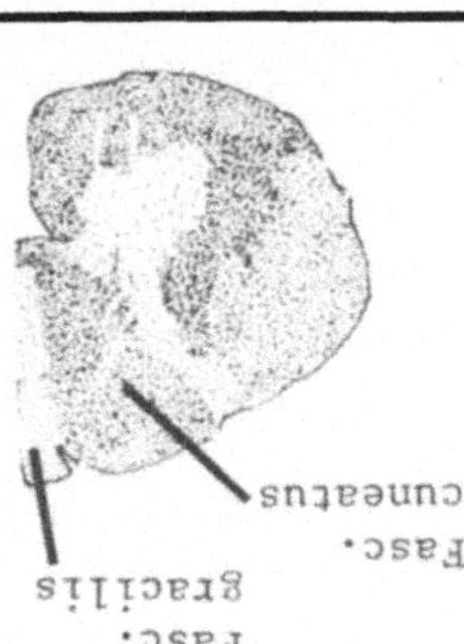

F

946. Fasc. gracilis und Fasciculus cuneatus verschwinden allmählich im unteren Bereich der Medulla oblongata. Sie werden von gleichnamigen ___ ersetzt. Markieren Sie in den entsprechenden Abbildungen mit einem x die Zellkörper der sekundären Neurone, die die Lageempfindungen der rechten Hand übertragen!

G

1161. Die ungefähre Lage des Nucl. ambiguus kann gefunden werden, wenn man wie in der Abb. eine Hilfslinie durch den Nucl. n. XII. tangential an die untere Olive zieht. Umzeichnen Sie die Lage des Nucl. ambiguus in beiden Abbildungen!

H

1258A. 3. posterior
Nucleus thoracius (Stilling-Clarksche Säule)
derselben (linken, ipselateralen)
4. linken
Nucleus gracilis
Medulla oblongata

107. Das Innere der Großhirnhemisphäre besteht
teils aus weißer Substanz, teils aus Gebieten
scharf begrenzter grauer Substanz, die man als
Basalganglien (Stammganglien) bezeichnet. Nucleus
caudatus, Nucleus lentiformis und Corpus amygdaloideum sind _____ganglien. Markieren Sie mit den
Abkürzungen C, L und A die entsprechenden Stellen
in der Skizze! (Definition: Ein Ganglion ist eine
Anhäufung von Nervenzellen. Ganglienzellen sind
Nervenzellen. Synonyma: Neurozyten, Gangliozyten).

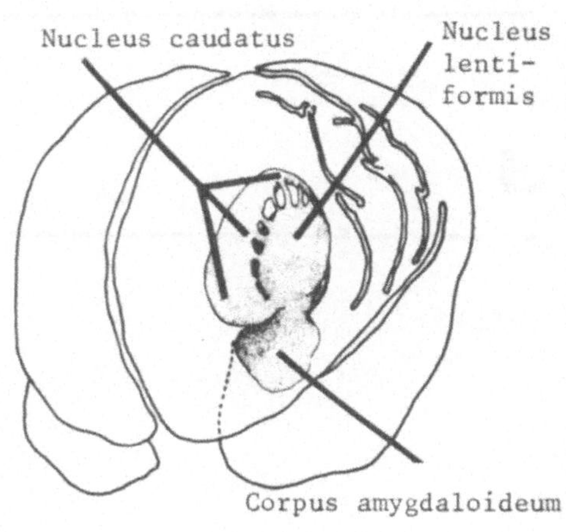

A

253. Markieren Sie in beiden Abbildungen
Kopf und Schwanz des Nucleus caudatus
mit Hinweislinien und den lateinischen
Namen! Ein flüssigkeitsgefüllter Hohl-
raum, der Seitenventrikel (Ventriculus
lateralis) genannt wird, - auf der linken Abbildung mit V gekennzeichnet -
liegt im Innern beider Großhirnhemisphären. Der Nucleus caudatus bildet
die _______ Wand des Seitenventrikels.

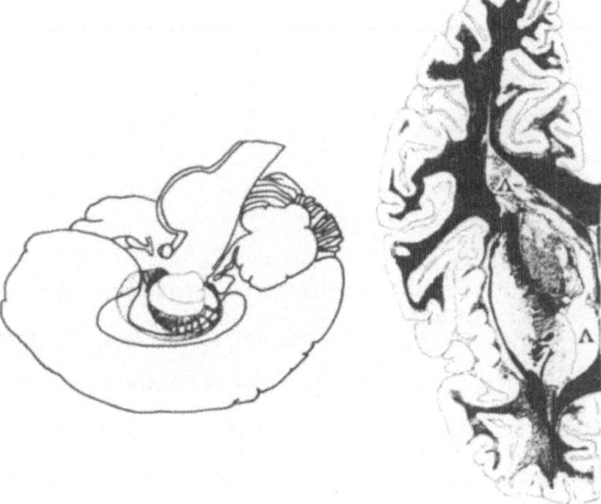

B

468. Ziehen Sie Pfeile, die die
Richtung der Impulsübertragung
angeben, an die Stellen A,
B, C und D!

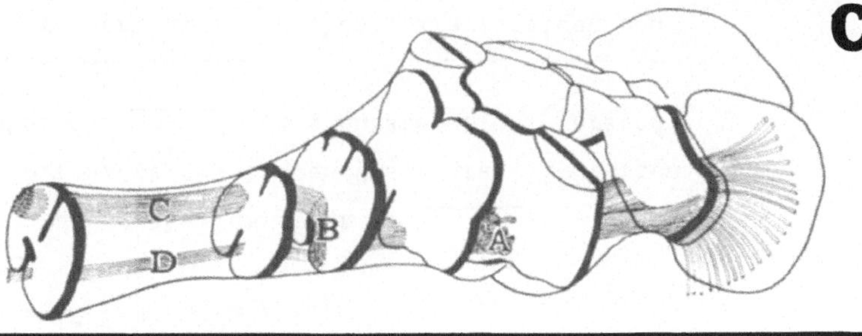

C

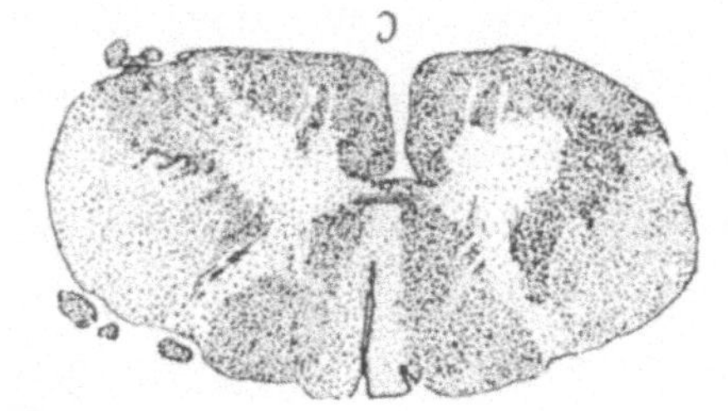

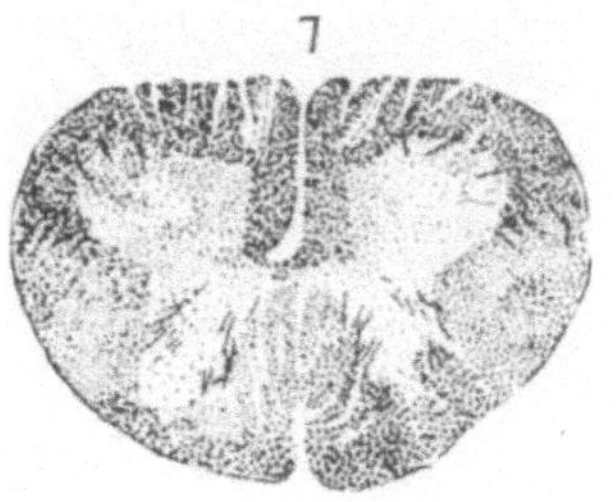

607A. Cervicalsegmente

D

H

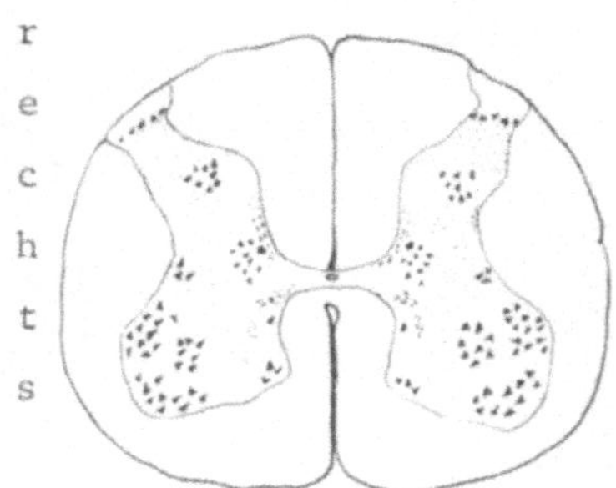

1258. 1. Malen Sie in diesem Schnitt die aus Zellkörpern des rechten Gyrus precentralis kommenden Fasern schwarz ein! 2. Zeichnen Sie in das linke Vorderhorn ein Schaltneuron ein, das mit einem zweiten motorischen Neuron, das einen Muskel des linken Fußes innerviert, Synapsen bildet. 3. Afferente Informationen über den Muskeltonus in diesem Skeletmuskel gelangen auf dem Wege durch die Radix _______ in das ZNS. Die erste Synapse auf dem Wege zum cerebellum liegt im _______ _________ auf ________ Seite. 4. Die Axone des linken Fasc. gracilis leiten Impulse, die zum Beispiel in Gelenken des ______ Fußes entstehen. Die ersten Synapsen in dieser Bahn liegen im _______ ________ in der _______ ________ des ZNS. 5. Umzeichnen Sie die drei Bahnen, die im Rückenmark aufsteigen und Informationen über Berührung und Druck aus dem rechten Bein leiten! Zeichnen Sie Pfeile an diejenigen umzeichneten Gebiete, die aus Nervenzellkörpern des Hinterhorns kommende Axone enthalten. 6. Die Vibrationsempfindung ist eine Kombination der Druck- und Berührungsempfindung sowie der Kinästhesie. Sie wird geprüft, indem man das Ende einer schwingenden Stimmgabel auf einen dicht unter der Haut liegenden Knochenbereich setzt. Markieren Sie mit einem "X" die umzeichneten Fasern, die am stärksten reagieren, wenn eine schwingende Stimmgabel auf den rechten Malleolus lateralis gesetzt wird!

G

1161A.

F

945A. sekundäre
Medulla oblongata

E

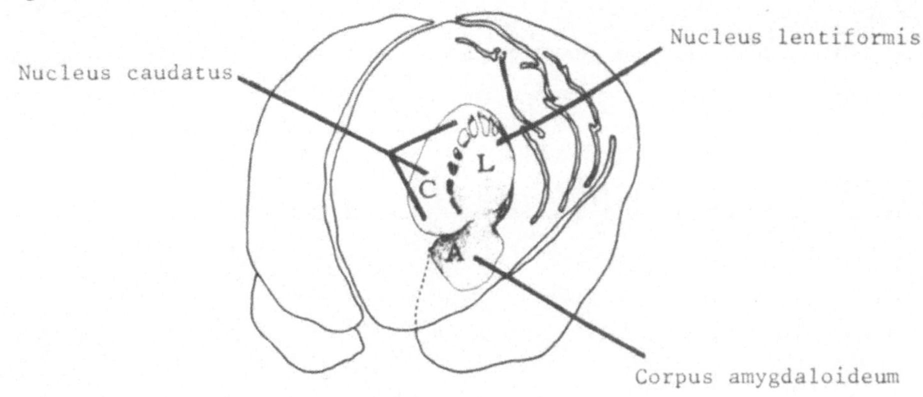

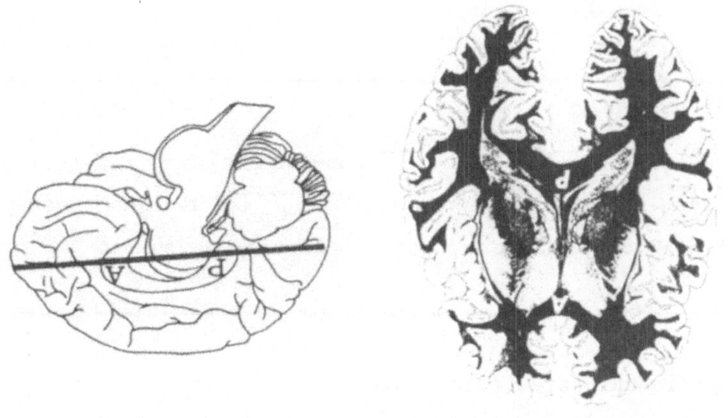

468A.

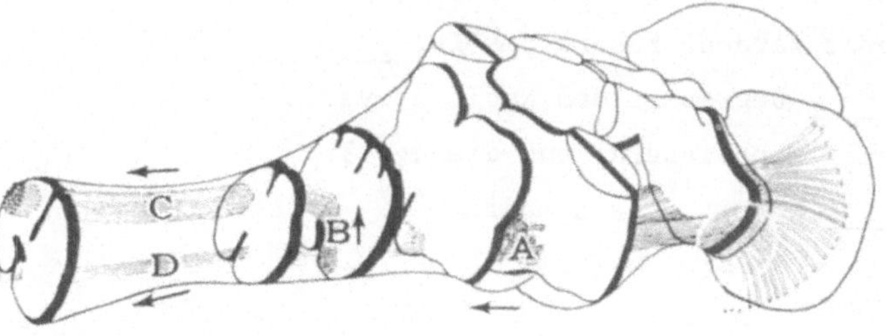

607. Der Tr. corticospinalis lateralis hat im Bereiche der ________ segmente die größte Querschnittsfläche. Kennzeichnen Sie die abgebildeten Schnitte mit C (cervical) und L (lumbal) auf Grund der Größe der Querschnittsfläche des Tr. corticospinalis lateralis.

E

836. Ein Axon ist ein cytoplasmatischer Fortsatz einer Nervenzelle mit speziellen Eigenschaften. Die Funktion des Axons hängt von trophischen Einflüssen des Perikaryons ab. Wenn dieses zerstört wird, _________ das Axon. Das proximale Ende des abgebildeten Axons ist mit dem Buchstaben _ gekennzeichnet. Wenn das Axon an der Stelle B geschädigt wird, kann das Segment des Axons zwischen A und B überleben, aber distal von B ist es von den trophischen Einflüssen abgeschnitten. Wird das Segment zwischen B und C überleben? ____. Wird das Segment zwischen B und D degenerieren? __.

F

945. In der Bahn für die Lageempfindungen sind die im Nucleus gracilis und cuneatus beginnenden Neuronen ________. Die Zellkörper dieser Neurone liegen in einem Teil des Hirnstammes, der ________ ________ genannt wird.

G

1162. In einem Markscheidenpräparat treten die Kerngebiete am deutlichsten hervor, wenn sie von gut gefärbten, markhaltigen Fasern scharf begrenzt werden. Fasern des Tr. ________ ________ begrenzen den Nucl. olivaris inferior nach lateral und die des Tr. ________ nach medial.

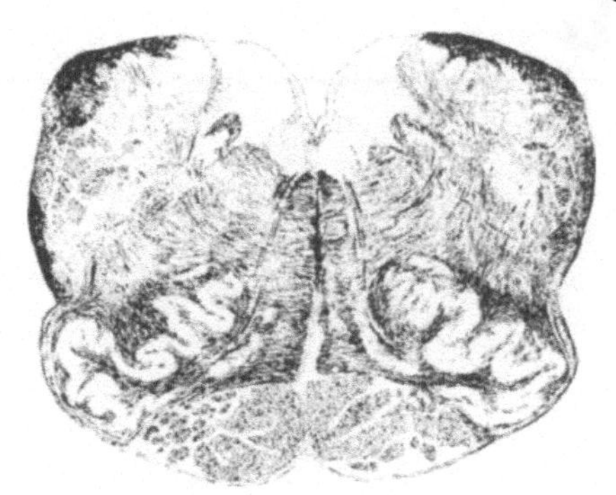

H

1257A. 1. corticospinalis lateralis
rechten
3. Commissura anterior

108. Beschriften Sie die entsprechenden Enden des Großhirns mit anterior
und posterior!

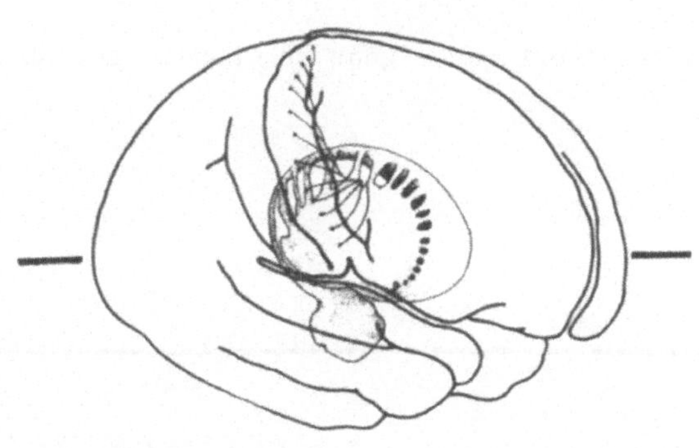

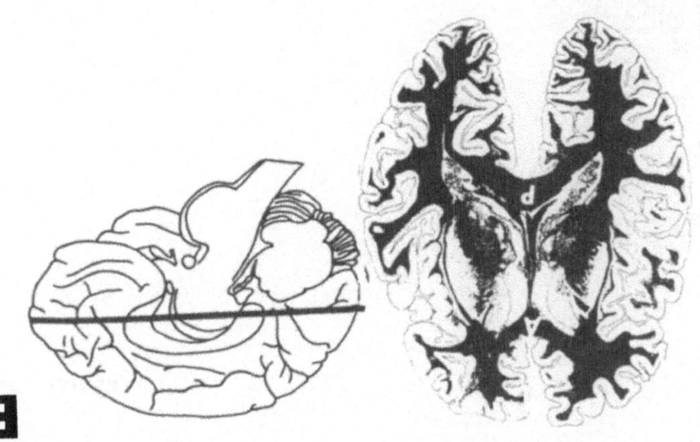

252. Schreiben Sie der linken
Abbildung entsprechend die Buchstaben A und P auf die Bezirke
der rechten Abbildung!

469. Die Pyramidenbahnfasern liegen in der Ebene A
vorn in der Medulla oblongata. Auf dem Querschnitt
D, in dem unteren Bereich der Medulla oblongata,
und dem Rückenmark liegen die meisten Fasern der
Pyramidenbahn im Funiculus lateralis (Seitenstrang).
Zwischen den Ebenen B und C, in der Decussatio pyramidum, ziehen die Fasern aus ihrer __________ Lage
auf der einen Seite über die Mittelebene hinüber
zur anderen und etwas nach ______ sowie ______.
Zeichnen Sie eine kreuzende Faser von B nach C!

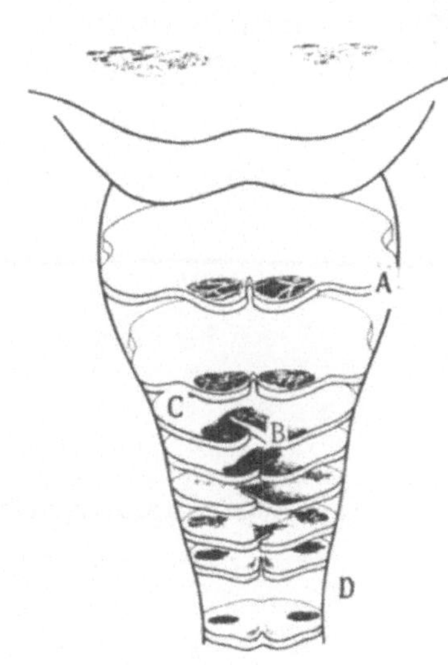

606A. graue
ab

397

E

<u>836A.</u> degeneriert (oder geht zu Grunde, atrophiert)

c

nein

ja

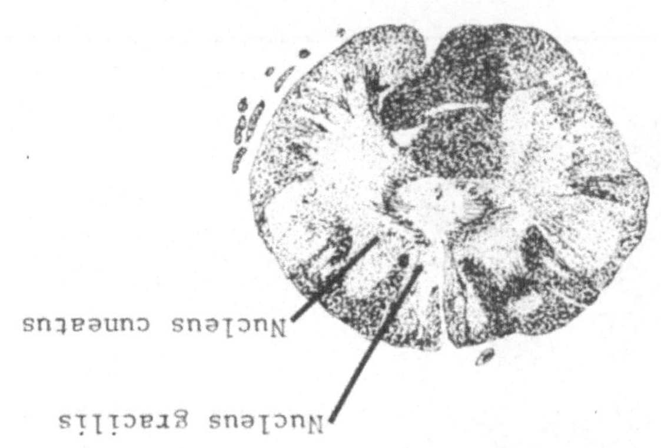

F

<u>944A.</u> dorsalen

G

<u>1162A.</u> tegmentalis centralis

olivocerebellaris

H

<u>1257.</u> 1. Die umzeichnete Bahn wird Tr.

_______________ _________ genannt. Ihre

Fasern bilden Synapsen mit Zellen in der

grauen Substanz der _______ Seite des

Rückenmarks. 2. Markieren Sie mit einem

"X" die Stelle, an der Schmerz- und Tempe-

raturfasern die Mittelebene überqueren!

3. Die Fasern bei "X" kreuzen die Median-

ebene in der ___________ _________ des

Rückenmarks. 4. Malen Sie in diesem Schnitt die Schmerz- und Tempe-

raturempfindungen leitenden Fasern aus dem rechten Bein mit schwarzer Farbe ein!

A

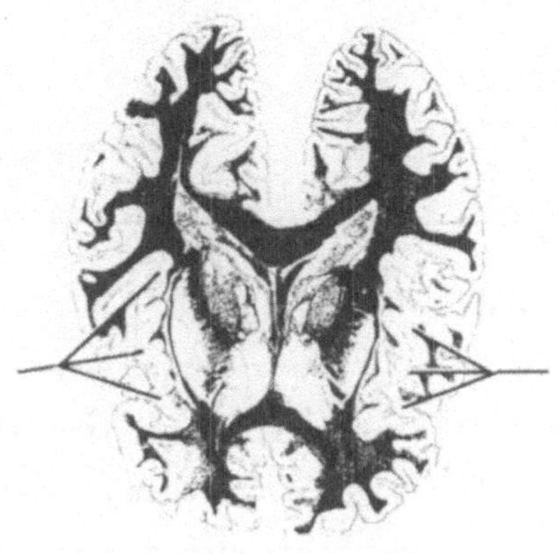 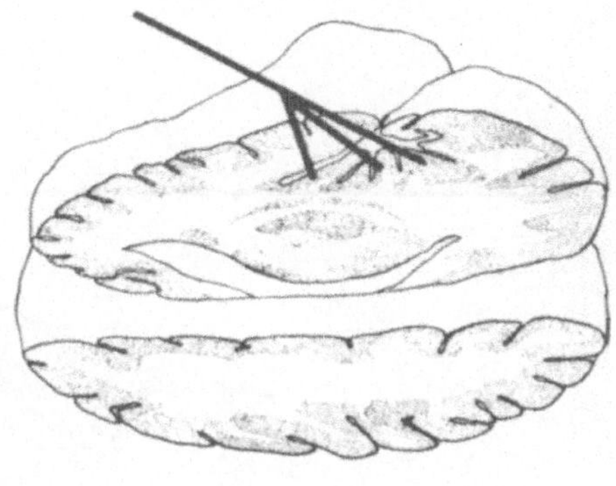

B

268. Die äußere Schicht des Sulcus lateralis besteht – wie alle Sulci und Fissurae cerebri – aus _____ Substanz. Der in der Tiefe des Sulcus lateralis verborgen liegende Teil der Großhirnrinde wird Insula genannt. Beschriften Sie die freien Linien!

C

454. Die corticospinalen Fasern bilden zusammen mit den anderen Fasern der _____ _____ die _____ale Wand des Thalamus.

D

624A. grauen

thoracalen

lumbalen

Sympathicus

(Pars sympathica des Systema nervosum anatomicum)

Columna lateralis

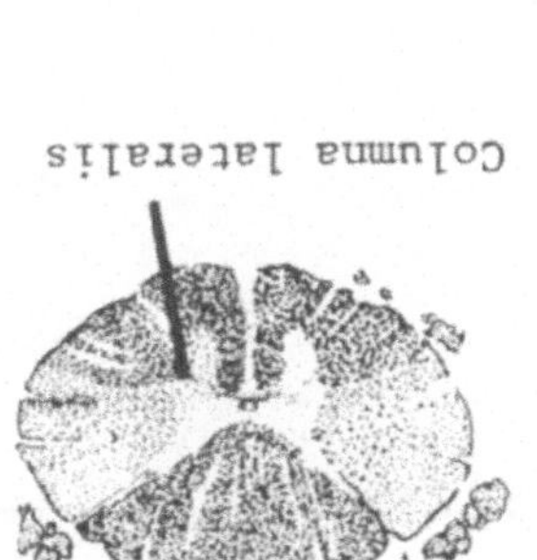

837. Die Markscheide (Myelinscheide) setzt sich bei peripheren Nerven aus einer kontinuierlichen Schicht von Schwannschen Zellen und im Zentralnervensystem aus Neurogliazellen zusammen, die konzentrisch um das ___ liegen.

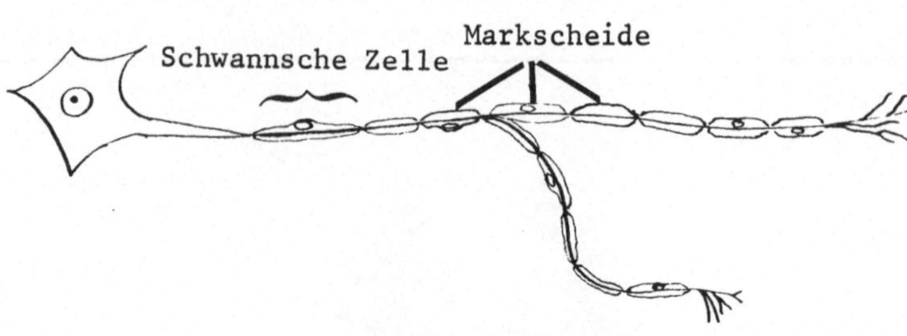

F

944. Bei ihrem Verlauf in den Hintersträngen bis in die Medulla oblongata ziehen die Fasern an der ___ len Fläche des Nucl. gracilis und Nucl. cuneatus entlang. Schreiben Sie die Namen der beiden mit Hinweislinien gekennzeichneten Kerne an den Schnitt, der durch den unteren Bereich der Medulla oblongata geht!

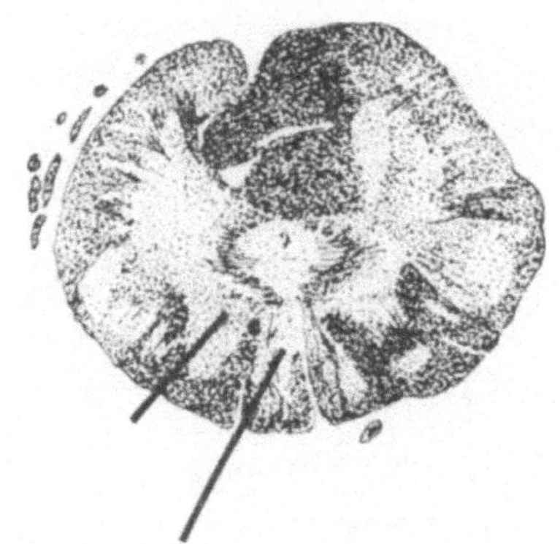

G

1163. Bei einer Markscheidenfärbung ist der Nucl. ambiguus nicht eindeutig erkennbar (ambiguus heißt veränderlich, zweideutig, ungewiß). Seine Lage ist verdeckt durch Fasern des Tr. _______________, die aus Zellkörpern im

______ ________ ________ der ______ Seite kommen und nach ihrer Kreuzung

zum _________ __________ _________ laufen. Alle somato- und

__________________ motorischen Kerne liegen nahe am IV. Ventrikel.

Infolge der Zellwanderung während der Embryonalentwicklung ist es zu einer Verschiebung der branchial __________ Kerne in Richtung nach _______ und _______ gekommen.

109. Manchmal kann man die Form eines Nucleus und seine Beziehung zu benachbarten Kernen am besten erfassen, wenn man sie ohne sonstige Teile des Gehirns darstellt. Kennzeichnen Sie mit ant. und post. die entsprechenden Abschnitte der
rechten Abbildung!

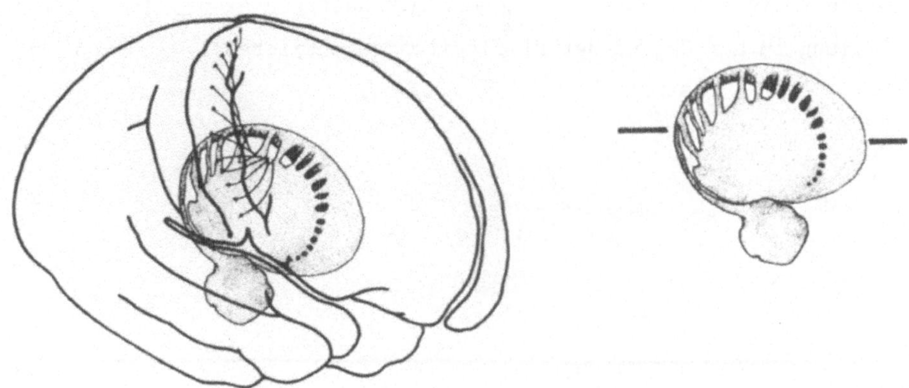

250A. medial radiata

470. Die Medulla _________ beginnt am unteren Rand der Brücke und den Striae
medullares ventriculi quartri. Ihre untere Grenze liegt an der Austrittsstelle
des N. cervicalis I.

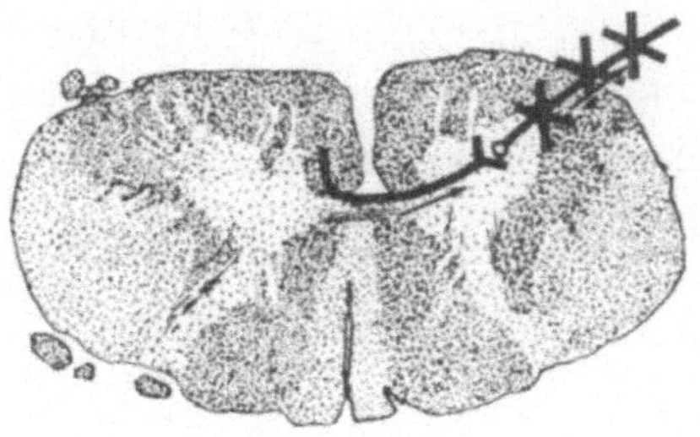

605A.

838. Obgleich das Myelin ein Teil der ___________ Zellen im peripheren Nervensystem, der _______________ im Zentralnervensystem und nicht ein Bestandteil von Neuronen ist, bleibt das Myelin nicht erhalten, wenn das von ihm umschlossene Axon zugrunde geht. Markieren Sie mit einer Reihe von Kreuzen diejenigen Teile des sich verzweigenden markhaltigen Axons, die als Folge einer Verletzung in der Gegend der Pfeilspitze degenerieren!

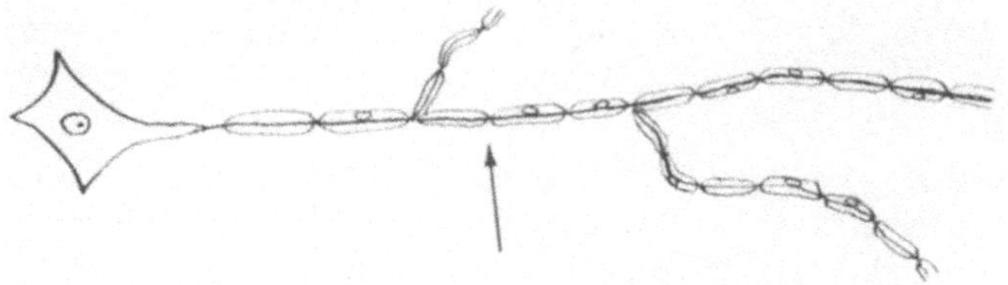

943A. cerebellaris inferior
ipselateralen
Fasciculus gracilis
Fasciculus cuneatus
primären

1163A. olivocerebellaris

 Nucl. olivaris inferior

 anderen

 Pedunculus cerebellaris inferior

 visceromotorischen

 branchialmotorischen

 ventral

 lateral

1256A. 1. oben
2. linken
3. cuneatus
•• der Lemniscus medialis Axone sekundärer Neuronen enthält und die Wallersche Degeneration die Synapsen nicht überschreitet (oder eine analoge Aussage)

A

110. Der Nucleus lentiformis und die mit ihm verbundenen Gebilde sind seiten-symmetrisch. Die Gegenstücke befinden sich also in der anderen Großhirnhemi-sphäre. Schreiben Sie unter die Abbildungen, welche Hirnseite hauptsächlich dargestellt wurde!

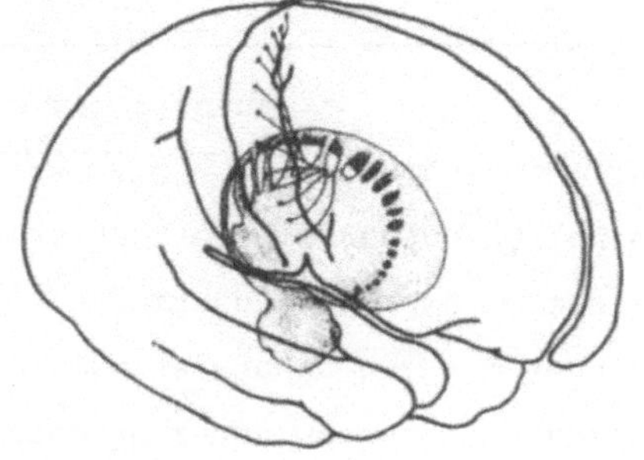

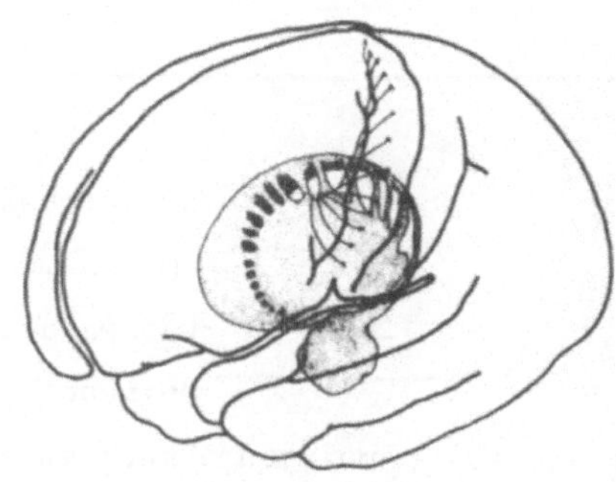

____________   ____________

B

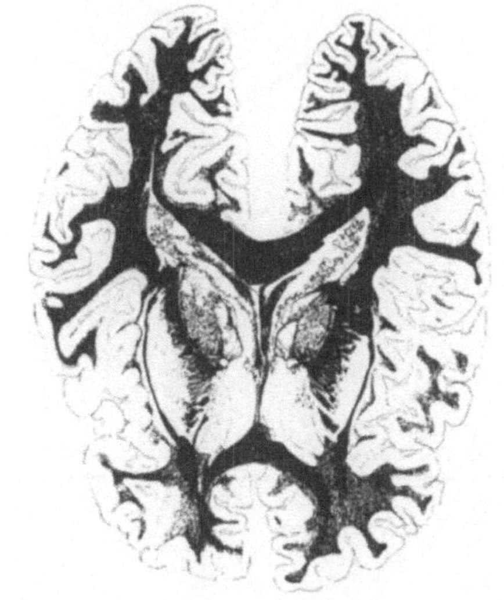

250. Kopf und Schwanz des Nucleus caudatus liegen _____ al von der weißen Substanz der inneren Kapsel und der Corona _______ .

C

470A. oblongata

D

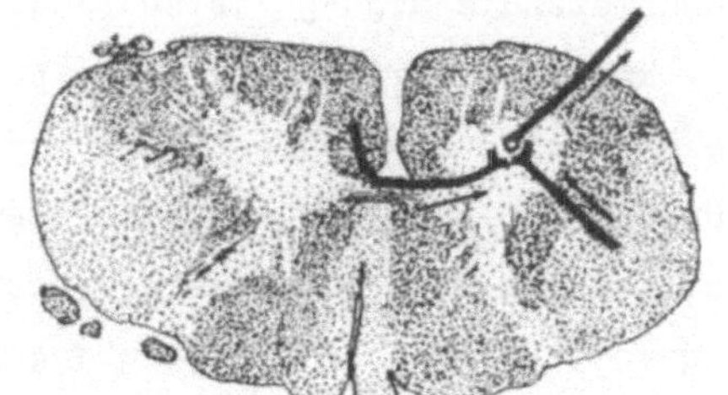

605. Die Pfeile geben die Richtung der Impulsleitung an. Schreiben Sie mehrere X auf das zweite, zum Muskel ziehende Axon! (Zum Teil besteht die Kette aus drei Neuronen)

E

838A. Schwannschen
Neurogliazellen

F

943. Informationen über den Muskeltonus gelangen im allgemeinen nicht zum Bewußtsein. Die Impulse können auf dem Wege durch den Pedunculus __________ zur ___ lateralen Seite des Cerebellums geleitet werden. Informationen über kinästhetische Empfindungen laufen im Rückenmark im ________ und ________ ________ nach oben. Ihre Axone gehören zu ________ Neuronen afferenter Bahnen.

G

1164. In der frühen Embryonalentwicklung laufen die Axone der Neurone des Nucl. ambiguus geradlinig nach außen, um in die Hirnnerven Nr. __, _ und __ einzutreten. Da die Zellkörper in der Folgezeit nach vorn wandern, entsteht eine hakenförmige Biegung der Axone, wobei sie erst zu ihrer ursprünglichen Lage zurückkehren und dann nach außen ziehen. Zeichnen Sie mehrere solcher Axone in den mit einer Markscheidenfärbung behandelten Schnitt der Medulla oblongata eines Erwachsenen ein!

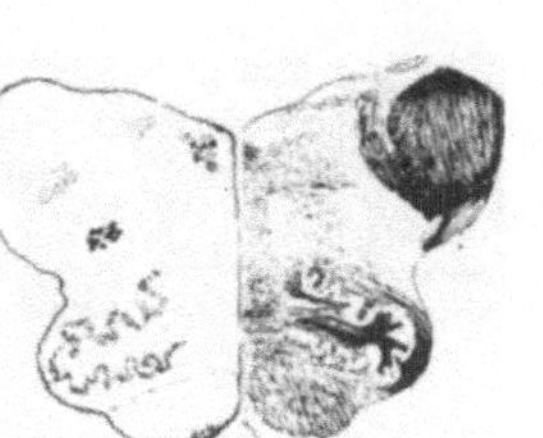

H

1256. 1. Beachten Sie die Seitenbezeichnungen des Präparats! Sehen Sie das Präparat in dieser Lage von oben oder von unten? Von ____. 2. Wenn die umzeichneten Wurzelfasern zerstört sind, wird die Sensibilität der ______ Hand beeinträchtigt. 3. Die eingezeichnete Läsion führt zur Wallerschen Degeneration des Fasc. ________. Im Lemniscus medialis kann keine Wallersche Degeneration beobachtet werden, da________

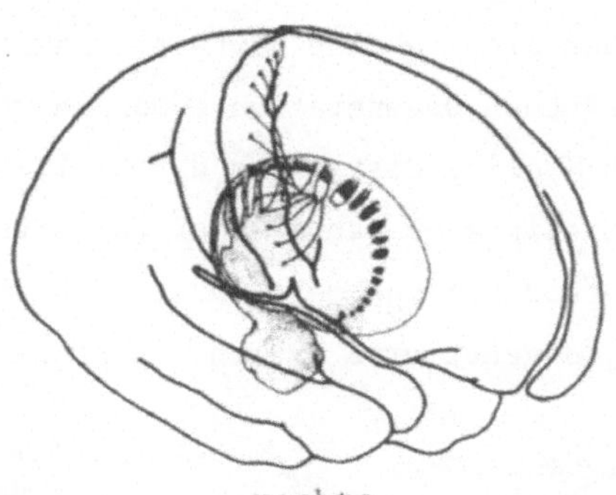
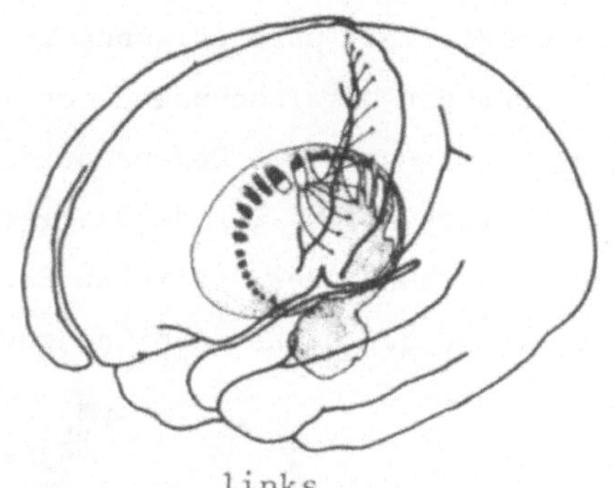

A

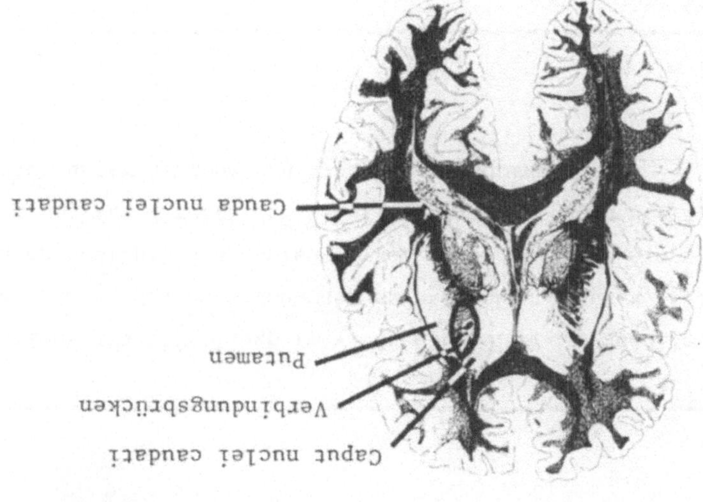

B

C

<u>471.</u> Schreiben Sie an beide Abbildungen R und L, um die rechte und linke Seite zu kennzeichnen!

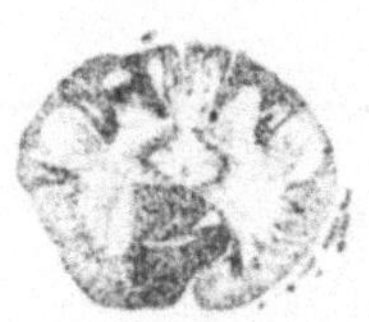
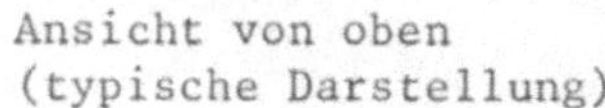

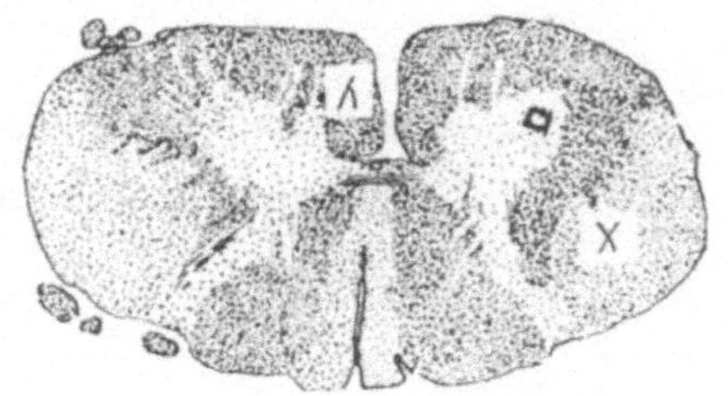

D

839. Der größte Teil unserer Kenntnisse über die Anatomie der Nervenbahnen ist auf Grund von Untersuchungen der Wallerschen Degeneration gewonnen worden. Man versteht darunter die Degeneration des Myelins distal von der Stelle der Schädigung eines Axons. Das degenerierte Myelin kann man mit der Weigertschen Markscheidenfärbung oder ähnlichen Färbemethoden nicht mehr darstellen. Kennzeichnen Sie in den beiden Abbildungen das degenerierte Myelin mit Pfeilen!

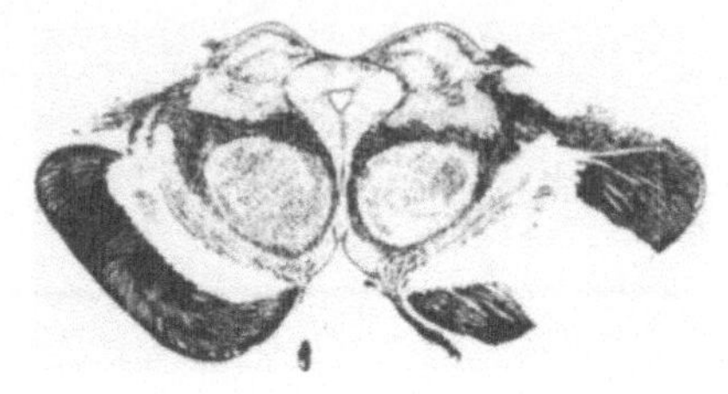

F

942. Der Nucleus gracilis liegt im unteren Bereich der Medulla oblongata. Die primären Axone, die im Rückenmark aufsteigen und unter Bildung von Synapsen mit sekundären Neuronen des Nucleus gracilis enden, sind Axone des Fasciculus ________. Im unteren Bereich der Medulla oblongata enden die Axone des Fasciculus cuneatus unter Bildung von Synapsen im Nucleus ________.

G

1164A. IX
       X
       XI

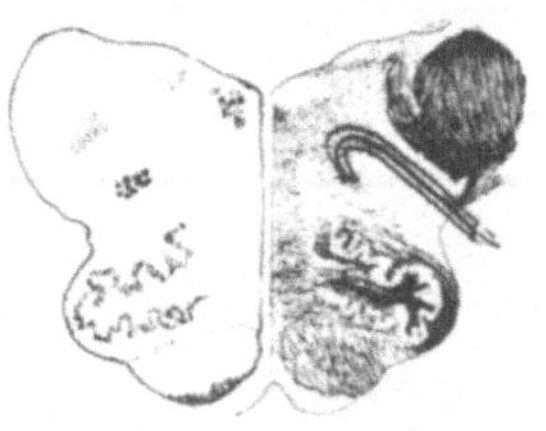

H

1255A. 1. lumbalis
3. caudaleren
rechten (derselben, ipsilateralen)
4. Nucl. thoracicus (Stilling-Clarkesche Säule)
tieferen
linken (derselben, ipsilateralen)
5. primäre (erste)
Nucl. gracilis
6. Cornu posterius
rechten (anderen, contralateralen)

111. Die Gebilde auf der rechten Abbildung stammen aus der ______ Großhirnhemisphäre. Schreiben Sie die Bezeichnungen ant. und post. an die entsprechenden Stellen der rechten Skizze!

A

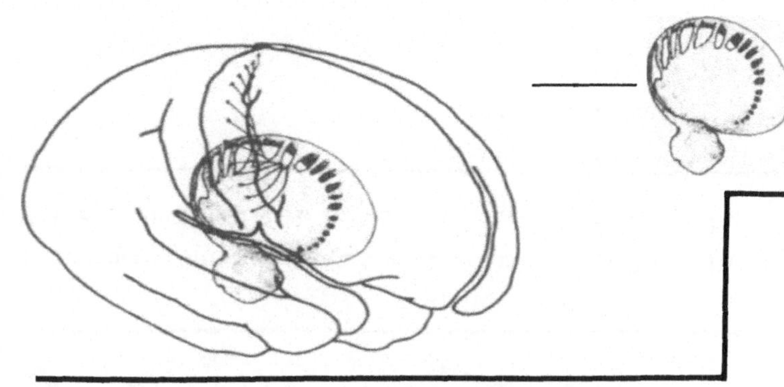

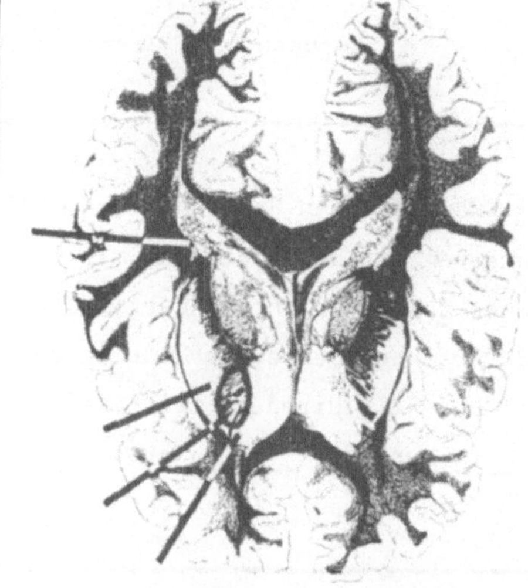

B

Kennzeichnen Sie mit dem Namen
der folgenden Gebiete die Abbildung: Putamen; Verbindungsstük-
ken zwischen Nucleus caudatus
und Putamen; Caput nuclei caudati;
Cauda nuclei caudati.

C

471A.

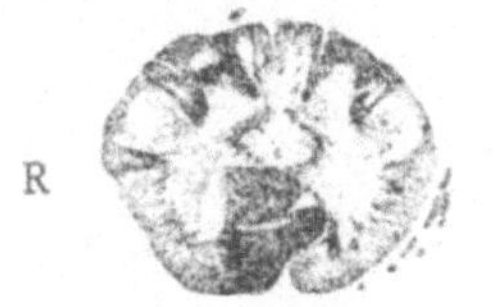

Ansicht von unten

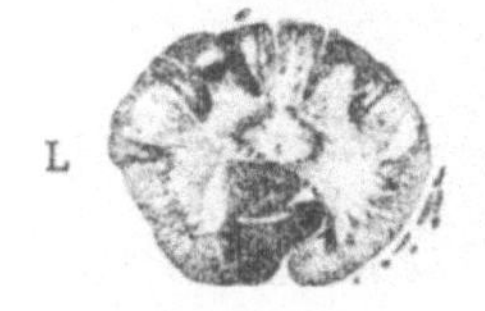

Ansicht von oben

D

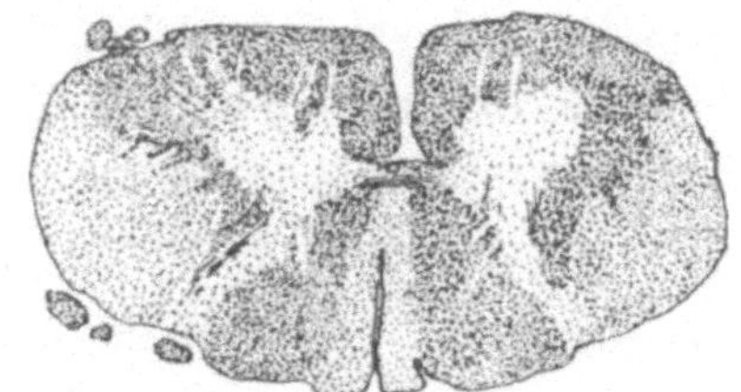

604. Um die willkürliche Bewegung eines Armes
hervorzurufen, müssen die Potentiale die Nervenzellkörper der sekundären Neurone erreichen.
Ziehen Sie auf der rechten Seite der Abbildung
einen kleinen Kreis, der die richtige Lage
eines solchen Zellkörpers zeigen soll! Kennzeichnen Sie mit einem X den Tr. corticospinalis lateralis, der diesen Zellkörper beeinflußt
und mit einem Y den Tr. corticospinalis anterior,
der in die Gegend dieser Zellkörper zieht.

840. Wenn wir eine Wallersche Degeneration beobachten, schließen wir auf eine Schädigung des Axons. Die Wallersche Degeneration erkennen wir an der fehlenden Färbbarkeit des degenerierten ______. Markieren Sie mit einem "x" die Bahn, die eine Wallersche Degeneration aufweist! Kennzeichnen Sie die Bahn mit einer Hinweislinie und ihrem vollständigen Namen!

E

F

Hirnstamm: Der Übergang vom Rückenmark zur Medulla oblongata mit besonderer Berücksichtigung der Bahnen für die Kinästhesie (Abschnitt 942 - 983)

1165. Kennzeichnen Sie den X. und XII. Hirnnerven auf der Abbildung mit römischen Zahlen an ihren Austrittsstellen an der rechten Seite der Medulla oblongata! Der XII. Hirnnerv tritt zwischen der ______ und der ______ aus.

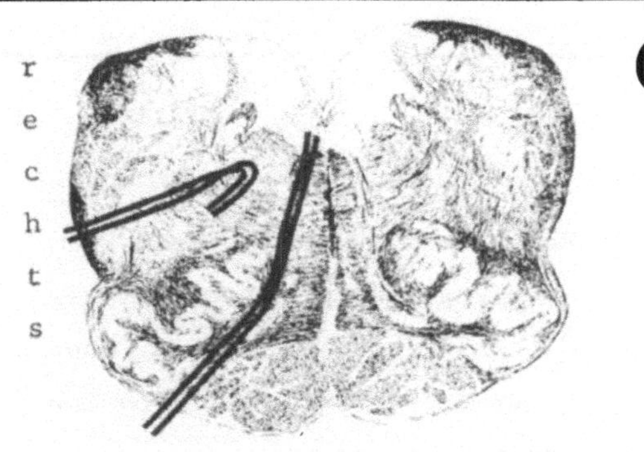

G

1255. 1. Umzeichnen Sie die Nervenzellkörper der Neuronen des sympathischen Nervensystems. Solche Nervenzellkörper befinden sich auch in der Pars ______ des Rückenmarks. 2. Markieren Sie in den beiden Abbildungen mit einer Serie von kleinen "x" die Fasciculi proprii. 3. Die eingezeichnete herdförmige Schädigung verursacht funktionelle Ausfälle im Bereich von ______leren Rückenmarksebenen auf der ______ Seite. 4. Zellkörper der Fasern an der Pfeilspitze liegen im ______ ________ in ________ Rückenmarksebenen auf der ______ Seite. 5. Die Fasern bei "Y" sind ____äre afferente; sie bilden Synapsen im ______ ________. 6. Die Fasern bei "Z" kommen aus Zellkörpern im ______ ________ der grauen Substanz des Rückenmarks auf der ______ Seite. 7. Kennzeichnen Sie den höheren der beiden Schnitte mit einem "X"! 8. Markieren Sie in der rechten Abbildung mit einem "C" die Fasern, die Informationen über die Kinästhesie aus den Fingern der linken Hand leiten! 9. Zeichnen Sie in der rechten Abbildung die aus dem rechten Gyrus precentralis kommenden Axone mit schwarzer Farbe ein!

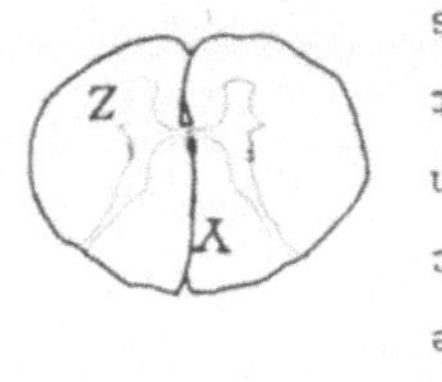

H

111A. rechten

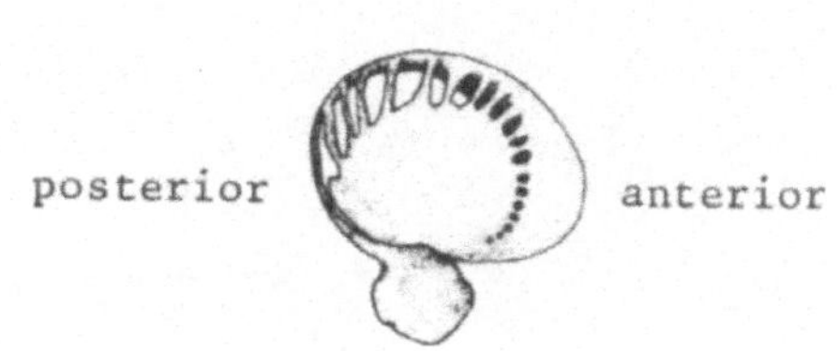

---

248. Auf einem Schnitt mit Markscheidenfärbung sind Kopf und Schwanz des Nucleus caudatus ______ gefärbt.

---

472. Welcher von den drei Schnitten A, B und C enthält Fasern der Pyramidenbahn, die von der linken auf die rechte Seite der Medulla oblongata kreuzen? _. Auf welchem Schnitt kreuzen Fasern von rechts nach links? _. Welcher Schnitt zeigt die Kreuzung in einer Ebene oberhalb der Decussatio pyramidum? _.

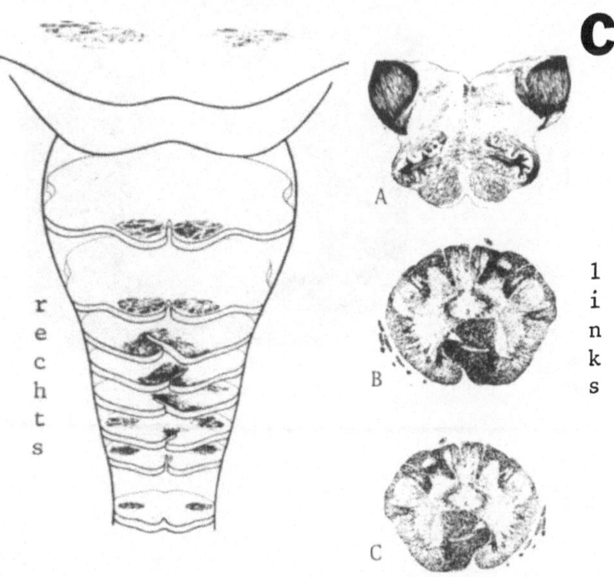

---

603. Wie die Abbildung zeigt, entsenden die Vorderhornzellen ihre Axone nach außen in die Radix ______ . Umzeichnen Sie die Vorderhornzellen auf der Abbildung!

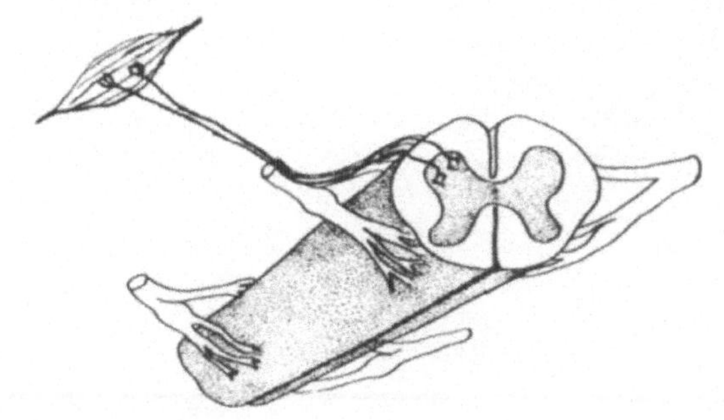

840A. Myelins

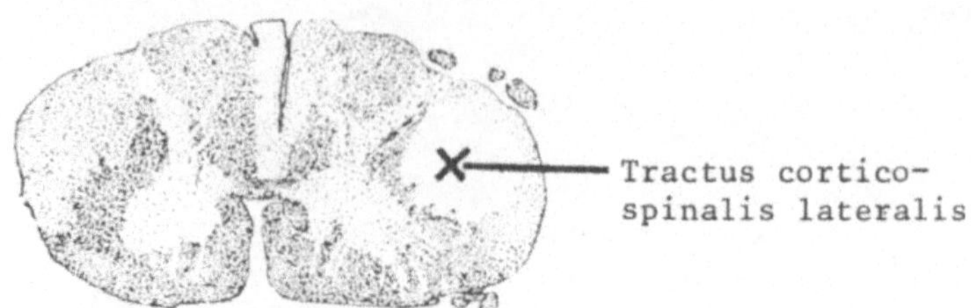

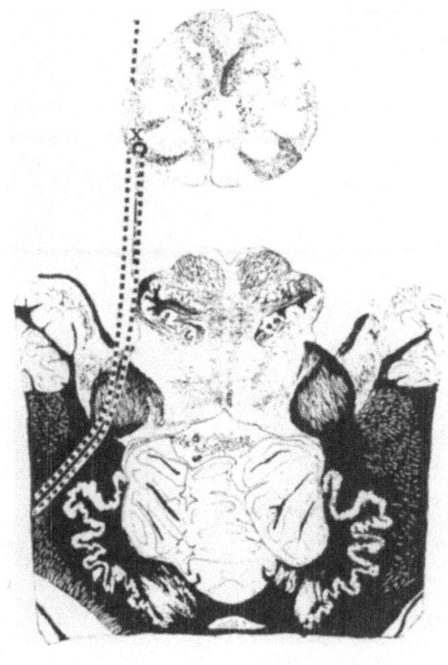

F

941A. Muskeltonus
ipselateralen
thoracicus
Nucl. cuneatus accessorius

G

1165A. Oliva
Pyramis

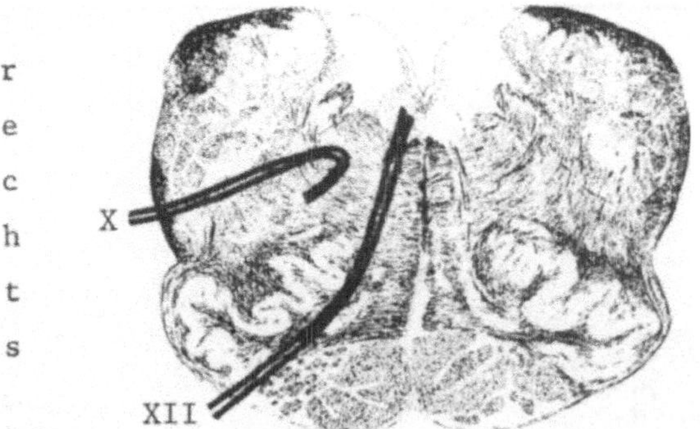

H

Bitte blättern Sie um und fahren Sie fort mit Abschnitt 1255!

112.

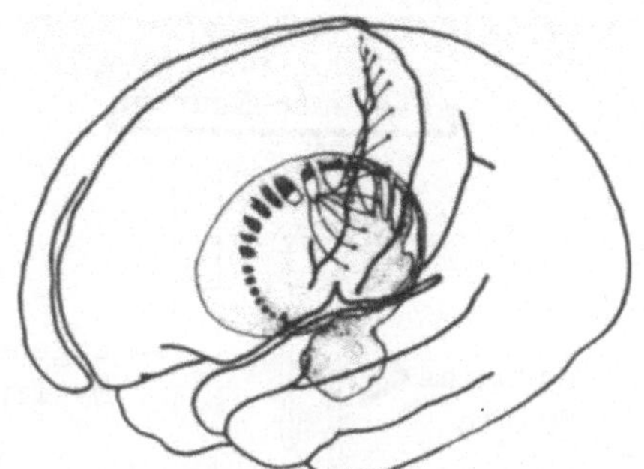

Die Strukturen der rechten Abbildung sind aus der ______ Hälfte des
Gehirns herausgenommen worden. Schreiben Sie ant. und post. an die
Hinweislinien der entsprechenden Stellen!

A

B

247A. frontalis
Corpus amygdaloideum
temporalis

C

472A. B
       C
       A

D

602A. lateralis
anterior
rechten (oder anderen)
rechten (oder anderen)
linken (oder derselben)

E

841. Um einen Teil eines markhaltigen Axons
von seinem trophischen Zentrum zu trennen,
muß der Schaden zwischen dem degenerierten
Teil und dem __________ liegen. Ziehen
Sie eine Gerade durch die Abbildung, die
den Ort der Schädigung aller vier Neurone angibt! Kann man allgemein eine
Wallersche Degeneration in dem Abschnitt
zwischen dem Perikaryon und der Verletzungsstelle einer Nervenfaser beobachten?
____. Im Rückenmark wird eine Waller-
sche Degeneration der afferenten Bahnen
______ von der Verletzungsstelle auftreten.

F

941. Markieren Sie mit einem X den linken Nucl.
cuneatus accessorius! Der Nucl. cuneatus
accessorius liegt an einer für den Übergang seiner
Axone in das Kleinhirn sehr günstigen Stelle.
Zeichnen Sie ein Perikaryon des Nucl. cuneatus
accessorius das an einer für den Übergang seiner
Axone in das Kleinhirn sehr günstigen Stelle liegt.
Informationen über den ____ der ___ Seite erreichen
das Cerebellum auf dem Wege über sekundäre afferente Neurone, deren Zellkörper im Nucl. __________
und ________ __________ __________ liegen.

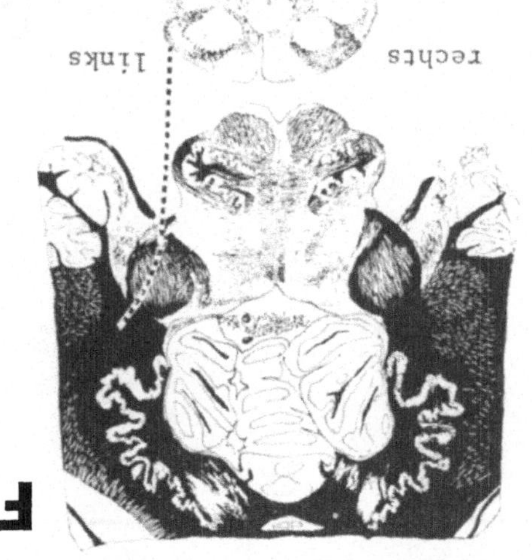

G

1166. Die visceromotorischen Kerne liegen
lateral von den ______motorischen. Umzeichnen Sie auf beiden Seiten der Abbildung die Kerne beider Klassen und kennzeichnen Sie die Nuclei mit den ihnen
zugeordneten römischen Zahlen!

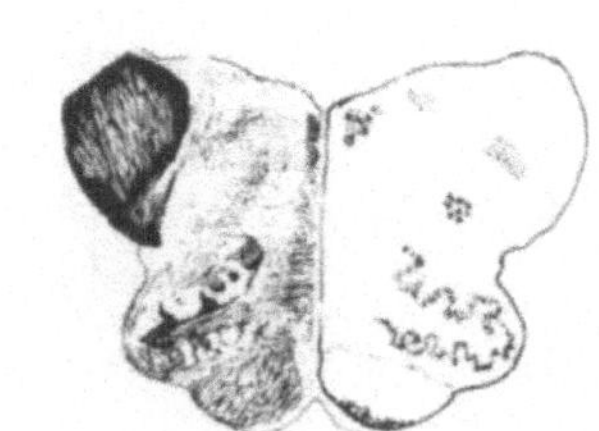

H

Bitte blättern Sie um!

A

113. Stammen die Gebilde der rechten Abbildung von der gleichen Seite wie die der linken? ____. Kennzeichnen Sie die rechte Abbildung mit anterior und posterior!

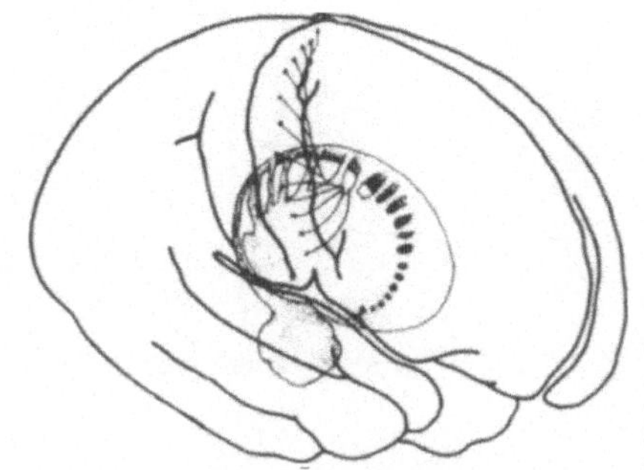

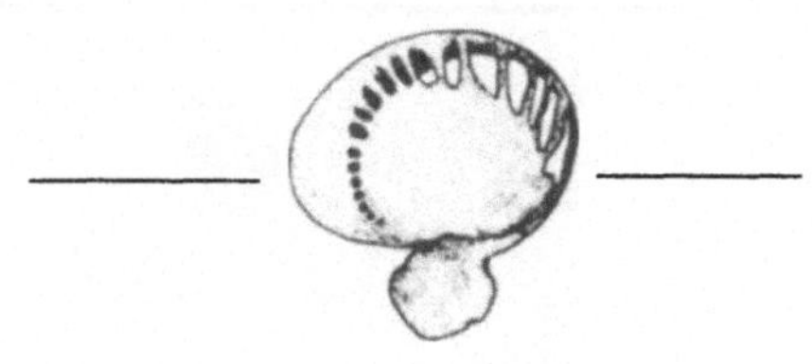

B

247. Der mit X gekennzeichnete Kopf des Nucleus caudatus liegt im Lobus ________. Auf dem _____ __________ steht ein Y, es befindet sich im Lobus ________.

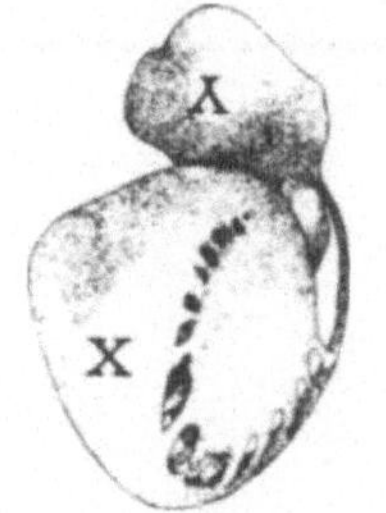

C

473. Zeichnen Sie in beiden Abbildungen einen auf die sich kreuzenden Fasern gerichteten Pfeil ein, um die Richtung der Impulsübertragung von der einen Seite der Medulla oblongata auf ihre andere anzugeben!

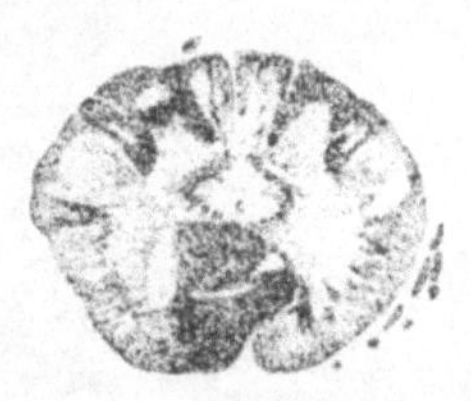

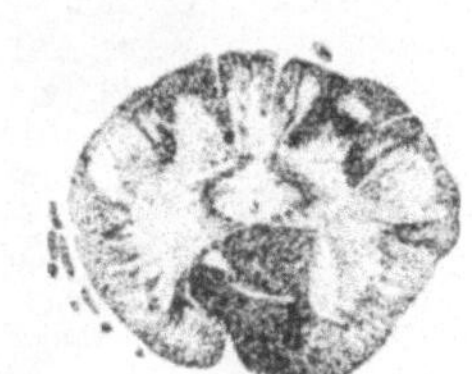

D

602. X kennzeichnet den Tr. corticospinalis _________, das Y den Tr. corticospinalis _______. Die Fasern des "Gebietes X" kommen aus der Pyramide der ______ Seite. Ein Krankheitsherd an der Stelle X führt zu denselben Ausfällen der Willkürmotorik der Extremitäten wie eine Läsion im Crus cerebri der ______ Seite. Der Herd im Gebiet X beeinträchtigt die willkürlichen Bewegungen der ______ Körperseite.

E

842. Die Kontinuität der Nervenfaserstrukturen
wird an den Synapsen unterbrochen. Beachten
Sie "X", "A" und "B"! Eine Läsion an der
Stelle "X" wird zu einer Wallerschen Degeneration des Abschnittes _ führen.

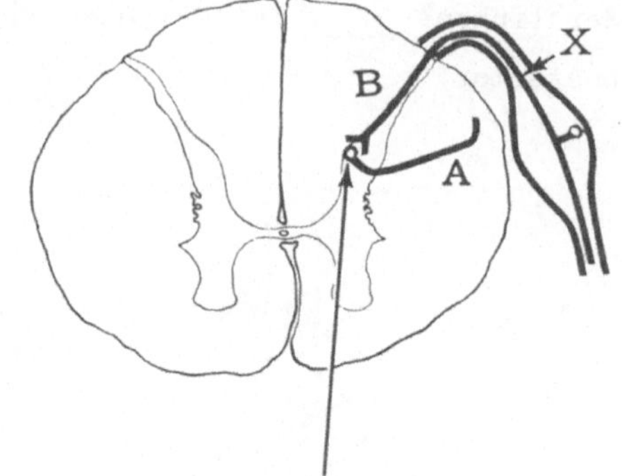

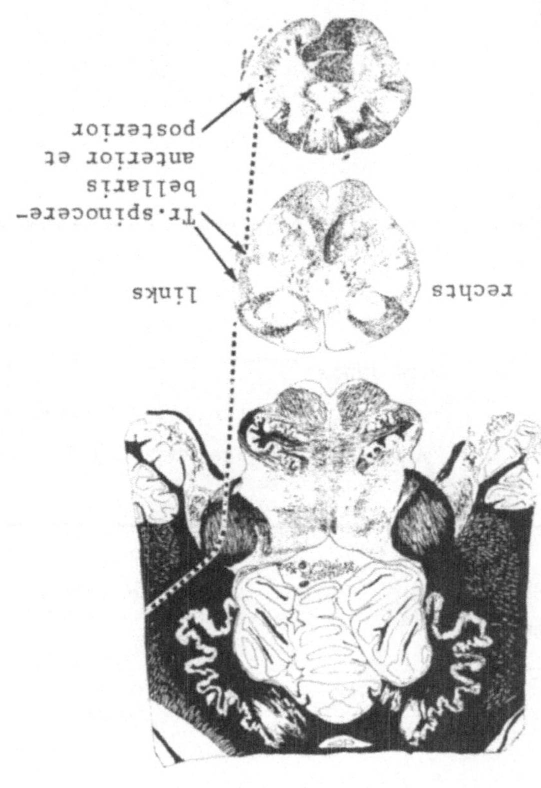

F

940A. nein

G

1166A. somatomotorischen

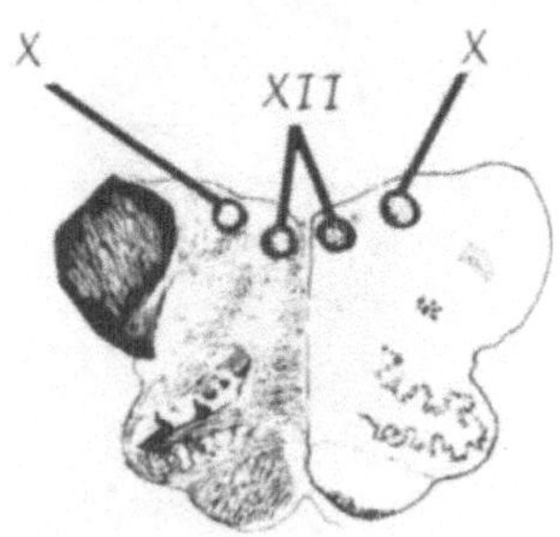

siehe Abschnitte 1255 bis 1306!
Untersuchung von mit Markscheidenfärbung behandelten Schnitten

H

414

601A. precentralis

linken (oder anderen)

contralateralen)

D

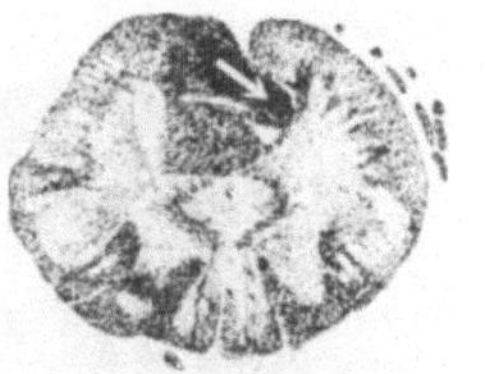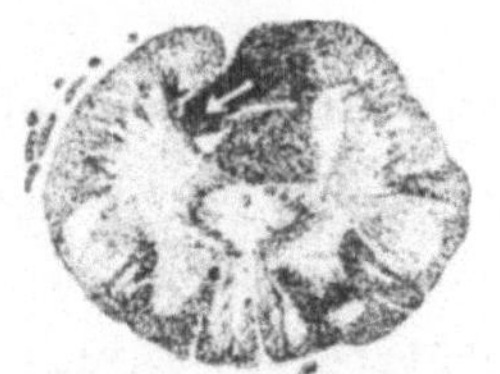

473A.

C

---

246. Der Schwanz des Nucl. caudatus
(Schweifkörper) unterscheidet sich
von den übrigen Teilen dieses Hirn-
kerns auf Grund seiner Lage. Er
liegt unterhalb und etwas lateral
vom Caput nuclei caudati, dabei
befindet er sich im medialen Bereich des Lobus ________ .

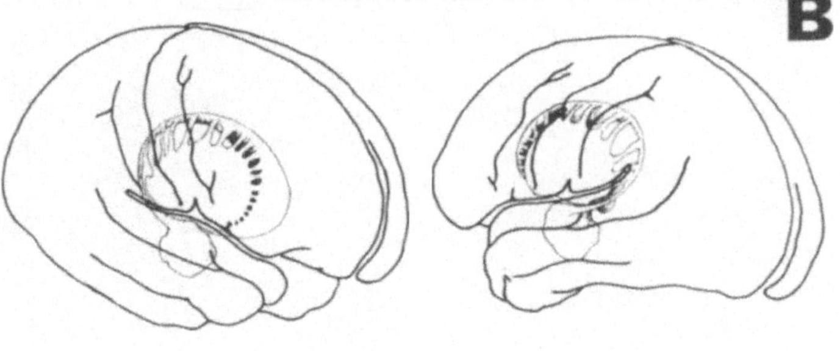

B

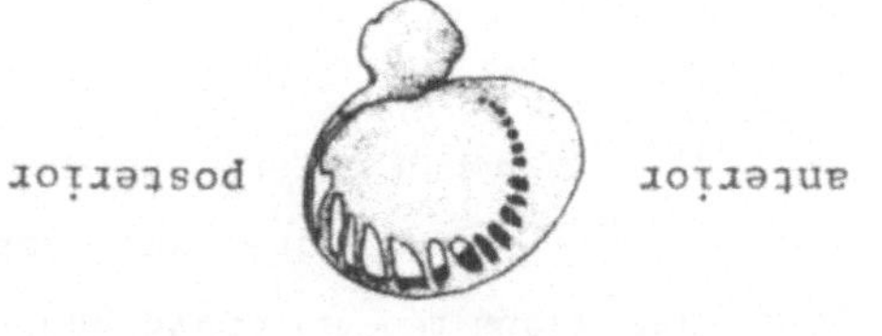

113A. nein

A

<u>843.</u> Viele sekundäre Axone ziehen ohne Synapsen vom Rückenmark zum Thalamus. Wenn sie geschädigt werden, entsteht eine __________ Degeneration auf der Strecke zwischen der Läsion und dem ________ .

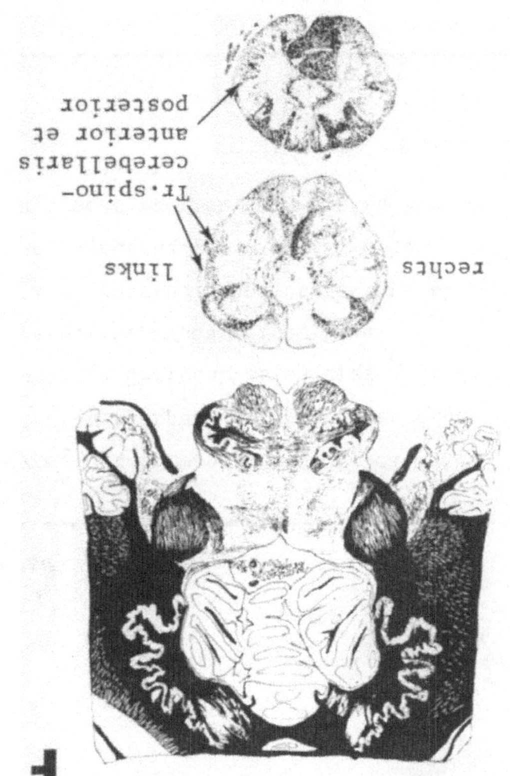

<u>940.</u> Zeichnen Sie mit einer gestrichelten Linie den Verlauf des linken Tr. spino-cerebellaris anterior et posterior durch die verschiedenen Schnitte bis in das Cerebellum auf dem Wege durch den Pedun-culus cerebellaris inferior! Haben diese Bahnen die Mittelebenen überquert? ________

G

<u>1167.</u> Sowohl der Nucl. dorsalis n. vagi als auch der Nucl. ambiguus geben Axone ab, die im X. Hirnnerven erscheinen. Der N. hypoglossus tritt getrennt von ihm weiter vorn aus. Zeichnen Sie auf der linken Seite des Schnittes einige Axone, die von Zellkörpern des visceralen, bran-chialen und somatomotorischen Kernes bis zur Austrittsstelle der Hirnnerven aus der Medulla oblongata verlaufen!

<u>1254A.</u> linken (derselben, ipsilateralen)
rechten (anderen, contralateralen)
trigeminothalamicus secundus anterior

H

A

114. Die Basalganglien der rechten Abbildung stammen aus der ______ Hirnseite. Beschriften Sie das rechte Diagramm mit ant. und post.!

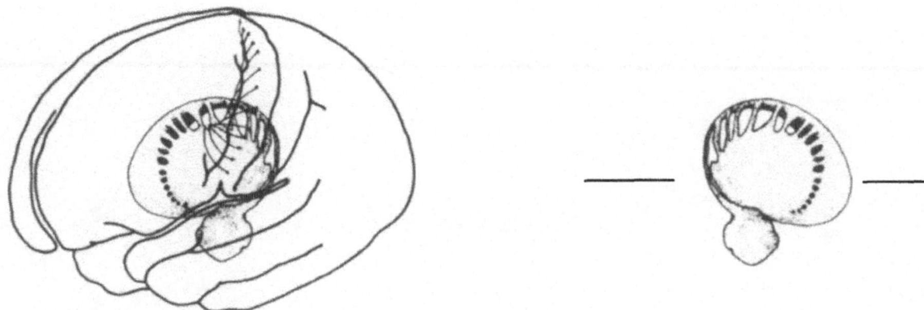

B

245. Der Sulcus lateralis trennt teilweise den oberhalb liegenden Lobus frontalis et parietalis von dem unterhalb liegenden Lobus

C

474. Zeichnen Sie die Faser 1 auf ihrem ganzen Weg bis ins Rückenmark! Lassen Sie die Faser in dem mit einem Pfeil markierten Schnitt kreuzen!

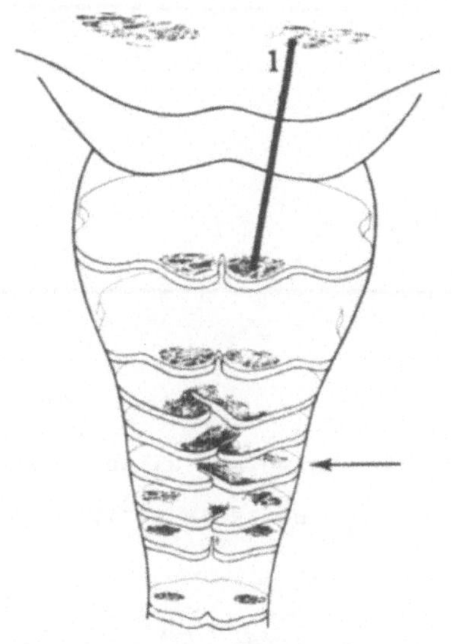

D

601. Viele Perikaryen der Axone des rechten Tr. corticospinalis lateralis liegen im Gyrus ______ der ______ Seite.

844. Unter Hemisektion (Hemichordotomie) versteht man die Durchtrennung
oder Unterbrechung einer Rückenmarkshälfte (Verletzungen, Tumoren, Tier-
experimente usw.). Nach einer Hemisektion finden wir eine Wallersche Degeneration der motorischen Bahnen ________ der Schnittebene und der sensiblen
Bahnen _______ davon.

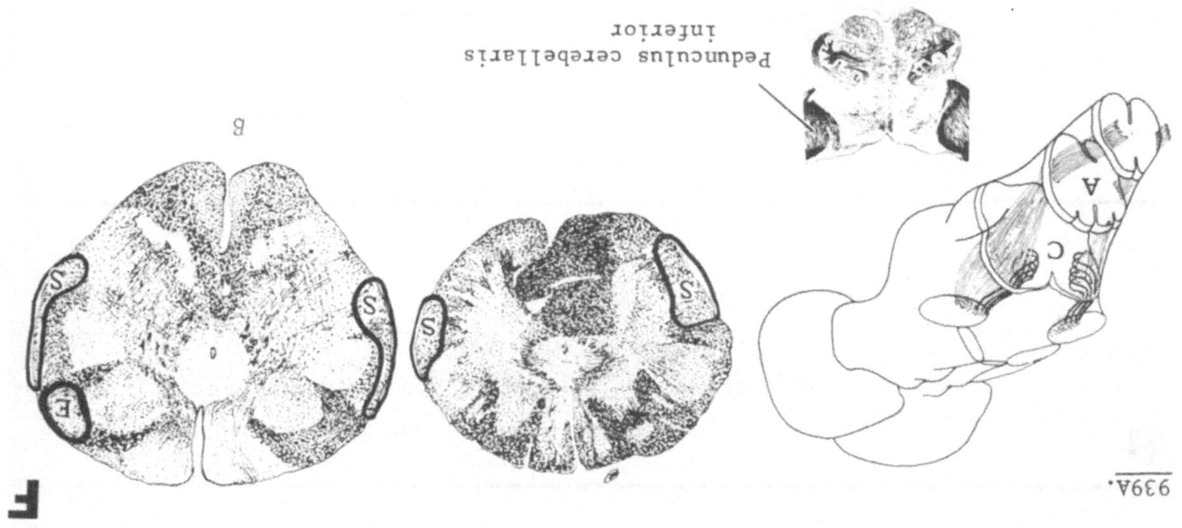

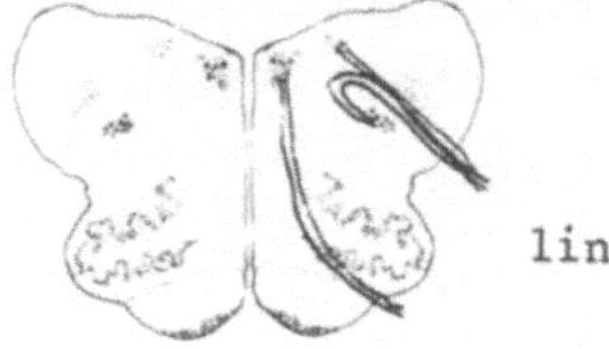

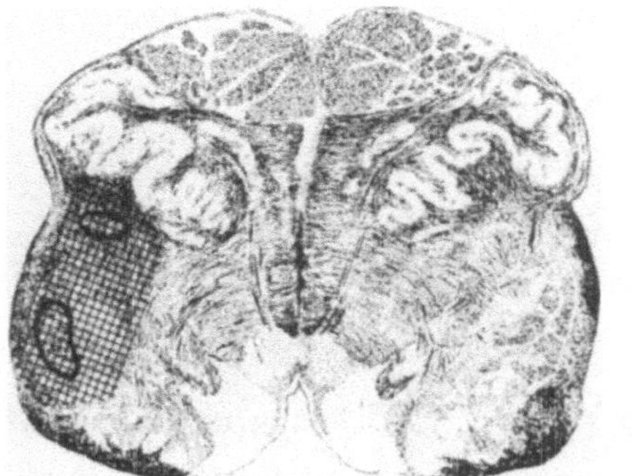

1254. Die eingezeichnete herdförmige
Schädigung unterbrach den Tr. spinalis
n. V und den Tr. spinothalamicus
lateralis auf der linken Seite der
Medulla oblongata. Die Schmerz- und
Temperaturempfindungen waren auf der
______ Seite des Gesichts und auf der
______ Seite des Körpers beeinträchtigt.
Das Schmerzempfindungsvermögen war auf der anderen Gesichtshälfte erhalten, da
die sekundären Schmerzaxone im Zuge ihres Aufstiegs kreuzen und in der gezeich-
neten Ebene noch nicht den Tr. _______________ _______ _______
gebildet haben.

114A. rechten

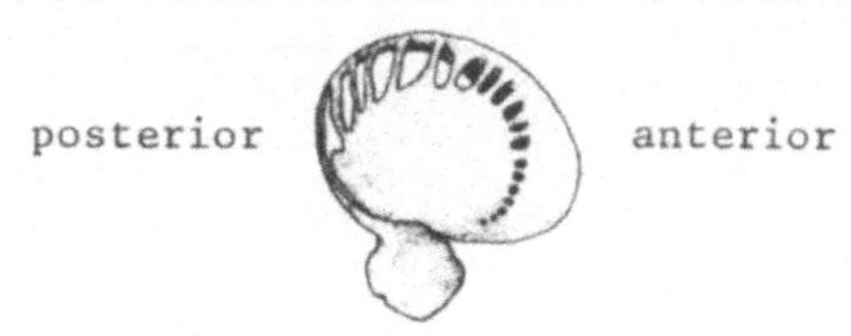

B

244A.

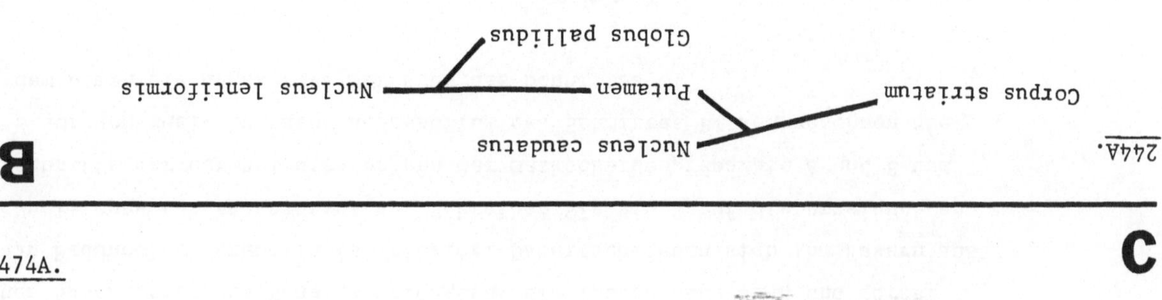

C

474A.

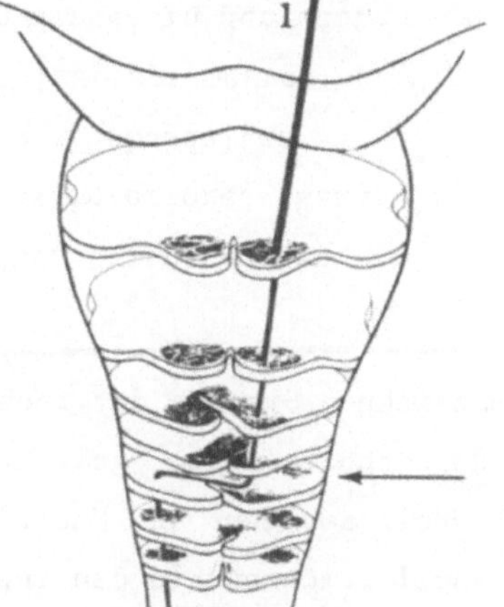

D

600A. Decussatio

anderen (contralateralen, Gegenseite)

844A. unterhalb (oder caudal)

    oberhalb
    (od. cranial)

F

939. In der Gegend von A ist die Decussatio pyramidum durchtrennt worden. Ein Querschnitt durch C erfaßt die Pedunculi cerebellares inferiores. Kennzeichnen Sie mit einem B den mit einer Markscheidenfärbung behandelten Schnitt, der zwischen den Ebenen von A und C liegt. Die Trr. spinocerebellares bilden im Querschnitt einen länglichen, dünnen Mantel in den seitlichen Abschnitten der Medulla oblongata. Sie laufen nach oben und dorsal in den Pedunculus cerebellaris inferior. Dabei schließen sich ihm Fasern aus dem Nucl. cuneatus accessorius an. Schreiben Sie ein S auf die umzeichneten Querschnitte der cerebellaren Bahnen der Markscheidenpräparate A und B und ein E auf den Nucl. cuneatus accessorius des Schnittes B! Kennzeichnen Sie mit dem Namen die angezeigte Struktur des Schnittes C!

G

1168. Umzeichnen Sie auf der rechten Hälfte des Schnittes den Nucl. n. hypoglossi, Nucl. ambiguus und Nucl. dorsalis n. vagi! Zeichnen Sie den intraencephalen Verlauf des X. und XII. Hirnnerven von ihren Ursprungskernen bis zu den Austrittsstellen aus dem Hirnstamm! Markieren Sie auf der linken abgebildeten Seite mit P die Pyramidenbahn, mit L.m. den Lemniscus medialis und mit P.c.i. den Pedunculus cerebellaris inferior!

rechts

H

1253A. Nucleus ambiguus

    Nucleus dorsalis n. vagi

    Nucleus tractus solitarii

    IX.

    X.

A

115. Die abgebildeten Stammganglien gehören zur ______ Seite des Gehirns.
Schreiben Sie die zutreffenden Bezeichnungen ant. und post. an die Hinweislinien!

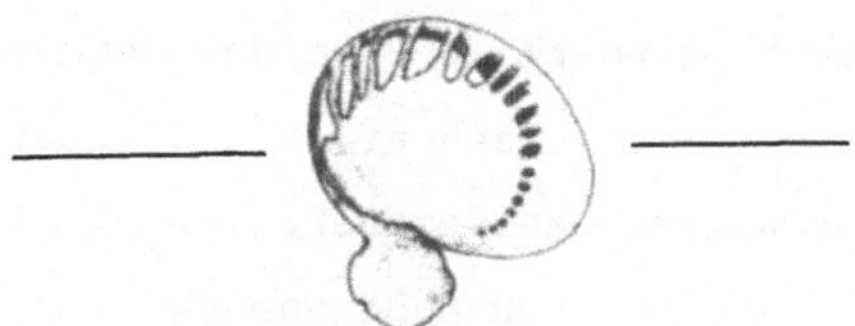

B

244. Verbinden Sie die Begriffe der mittleren Reihe mit den zugehörigen
der beiden anderen!

Nucleus lentiformis	Nucleus caudatus	Corpus striatum
	Putamen	
	Globus pallidus	

C

475. Die Fasern 1 und 2 sollen die
Medianebene kreuzen. Ziehen Sie die
Faserlinien bis zur Medulla oblongata!

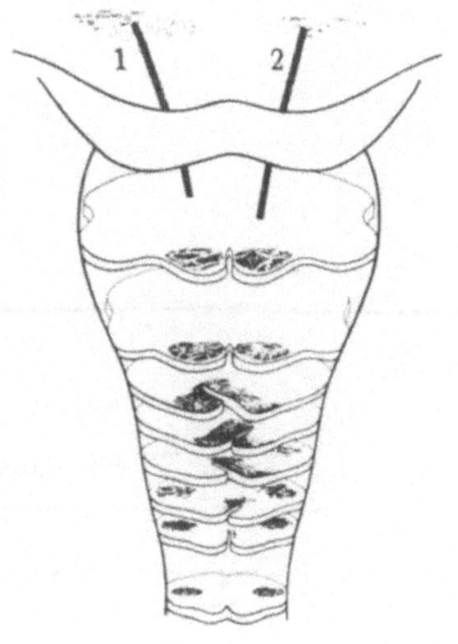

D

600. Eine der zuverlässigsten Regeln der klinischen Neurologie
besagt, daß Schädigungen des corticospinalen Systems oberhalb
der ______ pyramidum die Extremitäten der ______ Seite
betrifft.

E

845. Sensible Fasern aus dem Bein treten in Höhe der Pars lumbalis in das
Rückenmark ein. Die lumbalen Segmente liegen unterhalb von den __________
und oberhalb von den ________ Segmenten. - Ein Granatsplitter hatte bei
einem Soldaten das Rückenmark in Höhe des Segmentes T10 vollständig durchtrennt. Vier Monate später starb er. Die Sektion des Rückenmarkes zeigte
unter anderem eine Wallersche Degeneration aller __________ Bahnen in Höhe
von L4 und aller __________ in Höhe von C4.

F

938. Der größte Teil der Fasern in der spinocerebellaren Bahn gelangt
vom Rückenmark durch die Medulla oblongata auf dem Wege über den
Pedunculus cerebellaris ________ in das Kleinhirn.

G

1168A.

H

1253. Eine praktische klinisch-anatomische Regel
besagt, daß herdförmige Schädigungen im Hirnstamm
im allgemeinen Hirnnervensymptome hervorrufen, indem
sie die intracraniale Verlaufsstrecke des Nerven
eher beeinträchtigen als die Kerne. Die eingezeichnete Schädigung verursachte eine Lähmung des rechten
Stimmbandes. Die rechte Seite des weichen Gaumens
war gelähmt und unempfindlich. Der Herd, der in
einem geringen Abstand von der Medulla oblongata liegt, sparte die drei
umzeichneten Kerne aus. Sie heißen: ________ ________, ________ ________
__ ____ und ________ ________ ________. Die Fasern des __ und _
Hirnnerven wurden aber unterbrochen.

115A. rechten

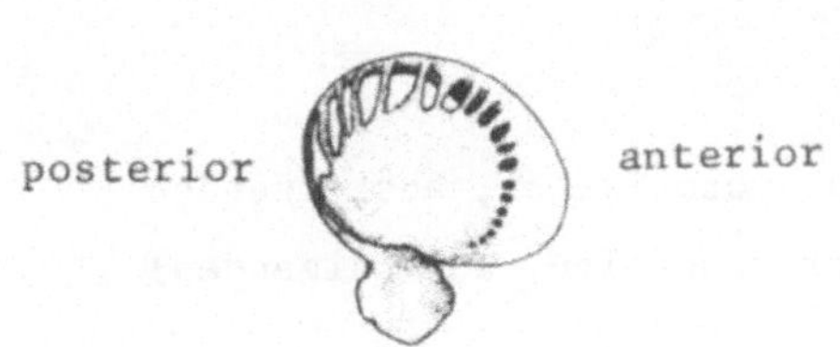

243A. Globus pallidus
caudatus
caudatus
Putamen

475A.

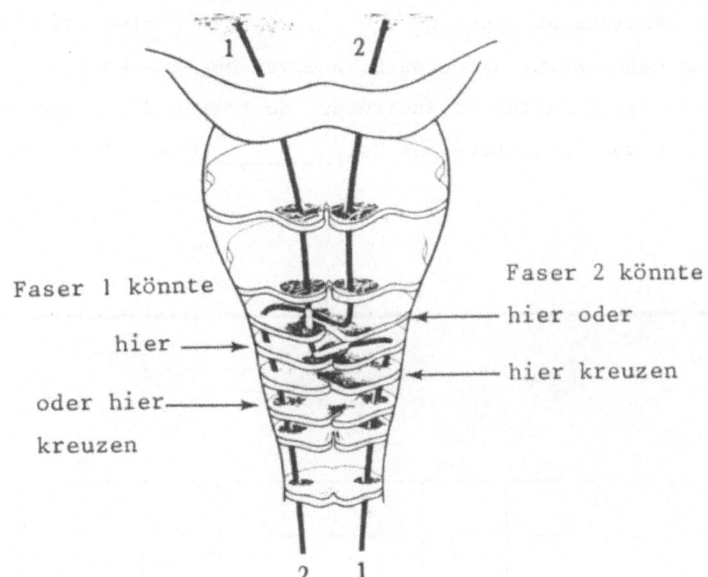

599A. lateralis
grauen
Cornu anterius
Vorderhorns

E

<u>845A.</u> thoracalen

sacralen

efferenten (oder motorischen, absteigenden)

afferenten (oder sensiblen, aufsteigenden)

F

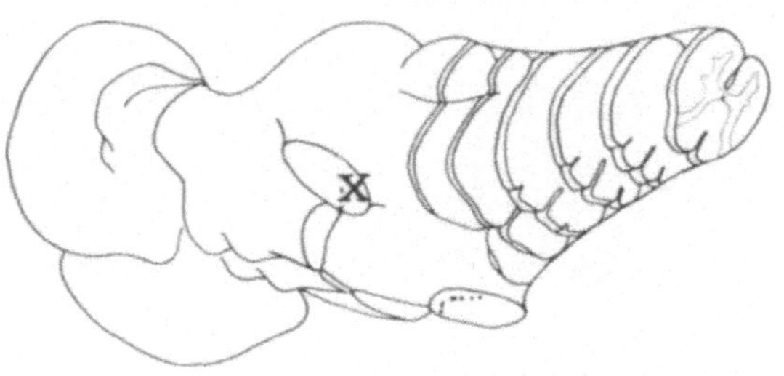

<u>937A.</u>

G

<u>1169.</u> Der Nucleus ambiguus gibt wie alle branchialmotorischen Kerne der lateralen Reihe seine Axone an Hirnnerven ab, die an der _________ Oberfläche des Hirnstammes austreten. So treten die Hirnnerven Nr. ____, ____, IX, X und XI im Bereiche der _________ Oberfläche des Hirnstammes aus.

H

<u>1252A.</u>

	XII	XI	X	IX	VII	VI	V	IV	III
somatomotorisch	x					x		x	x
branchialmotorisch		x	x	x	x		x		
visceromotorisch			x	x	x				x
allgm. viscerosensibel			x	x					
speziell viscerosensibel (sensorisch)				x	x				
somatosensibel							x		

116. Schreiben Sie anterior und posterior an die entsprechenden Stellen! Es handelt sich um eine ______ Ansicht.

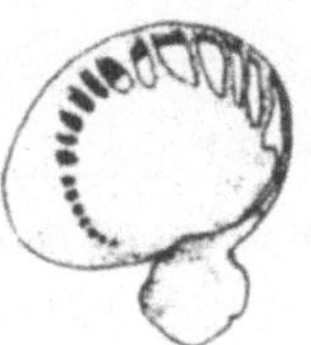

243. Bei allen Tierarten kann man das Putamen histologisch und funktionell von dem anderen Teil des Nucleus lentiformis, dem ______ unterscheiden. Das Putamen steht funktionell in engerer Beziehung zum Nucleus ______, von dem es durch die innere Kapsel getrennt ist als zum Globus pallidus. Wegen der streifenförmig aussehenden Verbindungsbrücken werden Nucleus ______ und ______ zusammen auch Corpus striatum genannt.

476. Die im Schnitt A kreuzenden Fasern kommen hauptsächlich aus der ______ Großhirnhemisphäre und enden auf der ______ Rückenmarkseite.

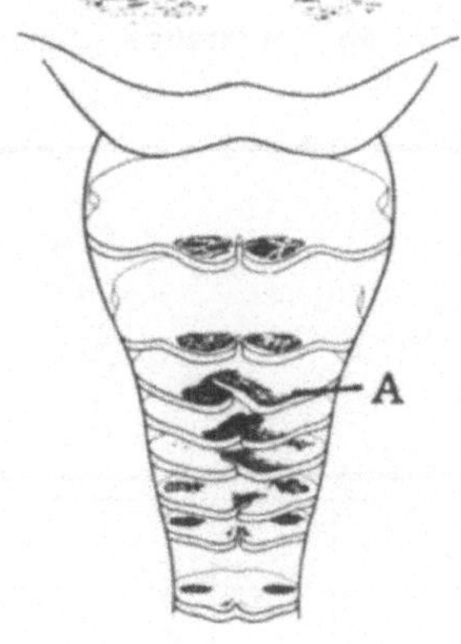

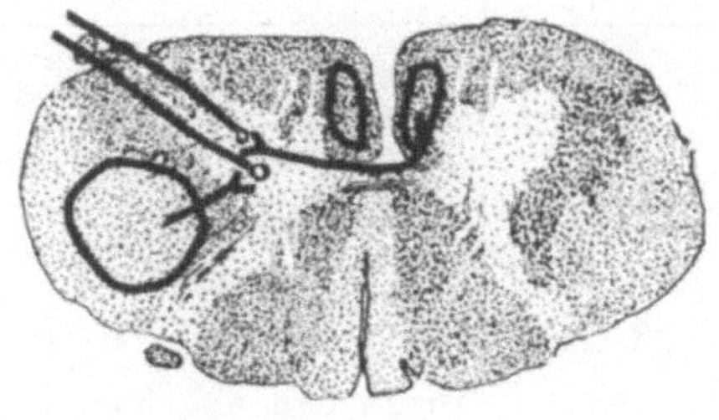

599. Die Fasern des Tr. corticospinalis bilden auf derselben Seite ______ Synapsen, hauptsächlich in der ______ Substanz des ______.

846. Beim Menschen erfolgt die Steuerung der Willkürbeugungen hauptsächlich über das corticospinale System. Die meisten Fasern dieses Systems kreuzen die Medianebene in der ________ ________. Die Färbung von Rückenmarksquerschnitten nach Weigert zeigt eine mit x markierte Bahn. Eine kleine Läsion wurde auf der linken Seite in der Medulla oblongata gefunden. Folgerung: Die eine Wallersche Degeneration zeigende Bahn ist __ferent und kreuzt ________ der abgebildeten Querschnitte.

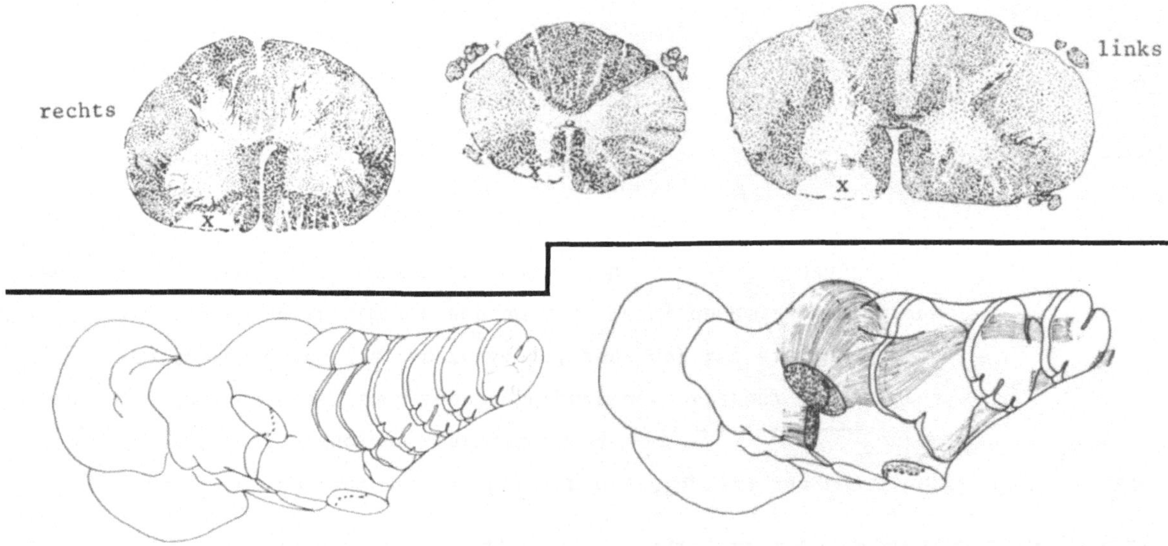

937. Markieren Sie in der rechten Abbildung mit einem X genau die Schnittfläche des rechten Pedunculus cerebellaris inferior!

1169A. lateralen
    V
    VII
    lateralen

1252. Schreiben Sie ein Kreuz in die entsprechenden Felder!

	XII	XI	X	IX	VII	VI	V	IV	III
somatomotorisch									
branchialmotorisch									
visceromotorisch									
allgm.viscerosensibel									
speziell viscerosensibel (sensorisch)									
somatosensibel									

A

116A. laterale (oder seitliche)

B

242. Bei den niederen Säugetieren sind die Bahnen zwischen der Großhirnrinde und den tieferen Zentren mitunter nur gering entwickelt sein, so daß
die innere Kapsel die Basalganglien nicht schneidet. Die Trennzone zwischen Putamen und ______ ______ kann daher schmal sein.

C

476A. linken
      rechten

D

598A. Commissura
      anterius
      anderen (contralateralen, Gegenseite)

847. Die Schnitte, deren Markscheidenstrukturen gefärbt wurden, stammen von einem Patienten, der einige Jahre vor seinem Tode einen Schlaganfall in der rechten inneren Kapsel erlitten hatte. Markieren Sie mit einem x das ungefärbte demyelinisierte Gebiet! Es beweist, daß efferente Fasern in der Capsula interna das Rückenmark ohne zwischengeschaltete Synapsen erreichen. Kennzeichnen Sie mit einem y den Bezirk mit einer Markscheidendegeneration in der Medulla oblongata, der zeigt, daß diese efferenten Fasern auf derselben Seite wie im Mittelhirn liegen!

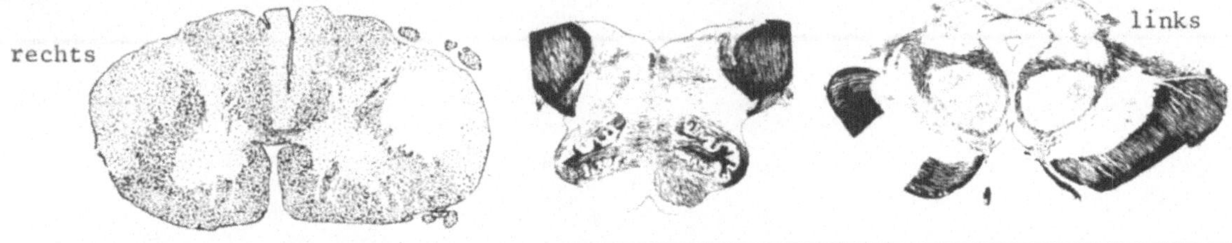

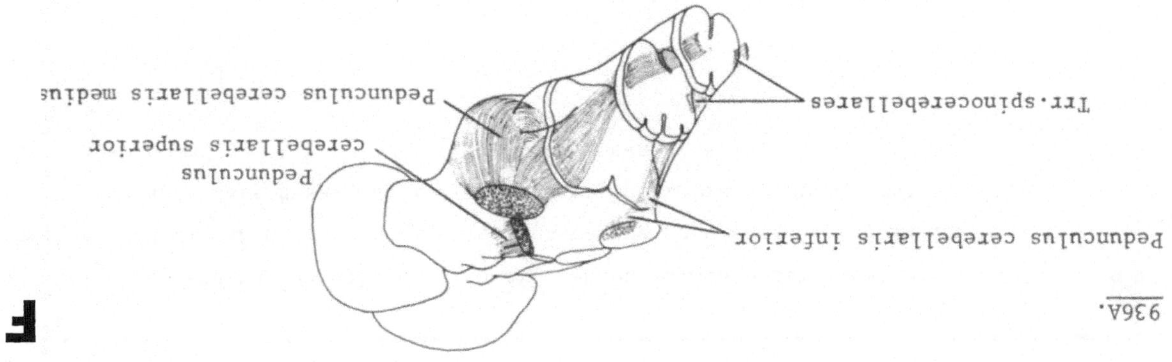

1170. Betrachten Sie den einzigen somatomotorischen Kern in der Brücke und den einzigen branchialmotorischen Kern im Pons in der Nähe des Übergangs von der Brücke zum verlängerten Mark. Kennzeichnen Sie die beiden Kerne mit ihren Namen, der römischen Zahl des zugehörigen Hirnnervens und Hinweislinien!

1251A.

3	visceromotorisch
4	viscerosensibel
1	somatomotorisch
5	somatosensibel
2	branchialmotorisch

117. Die drei Kerne der rechten Abbildung sind der Nucleus ________,
das Corpus ____________ und der Nucleus _________.

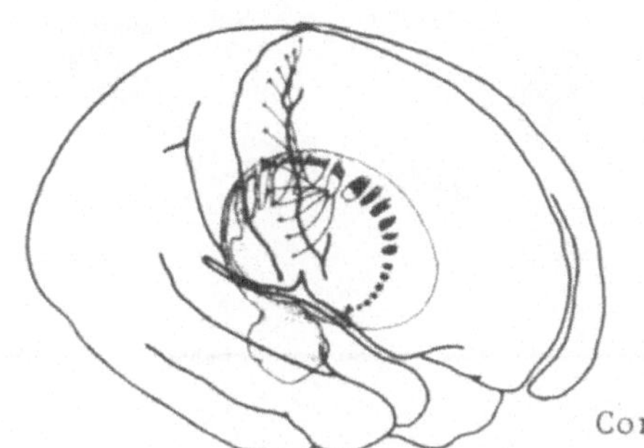

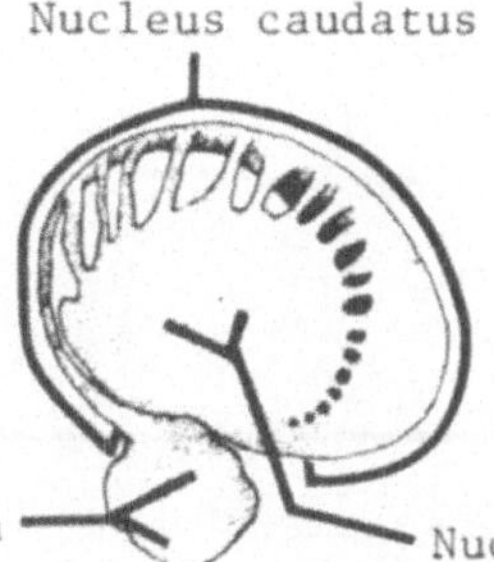

241A. caudatus
Globus pallidus

477. Betrachten Sie die beiden Schnitte
der Medulla oblongate! Durch die
höhere der beiden Ebenen geht der
Schnitt _. Begründen Sie Ihre Antwort in einem Satz!

____

____

598. Faserbündel, die die Medianebene
überqueren, werden oft Commissuren genannt. Fasern des Tr. corticospinalis
anterior kreuzen die Medianebene vermutlich in der __________ alba des
Rückenmarks und bilden mit sekundären
Neuronen Synapsen im Cornu ________
der ______ Seite.

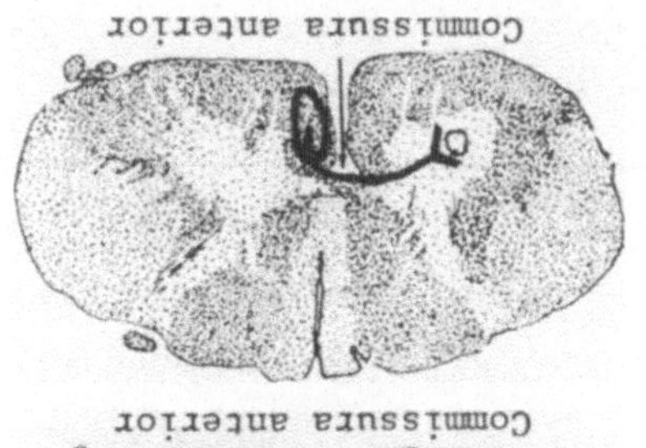

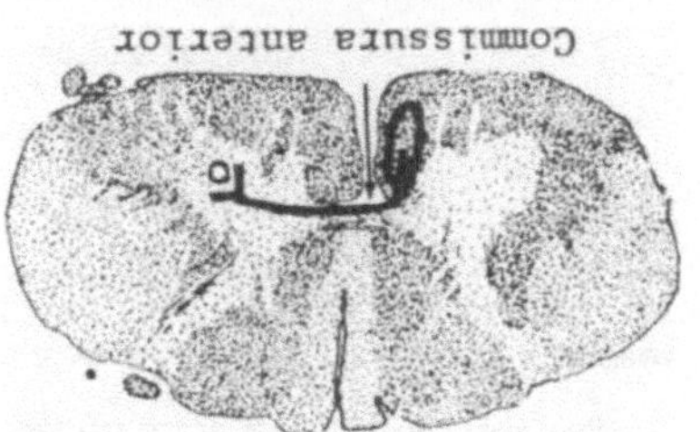

847A.

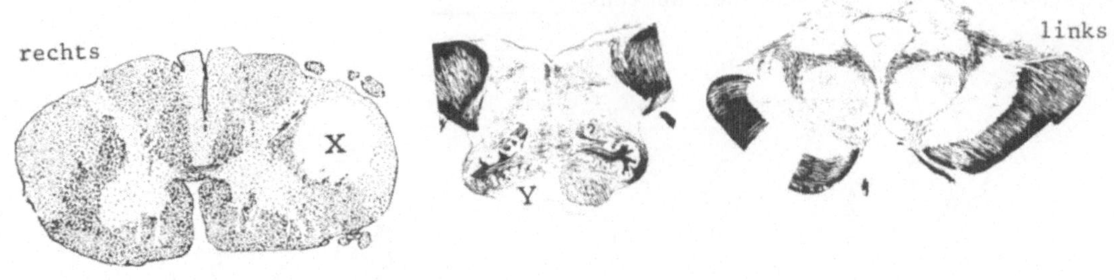

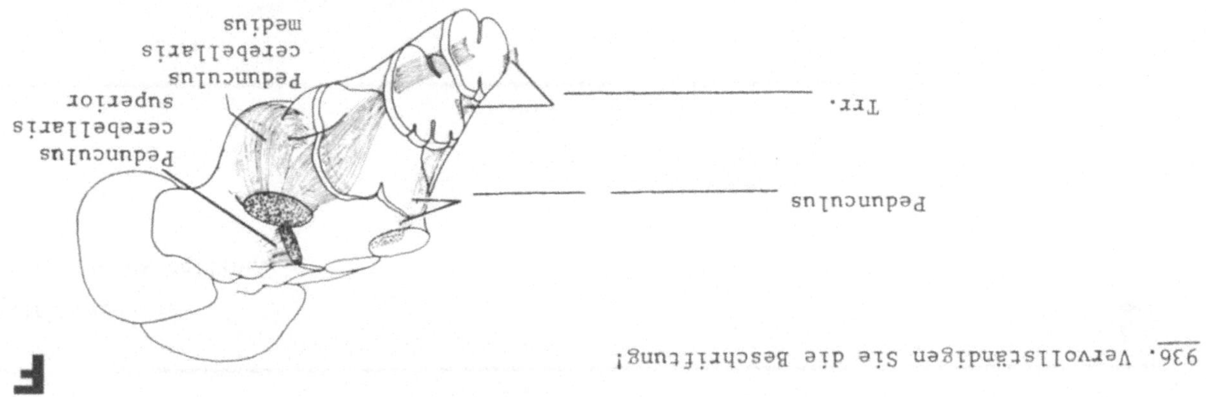

936. Vervollständigen Sie die Beschriftung!

F

1170A.

G

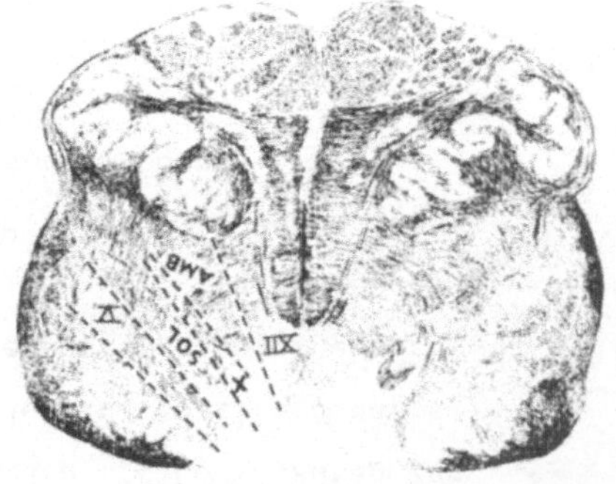

1251. Numerieren Sie folgende Aussagen von 1 bis 5 gemäß der Anordnung
ihrer Lage in der Basis des Hirnstammes
von medial nach lateral:
branchialmotorisch
somatosensibel
somatomotorisch
viszerosensibel
viszeromotorisch

H

A

118. Nach dem langen, kurvenförmig ge-
bogenen Fortsatz hat man den Nucleus
_______ benannt. Aus wieviel Abschnitten besteht in der beigefügten Abbildung der Nucleus caudatus (Schweifkern)? _.

B

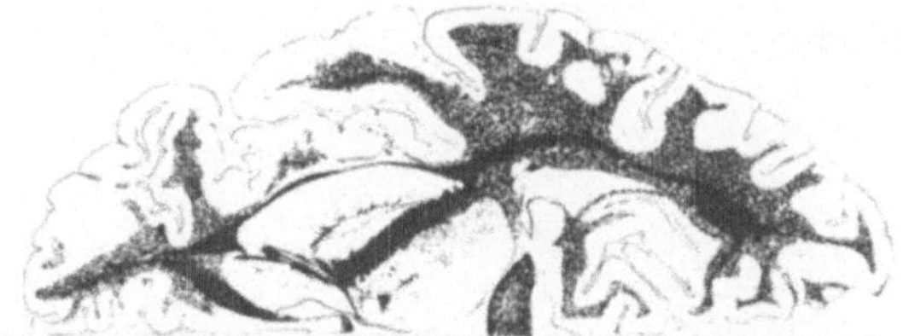

241. Der vordere Schenkel der inneren
Kapsel wird von Brücken, die Nervenzellen enthalten und das Putamen mit dem
Nucleus _______ verbinden, gekreuzt.
In Höhe des abgebildeten Schnittes
geht das Putamen in eine andere Struktur über. Es handelt sich dabei um den
_______ .

C

474A. B

Schnitt B enthält nicht die Pyramidenkreuzung (Decussatio pyramidum),
(oder eine entsprechende Aussage)

D

597. Die meisten Fasern des Tr. corticospinalis anterior kreuzen die Median-
ebene bevor sie enden. Auch für sie gilt die Regel, daß die motorischen
Zentren einer Großhirnhemisphäre die Bewegungen der Extremität auf der
_______ Seite des Körpers steuern.

E

<u>848.</u> Ein ausgedehnter Herd im linken Schläfenlappen, der linken Seite des Thalamus oder fast aller linksseitiger Hirnstammregionen beeinträchtigt die Empfindungen in den Extremitäten und im Rumpf der ______ Seite.

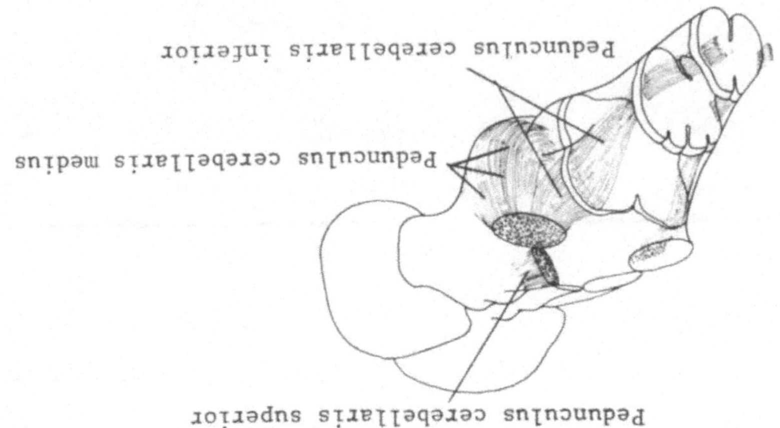

935A.

F

G

<u>1171.</u> In der Abbildung sehen Sie einen leicht schrägen Schnitt des Pons in der Nähe seines Überganges zur Medulla oblongata. Wie in der Medulla oblongata liegt der branchialmotorische Kern abseits vom Ventrikel. Schreiben Sie ein S für somatisch und B für branchial an die entsprechenden eingekreisten Kerne!

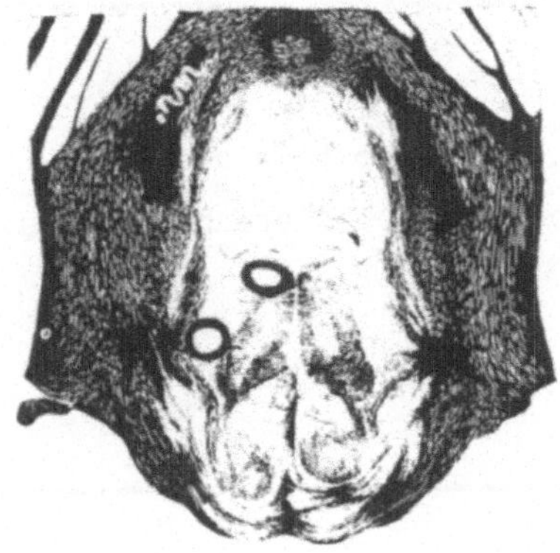

1250A. Lemniscus medialis
reticularis
Hypothalamus

H

118A. caudatus

3

B

240A. antero-medial

Lateral

C

478. Schreiben Sie ein X an die beiden
Schnittebenen, auf denen vorn medial
von links nach rechts kreuzende
Fasern erkennbar sind!

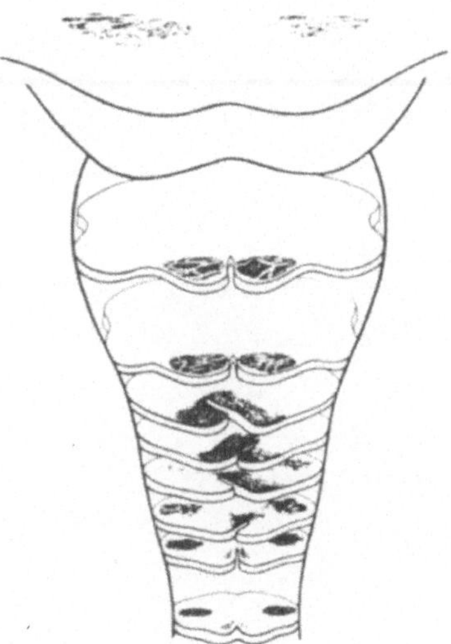

D

596A.

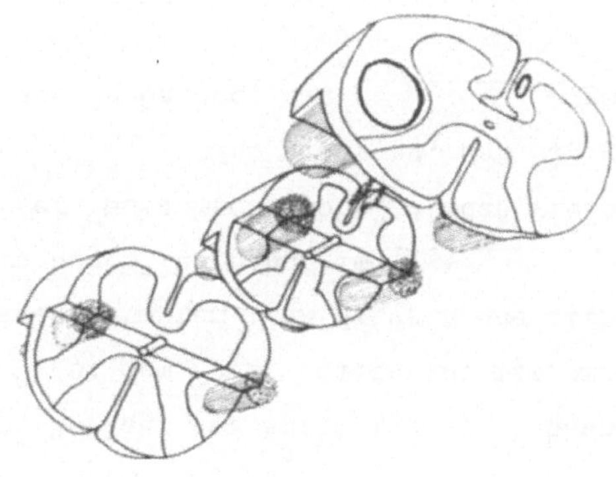

434

H

<u>1250</u>. Der genaue Verlauf der aufsteigenden Bahnen des sekundären "Ge-
schmacksneurons" aus dem Nucl. solitarius ist unbekannt. Physiologische
Experimente lassen vermuten, daß diese Axone sich sekundären, Kinästhesie-
leitenden Fasern anschließen und im __________ __________ zum Thalamus laufen. Zweige dieser "Geschmacksaxone" bilden viele Synapsen mit Neuronen
der Formatio __________. Man nimmt an, daß einige Äste in die ventrocaudal
vom Thalamus liegende Gegend, die __________ genannt wird, gelangen.

G

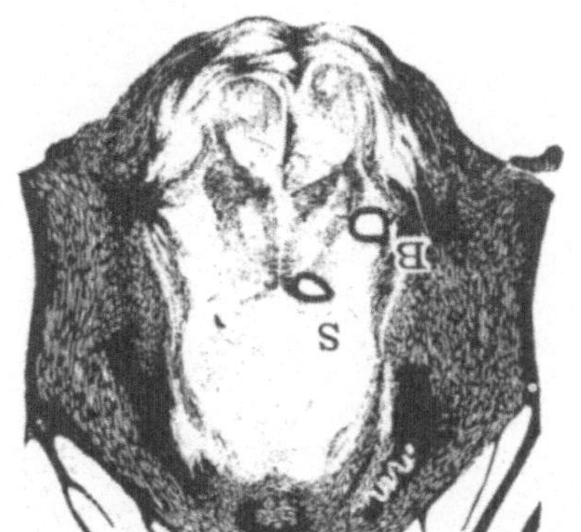

1171A.

F

<u>935</u>. Drei große Faserbündel verbinden
Hirnstamm und Kleinhirn. Sie "stützen"
das Kleinhirn und werden daher Träger
oder Pedunculus genannt. Vervollständigen Sie den Namen des Pedunculus,
der den unteren Bereich der Medulla
oblongata mit dem Cerebellum
verbindet!

E

848A. rechten (oder contralateralen, Gegenseite)

119. Die Grenzen zwischen Kopf, Körper und Schwanz des Nucleus ________ sind etwas willkürlich. Beschriften Sie die drei Sektoren der Abbildung!

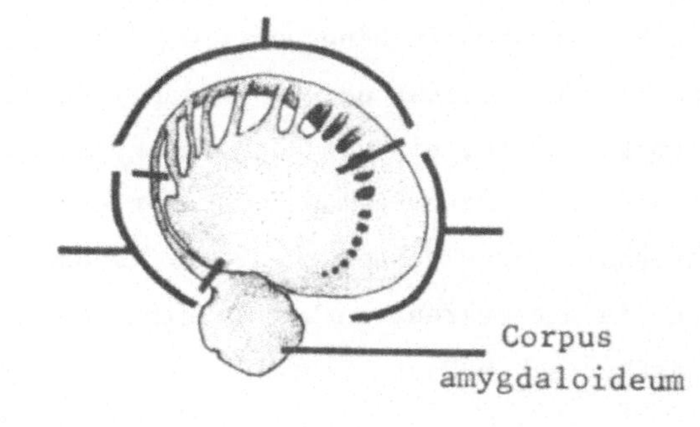

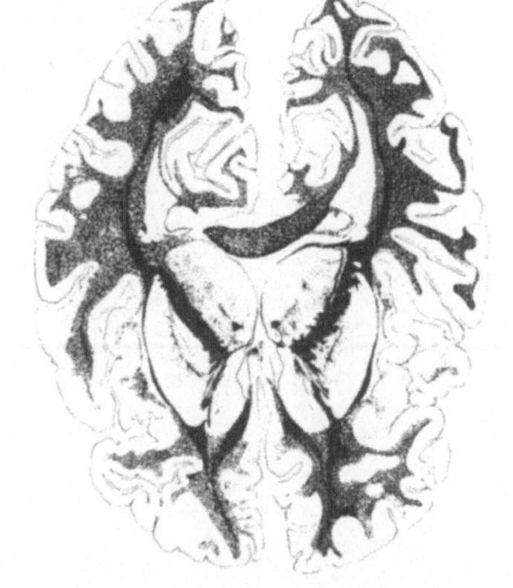

240. Der Kopf des Nucleus caudatus liegt antero ________ von der Capsula interna. ________ von ihr liegt der Nucleus lentiformis.

478A.

596. Zeichnen Sie auf dem Schnitt durch C7 Kreise ein, die dem Tr. corticospinalis lateralis und Tr. corticospinalis anterior entsprechen, deren Neuriten aus der rechten Großhirnhälfte stammen.

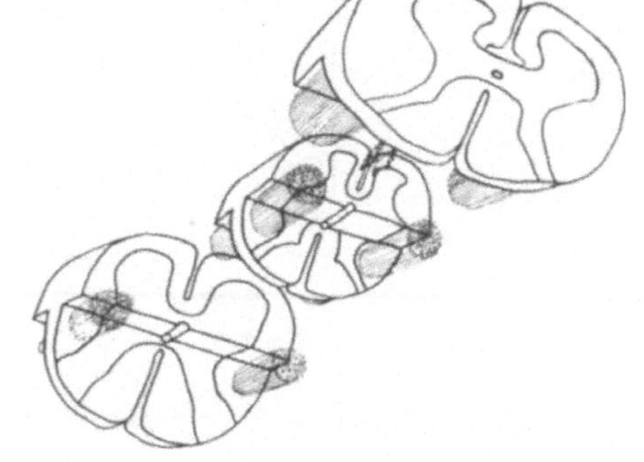

849. Nach einer vollständigen Durchtrennung des Rückenmarks in Höhe von T10 trat eine Anästhesie (Verlust der Empfindung) in den Dermatomen ein, die von Rückenmarkssegmenten in der verletzten Segmenthöhe oder etwas unterhalb davon versorgt wurden. Kennzeichnen Sie mit gekreuzten Linien die anästhetischen Hautgebiete!

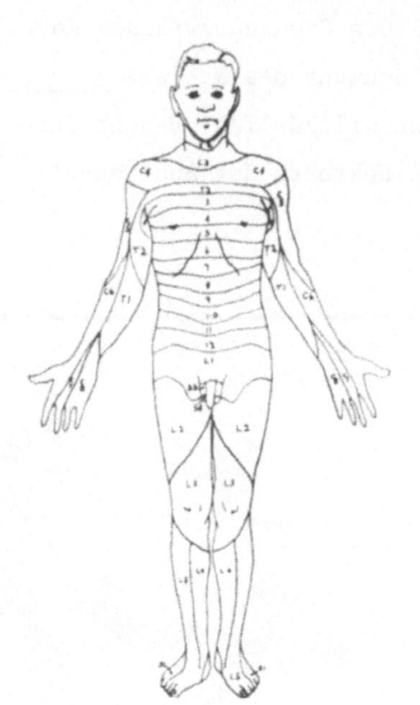

934A.

1172. Die Axone des branchialmotorischen Facialiskernes geben den Weg an, auf dem das embryonale Wandern der Zellkörper erfolgt. Die Axone bilden ein Knie. Es wird lateinisch ____ ___ ________ genannt und bildet eine Biegung um den Nucleus __ ________.

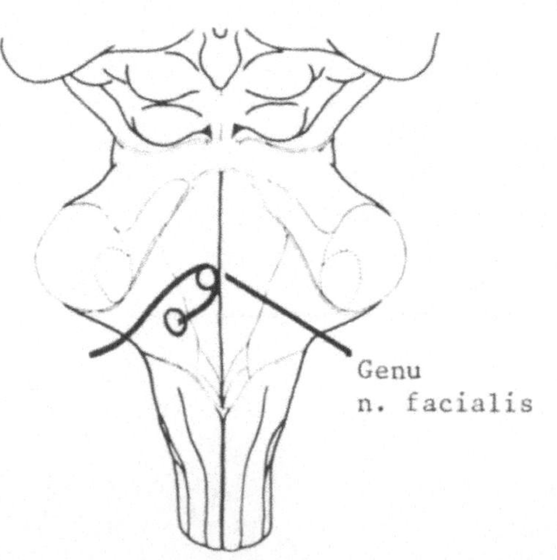

Fortsetzung auf der übernächsten Seite.

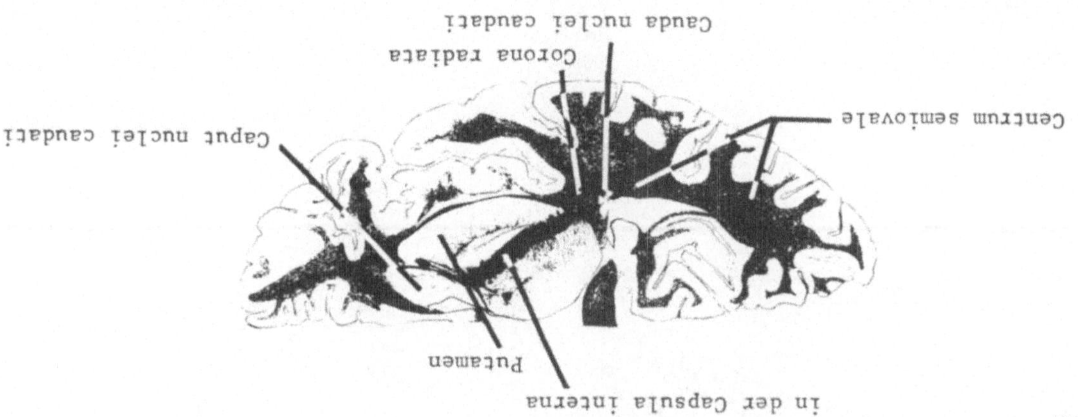

120. Der stärkste Abschnitt des Nucleus
caudatus ist das ____ _____ _____.
Es befindet sich am ______ Ende dieses
Kerns.

479. Auf ihrem Wege nach caudal kreuzen Faserbündel des Tr. corticospinalis alternierend
mit den kontralateralen Fasern dieser Bahn
die Medianebene, so daß in einem gegebenen
Querschnitt der Decussatio pyramidum in der
Regel die eine Verlaufsrichtung überwiegt.
Auf der Abbildung kreuzen Fasern in der Medulla oblongata von links nach rechts in den
Querschnitten Nr. _ und _. Von rechts nach
links wechselnde Fasern der Medulla oblongata
sind in den Schnitten Nr. _ und _ dargestellt worden.

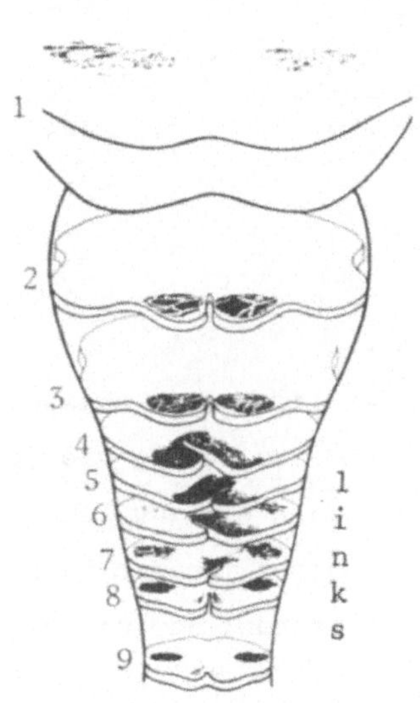

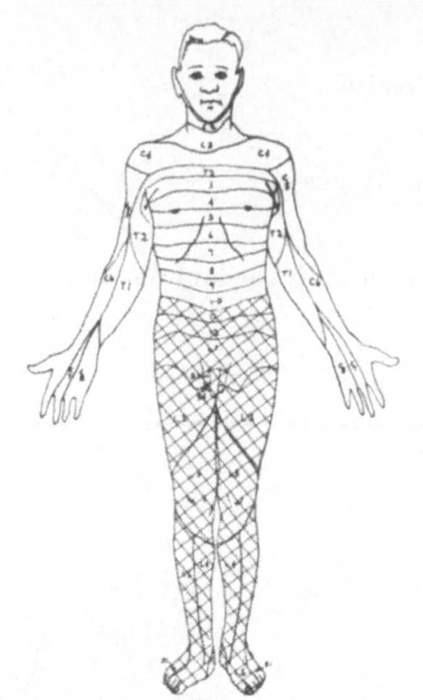

849A.

E

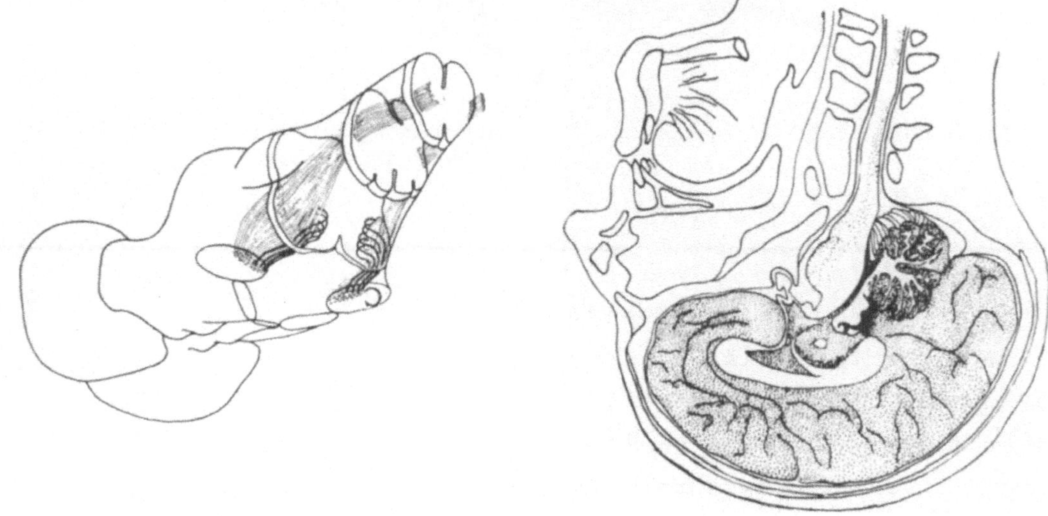

934. In beiden Abbildungen wurde der Hirnstamm dargestellt, in der rechten fehlt das Kleinhirn. Umzeichnen Sie in der rechten Abbildung die Colliculi superiores et inferiores! Markieren Sie mit einem P den Pons. Auf die verbliebene Schnittfläche nach Abtrennung des Kleinhirns ist ein C gesetzt worden. Kennzeichnen Sie die analoge Schnittfläche der anderen Seite mit einem C!

F

1172A. Genu n. facialis
      n. abducentis

G

1249A. Nucleus tractus solitarii
      Thalamus

H

120A. Caput nuclei caudati

vorderen (oder ventralen, anterioren)

B

239. Zeichnen Sie Linien von den Bezeichnungen zu den entsprechenden Teilen!

Cauda nuclei caudati

Corona radiata

Caput nuclei caudati

Centrum semiovale

Putamen

Fibrae corticospinales
in der Capsula interna

C

479A. 4

6

5

7

D

595. Kennzeichnen Sie mit Hinweislinien und Namen die beiden umzeichneten Felder! Markieren Sie mit einem "x" das ungekreuzte Fasern enthaltende Feld!

<u>850</u>. Im klinischen Sprachgebrauch verwendet man die Begriffe Schmerz-
und Temperaturempfindung. Im allgemeinen werden bei einer die Schmerz-
und Temperaturempfindung beeinträchtigenden Rückenmarksschädigung auch
die ____ - und ____empfindungen mitbetroffen. Erklären Sie diese Beobachtung!

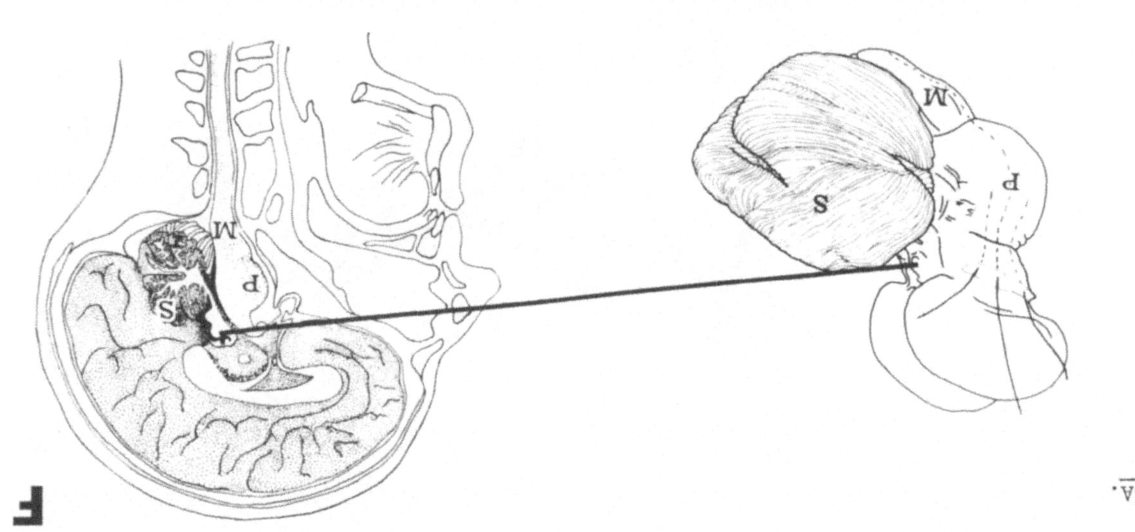

<u>1173</u>. Die Fasern des VII. Hirn-
nerven nehmen einen komplizierten
Verlauf. Sie verlassen den
Fascialiskern und bilden das Genu
n. facialis, indem sie cranial-
medial bogenförmig um den Abducenskern laufen und dann lateral-
caudal um den N. abducens. Sie
kehren dann fast zu ihrem Aus-

gangspunkt zurück, bevor sie seitlich am Übergang von der Medulla
oblongata zum Pons austreten. Zeichnen Sie die, die Richtung der Impulsleitung angebenden Pfeile an die Fasern des VII. Hirnnerven in der Nähe ihrer
Ursprungsstelle, am Genu nervi facialis und an ihrer Austrittsstelle.

<u>1249</u>. Die Zellkörper sekundärer Neuronen der Geschmacksbahn liegen im
obersten Drittel des ____ ____ ____. Aus der Kenntnis anderer
sensibler (sensorischer) Systeme können wir vermuten, daß die Zellkörper
der tertiären Neuronen im ____ liegen.

A

121. Die Cauda nuclei caudati steht in Verbindung mit dem ______
____________.

B

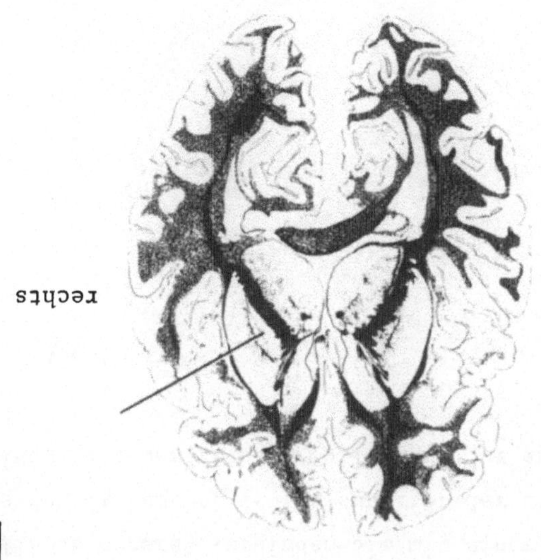

238A. weiß (oder grau)

C

480. Die alternierenden Züge der Pyramidenkreuzung (von links nach rechts und umgekehrt) im unteren, ___dereren Bereich der
Oberfläche des verlängerten Marks sehen
wie im Flechtwerk aus.

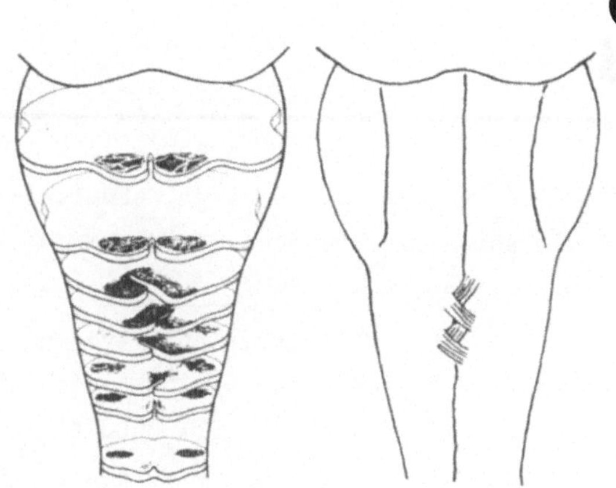

D

594A. weißen
dorsal
anterius

850A. Wärmeempfindung

Kälteempfindung

sie werden im Rückenmark in derselben Bahn - dem Tr.

spinothalamicus lateralis - geleitet.

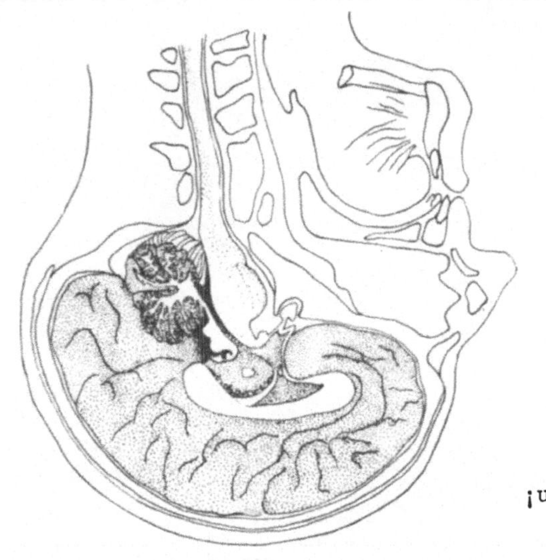

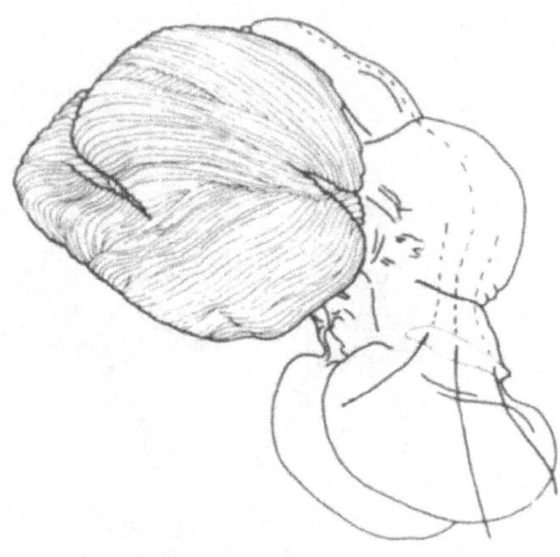

F

933. Kennzeichnen Sie in beiden Abbildungen
mit einem S den oberen Teil des Cerebellums,
mit einem P den Pons und mit einem M die
Medulla oblongata! Verbinden Sie mit einer
Linie den linken Colliculus superior der einen
Abbildung mit dem rechten Colliculus der anderen!

G

1174. Die Neuriten des Nucl. n. abducentis - ,
wie die seines Gegenstückes in der Medulla
oblongata, des Nucl. __ _________ - erscheinen an der ventralen Fläche des verlängerten Marks. Zeichnen Sie den intracranialen Verlauf des VI., VII. und XII.
Hirnnerven auf der rechten Seite des
Hirnstammes!

H

1248A. glossopharyngeus
ventralen (vordere 2/3)

122. Die Corpora amygdaloidea (Mandelkerne) bestehen wie andere Hirnkerne aus einer Anhäufung
von Nervenzellen. Nach dorsal sind sie mit der
_____ _____ _____ und nach cranial mit dem
Nucleus _________ verbunden. Corpus amygdaloideum,
Nucleus caudatus und Nucleus lentiformis bestehen
aus _____ Substanz.

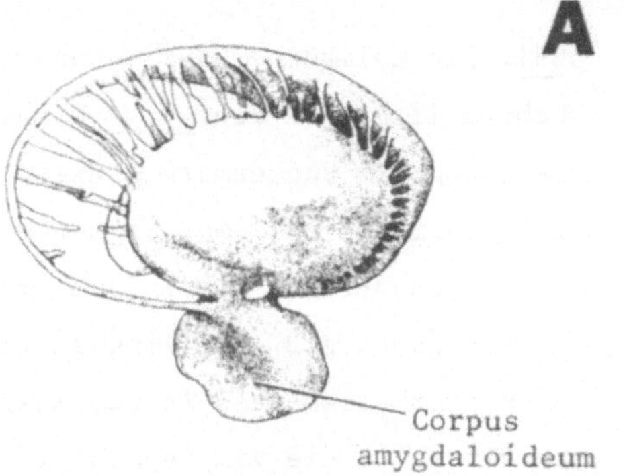

A

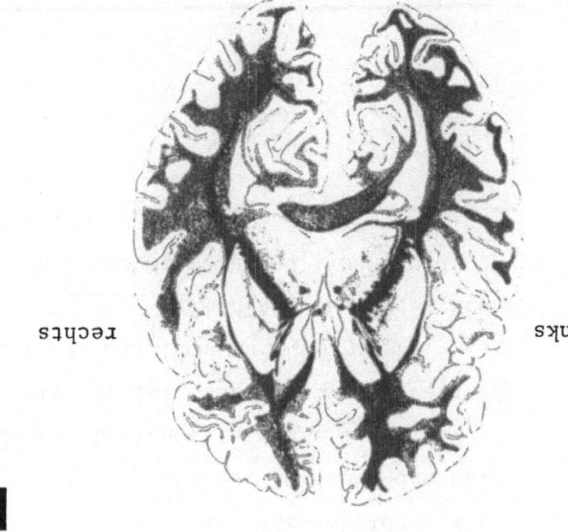

B

238. Wie sieht der Globus pallidus
bei dieser Färbemethode aus? _____.
Ziehen Sie auf der rechten Seite
eine Hinweislinie an den Globus
pallidus!

480A. vorderen

C

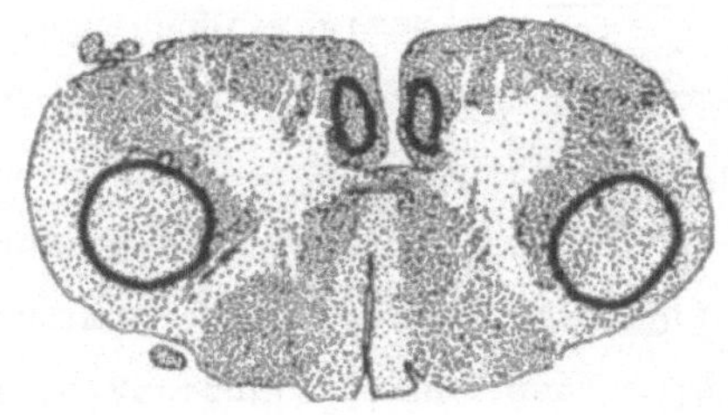

594. Der Tractus corticospinalis lateralis
liegt in der _____ Substanz lateral und _____
vom Cornu anterius. Medial vom Cornu _____
liegt der Tractus corticospinalis anterior.

D

H

1248. Der N. glossopharyngeus ist der Zunge und dem Pharynx zugeordnet.
Es ist folgerichtig daraus den Schluß zu ziehen, daß die meisten Ge-
schmacksimpulse aus dem hinteren Drittel des Zungenrückens, das in der
Nähe des Pharynx liegt, durch den N. _______________ laufen. Der Rest
der Zunge wird verschieden innerviert. Eine Schädigung, die das Ganglion
geniculi des N. facialis mit einbezieht, beeinträchtigt die Geschmacksempfindung hauptsächlich im _______ Teil der Zunge.

G

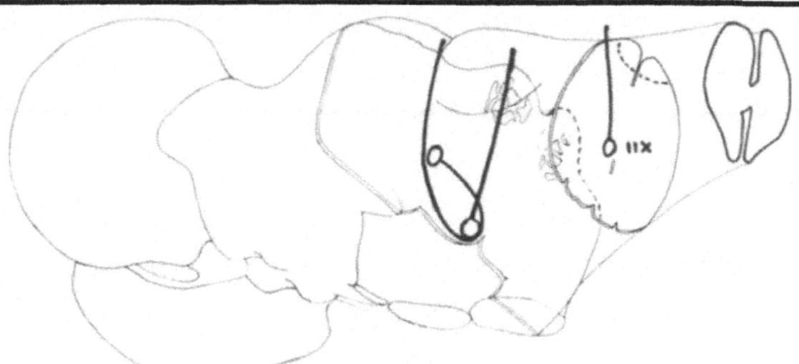

1174A. hypoglossi

F

932. Die Abbildung zeigt einen Median-
schnitt. Wir sehen auf der Abbildung die
_____ Seite des Kopfes. Zwischen den beiden dicken Linien liegen die Colliculi
superiores et inferiores sowie weitere
Gebiete des zum Hirnstamm gehörenden
___________. Beim Menschen werden die
vier Hügel des Mittelhirns linker und
rechter Coll. _______ und Coll. _______
genannt.

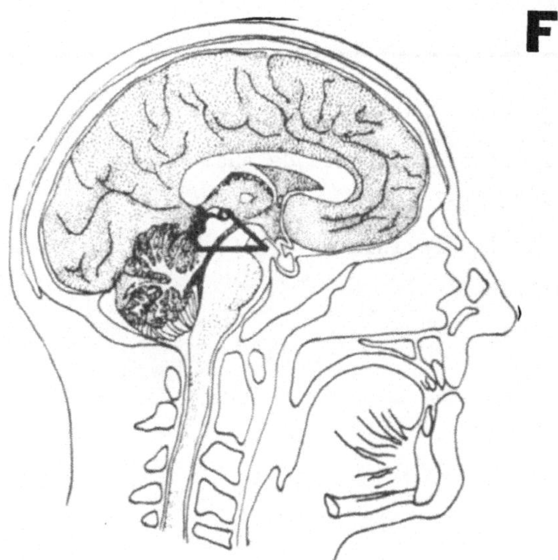

E

851. Die Zellkörper der sekundären Neurone der Schmerz- und Temperaturbahnen liegen in den _____hörnern auf der _____ Seite wie die primären
Neuronen. Im Rückenmark steigen die sekundären Neurone dieser Bahnen zunächst um ein bis zwei Segmente auf und kreuzen dabei in der _______
___. Dann treten sie in den Tr. _______________ _______ ein. Infolge-
dessen führt z.B. die linksseitige Durchtrennung dieser Bahn in Höhe des
Rückenmarkssegmentes T6 zum Ausfall der Schmerz- und Temperaturempfindungen
in der Haut, die vom Segment T7 oder T8 an caudalwärts auf der _____ Seite
innerviert wird.

122A. Cauda nuclei caudati

      lentiformis

      grauer

B

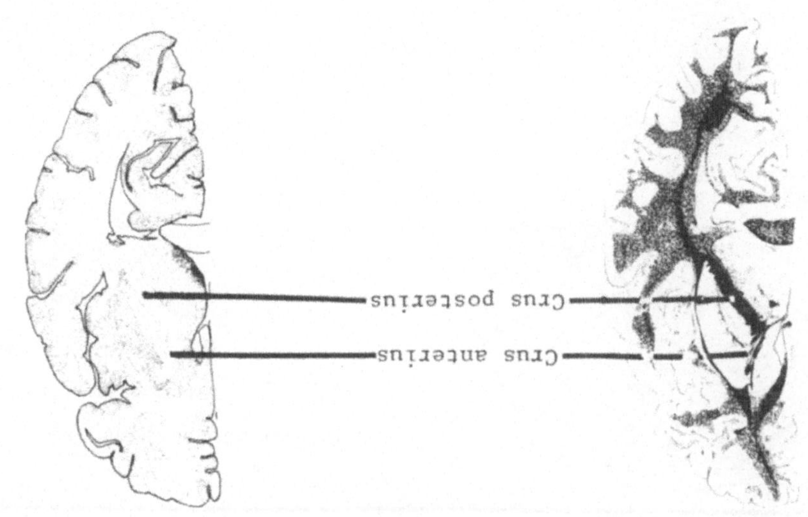

C

481. Auf dem Wege durch die unteren Abschnitte der Medulla oblongata
in den cranialen Teil des Halsmarks kreuzen die meisten corticospinalen
Fasern die Medianebene in Form der __________ __________.

D

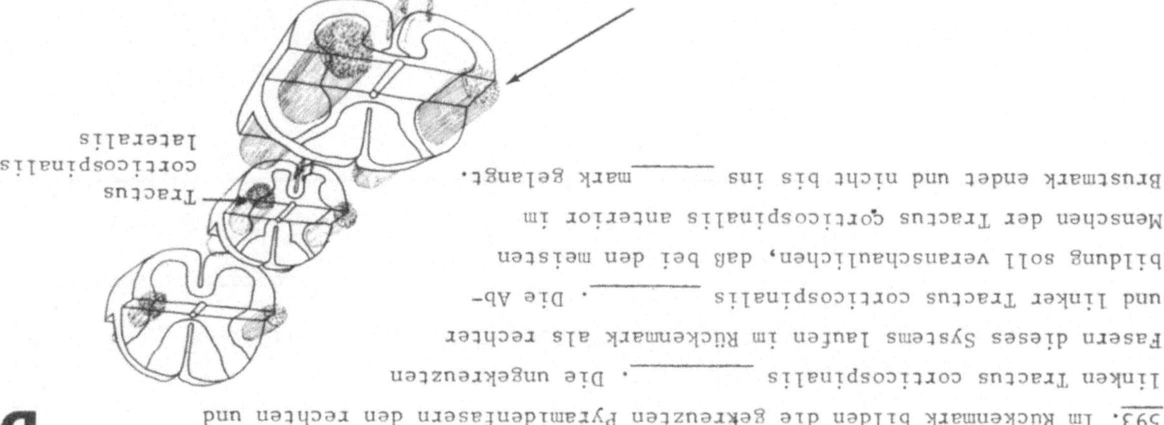

593. Im Rückenmark bilden die gekreuzten Pyramidenfasern den rechten und
linken Tractus corticospinalis __________. Die ungekreuzten
Fasern dieses Systems laufen im Rückenmark als rechter
und linker Tractus corticospinalis __________. Die Abbildung soll veranschaulichen, daß bei den meisten
Menschen der Tractus corticospinalis anterior im
Brustmark endet und nicht bis ins __________ mark gelangt.

851A. Hinterhörnern

    derselben (ipselateralen)

    Commissura alba (Commissura anterior)

    spinothalamicus lateralis

    rechten (contralateralen, entgegengesetzten)

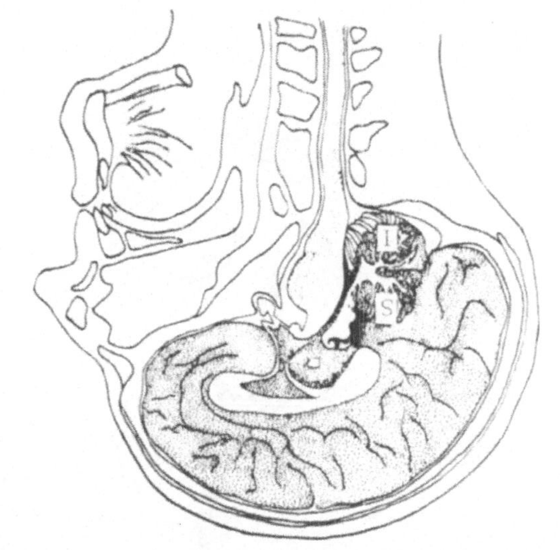

F

931. Der mit S gekennzeichnete rostrale Teil des Cerebellums ist der ____le. Das Cerebellum liegt ____ al vom Hirnstamm.

1175. Ein Querschnitt durch A erfaßt nicht den Nucleus n. facialis, geht aber durch Fasern des ____ n. facialis. Der Transversalschnitt in Höhe von B trifft nicht den Abducenskern, geht aber durch den Nucleus __ _______, N. abducens und N. _______ dicht vor ihrem Austritt aus dem Hirnstamm.

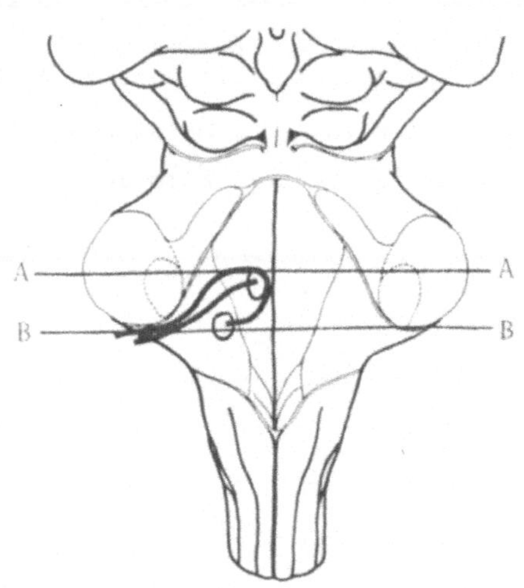

G

H

1247A.

123. Das _____ amygdaloideum (Mandelkörper) wird in der Fachliteratur oft auch als Nucleus __________ bezeichnet.

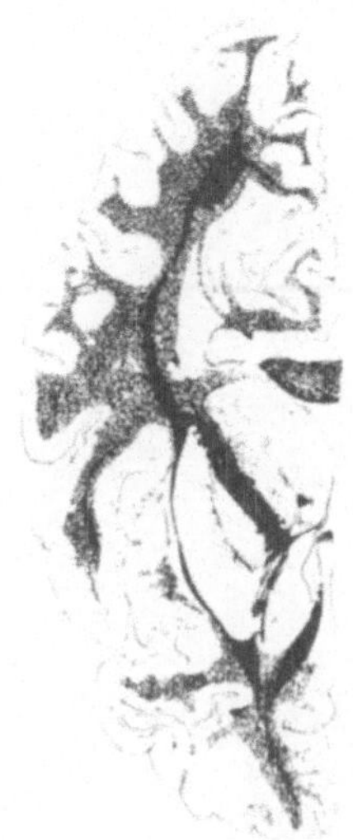

237. Kennzeichnen Sie mit Hinweislinien und Beschriftung das Crus anterius

482. Corticospinale Fasern kreuzen in der Decussatio pyramidum (Pyramidenkreuzung) von der _____alen Oberfläche der Medulla oblongata in den _____alen Bereich des Rückenmarks.

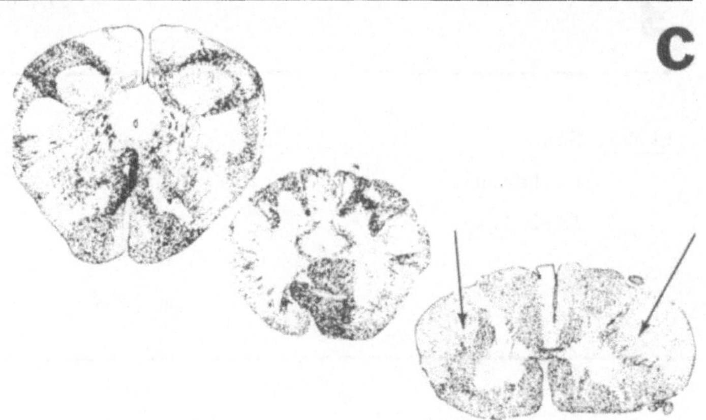

592A. ventral
lateral
anderen (contralateralen)
ventralen

E

852. Die mit gekreuzten Linien markierte Läsion
bedingt den Verlust der Schmerz- und Temperaturempfindung, die auf der ______ Seite ein oder
zwei Segmente tiefer beginnt.

rechts   links

F

930. Bei dem abgebildeten Tier erwarten wir
einen großen Nucl. cuneatus accessorius, da
eine große Zahl primärer Neurone aus Rezep-
toren der ______ und ______ des langen
Halses kommt.

G

1175A. Genu
n. facialis
facialis

H

1247. Ziehen Sie Verbindungslinien zwischen den entsprechenden
Angaben beider Reihen!

Allgemeine Viscerosensibilität   VII
                                   IX
Spezielle Viscerosensibilität   X

Die zentralen Fasern aller primären visceralen afferenten Neurone laufen
in die Medulla oblongata und bilden gemeinsam den ______ ________.

124. Das Corpus amygdaloideum besteht makroskopisch aus ______ Substanz.

A

B

236.

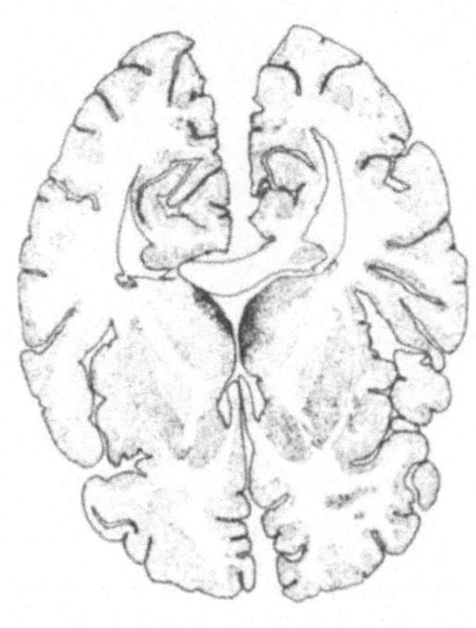

Kennzeichnen Sie unter
die Präparate, in wel-
chem Schnitt das Mye-
lin und in welchem die
Perikaryen dargestellt
worden sind!

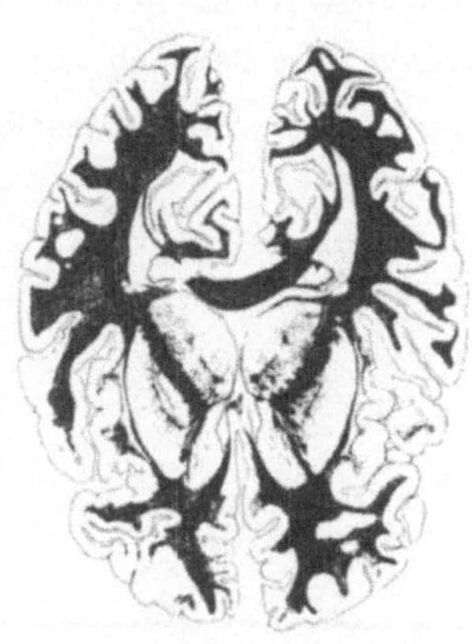

C

482A. ventralen
      lateralen

D

592. Auf ihrem Wege durch die Medulla oblongata
in die Medulla spinalis ziehen die sich kreuzenden Fasern der Pyramidenbahn von ______
nach ______ und zur ______ Seite. Im
Rückenmark behalten die ungekreuzten
Fasern ihre Lage im ______ Bereich bei.

853. Bei einem Patienten waren Schmerz-,
Wärme- und Kälteempfindungen im ganzen
linken Bein (vgl. Abbildung) erloschen.
Der Herd befindet sich wahrscheinlich
etwa 1-2 Spinalsegmente höher als es
dem obersten ausgefallenen Dermatom
entspricht, im Bereich von L_ oder L_
auf der ______ Seite des Rückenmarks.

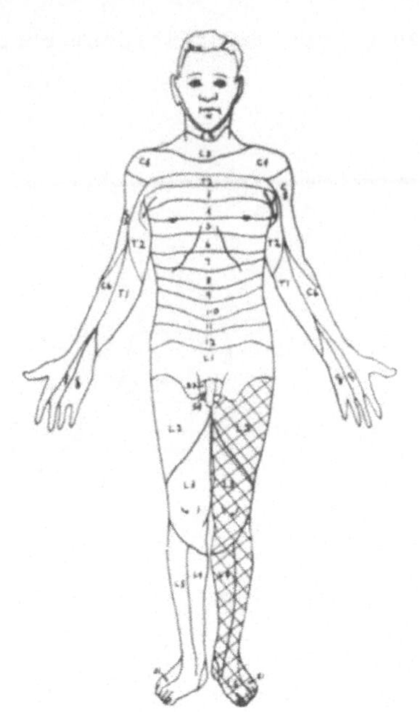

929A. Cerebellum
Extremität
cuneatus accessorius
Halses

1176. Schreiben Sie VI auf den Nucleus
n. abducentis und G auf die das Genu
n. facialis bildenden markhaltigen
Nervenfasern der rechten Seite des
Hirnstammes!

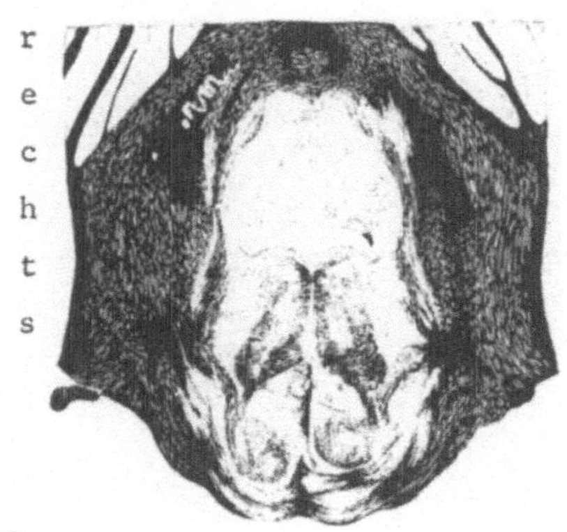

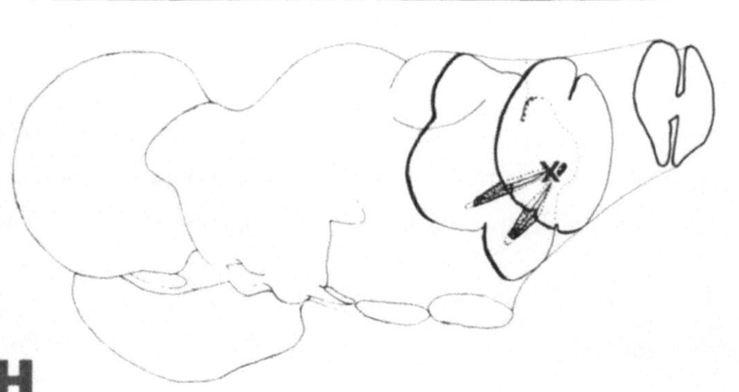

1246A.

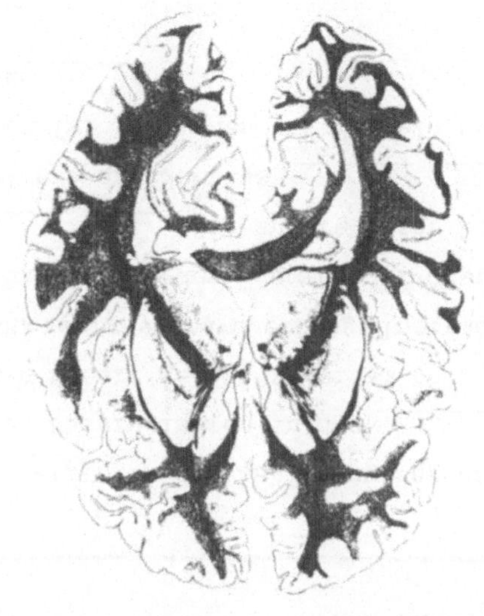

B

 Dieser Schnitt ist nach einer Methode gefärbt worden, die Myelin schwarz darstellt und die Perikaryen nur verhältnismäßig wenig färbt. In der Abbildung sieht die weiße Substanz ____ler aus als die Perikaryen.

C

483. Schreiben Sie den Namen der ventralen Übergangszone von der Medulla oblongata zum Rückenmark an die Abbildung! Im Rückenmark liegen die gekreuzten Fasern des corticospinalen Systems in den _______ laterales.

D

591. Die Fasern des Tractus pyramidalis (Tractus corticospinalis) laufen kontinuierlich von der Medulla oblongata in die Medulla ____.

H

1246. Impulse, die Informationen
über viscerale Funktionen leiten,
scheinen die Medianebene zu überqueren.
Das bedeutet, daß sie oft die Medianebene in den medialen Abschnitten der
Formatio reticularis überqueren.
Selbst der Nucl. tr. solitarii ist
caudal mit dem der anderen Seite in
der Medianebene verschmolzen.
Schreiben Sie an die Verschmelzungs-
stelle des rechten und linken
Tractus solitarius die Nummer des Hirnnerven, der an dieser Stelle
den Tr. solitarius vervollständigt.

G

1176A.

F

929. Die beiden in der Abbildung dargestellten
afferenten Fasern laufen in das _________. Eine
der beiden Fasern gehört zu einem Zellkörper des
Nucleus thoracicus und überträgt Informationen aus
Muskeln und Sehnen des Stammes der oberen oder
unteren _________. Die andere Faser kommt aus
einem Zelleib des Nucleus _______ _________
und leitet Informationen aus Muskeln und
Sehnen des _____ .

E

853A. L1; L2
rechten (contralateralen)

125. Drei der dargestellten Hirnkerne sind mitein-
ander verwachsen, sie enthalten aber voneinander
unterschiedliche Ansammlungen von Nervenzellen.
Schreiben Sie die Namen der Kerne an die Abbildung!

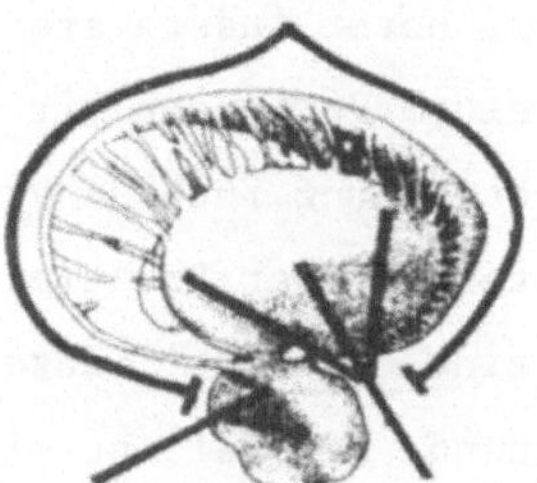

Das corticospinale System: Weitere Beziehungen zu tieferen Strukturen
(Abschnitt 235-267).

484. Die corticospinalen Fasern kommen aus Zellkörpern in der grauen Substanz des Cortex cerebri. Sie laufen durch die Großhirnhemisphäre, erscheinen
an der ventralen Oberfläche des ___________, das ein Teil des Hirnstammes
ist, laufen durch den Pons, erreichen wieder die ventrale Oberfläche im Bereich der _________ ________ des verlängerten Marks und kreuzen dann zum
großen Teil in die ______stränge der Medulla spinalis. Eine Unterbrechung der
corticospinalen Fasern auf einer Seite in Höhe der Medulla oblongata oder
oberhalb davon wird vermutlich eine Lähmung auf der _______ Körperseite hervorrufen.

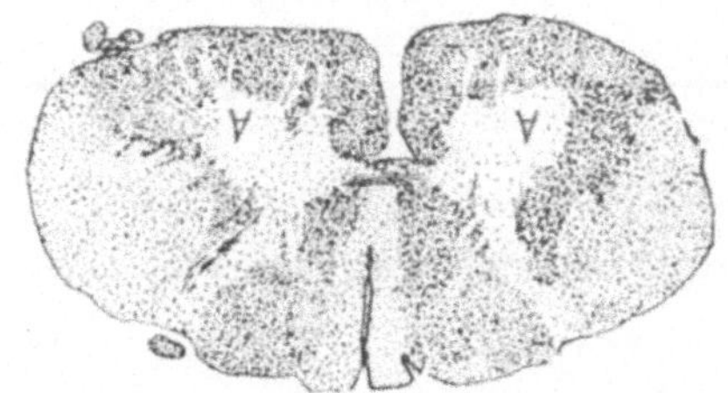

590A. Cornu posterius

<u>854.</u> Unter Analgesie versteht man den Ausfall der Schmerz-
empfindung, unter Anästhesie den Verlust aller Empfindungen. Bei einem Patienten mit einer vollständigen Rückenmarksdurchtrennung in Höhe von T4 fallen ____ Empfindungen unterhalb der Brustwarzen aus. Der Patient
hat also eine ________ unterhalb der
Durchtrennung. Ein Patient mit einer
halbseitigen Unterbrechung des Rückenmarkes (infolge einer Verletzung, eines
Tumors etc.) auf der linken Seite in
Höhe von T10 hat eine _____esie und
einen Ausfall der Temperaturempfindungen
unterhalb des _____ (geben Sie eine
Orientierungsstelle an) auf der ______ Seite.

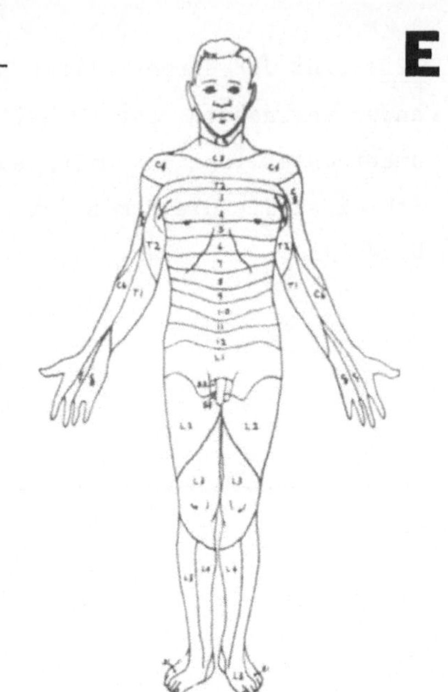

Blättern Sie um und lesen Sie Abschnitt 929!

<u>1177.</u> Oberhalb des Nucleus n. abducentis liegt im Pons ein anderer branchial-
motorischer Kern. Kennzeichnen Sie ihn mit
seinem Namen auf den beiden entsprechenden
Abbildungen! Zeichnen Sie den Verlauf der
Axone, die aus diesem Kern kommen, innerhalb des Hirnstammes in den Schnitt, dessen
Markscheiden angefärbt wurden!

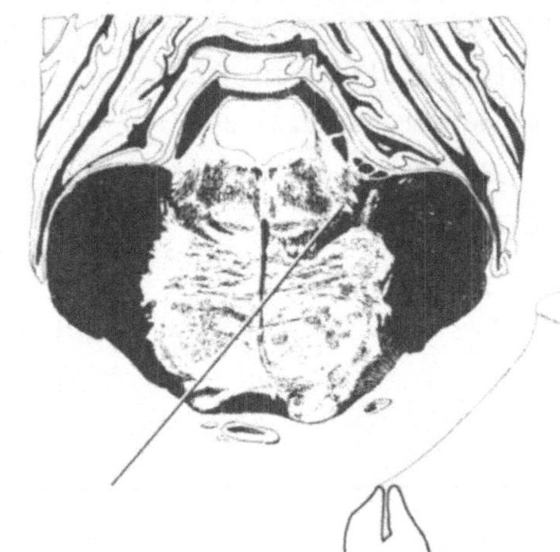

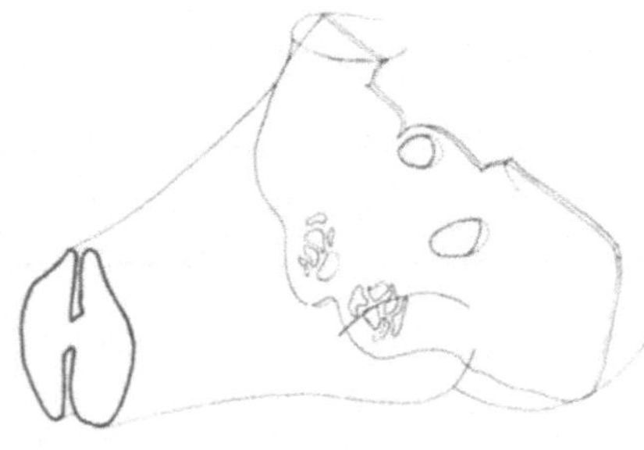

Herabsetzung (Verminderung, Verlangsamung)
dorsalis n. vagi
Formatio reticularis
tractus solitarii
IX. 1245A.

A

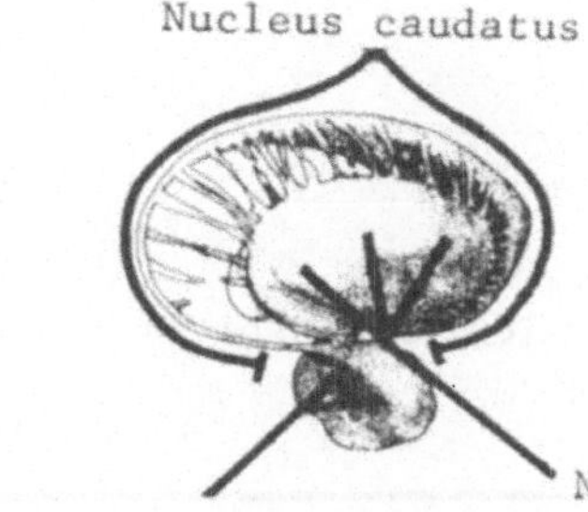

B

234A. precentralis

medial (oder caudal)
Centrum
Corona radiata
lentiformis
posterius
Capsula interna

C

484A. Mesencephalon

Decussatio pyramidum

Seitenstränge

anderen (contralateralen, Gegenseite)

D

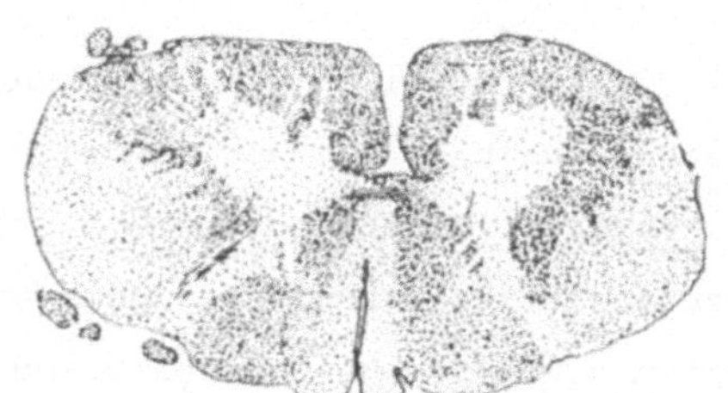

590. Das Cornu anterius gehört zur Vordersäule und das zur Columna posterior. Schreiben Sie je ein "A" auf das rechte und linke Cornu anterius!

854A. alle (oder sämtliche)

Anästhesie

Analgesie

Nabels

rechten (oder contralateralen, Gegenseite)

E

F

ipselateral

Nucl. thoracicus

928A. cuneatus accessorius

1177A.

G

1245. Verschiedene stereotype viscerale Reflexe werden in die Formatio reticularis des Hirnstammes geleitet. Zum Beispiel überträgt der N. glossopharyngeus afferente Potentiale aus dem Sinus caroticus am Hals (ebenso wie aus Geschmacksreceptoren und Schleimhautoberflächen). Der N. vagus leitet efferente Impulse, die die Herzfrequenz herabsetzen. Wenn der Druck in der A. carotis communis ansteigt, gibt der Sinus caroticus mehr Impulse als im Durchschnitt ab, die im ___ Hirnnerv geleitet werden. Weitere Neuronen dieser Reflexbahn in natürlicher Reihenfolge sind: Nucl. ________ _________ , Schaltneurone der _______ _________ und efferente Neurone mit Zellkörpern im Nucl. _______ __ ____ . Die Reflexantwort auf einen erhöhten Blutdruck in der A. carotis communis ist normalerweise eine _________ der Herzfrequenz.

H

A

126. Die Cauda nuclei caudati geht kontinuierlich in das Corpus nuclei caudati und _____ _____________ über. Der Kopf des Nucleus caudatus setzt sich in seinen Körper und in den Nucleus _________ fort.

B

234. Der Tractus corticospinalis beginnt hauptsächlich in der grauen Substanz des Gyrus _____ und läuft vorwiegend von der Großhirnrinde nach _____, wobei er hintereinander das _____ semiovale und die _____ durch- läuft. Medial vom Nucleus _____ liegend bildet er einen Teil des Crus _____ der _____.

C

485. Die corticospinalen Fasern auf der linken Seite des obersten Schnittes sind umzeichnet. Begrenzen Sie dieselben Fasern in allen anderen Schnitten! Geben Sie die Regionen an, aus denen die Schnitte stammen!

D

589. Die Perikaryen der motorischen Neurone bilden beiderseits eine massive, im Rückenmark längsverlau- fende Säule. Ihren Querschnitt nennt man _____ _____.

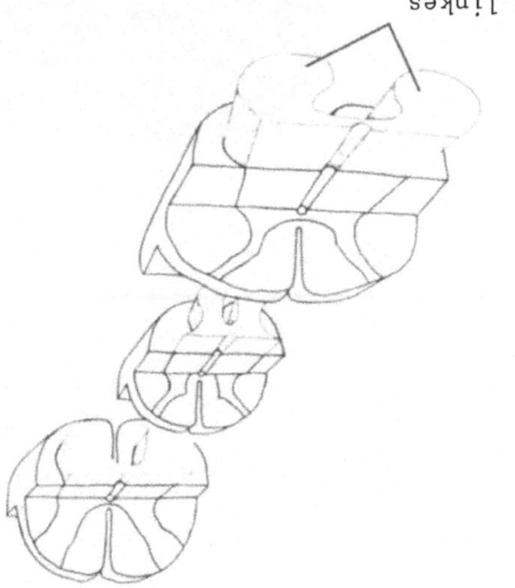

855. Die Vorsilbe "hypo" bedeutet vermindert, verringert, herabgesetzt. Das o wird oft weggelassen, wenn die nächste Silbe mit einem Konsonaten beginnt. Eine verminderte Schmerzempfindlichkeit nennt man ___algesie. (Die griechischen Wörter algos und algesis bedeuten Schmerz).

F

928. Der Nucl. _______ _________ ist eine Schaltstation für Informationen über den Tonus der Halsmuskeln, wie es der _______ _______ für die Stamm- und Extremitätenmuskeln ist. Beide Kerne schicken Impulse hauptsächlich zur ___lateralen Seite des Cerebellums.

G

1178. Die vordere Hälfte dieses Schnittes geht durch den obersten Teil des Pons. Weiter dorsal, wie durch die markierten Gebilde kenntlich gemacht, geht er durch das _________ des Hirnstammes. Von den beiden Kernen der somatischen Reihe in diesem Gebiet des Hirnstammes liegt der umzeichnete weiter ____al (Beachte die Colliculi). Er heißt Nucl. __ _________.

H

1244A. nicht

Bahnen (Tractus)

Synapsen

126A. Corpus amygdaloideum
     lentiformis

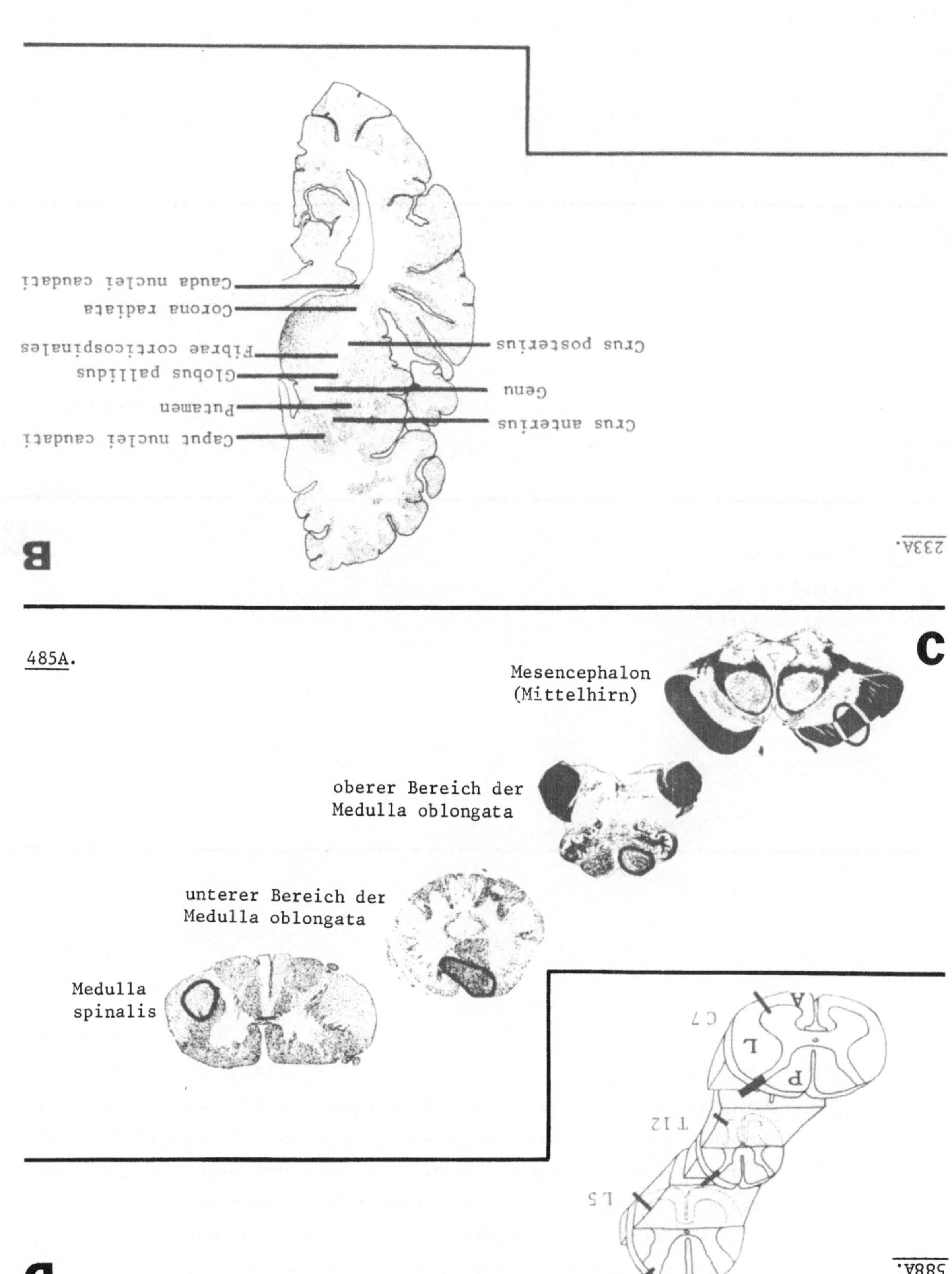

855A. Hypalgesie

E

927A. cuneatus accessorius
spinocerebellares

F

1178A. Mesencephalon
caudal
n. trochlearis

G

1244. Fasern, die 1. deutlich markhaltig sind, 2. zu Bahnen vereinigt sind und 3. weite Strecken besitzen, bevor sie Synapsen bilden, können nach einer örtlichen Zerstörung mit Färbungen, die Myelin anfärben, das einer Wallerschen Degeneration unterliegt, selektiv kenntlich gemacht werden. Die Formatio reticularis kann auf diese Weise nicht analysiert werden, da ihre meisten Fasern, im Vergleich mit den oben beschriebenen, 1. markarm sind, 2. ____ zu einzelnen abgegrenzten ____ vereinigt sind und 3. in Bahnen verlaufen, die viele ______ enthalten.

H

127. Markhaltige afferente und efferente
Nervenfasern, die zwischen der Hirnrinde
und den tieferen Regionen verlaufen, füllen den Raum zwischen Nucleus __________
und Nucleus ________ aus.

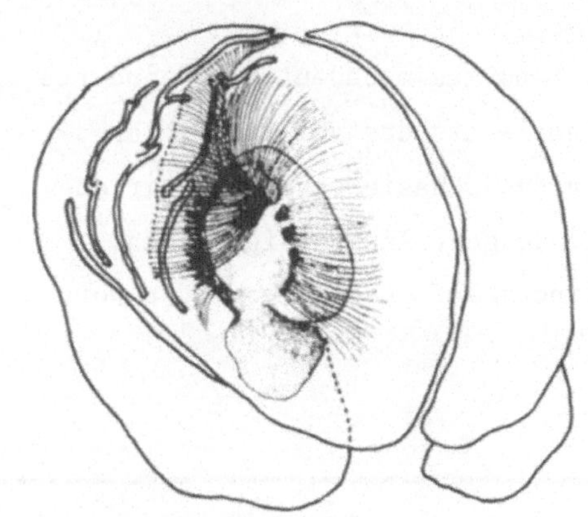

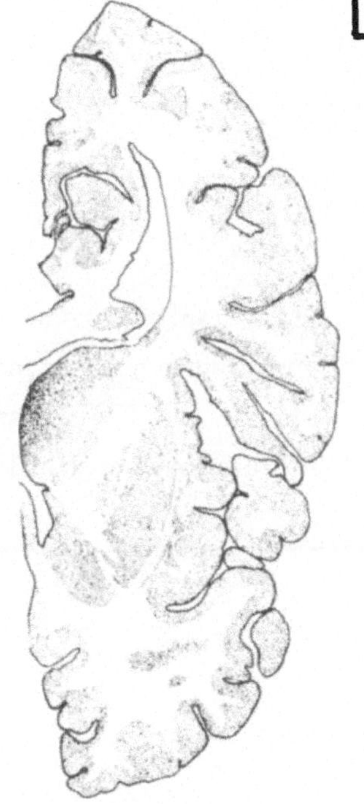

233. Ziehen Sie Hinweislinien und beschriften Sie
die Abbildung mit den folgenden Namen:
Putamen, Globus pallidus, Caput nuclei
caudati, Cauda nuclei caudati, Corona
radiata, die Namen der drei Teile der
Capsula interna, die Fibrae corticospinales in der Capsula interna.

C

Die Repräsentation der Körpergebiete im corticospinalen System:
Großhirnrinde und Hirnstamm (Abschnitt 486-517)

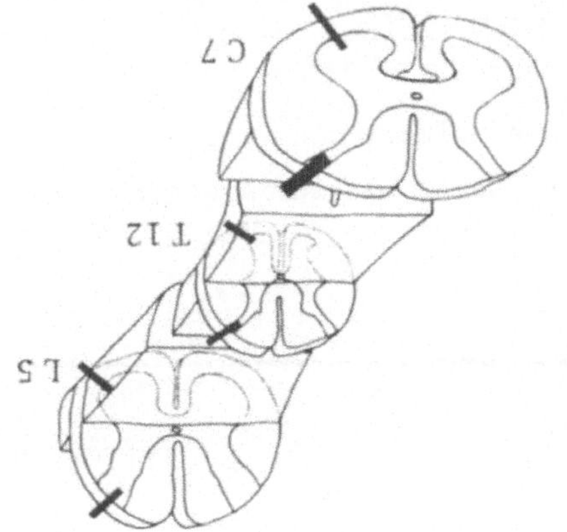

D

588. Die weiße Substanz kann man beiderseits in drei Stränge einteilen: Funiculus anterior, Funiculus lateralis
und Funiculus posterior. Kennzeichnen
Sie diese mit "A", "L" und "P" auf der
linken Seite in Höhe von C7!

856. Hypalgesie bedeutet verminderte _______empfindlichkeit.

Analgesie ist das völlige Fehlen der ______empfindungen.

Unter Hypästhesie verstehen wir die _________ aller somatosensiblen

Empfindungen. Anästhesie ist das __________ Fehlen aller ___________

Empfindungen. (Das griechische Wort aisthesis bedeutet Empfindung).

F

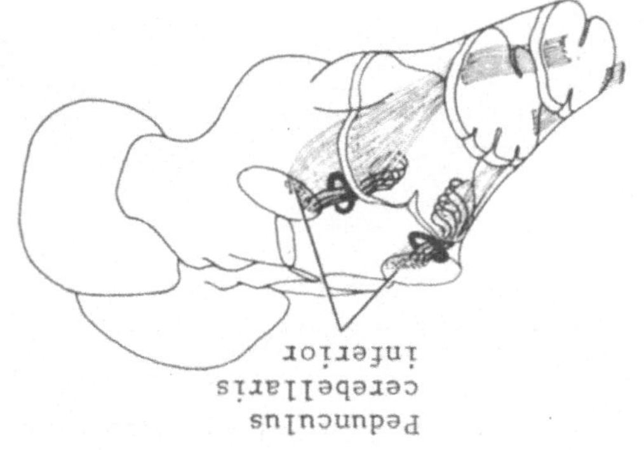

927. Die umzeichneten Axone kommen aus
________ Zellkörpern des Nucl. ________.
Sie laufen im Cerebellum ________
zusammen mit analogen Axonen der Trr. ________.

G

1179. Der N. trochlearis ist der einzige
Hirnnerv, der den Hirnstamm an der
________ Fläche verläßt. Die Axone aus
den Zellkörpern des rechten Nucleus
trochlearis bilden einen Bogen um den
Aqueductus mesencephali, kreuzen
die Mittelebene und verlassen
den Hirnstamm unmittelbar unterhalb der Colliculi inferiores. Diese Axone laufen dann
nach vorn und gelangen in den
M. ________ ________ des
________ Auges. Zeichnen Sie ein Axon in die Skizze, das von seinem Ursprung im Nucl. n. trochlearis der linken Seite bis zur Austrittsstelle
aus dem Hirnstamm läuft!

H

1243A. grauen
Formatio reticularis

128. Umzeichnen Sie den Tractus corticospinalis unmittelbar vor seinem Eintritt
in den Bereich zwischen Nucleus __________
und Nucleus caudatus!

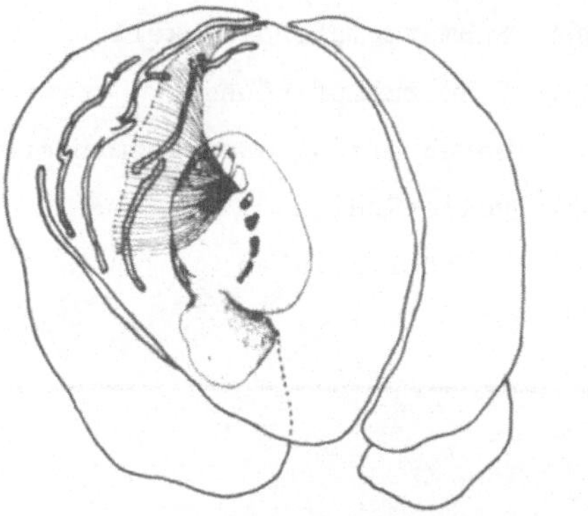

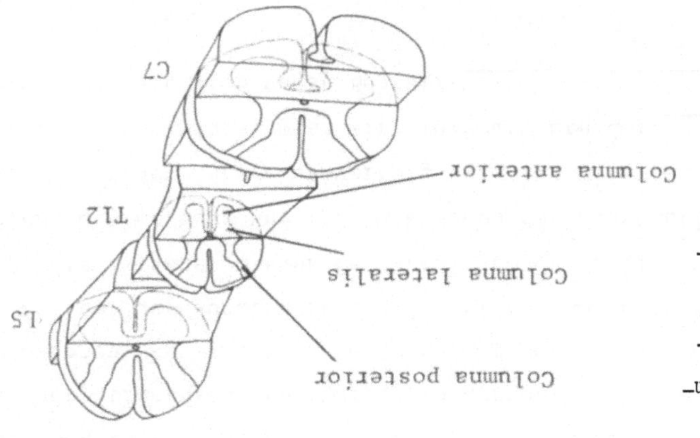

486. Wir haben die in erster Linie im Gyrus __________ entspringenden
corticospinalen Fasern verfolgt. Viele der efferenten Fasern des Tractus
pyramidalis (= Tractus corticospinalis) kommen aber aus Zellen, die nicht
mehr in der vorderen Zentralwindung des Lobus ________ liegen.

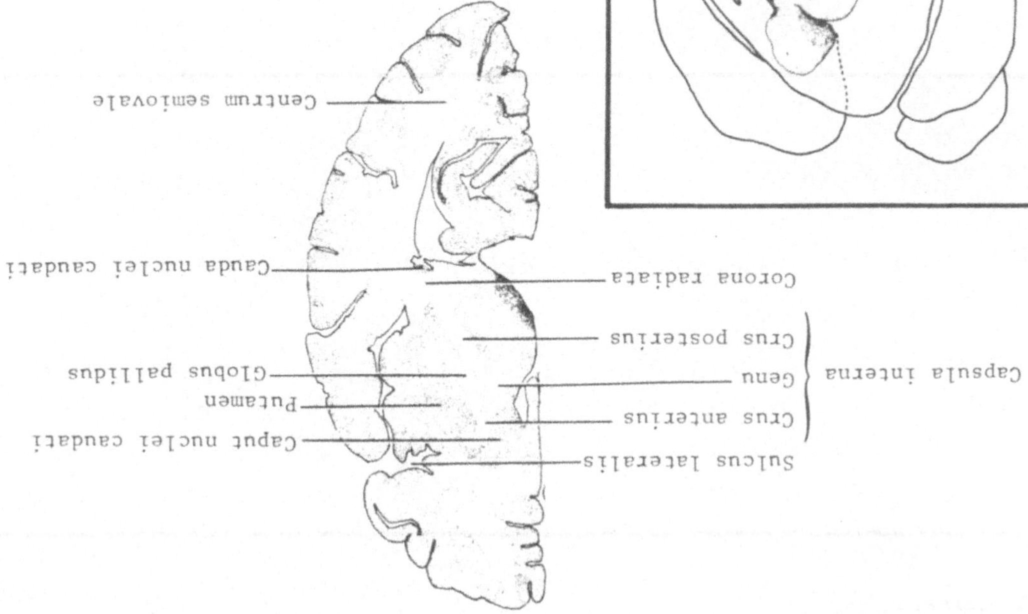

587. Die graue Substanz kann man
beiderseits in graue Säulen (Columnae griseae) einteilen: Col. anterior, Col. lateralis und Col. posterior. Kennzeichnen Sie das craniale Ende der Medulla spinalis
mit einem "X".

856A. Schmerzempfindlichkeit

Schmerzempfindungen

Herabsetzung oder Verminderung, Abschwächung

vollständige

somatosensiblen

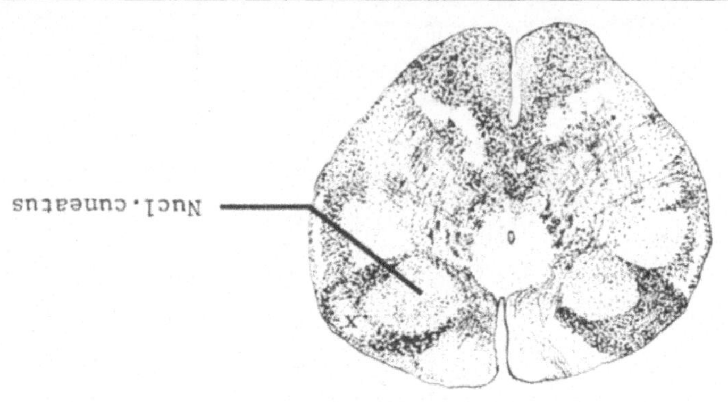

F

1179A. dorsalen

obliquus superior

linken

G

H

1243. Der Begriff Formatio reticularis umfaßt eine verwirrende Vielfalt anatomischer Strukturen. Perikaryen in großen Hirnkammern und in verstreuten kleinen Gruppen, kurze und lange Axone mit verschiedenen Verzweigungstypen, Fasern, die auf das Rückenmark und den Hirnstamm beschränkt sind, sowie Neuriten, die zwischen diesen Regionen, dem Cerebellum und Cerebrum laufen. Die Klärung des Aufbaus und der Funktionen der Substantia reticularis wird zur Zeit mit großem Interesse verfolgt. Es ist eine Art Eingeständnis unserer gegenwärtigen Unkenntnis, wenn wir große Gebiete der _______ Substanz mit dem allgemeinen und ziemlich vagen Begriff _______ _______ _______ bezeichnen.

A

<u>128A.</u> lentiformis

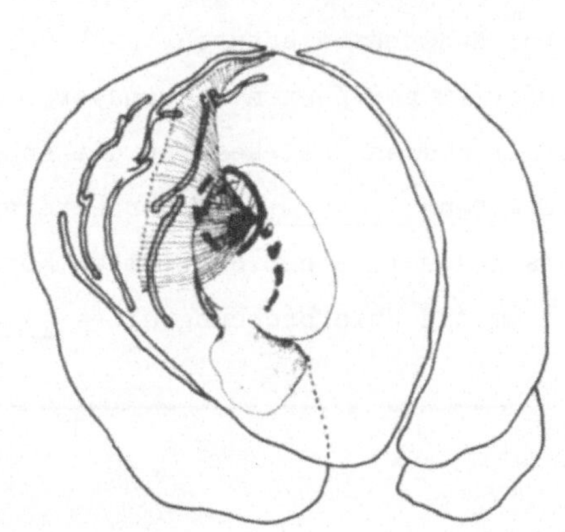

B

<u>232.</u> Schreiben Sie die anatomi-
schen Namen an die Hinweislinien!

C

<u>486A.</u> precentralis
frontalis

D

<u>586A.</u> grauer
weiße
Canalis centralis

E

857. Eine Anästhesie entsteht nach vollständiger Durchtrennung des Rückenmarks oder im peripheren Nervensystem nach kompletter Unterbrechung eines
Nerven. Im ersten Fall besteht die Anästhesie in allen Körpergebieten, die
von Segmenten ________ der Durchtrennung versorgt werden. Bei einer begrenzten Anästhesie in einem bestimmten Körpergebiet liegt die Vermutung nahe, daß
es sich um die Unterbrechung eines ________ ______ handelt.

F

926. Der Nucl. cuneatus accessorius
liegt lateral und etwas dorsal vom
Nucleus cuneatus. Er ist auf einer
Seite dieses etwas asymmetrischen
Schnittes erkennbar. Zeichnen Sie
ein X auf den Nucleus cuneatus
accessorius!

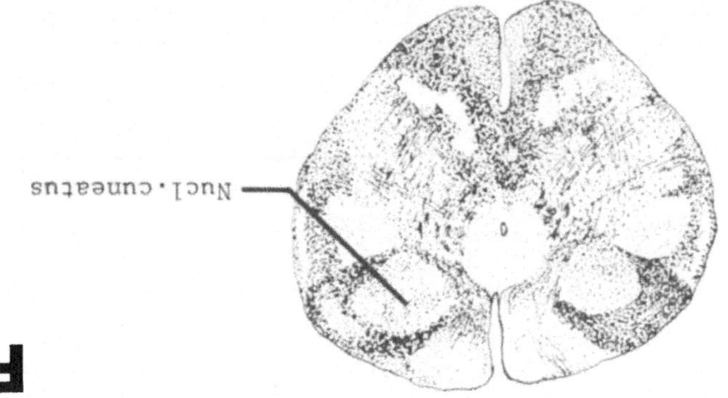

G

1180. Zwei motorische Kerne liegen in
der Querschnittsebene der Colliculi
superiores. Von diesen beiden liegt
der somatomotorische Kern in der Nähe
der Medianebene. Der ______ motorische
Kern liegt kappenartig auf ihm. Schreiben Sie die Namen der Kerne an die
Hinweislinien!

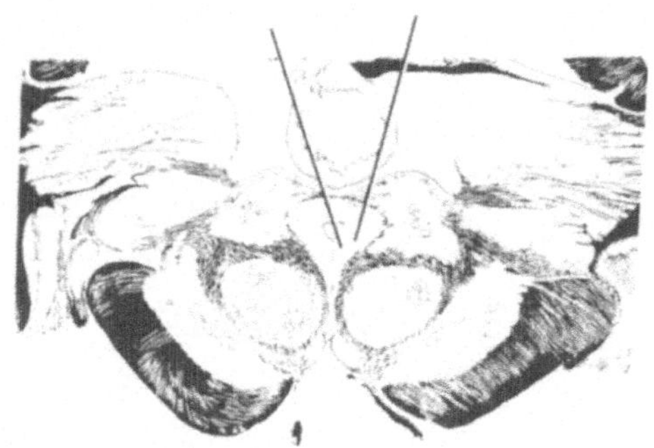

H

1242. Die Gruppierungen und Verbindungen der Schaltneurone sind zu komplex
und mit anderen Strukturen versetzt, um sie ohne weiteres in Nissl - oder
Weigert - Präparaten erkennen zu können. Der allgemeine Ausdruck Formatio
reticularis wird verwendet, um viele verschiedene Gruppen von Schaltneuronen
umfassend zu bezeichnen. Ein großer Teil der bisher nicht gekennzeichneten
Territorien der grauen Substanz in allen Ebenen des Hirnstammes und Rückenmarks kann als Teil der ________ _________ betrachtet werden. Schreiben
Sie diese Bezeichnung an die Hinweislinien!

A

129. Beschriften Sie die markierten Strukturen!

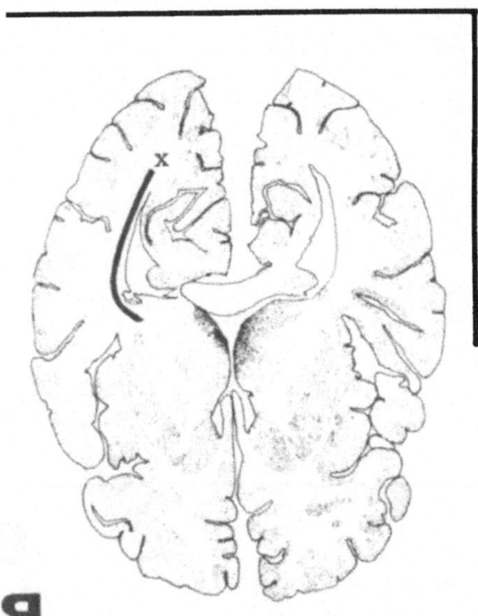

B

231A. Centrum semiovale
Corona radiata

C

487. Einige Forscher vermuten, daß die Basalganglien Fasern an die Pyramidenbahn abgeben. Es ist lange bekannt, daß die meisten efferenten Fasern der
Stammganglien in Bahnen außerhalb des pyramidalen Systems laufen. Daher nennt
man die Basalganglien und die mit ihnen in Verbindung stehenden Strukturen
extra_________ motorisches System.

D

586. Die äußere Schicht des Gehirns besteht
aus _______ Substanz. Im Rückenmark liegt die
_______ Substanz außen. Im Zentrum der grauen
Substanz des Rückenmarks befindet sich der
dünne _______ _______ .

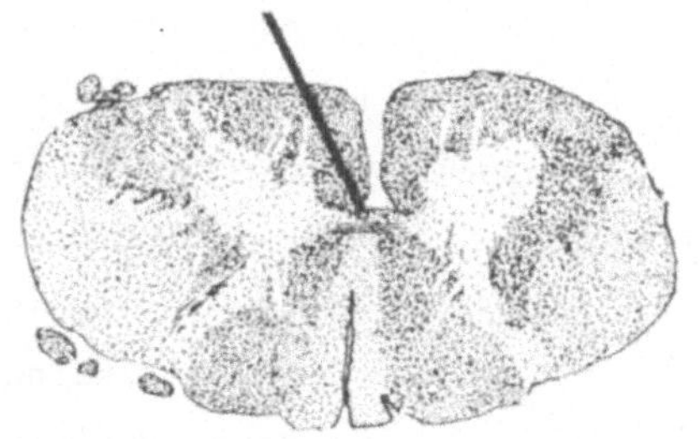

857A. unterhalb (oder caudal)

peripheren Nerven (oder einer Radix dorsalis eines Ganglion spinale)

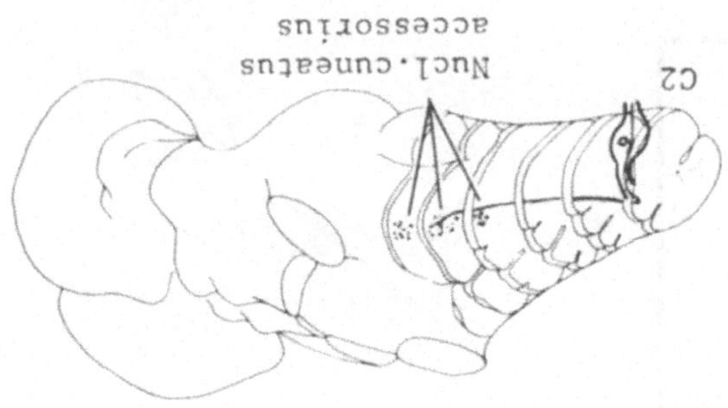

925A.

1180A. visceromotorische

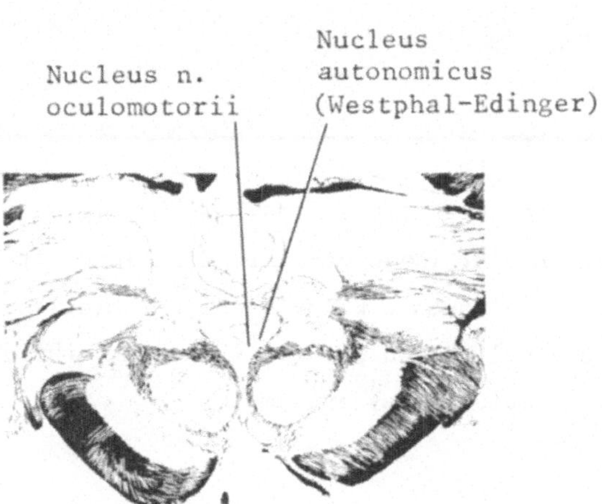

Schaltneurone
visceromotorisch
branchialmotorisch (oder somatomotorisch)
dorsalis n. vagi
Thorax
vagus
1241A. Pharynx, Larynx

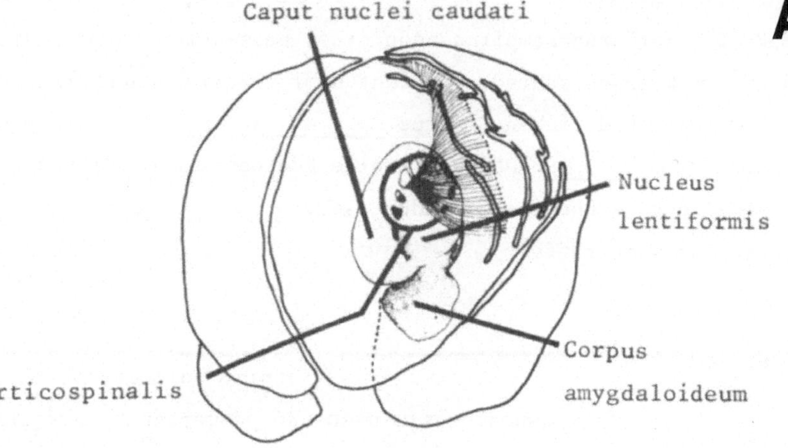

A

B

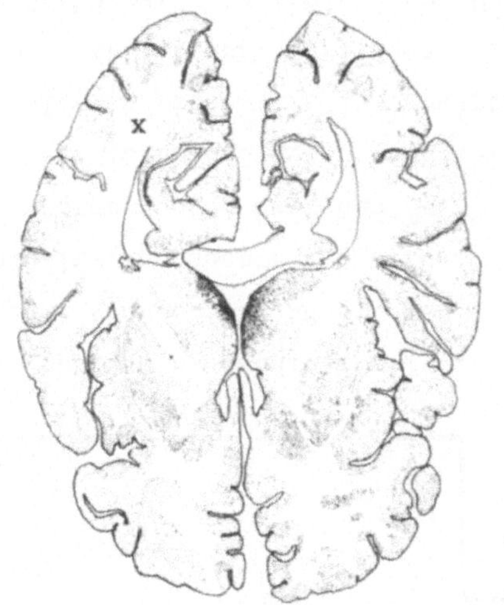

231. Zeichnen Sie eine Faser in die Abbildung, die von der dorsalsten Stelle der Capsula interna im C_____ s_______ nach X läuft. Auf diesem Wege läuft die Faser horizontal durch die _____ _____.

C

488. Das extrapyramidale System ist wie das pyramidale ein _____ System.

D

585. Die äußere Schicht des Rückenmarks besteht überwiegend aus markhaltigen Fasern. In dem abgebildeten Schnitt ist das Myelin elektiv angefärbt worden. Das H-förmige Gebiet ist die _____ Substanz des Rückenmarks.

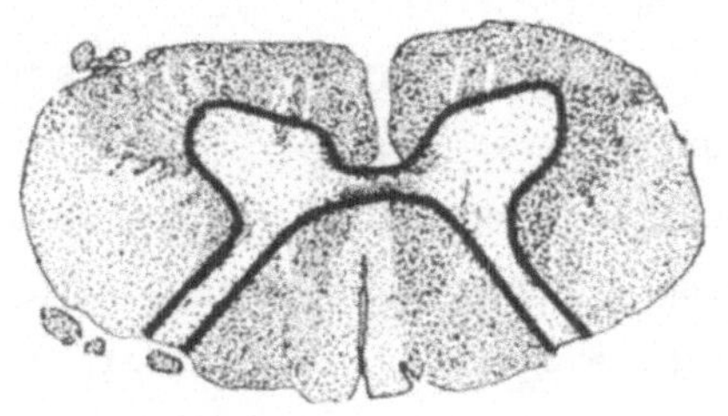

858. Die Berührungsempfindungen eines bestimmten Hautgebietes werden im Rückenmark in verschiedenen nicht unmittelbar benachbarten Bahnen geleitet, dem rechten und linken Tractus ______________ ________ und im ipsilateralen Funiculus ________. Daher ist eine Rückenmarksschädigung mit vollständigem Ausfall der Berührungsempfindung sehr __________ und hat _____ Seiten des Rückenmarks betroffen.

F

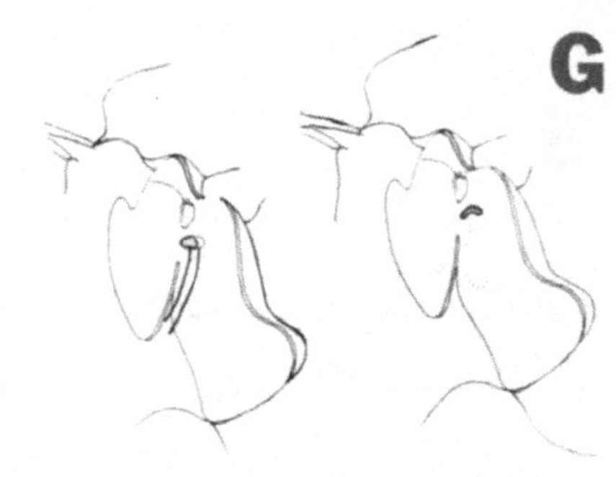

925. Der Nucl. thoracicus erhält Impulse, die von lumbalen, thoracalen und unteren cervicalen Spinalnerven übertragen werden. Impulse, die Informationen über den Tonus der Halsmuskulatur und Armmuskeln leiten und für das Cerebellum bestimmt sind, laufen nicht (wie man erwartet haben könnte) zu sekundären Neuronen im Nucl. thoracicus. Stattdessen ziehen sie über obere Cervicalnerven in das Rückenmark und steigen zum Nucl. cuneatus accessorius auf. Zeichnen Sie eine primäre afferente Faser, die von dem dargestellten Nervenzellkörper im Spinalganglion C2 ausgehend Synapsen mit Neuronen im ipselateralen Nucl. cuneatus accessorius bildet.

G

1181. Die Axone aus dem Nucleus autonomicus (Westphal-Edinger) treten mit denen des Nucleus n. oculomotorii aus. Zeichnen Sie einige visceromotorische Axone beider Seiten in die rechte Abbildung!

H

1241. Für den IX. und X. Hirnnerven gilt: Afferente und efferente Komponenten versorgen dieselben Körpergebiete. Die afferenten, auf dem Wege über das Ggl. inferius des N. glossopharyngeus übermittelten Impulse, kommen hauptsächlich aus Geschmacksreceptoren auf dem Zungenrücken sowie von der Schleimhaut des ________ und ________. Über das Ganglion inferius des N. _____ geleitete afferente Impulse stammen größtenteils aus den Eingeweiden des Abdomens und ______. Die efferenten Impulse in diesen beiden Nerven stammen aus dem Nucl. ambiguus und Nucl. ________ __ ____. Der Nucl. ambiguus ist ________motorisch und der andere Kern ______motorisch. Die afferenten und efferenten Systeme beider Nerven werden durch ______neurone verbunden.

130. Markieren Sie mit einem V den Polus
occipitalis der linken Hemisphäre und mit
einem M den Gyrus precentralis! Wenn
Sie das abgebildete Präparat von vorne
betrachten, so liegt das _____ nuclei
caudati am nahesten.

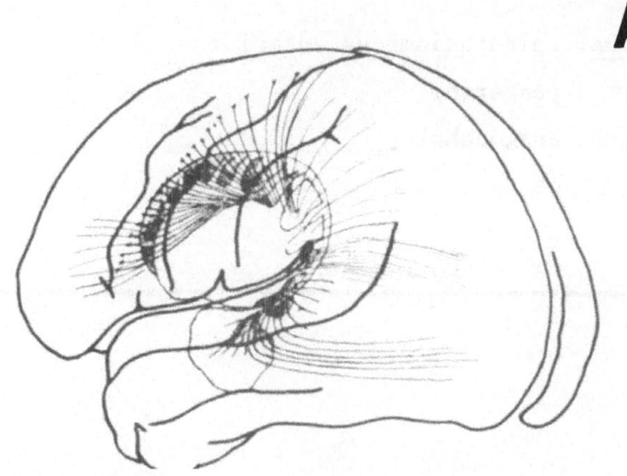

230A. Capsula interna
quer (oder transversal, schräg)

488A. motorisches

Weiße und graue Substanz des Rückenmarks. Die Lage der corticospinalen
Bahnen (Abschnitt 585-621)

<u>858A.</u> spinothalamicus anterior
       posterior
       ausgedehnt
       beide

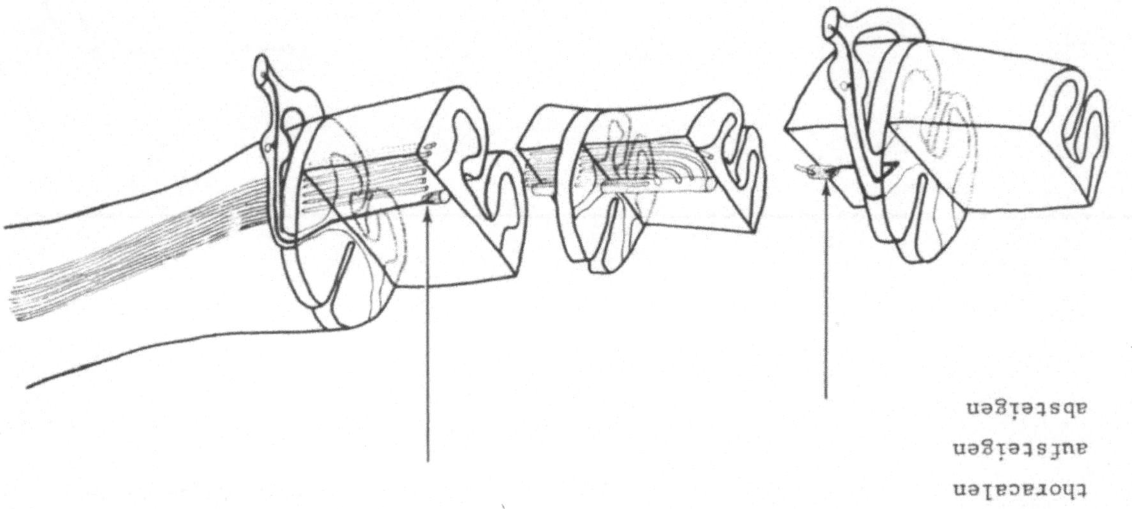

924A. Muskeln
Synapsen
thoracalen
aufsteigen
absteigen

F

G

<u>1181A.</u>

1240A. Nucleus tractus solitarii
Reflexbögen
glossopharyngeus (oder vagus)
ambiguus

H

A

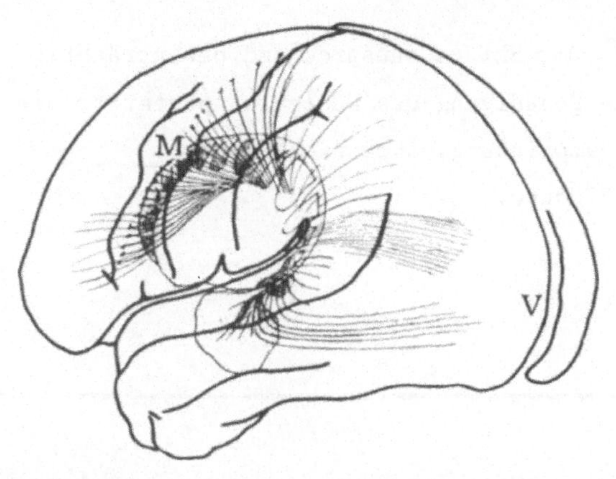

B

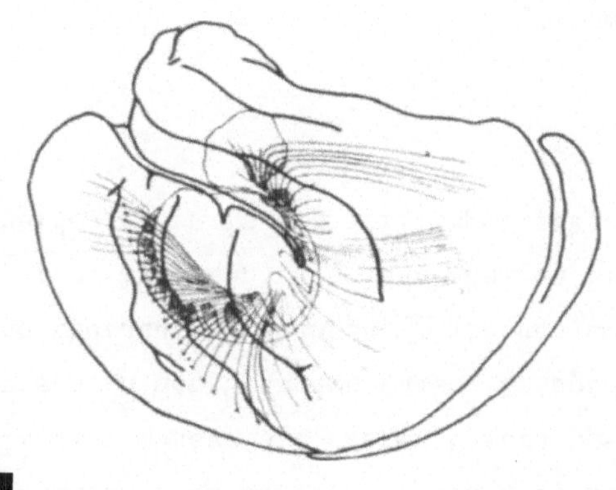

230. Wenn man die Fasern der Corona radiata nach medial vom Rand des Nucl. lentiformis verfolgt, so beobachtet man, daß sie sich in der ____ nach unten wenden, und daß sie an dieser Stelle von einem Horizontalschnitt ____ ge-troffen werden.

C

489. Von den weitreichenden efferenten Neuronen, die durch den Hirnstamm bis in das Rückenmark laufen, hat man eine verhältnismäßig kleine Gruppe von Riesenzellen im Gyrus precentralis besonders beachtet. Zu Ehren ihres Entdeckers Betz (1874) werden diese Riesenzellen auch ____sche Zellen genannt.

D

473

E

859. Der Skizze entsprechend beeinträchtigt eine Schädigung des Funiculus posterior die ____empfindung, aber nicht die ______- empfindung.

F

924. Primäre afferente Neurone aus Sehnen oder ______ leiten Impulse über _______ zu sekundären Neuronen des Nucleus thoracicus. Um diese sekundären Neuronen zu erreichen, die hauptsächlich in den ________ Spinalsegmenten liegen, müssen die ersten Fasern aus den unteren Extremitäten ___steigen, bevor sie in den Synapsen enden. Entsprechende Fasern aus dem Arm müssen zu C7, C8 und thoracale Segmenten __ steigen um mit sekundären Neuronen im Nucl. thoracicus Synapsen zu bilden. Zeigen Sie in der Abbildung mit Pfeilen an, wo die beiden Axone in die Stilling-Clarkesche Säule eintreten!

G

1182. Schreiben Sie hinter jeden Begriff s, b, oder v, für somato-, branchial- und visceromotorisch sowie a, 1 oder p, je nachdem ob die Axone an der anterioren, lateralen oder posterioren Fläche aus dem Hirnstamm austreten.
Axone zu folgenden Muskeln sind:

Gesichtsmuskeln _, _

vier äußere Augenmuskeln _, _

innere Zungenmuskeln _, _

Larynx- und Pharynxmuskeln _, _

Kaumuskeln _, _

M. rectus lateralis _, _

M. sphincter pupillae _, _

glatte Muskeln im
Thorax und Abdomen _, _

M. obliquus superior _, _

M. sternocleidomastoideus
und M. trapezius _, _

H

Lesen Sie Abschnitt 1240A auf der übernächsten Seite!

131. In der rechten Abbildung sieht man die Basalganglien in der Ansicht von ______. Der Begriff Ganglion bedeutet, daß es aus einer Ansammlung von Nervenzellperikaryen besteht und makroskopisch zur ______ Substanz zu rechnen ist.

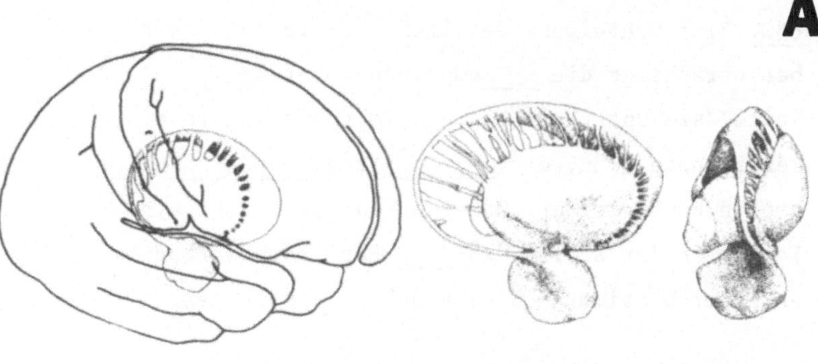

229A. interna
Corona radiata
Centrum semiovale

490. Die Sammlung und Auswertung zahlreicher Untersuchungsergebnisse zeigt, daß der Körper in der schematisch dargestellten Form vom Gyrus praecentralis motorisch repräsentiert wird. Nervenzellen der untersten und lateralen Teile der vorderen Zentralwindung, die in der Nachbarschaft des ______ lateralis liegen, steuern die Muskulatur des ______. In den oberen bis über die Mantelkante nach medial reichenden Gebieten wird die ______ Extremität repräsentiert.

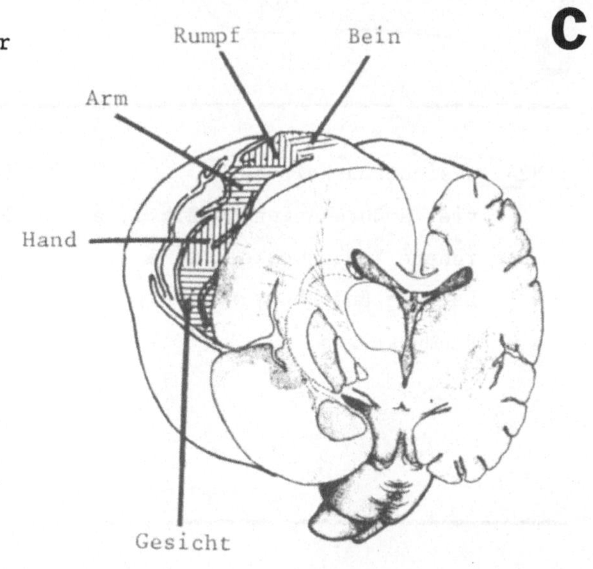

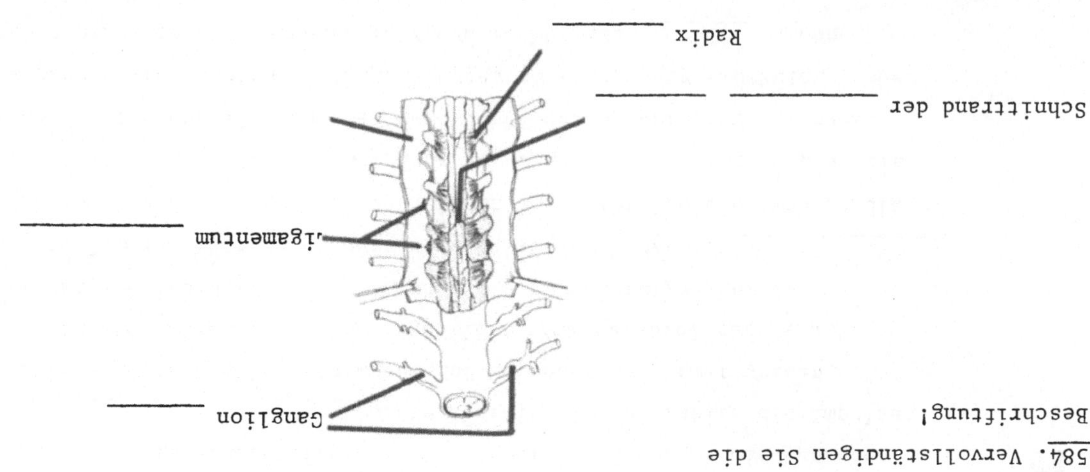

584. Vervollständigen Sie die Beschriftung!

475

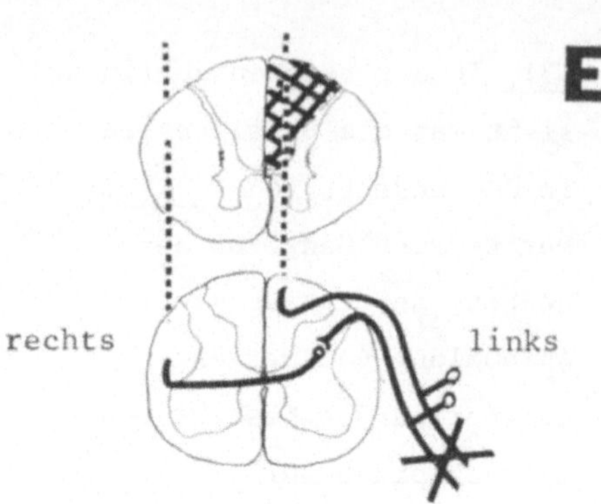

860. Eine Schädigung des linken Funiculus posterior beeinträchtigt die ____empfindung auf der ______ Seite, sie unterbricht aber nicht die andere ein-gezeichnete Bahn, die ______- und ________- empfindungen leitet. Dagegen beeinträchtigt eine Läsion an der Stelle "x" ____ Empfindungsarten an einer bestimmten Stelle des ______ Beines.

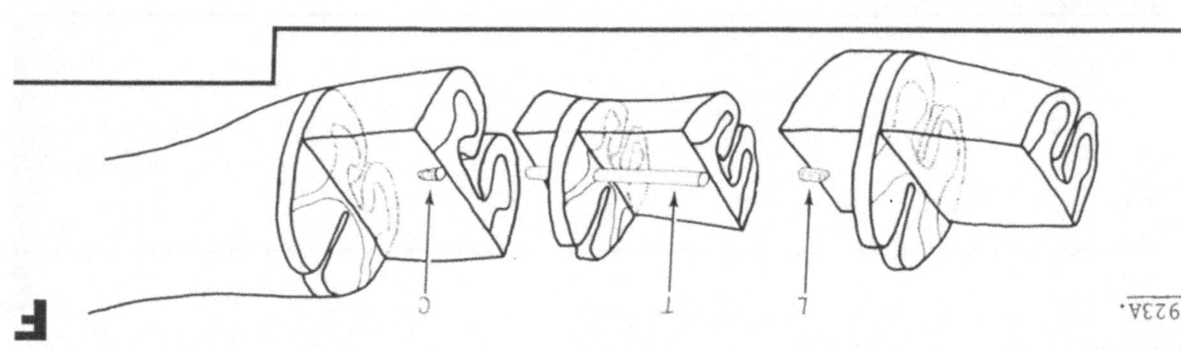

1182A. Gesichtsmuskeln b, 1
vier äußere Augenmuskeln s, a
innere Zungenmuskeln s, a
Larynx- und Pharynxmuskeln b, 1
Kaumuskeln b, 1

M. rectus lateralis s, a
M. sphincter pupillae v, a
glatte Muskeln im
Thorax und Abdomen v, 1
M. obliquus superior s, p
M. sternocleidomastoideus
und M. trapezius b, 1

G

1240. Allgemeine, viscerale, afferente Fasern bilden Synapsen mit Neuronen des ______ ________ ________. Diese übermitteln ihrerseits die Impulse hauptsächlich an örtliche Schaltneurone und Motoneurone. Damit werden komplexe, aber stereotype ______bögen gebildet. Zum Beispiel ruft ein im Pharynx steckengebliebener kleiner Knochen einen Würgereflex hervor. Afferente Impulse des Pharynx wandern vorwiegend durch den N. ____________ und gelangen in die Schaltneurone. Von diesen aus erreichen die Impulse die Zellkörper im Vorderhorn von C4, und dann verursachen efferente Impulse die Kontraktion des Zwerchfells (auf dem Wege durch den N. phrenicus). Andere Impulse erzeugen eine Kontraktion der quergestreiften Pharynxmuskulatur über Hirnnervenfasern, die aus Nervenzellkörpern im Nucleus ________ kommen.

H

131A. dorsal (oder: hinten; posterior)

   grauen

229. Afferente Fasern laufen von Thalamus zum Cortex cerebri nacheinander durch die Capsula ________ , C ________ ________ und das ________ ________ .

490A. Sulcus

   Gesichts

   untere

583. An jeweils einer Stelle ist beiderseits jedes Segment des Hals- und Brustmarks mit der Pia, ________ und der Dura verwachsen. Dadurch ist das Rückenmark an der Dura verankert. Die zu den Anheftungsstellen ziehenden Bindegewebszüge nennt man ________ Ligamenta .

860A. Lageempfindung (richtig sind auch Gelenkempfindung, Kinästhesie,
Druck- und Berührungsempfindung); linken; Schmerz- und Temperaturempfindungen;
alle (oder sämtliche); linken (oder gleichseitigen, ipselateralen)

E

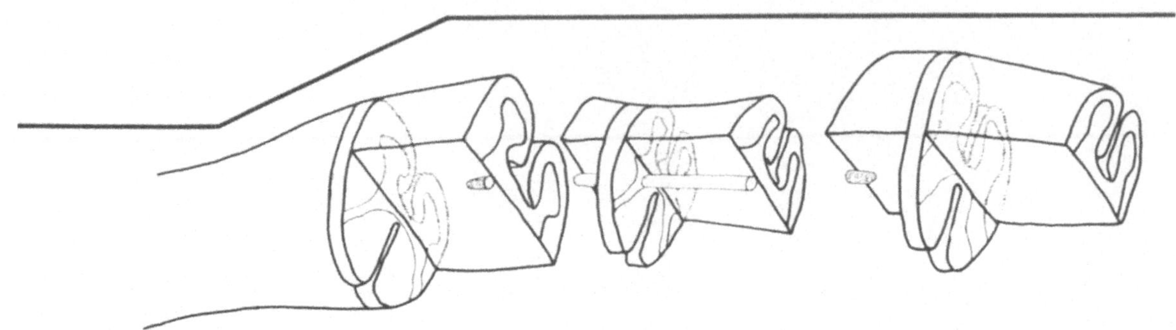

923. Der Nucleus thoracicus (= Nucl. dorsalis, Stilling-Clarkesche Säule) wird
in allen Ebenen des Brustmarks gefunden. Oben dehnt er sich bis in die untersten Cervicalsegmente aus. Weiter caudal werden noch einige der für ihn typischen großen Zellen im oberen Lendenmark gefunden. Zeichnen Sie drei Pfeile
mit den Buchstaben L, C und T an die Stilling-Clarkesche Säule im Lumbal-,
Cervical- und Thoracalbereich!

F

1183. Kennzeichnen Sie mit römischen Zahlen in den entsprechenden Skizzen die
motorischen Hirnstammkerne (einschließlich aller visceromotorischen Kerne)!

G

1239A. speziellen
glossopharyngeus
vagus
glossopharyngeus

H

132. Schreiben Sie unter jede Abbildung, ob es sich um eine Ansicht von ventral, lateral oder dorsal handelt!

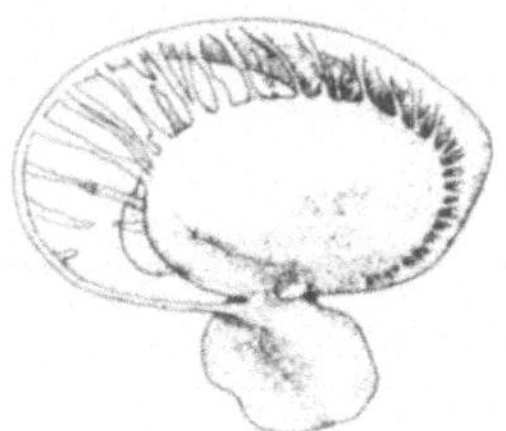 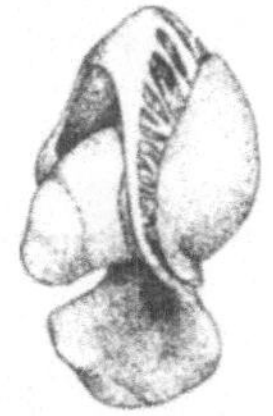 

B

228. Auf ihrem Wege vom Cortex cerebri zur Capsula interna laufen efferente Fasern des Tractus corticospinalis und andere Bahnen aus der grauen Substanz nacheinander durch das _______ _______ _______ und die Corona _______ .

C

491. Fingerbewegungen auf der Gegenseite werden hervorgerufen durch die Stimulation eines Gebietes im Gyrus praecentralis, das _____ ist als die Region, die den gesamten Thorax und das gesamte Abdomen repräsentiert.

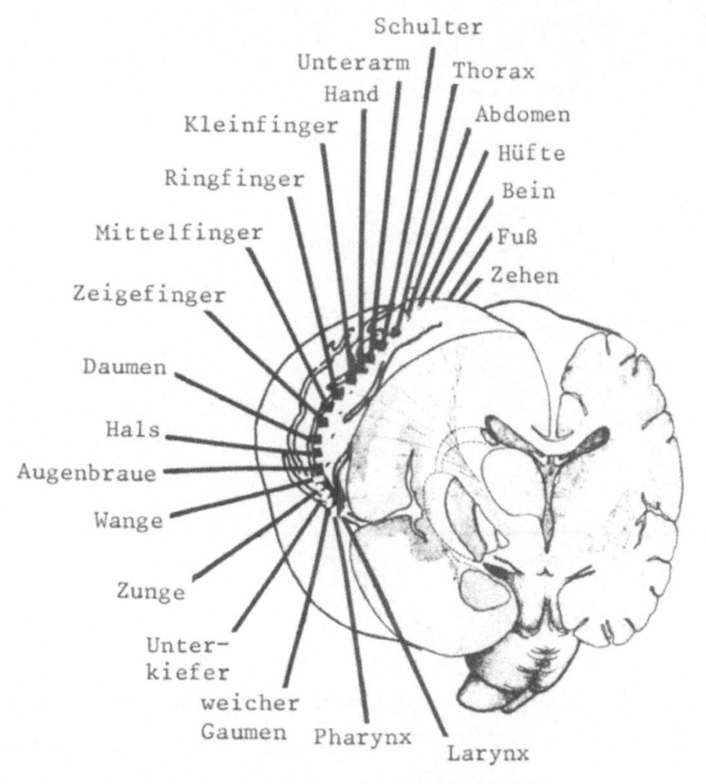

D

582A. Arachnoidea _______
Liquor cerebrospinalis

479

861. Die Impulse, die die Kinästhesie des ganzen linken Beines vermitteln, fallen aus, wenn der Fasciculus _______ auf der _____ Seite unterbrochen wird. Dieses Phänomen würde die Folge einer Läsion des Fasciculus gracilis in allen Bereichen oberhalb der _______ Spinalsegmente sein.

E

922A. posterior

F

1183A.

G

1239. Die unteren Teile des Solitariussystems repräsentieren hauptsächlich die allgemeine Viscerosensibilität, die oberen die spezielle Geschmacksempfindung. Im N. facialis gehören die afferenten Impulse fast vollständig zur _______ Viscerosensibilität. Zwei andere Hirnnerven, die Impulse der allgemeinen viscerosensiblen Kategorie leiten, sind der N. ___________ und N. _____. In Übereinstimmung mit seiner Lage zwischen dem VII. und X. Hirnnerven leitet der N. ____________ allgemeine und spezielle viscerosensible Impulse.

H

132A.

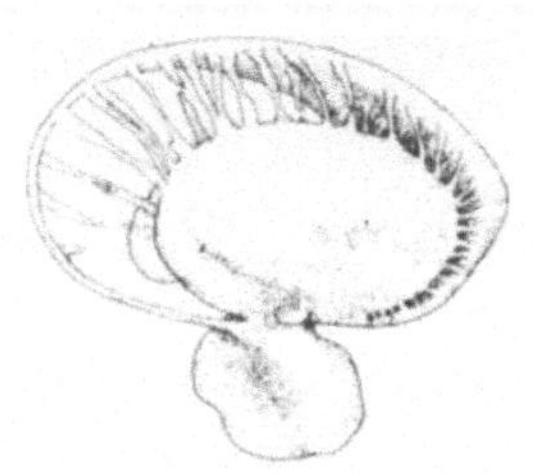 lateral

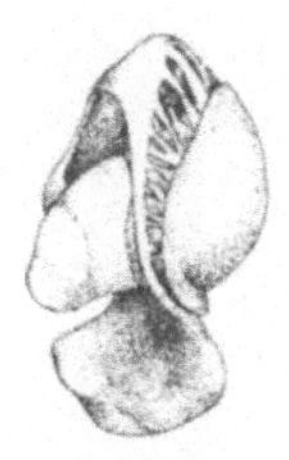 posterior

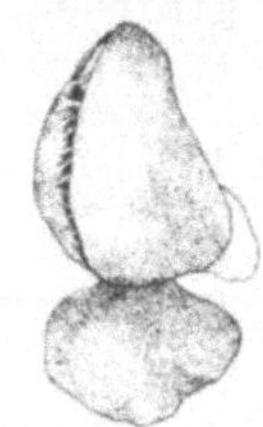 anterior

227A. radiata

491A. größer (oder umfangreicher; ausgedehnter)

582. Jede Radix dorsalis spaltet sich in mehrere feine Wurzelfäden auf, die in das Rückenmark eintreten. Mit der punktiert gezeichneten Fläche soll gezeigt werden, daß die Wurzelfäden (Fila radicularia) von der __________ spinalis umhüllt werden. Die Fila radicularia werden vom __________ umspült.

861A. gracilis

linken (oder gleichen, ipselateralen)

lumbalen

F

922. Die Bezeichnung Stilling-Clarkesche Säule deutet darauf hin, daß es sich bei der abgegrenzten Zellansammlung im anteromedialen Bereich des Cornu ______ um ein dreidimensionales längliches Gebilde handelt.

Im Querschnitt erscheint die Stilling-Clarkesche Säule als ein Kern.

Zeichnen Sie in die thoracale Schnittfläche einen Pfeil ein, der von der Stilling-Clarkeschen Säule in den Tr. spinocerebellaris zeigt und die Richtung der Impulsübertragung angibt.

G

1184. Zeichnen Sie auf der rechten Seite in die entsprechenden Skizzen den intracentralen Verlauf aller motorischen Komponenten der Hirnnerven Nr. III, IV, VI, VII, X, und XII!

H

Blättern Sie wieder um, und fahren Sie fort mit Abschnitt 1239!

A

133. In der Ansicht von dorsal kann man beobachten, daß der Nucleus lentiformis eine flach ge-
wölbte, ausgedehnte seitliche und konisch zu-
laufende ______ Oberfläche besitzt.

B

227. Die Menge der markhaltigen Nervenfasern, die strahlenförmig zwischen
Capsula interna und oberen, vorderen, hinteren und seitlichen Hirnrindenfeldern angeordnet sind, bezeichnet man zusammenfassend mit Corona ______ .

C

492. Eine wichtige Gesetzmäßigkeit besteht im Folgenden: Die Genauigkeit
der motorischen Kontrolle eines bestimmten Körpergebietes ist proportional
der ______ desjenigen Feldes des Gyrus precentralis, von dem das Körpergebiet zentral repräsentiert wird. Die gleiche Gesetzmäßigkeit gilt für die
Repräsentation der Sensibilität von Körpergebieten im Gyrus __________ .

D

581A. epidurale ______
Wirbel (oder Wirbelknochen)

E

862. Die Wallersche Degeneration ist beschränkt auf den markhaltigen Abschnitt des geschädigten Neurons jenseits der Schädigungsstelle. Sie dehnt sich nicht über Synapsen aus. Wenn afferente Fasern ins Rückenmark unterbrochen werden, wird eine Wallersche Degeneration in allen Bereichen ________ der Unterbrechungsstelle entstehen, die bis zur nächsten ______ reicht. Nach der Durchtrennung einer Radix posterior (zwischen den Nervenzellkörpern im Ganglion spinale und dem Rückenmark) kann eine Wallersche Degeneration in der Columna posterior der ______ Seite entstehen, nicht aber ein Tractus spino________ und Tractus ______cerebellaris, da diese Bahnen Axone der ______ären Neuronen enthalten, die beschriebene Unterbrechung aber nur Axone der ____ären Neuronen betroffen hat.

F

921. Das Seitenstrang-Kleinhirn-System besteht aus dem Tr. spinocerebellaris anterior (Gowers) und Tr. spinocerebellaris posterior (Flechsig). Oft verwendet man für den Kern, aus dem die spinocerebellare Bahn kommt, den Ausdruck Stilling-Clarkesche Säule. Die Zellkörper, der in die spinocerebellare Bahn eintretenden Axone, liegen im Nucleus ________. Dieselbe Struktur wird auch als _____________sche Säule bezeichnet.

G

1184A.

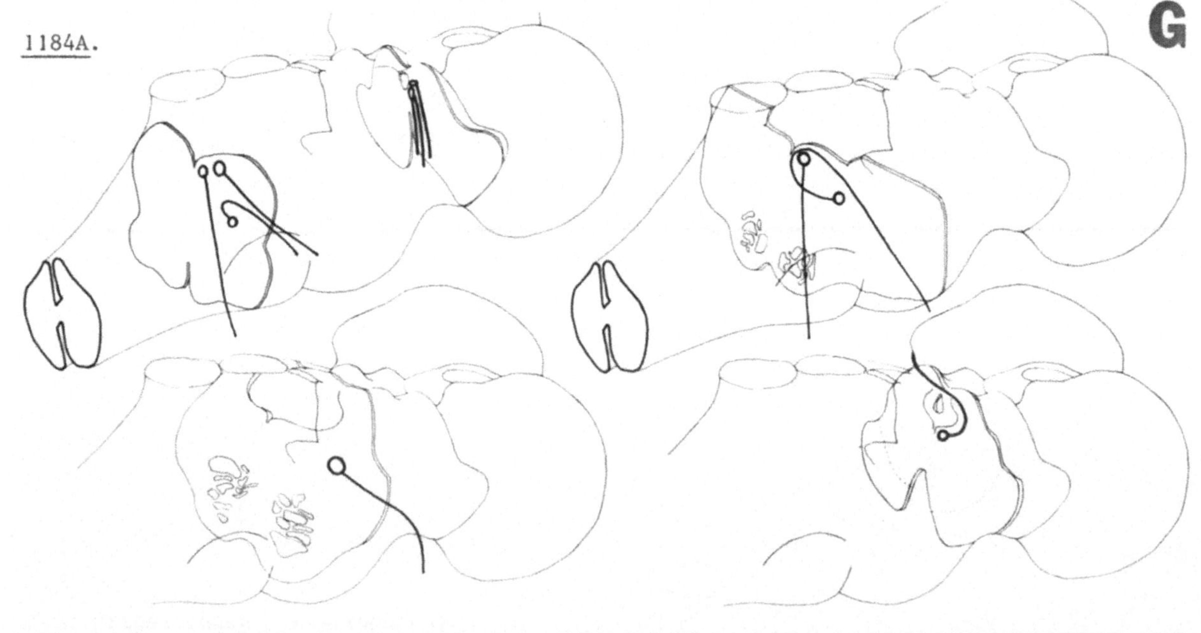

H

Bitte blättern Sie um!

134. Markieren Sie mit einem Pfeil die mediale Oberfläche des Nucleus lentiformis! Die Abbildung zeigt
eine dorsale Ansicht der ____ganglien der ______
Hirnhälfte.

A

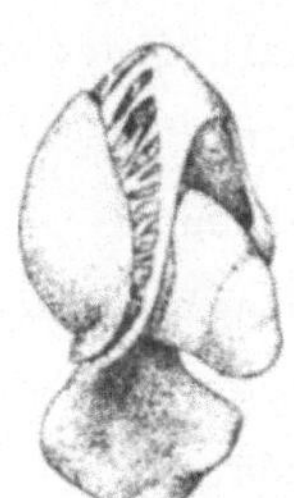

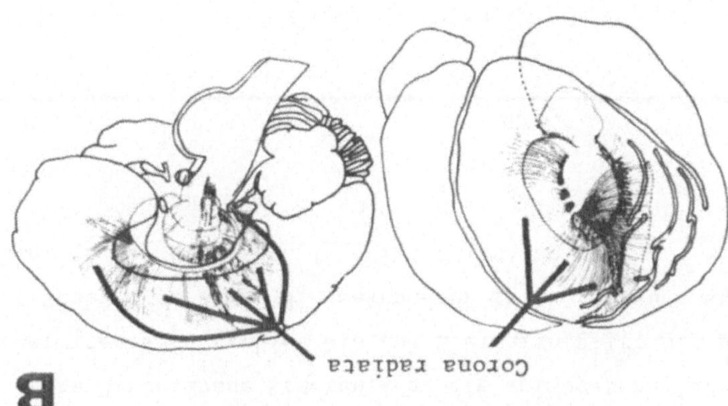

B

226. Viele markhaltige Nervenfasern
des ausgedehnten Centrums semiovale
laufen konvergierend zur inneren
Kapsel. Sie bilden eine Krone von
Fasern, die von den Basalganglien
aus betrachtet strahlenförmig aussehen und daher insgesamt als ______ ______
bezeichnet werden.

C

492A. Größe (oder Umfang, Ausdehnung)
       postcentralis

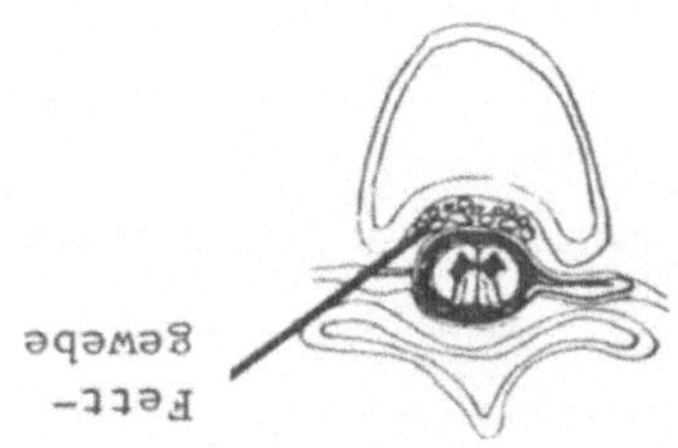

D

581. Fettgewebe füllt das Cavum ______ teilweise aus. Wahrscheinlich
polstert es das Rückenmark gegen die ______, die es umgeben.

E

862A. oberhalb (oder cranial)

Synapse

derselben

spinothalamicus

spinocerebellaris

sekundären

primären

F

920. Ipsilateral bedeutet dieselbe Seite, contralateral die Gegenseite,
die andere Seite. In den somatosensiblen Bahnen leiten die Axone der
sekundären Neuronen die Impulse zur ______ lateralen Seite des ZNS, indem
sie die Mittelebene kreuzen. Für die spinocerebellaren Bahnen aus einem
bestimmten Körpergebiet bis zum Kleinhirn gilt: Die peripheren Nerven
und Receptoren sowie die sekundären Zellkörper und Axone liegen hauptsächlich auf derselben (___ lateralen) Seite.

G

Somato- und viscerosensible Komponenten des Hirnstammes:
Trigeminussystem (Abschnitt 1185-1221)

H

1238A. Trigeminussystem

Solitariussystem

trigeminus

vagus

spinalis n. trigemini

tractus spinalis n. trigemini

134A. Basalganglien
      linken

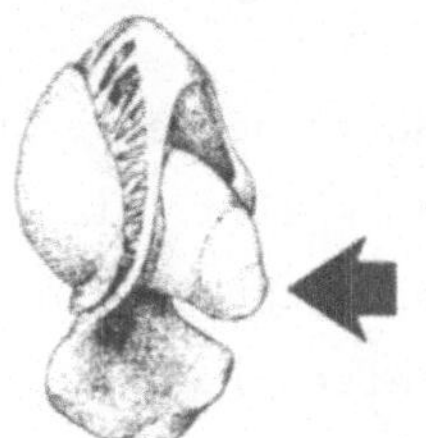

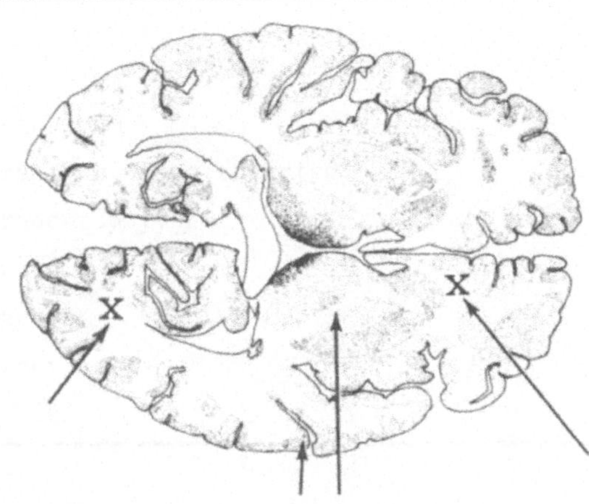

493. In Übereinstimmung mit dieser Gesetzmäßigkeit wird der ____ von einem
Feld repräsentiert, das größer ist als
das für das übrige Gesicht. Wenn das
Gebiet für die Bewegung der Zehen im
Gyrus precentralis so groß wäre wie
das für die Finger, dann könnten wir
das Klavier mit einer zusätzlichen
Tastatur für unsere ____ versehen.

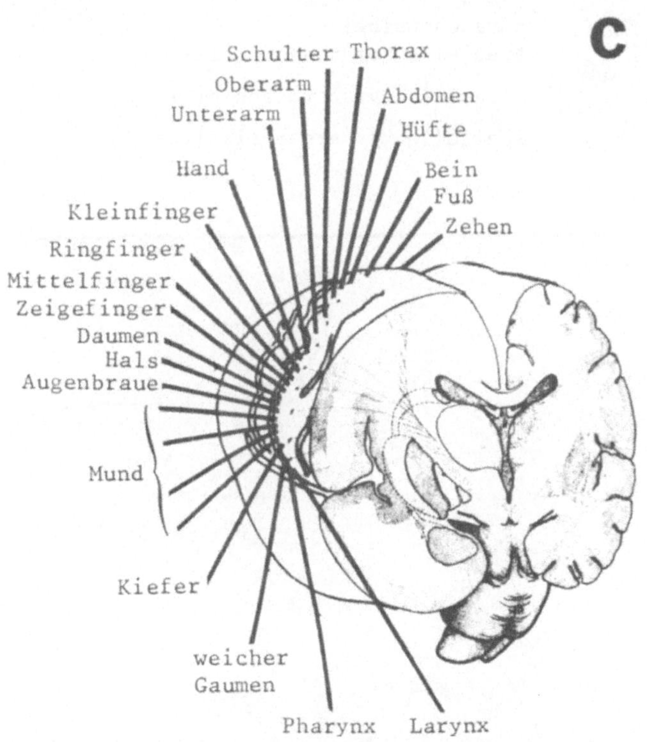

580. Unter der Dura mater spinalis liegt ein potentieller Raum; er wird
____ genannt. Über der Dura erstreckt sich das Cavum ____.
Cavum

E

<u>863.</u> Wenn sich bei einer Markscheidenfärbung der linke Fasciculus graci-
lis in Höhe von C8 nicht darstellt, sich aber im Spinalsegment T12 angefärbt hat, so muß die Unterbrechung in den _________ Spinalsegmenten __
bis ___ auf der _______ Seite liegen.

F

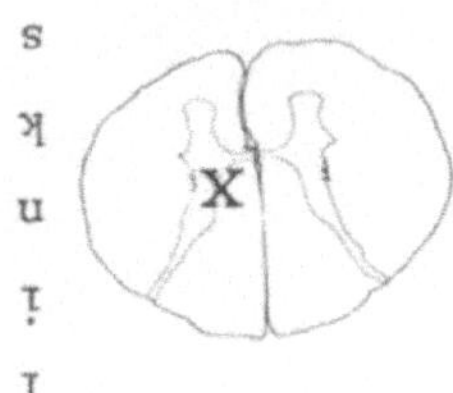

919A. posterius
Muskeln
Sehen
spinocerebellares
derselben (ipselateralen)
Cerebellum

G

<u>1185.</u> Ziehen Sie Verbindungslinien zwischen korrespondierenden
<u>Begriffen beider Reihen!</u>

Einteilung	Beschreibung
somatosensibel	Somatosensibilität
spezielle Somatosensibilität	Nervenenden in den Wänden der Eingeweide
allgemeine Viscerosensibilität	Geschmack und Geruch
spezielle Viscerosensibilität	Hören, Gleichgewicht, Sehen

H

<u>1238.</u> Im allgemeinen laufen somatosensible Informa-
tionen in das _______ system und viscerosensible
in das _______ system. Die Bahnkomponenten erscheinen im ZNS sinnvoller angeordnet zu sein
als in den peripheren Nerven, wo Fasern
mit verschiedener Funktion dicht zusammen laufen. Z.B. enthält der
X. Hirnnerv einige Fasern, die
Hautempfindungen von der Ohrhaut
leiten, während der weitaus
größte Teil der Hautempfindungen durch den N. _______ geleitet wird.
Im Zentrum gelangen die Impulse aus den sensiblen Receptoren des Ohres,
die durch den N. _____ laufen, sinngemäß in den Tractus _______
__ _______ und Nucleus _______ __ _______.

135. Fibrae corticospinales laufen
nach unten entlang der inneren
(medialen) Oberfläche des Nucleus

___________.

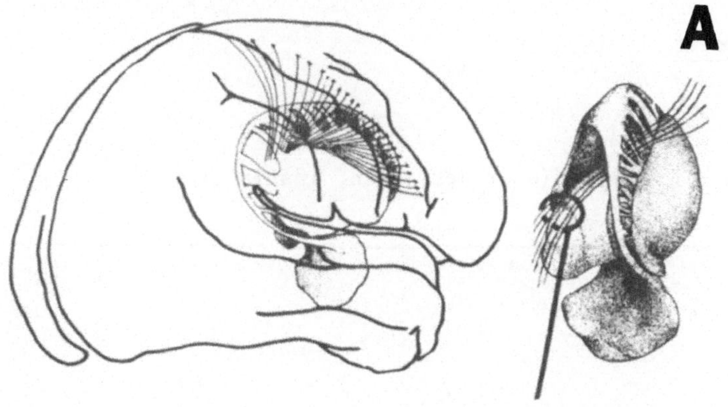

Fibrae corticospinales

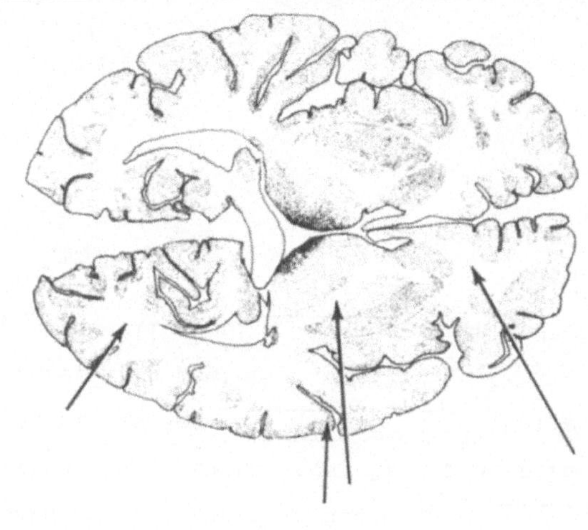

225. Setzen Sie je ein X an die Enden
der beiden Pfeile, deren Spitzen auf
Gebiete des Centrum semiovale gerichtet sind!

493A. Mund
      Zehen

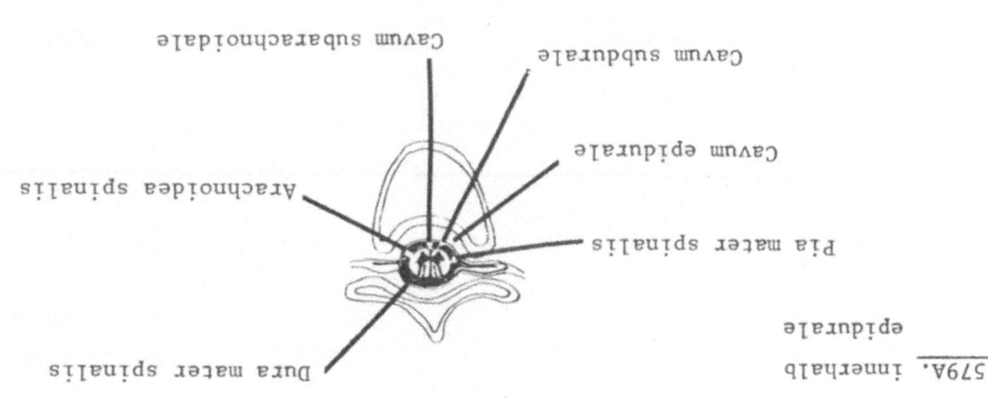

579A. innerhalb
epidurale

E

863A. thoracalen

T1

T11

linken (oder derselben, ipselateralen)

G

1185A.

somatosensibel ———————————— Somatosensibilität

spezielle Somatosen-
sibilität   Nervenenden in den Wänden
                      der Eingeweide

allgemeine Viscerosen-
sibilität   Geschmack und Geruch

spezielle Viscerosen-
sibilität   Hören, Gleichgewicht, Sehen

F

919. Die Perikaryen der sekundären Neurone der afferenten Bahn, die Nachrichten über den Muskeltonus leiten, liegen im Nucl. thoracicus und in benachbarten Bezirken des Cornu ________. Markieren Sie mit einem X den linken Nucl. thoracicus! Er empfängt Informationen von afferenten Neuronen, die aus ______ und ______ kommen. Die Axone der zweiten Neurone dieser Bahn laufen in die Trr. ____________
hauptsächlich auf ________ Seite und enden
im ________ .

links

H

1237A. Nucl. dorsalis n. vagi

Nucl. ambiguus

solitarii

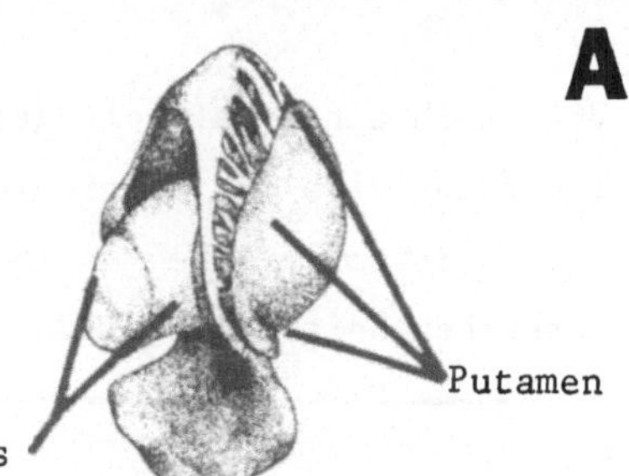

A

136. Betrachten Sie die Skizze! Der Nucleus ________ besteht aus zwei Teilen. Der ziemlich blasse mediale Teil ist der _____ und der laterale Teil heißt _____ .

B

224. Im Verlauf von der Großhirnrinde zur inneren Kapsel verlassen efferente Fasern der corticospinalen und anderer Bahnen die _____ Substanz an der Oberfläche und ziehen unmittelbar anschließend durch die _____ Substanz des _____ _______ .

C

494. Die Hirnrinde ist schmerzempfindlich. Sie kann im Tierexperiment oder bei Operationen beim Menschen direkt stimuliert werden. Der amerikanische Hirnchirurg Harvey Cushing beschrieb 1909 [Brain, 32(1909) 44-53], daß bei Hirnoperationen die Stimulation verschiedener Gebiete des Gyrus _____ mit unipolaren Niederspannungen zu Bewegungen in verschiedenen Körpergebieten führt.

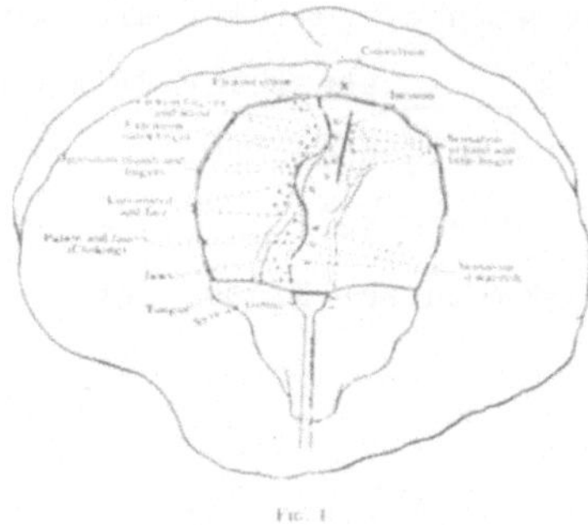

Operation (first stage, June 16, 1908.) An area of the left hemisphere, as shown in the accompanying sketch (fig. 1), was exposed by the usual osteoplastic craniotomy. The hemisphere was found under slightly increased tension, but no abnormality was apparent.

Owing to the characteristic configuration of the central fissure, the landmarks of the exposed part of the hemisphere were perfectly clear, but the situation of the precentral gyrus was further assured by unipolar stimulation which elicited the usual sharp movements in wrist, in elbow, in shoulder and in face. The only subcortical investigation at this time was limited to the explora-

Fig. 1

-tory puncture of the postcentral gyrus in the vain hope that a cyst might thus be encountered. The wound was then reclosed.

The boy's distressing seizures continued unabated, until finally it was determined that some more radical attempt should be made to disclose, if possible, their source of origin. It was hoped that if the cortex could be stimulated while the patient was conscious; we might thus obtain some evidence of the situation of the presumed lesion sufficient to justify a more extensive subcortical exploration.

Operation (second stage, July 6, 1908). —After a preliminary injection of ? gr. of morphia, and under primary anaesthesia by chloroform, the edges of

D

579. Das Cavum subarachnoidale liegt inner_____ von dem sich unter pathologischen Bedingungen bildenden Cavum subdurale. Schreiben Sie die Namen der beiden Räume an die freien Hinweislinien! Ein dritter Raum, der sich zwischen der Dura mater spinalis und dem Wirbelknochen befindet, heißt Cavum _______ .

864. Nach einer halbseitigen Durchtrennung links in Höhe des Spinalsegmentes T10 färbt sich der Fasciculus gracilis bei einer Markscheidenfärbung auf der ______ Seite in Höhe von C8 nicht mehr an. Hat er sich in Höhe von C4 auf derselben Seite darstellen lassen? ____ .

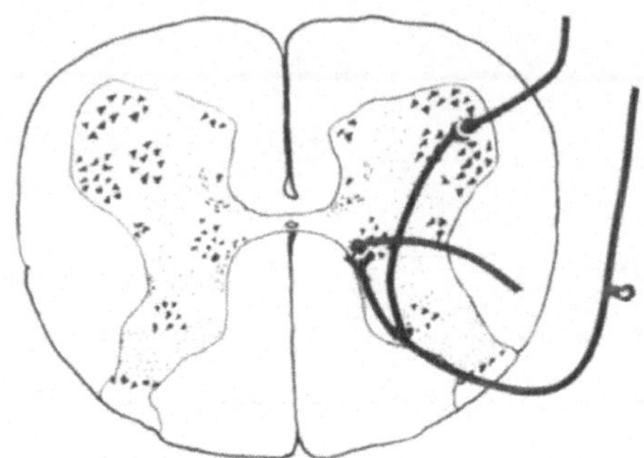

F

918A. zwei

G

1186. Eine Berührung der Haut im Bereiche der Nase ruft eine bewußte Empfindung hervor und kann eine Reflexreaktion auslösen. Die afferente Komponente wird eingeordnet als somatosensibel oder in allgemeiner Formulierung als ______sensibler Reiz. Die Reizung der die innere Oberfläche der Nase auskleidenden Schleimhaut ruft wahrscheinlich ein Niesen als einen stereotypen Reflex hervor. Die afferente Komponente dieses Reflexes gehört allgemein zur Klasse der ______sensiblen Reize.

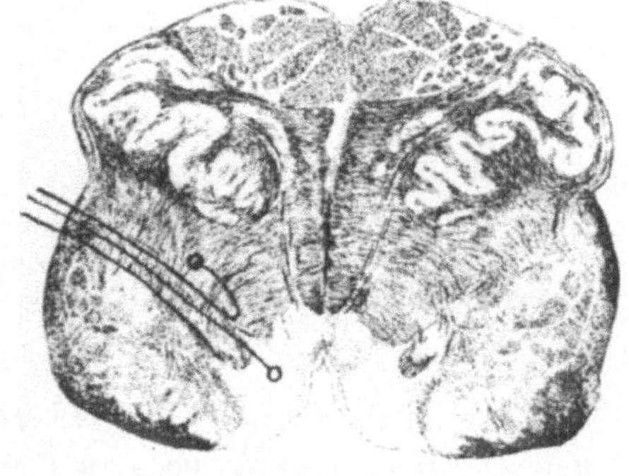

H

1237. Die Abbildung zeigt die drei Hauptkomponenten des X. Hirnnerven: Efferente Neuriten aus dem ______ und ______ _ ______ ______ und sowie afferente Komponenten zum ______ Nucleus tr. ______ .

137. Das ______ und der Globus ______ bilden zusammen den Nucleus lentiformis.

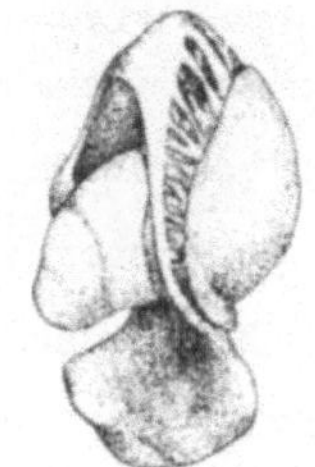

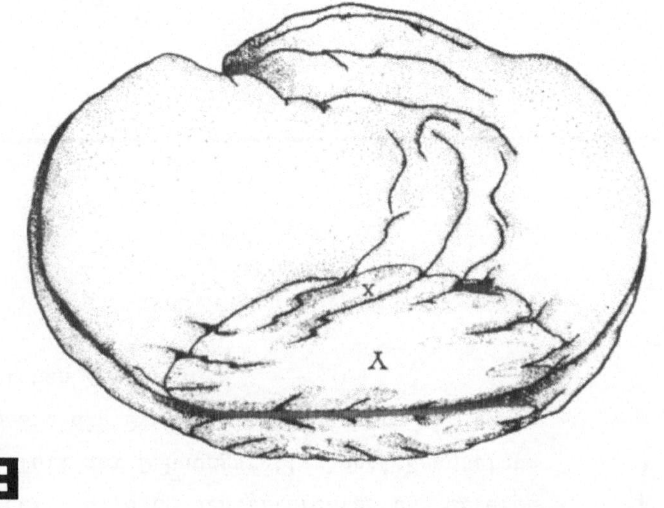

B

223. Das X befindet sich in der weißen Substanz des Gyrus ______ und das Y im ______.

494A. precentralis

C

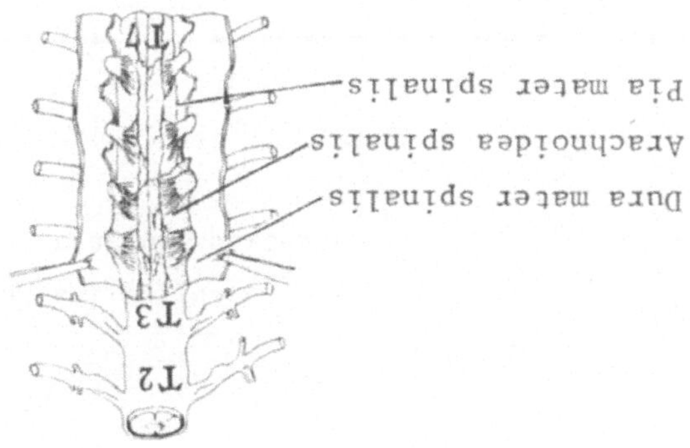

D

578A. Dura mater spinalis
Arachnoidea spinalis
Pia mater spinalis

865. Verfolgen Sie das Axon der Nervenzelle eines
lumbalen Spinalganglions bei "A" beginnend durch
den Funiculus posterior (Fasciculus _______)
nach oben bis "B"! Es sei angenommen, daß eine
entzündliche Krankheit zur Zerstörung von Neuriten
bei "A" geführt hat. Markieren Sie mit einer Serie
von Kreuzen den Abschnitt des Neurons, der eine
Wallersche Degeneration zeigt!

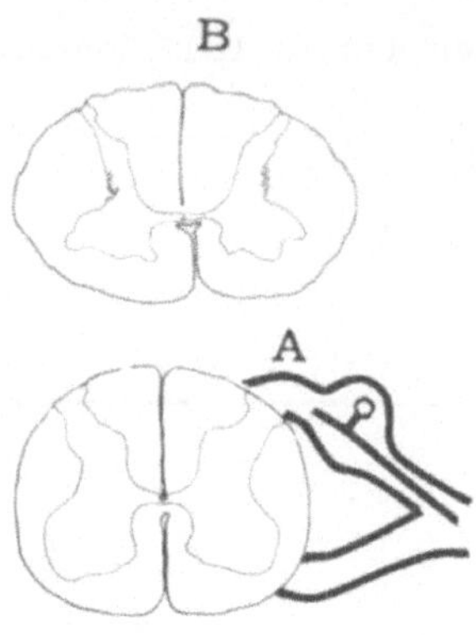

F

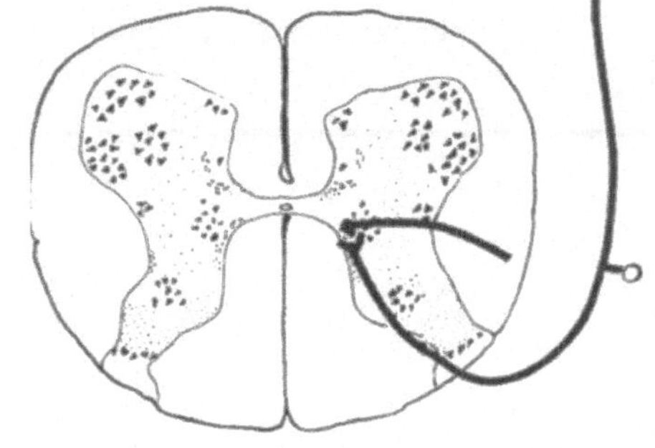

918. Das primäre afferente Neuron aus Skelet-
muskelfasern kann Zweige abgeben, die unmittelbar mit den motorischen Vorderhornzellen
Synapsen bilden. So entstehen Bahnen für
die Streckreflexe. Die Reflexbahn besteht
nur aus _____ Neuronen. Vervollständigen Sie
in der Abbildung den afferenten und efferenten Teil der Dehnungsreflexbahn! Kennzeichnen Sie die Synapse im Vorderhorn mit dem
üblichen Zeichen!

G

1186A. somatosensibel

viscerosensibel

H

1236A. caudalen

Vagus

Tractus solitarius

Nucleus tractus solitarii

A

138. Das _______ bildet den seitlichen Teil und der _______ pallidus den _______ des Nucleus lentiformis.

B

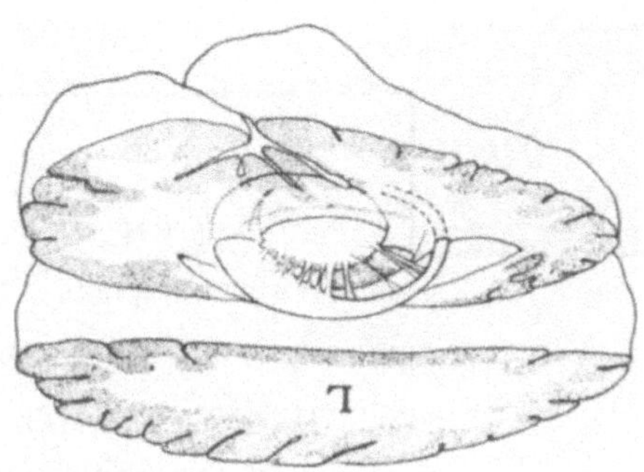

222A. semiovale

C

495. Wenn bei einer unter Lokalanästhesie vorgenommenen Hirnoperation die obere Gegend des Gyrus postcentralis mit schwachen Strömen gereizt wird, so ergibt sich eine Berührungs- oder Druckempfindung in der gegenüberliegenden _______ Extremität. In beschränktem Ausmaße können auch motorische Reaktionen bei der Reizung des Gyrus postcentralis ausgelöst werden. Sie werden deutlich und regelmäßig erzeugt, wenn man den Gyrus __________ reizt. Ähnlich können Sensibilitätsreaktionen auf beiden Seiten des Sulcus _________ ausgelöst werden.

D

Ansicht von dorsal

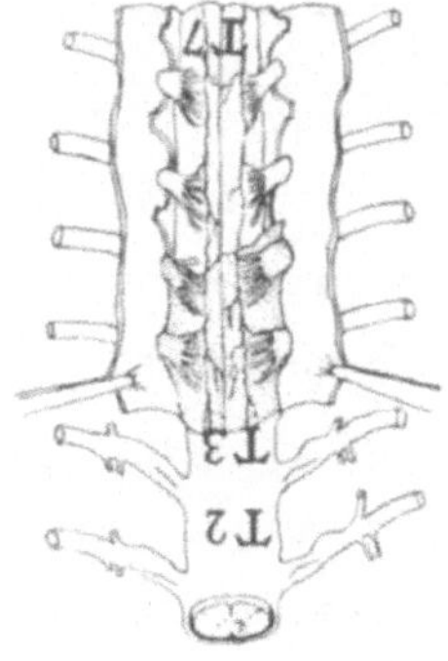

578. Die Abbildung zeigt das Rückenmark in einer Ansicht von dorsal. Die Wirbel sind entfernt worden. Über den Rückenmarkssegmenten T4 bis T7 ist die dicke _________ längs aufgeschnitten und zur Seite gezogen worden. Die nächste Hülle liegt frei. Über den Rückenmarkssegmenten T6 und T7 hat man die zarthäutige _________ _________ vollständig entfernt. Dadurch wird die _________ mit ihren Blutge-fäßen sichtbar. Kennzeichnen Sie die drei Hüllen mit Hinweislinien und ihren vollständigen Namen!

H

1236. Der Tr. solitarius läuft schräg durch
die Medulla oblongata. Die Kerne beider
Seiten durchdringen die untere eingezeichnete Schnittebene und vereinigen
sich in der Medianebene im ____alen Bereich der Medulla oblongata, wo sie
sich hauptsächlich aus Neuronen des N.
_____ bilden. Infolge seiner schrägen
Lage erscheint der Tr. solitarius im Sagittal-Schnitt und im Transversal-
Schnitt in gleicher Gestalt. Die zentral liegenden Fasern gehören zum
_______ _________, die ihn umgebenden Zellkörper sind in ihrer
Gesamtheit der ______ _________ ________.

G

1187. Abgesehen von speziellen somatischen Sinnesempfindungen (Sehen,
Hören, Gleichgewicht) gibt es im Hirnstamm nur zwei anatomische Systeme,
die sensible Informationen verarbeiten. Ziehen Sie Verbindungslinien
zwischen korrespondierenden Begriffen beider Reihen:

    somatosensibel   Trigeminussystem

    viscerosensibel   Solitariussystem

F

917. Die schematisch gezeichneten Neuronen
leiten Informationen über den _________.
Afferente Nachrichten erreichen das sekundäre
Neuron über ein primäres Neuron, dessen Zellkörper in einem Spinalganglion auf der ______
Seite liegt. Umzeichnen Sie die Synapsen im
Nucleus thoracicus! Zeichnen Sie einen Kreis
um den linken Nucleus thoracicus! Setzen Sie
einen Pfeil neben die sekundäre Faser an
ihrer Eintrittsstelle in den Tr.
spinocerebellaris!

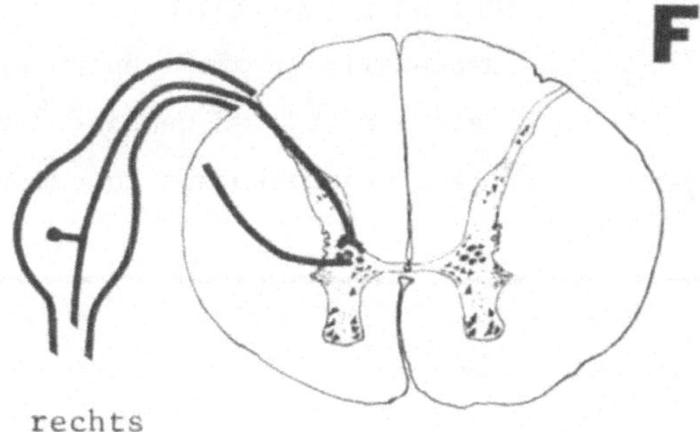

E

865A. gracilis

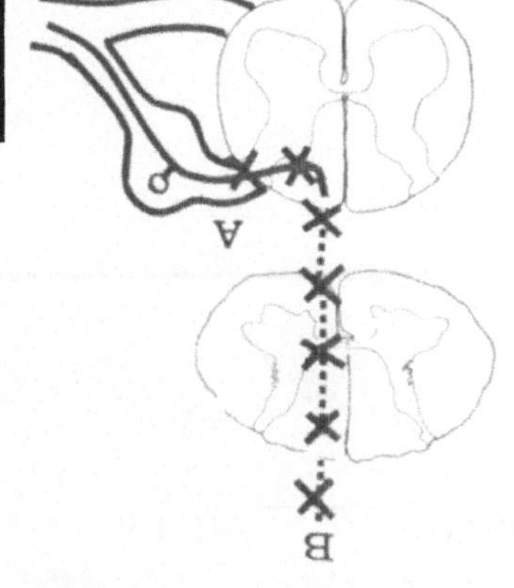

138A. Putamen

Globus

medialen

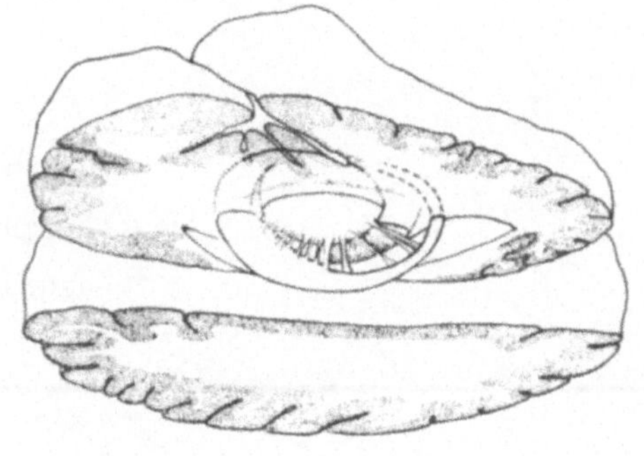

222. Markieren Sie mit einem L die weiße
Substanz der linken Hemisphäre! In einem
Horizontalschnitt dieser Höhe liegen
innere Kapsel, Schweifkern und Linsenkern verborgen unter dem Centrum .

C

495A. unteren

precentralis

centralis

D

577. Die Dura mater spinalis und Arachnoidea spinalis liegen dicht anein-
ander. Nur bei pathologischen Prozessen entsteht zwischen diesen Hirnhäuten
ein Raum. Erst dann ist die Bezeichnung Cavum sub________ gerechtfertigt.

E

866. Die Wallersche Degeneration einer absteigenden (efferenten) Bahn in
einem bestimmten Rückenmarkssegment beweist, daß die Schädigung (Verletzung,
Krankheit) ______ davon im Rückenmark oder Gehirn liegt. Die Wallersche
Degeneration einer aufsteigenden (afferenten) Bahn weist darauf hin, daß
die Schädigung ______ davon lokalisiert ist.

F

916A. derselben

Spinalganglien
derselben

G

1187A.

somatosensibel————————————Trigeminussystem
viscerosensibel————————————Solitariussystem

H

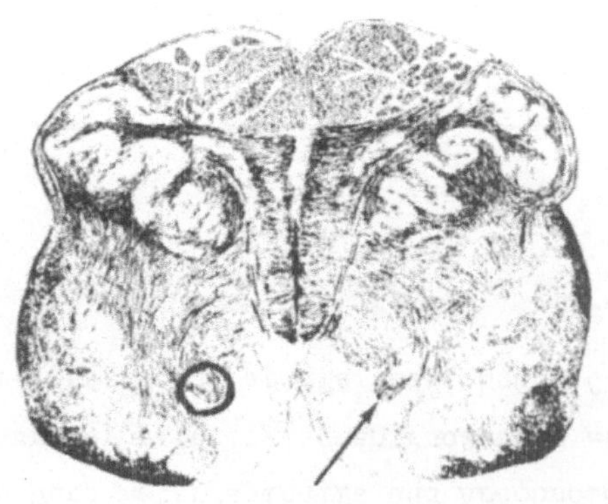

1235A. Medulla oblongata
Nucleus
solitarii

139. Ziehen Sie Hinweislinien an die beiden Teile
des Nucleus lentiformis! Beschriften Sie diese!

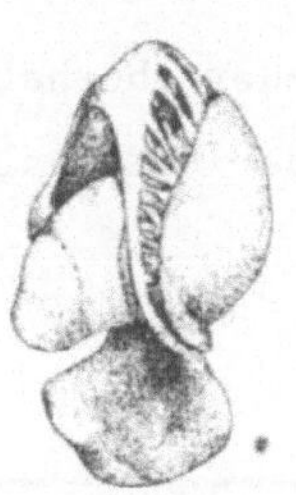

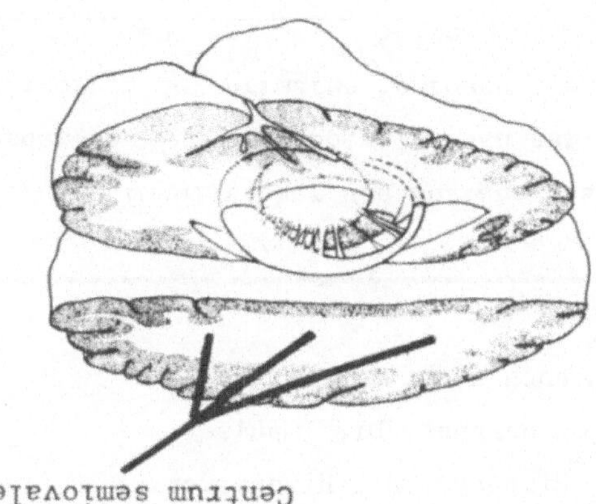

221. Ein Horizontalschnitt oberhalb
des Nucleus caudatus zeigt eine ein-
heitliche etwa halbovale Masse dicht
gepackter Bahnen aus weißer Substanz,
die zusammenfassend das ________
________ genannt werden.

496. Penfield hat einen Homunkulus gezeichnet,
der den Sulcus centralis und seine Umgebung
repräsentiert. Die Verzerrung des Homunkulus
verdeutlicht, daß der Differenzierungsgrad von
Funktionen ________ der ________ des zugehörigen Großhirnfeldes ist.

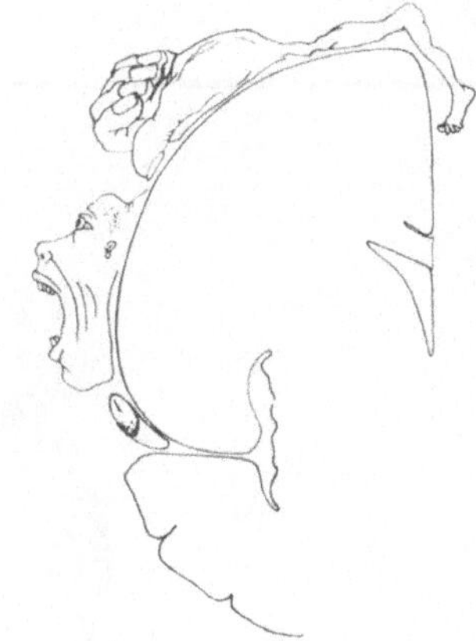

576A. Cavum subarachnoidale
subdurale

E

<u>866A.</u> cranial (oder oberhalb)

caudal (oder unterhalb)

F

916. Afferente Impulse über den Zustand des Muskeltonus z.B. des linken Fußes werden von lumbalen Spinalnerven auf _______ Seite geleitet. Die Nervenzellkörper der primären Neuronen liegen in den lumbalen _______ auf _______ Seite.

G

<u>1188.</u> Das Solitariussystem ist in diesem Buch noch nicht beschrieben worden, aber das Trigeminussystem ist nun schon bekannt. Die Impulse laufen in das Trigeminussystem durch den ____ Hirnnerv. Die Hirnnerven VII, IX und X leiten afferente Impulse in ein anderes sensibles System der Medulla oblongata, das viscerosensible, bekannt unter der Bezeichnung _________system.

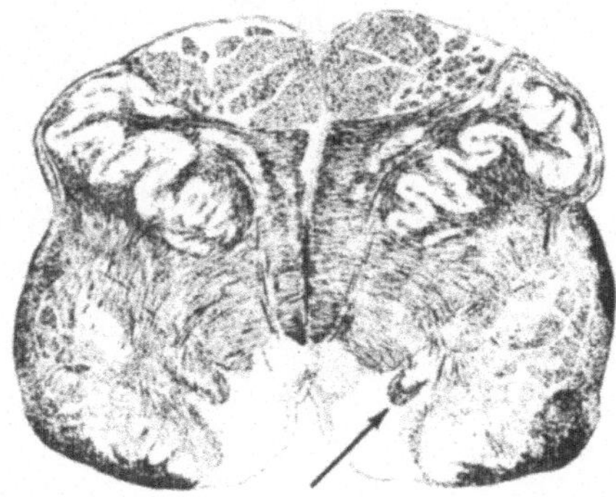

H

1235. In diesem nach Weigert (Markscheiden) gefärbten Schnitt durch eine Hirnstammregion, die wir _________ nennen, tritt der Tractus solitarius ganz vorzüglich hervor, da er von den nicht gefärbten Zellkörpern des _______ tractus _______ umgeben ist. Umzeichnen Sie den Nucleus und Tractus des Solitariussystems auf der linken Seite der Abbildung unter Beachtung des Pfeils auf der rechten Seite.

139A.

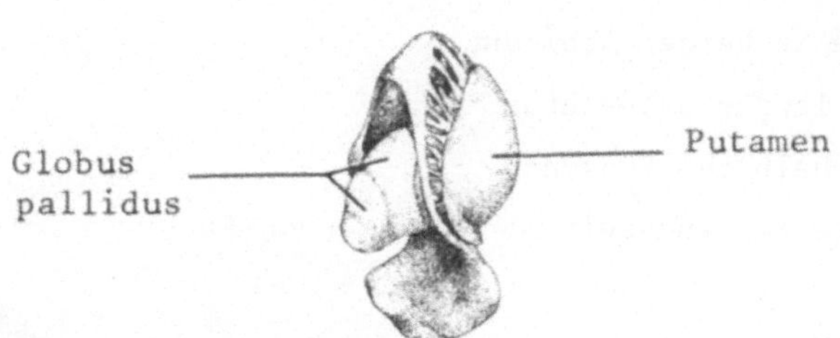

220A. anterius
posterius
capsulae internae

496A. proportional (oder im Verhältnis steht zu)

Ausdehnung (oder Volumen, Größe)

576. Eine feste Bindegewebsmembran, die Dura mater spinalis, umfasst außen die Arachnoidea spinalis. Der Raum zwischen Arachnoidea und Pia heißt _____. Zwischen Dura und Arachnoidea befindet sich das Spatium _____.

E

867. Markieren Sie in beiden Abbildungen
mit einem "X" die langen afferenten
Faserbündel (innerhalb des Rückenmarks), deren Axone zu linksseitigen, außerhalb des Zentralnervensystems liegenden Nervenzellkörpern gehören!

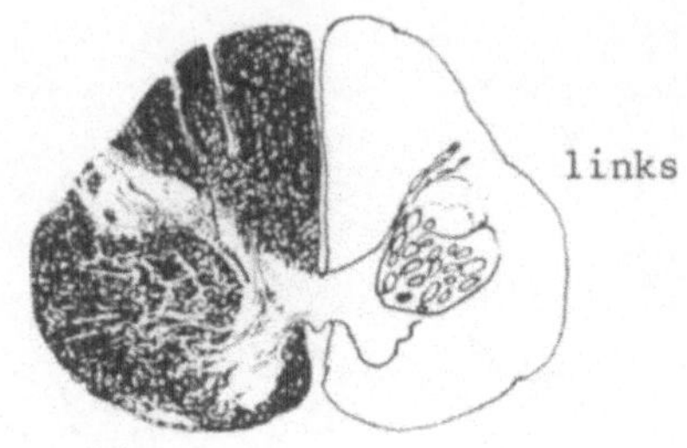

F

915. Ein Teil der Nervenfasern leitet Impulse von Skeletmuskeln und
Sehnen in das Rückenmark. Skeletmuskeln besitzen sowohl eine __ferente
als auch __ferente Innervationen. Afferente Impulse, die in Skeletmuskeln und _____ entstehen, sind mitbeteiligt an der Regulation des
_________.

G

1189. Zunächst wird das Trigeminussystem und später das Solitariussystem
dargestellt. Das Trigeminussystem leitet und verarbeitet sensible Informationen aus dem Kopfbereich, die in der Rückenmarksebene von verschiedenen
afferenten Bahnen übertragen werden: Fasciculus _______, Fasciculus
_______, Tractus _____________ lateralis und Tractus _____________
anterior, vielleicht auch Tractus _______________.

H

1234A. sekundären

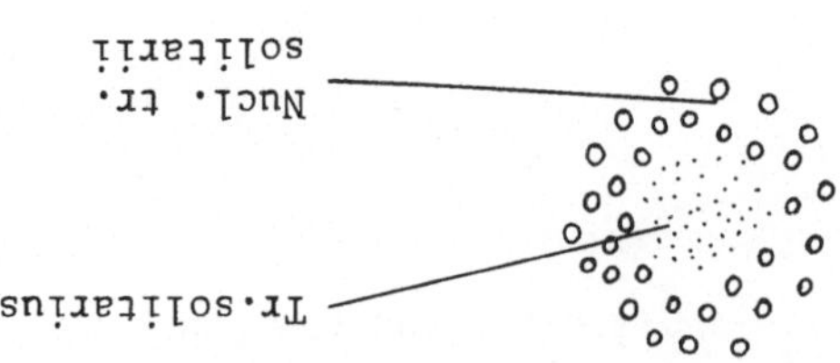

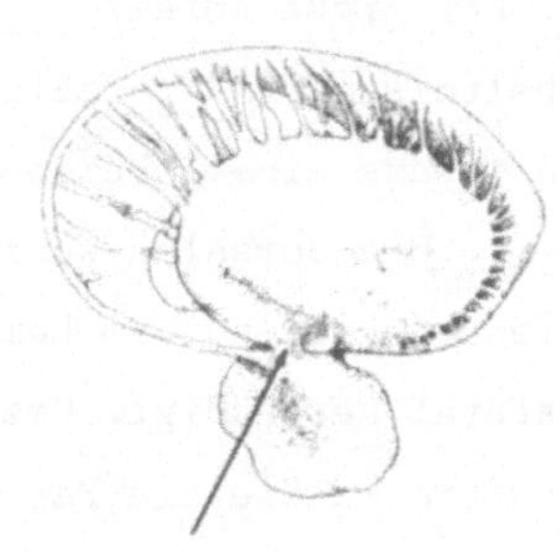

A

140. In der Gegend des Pfeiles ist der oberhalb liegende Nucleus __________ mit dem unterhalb davon befindlichen ______ ___________ verschmolzen. Der (die) ______ des Nucleus caudatus stellt die Fortsetzung seines Körpers dar und ist mit dem dorsalen Teil des ______ ___________ verbunden. Der (das) ____ des Nucleus caudatus ist mit dem vorderen unteren Bereich des ______ verschmolzen.

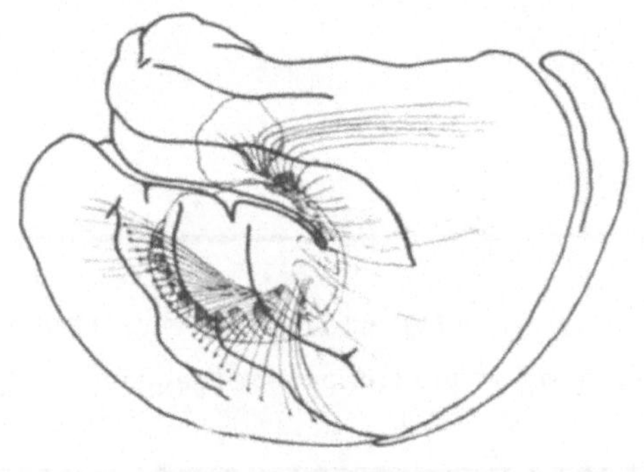

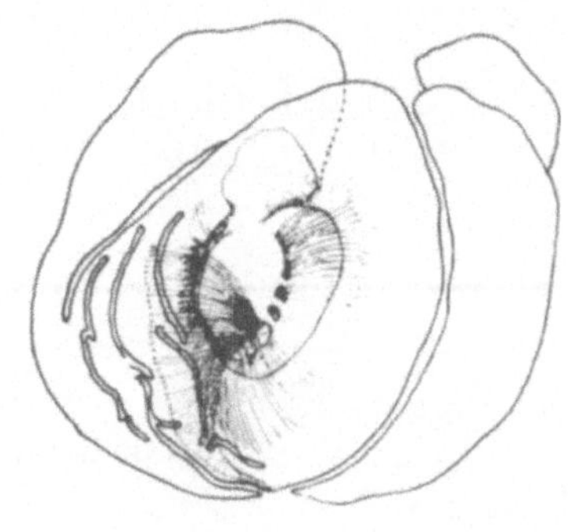

B

220. Mit Ausnahme des Tractus corticospinalis ist der Lobus frontalis mit tieferen Gebilden über das Crus ______ capsulae internae verbunden. Dorsal liegende Hirnrindenfelder entsenden oder empfangen Fasern auf dem Wege über das Crus ______ ___________ ___________ .

C

497. Die Lage und relative Größe der Körperteile des Homunkulus sind verzerrt. Zum Beispiel ist derjenige Teil des Gesichtes, der dem Hals am engsten benachbart ist, nicht das Kinn, sondern die _____. Dem anderen Ende des Halses entsprechen Zellen in der Großhirnrinde, die nicht in die Schulterregion ziehen, sondern die _____ steuern.

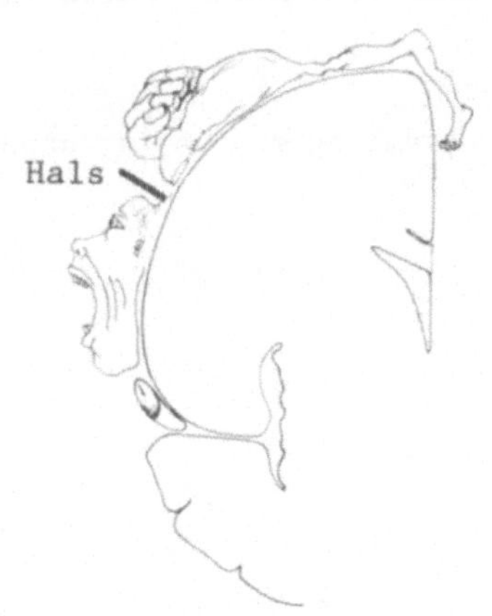

D

575A. Cauda equina
subarachnoidale
Liquor cerebrospinalis

868. Der große Anteil ______ Substanz im
Verhältnis zur ____ zeigt, daß dieser
Schnitt aus einer oberen ______ebene
stammt. Die dorsalen Wurzeln dieses
Patienten sind nur im Lumbalbereich
bilateral geschädigt. Umzeichnen und
schraffieren Sie die Faserbündel, die
durch eine Wallersche Degeneration
verändert werden!

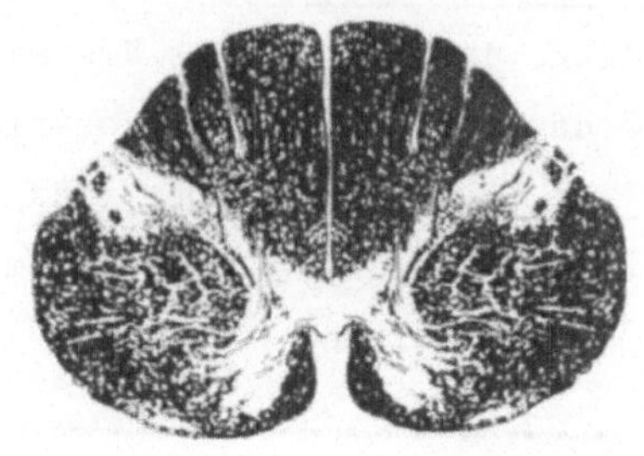

E

Hirnstamm: Spinocerebellare Komponenten im unteren Bereich der
Medulla oblongata (Abschnitt 915-941)

F

1189A. gracilis
cuneatus
spinothalamicus
spinothalamicus
spinocerebellaris

G

1234. Die Fasern des Tr. solitarius laufen längs in der Medulla oblongata
und werden von Nervenzellen umgeben, mit denen sie Synapsen bilden. Diese
Nervenzellen, die in ihrer Gesamtheit Nucl. tr. solitarii genannt werden,
sind die ______ären afferenten Neurone. Auf einem Querschnitt sieht das
Solitariussystem so aus:

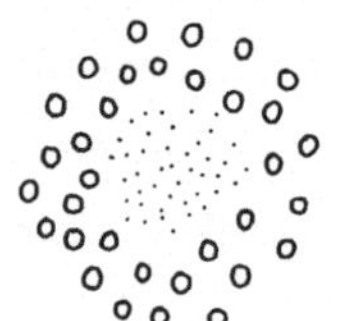

Ziehen Sie Linien von der Beschriftung zu den entsprechenden Teilen des Schemas!

H

A

140A. lentiformis

Corpus amygdaloideum

Schwanz (oder die Cauda nuclei caudati)

Corpus amygdaloideum

Kopf (oder das Caput nuclei caudati)

Putamen (richtig ist auch Nucleus lentiformis)

B

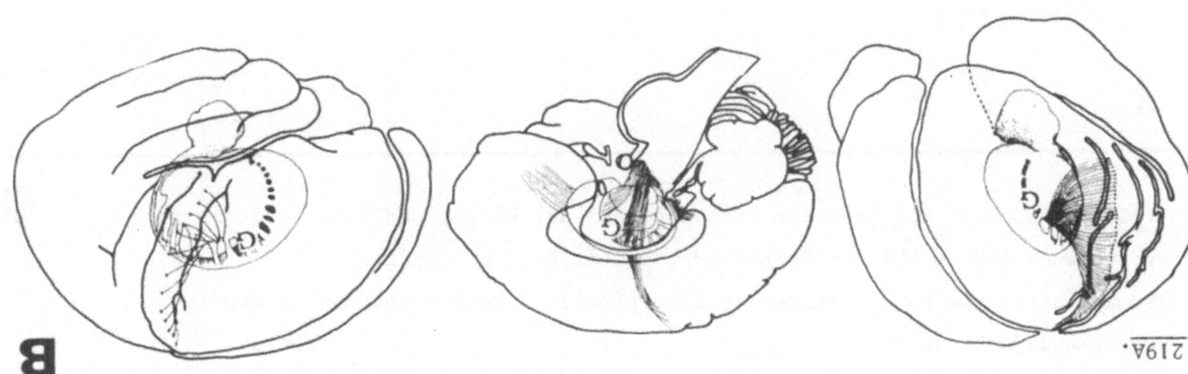

C

498. Nach der Stimulation entsprechender Gebiete im Gyrus precentralis wird z.B. der Arm auf der anderen Seite gehoben, das Kniegelenk gebeugt, ein Finger flektiert, oder der Mund bewegt. Offensichtlich werden nicht einzelne Muskeln von einem umschreibbaren Gebiet, sondern die __________ von ganzen Körpergebieten in Hirnrindenfeldern repräsentiert.

D

575. Die Nervenwurzeln der C____ e____ liegen innerhalb des Cavum ______ . Somit liegen die Wurzeln in __________ .

868A.

weißer

grauen

Cervicalebene (oder
Halsmarkebene)

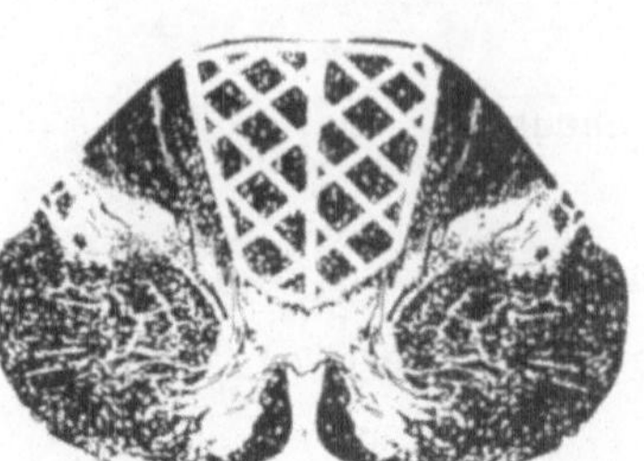

914A. halbseitige
linken

1190. (Bemerkung: Von jetzt an wird die Zahl der Linien und ihre Länge
nicht immer der Anzahl der Wörter oder Buchstaben entsprechen).
Primäre afferente Fasern laufen im Tr. spinalis V nach unten und bilden
mit sekundären Neuronen des ______________________ Synapsen
analog den primären afferenten Fasern im Rückenmark, die sich teilen und
im Tr. ___________ eine kurze Strecke auf- und absteigen und dann in
den _______________ der grauen Substanz des Rückenmarks Synapsen
bilden.

1233. Sowohl der Tr. spinalis n. V als auch der Tr. solitarius laufen
längs in der Medulla oblongata und setzen sich aus den zentralen Fasern
____ärer afferenter Neuronen zusammen. Von den beiden sensiblen Hirn-
stammsystemen ist der ______ __ ________ deutlicher segmental ge-
gliedert. Er erhält Impulse aus dem __, ___ und ___ Hirnnerven.

141. Wenn Sie die Basalganglien der rechten Hemisphäre des abgebildeten Präparates von medial aus betrachten würden, so läge der ______ _______ am nahesten. Rechts befände sich der Übergang vom ______ nuclei caudati zur ____ nuclei caudati. Kennzeichnen Sie die mediale Ansicht der Basalganglien mit einem V!

A

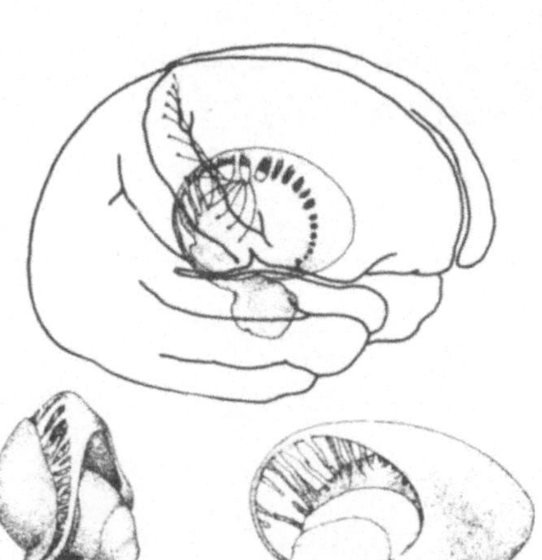

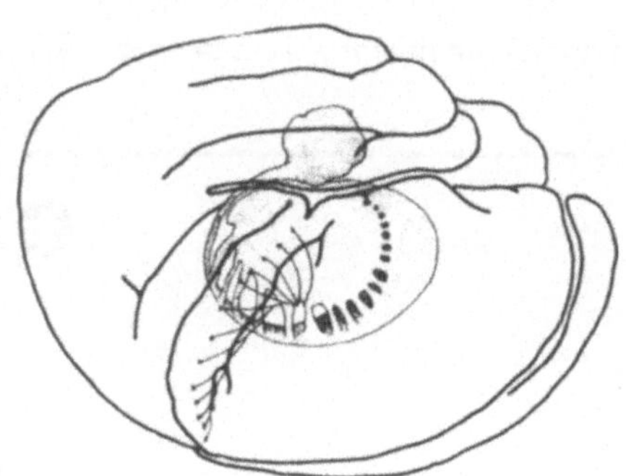
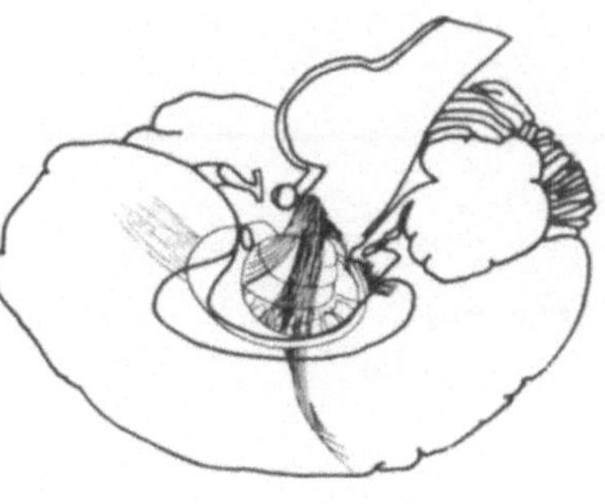
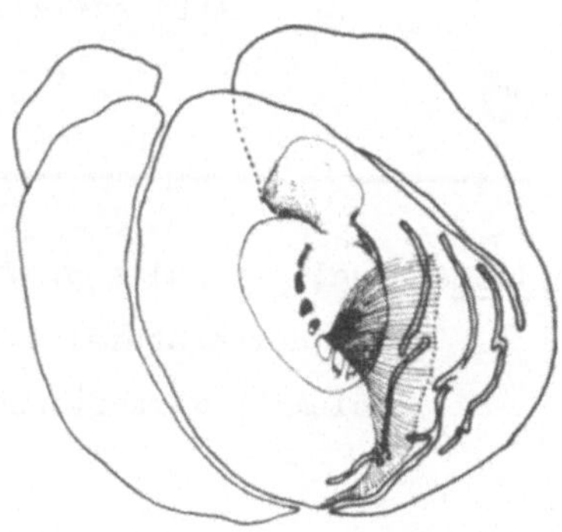

219. Kennzeichnen Sie in allen Abbildungen nach Orientierung am Tractus corticospinalis mit einem G zwischen Nucleus caudatus und Putamen die ungefähre Lage des Genu capsulae internae.

B

498A. Bewegungen (oder Motorik)

C

574A. Lendenwirbel (oder Lumbalwirbel)
Lumbalpunktion

D

E

F

914. Bei einem Patienten wurden Hyperflexie (gesteigerte Reflexe),
positives Babinskisches Zeichen und Parese des linken Beines festgestellt.
Bei geschlossenen Augen konnte er nicht angeben, ob der Untersucher seine
linke Großzehe beugte oder streckte. Eine Bleistiftspitze konnte er nicht
von der flachen Seite eines Lineals unterscheiden, wenn diese gegen sein
linkes Bein gedrückt wurden. Das rechte Bein war analgetisch. Es handelt
sich wahrscheinlich um eine __________ Schädigung der ______ Seite des
Rückenmarks.

G

1190A. Nucl. spinalis n. V

Tr. dorsolateralis (Lissauer)

Columnae posteriores

1232A. Tractus spinalis n. trigemini

H

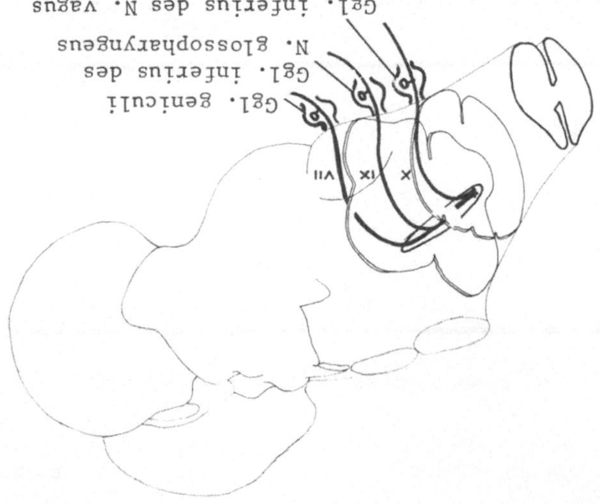

508

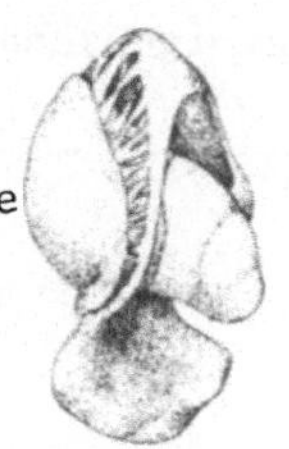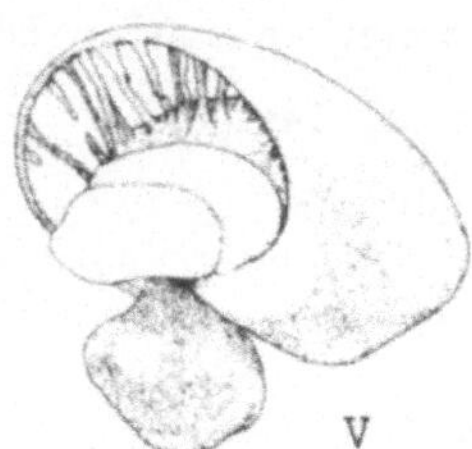

A

141A. Globus pallidus

  Corpus

  Cauda (oder in umgekehrte Reihenfolge

    der beiden letzten Wörter)

B

218. Zusätzlich zum Tractus corticospinalis laufen andere Faserbündel zwischen den Verbindungsbrücken in die ____ ____ ; sie verbinden den Cortex cerebri mit tieferen Zentren.

C

499. Der Kopf wird von der untersten, die Hände von der oben liegenden und die ____ von den Feldern, die über die obersten Gebiete hinaus zur medialen Seite reichen, repräsentiert. Die Repräsentationsfelder liegen in Gyri, die den Sulcus ________ begrenzen.

D

574. Den Liquor cerebrospinalis können wir zwischen dem 3. und 4. (oder auch 4. und 5. oder 2. und 3.) ________ gewinnen, ohne das Rückenmark zu verletzen. Dabei schieben wir die Nadelspitze bis in das Cavum subarachnoidale vor. Dieser Eingriff wird ________ punktion genannt.

869. Die somatosensiblen Empfindungseigenschaften waren in fünf Arten eingeteilt worden: ________-, __________-, __________-, ______- und ____empfindung.

F

913A.

Tr. spinothalamicus lateralis c	Tr. corticospinalis lateralis c
Fasc. cuneatus i	Tr. spinothalamicus anterior b
Trr. spinocerebellares i	Fasc. gracilis i

G

1191. Sekundäre, afferente Neurone in einem Hinterhorn des Rückenmarks entsenden Axone in den Tr. spinothalamicus anterior beider Seiten, der ___________________ leitet und in den Tr. spinothalamicus ________ der ________ Seite, der ____________________________ überträgt.

H

1232. Beginnen Sie mit dem Ganglion geniculi und Ganglion inferius des N. vagus, indem Sie je eine afferente Wurzel (ähnlich wie durch das Ggl. inferius des N. glossopharyngeus) zeichnen, die in den lateralen Bereich der Medulla oblongata eintritt und im Tractus solitarius streckenweise absteigen. Numerieren Sie die Wurzeln VII, IX und X! Die im Tr. solitarius absteigenden sensiblen Fasern nehmen einen Verlauf, der an die Anordnung der Fasern im ________ ________ __ ________ erinnert.

A

142. Die Dorsalansicht zeigt, daß der Globus pallidus etwas nach caudal, aber überwiegend nach ______ gerichtet ist. Von medial betrachtet, zeigt der Globus pallidus nach medial sowie etwas nach caudal und außerdem nach ______ .

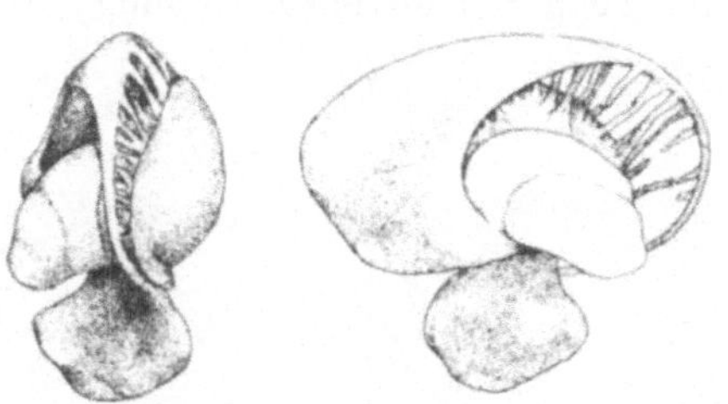

B

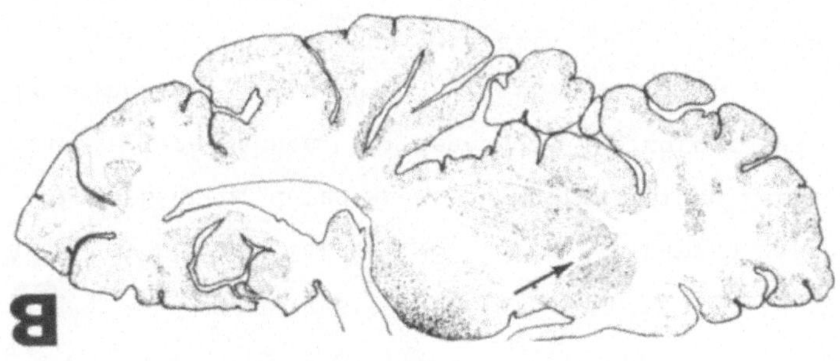

217. Der Pfeil im vorderen Schenkel der inneren Kapsel zeigt auf eine Verbindungsbrücke zwischen ______ und Caput ______ .

C

499A. Füße (oder Beine, untere Extremitäten) centralis

D

573A. Medulla spinalis

synostosiert (oder: knöchern untereinander verwachsen, knöchern fusioniert)

E

869A. Schmerz-, Temperatur-, Berührung-, Druck- und Lageempfindung
(oder eine beliebige andere Reihenfolge); (anstelle von Lageempfindung
trifft auch zu: Gelenkempfindung, Kinästhesie, Bewegungsempfindung)

F

913. Kennzeichnen Sie in der folgenden Liste mit einem c die Bahnen, deren
Axone sich kontralateral von ihren Perikaryen befinden, mit einem b diejenigen Bahnen, deren Axone aus beidseitigen Perikaryen kommen und mit
einem i jene Bahnen, bei denen die Zellkörper und zugehörigen Axone auf
derselben Seite liegen!

Tr. spinothalamicus lateralis	Tr. corticospinalis lateralis
Fasc. cuneatus	Tr. spinothalamicus anterior
Trr. spinocerebellares	Fasc. gracilis

G

1191A. Berührungs- und Druckempfindungen
lateralis
anderen
Schmerz- und Temperaturempfindungen

H

1231A. viscerosensible

dorsal (oder analoge Bezeichnungen)

A

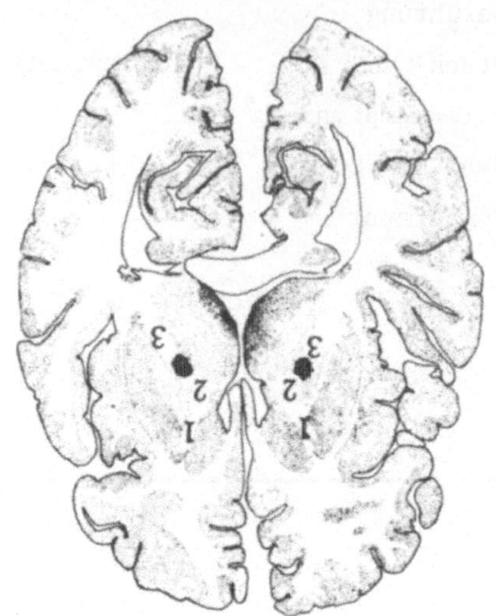

216A.

B

C

500. Die Fasern ordnen sich bei ihrem Verlauf aus dem Cortex cerebri bis in die Capsula interna in topographischer Reihenfolge an. Fasern, die Kopfmuskeln repräsentieren, liegen im _____len Teil der vorderen Zentralwindung und im _____len Bereich des hinteren Schenkels der inneren Kapsel.

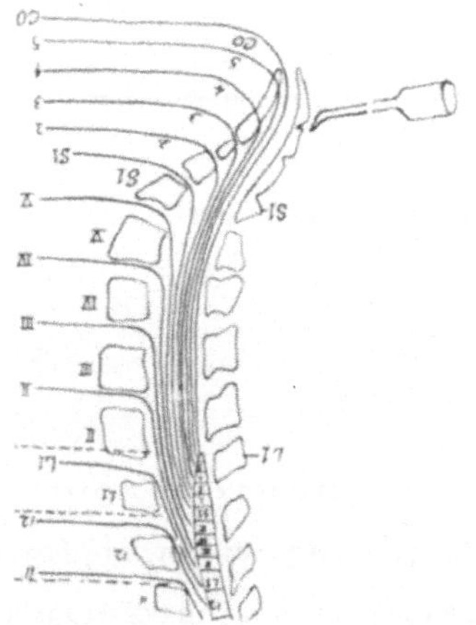

D

573. Eine zwischen dem 8. und 9. Brustwirbel in den Subarachnoidalraum eingeführte Nadel würde bei unvorsichtigem Vorgehen leicht in die _____ eindringen. Zwischen zwei _____ Sacralwirbeln könnte man eine Punktionskanüle bei Erwachsenen nicht einführen, da die Kreuzbeinwirbel _____ sind.

870. Ziehen Sie Verbindungslinien von Begriffen der mittleren Reihe
zu den entsprechenden Stellen der beiden anderen Reihen! Jeder Begriff
kann entweder einem, mehreren oder keinem anderen entsprechen.

	Berührung	
Funiculus posterior	Druck	Tr. spinothalamicus anterior
	Gelenkempfindung	
Trr. spinocerebellares	Schmerz	Tr. spinothalamicus lateralis
	Temperatur	

912A. spinocerebellares
Schmerz
Temperatur (oder in umgekehrter Reihenfolge)

1192. Die Axone aus dem Nucl. spinalis n. V leiten – wie die ihnen
analogen Axone des Rückenmarks – Informationen über die Empfindungsqualitäten _________, _________, _________ und _________ in den
_________ der _________ Hirnseite.

1231. Das Trigeminussystem leitet und verarbeitet unter anderem somatosensible Empfindungen. Dem Solitariussystem sind allgemeine und spezielle
sensible Funktionen zugeordnet.

A

Ansicht von medial

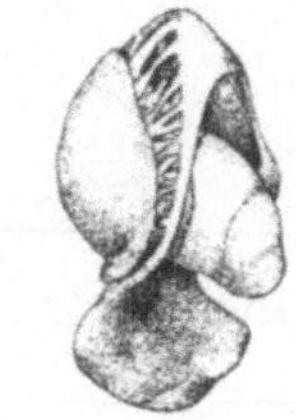

Ansicht von dorsal

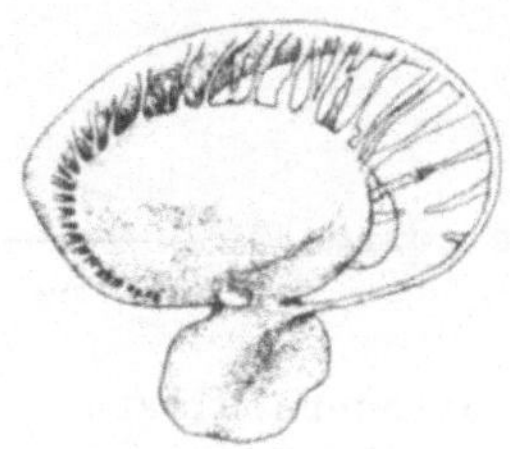

Ansicht von lateral

Kennzeichnen Sie in allen drei Skizzen den Globus pallidus mit einem X!
Der Globus pallidus ist etwas nach unten, aber überwiegend nach ______
und ______ gerichtet. Markieren Sie in allen drei Abbildungen mit einem
P den am weitesten nach dorsal reichenden Teil der Basalganglien!

B

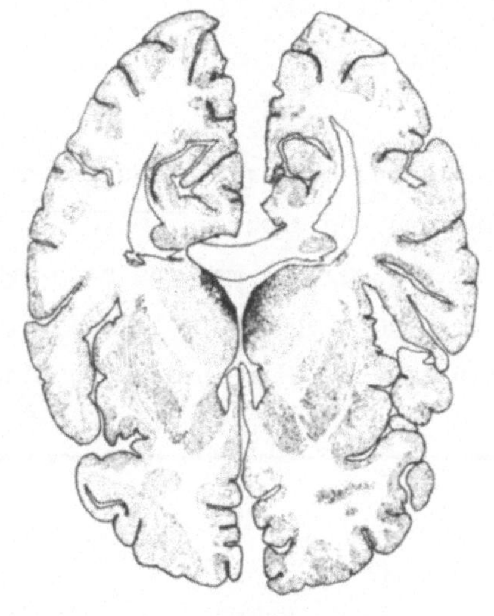

216. Markieren Sie beiderseits mit den Zahlen
1-3 (ventral beginnend) die drei Teile der
inneren Kapsel! Zeichnen Sie die Stellen
ein, wo die Tractus corticospinales durch
die innere Kapsel verlaufen!

C

 caudalen

ventralen

D

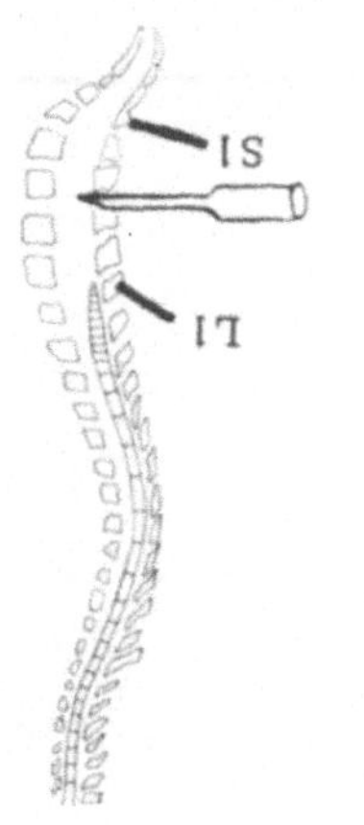

572A. Liquor cerebrospinalis
subarachnoidale

870A.

Funiculus posterior —— Berührung / Druck / Gelenkempfindung —— Tr. spinothalamicus anterior

Tractus spinocerebellares Schmerz —— Tr. spinothalamicus lateralis Temperatur

---

912. Bei einem Patienten war eine halbseitige Rückenmarksdurchtrennung rechts in Höhe von T4 entstanden. Dadurch wurden Fasern unterbrochen, die z.B. Informationen aus dem rechten Fuß im Funiculus posterior und den Trr. spino‾‾‾‾ – und ‾‾‾‾ leiten. Der Patient konnte ‾‾‾‾empfindungen im linken Fuß nicht mehr wahrnehmen.

1192A. Berührung
Druck
Schmerz
Temperatur
Thalamus
anderen

1230A. Kaumuskeln
Nucl. tr. spinalis n. trigemini
Nucl. sensorius principalis n. trigemini
Nucl. tractus spinalis n. trigemini
tractus mesencephalicus n. trigemini

143A. medial

dorsal (oder hinten, posterior) (in beliebiger Reihenfolge!)

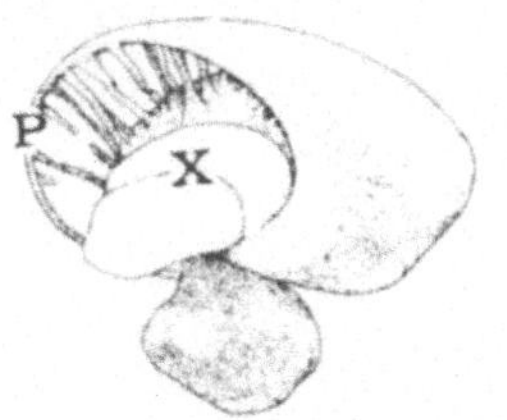

Ansicht von medial

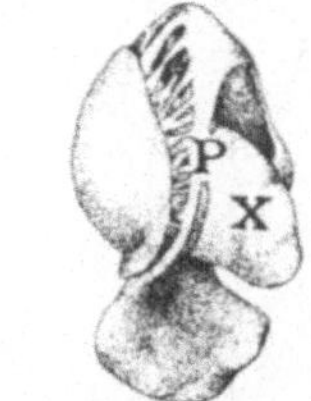

Ansicht von dorsal

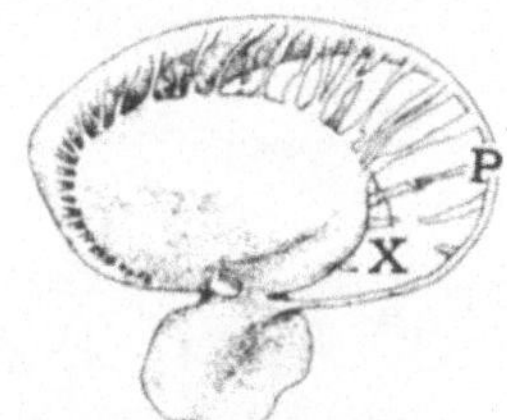

Ansicht von lateral

B

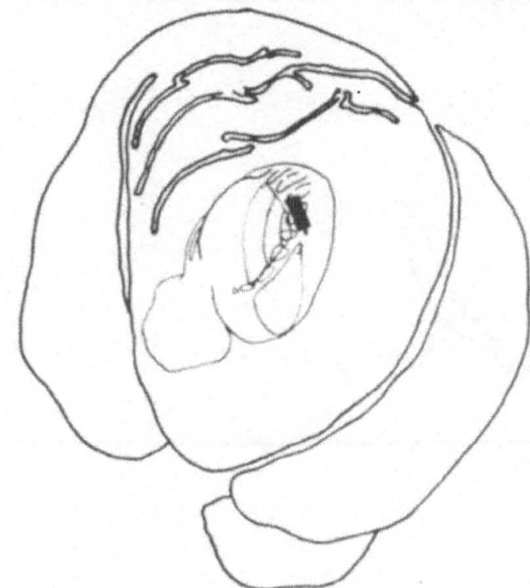

215A.

C

501. Umzeichnen Sie im Gyrus precentralis das Repräsentationsfeld für
das Bein! Im Vergleich mit Fasern
aus anderen Teilen des Gyrus precentralis laufen Fasern aus dem zu um-
zeichnenden Feld durch den _____len
Bereich der Capsula interna.

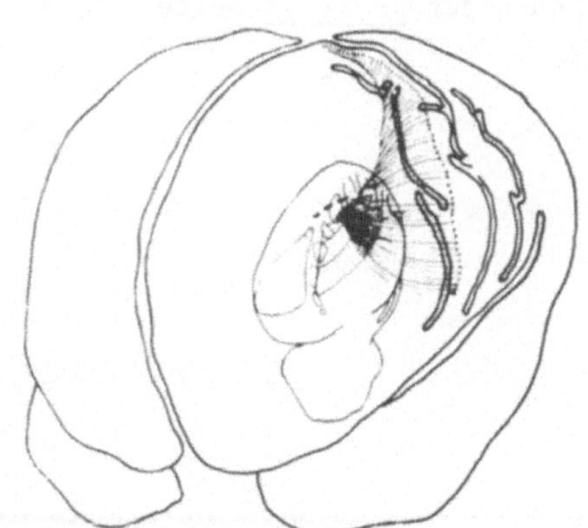

D

572. Zeichnen Sie eine Punktionsnadel, die in
der Medianebene zwischen L3 und L4 eingestochen
worden ist und die Arachnoidea spinalis durch-
stoßen hat, so daß aus _____ dem Cavum _____
angesaugt werden kann.

871. Schreiben Sie die Namen der Bahnen an die Hinweislinien!

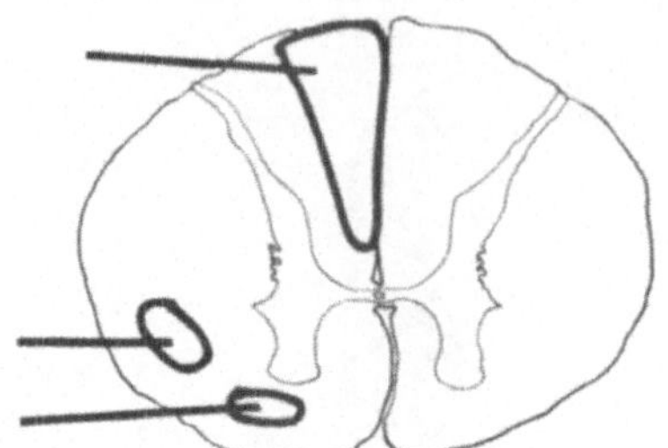

911A. Ja

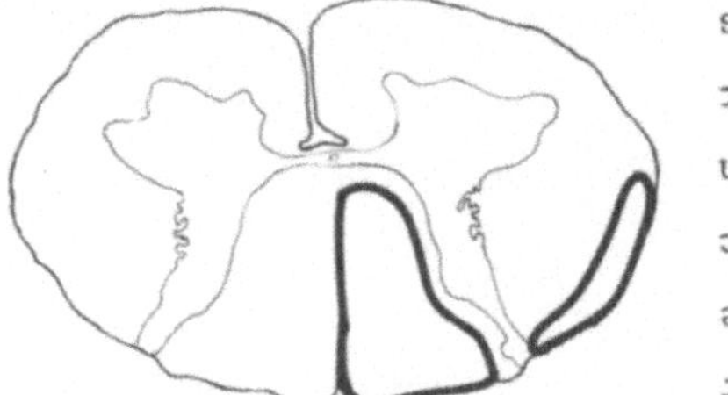

1193. Der Pfeil zeigt auf eine Schädigung. Sie betrifft die Schmerz- und Temperaturempfindung der _______ Seite des Gesichts.

1230. Der N. trigeminus enthält u.a. efferente, in den ___muskeln endigende Fasern. Hauptsächlich besteht der N. trigeminus aus afferenten Fasern. Die Schmerzen und Temperatur leitenden Neurone bilden im ______ ______ ________ __ ________ Synapsen. Berührung und Druck übertragende Fasern laufen sowohl in den ______ ______ ________ __ ________ als auch in den ______ ______ ______ __ ________ . Die Nervenzellkörper der Fasern, die den Muskeltonus und möglicherweise auch andere Informationen aus den Muskeln übertragen, besitzen primäre Nervenzellkörper im Nucl. ______ ________ __ ______ .

A

144. Schreiben Sie ein X auf den Globus pallidus! Die Abbildung zeigt eine _____ Ansicht von Basalganglien, die aus der _____ Seite des Gehirns stammen.

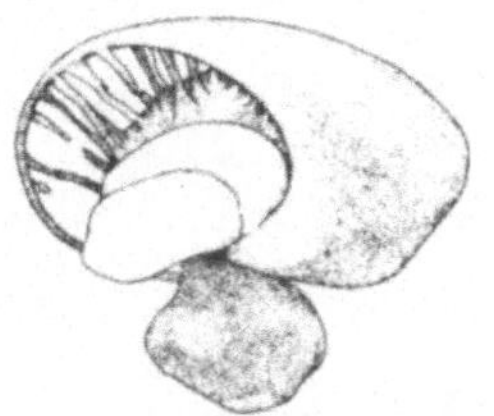

B

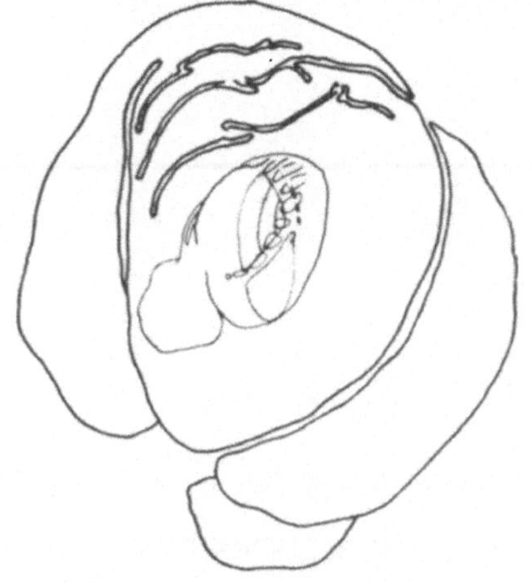

215. Zeichnen Sie die ungefähre Stelle ein, wo die Fibrae corticospinales durch die Capsula interna laufen!

C

502. Die annähernd lineare Anordnung der Fasern aus dem Gyrus precentralis in der inneren Kapsel ist schematisch dargestellt worden. Sie liegen im ____ anterius der Capsula interna. Am weitesten vorn liegen die Neuriten für den ___.

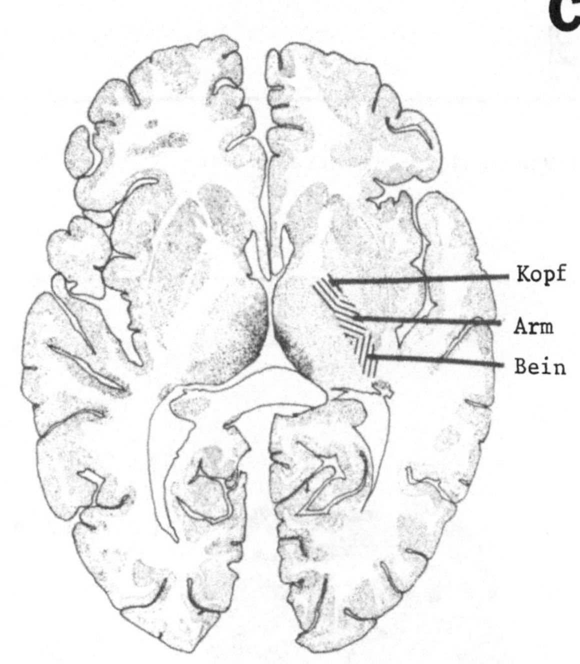

D

571A. Gehirns, Rückenmarks

E

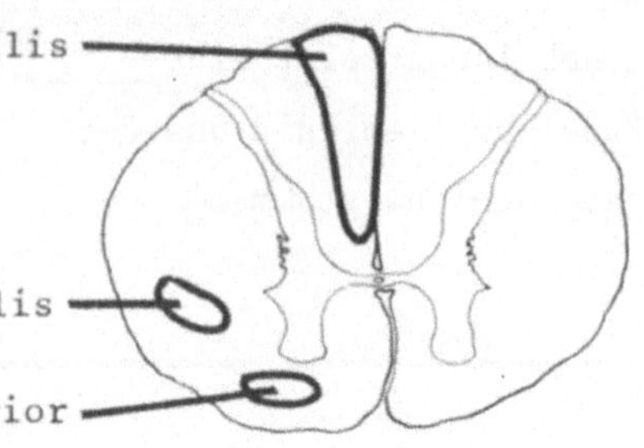

F

r e c h t s

G

911. Umzeichnen Sie den rechten Funiculus posterior und die rechten Trr. spinocerebellares! Kommen die in diesen Bahnen übertragenen Informationen hauptsächlich aus derselben Körperseite, in der die Bahnen liegen? _______ .

1193A. anderen (contralateralen)

H

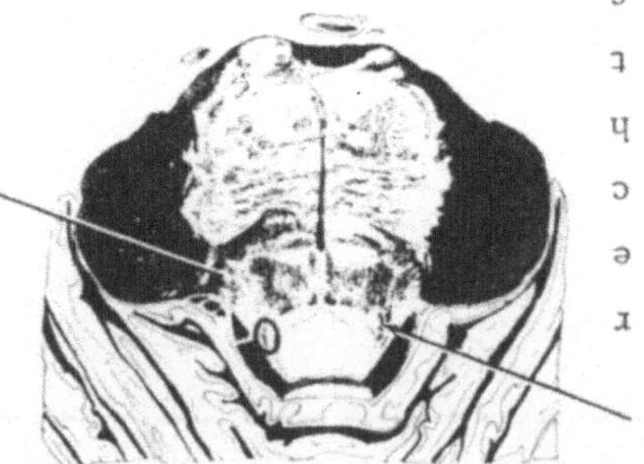

1229A. Muskeln (Skeletmuskeln)

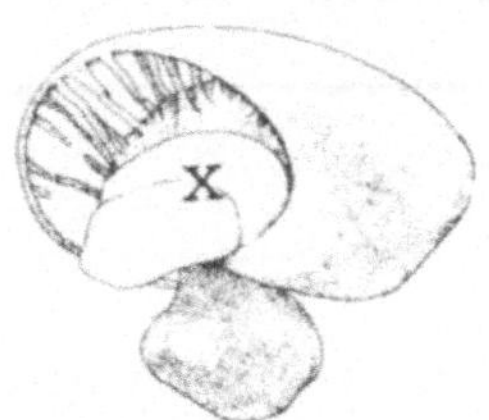

A

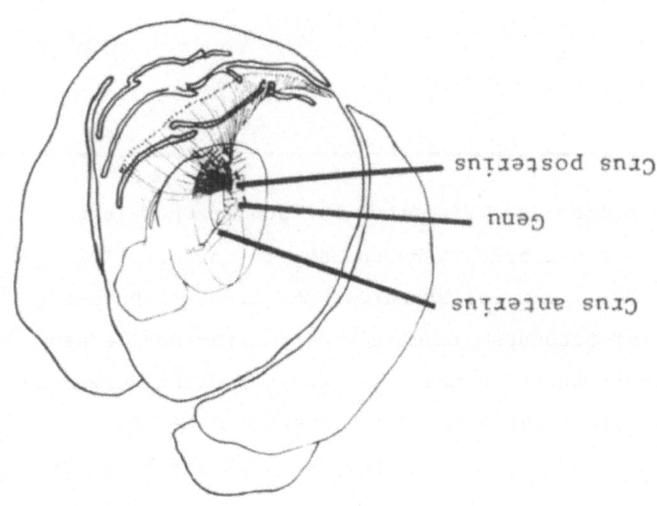

B

C

503. Die Fasern für die Willkürmotorik des Kopfes liegen ____al vom ____
capsulae internae. Im Gyrus precentralis finden sich erhebliche Über-
schneidungen der Felder für efferente Fasern. Jedoch sind diese Fasern
in der inneren Kapsel vorwiegend in der Reihenfolge ____, Arm, ____
angeordnet.

D

571. Der Liquor cerebrospinalis (Gehirnrückenmarksflüssigkeit) ist
wässrig und klar. Die Liquorräume des ________ und ________ stehen untereinander in Verbindung.

521

F

910. Das ausgefallene Gebiet für Schmerz- und Temperaturempfindungen beginnt ein oder zwei Segmente unterhalb
desjenigen für die ______________, da die Axone der
Schmerz- und Temperaturbahnen um ein
oder zwei Segmente ____ steigen,
bevor sie im Tr. _______________
____________ auf der ________ Seite laufen.

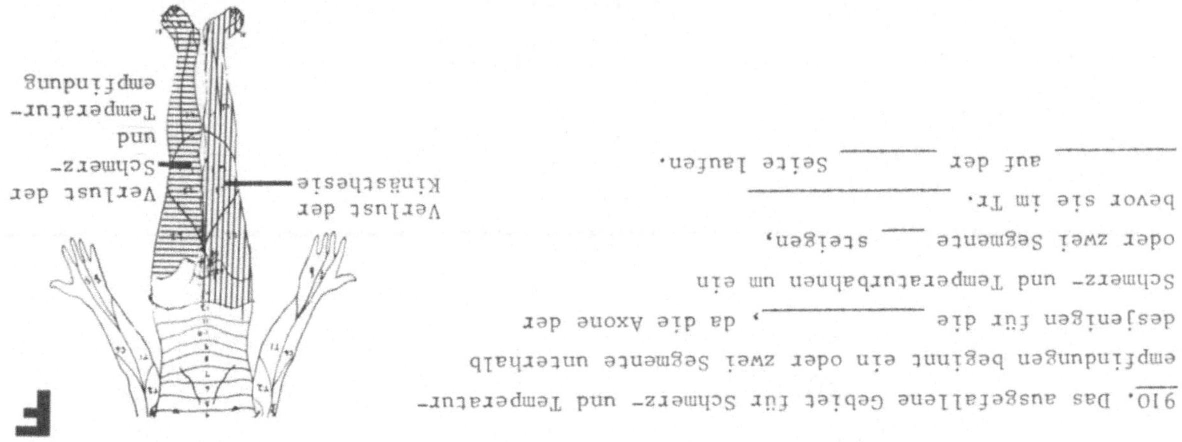

G

1194. Die Axone der zweiten Neuronen des Trigeminus für Schmerz und Temperatur laufen in einer nur wenig genau beschriebenen Bahn im vorderen Teil
der Medulla oblongata und des Pons. Der vollständige Name dieser Bahn heißt
Tr. trigeminothalamicus anterior secundus. Impulse von Schmerz- und Temperaturempfindungen aus dem Körper laufen in mehr oder weniger dicht zusammen-
liegenden Axonen im Hirnstamm; die Impulse aus dem Körperstamm laufen
über den Tr. _______________________, und die aus dem Kopf durch den Tr.
_______________ _______ secundus. Beide Bahnen laufen _______ lateral in
bezug auf die Seite der Stimulation.

H

1229. Die Pfeile zeigen auf den Tr. mesencephalicus n. V, der sich durch den
oberen Teil der Brücke und den unteren des Mittelhirns erstreckt. Schreiben Sie
ein X unter den höheren der beiden Schnitte! Umzeichnen Sie den Tr. mesencephalicus n. V auf der linken Seite beider Schnitte! Alle Neurone des Nucl. tr.
mesencephalicus n. trigemini kommen aus _______. Sie gelangen auf dem Wege durch
den ___ Hirnnerv in den genannten Kern.

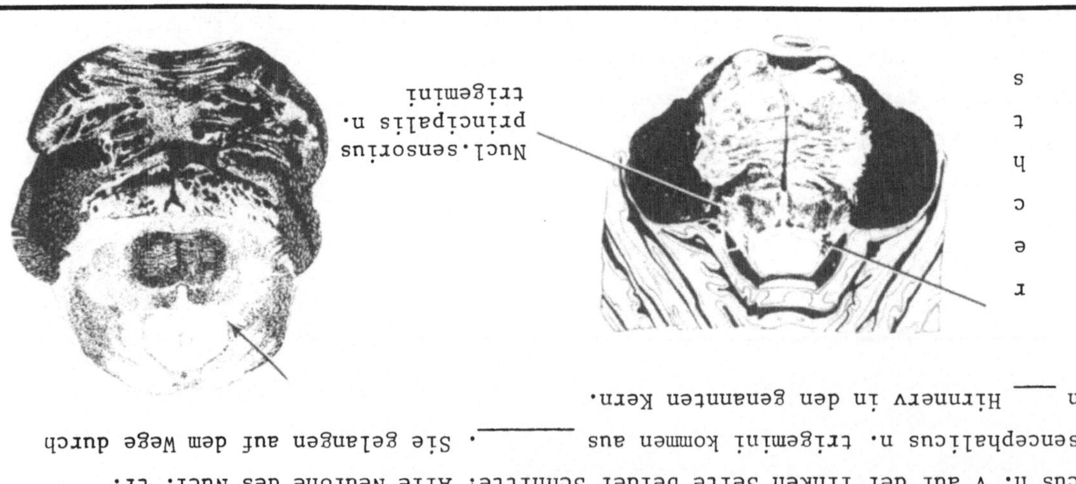

145. Orientieren Sie sich an den Basalganglien der Abbildung! Kennzeichnen Sie den
Globus pallidus und das Caput ______
______ mit Hinweislinien und den Buchstaben GP und C! Es handelt sich um eine
______ Ansicht der ______ Hirnhälfte.

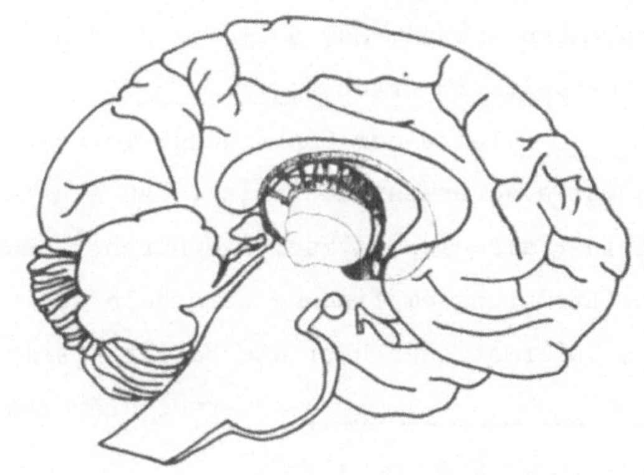

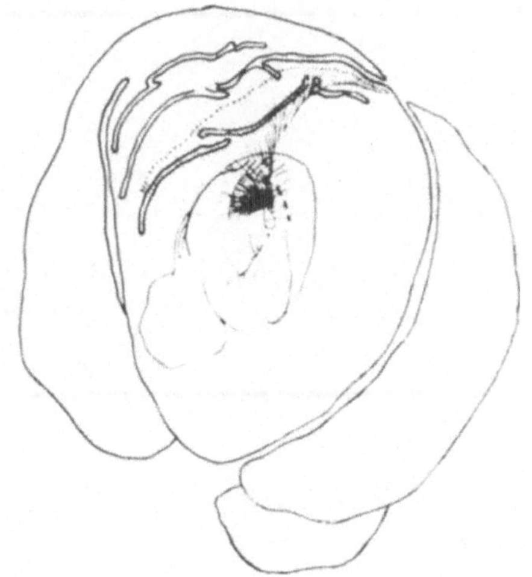

214. Das abgebildete Gehirn ist gedreht worden. Geben Sie mit Hinweislinien und Namen die drei Teile der
inneren Kapsel an!

503A. dorsal

Genu

Kopf

Bein

570. Der mit Liquor cerebrospinalis gefüllte Raum liegt innerhalb der Arachnoidea spinalis. Er wird Cavum subarachnoidale
genannt.

872. Eine einfache und schematische Einteilung der somatosensiblen Eigenschaften und ihrer anatomischen Bahnen ist in vorausgehenden Abschnitten beschrieben worden. Zum Beispiel werden die Berührungs- und Druckempfindungen
beiderseits im Tractus ______________ ________ und ipsilateral (auf

________ Seite der Empfindung) im Fasc. ________ und Fasc. ________ geleitet.
Es ist also unwahrscheinlich, daß eine einzige Rückenmarksverletzung, die
kleiner als eine halbseitige Durchtrennung ist, einen vollständigen Verlust
der Berührungsempfindung unterhalb des verletzten Segmentes verursacht, denn
die Informationen über die Berührungsempfindung werden ______________ -
____________________. Vervollständigen Sie den Satz in eigenen Worten!

E

909A. halbseitige
T12
L1
rechten
posterior

F

G

1194A. spinothalamicus lateralis
trigeminothalamicus anterior
contralateral

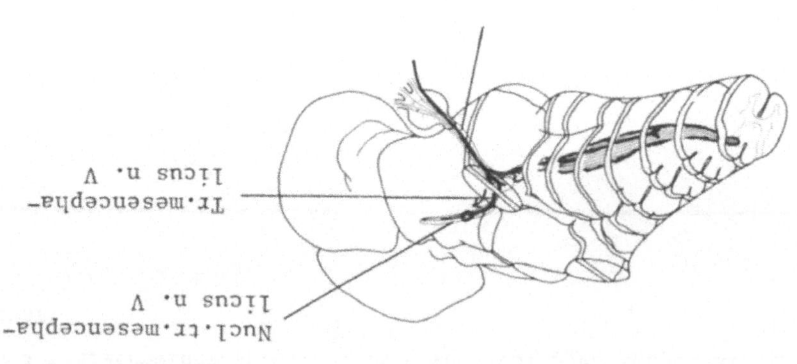

H

145A. nuclei caudati
      mediale
      linken

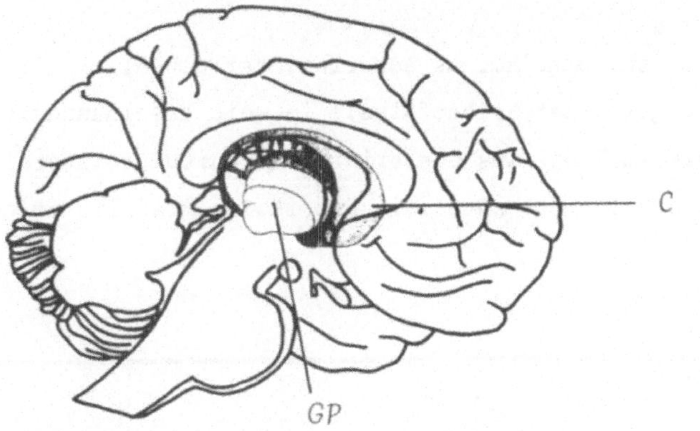

B

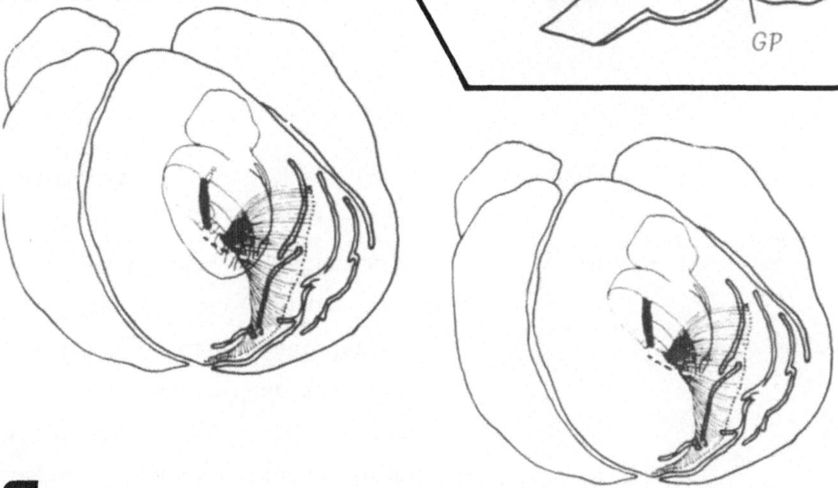

504. Kennzeichnen Sie mit einem S diejenigen
Fasern, deren Zellkörper hauptsächlich im
oberen Teil des Gyrus precentralis liegen
und mit I solche, deren Zelleiber sich im
untersten Teil der vorderen Zentralwindung
befinden! Lassen Sie die Hinweislinien an
den übrigen Fasern ohne Bezeichnung!

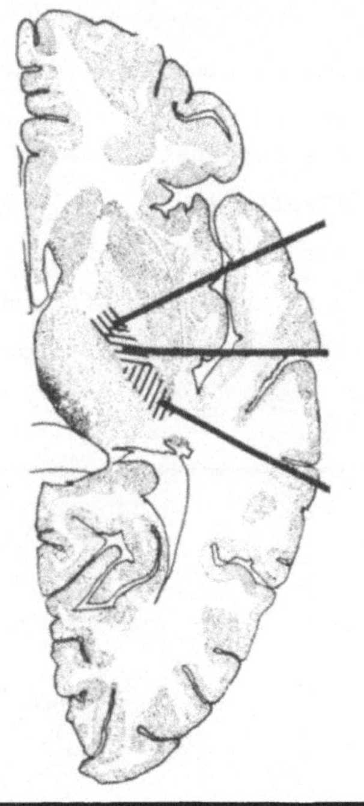

213A. corticospinalis
      posterius

569. Zwischen Pia mater spinalis und _________ _______ befindet sich ein
mit Flüssigkeit gefüllter Raum. Die Pia ____ _______ enthält Blutgefäße
und ist mit dem Rückenmark verwachsen.

D

872A. spinothalamicus anterior; derselben; gracilis; cuneatus (oder
in umgekehrter Reihenfolge); in weit auseinanderliegenden Bahnen geleitet
(oder im Funiculus posterior und Funiculus lateralis geleitet, im Tractus
spinothalamicus anterior, Fasciculus gracilis et cuneatus)

---

909. Die sensiblen Ausfälle, die bei
einem Patienten vorliegen, sind in das
Dermatomschema eingetragen worden. Es
besteht eine ____seitige Unterbrechung
des Rückenmarks in Höhe des Spinalsegmentes ___ oder __ auf der ______
Seite. Die vertikalen Linien repräsentieren den Verlust der afferenten
im Funiculus _______ geleiteten
Informationen.

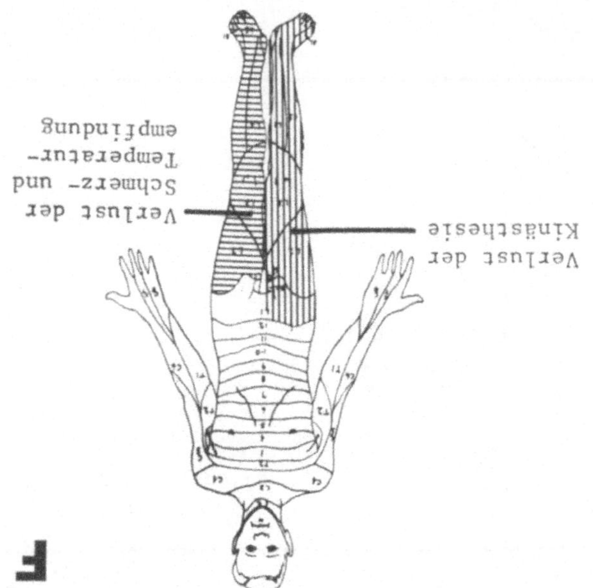

1195. Die sekundären Schmerz- und Temperaturbahnen werden z.T. nach ihrem
Bestimmungsort, dem _______ benannt. Es sollte jedoch beachtet werden, daß
viele ihrer Fasern Kollateralzweige für Reflexbögen auf ihrem Wege durch den
Hirnstamm abgeben. Die afferenten Fasern beteiligen sich an der Bildung von
Reflexbögen im Hirnstamm, indem sie Synapsen mit Schaltneuronen und _______
Neuronen bilden.

1228. Zeichnen Sie in der Abbildung die Beziehungen
zwischen Ganglion trigeminale, N. trigeminus und
den drei dargestellten Trigeminuskernen ein. Verwenden Sie das Zeichen ρ für ein aus einem
Nervenzellkörper kommendes Axon und λ
für sein Ende an einer Synapse! An die
mesencephale Wurzel des N. trigeminus
ist ein Pfeil in Richtung der Impulsleitung zu zeichnen!

146. Zeichnen Sie in den vier Abbildungen je einen Pfeil an die aus einer zu-
sammenhängenden Masse bestehende Verbindung zwischen Putamen und Nucleus caudatus! Schreiben Sie ein A auf das Corpus amygdaloideum! Beginnend mit der seitlichen Ansicht der linken Abbildung wurden die Basalganglien allmählich gedreht,
so daß sie in der Ansicht von schräg vorn und zuletzt von vorn erscheinen. Von
welcher Hirnhälfte stammen sie? Von der ______.

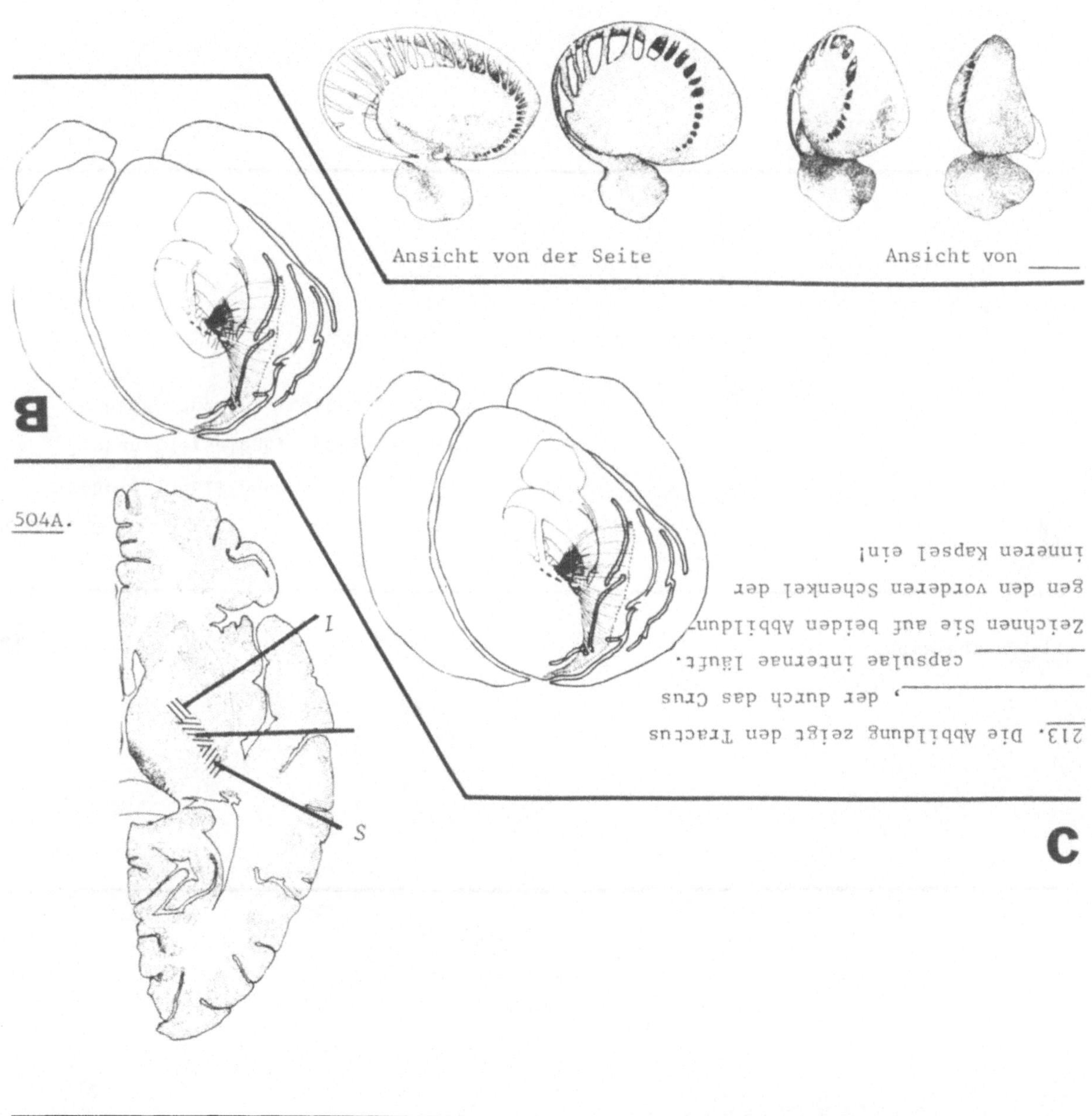

527

873. Die Unterbrechung des Funiculus posterior führt nicht zum Ausfall der Berührungsempfindung, sondern nur zur Beeinträchtigung einiger ihrer besonderen Eigenschaften. Patienten mit einer derartigen Schädigung haben Schwierigkeiten zu merken, wo und womit sie berührt werden. Ähnlich beeinträchtigt ist die ____empfindung, während die ____empfindung völlig fehlt oder sehr stark herabgesetzt ist.

E

F

908A. T10
Nabels (Umbilicus)
linken (derselben, ipsilateralen)
rechten (anderen, contralateralen)

G

1195A. Thalamus
motorischen

H

1227A. Ganglion
Mesencephalon
Pons
Medulla oblongata
cervicalis
C4

A

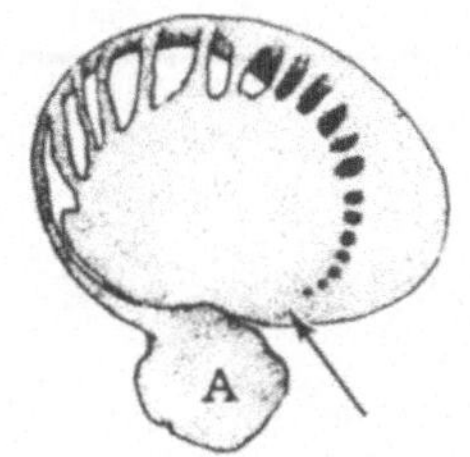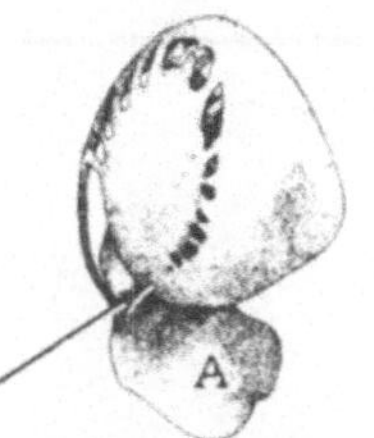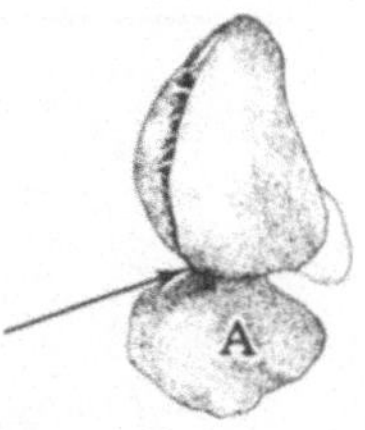

Ansicht von der Seite   Ansicht von vorn

B

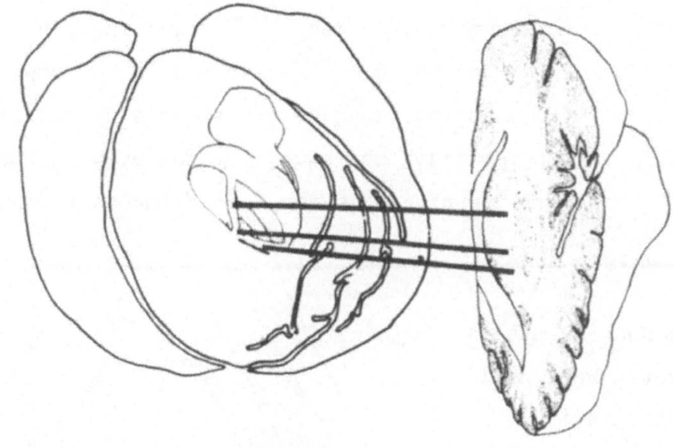

212A.

C

505. Ein Patient hat einen Schlaganfall erlitten, der zu einer vollständigen
Lähmung (Paralyse) des linken Beines, einer Teillähmung des linken Armes
(Parese) und einer leichten linksseitigen Facialisparese geführt hat. Der
Krankheitsherd liegt in der _______ Capsula interna. Die Schädigung betrifft
in der inneren Kapsel hauptsächlich die ____len Abschnitte des Crus _______.

D

Die Hüllen des Rückenmarks (Abschnitt 568-584)

873A. Druck

Lageempfindung (oder Gelenkempfindung, Kinästhesie)

E

F

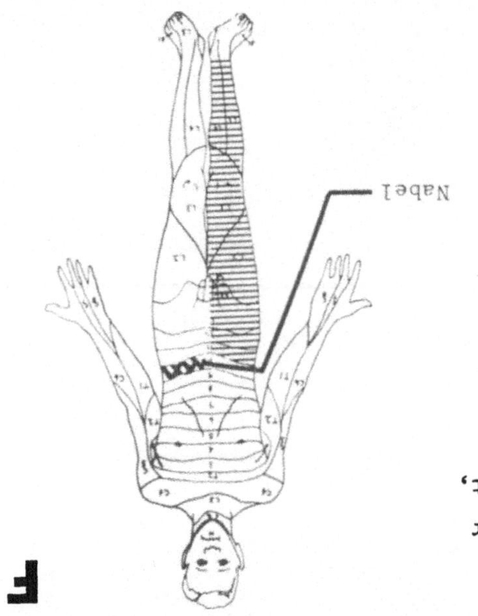

908. Das Dermatomschema zeigt, daß eine halbseitige Durchtrennung in Höhe von T. ___ links zum Verlust aller Empfindungsarten in einem schmalen Hautstreifen führt, der in Höhe des ___ auf der ___ Seite des Patienten liegt. Auf der ___ Seite sind Schmerz- und Temperaturempfindungen caudal von dem geschädig-ten Bereich ausgefallen.

1196. Alle drei umzeichneten Bahnen enthal-ten Axone ___ärer, afferenter Neuronen; alle übertragen Informationen, die in sensiblen Receptoren der ___ Seite entstehen. Die Schmerz- und Tempera-turempfindungen des Gesichts leitende Bahn liegt unmittelbar ___ von dem umzeichneten Tr. ___. Der Lemniscus medialis liegt unmittel-bar ___ vor den beiden anderen um-zeichneten Bahnen.

G

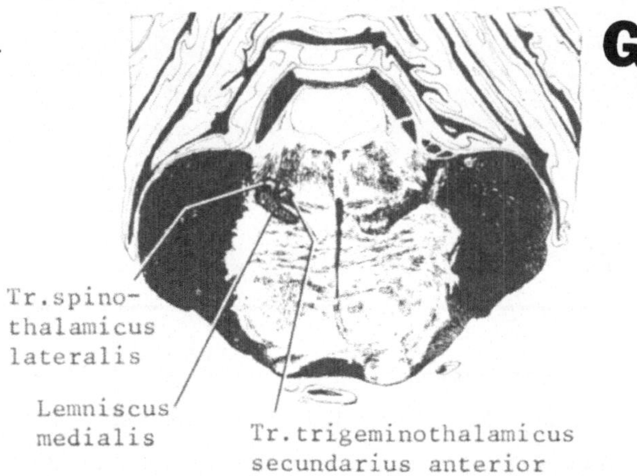

H

1227. Mesencephalon ist eine andere Bezeichnung für Mittelhirn. Das Trigeminus-system besitzt eine Gruppe primärer Neurone, die in einem intracranialen, sen-siblen ___ umgeschaltet werden. Eine andere Gruppe von weit verteilten primären Neuronen besitzt Kerne im Pons und ___ des Hirnstammes. Die Zellkörper sekundärer Neuronen des Trigeminussystems liegen im ___ und in der ___ des Hirnstammes sowie in der Pars ___ des Rücken-marks bis hinunter zum Segment ___.

A

147. Schreiben Sie ein A unter diejenigen Abbildungen, die das Objekt vorwiegend oder genau von vorn darstellen!

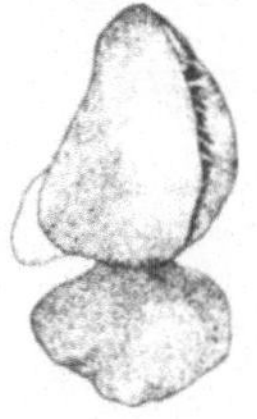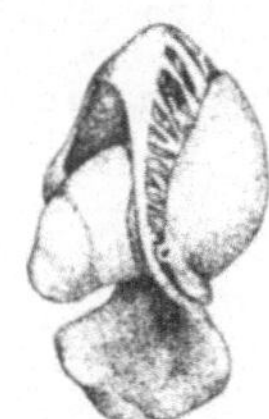

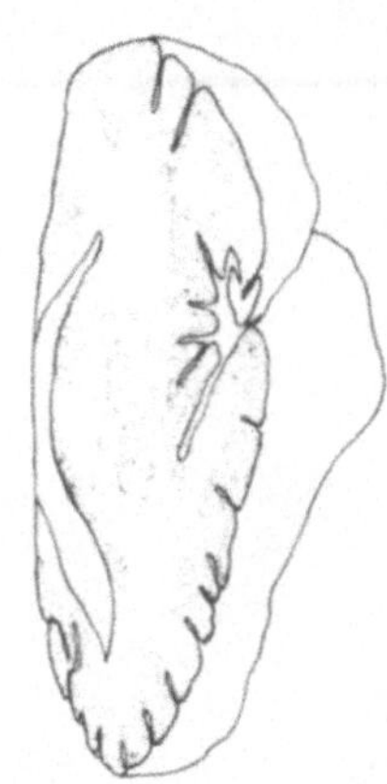

B

212. Ein Horizontalschnitt durch die Basalganglien und die innere Kapsel wurde in die Umrisse der rechten Abbildung des Gehirns eingezeichnet. Ziehen Sie die Linien, die den vorderen Schenkel, das Knie und den hinteren Schenkel der einen Abbildung mit den entsprechenden Strukturen der anderen Abbildung verbinden!

C

505A. rechten

dorsalen (hinteren)

posterius

D

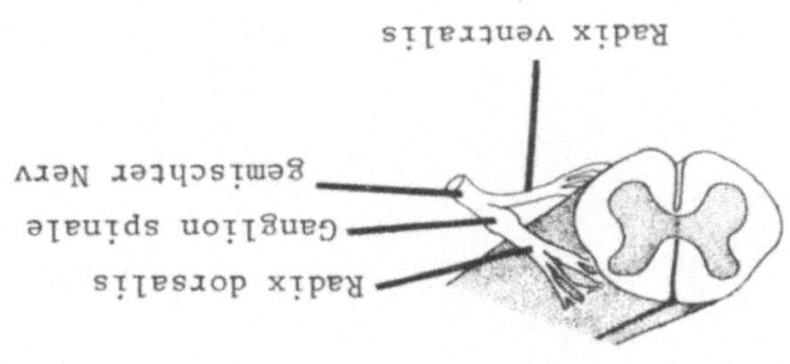

567A.

874. Die Fähigkeit, die Stelle zu erkennen, an der eine Berührung oder ein
Druck ausgeübt wird und anzugeben, wie groß die gereizte Hautfläche ist, sowie
das Erkennen der Art des Reizes (spitz, stumpf, etc.), wird unter der Bezeichnung feine Berührungsempfindung zusammengefaßt. Informationen über die
feine Berührungsempfindung werden anscheinend besonders im ___________ des
Rückenmarks geleitet.

E

F

907A. caudal

sekundärer

derselben (oder ipsilateralen, linken)

G

1196A. sekundärer

anderen

medial

spinothalamicus lateralis

vor (ventral von)

H

1226A. Muskeltonus

Cerebellum

mesencephalicus

A

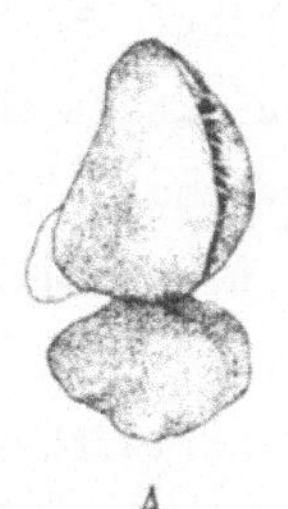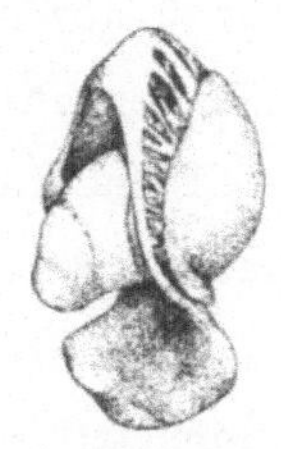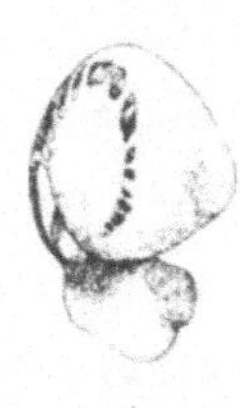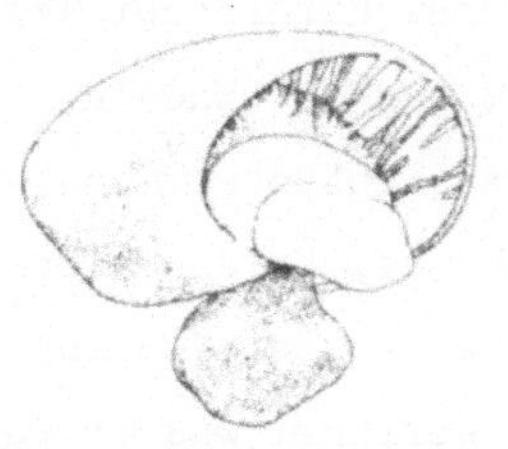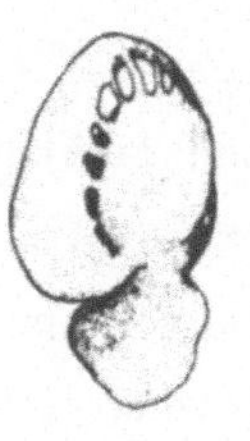

B

211A.

C

506. Dies ist ein Querschnitt durch das __________. Beschriften Sie die Hinweislinien!

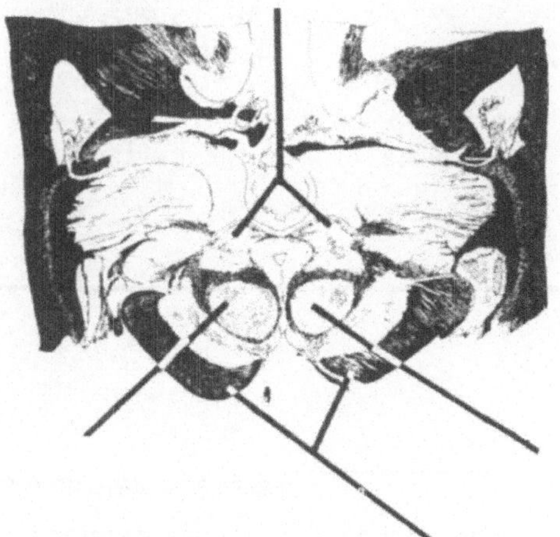

D

567. Kennzeichnen Sie mit Hinweislinien und Namen die Radix dorsalis, das Ganglion spinale, die Radix ventralis und den gemischten Nervenstamm!

E

875. Ein nützlicher klinischer Test auf Funktionen der Hinterstrangbahnen besteht darin, daß man das Ende des Handgriffes einer Stimmgabel auf dicht am Knochen liegende Haut aufsetzt. Geeignet sind zum Beispiel Unterschenkelknöchel, vordere Schienbeinkante, Kniescheibe, vorderer oberer Darmbeinstachel, Rippen und unteres Speichenende. Bei schwingender und nicht schwingender Stimmgabel wird der Patient jeweils gefragt, was er verspürt. Die Vibrationsempfindung (Pallästhesie) scheint eine Kombination aller Hinterstrangfunktionen zu sein: ________;

______- und ____empfindung.

F

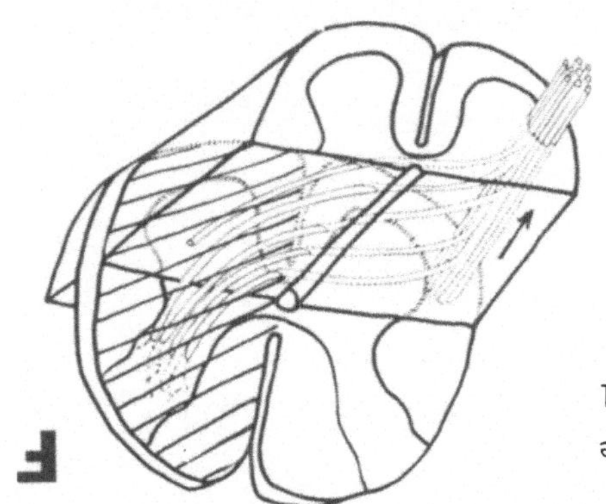

907. Die halbseitige Durchtrennung auf der linken Seite der skizzierten Rückenmarksebene verursacht den Ausfall der Schmerz- und Temperaturempfindung in Hautgebieten auf der Gegenseite ____al von der zerstörten Rückenmarksebene, da ein Teil der primären Fasern und der Zellkörper ______ärer Neuronen in dem geschädigten Bereich zerstört sind. Sämtliche Empfindungsarten sind in einem Hautstreifen ________ Seite aufgehoben.

G

1197. Informationen über Berührung und Druck im Gesicht werden aus den primären Trigeminusfasern zu zwei Gruppen sekundärer Neuronen geleitet, dem Nucl. tractus spinalis n. trigemini, der durch die Medulla oblongata in das Halsmark zieht und zum Nucl. sensorius principalis n. V, der überwiegend im ____ liegt. Umzeichnen Sie den Nucl. sensorius principalis n.V auf der linken Hirnstammseite!

Nucl. sensorius principalis n. trigemini

H

1226. Über den Nucl. tr. mesencephalicus n. V laufende Impulse leiten "unbewußte" Informationen über den __________. Der genaue Verlauf dieser Impulse nach Verlassen des Nucl. tr. mesencephalicus n. V ist unbekannt. Aber in Analogie zu äquivalenten Bahnen des Rückenmarks und der Medulla oblongata gelangt ein Teil dieser Impulse wahrscheinlich in das ________. Ein Teil der Impulse wird vom Nucl. tr. mesencephalicus n. V an den Nucl. sensorius principalis n. V weitergeleitet. Daher vermutet man, daß sonstige Informationen, zusätzlich zu den oben genannten, aus den Skeletmuskeln auf dem Wege durch den Nucl. tr. __________ n. trigemini geleitet werden.

148. Geben Sie unter jeder Abbildung mit L (links) und R (rechts) an, zu welcher Hirnhälfte die Basalganglien gehören! (Die Seitenlokalisationen beziehen
sich - wie immer - auf das Präparat und nicht den Betrachter)

 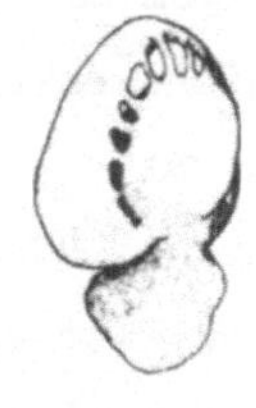 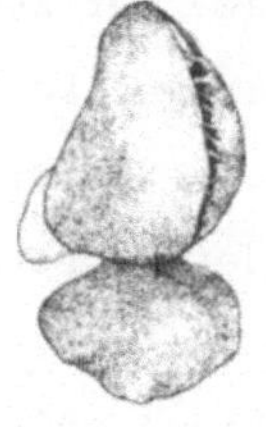 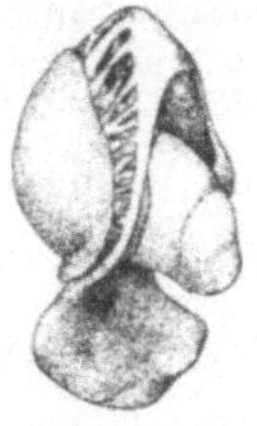 

_______   _______   _______   _______   _______

211. Die beiden Schenkel treffen sich am
Knie. Kennzeichnen Sie mit Hinweislinien
und vollständiger Beschriftung die drei
Teile der inneren Kapsel: Crus anterius,
Genu und Crus posterius der Capsula interna!

506A. Mesencephalon
(Mittelhirn)

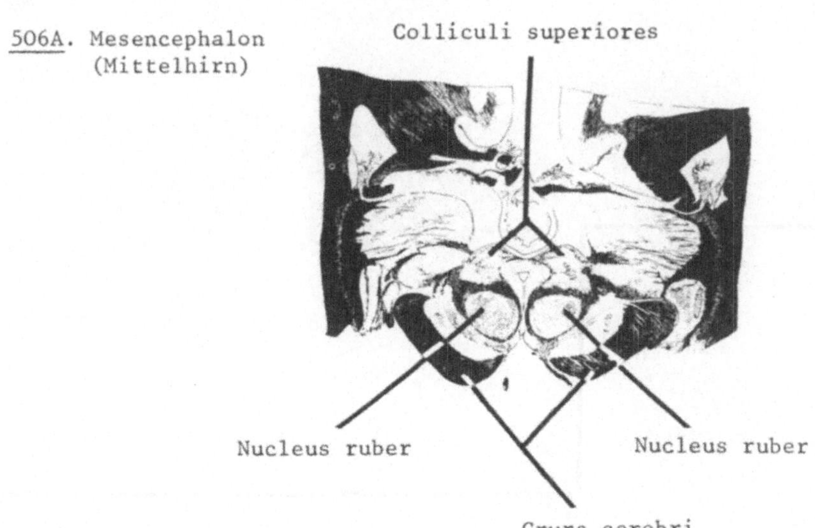

566A.
Nuclei (Kerne)
Nucleus
Mesencephalon
Basalganglien

876. Ein Patient mit einer Tabes dorsalis (eine Form der Neurolues) konnte die
Vibrationen einer auf die vorderen Schienbeinkanten oder Knöchel gesetzten
Stimmgabel nicht wahrnehmen. Die Lage der Zehen, die vom Untersucher bewegt und
in bestimmte Stellungen gebracht wurden, konnte er nicht erkennen. Dagegen war
die grobe Motorik der Beine erhalten. Schmerz-, Temperatur- und etwas Berührungsempfindung waren intakt. 1. Wo in der weißen Substanz des Rückenmarks erwarten
Sie degenerierte Nervenfasern? _________ _________. 2. Ist es wahrscheinlich,
daß die Schädigung in einem gemischten peripheren Nerven liegt? ____. 3. Nennen
Sie die Stelle, die außerhalb des Zentralnervensystems unter Berücksichtigung
der oben genannten Befunde mit größter Wahrscheinlichkeit betroffen sein
könnte. _______.

E

---

906. Die halbseitige Durchtrennung in Höhe der Pars
thoracica rechts bedingt den Verlust der _______-
empfindung in dem rechten Bein. Sie führt zum Ausfall der _______- und Temperaturempfindung im
_______ Bein.

F

1197A. Medulla
       Pons

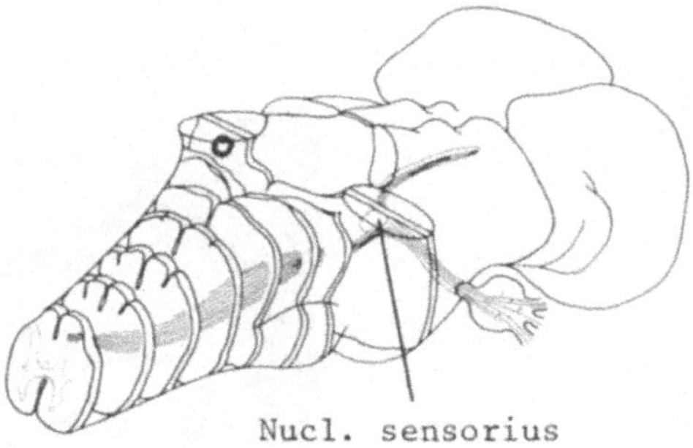

G

1225A. mesencephalicus
       primärer (erster, unterer)

H

A

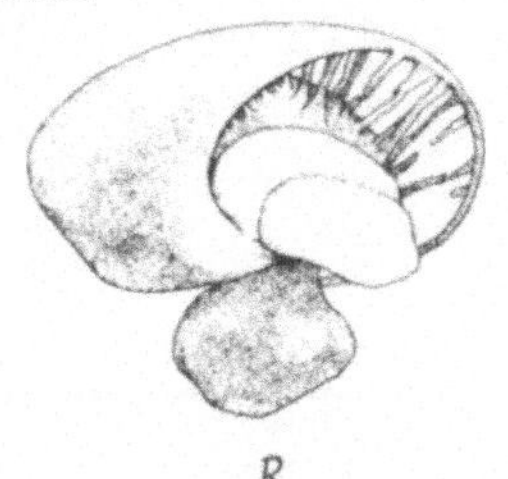

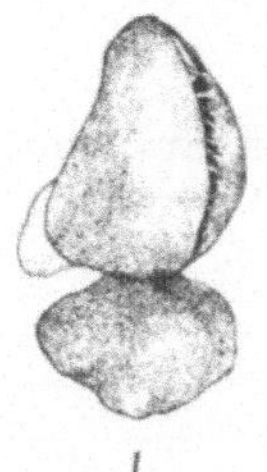

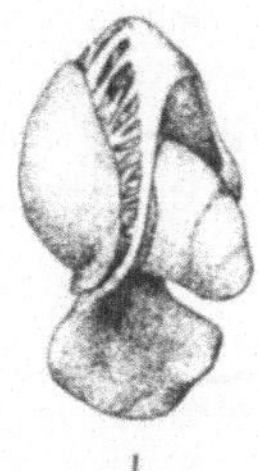

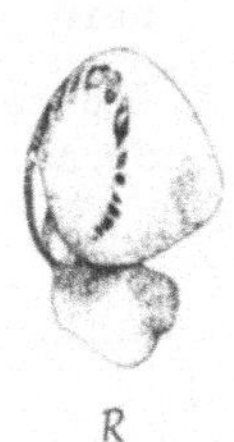

B

210A.

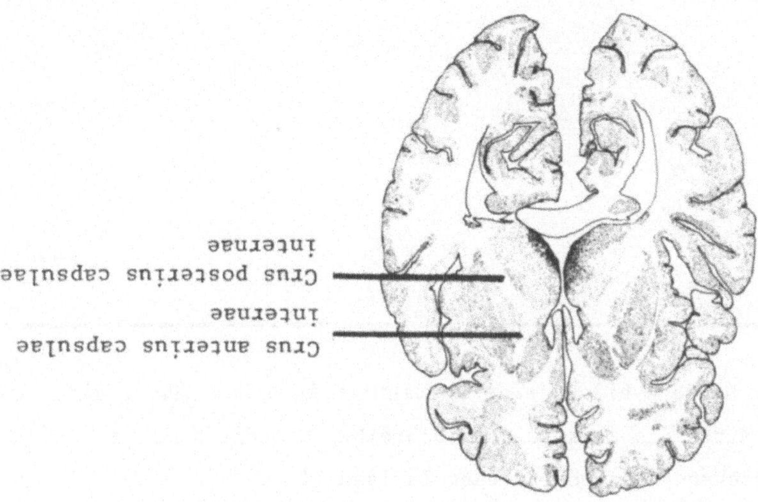

C

507. Aus Nervenzellperikaryen des linken Gyrus precentralis ziehen Axone durch die innere Kapsel und das _____ Crus cerebri. Diese Fasern beeinflussen den _____ Arm und das _____ Bein. Sie kreuzen am Übergang von der _______ _________ zur _____ _______ .

D

566. Perikaryen der grauen Substanz des Zentralnervensystems bilden oft umschriebene Ansammlungen, die _____ (___) genannt werden, beispielsweise der _____ ruber in einem Hirnstammbereich, der __________ genannt wird. Nur in einem Zusammenhang wird der Begriff Ganglion für Zellmassen der grauen Substanz des ZNS verwendet. Es handelt sich um die tief in den Großhirnhemisphären liegenden __________ .

E

<u>876A.</u> Funiculus posterior (oder Funiculus gracilis)

nein

Radices posteriores (oder Hinterwurzeln des Lendenmarks,
Spinalganglien der lumbalen Segmente)

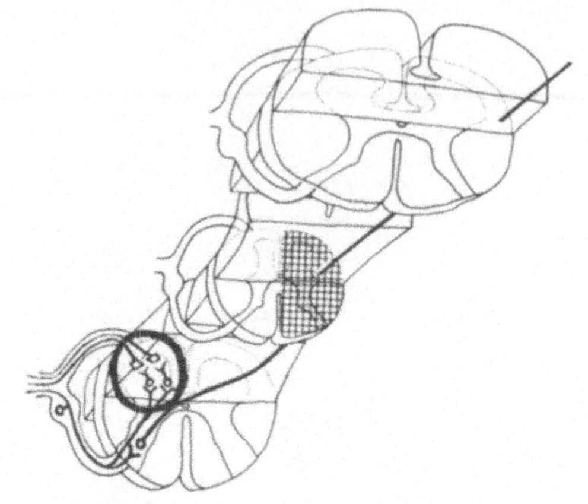

F

<u>905A.</u> linken

G

<u>1198.</u> Sekundäre afferente Neurone bilden eine kontinuierliche Zellsäule, die
vom Kreuzmark bis in die Mitte des Pons reicht. Schreiben Sie die Namen an
die mit Hinweislinien versehenen Bereiche dieser Zellsäule!

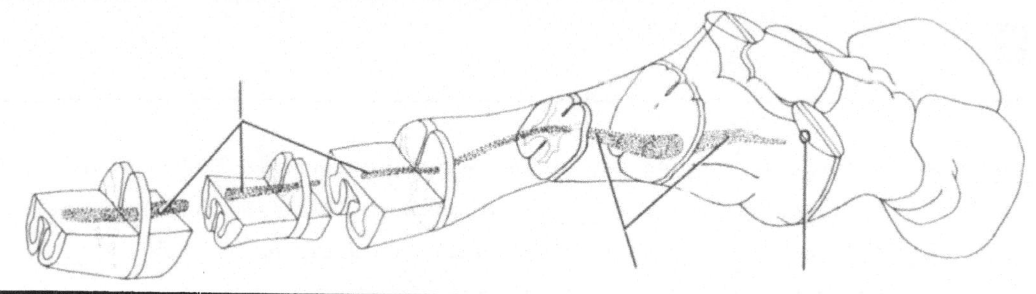

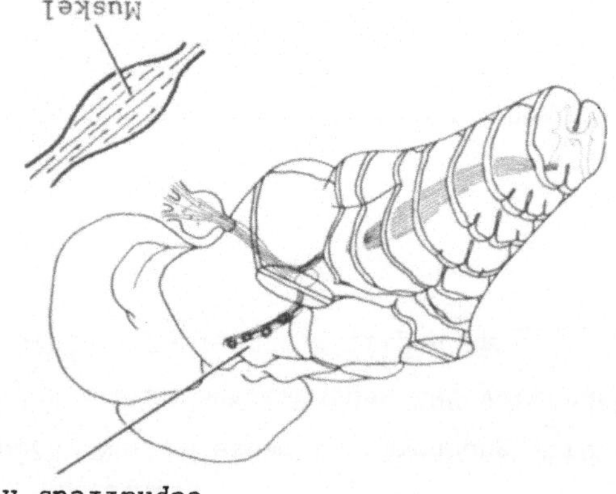

H

<u>1225.</u> Der einzige Kern innerhalb des Gehirns,
der ein Äquivalent eines sensiblen Ganglions
(Spinalganglions) darstellt, ist der Nucl.
tr. _______________ n. V. Zeichnen Sie Nervenfasern von dem Skeletmuskel zu den gekennzeichneten Nervenzellkörpern! Geben Sie die
Richtung der Impulse mit einem Pfeil an! Der
Nucl. tr. mesencephalicus n. V. und das Ganglion trigeminale enthalten Zellkörper
____ärer Neuronen.

149. Schreiben Sie die Namen an die markierten Strukturen!

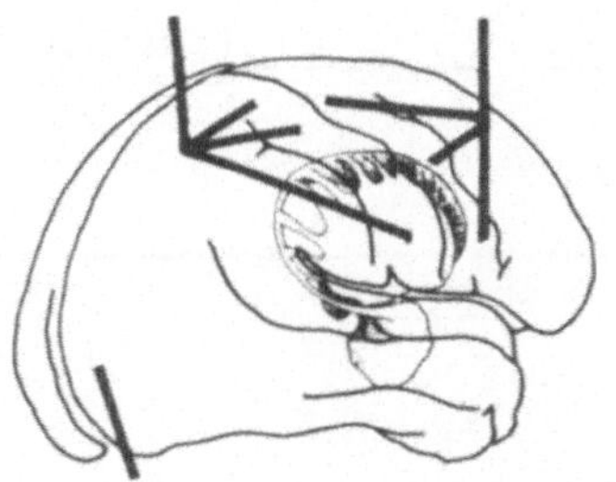 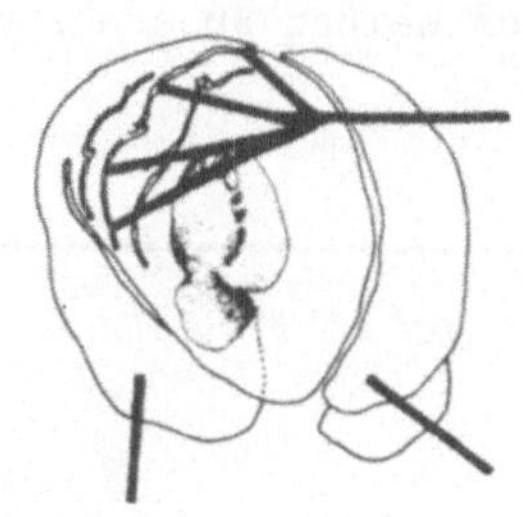

B

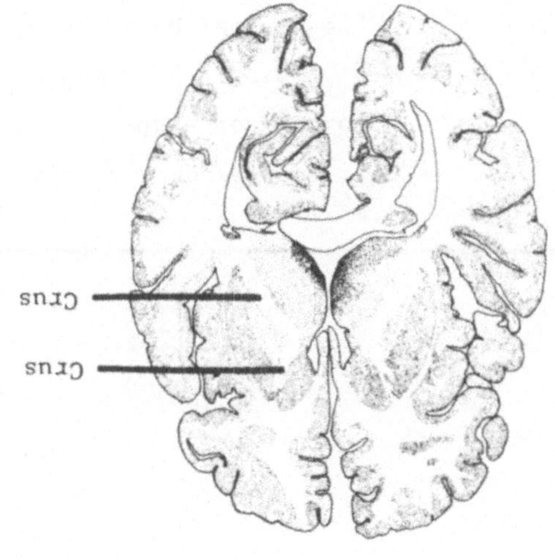

210. Die Capsula interna ist an der Spitze des Globus pallidus abge-winkelt. So entsteht ein vorderer Schenkel (Crus anterius capsulae internae), Knie (Genu capsulae internae) und hinterer Schenkel (Crus posterius capsulae internae). Vervollständigen Sie die lat. Namen an der Abbildung!

C

507A. linke

rechten

rechte

Medulla oblongata

Medulla spinalis

D

565A. außerhalb

Ganglien

dorsales

877. Der Patient mit der Tabes dorsalis hat destruktive Veränderungen in den
Hinterwurzeln. Innerhalb des Rückenmarks würden wir _________ Degenerationen
in den aus weißer Substanz bestehenden _________ _________ erwarten.

E

F

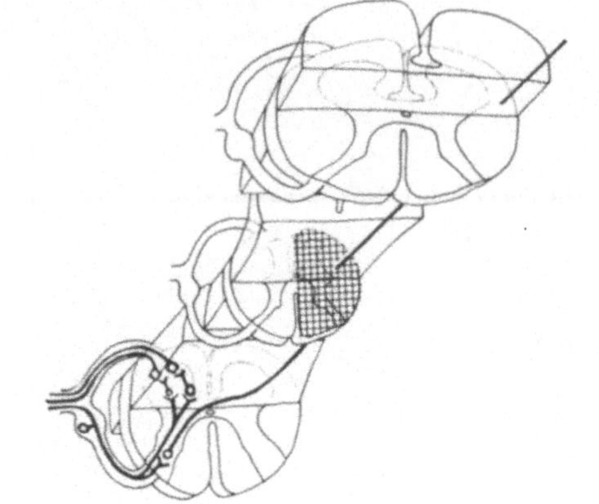

905. Bei einer rechtsseitigen thorakalen Läsion im Sinne der Skizze würde der Patient einen Nadelstich in seinem _____ Bein nicht verspüren. Es könnte sich jedoch reflektorisch als Reaktion auf den Nadelstich beugen. Umzeichnen Sie die Gegend, in der die Synapsen dieses Reflexbogens liegen!

1198A.

G

Cornu posterius

Nucl. spinalis n. V

Nucl. sensorius
principalis n. V

H

1224. Afferente Neuriten aus den Kiefermuskeln und wahrscheinlich auch aus den äußeren Augenmuskeln nehmen einen ungewöhnlichen Verlauf. Wie die somatosensiblen, afferenten Fasern aus dem Gesicht gelangen sie über den N. _______ in das ZNS, die Zell- körper der primären Neuronen liegen jedoch _______ halb des ZNS.

A

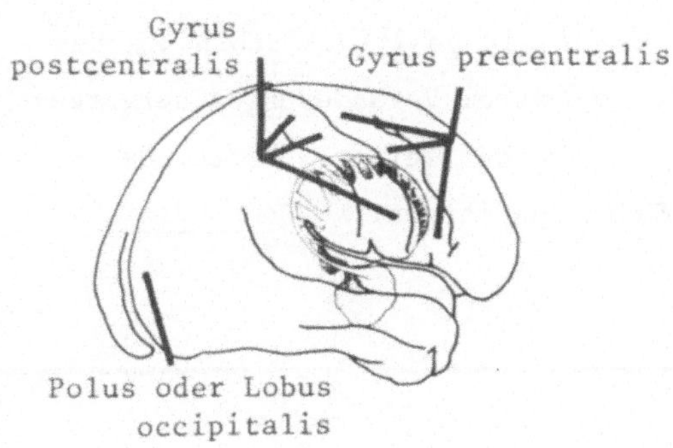

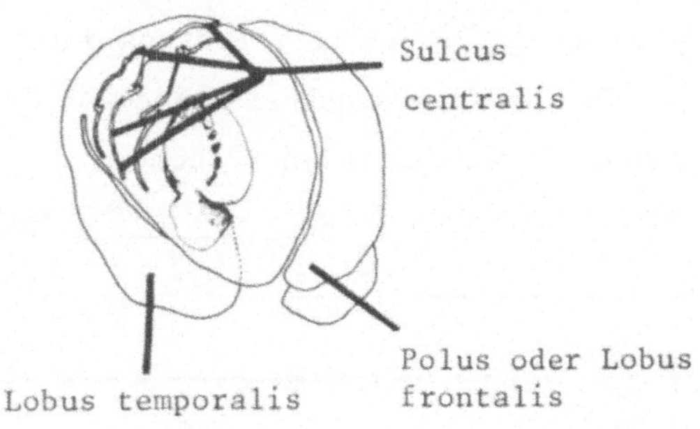

B

209. Die weiße Substanz, medial vom Globus pallidus ist die _____ _____ _____.

C

508. Fasern aus dem Gyrus precentralis liegen in den mittleren ____ Fünfteln des ____ ______. Die Fasern für den ____ liegen am weitesten medial, die für das Bein am weitesten ______.

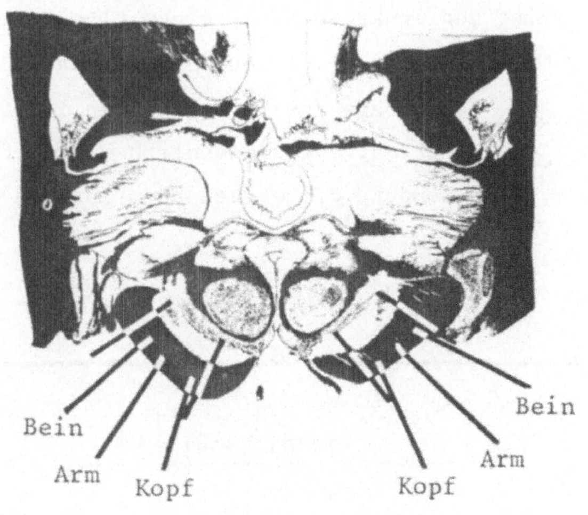

D

565. Die Zellkörper der peripheren sensiblen Nerven liegen ______ des Zentralnervensystems in den ______ der Radices.

E

878. Bei einem Patienten mit perniziöser Anämie (mangelnde Vitamin B12 Resorption) wurde folgender neurologischer Befund erhoben: verminderte Lage- und Vibrationsempfindung. 2. Geringer Spasmus der Extremitäten und ein positives Babinskisches Zeichen. Dieses Krankheitsbild hat im Zentralnervensystem Veränderungen hervorgerufen. 1. am sensiblen System im __________ __________ der weißen Substanz des Rückenmarks und 2. am __________ System des Funiculus lateralis, dem __________ __________ __________ .

F

904A.

a) Babinskisches Zeichen – (Dorsalflexion der Großzehen), rechts positiv

b) Atrophie und schlaffe Lähmungen der ulnaren Muskeln der linken Hand (sie werden von Neuronen, deren Zellkörper im Vorderhorn von C8 liegen, versorgt) X

c) Spastik und Parese der linken unteren Extremität X

d) Verlust der Berührungsempfindung im Bereiche der rechten Thoraxhälfte

e) Analgesie des rechten Beines, der rechten Hälfte des Abdomen und des Thorax X

G

1199. Der Nucl. spinalis n. V ist in seiner ganzen Länge im Hinblick auf seine Struktur und Funktion nicht einheitlich. Schmerz- und Temperaturempfindungen des Gesichts und Halses werden durch das untere Drittel des Nervs geleitet, der __________ der Ebene des X. Hirnnerven liegt und bis an das Spinalsegment C4 des __________ reicht. Wahrscheinlich übermitteln alle Teile des Nucl. spinalis n. V, insbesondere die oberen auch Informationen über __________ und __________ .

H

1223A.

Lokalisation	Extremitätenmuskeln	Halsmuskeln
Zellkörper der primären Neuronen	Ganglia spinalia	Ganglia spinalia
Zellkörper der sekundären Neuronen	Nucl. thoracicus (Stilling-Clarkesche-Säule) im Brustmark sowie dem unteren Hals- u. oberen Lendenmark	Nucl. cuneatus accessorius, Medulla oblongata
Gebiet, in das die sekundären Axone laufen	Cerebellum	Cerebellum
Seite, auf d. die sekundären Axone laufen	ipsilateral	ipsilateral

150. Brücken, die Nervenzellen enthalten, verbinden
das Putamen (Schale) mit allen Abschnitten des Nucleus ________.

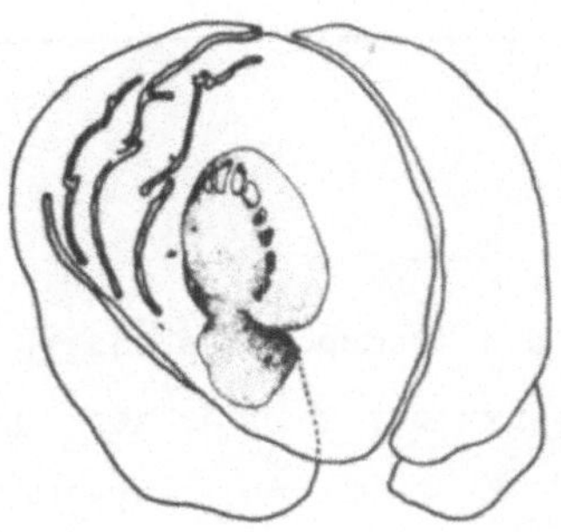

208A. größer

508A. drei

Crus cerebri

Kopf

lateral

564. Im peripheren Nervensystem wird eine umschriebene
Ansammlung von Nervenzellkörpern ________ genannt.

<u>878A.</u> Funiculus posterior

motorischen (oder efferenten, absteigenden)

Tractus corticospinalis lateralis

<u>904.</u> Bei einem Patienten ist das Rückenmark halbseitig links in Höhe
von C8 durchtrennt. Kreuzen Sie die zutreffenden Befunde an!

a) Babinskisches Zeichen, (Dorsalflexion der Großzehe rechts positiv)

b) Atrophie und schlaffe Lähmungen der ulnaren Muskeln der linken Hand (sie werden von Neuronen, deren Zellkörper im Vorderhorn von C8 liegen, versorgt)

c) Spastik und Parese der linken unteren Extremität

d) Verlust der Berührungsempfindung im Bereiche der rechten Thoraxhälfte

e) Analgesie des rechten Beines, der rechten Hälfte des Abdomens und Thorax

---

<u>1199A.</u> unterhalb

Rückenmarks (Halsmark)

Schmerz

Temperatur

<u>1223.</u> Was geschieht mit afferenten Impulsen, die in den Receptoren der Skeletmuskulatur des Gesichts entstehen? Wohin werden z.B. die Impulse übertragen, die Informationen über den Tonus und die Bewegung der Kiefermuskeln leiten? Geben Sie zunächst in der u.a. Liste die zu den genannten afferenten Impulsen analogen Wege der Potentiale aus den Skeletmuskeln der Extremitäten und des Halses an!

Lokalisation	Extremitätenmuskeln	Halsmuskeln
Zellkörper der primären Neuronen		
Zellkörper der sekundären Neuronen		
Gebiet, in das die sekundären Axone laufen		
Seite, auf der die sekundären Axone laufen		

151. Zahlreiche von der Hirnrinde kommende
Fasern durchsetzen die Nervenzellen enthaltenden Brücken, die Nucleus caudatus und
Putamen verbinden. Ein Teil dieser Fasern
stellt den Tractus corticospinalis dar,
der vom Gyrus ___________ des Lobus frontalis kommt. Umzeichnen Sie und beschriften
Sie ihn!

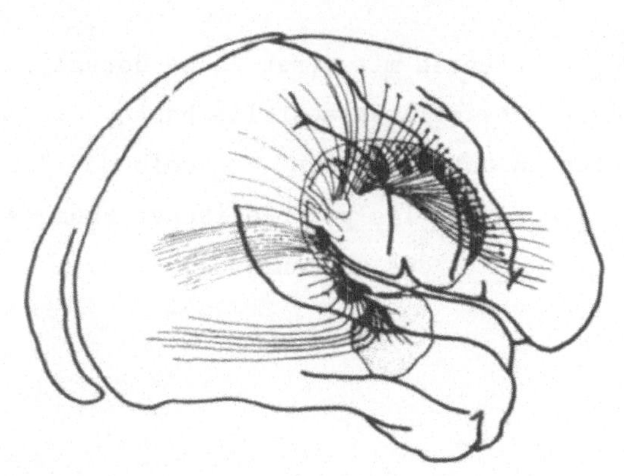

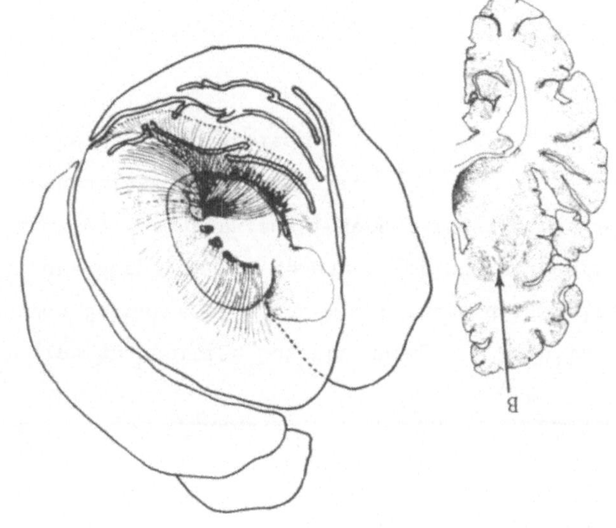

208. Ein Schnitt von nur 35 μ Dicke zeigt einige Verbindungsbrücken zwischen Nucleus caudatus und
Putamen (B auf der linken Abb.) Stellen Sie sich die Häufung von Verbindungsbrücken vor, wenn 10 Serien-
schnitte von 35 μ Dicke übereinander-
gelegt werden! (Gesamt-Dicke: etwa
0,33 mm, etwas Hirnsubstanz geht beim
Schneiden verloren)

509. Markieren Sie die Reihenfolge
Kopf-Arm-Bein in beiden Hirnschenkeln
der Abbildung!

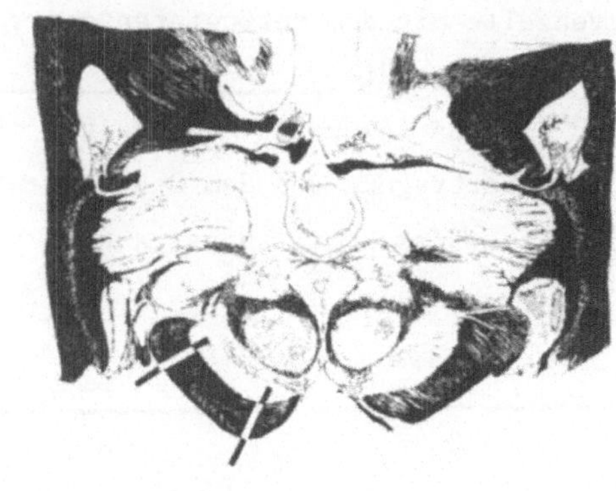

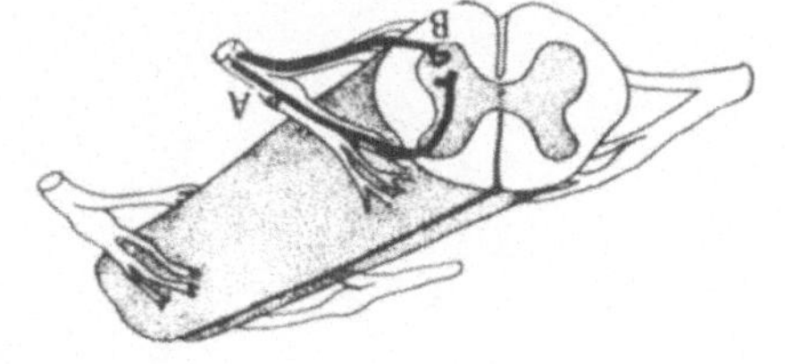

563. Vom Gyrus precentralis kommende
Impulse gelangen in die mit _ gekennzeichnete Nervenzellen.

545

<u>879</u>. Patienten mit einer Tabes dorsalis oder perniziöser Anämie können ähnliche Sensibilitätsausfälle haben, die ersteren infolge pathologischer Veränderungen unter anderem _____halb des ZNS in den _______ posteriores, die letzteren infolge pathologischer Prozesse _____halb des ZNS in den _______ _________ des Rückenmarks.

<u>903</u>. Eine halbseitige Durchtrennung der Medulla spinalis verursacht den Verlust von Schmerzempfindungen unterhalb der Verletzungsebene auf der _____ Seite des Körpers. Die genannte Verletzung führt nicht zu einem vollständigen Ausfall der Berührungsempfindungen irgendeines Körperteiles, da die Axone der sekundären Neurone des Tr. _______ _________ in ___ Seiten des Rückenmarks aufsteigen.

<u>1200</u>. Zwei primäre Trigeminusneurone mit ihren Axonen sind eingezeichnet worden. Das eine leitet Impulse zum Nucl. spinalis n. V und Nucl. sensorius principalis n. V, das andere nur zu dem erstgenannten Kern. Die Nervenzelle mit dem verzweigten zentralen Axon überträgt die _______________________.
Malen Sie den sekundäre Neurone für die Schmerzübertragung aus dem Gesicht enthaltenden Teil des Nucl. spinalis n. V schwarz an!

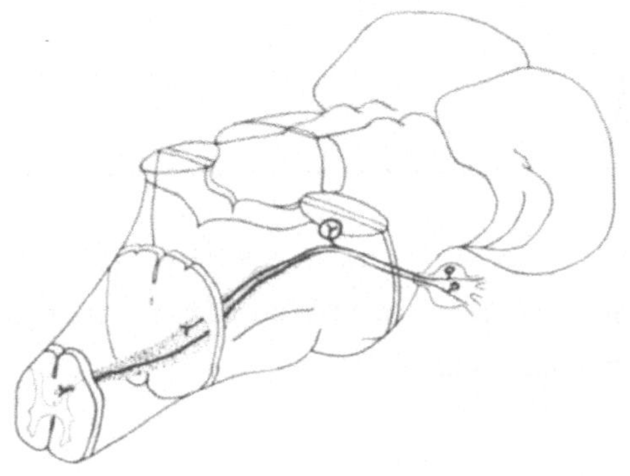

<u>1222A</u>. Muskeltonus
2

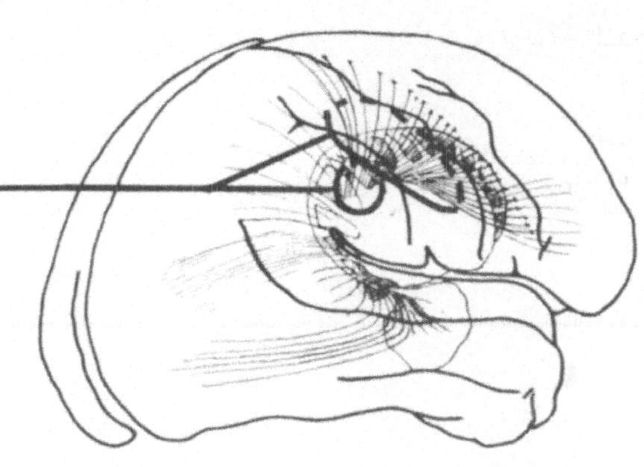

A

B

207. Die Verbindungsbrücken zwischen Nucleus caudatus und Putamen bestehen
wie diese aus _______ Substanz. Die innere Kapsel stellt _______ Substanz dar.

509A.

C

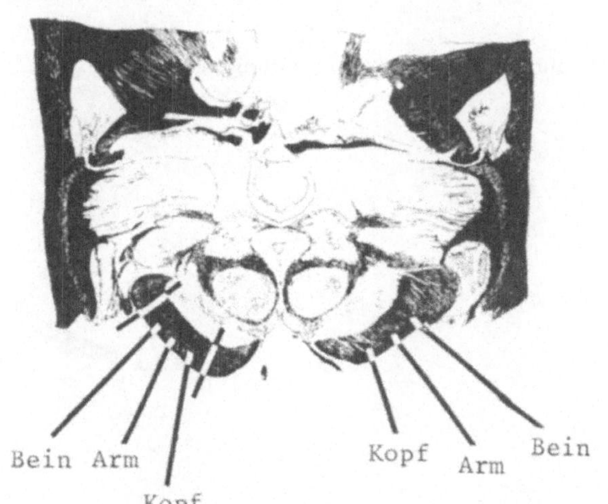

---

562. Die Fasern in den Vorderwurzeln gehören
zu Zelleibern, die in der grauen Substanz des
_______ liegen. Alle Fasern der
Hinterwurzeln kommen aus Perikaryen, die sich
außerhalb des Rückenmarks in sensiblen
_______ befinden.

D

879A. außerhalb

Radices

innerhalb

Funiculi posteriores

F

902. Bei einer vollständigen Durchtrennung des Rückenmarks in Höhe von T8
sind die afferenten Bahnen zwischen den Armen und dem Gehirn ______, während
die Bahnen zwischen den Beinen und dem Gehirn __________ sind. Die ______
Extremitäten sind anästhetisch. Bei einer linken, halbseitigen Unterbrechung
des Rückenmarks in Höhe von T8 käme es zum Verlust von Schmerz- und Temperaturempfindungen des ______ Beines. Die Empfindungen in beiden ___eren
Extremitäten müßten normal sein.

G

1200A. Schmerz- und Temperaturempfindungen

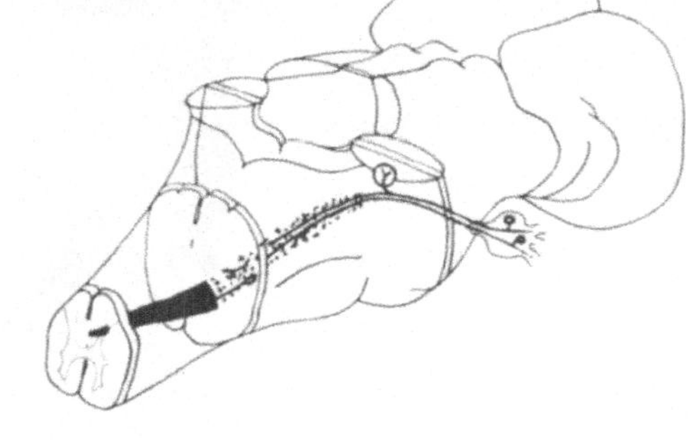

H

1222. Die Abbildung zeigt das afferente System, das Informationen über den
Muskel_____ über ein Minimum von _ hintereinander geschalteter Neuronen an
das Kleinhirn vermittelt.

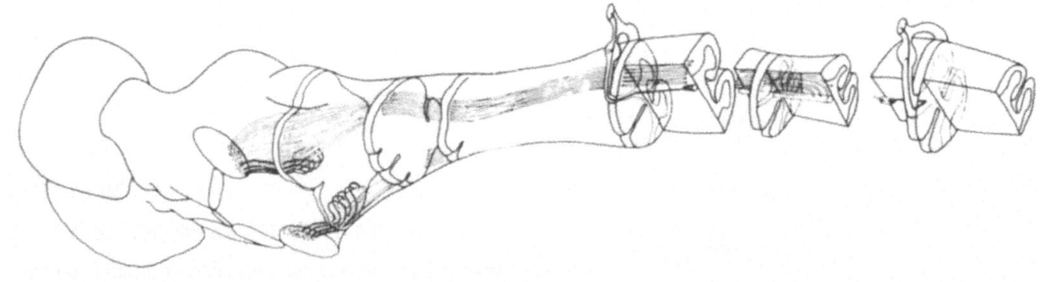

A

152. Der Tractus corticospinalis entspringt größtenteils im Gyrus
__________. (Ein ganz geringer Teil der Fasern kommt aus dem Gyrus
postcentralis). Er läuft dann überwiegend in ________ Richtung; es
schließen sich ihm dann andere, markhaltige Nervenfasern an, die
aus dem ______ und ______ ________ kommen.

B

C

510. Mit A gekennzeichnete corticospinale
Fasern entspringen im _____len Teil der
vorderen Zentralwindung und laufen durch
den _____len Teil des Crus posterius capsulae
internae. Die mit 1 gekennzeichneten Fasern
liegen dem Knie der inneren Kapsel am
nächsten benachbart.

D

549

880. Der Zellkörper des sekundären motorischen oder __________ Neurons
liegt im Cornu _______ der Medulla spinalis. Die im Rückenmark absteigenden
motorischen Bahnen enthalten Axone des _____motorischen Neurons.

901A. kreuzt

spinothalamicus anterior

1201. Vervollständigen Sie auf der rechten
Seite des Schemas die Umrisse der beiden
benachbarten sekundären Kerne, die Informationen über Druck und Berührung im Gesicht
leiten! Markieren Sie mit der Zahl 1 die
Gegend, in der Nervenzellkörper liegen, die
Impulse zu den umzeichneten Kernen leiten!
Kennzeichnen Sie jeden umzeichneten Kern
mit der entsprechenden Zahl, um die Lage
seiner Neurone in der afferenten Kette
anzugeben!

Abschließende Erörterung der somato- und viscerosensiblen Komponenten
des Hirnstammes: Tr. mesencephalicus n. trigemini, Nucl. tr. mesencephalicus n. trigemini und Solitariussystem. (Abschnitt 1222-1254).

152A. precentralis

mediale (für einige Fasern gilt auch: dorsale, ventrale, caudale)

Putamen (oder Nucleus lentiformis)

Nucleus caudatus

---

206. Verbindungsbrücken, die Nervenzellen enthalten, befinden sich zwischen Nucleus caudatus und Putamen. Zwischen diesen Brücken und caudal-medial-central von ihnen finden wir Fasern des Tractus corticospinalis, Fasern aus dem Lobus frontalis und außerdem noch andere Fasern von und zu allen Lobi cerebri. Alle genannten Fasern bilden zusammen die _______ _______ .

510A. cranialen

dorsalen

C

---

561. In der Literatur finden wir an Stelle der Bezeichnungen Radix ventralis und Radix dorsalis auch Radix _______ und Radix _______ .

H

1221A.

G

1201A.

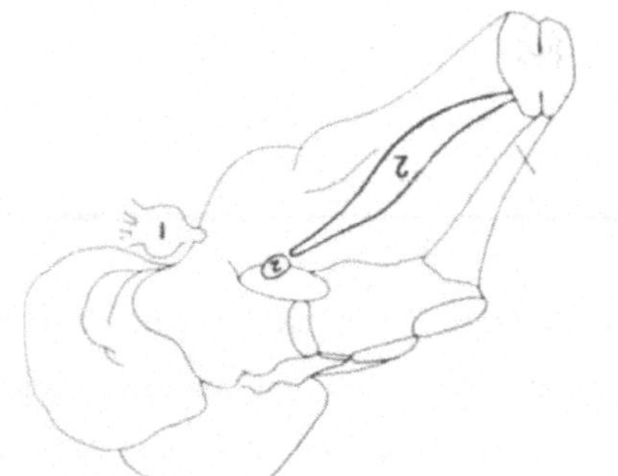

F

901. Die Zerstörung der rechten Hälfte des Rückenmarks führt nicht zum vollständigen Verlust der Berührungsempfindung des rechten Fußes, da ein Teil der sekundären Axone die Mittelebene _______ und im linken Tr. _____________ _______ aufsteigt.

E

880A. terninalen

anterius

ersten (oder primären, oberen)

153. Bei niederen Säugetieren bilden Nucleus caudatus und Putamen ein einheitliches Gebilde. Beim Menschen sind sie unvollständig getrennt. Schreiben Sie mehrere Buchstaben B an die nervenzellhaltigen Brücken, die Nucleus caudatus und Putamen verbinden!

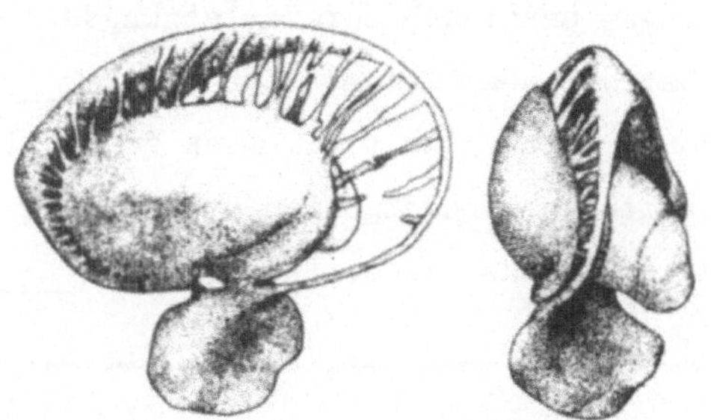

Das corticospinale System: Die Strukturen der weißen Substanz in Beziehung zu den Basalganglien (Abschnitt 206-234)

511. Fasern, die in der Großhirnrinde entspringen und die Motorik des Stammes und der Extremitäten steuern, enden im Rückenmark (cortico_______ Fasern). Bulbus ist eine alte Bezeichnung für den Hirnstamm oder die Medulla oblongata. Fasern, die in der Großhirnrinde entspringen und die Bewegung des Kopfes hervorrufen, enden im Hirnstamm (Bulbus) (cortico_______ Fasern).

560A. gemischter Wurzel

881. Die Fasern des Tractus corticospinalis lateralis sind Axone der primären
motorischen Neurone. Wenn sie pathologisch verändert sind, entstehen spastische
Lähmungen unterhalb der Verletzungsstelle. Die Schmerzreflexe (Dehnungsreflexe)
der betroffenen Extremitäten sind _________. Läsionen der oberen motorischen
Neuronen führen zur teilweisen oder vollständigen Lähmung sowie ________ der
Extremitäten. Schädigungen der unteren motorischen Neuronen verursachen herabgesetzten Muskeltonus, Paresen oder ________ und Muskelatrophien.

E

900A.
a) gesteigerte tiefe Sehnenreflexe im linken Bein. X
b) Anästhesie der rechten Hüfte
c) Analgesie des linken Beines
d) Der Patient merkt bei geschlossenen Augen oder abgedeckten nicht,
in welcher Richtung vom Untersucher die linke Großzehe (passiv)
bewegt wird. X

F

1202. Der Nucl. sensorius principalis n. V ist
klein und liegt unmittelbar lateral vom Nucl.
motorius n. V. Die Fasern des V. Hirnnerven
trennen die beiden Kerne. Markieren Sie mit S
(Sensibilität) oder M (Motorik) die entsprechenden rechtsseitigen Kerne des Schnittes, der
quer durch die Mitte des ____geht. Zeichnen Sie
Pfeile zur Angabe der Richtung der Impulsleitung
an beide dargestellten Fasern der 5. Hirnnerven!

G

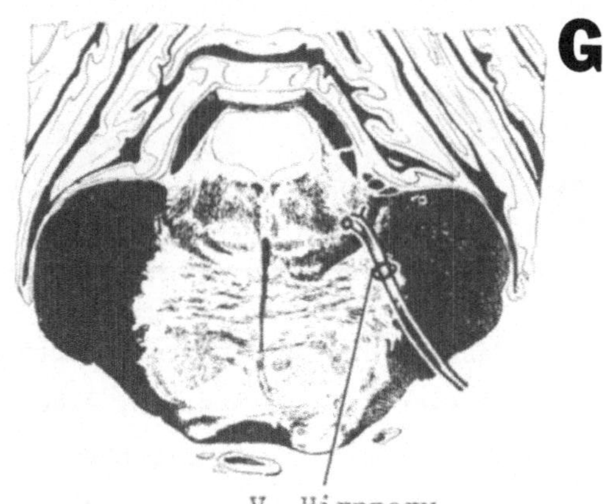

1221. Da die drei gekennzeichneten Bahnen
sehr dicht beieinander liegen, wird eine
Läsion wahrscheinlich die Berührungs-
empfindung ändern (keine vollständige
Anästhesie). Zeichnen Sie einen Herd
ein, der eine Analgesie und Hypästhesie
(Dermatohypopathie) der ganzen rechten
Gesichts- und Körperseite verursacht!

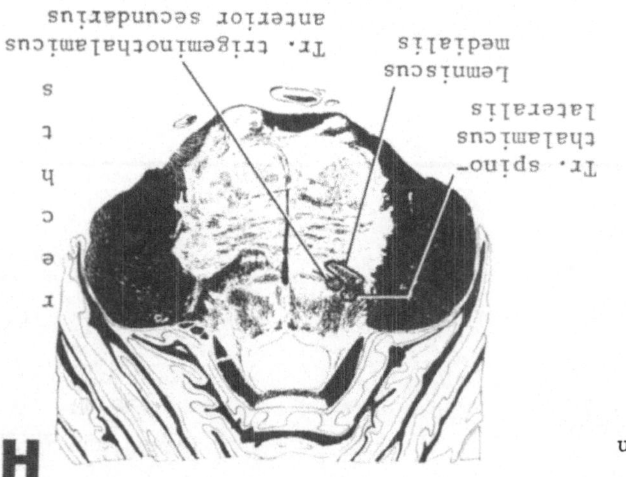

H

554

A

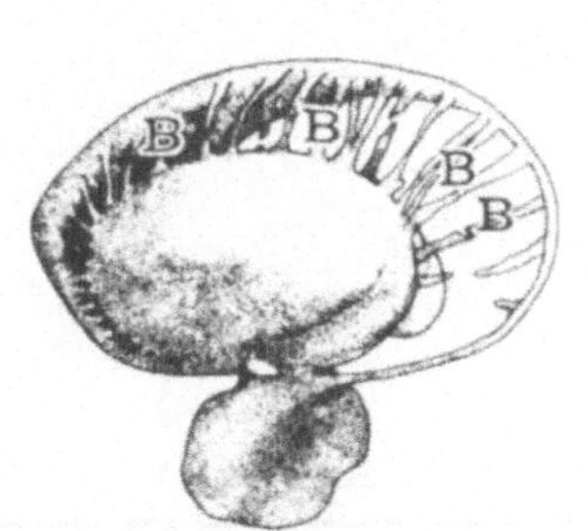
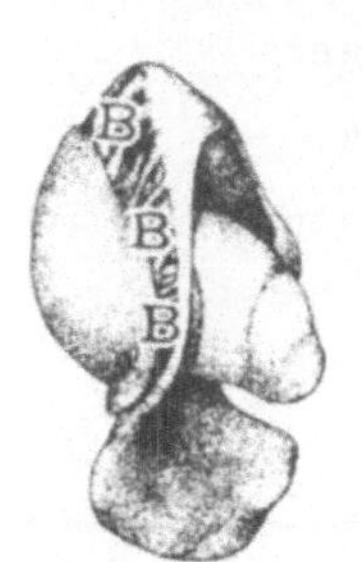

B

205A.

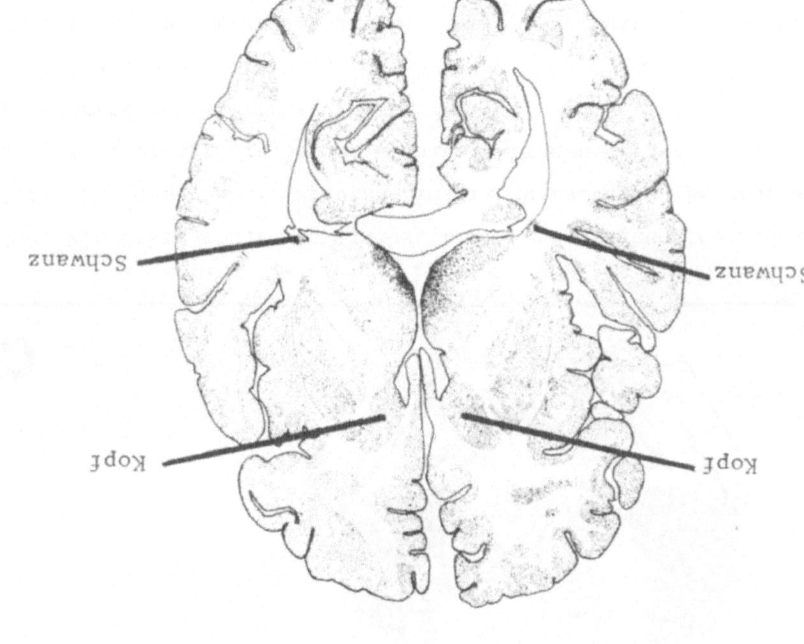

C

511A. corticospinale

corticonucleare (oder corticobulbare)

D

560. Ein Nerv setzt sich aus vielen einzelnen Nervenfasern zusammen (Neu-riten). Ein _________ peripherer Nerv besitzt Zuflüsse aus der Radix dorsalis und Radix ventralis. Das Axon einer bestimmten Nervenzelle be-findet sich entweder in der einen oder der anderen _________, aber nicht in beiden.

881A. gesteigert

Spastik

Paralysen

E

F

900. Ein Patient hat eine halbseitige Durchtrennung des Rückenmarks links in Höhe von C8. Kreuzen Sie die zutreffenden Befunde an:

a) gesteigerte tiefe Sehnenreflexe im linken Bein

b) Anästhesie der rechten Hüfte

c) Analgesie des linken Beines

d) Der Patient merkt bei geschlossenen Augen nicht, in welcher Richtung der Untersucher die linke Großzehe (passiv) bewegt.

G

1202A. Pons

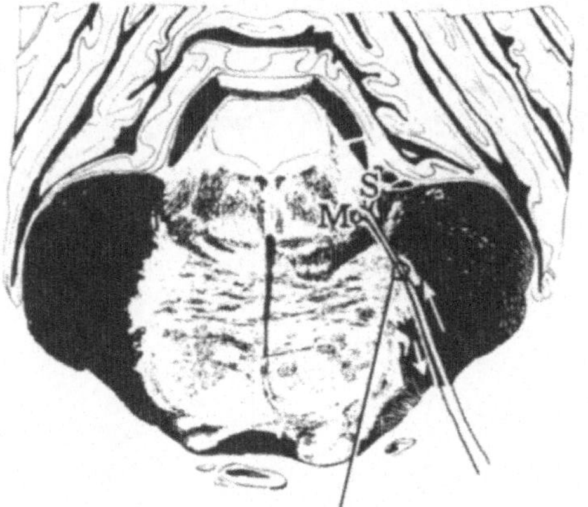

V. Hirnnerv

H

1220A. anderen (oder contralateralen, linken)

secundus

anderen (oder contralateralen, linken)

selben (oder ipsilateralen, rechten)

anderen (oder contralateralen, linken)

höheren

154. Verbinden Sie jeden Begriff der linken Reihe mit dem oder den jeweils
entsprechenden in der rechten!

graue Substanz   Verbindungsbrücken aus Nervenzellen

weiße Substanz   Globus pallidus

medialstes Basalganglion   Tractus corticospinalis

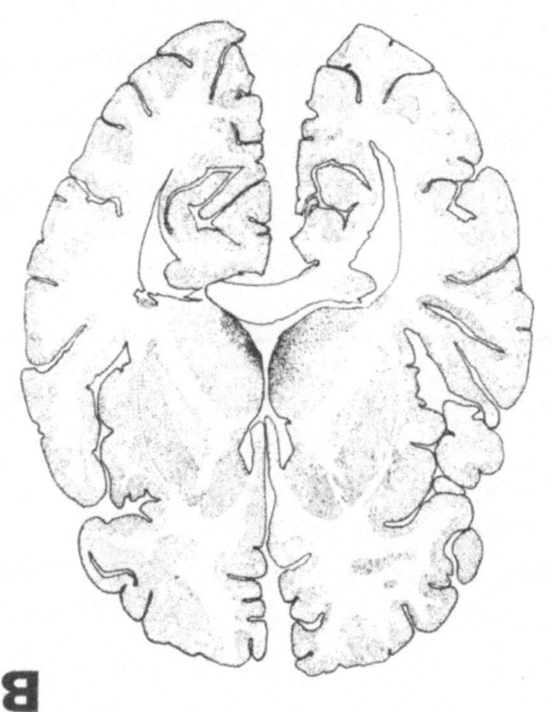

B

205. Nucleus caudatus und Putamen werden
weitgehend durch die _______ _______ getrennt. Der Schwanz des Nucleus caudatus
ist viel _______ als der Kopf und liegt
_______ al von ihm. Markieren Sie mit Hinweislinien und Namen den Kopf und Schwanz des
Nucleus caudatus in beiden Hälften des
dargestellten Horizontalschnittes!

C

512. In den mittleren drei Fünfteln jedes Hirnschenkels liegen die
corticospinalen Neuriten _____al von Fasern, die den Kopf innervieren
(_______________ Fasern).

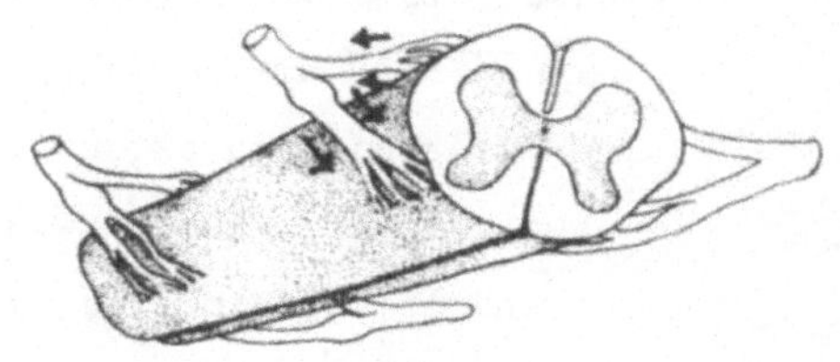

559. Efferente Fasern kommen aus dem Rückenmark auf dem Wege über die
_______ Radix. Achten Sie auf die Richtung der Pfeile!

D

882. Ein pathologischer Prozeß, in den der rechte Tractus corticospinalis lateralis einbezogen ist, verursacht gesteigerte Reflexe und spastische Lähmung im _______ Bein. Dieselben Symptome in demselben Bein könnten von einem pathologischen Prozeß des Tractus corticospinalis auf der _______ Seite im oberen Bereich der Medulla oblongata hervorgerufen sein.

899A. cranial (oberhalb)
caudal (unterhalb)
ungekreuzten
anderen (contralateralen, Gegenseite)
derselben (oder linken)
gesteigert (verstärkt)

1203. Wie die Schmerz- und Temperaturneurone geben die meisten Berührungs- und Druckneurone des ganzen Nucl. tr. spinalis n. V Axone ab, die die Medianebene kreuzen und dann im Tr. _________________ weiterlaufen. Die Axone des Nucl. sensorius principalis n. V laufen auf beiden Seiten des Hirnstammes nach cranial in Bahnen, die weiter dorsal liegen. Diese Fasern und ihre Zellkörper bilden den rechten und linken Tr. trigeminothalamicus _______ _______.

1220. Eine Läsion an der Stelle B stört die Schmerz- und Temperaturempfindung auf der _______ Seite des Gesichtes und des Körpers, da sie den gekreuzten Tr. spinothalamicus lateralis und den Tr. trigeminothalamicus anterior _______ unterbricht. Ein Herd an der Stelle A beeinträchtigt die Schmerz- und Temperaturempfindung auf der _______ Körperseite. Der Herd A zerstört auch die absteigenden Fasern des rechten Tr. spinalis n. trigemini und betrifft daher die Schmerz- und Temperaturempfindung der _______ Gesichtsseite. Somit beeinflußt ein Herd im seitlichen Bereich der Medulla oblongata die Schmerzempfindung auf derselben Gesichtsseite und der _______ Körperseite, wohingegen die contralaterale Gesichts- und Körperhälfte betroffen wird, wenn sich die Läsion in einem ___eren Bereich des Hirnstammes befindet.

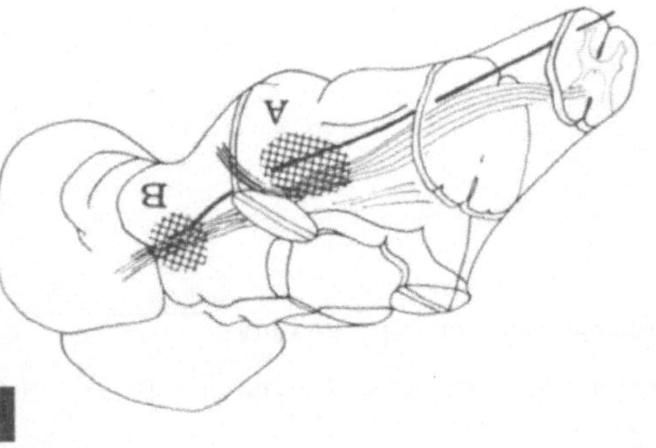

154A.

graue Substanz	Verbindungsbrücken aus Nervenzellen
weiße Substanz	Globus pallidus
medialstes Basalganglion	Tractus corticospinalis

A

B

204A.

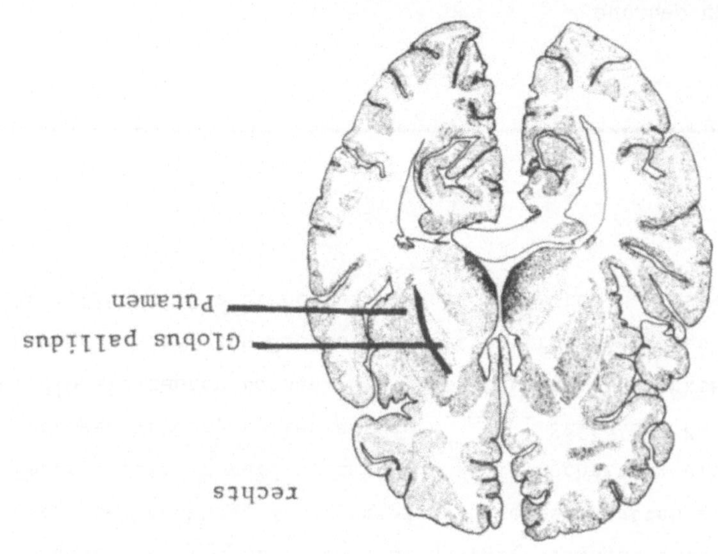

512A. lateral

corticonucleare (oder corticobulbare)

C

---

558. Die meisten peripheren Nerven enthalten afferente und efferente Fasern. Solche Nerven werden gemischte _________ Nerven genannt. Sie entstehen im Bereich der Wirbelsäule aus dem Zusammenfluß von Radix ventralis und _________ dorsalis.

D

883. Bei der Sektion eines Patienten mit einem früher erlittenen Schlaganfall,
der die innere Kapsel der linken Großhirnhemisphäre betroffen hatte, zeigt das
Rückenmark eine _________ Degeneration des_______ ______________ lateralis
auf der ______ Seite. Der Patient zeigte eine spastische Lähmung und ein
positives Babinskisches Zeichen am ______ Fuß. Die klinischen und bei der Sektion
gewonnenen Befunde standen in Einklang. Es handelte sich um eine Unterbrechung der
_______motorischen Neurone.

E

---

899. Wenn eine afferente Bahn im Rückenmark unterbrochen worden ist, so entwickelt sich _____al davon eine Wallersche Degeneration dieser Bahn. Ein Patient
mit einer halbseitigen Rückenmarksunterbrechung in Höhe von T10 verliert einen
Teil der sensiblen Funktionen ____al davon. Der Ausfall befindet sich auf derselben Seite wie die Unterbrechung, da die Empfindungseigenschaften größtenteils
in __ gekreuzten Fasern geleitet werden, Empfindungseigenschaften, die in gekreuzte Fasern übertragen werden, fallen auf der ______ Seite des Körpers aus.
Ähnliches gilt für die efferenten Bahnen. Der Patient kann sein linkes Bein nicht
mehr willkürlich bewegen, wenn sich die halbseitige Unterbrechung des Rückenmarks
auf ________ Seite befindet. Die Streckreflexe des gelähmten Beines werden
________ sein.

F

1203A. trigeminothalamicus anterior secundus
        posterior secundus

G

1219. Der vordere sekundäre Tr. trigeminothalamicus
leitet Informationen über Schmerz- und Temperaturempfindungen. Einige dieser Fasern und
die analogen aus dem Rückenmark scheinen
sich dem Lemniscus medialis anzuschlies-
sen, der bis zum ________ reicht. Auf
der Abbildung repräsentieren der Kopf
und übrige Körper des Homunkulus
somatosensible Empfindungen, die hauptsächlich auf der _______ Seite entstehen.

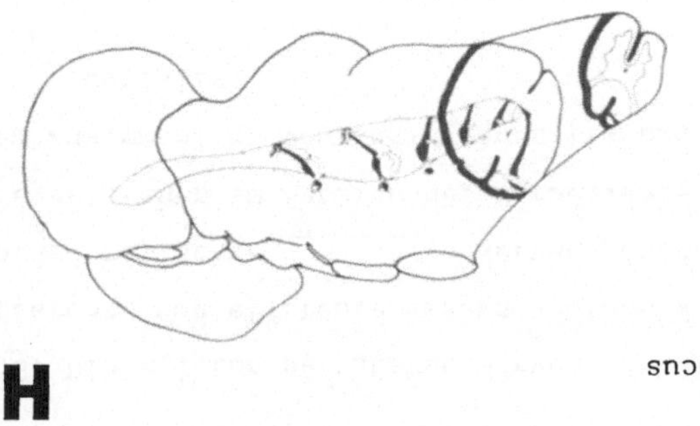

H

A

155. Das Putamen und der Globus pallidus sind an ihrer Farbe, Form und Lage unterscheidbar. Sie enthalten eine umschriebene Ansammlung von Nervenzelleibern. Die beiden Basalganglien werden unter dem Oberbegriff

_______ ________ zusammengefaßt.

B

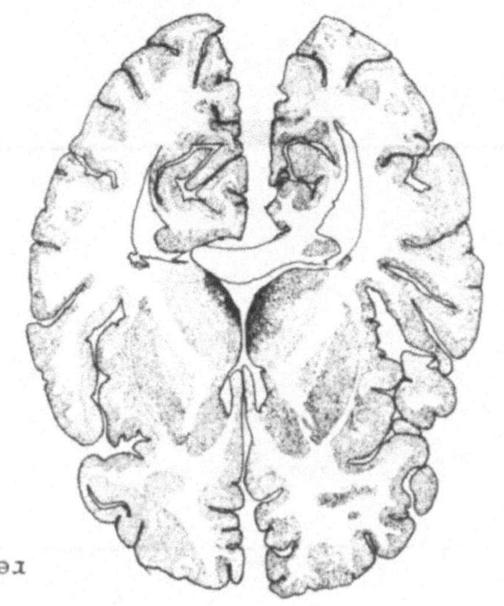

204. Der laterale Teil des Nucleus lentiformis unterscheidet sich deutlich vom medialen. Markieren Sie auf der rechten Hälfte des Horizontalschnittes mit Hinweislinien und Beschriftung seine beiden Teile und zeichnen Sie die Grenze zwischen ihnen ein!

C

513. Zeichnen Sie Hinweislinien an die drei Sektoren, die in den mittleren drei Fünfteln des Crus cerebri liegen und durch die beiderseits die cortico-nuclearen und corticospinalen Fasern ziehen! Beschriften Sie die drei Sektoren beiderseits mit CN oder CS!

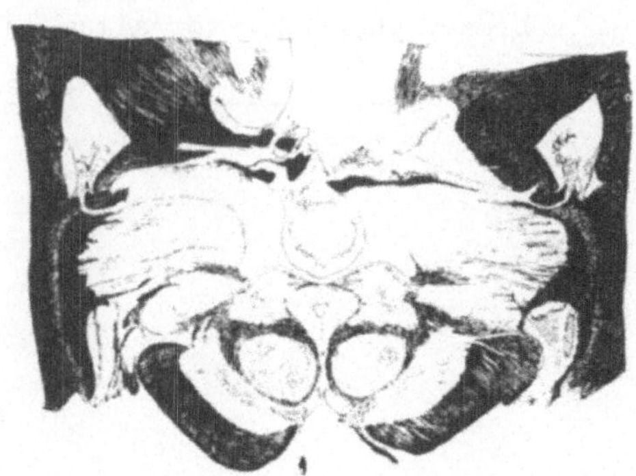

D

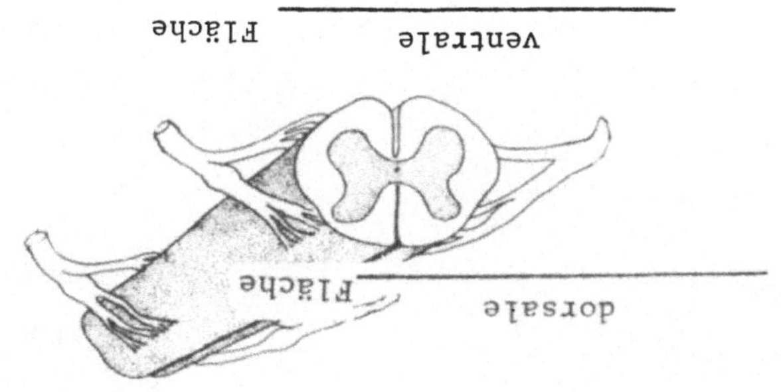

557A.

883A. Wallersche

Tractus corticospinalis

rechten (oder contralateralen)

rechten

primären (oberen)

E

F

898A. spinothalamicus anterior

cuneatus

linken

G

1204. Informationen über Berührung und Druck z.B. im linken Bein werden
in weit auseinanderliegenden Bahnen im Rückenmark nach oben geleitet,
im rechten und linken Tr. _______________ und __________ Fasc.
__________. Dieser überträgt vor allem Informationen über Druck und Be-
rührung sowie die __________ aus Sehnen und Gelenken.

H

1218A. trigeminothalamicus

Commissura alba

spinothalamicus

156. Der Nucleus lentiformis besteht aus ______ Substanz.

B

203A. Capsula interna

513A.

C

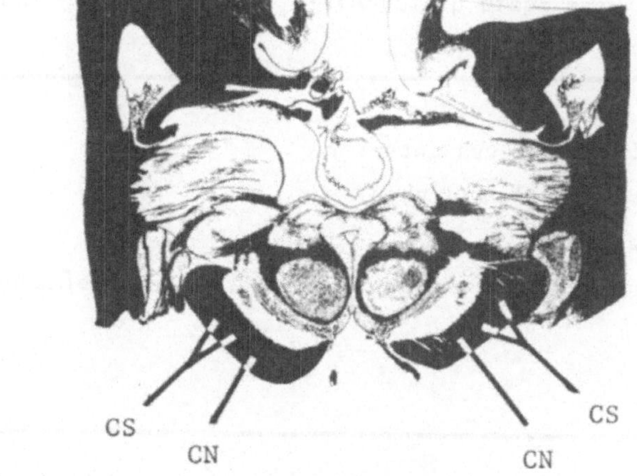

D

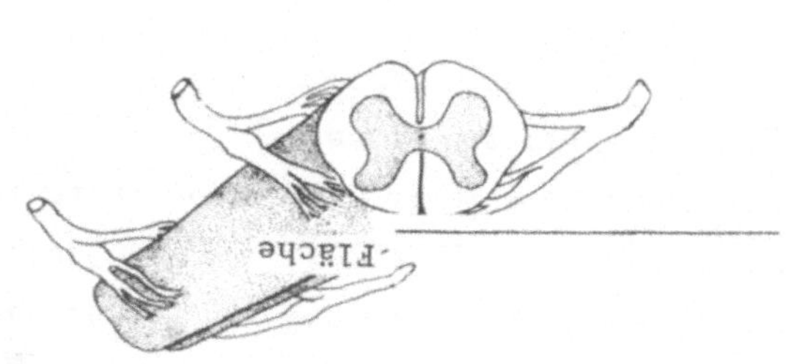

557. Da sich das Rückenmark im dorsalen Teil des Körpers befindet, laufen die meisten peripheren Nerven aus dem Rückenmark nach ventral. Schreiben Sie ventrale und dorsale Fläche an die entsprechenden Stellen des Rükkenmarks!

884. Zeichnen Sie gekreuzte Linien ein, die
eine halbseitige Durchtrennung der rechten
Seite des Rückenmarks markieren sollen! Als
Folge wird eine Wallersche Degeneration der
afferenten Fasern _______ der Durchtrennung auftreten. Die efferenten Fasern werden nach einer gewissen Zeit eine Wallersche Degeneration _______ der Durchtren-
nungsebene zeigen.

898. Die Berührungsempfindung ist bei der Syringomyelie gewöhnlich nicht ausgefallen, da die aufsteigenden Berührungsbahnen weit über das Rückenmark verteilt sind. Berührungsimpulse der linken Hand laufen im Halsmark durch den
rechten und linken Tr. _______ _______ sowie den Fasc. _______ der
_______ Seite.

1204A. spinothalamicus anterior
ipsilateralen (linken)
gracilis
Kinästhesie (Bewegungs-, Gelenk-, Lageempfindung)

1218. Die Schmerz- und Temperaturempfindungen leitenden Axone des N. trigeminus
aszendieren über beträchtliche Strecken auf ihrem Wege zum vorderen, sekundären
Tractus _______ bevor sie die Medianebene kreuzen. Sie steigen
wesentlich weiter auf als die analogen Axone im Rückenmarksbereich, die in der
_______ _______ kreuzen und als Tractus _______ nach oben laufen.

A

156A. grauer

B

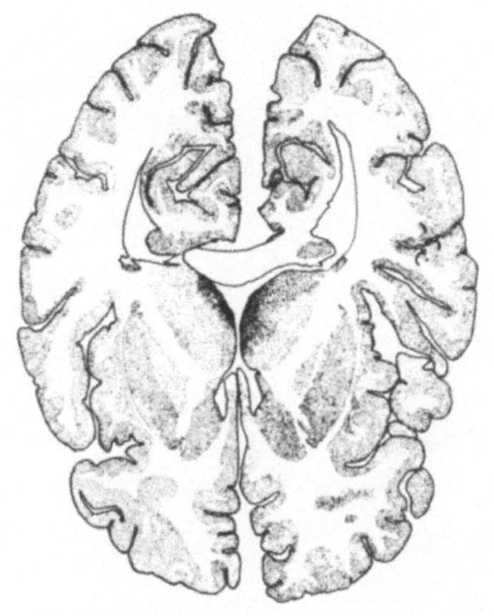

203. Zeichnen Sie auf dem abgebildeten
Horizontalschnitt die Grenzen des bei-
derseitigen Nucleus lentiformis ein!
Seine laterale Fläche wird auch äußere
Fläche genannt. Die beiden inneren
Flächen werden von der _______
_______ teilweise eingekapselt.

C

514. Die cortico_______ und corticonuclearen Fasern steuern Gesichts- und
Kopfmuskeln. Sie durchlaufen nicht das Rückenmark, sondern enden in verschiedenen Höhen des Hirnstammes.

D

556. Der praktische Arzt kann spezielle Einzelheiten der topischen
Beziehungen von Rückenmarkssegmenten, Nervenwurzeln und Wirbeln auf
Abbildungen und in Tabellen nachsehen. Nur von Spezialisten erwartet
man, daß sie diese Beziehungen auswendig kennen.

E

<u>884A.</u> oberhalb (cranial)

unterhalb (caudal)

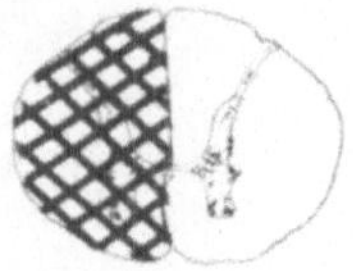

F

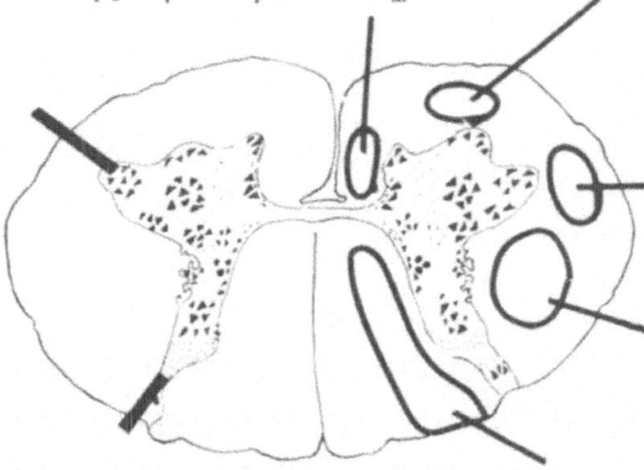

G

<u>1205.</u> Informationen über die feinen Druck- und Berührungsempfindungen (die Fähigkeiten, die Lokalisation und Art der Reize zu erkennen) werden auf dem Wege über die weiter oben liegenden Neurone, insbesondere des Nucl. sensorius __________ n. V. übertragen. Die Analogie zu funktionell ähnlichen Komponenten des Rückenmarks ist gering! Der Fasc. gracilis und Fasc. cuneatus leiten ____ lateral entstehende Informationen. Die sekundären Neuronen kreuzen die Mittelebene und steigen im __________ __________ auf. Die sekundären Neuronen des N. trigeminus ziehen __ lateral nach oben im Tr. __________ __________ secundus.

H

<u>1217A.</u> ipsilateralen (derselben)

Das corticospinale System: Ansicht von medial; innere Kapsel (Abschnitt 157-181)

A

B

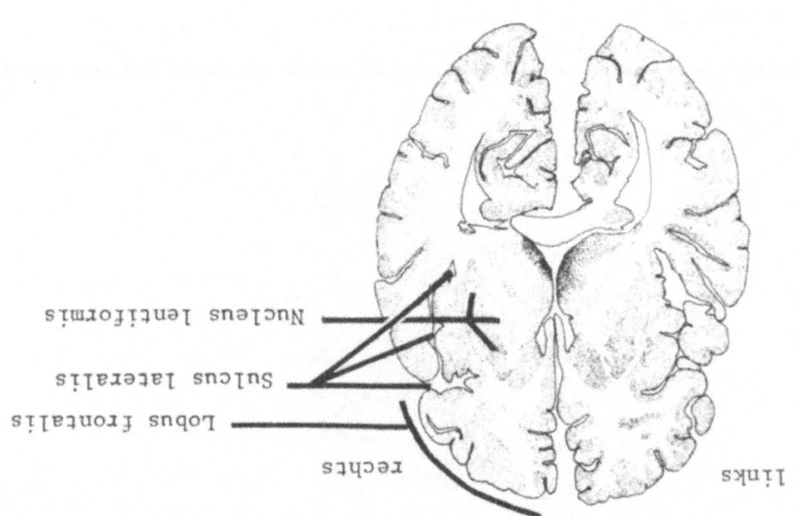

202A.

C

515. In der inneren Kapsel sind die efferenten Nervenfasern von vorn nach hinten in der Reihenfolge ____, Arm, ____ angeordnet, die corticonuclearen Fasern liegen ____al von den corticospinalen. Im Crus cerebri befinden sich die Fibrae corticonucleares ____al von der Fibrae corticospinales.

D

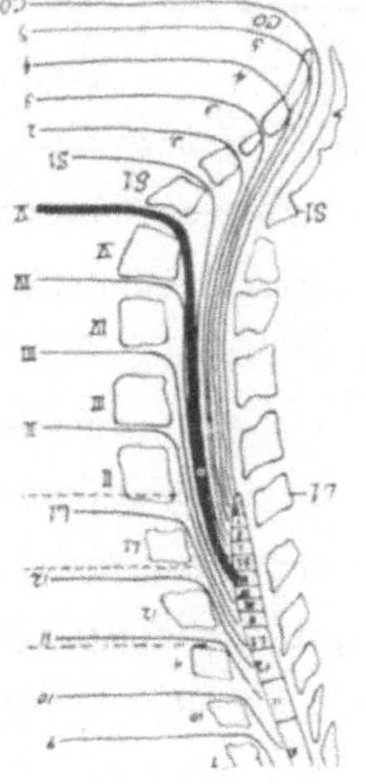

555A. lumbalis L5
sacralis S1

885. Eine halbseitige Unterbrechung des Rückenmarks an einer bestimmten Stelle wird außer den beschriebenen Wirkungen auf die langen Bahnen der weißen Substanz wahrscheinlich einen Teil der sekundären motorischen sowie der primären sensiblen Neuronen in Höhe der Läsion zerstören. Die Schädigung der sekundären motorischen Neuronen führt zur Hypotonie der Muskulatur, _______ und Muskel________.

E

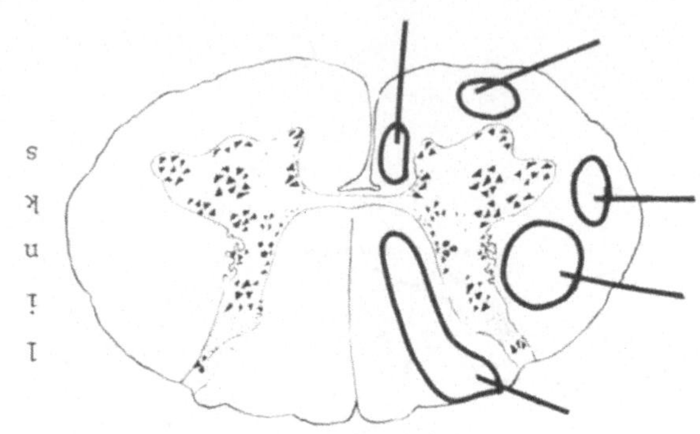

897. Zeichnen Sie auf der linken Rückenmarkshälfte die Grenzen ein zwischen Vorder-, Seiten- und Hinterstrang! Beschriften Sie die Hinweislinien!

F

1205A. principalis

ipsilateral

Lemniscus medialis

bilateral

trigeminothalamicus posterior

G

1217. Neurochirurgen haben den Beweis erbracht, daß die Schmerzbahnen nicht mit den Temperaturbahnen identisch sind. Die auf der Abbildung dargestellte chirurgische Durchtrennung wurde absichtlich durchgeführt, um anders nicht behandelbare Schmerzen auf der ____________ Gesichtsseite auszuschalten. Die Temperaturempfindung fiel nicht aus. Dies ist ein Beweis dafür, daß die "Temperaturfasern" im Tr. spinalis n. trigemini etwas ______ von den "Schmerzfasern" liegen.

H

A

157. In der linken Abbildung wurden die Buchstaben X und Y in Gebiete eines deutlich erkennbaren Gebildes der weißen Substanz eingezeichnet. Es handelt sich um das _____ _______. Welcher der beiden Buchstaben steht auf dem dorsalen Gebiet? _. Zeichnen Sie die gleichen Buchstaben in die entsprechenden Gebiete der rechten Abbildung!

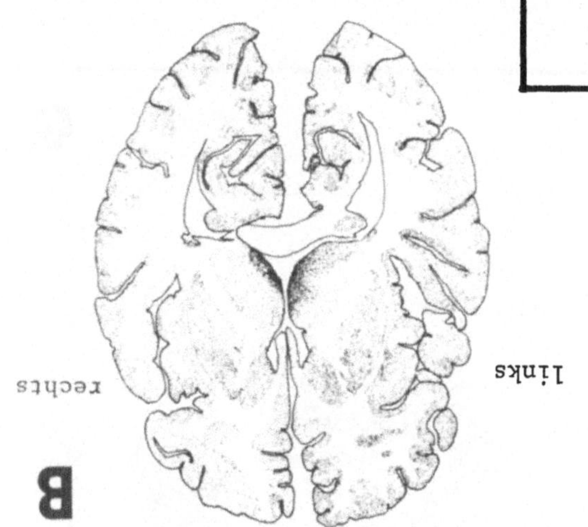

B

202. Die Abbildung zeigt einen dünnen Horizontalschnitt durch beide Hemisphären, der etwas tiefer als die vorangehenden Schnitte liegt. Kennzeichnen Sie mit Hinweislinien und Beschriftung an der rechten Hemisphäre den Lobus frontalis, Sulcus lateralis und Nucleus lentiformis!

C

515A. Kopf

Bein

ventral

medial

D

555. Der N. lumbalis L5 besitzt eine lange Wurzel, die zwischen der Vertebra _______ __ und Vertebra _______ __ austritt. Zeichnen Sie diese Wurzel ein!

E

<u>885A.</u> Parese

Muskelatrophie

F

<u>896A.</u> Atrophien

G

<u>1206.</u> Die meisten Axone der umzeichneten Bahnen entspringen beiderseits im Nucl. ____________-

____________. Eine Schädigung, die nur eine dieser Bahnen betrifft, würde das Empfindungsvermögen auf beiden Gesichtsseiten beeinträchtigen, da die intakte Bahn (vervollständigen Sie den Satz!) ________________________

____

____

____

________________.

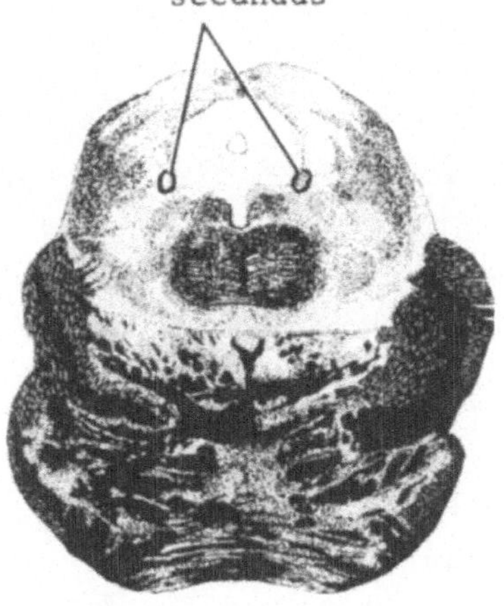

H

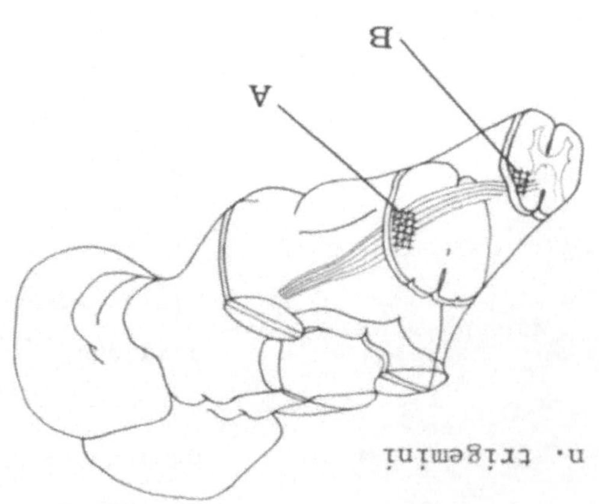

<u>1216A.</u> cranialen (höheren)

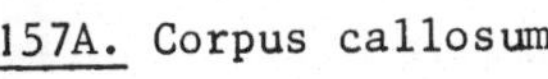

157A. Corpus callosum

X

A

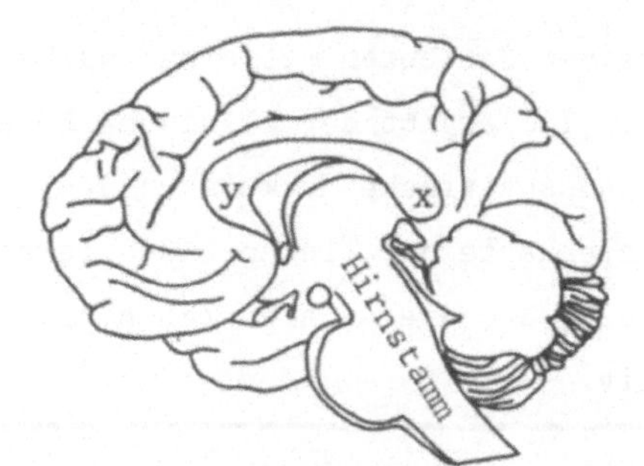

B

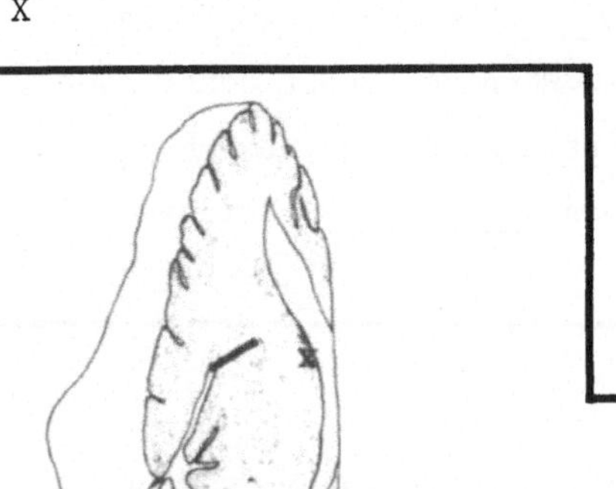

C

516. Die übrigen Sektoren des Crus cerebri enthalten Axone, die hauptsächlich in der Brücke enden. Die am weitesten lateral liegenden Fasern kommen überwiegend aus Zellkörpern, die im Lobus _________ und Lobus _________ liegen. Die medialsten entspringen aus dem Lobus _______.

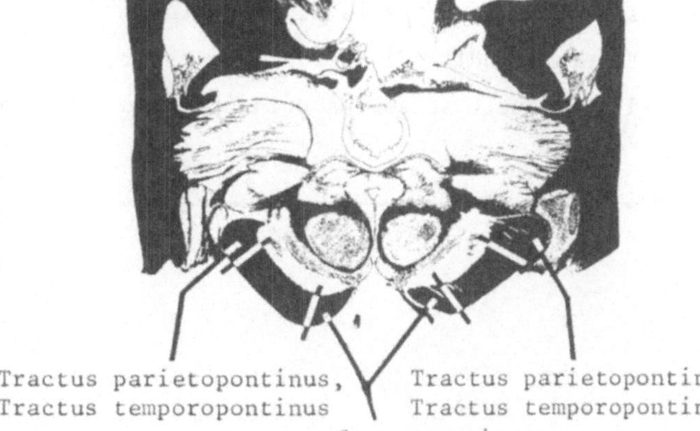

D

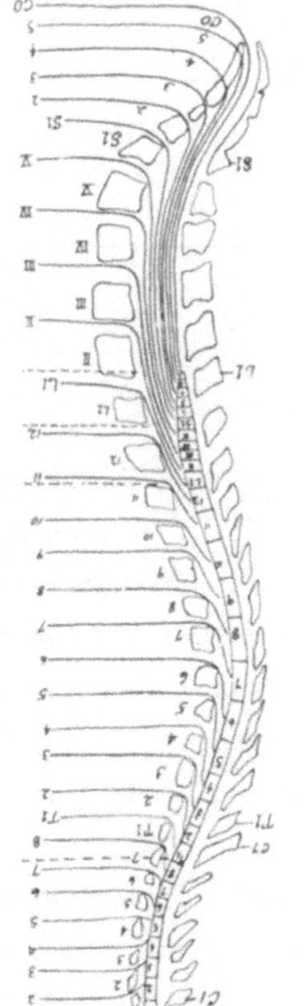

554. Jeder thorakale, lumbale und _______ Spinalnerv erscheint zwischen dem Wirbel mit der gleichen Ordnungszahl und dem mit der folgenden. Zum Beispiel trifft der Nervus thoracalis 6 zwischen Vertebra thoracica 6 und Vertebra thoracica _ aus.

E

886. Bei einem Patienten mit einer halbseitigen Rückenmarksdurchtrennung links in Höhe von T10 ergibt der klinische Befund __________ Sehnenreflexe (Streck-reflexe) und spastische Muskulatur des linken Beines. Wenn der Untersucher über die laterale Kante der linken Fußsohle streicht, tritt eine Dorsalflexion der Großzehe ein, und die anderen Zehen spreizen sich. Das __________ Zeichen ist positiv.

F

896. Das Krankheitsbild der Syringomyelie erfaßt im allgemeinen frühzeitig die Commissura alba. Die herdförmigen Veränderungen vergrößern sich allmählich. Bei dem abgebildeten Fall waren auch die Vorderhörner von C8 betroffen. In diesem Stadium waren auch seine Hände analgetisch. Da die zweiten motorischen Neuronen auch befallen waren, waren die ulnaren Muskeln beiderseits von ihrer nervalen Versorgung abgeschnitten. Es resultieren Paresen und __________.

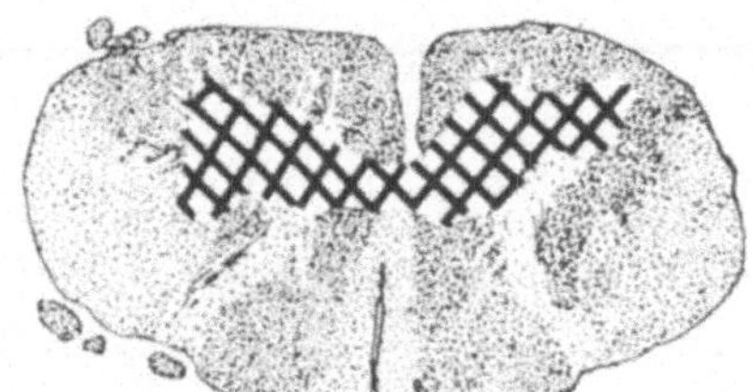

G

1206A. sensorius principalis n. trigemini Fasern enthält, die sowohl aus dem rechten als auch aus dem linken Nucl. sensorius principalis n. V kommen

H

1216. Kennzeichnen Sie mit Schraffur, einer Hinweislinie und dem Buchstaben A auf dem entsprechenden Querschnitt eine Läsion des Tractus spinalis n. trigemini, die eine Analgesie der ipsilateralen ganzen Gesichtshälfte hervorrufen würde. Machen Sie auf der anderen Querschnittsfläche eine Schädigung B kenntlich, die mit Ausnahme erhaltener Schmerzempfindungen der Lippen dieselben Folgen hätte. Die Lippengegend ist bei der Läsion B ausgespart, da die primären Schmerzfasern bereits in den _________ Bereichen Synapsen im Nucl. ______ _______ __ trigemini gebildet haben.

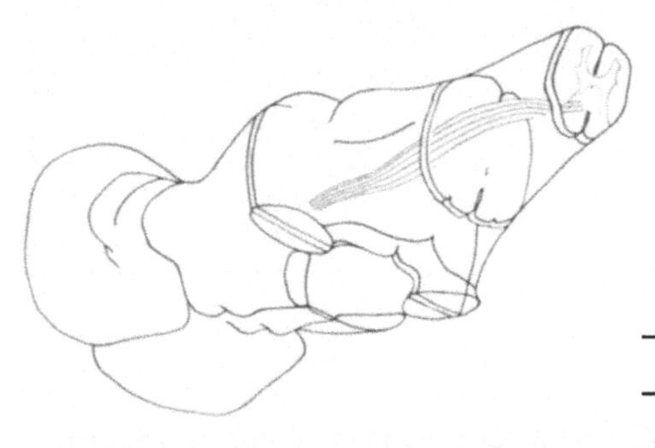

158. Kennzeichnen Sie mit Hinweislinien und den angegebenen Buchstaben folgende Bezirke: occipitaler Pol (OP), Corpus callosum (CC), Ramus marginalis des Sulcus cinguli (C), und den kleinen sichtbaren Teil des Sulcus centralis (SC).

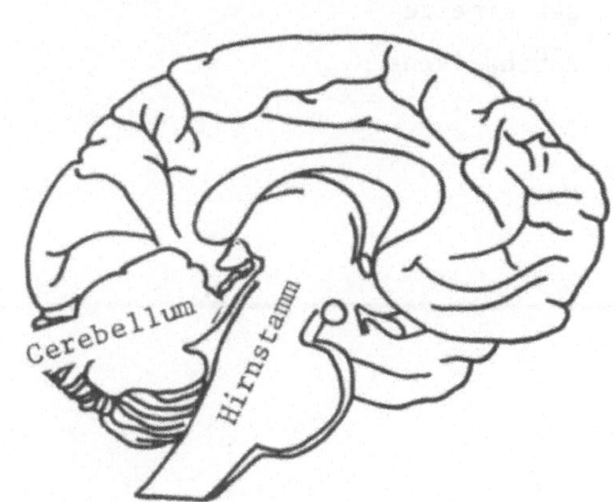

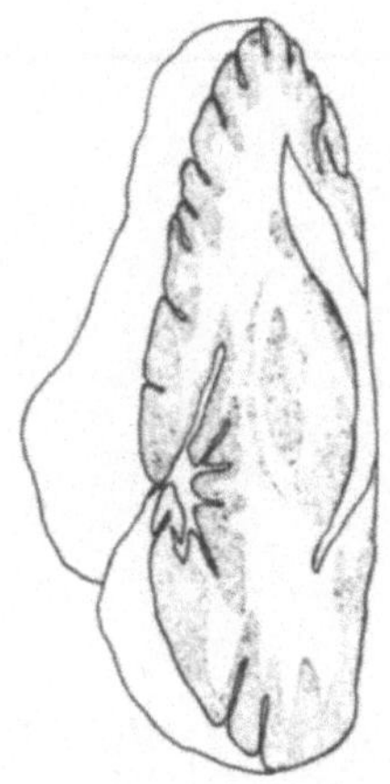

201. Zeichnen Sie auf der Schnittfläche die Strecke zwischen dem dorsalsten Punkt des Nucleus lentiformis und dem dorsalsten des Sulcus lateralis ein! Markieren Sie mit einem X den Thalamus!

516A. parietalis
temporalis   (oder in umgekehrter Reihenfolge)
frontalis

553A. L2
L3
Cauda equina

886A. gesteigerte

    Babinskische

Syringomyelie

895A. spinothalamicus lateralis

F

G

1207. Schreiben Sie den Namen der
Bahnen an die Abbildung! Die drei
umzeichneten Bahnen übertragen
Informationen, die auf der rechten
Gesichtsseite entstehen. Erläutern
Sie kurz den Zusammenhang!

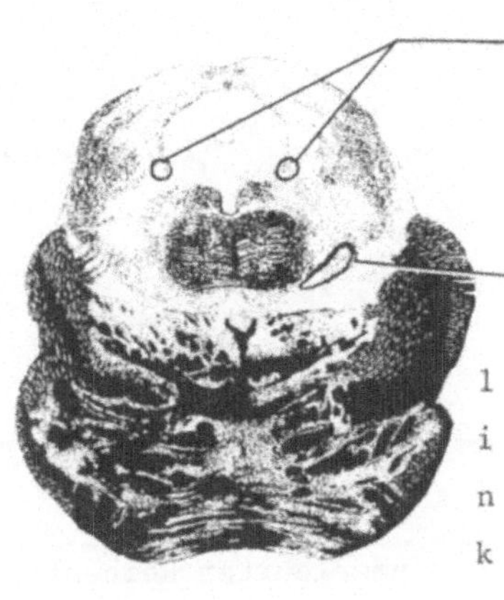

H

1215A. obersten

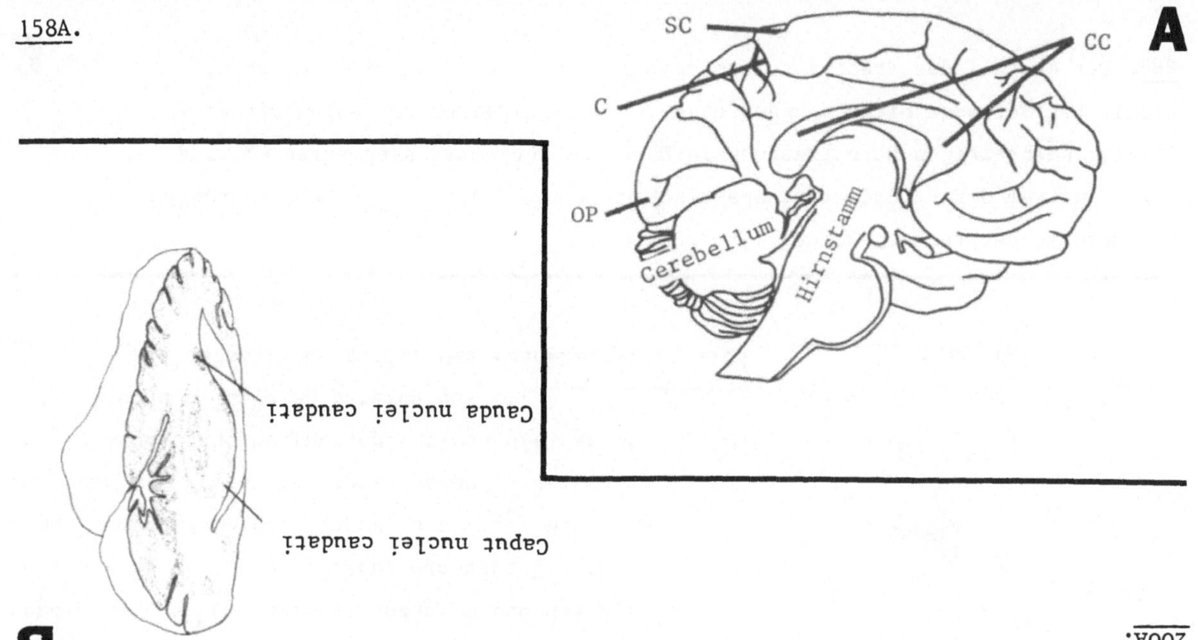

C

517. Kreisen Sie auf beiden Seiten die Namen derjenigen Strukturen ein, die oberhalb der Medulla oblongata endende Fasern enthalten.

D

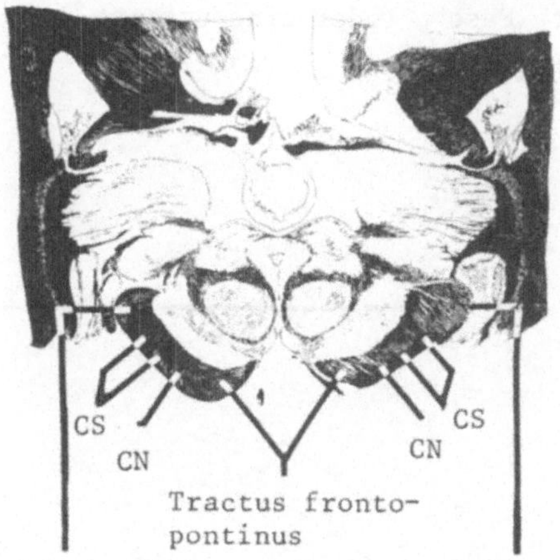

553. Ein Querschnitt zwischen dem 11. und 12. Brustwirbel trifft das Rückenmarkssegment Nr ___ oder ___ und zahlreiche Spinalnervenwurzeln. Unterhalb des 2. oder 3. Lendenwirbelkörpers stellen diese Wurzeln einen Teil der ___ ___ dar.

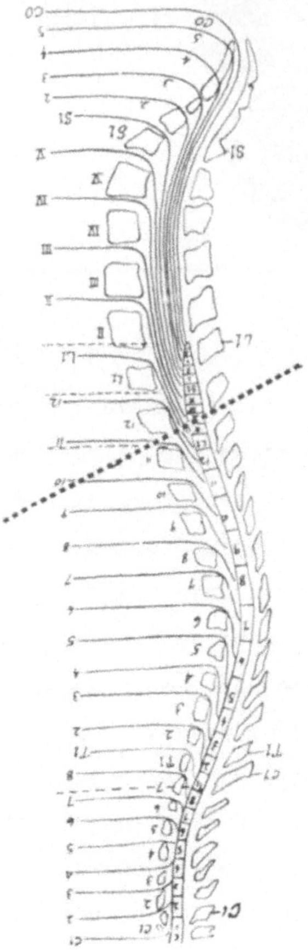

887. Der Ausfall des Tractus corticospinalis anterior kann mit einfachen, klinischen Methoden nicht nachgewiesen werden. Bei einem Patienten mit einer linken, halbseitigen Durchtrennung in Höhe des Rückenmarkssegmentes C8 wird unter anderem der Befund einer spastischen Paralyse des _______ Beines erhoben. Die Motorik des rechten Beines ist praktisch _______.

E

895. Ein Patient mit dem dargestellten Krankeitsherd könnte eine Zigarette anzünden und das Streichholz soweit abbrennen lassen, daß eine Verbrennung I. Grades seiner Finger entstünde. Die Schmerz- und Temperaturempfindungen in seinen Beinen sind nicht beeinträchtigt, da die Läsion u.a. nicht den lumbalen Bereich des Tr. _______ _______ beiderseits betrifft. Das Krankheitsbild wird _______ genannt.

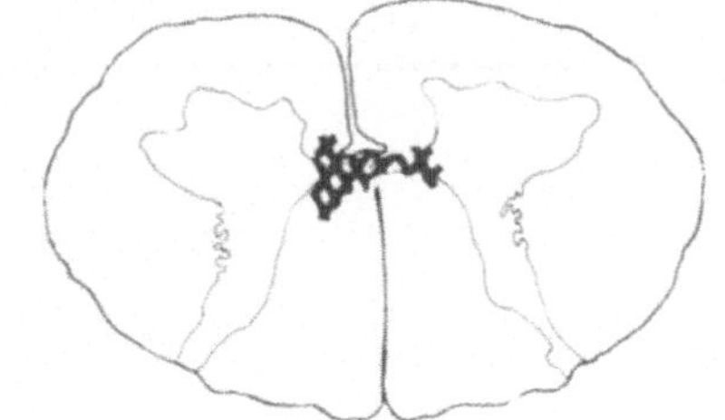

F

1207A. Die dorsalen Bahnen enthalten sowohl gekreuzte Fasern, als auch ungekreuzte, die ventralen enthalten nur gekreuzte Fasern (oder eine entsprechende Erklärung).

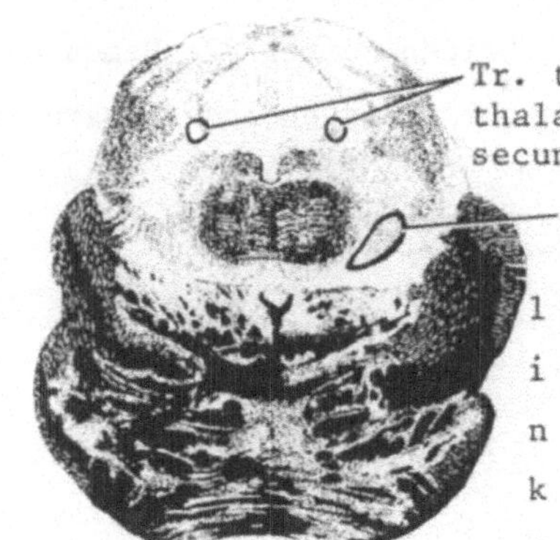

G

1215. Schmerzen in der Gesichts- und einem Teil der Kopfhaut werden hauptsächlich auf dem Wege über Fasern des Tr. spinalis n. trigemini übertragen, der im Halsmark endet und sich dort offensichtlich mit Fasern der Spinalnerven C2-C4 vermischt. Die "Schmerzdermatome" des Gesichts sind "zwiebelschalenförmig" angeordnet. Die mittleren Gebiete des Gesichts, einschließlich der Lippen, liegen am weitesten von den Cervicaldermatomen entfernt und werden daher im _______ Bereich des "Schmerzteils" des Nucl. tractus spinalis n. trigemini repräsentiert.

H

159. Die vier größeren Gegenden des Stammhirns
sind auf der Abbildung beschriftet und teilweise schattiert worden. Von oben nach unten heißen sie _________, ___________, _____ , und
________ ________.

A

B

517A.

200. Beschriften Sie die angezeigten Strukturen!
Kennzeichnen Sie mit einem V die vorn liegende!

C

D

552. Die meisten Lumbal- und alle Sacralwirbel
umschließen keine _________ Segmente, aber in
dem von ihnen gebildeten Teil des Wirbelkanals
laufen viele Nerven _________. Diese sehen wie ein
Pferdeschweif aus. Daher werden sie in ihrer
Gesamtheit _________ equina genannt.

E

887A. linken (oder ipsilateralen, gleichseitigen)

normal (oder erhalten, intakt)

F

894. Die bei der Syringomyelie betroffenen Fasern sind Axone ________ ärer Neuronen. Treten Beschwerden auf keiner, einer oder beiden Seiten auf, wenn die röhrenförmige Höhlenbildung die Commissura alba betrifft? ________ .

G

1208. Berührungs- und Druckempfindung eines bestimmten Körpergebietes können verändert sein, aber es ist unwahrscheinlich, daß sie infolge irgendeines Herdes im ZNS vollständig aufgehoben sind, da die Bahnen zu weit ____________ .

H

1214A. ersten

derselben (ipsilateralen)

160. Schreiben Sie die Bezeichnung für den
obersten Teil des Hirnstammes auf die entsprechende Stelle der Abbildung!

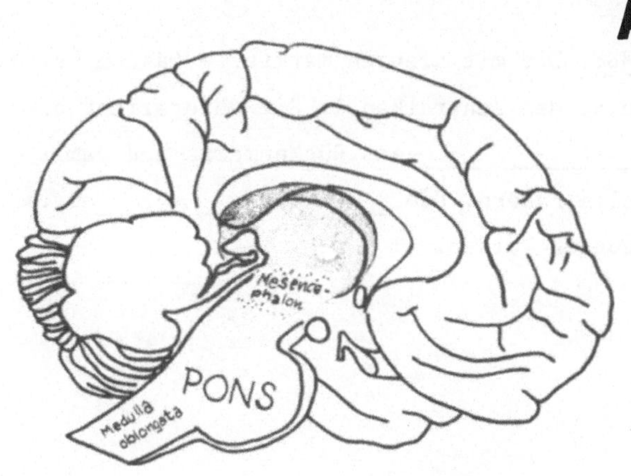

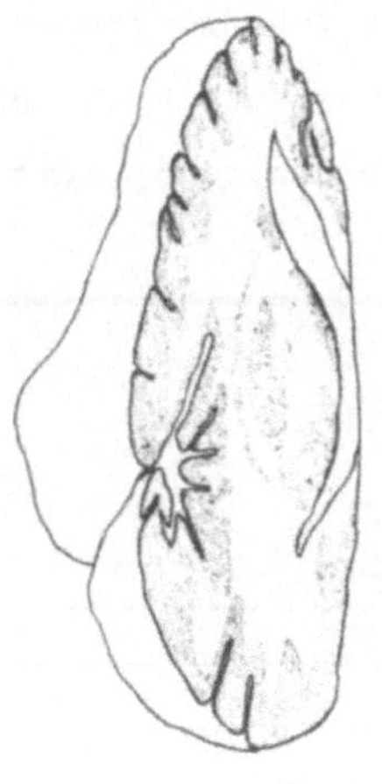

199. Das mediale Ende des Globus pallidus
zeigt in Richtung auf die Symmetrieebene
und etwas nach _____ a1. Zeichnen Sie die
Grenzen der Schnittfläche des Globus
pallidus in die Abbildung!

Läsionen des corticospinalen Systems (Abschnitt 518-535)

551A. 7
8
1
4
5
7

E

888. Die mit Kreuzen markierte Läsion betrifft u.a. den Zentralkanal. Sie unterbricht die ________ ____ des Rückenmarks und damit alle Fasern, die ___- und _________empfindungen leiten.

F

893. Wenn alle Gewebselemente eines Bezirkes im Zentralnervensystem zerstört worden sind, kann eine röhrenförmige Höhle (Syrinx) zurückbleiben. Myelon heißt Mark. Die Medulla spinalis ist das Mark der Wirbelsäule. Eine röhrenförmige Höhlenbildung im Rückenmark in Form eines typischen Krankheitsbildes wird daher ________myelie genannt.

G

1209. Füllen Sie die Liste aus unter Vergleich der spinalen und cranialen Schmerz- und Temperaturbahnen.

Neuronen	Stamm u. Extremitäten	Gesicht
Lokalisation der prim. Nervenzellkörper	Spinalganglion	____ ____
Verlauf der prim. Nervenfasern im ZNS	Tr. _______ (Lissauer)	____ ____ ____ ____
Lage der sekundären Nervenzellkörper	____ ____ ____ ____	____ ____ ____ ____ ____
Aufstieg der sekundären Axone als	____ ____ ____ ____	____ ____ ____ ____
Seite	____ lateral	____ lateral

H

1214. Nehmen Sie an, die primären Fasern in der Bahn zu einem Tractus spinalis n. trigemini seien geschädigt. Auf der Seite der Schädigung erreichen die Impulse aus dem Gesicht noch nicht einmal die _____ Synapsen in der afferenten Bahn. Daher sind die Schmerz- und Temperaturempfindungen auf ________ Gesichtsseite beeinträchtigt.

A

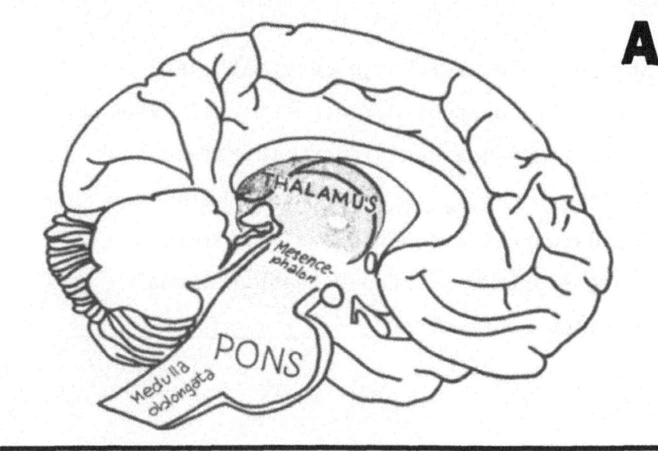

B

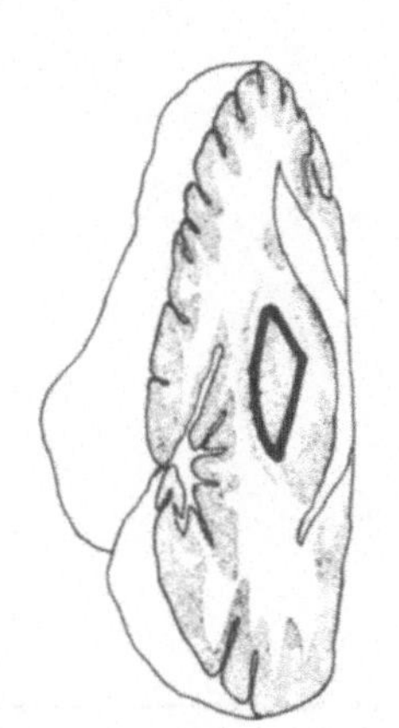

1984. Dreieck (oder Kreissegment)

C

518. Die Betzschen Riesenzellen sind die größten Nervenzellen der Großhirnrinde. (Auf der Abbildung sind sie vergrößert und schematisch gezeichnet worden). Zeichnen Sie in den abgebildeten ______- schnitt eine Betzsche Riesenzelle ein, mit ihrem durch die weiße Substanz laufenden Axon!

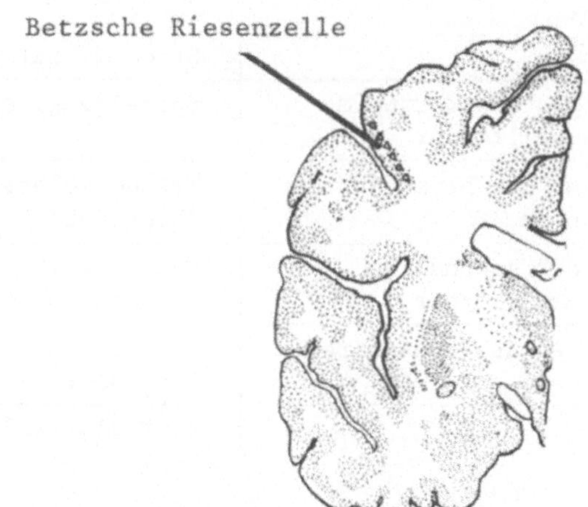

D

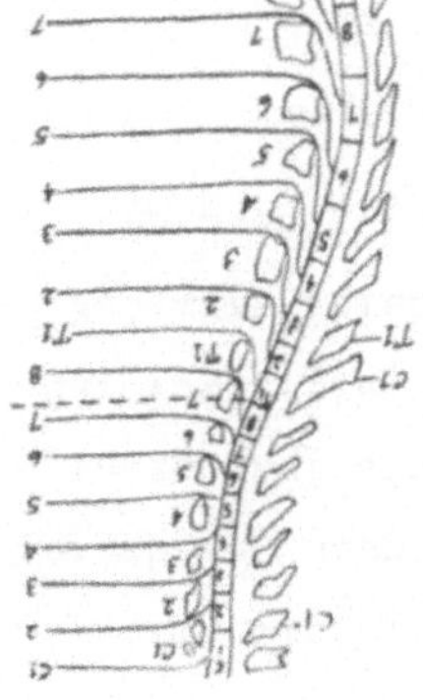

551. Es gibt 8 Cervicalnerven (Nn. cervicales), es sind die Spinalnerven der Pars cervicalis des Rückenmarks), aber nur ___ Halswirbel. Der N. cervicalis C8 läuft zwischen der Vertebra cervicalis C_ und T_. Der 5. Cervicalnerv er- scheint zwischen dem ___ und ___ Halswirbel und der 7. zwischen Vertebra cervicalis ___ und ___ Vertebra cervicalis ___.

889. Der eingezeichnete cervicale Herd unterbricht die Leitung der Schmerz- und Temperaturempfindungen eines oder einiger weniger
Dermatome der ______ Extremitäten. Aus
den darunterliegenden Dermatomen werden
diese Empfindungsarten weiterhin normal
geleitet im intakten ______ ____________

______.

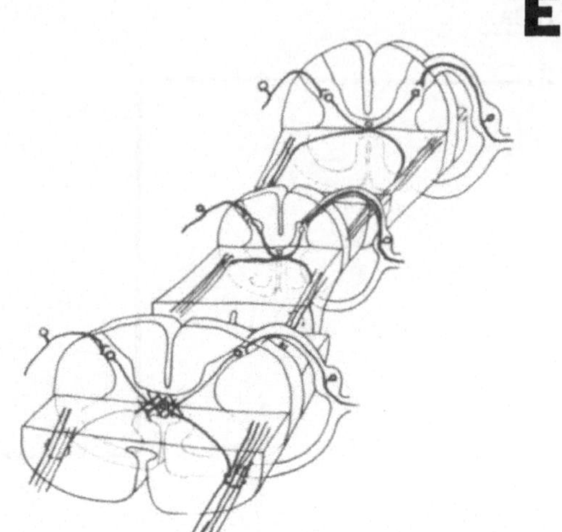

892A. Commissura alba (Commissura anterior)

1209A.

Neuronen	Stamm u. Extremitäten	Gesicht
Lokalisation der prim. Nervenzellkörper	Spinalganglion	Ganglion trigeminale
Verlauf der prim. Nervenfasern im ZNS	Tr. dorsolateralis (Lissauer)	Tr. spinalis n. trigemini
Lage der sekundären Nervenzellkörper	Nucl. centralis columnae posterioris	Nucl. tractus spinalis n. trigemini
Aufstieg der sekundären Axone als	Tr. spinothalamicus lateralis	Tr. trigeminothalamicus sec. anterior
Seite	contralateral	contralateral

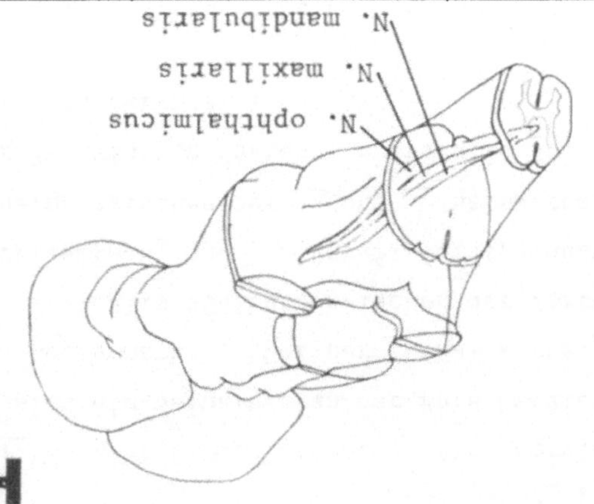

1213. Es wird angenommen, daß im Nucleus und
Tractus spinalis n. trigemini im Sinne der
Skizze den drei peripheren Hauptästen verschiedene Gebiete zugeordnet sind. Überraschen-
derweise scheint das vorderste und am weitesten
nach unten in das Halsmark reichende Gebiet den
N. ______ zu repräsentieren.

161. Stellen Sie sich in der Abbildung ein durch-
sichtiges Corpus callosum vor! Seitlich vom dorsalen Teil des Corpus callosum befindet sich der
(stark schattierte) _____le Teil des _______.

A

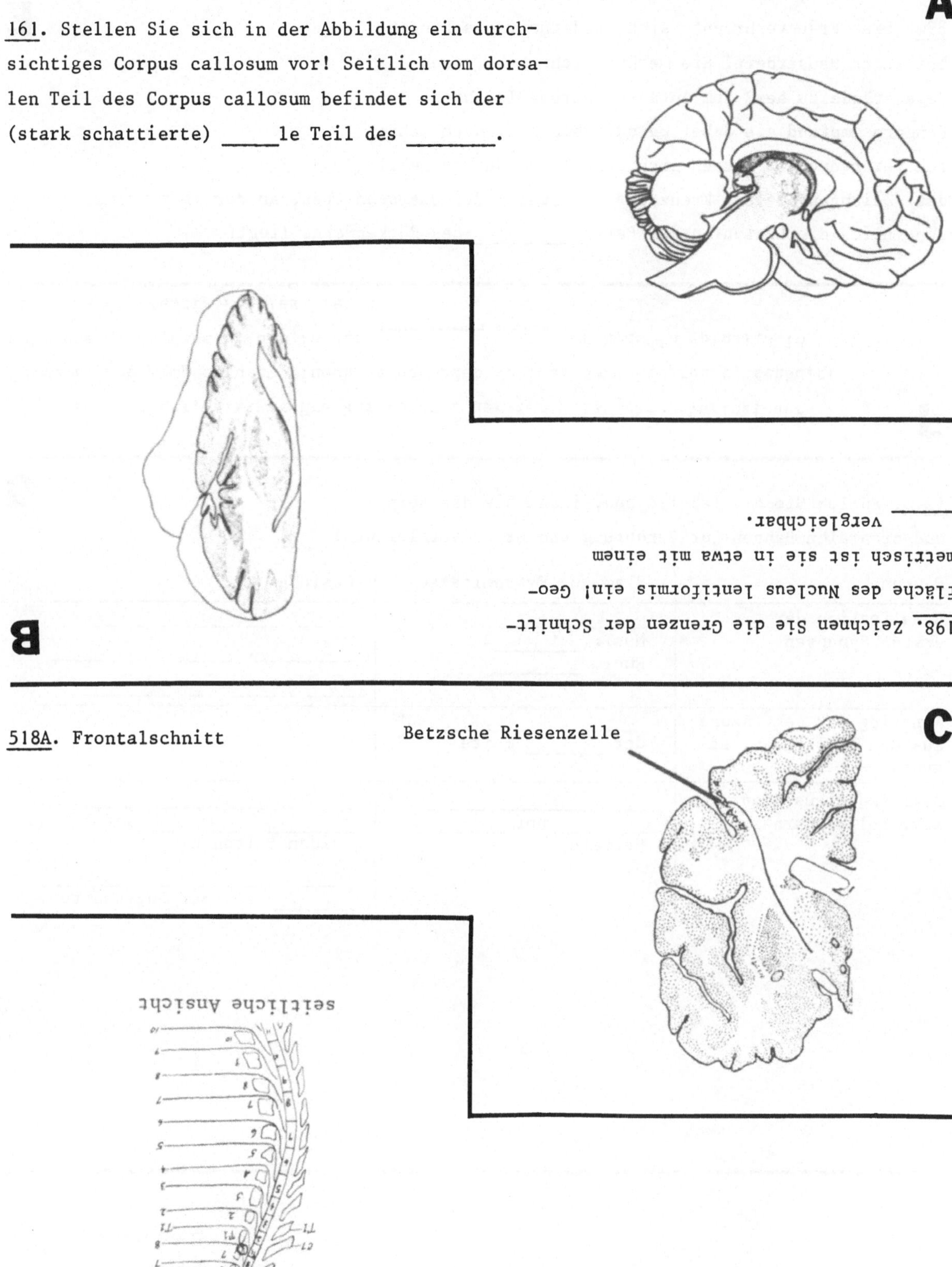

B

518A. Frontalschnitt

198. Zeichnen Sie die Grenzen der Schnittfläche des Nucleus lentiformis ein! Geo-
metrisch ist sie in etwa mit einem
_____ vergleichbar.

C

Betzsche Riesenzelle

550A.

D

seitliche Ansicht

E

890. Eine Frau verbrannte sich wiederholt die Finger
bei ihrer Hausarbeit. Sie merkte nicht mehr, wann
Gegenstände zu heiß zum Anfassen waren. In ihren
Fingern empfand sie dabei keine Schmerzen. Nach mehreren Verbrennungen hatten sich erhebliche Narben gebil-
det. Zeichnen Sie ein Kreuz auf die Stelle des Querschnittes, an der wahrscheinlich die Läsion in der Pars _________ des Rückenmarks liegt.

F

892. Ein einziger, kleiner Krankheitsherd, der zum bilateralen Verlust der
Schmerz- und Temperaturempfindung eines oder weniger Segmente führt, schädigt
wahrscheinlich Fasern, die in der _________ ____ der Medulla spinalis in
der Nähe des Zentralkanales liegen.

G

1210. Füllen Sie die Tabelle aus, indem Sie die spinalen
und cranialen Bahnen für Berührung und Druck vergleichen!

Neurone	Stamm u. Extremitäten	Gesicht
Lokalisation der ersten Synapsen	___ ________, Nucl. ________, Nucl. ________	___ __ _____ ___ __ _____ __ ___ , ___ _____ _____ __ ___ _____
Aufstieg der sek. Axone aus dem Nucl. grac. et cuneatus im	________ _______ auf der ______ Seite	
Sek. Axone aus sonstigen sek. Zellkörpern	__ _________ _______ auf ___ Seite(n)	__ ___________ ___ _______ auf beiden Seiten u. ___ _______ auf der Gegenseite

H

1212A. 3
ophthalmicus
maxillaris
mandibularis
mandibularis

A

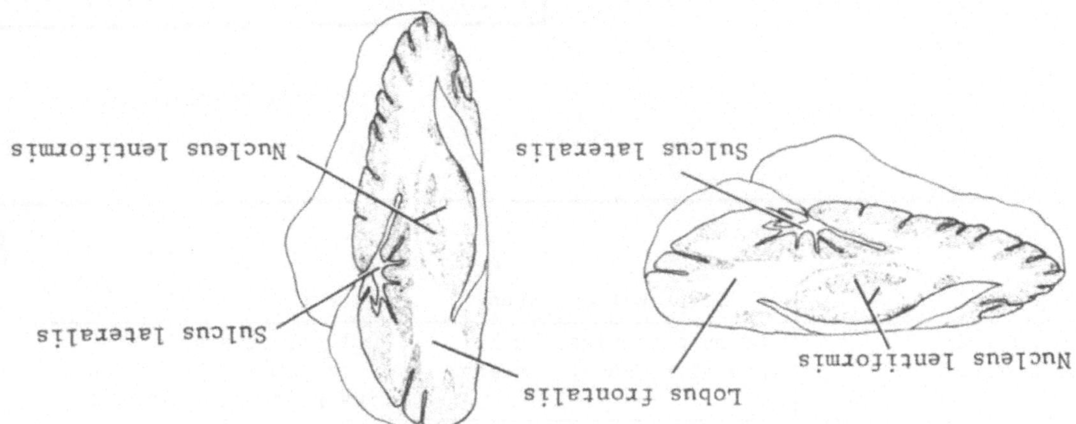

B

C

519. Unter dem Begriff Schlaganfall (Apoplexie) versteht man im klinischen Sprachgebrauch den plötzlichen Ausfall neurologischer Funktionen infolge einer Blutgefäßerkrankung (Arteriosklerose, arterielle Thrombose, arterielle Embolie, Gefäßruptur). Ein Schlaganfall infolge eines Herdes in dem eingezeichneten Gebiet führt zu ______ des Gesichtes, Armes und Beines auf der ______ Seite.

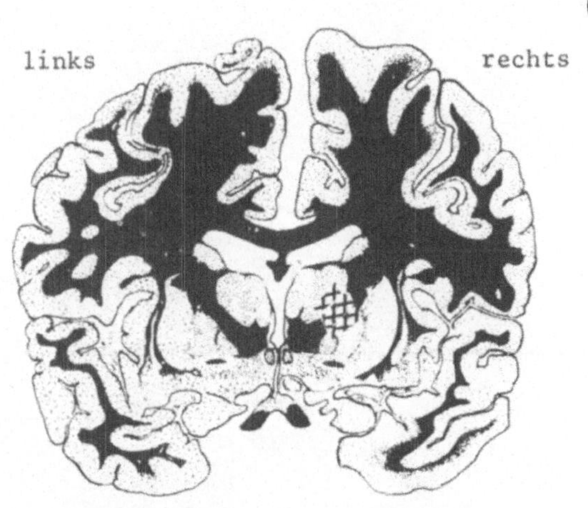

D

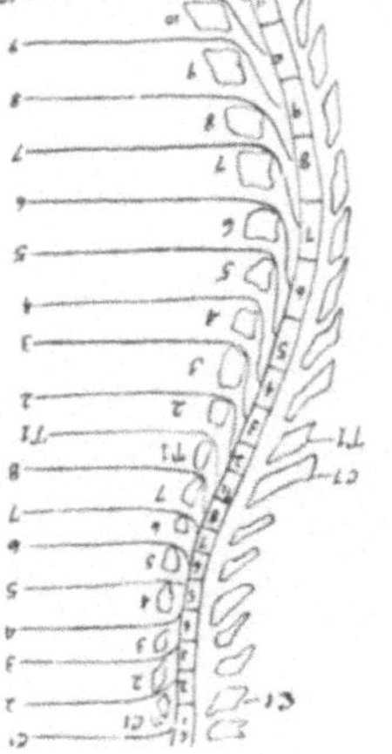

550. Eine Nervenwurzel ist der Teil eines Nerven zwischen der Austrittsstelle aus dem Rückenmark und seiner Eintrittsstelle zwischen die Wirbel. Sie werden den Rückenmarkssegmenten entsprechend numeriert. Zeichnen Sie je einen Kreis um C5 und C8.

890A. cervicalis

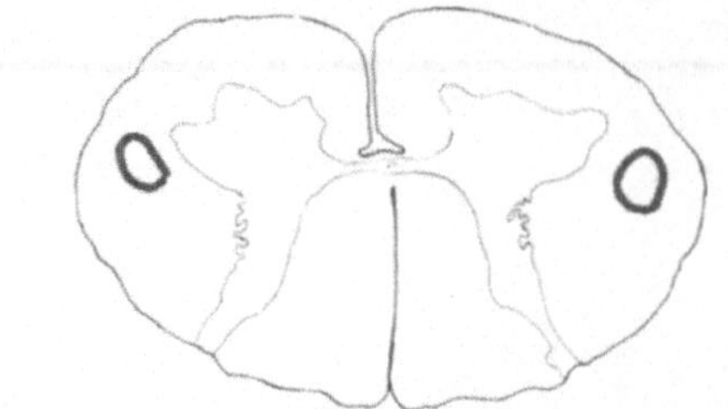
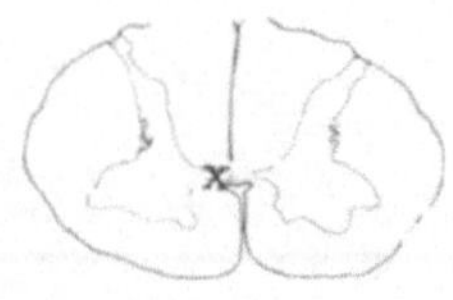

891A. centralis

spinothalamicus lateralis

1210A.

Neuronen	Stamm u. Extremitäten	Gesicht
Lokalisation der ersten Synapse	Cornu posterius, Nucl. gracilis, Nucl. cuneatus	Nucl. tractus spinalis n. trigemini, Nucl. sensorius prin. n. trigemini
Aufstieg der sek. Axone aus dem Nucl. gracilis et cuneatus im	Lemniscus medialis auf der anderen Seite	
Sek. Axone aus sonstigen sek. Zellkörpern	Tr. spinothalamicus anterior auf beiden Seiten	Tr. trigeminothalamicus secundus post. auf beiden Seiten und Tr. trigeminothalamicus secundus anterior auf der Gegenseite

1212. Die Genauigkeit der klinischen Diagnose kann gesteigert werden, wenn topographische Einzelheiten beachtet werden. Wie der Name Trigeminus aussagt, hat der V. Hirnnerv ___ periphere Hauptäste:
einen für das Auge und die Stirn (N. __________),
einen für den Oberkiefer (N. __________), und
einen für den Unterkiefer (N. __________).
Alle drei Äste enthalten afferente Fasern, nur der N. __________ führt zusätzlich efferente Fasern.

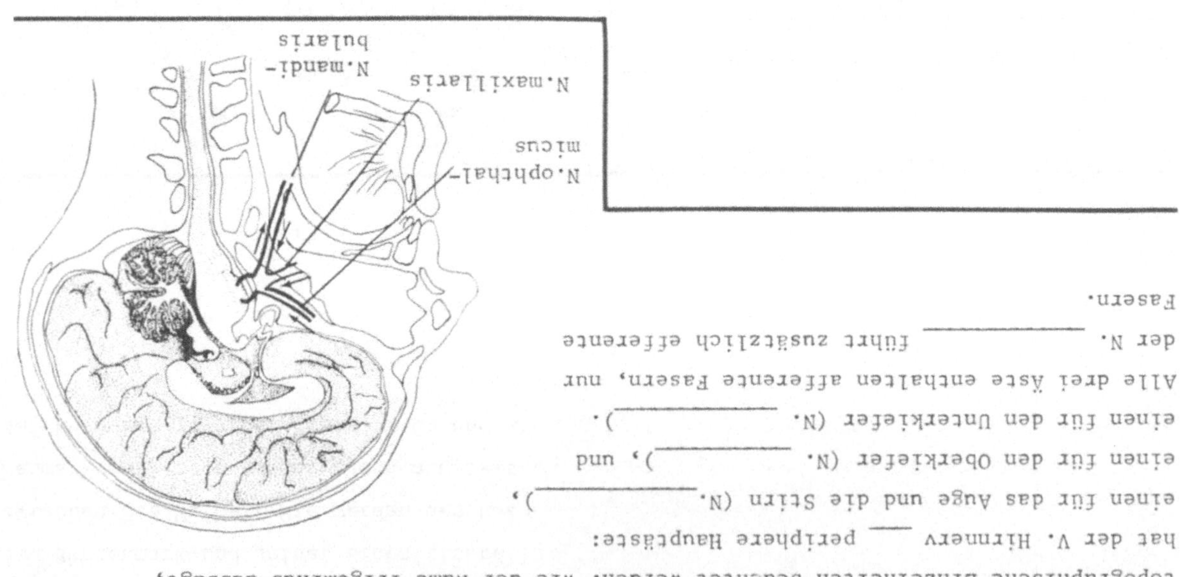

162. "Sehen Sie durch" den "transparenten" Thalamus! Von einem günstigen Bezugspunkt der Medianebene aus sehen Sie nach ______! Sie blicken
auf die _______ Oberfläche der Basalganglien.

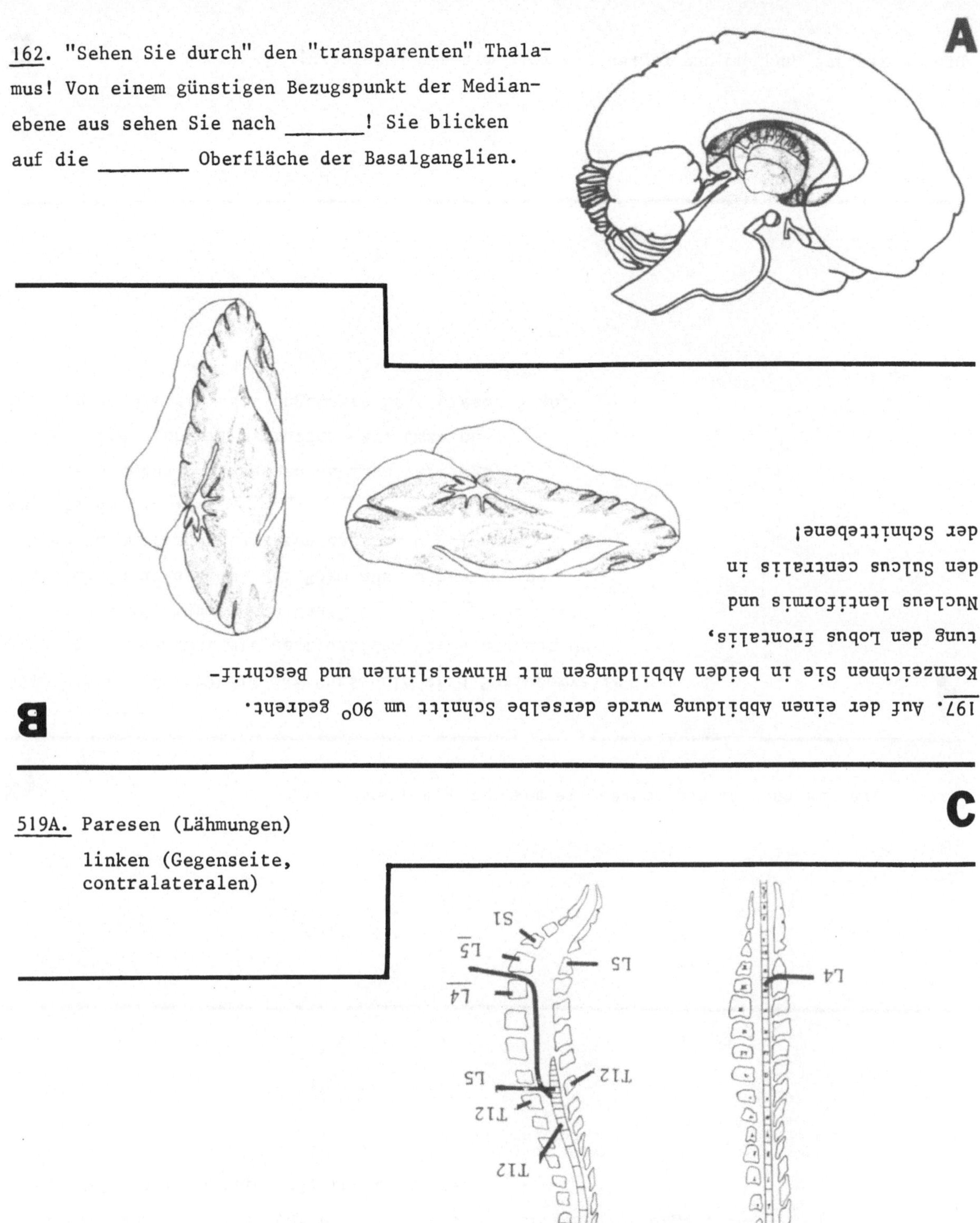

A

B

197. Auf der einen Abbildung wurde dieselbe Schnitt um 90° gedreht.
Kennzeichnen Sie in beiden Abbildungen mit Hinweislinien und Beschriftung den Lobus frontalis,
Nucleus lentiformis und
den Sulcus centralis in
der Schnittebene!

C

519A. Paresen (Lähmungen)

    linken (Gegenseite,
    contralateralen)

D

H

1211. Empfindungen an der Gesichts- und Stirnhaut sowie am Auge werden vom Trigeminussystem geleitet. Ein erkrankter Medizinstudent, der mit der neurologischen Terminologie vertraut war, gab an, er habe eine Analgesie und ein Taubheitsgefühl um seine Lippen und die Nase. An anderen Stellen seien die Hautempfindungen normal. Ein anderer Patient berichtete, er habe kein Empfindungsvermögen an der Hornhaut des einen Auges. Ist es wahrscheinlich, daß Nervenfasern, die so verschiedene Gesichtsbereiche versorgen, zur selben Trigeminusganglienzellgruppe gehören? __.

G Drehen Sie das Buch um und fahren Sie mit den H-Feldern fort!

F

891. Das Krankheitsbild der Patientin wird Syringomyelie genannt. Es beginnt mit destruktiven Veränderungen des Rückenmarksgewebes um den Canalis _________ und breitet sich in unregelmäßiger Form aus. Schmerz- und Temperaturempfindungen waren unterhalb der Arme intakt, da der Tr. _______________ _________, der die unterhalb gelegenen Gebiete versorgt, beiderseits nicht mitbetroffen war. Umzeichnen Sie beiderseits die ungefähre Lage dieser Bahn!

E Drehen Sie das Buch um und fahren Sie fort mit den F-Feldern!

A

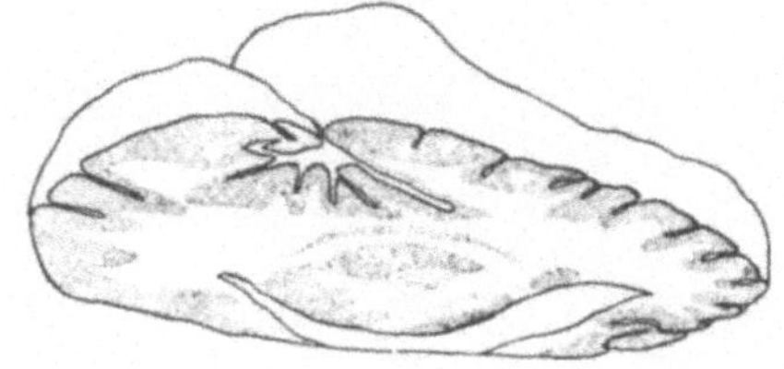

B

196. Der Globus pallidus zeigt nach ___ al ___
und etwas nach ___ al in Richtung auf ein
anderes Gebilde aus grauer Substanz, den ___.

C

520. Wenn der Krankheitsherd hauptsächlich
in der ______ ______ - wie eingezeichnet -
liegt, sind die Extremitätenreflexe noch auslösbar, aber die __________ Bewegungen
der Gegenseite sind teilweise oder vollständig ausgefallen.

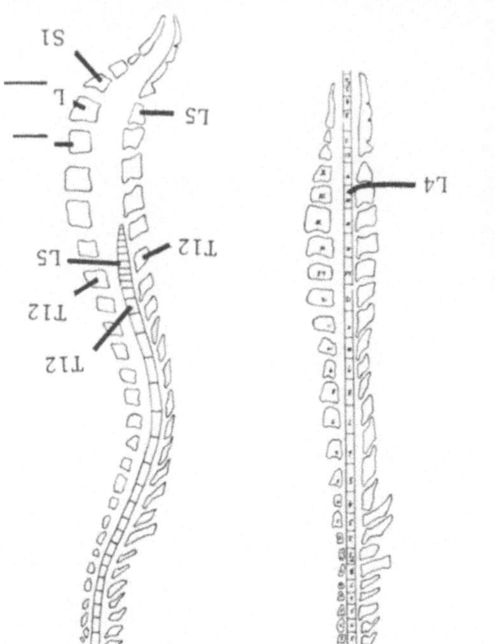

D

549. Der im Wirbelbereich liegende Teil
der Spinalnerven wird im Zuge des Wachstums der Wirbelsäule länger. Zeichnen Sie
auf der rechten Skizze den 4. Lumbalnerven ein und beschriften Sie die Hinweislinien der Wirbel, zwischen denen er
durchzieht.

163. Markieren Sie das Caput nuclei
caudati mit C, den Globus pallidus
mit GP und mit mehreren Buchstaben
B die aus Nervenzellen bestehenden
Verbindungsbrücken zwischen ______

______ und ______.

A

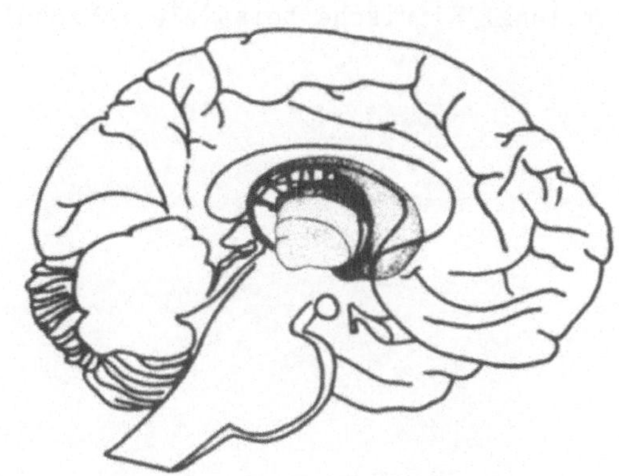

B

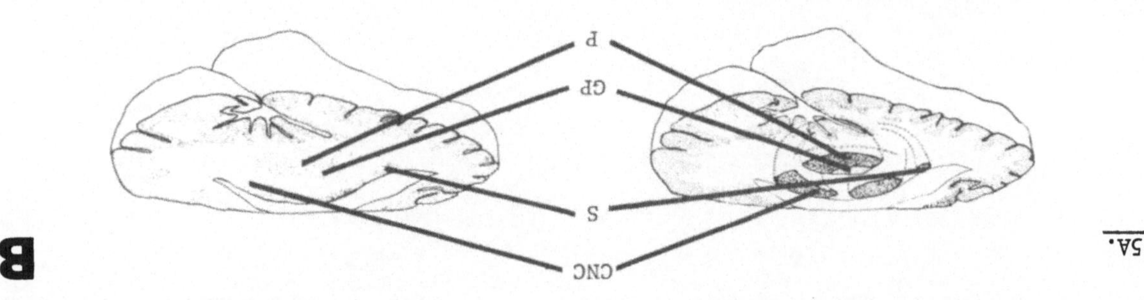

C

520A. Capsula interna

willkürlichen (oder absichtlichen, bewußten, eigentätigen)

D

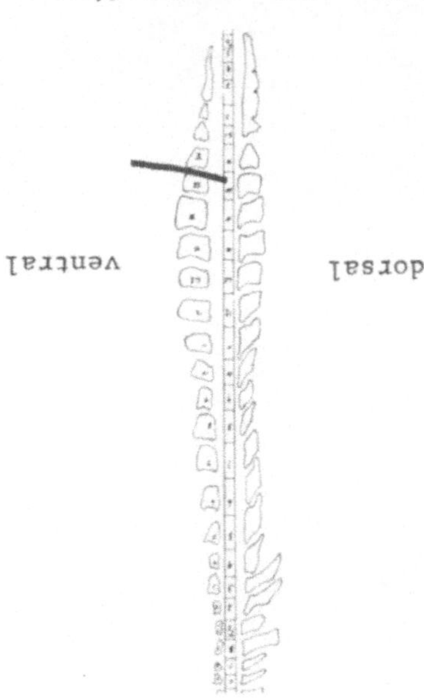

163A. Nucleus caudatus
      Putamen

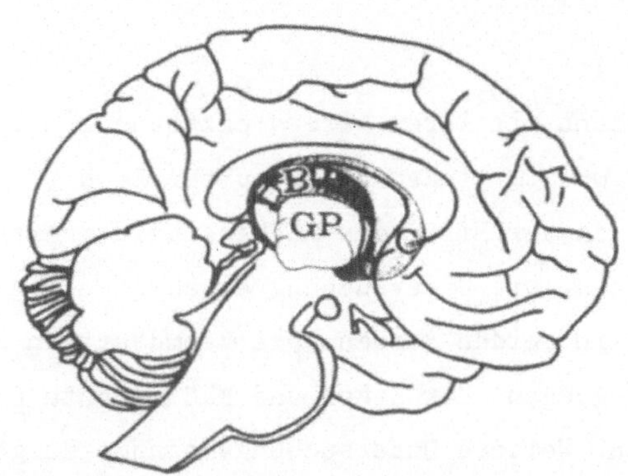

195. Im rechten Schema wurden Gebilde unterhalb der Schnittfläche nicht mehr dargestellt. Zeichnen Sie in beiden Abbildungen Hinweislinien und die angegebenen Buchstaben an die Schnittflächen des Putamen (P), Globus pallidus (GP), Caput nuclei caudati (CNC) und Cauda nuclei caudati (S)!

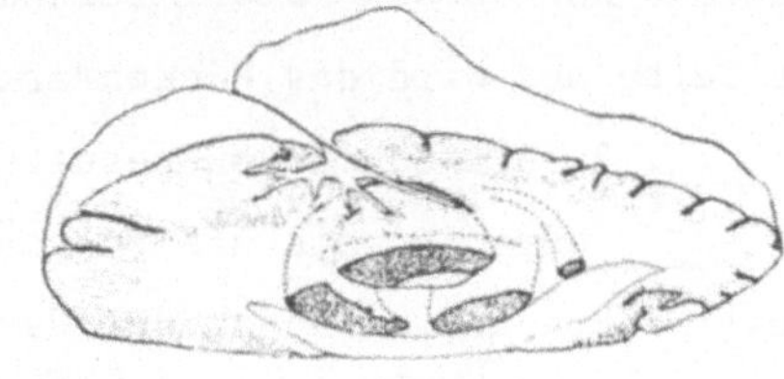

521. Ausgedehnte Läsionen der corticospinalen Fasern oberhalb der Decussatio pyramidum verursachen eine Lähmung auf der ______ Seite des Körpers. Herde unterhalb der Pyramidenkreuzung rufen eine Lähmung auf der ______ Seite hervor. Unter Parese verstehen wir eine teilweise ______.

548. Im frühen Embryonalstadium treten die Spinalnerven von jedem Rückenmarkssegment zwischen den Wirbelanlagen nach vorne aus. Zeichnen Sie auf die seitliche Ansicht den 4. Lumbalnerven zwischen den Wirbeln L4 und L5!

dorsal   ventral

frühes Embryonalstadium

<u>1307.</u> Fall 1:

Bei einem Mann mittleren Alters entstand ein Taubheitsgefühl zunächst in der Kreuz-
beingegend und im linken Bein, später auch im rechten Bein. Stechende Schmerzen
strahlten von der Mitte des Rückens beiderseits nach ventral im Dermatom T10 bis
zum Nabel aus. Die Untersuchung ergab eine abgeschwächte Berührungs- und Vibrationsempfindung in beiden Beinen. Die fremdtätigen Bewegungen (vom Untersucher ausge-
führte Bewegungen) der Zehen und Füße konnte er bei abgedeckten Augen nur ungenau
wiedergeben. Weitere Untersuchungsbefunde zeigten, daß die Beschwerden und Symptome
die Folge eines das Rückenmark komprimierenden Tumors waren.

1. Von welcher Seite aus wird das Rückenmark komprimiert? Von vorn, hinten, rechts
oder links? ______. 2. Die Schmerzen resultieren aus einer Dehnung und Irritation
von Fasern der ______wurzeln, die als Folge der Rückenmarkskompression entstehen.
Beachten Sie die Diskrepanz zwischen der Gegend, in der vom Patienten Schmerzen angegeben werden und der Lokalisation des raumbeengenden Prozesses. Dies steht im
Einklang mit der allgemeinen Gesetzmäßigkeit, daß die Stimulation der sensiblen
Bahnen an irgend einer Stelle von den Patienten angegeben wird als (vervollständigen Sie den Satz) ____

____

______________________________________. 3. Die Höhe des Rückenmarksbereiches, in dem
der Tumor liegt, wird durch die Lokalisation der Schmerzen verifiziert. Der Neuro-
chirurg würde in Höhe des Spinalsegmentes ___ operieren. 4. Der Patient verweigerte
die Operation. Das komprimierte Rückenmarksgebiet vergrößerte sich. Wie veränderten
sich die tiefen Sehnenreflexe in seinen Beinen? Sie waren _________. 5. Nach wenigen Monaten hatte der wachsende Tumor das Rückenmark so stark komprimiert, daß alle
Bahnen ausgefallen waren. Das Krankheitsbild entsprach damit einer vollständigen
Rückenmarksdurchtrennung. Die willkürliche Kontrolle der Blase, des Mastdarmes und
der unteren Extremitäten war _________. Spastik, Klonus und Hyperflexie wurden in
den _______ Extremitäten festgestellt. Beim Bestreichen des seitlichen Fußsohlen-
randes trat eine Dorsalflexion der Großzehe ein, und die anderen Zehen spreizten
sich, das _____________ Zeichen war somit positiv. Außerdem bestand eine Anästhesie
unterhalb des Dermatoms ___.

164. Die dargestellten Fasern kommen aus der lateralen Hirnrinde des Gyrus __________ . Auf ihrem Wege liegen sie zunächst ____al vom Corpus nuclei caudati, danach zwischen den Verbindungsbrücken des Nucleus caudatus mit dem Nucleus lentiformis und dann ____al vom Globus pallidus.

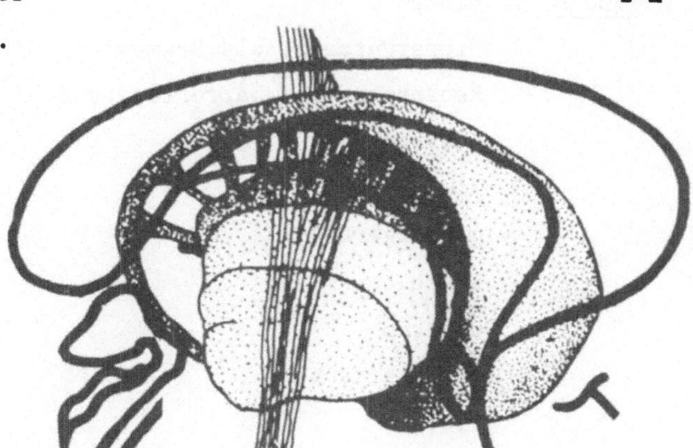

A

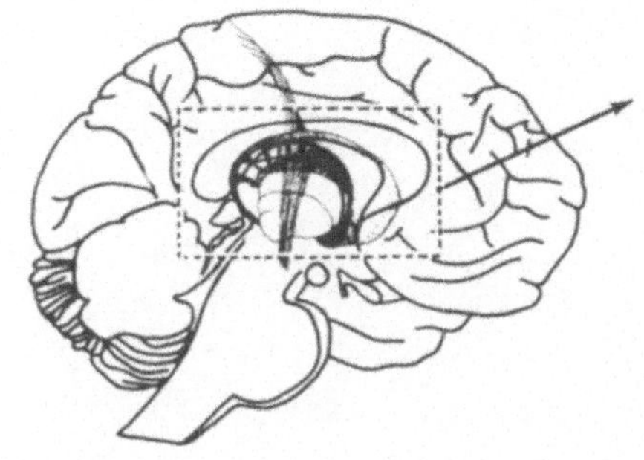

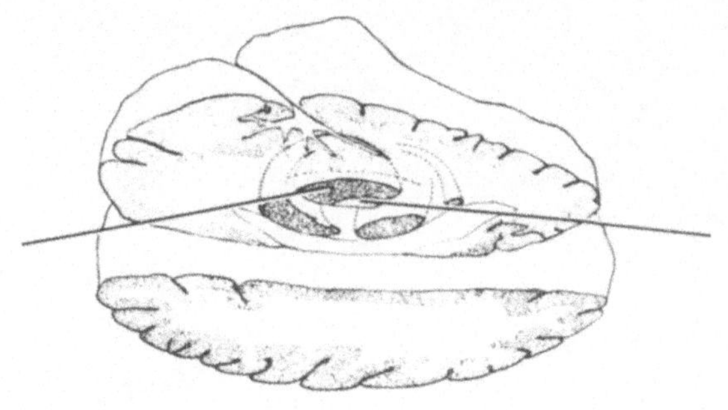

B

C

521A. anderen (oder Gegenseite, contralateralen)
selben (oder ipsilateralen, homolateralen)
Lähmung

D

547A. 12 Brustwirbels (Thoracalwirbels)

<u>1307A.</u> 1. hinten

2. Hinterwurzeln; als Schmerz in der Gegend, in der die sensiblen
   Receptoren der betreffenden Bahn liegen (oder eine entsprechende
   Aussage)

3. T10

4. gesteigert

5. aufgehoben

   unteren

   Babinskische

   T10

164A. precentralis

    lateral

    medial

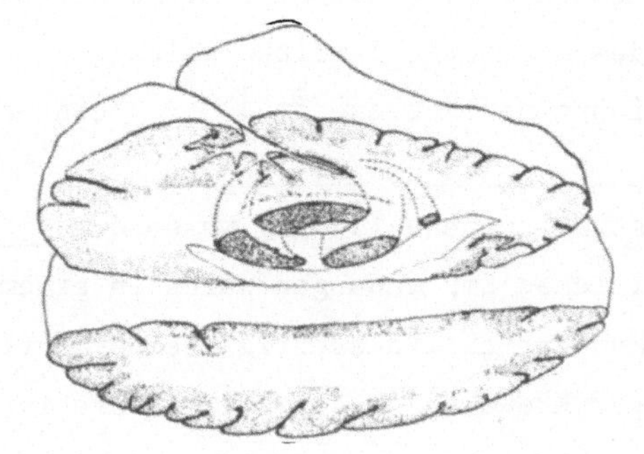

B

C

522. Eine Läsion in dem schraffierten Bereich führt zu Paresen des Armes und Beines der _______ Seite des Körpers. Außerdem werden die Axone des XII. Hirnnervs der _______ Seite funktionsuntüchtig.

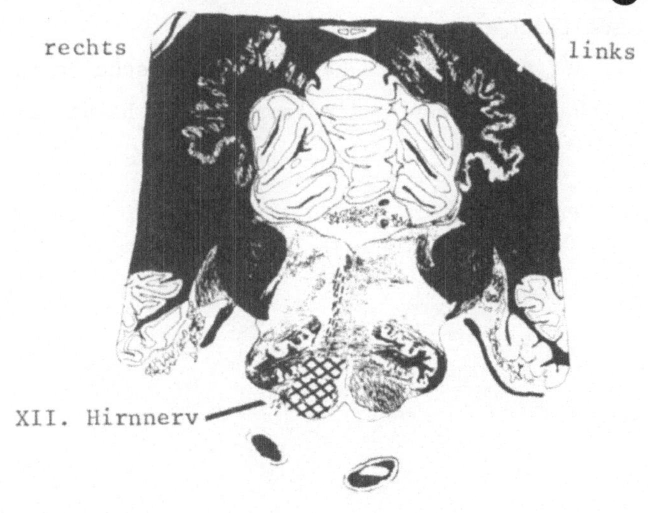

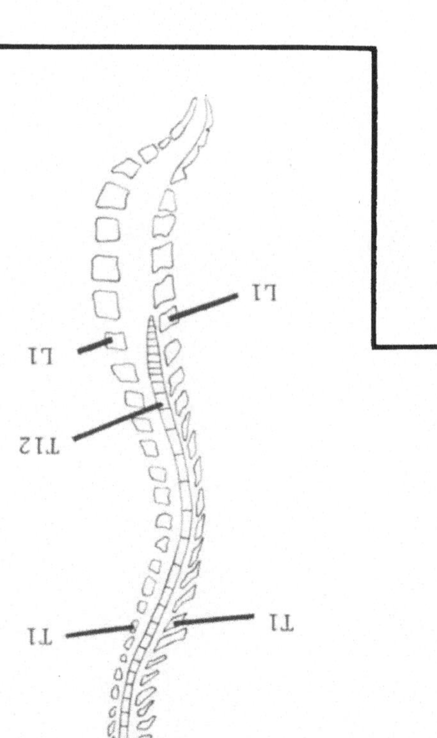

D

<u>1308</u>. Fall 2:

Um mit Ihren Kenntnissen der Neuroanatomie bei einem Patienten die neurologischen
Ausfälle bei bekanntem Herd voraussagen zu können, sollten Sie besonders die
Lokalisation der Nervenzellkörper, den Verlauf ihrer Axone (insbesondere wo sie
kreuzen) und die Lage der Synapsen beachten. Bei einem Patienten mit einer halbseitigen Rückenmarksunterbrechung in Höhe des Segmentes T4 links gilt:

1. Die Veränderungen der motorischen Funktionen und Reflexe im ______ Bein bestanden in: ____.

2. Auf der rechten Seite unterhalb der Brustwarzenebene (T4-T5) waren die ________-
und _______empfindungen ausgefallen. Die gleichen Empfindungen waren in einem
schmalen Band um den oberen Brust- und Rückenbereich linksseitig beeinträchtigt,
da die ______ären Axone unmittelbar vor ihrer Kreuzung in der Mittellinie in der
____________ _________ des Rückenmarks durchtrennt waren.

3. In Höhe von T4 besteht der Hinterstrang hauptsächlich aus dem Fasiculus
_________. Welche Empfindungsart ist im linken Bein des Patienten vollständig aus-
gefallen? _____________.

4. Auf welcher Seite kann die Wallersche Degeneration in den folgenden Bereichen
beobachtet werden? Sacralmark _____; Halsmark _____; Mittelhirn und Thalamus _____.

165. Auf der Abbildung könnte man an der Stelle
X die Nervenfasern nicht sehen, wenn der
_______ "undurchsichtig" gezeichnet worden wäre.

A

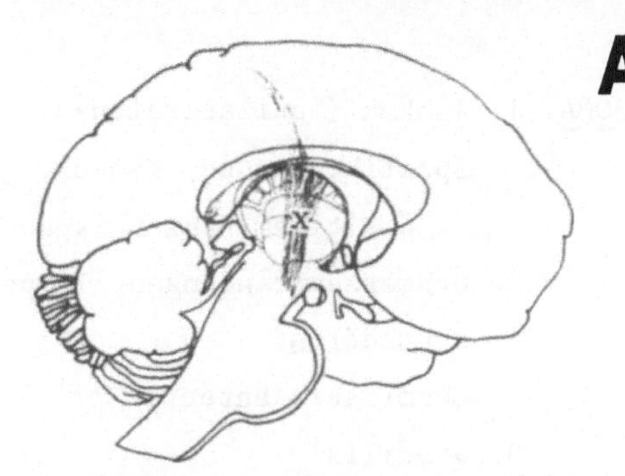

B

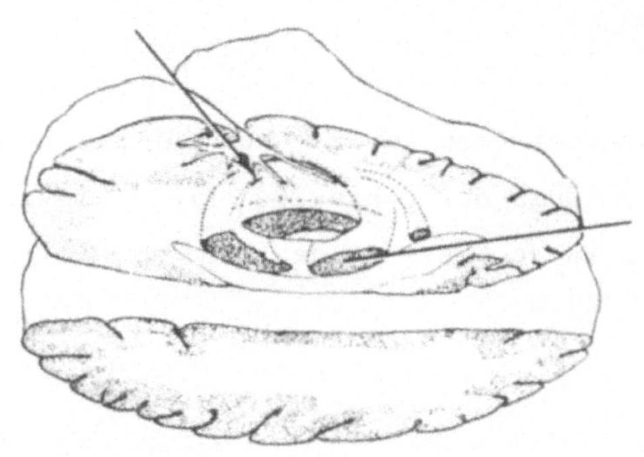

C

522A. anderen (linken, contralateralen, Gegenseite)
selben (rechten, ipsilateralen, homolateralen)

D

546A. Rückenmarkssegmente (= Spinalsegmente)
Wirbelsäulenregionen

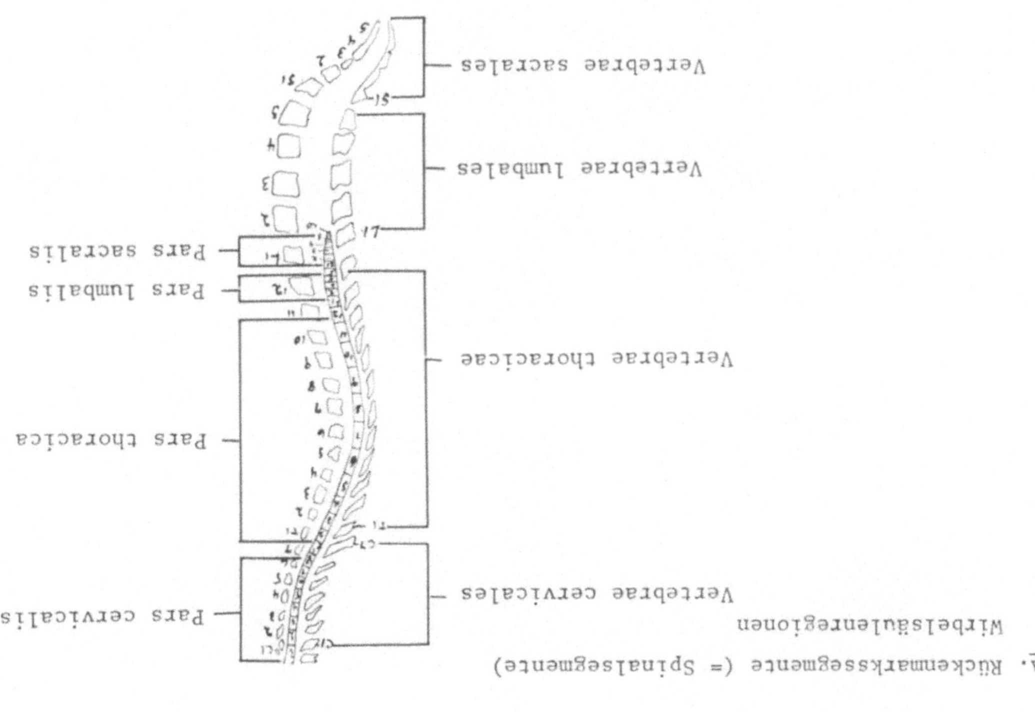

<u>1308A</u>. 1. linken (ipsilateralen)

   Spastik, Parese, Klonus, gesteigertem Sehnenreflex (Hyperreflexie),
      positivem Babinskischen Zeichen

2. Schmerzempfindungen, Temperaturempfindungen

   sekundären

   Commissura anterior

3. gracilis

   Kinästhesie (oder Gelenkempfindung, Bewegungsempfindung, feine
      Berührungsempfindung)

4. links

   links (eine kleine Degeneration könnte auch auf der rechten Seite
      beobachtet werden, längs der gekreuzten Axone einiger zer-
      störter Zellkörper in dem Bereich des Herdes)

   links

166. An der Stelle X liegen die Fasern des Tractus ______________ unmittelbar medial (oder innen) vom _____ _______ und direkt lateral vom ________ .

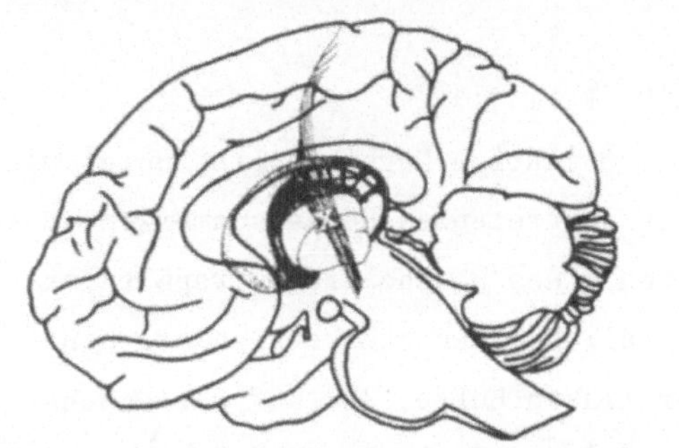

A

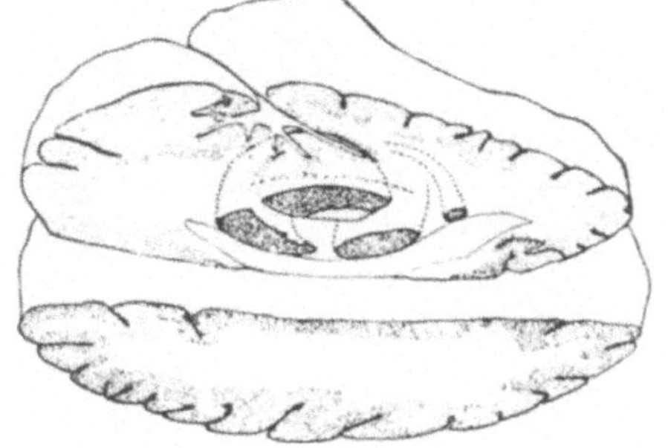

B

193. Kennzeichnen Sie den Thalamus mit einer Hinweislinie und Beschriftung! Die punktierten Linien zeigen die Umrisse einiger Gebilde unterhalb der Schnittfläche. Zeichnen Sie einen Pfeil an die Vereinigungsstelle zwischen Putamen und Nucleus caudatus!

C

523. Bei allen drei eingezeichneten herdförmigen Läsionen kommt es zum Ausfall der ____________ Bewegung des linken Arms und des ______ . Es entsteht keine Lähmung des N. hypoglossus (XII.), wenn der Herd nur in der ______ ________ liegt.

D

546. Die Hinweislinien auf der rechten Seite der Abbildung gehören zu den ______ segmenten, die auf der linken Seite zu den ______ re- gionen. Schreiben Sie die Namen an die Linien!

<u>1309</u>. Fall 3:

Eine 36jährige Hausfrau litt unter wiederholt auftretenden Rückenschmerzen. Beim
Heben eines Wäschekorbs verspürte sie
plötzlich einen starken Schmerz hinten in
der linken Hüfte, der auf der Außenseite
des Beines bis in den Fußrücken aus-
strahlte. (Nach ihren Worten "Ischias").
Der Schmerz verstärkte sich beim Beugen
nach vorn und links, und wenn sie im Liegen das gestreckte Bein hob. Eine
Hypästhesie wurde bei leichter Berührung
mit einem Wattebausch (Pinsel) oder einer
Stecknadelspitze auf der lateralen Seite
des Beines oder der fünf Zehen festgestellt. In beiden Beinen waren die moto-

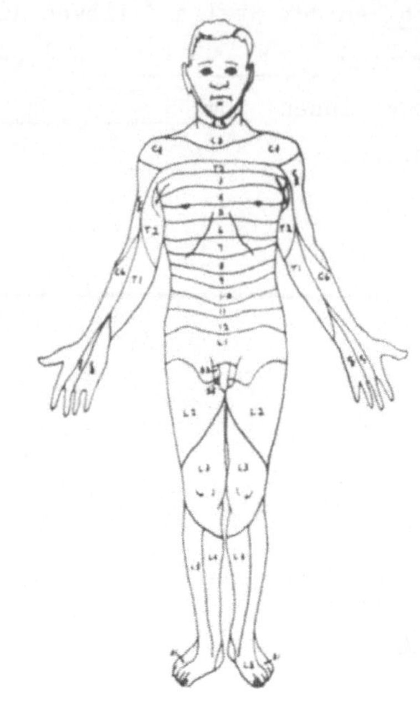

rischen Kräfte normal. Die Patellarsehnenreflexe waren seitengleich und unauf-
fällig. Der linke Achillessehnenreflex war abgeschwächt.
Veränderungen der peripheren Nerven, Nervenwurzeln und des ZNS unterscheiden sich.
Die Krankheit eines peripheren Nerven betrifft mit großer Wahrscheinlichkeit sowohl motorische als auch sensible Funktionen, da ________________________________
____ .

Das von einem bestimmten peripheren Nerven versorgte Gebiet ist gewöhnlich
kleiner als ein von einer Nervenwurzel oder einem Spinalsegment versorgtes. Das
oben abgebildete Dermatomschema, das für die meisten Erwachsenen und Kinder bei-
derlei Geschlechts gilt, gibt die von jeder ______wurzel versorgten Hautgebiete
wieder. Herdförmige Krankheiten oder Verletzungen des ZNS beeinträchtigen die
motorischen und sensiblen Funktionen in einer oder mehreren Gegenden des Körpers,
je nachdem, welche Zellkörper und Fasern in einem bestimmten Gebiet betroffen
sind. Würden Sie annehmen, daß die Krankheit der o.a. Patientin aufgrund der Beschwerden und klinischen Befunde einen peripheren Nerven, Nervenwurzeln, das
Rückenmark oder Gehirn betrifft? _______________ . In welchem Bereich liegt die
Schädigung? (Beachten Sie das Dermatomschema)! ________ . Die Ursache ihrer Beschwerden ist ein _________________________ .

166A. corticospinalis

Globus pallidus (oder Nucleus lentiformis)

Thalamus

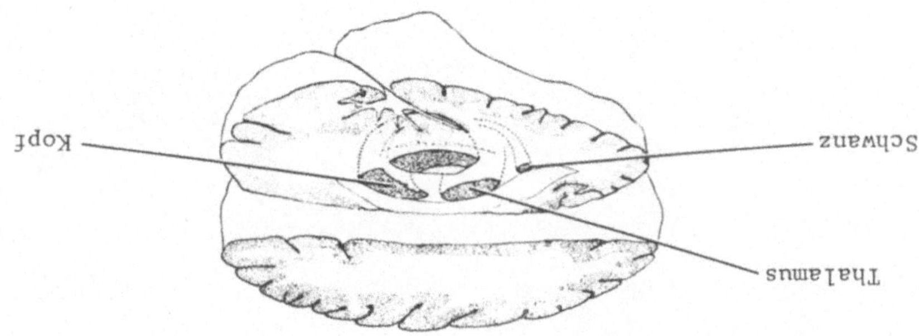

523A. willkürlichen (oder absichtlichen, bewußten)
Beines
Medulla oblongata

1309A. die meisten Nerven sowohl motorische als auch sensible Fasern enthalten
(oder eine entsprechende Feststellung)
Hinterwurzel
Nervenwurzeln
L5 und S1
Discus intervertebralis Prolaps (oder ruptierte Bandscheibe, Bandschei-
benvorfall)

A

167. Mehrere Bahnen – eine von ihnen, der
Tractus _______________, wurde umzeichnet –
laufen zwischen Nucleus caudatus und Putamen.
Gemeinsam bilden diese Bahnen eine Wand
(Kapsel) im Bereich der inneren Oberfläche
des Nucleus _________.

B

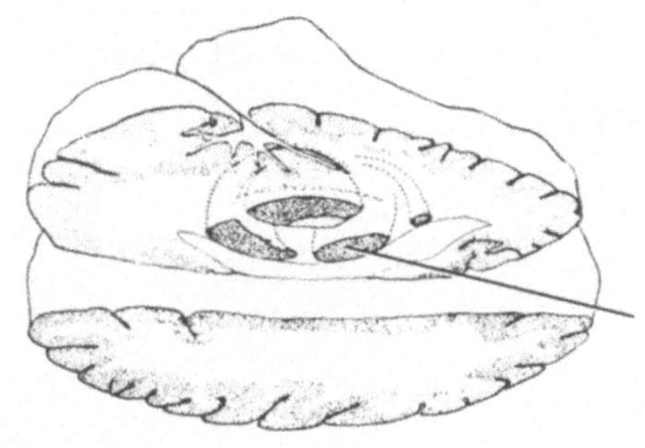

192. Bringen Sie Hinweislinien an und
beschriften Sie die Schnittflächen des
Kopfes und Schwanzes vom Schweifkern!

C

524. Ein Herd in der Corona radiata,
der alle zum linken Arm und Bein führen-
den Fasern unterbricht, ist viel
_________ als ein solcher mit denselben Folgen in der Medulla oblongata.
Schraffieren Sie das entsprechende Gebiet!

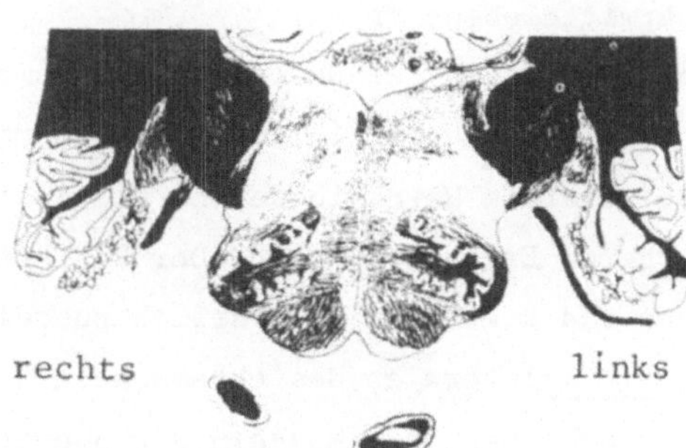

D

545. Die Anzahl der Rückenmarkssegmente beträgt (ohne
die rudimentären coccygealen) ___.

<u>1310</u>. Fall 4:

Um Krankheiten und Verletzung im ZNS (Zentralnervensystem) von solchen im PNS
(peripheres Nervensystem) zu unterscheiden ist nach Beweisen zu suchen, ob lange
Bahnen betroffen sind. Wenn dies der Fall ist, so soll der betroffene Bereich
des ZNS bestimmt werden, indem nach Symptomen gesucht wird, die eine Lokalisation ermöglichen (topische Diagnostik).
Bei einem 50jährigen Patienten bestanden eine Lähmung des linken III. Hirnnerven,
eine spastische Parese der rechten unteren Gesichtsseite, gesteigerte tiefe
Sehnenreflexe und eine Spastik im rechten Arm.
1. Die Ausfälle resultieren aus einem einzigen Herd im _NS. Von den zentralen
Bahnen sind ein Tr. ________________ (Facialisparese) und der Tr. ______________
(Spastik im rechten Arm) betroffen. Das letzte Beweisstück für die Lokalisation
des Herdes, der die genannten Bahnen betrifft ist die _____________________________

________________________.

2. Zeichnen Sie die Schädigung ein!

links  rechts

3. Der contralaterale Arm ist spastisch gelähmt, da die geschädigten Neuriten die
Körpermittelebene in der _______________ überqueren. An einer Stelle zwischen den
Ebenen, in denen der Nucleus n. oculomotorii und Nucl. n. facialis liegen, müssen
die Impulse für die willkürliche Kontrolle der unteren Gesichtsmuskeln ________.
4. Unilaterale Herde in den corticonuclearen Fasern verursachen keine Paralyse
der oberen Facialismuskeln. Der Patient kann willkürlich seine Augenbrauen hoch-
ziehen und die Stirn willkürlich runzeln, obgleich er mit den in Bezug auf den
Herd ______lateralen Gesichtsmuskeln nicht lächeln oder ein Minenspiel hervorrufen kann. Denn die Muskeln der oberen Gesichtsbereiche werden vom Nucl.

_____________ einer Seite versorgt, dessen zweite Nervenzellkörper aber durch
Synapsen mit Fasern ______ corticonuclearer Facialisbahnen in Verbindung stehen.

168. Nervenbahnen, die die innere (mediale) Oberfläche des Nucleus lentiformis wie eine flache Kapsel bedecken, bilden die _____ __________.

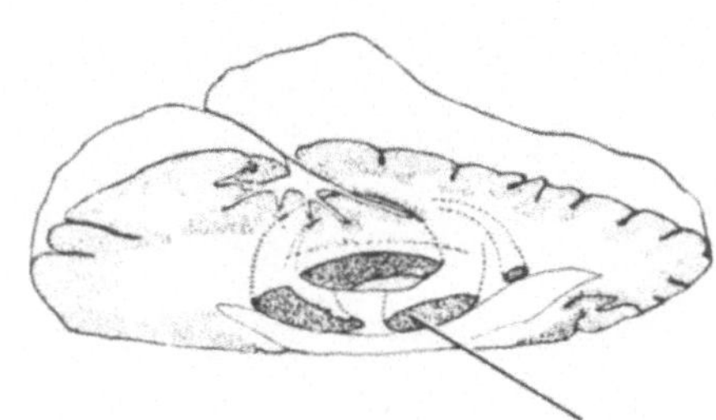

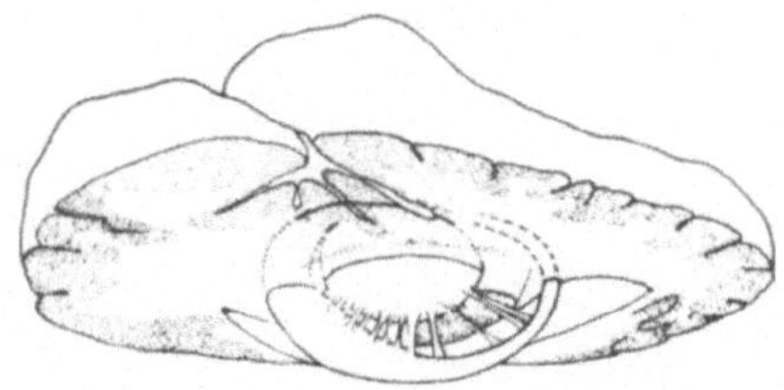

191. In der unteren Abbildung sehen
wir Schnitte des Nucleus caudatus an
zwei Stellen. Man kann einen kleinen
Querschnitt des Nucleus caudatus
und die _____ _____ _____ durch die
einen größeren, der etwa am Übergang
vom _____ _____ _____ zum _____ _____ _____
liegt, beobachten.

524A. ausgedehnter

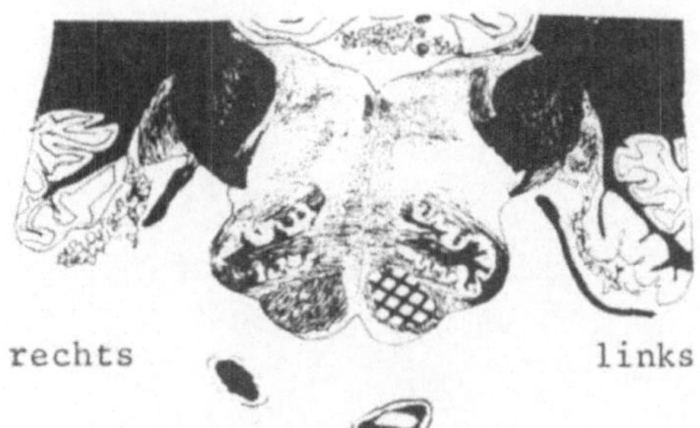

544A. 8
12
5
5

1310A. 1. ZNS

   corticonuclearis

   corticospinalis

   Parese des III. Hirnnerven

2.

links 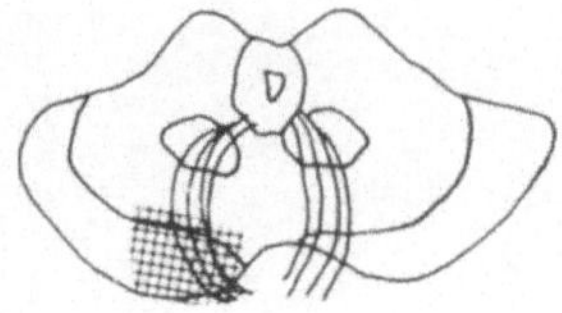   rechts

3. Decussatio pyramidum

   kreuzen (oder die Seite wechseln)

4. contralateralen

   n. facialis

   beider

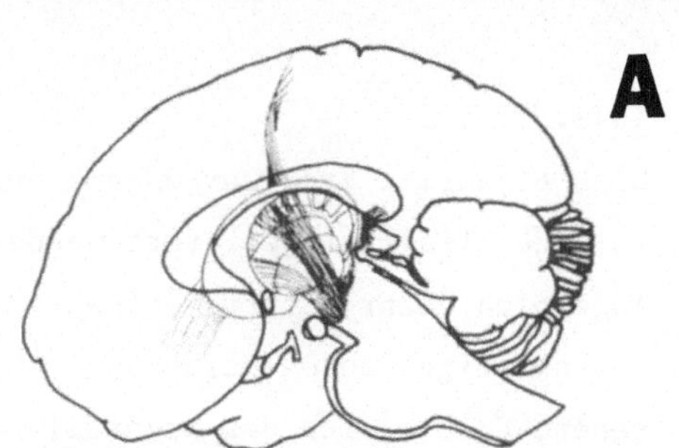

169. Die Capsula interna (innere Kapsel) wäre auf der Abbildung größtenteils unsichtbar, wenn der _______ nicht "transparent" gezeichnet worden wäre.

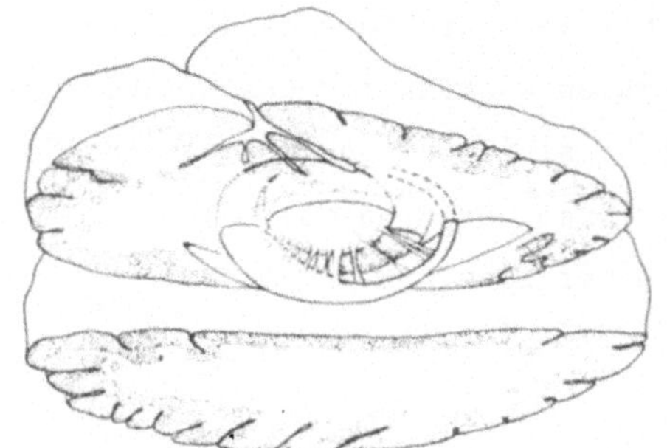

190. Markieren Sie mit einem S das Caput nuclei caudati unterhalb der Schnittfläche! Vollständig oberhalb der Schnittfläche liegt das _______ _______ _______.

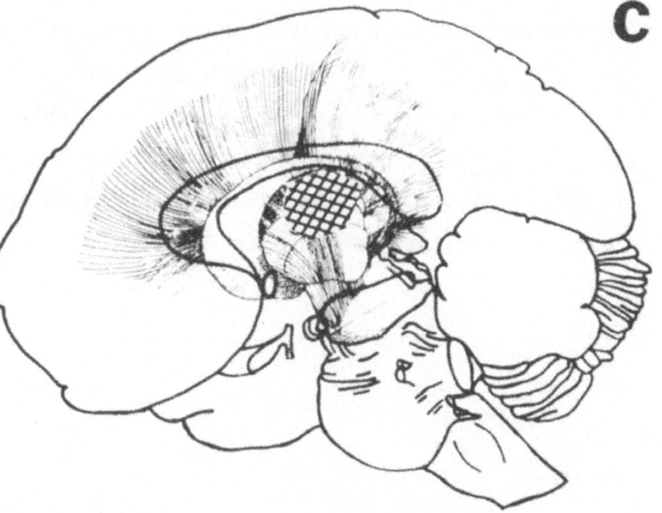

525. Der eingezeichnete Herd in der inneren Kapsel betrifft sowohl efferente, corticospinale Fasern als auch afferente Fasern, die zum Gyrus _____________ aus den Zellkörpern im _______ laufen. Es resultiert ein Verlust der _________ und _________ Funktionen.

544. Die Zahl der cervialen Rückenmarkssegmente beträgt ___. Es gibt ___ thoracale, ___ lumbale und ___ sacrale Spinalsegmente. Die coccygealen Segmente (Co) sind rudimentär, sie schließen sich an die sacralen an.

<u>1311</u>. Fall 5

Eine 62jährige Frau war wegen Doppelsehen (Diplopie) in allen Blickrichtungen
in eine Klinik eingeliefert worden. Einige Tage später konnte sie ihr linkes
Auge nicht mehr richtig öffnen. Bei der Untersuchung fand man eine ausgeprägte
linksseitige Ptose (Herabhängen des Augenlides). Beim Versuch das Augenlid zu
heben, drehte sich der Augapfel nach temporal. Sie konnte das linke Auge nicht
nach medial (nasal) drehen. Nach oben und unten waren nur ganz geringgradige
Drehungen möglich. Beim Versuch nach unten zu blicken, drehte sich das Auge
etwas nach unten und medial (als Folge der normalen Kontraktion des M. obliquus
bulbi superior). Der Visus (Sehfähigkeit), die Sensibilität und Motorik des Gesichtes sowie alle anderen neurologischen Funktionen waren normal.

1. Bestehen Anhaltspunkte für eine Schädigung einer langen Bahn im ZNS? ____.
Der pathologische Prozeß liegt höchstwahrscheinlich im _NS. Der ____ Hirnnerv
ist betroffen.

2. Ptosis bedeutet Herabhängen des Augenlides. Der M. levator palpebrae
superioris, der das Augenlid hebt, muß dieselbe Innervationsquelle wie die
meisten äußeren Augenmuskeln haben. Nennen Sie diese Augenmuskeln!
________________ (Abkürzungen genügen).

3. Die Pupille des linken Auges ist erweitert, da _______________________-
__________.

4. Rahmen Sie im Text oben die Redewendungen oder Sätze des klinischen Sprach-
gebrauchs ein, die die intakte Funktion des IV. und V. Hirnnerven wiedergeben!

169A. Thalamus

189A. caudatus (richtig ist auch Corpus nuclei caudati)
Putamen (oder Nucleus lentiformis)

525A. postcentralis
Thalamus
motorischen
sensiblen (somatosensiblen)

543A. sacralmark (= Kreuzmark)
Lumbalregion (= Lendenregion)

1311A. 1. nein

        PNS

        III

2. M.r.s.; M.r.i.; M.r.m.; M.o.i.

3. der M. sphincter pupillae, dessen Neuriten im N. oculomotorius
   laufen, mitbetroffen ist.

4. Die eingerahmten Redewendungen und Sätze sind: "drehte sich der
   Augapfel nach temporal" und "Beim Versuch nach unten zu blicken,
   drehte sich das Auge etwas nach unten und medial".

A

170. Die Capsula interna liegt ____al vom Globus pallidus und unmittelbar ____al vom ______.

B

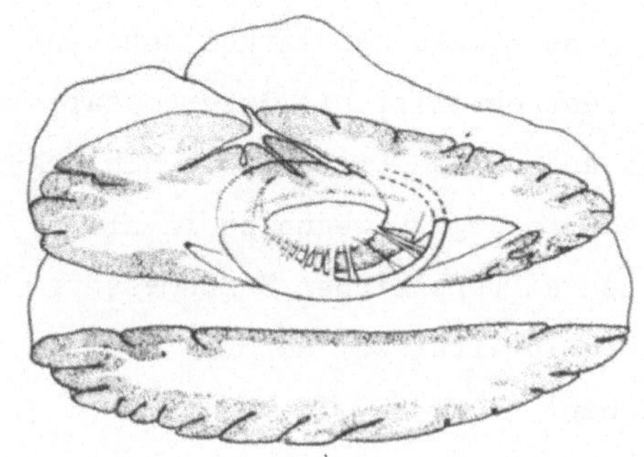

189. Der Horizontalschnitt legt auf der rechten Hirnseite einige in der Hemisphäre liegende Gebilde frei. Zwei davon wurden über die Schnittebene herausragend gezeichnet. Das längliche heißt Nucleus ______ und das andere ______.

C

526. Eine Läsion kann viele Wirkungen haben, wenn verschiedene Typen von Axonen durch das befallene Gebiet laufen. Markieren Sie die kleinste herdförmige Läsion, die zugleich motorische, sensible, Hör- und Sehfunktionen beeinträchtigen würde!

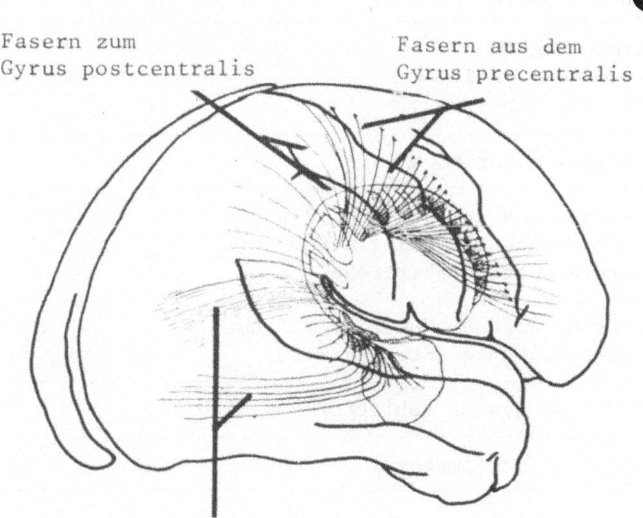

D

543. Der unterste Teil des Rückenmarks, das ______mark endet im obersten Teil der ______region der Wirbelsäule.

1312. Fall 6:

Klinische Befunde geben viele Hinweise über den Verlauf und die Verteilung von
Fasern im menschlichen Nervensystem. Leiten Sie aus der folgenden Krankenge-
schichte ab, ob bestimmte corticonucleare und corticospinale Komponenten gekreuzt, ungekreuzt oder beides sind:

Ein 71jähriger Patient erlitt einen Schlaganfall mit einem Dauerschaden im
hinteren Schenkel der rechten inneren Kapsel. Es bestanden keine sonstigen
Krankheiten des ZNS. Bei der Untersuchung wurde eine Parese der linken unteren
Gesichtsseite sowie des linken Armes und Beines festgestellt. Die Intercostalmuskeln (Atemmuskeln) funktionierten einwandfrei auf beiden Seiten. Die Schluck-
bewegungen, Phonation (Sprechvermögen), Kauen und die Augenbewegungen in allen
Richtungen waren normal. Die Pupillen hatten einen seitengleichen Durchmesser,
die Pupillenreaktionen waren seitengleich. Die Sensibilität war normal.
Schreiben Sie Kreuze in die entsprechenden Kästchen!

Struktur oder Funktion	corticospinale oder corticonucleare Fasern		
	gekreuzt	ungekreuzt	beides
primäre motorische Neurone für die Steuerung der Extremitätenbewegungen			
Atembewegung			
Nucleus ambiguus			
Nucleus motorius n. V.			
Neurone aus dem Nucl. n. VII zur Innervation der Muskeln der unteren Gesichtsbereiche			
Neurone aus dem Nucl. n. VII zur Innervation der Stirnmuskeln			
Funktion des M. sphincter pupillae			
Nucl. n. oculomotorii			

A

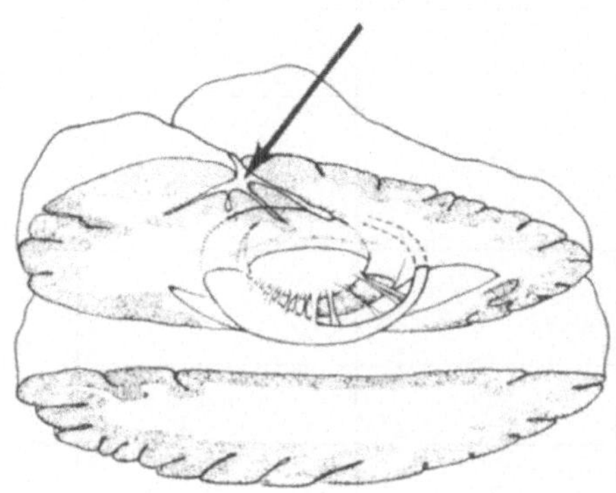

B

188A.

526A.

C

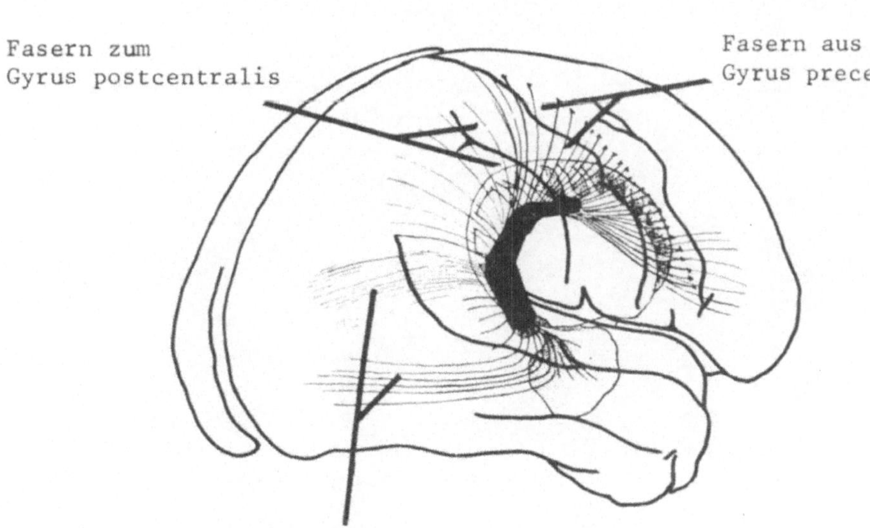

D

Vertebrae thoracicae

Vertebrae lumbales

542A. sacrales

1312A.

Struktur oder Funktion	corticospinalen oder corticonucleare Fasern		
	gekreuzt	ungekreuzt	beides
primäre motorische Neurone für die Steuerung der Extremitätenbewegungen	X		
Atembewegung			X
Nucleus ambiguus			X
Nucl. motorius n. V			X
Neurone aus dem Nucl. n. VII zur Innervation der Muskeln der unteren Gesichtsbereiche	X		
Neurone aus dem Nucl. n. VII zur Innervation der Stirnmuskeln			X
Funktion des M. sphincter pupillae			X
Nucl. n. oculomotorii			X

171. Fasern aus der Hirnrinde laufen als
Corona radiata (Stabkranz) zwischen den Verbindungsbrücken des Nucleus caudatus mit dem
Putamen durch. Danach bilden sie einen Teil
der inneren Kapsel. Aus dem Gyrus precentralis kommende Fasern, die zusammen mit
Neuriten aus dem Lobus frontalis zwischen
den Verbindungsbrücken durchlaufen, wurden
mit dem Buchstaben _ gekennzeichnet. Fasern
aus den vordersten Abschnitten des Stirnlappens wurden mit _ beschriftet.

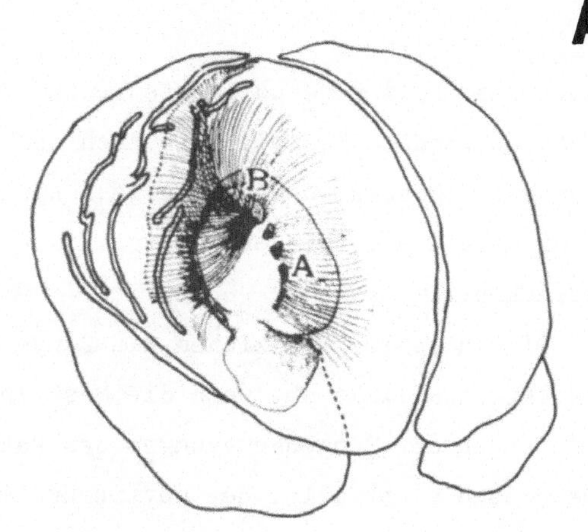

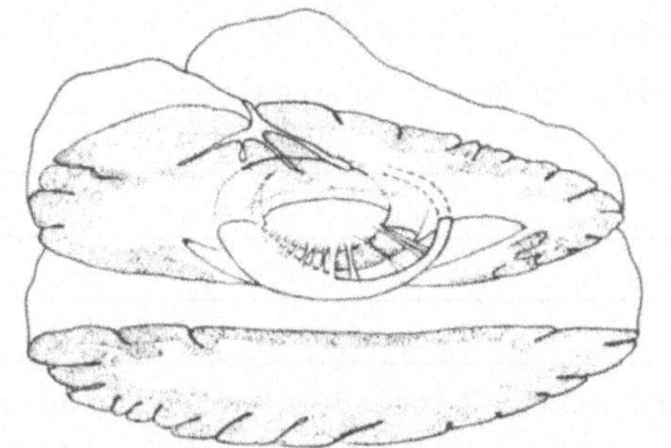

188. Zeichnen Sie an den Sulcus lateralis, der auf einem Schnitt sichtbar
ist, einen Pfeil!

527. Aus einer Kombination der Beschwerden, der beobachteten und auf Grund der
klinischen Untersuchung entdeckten Symptome kann der Untersucher, wenn er sich da-
rüber im klaren ist, welche Typen von Axonen bestimmte Nerven oder Nervengruppen
enthalten, auf die anatomische _____________ und Größe des Krankheitsherdes schließen.

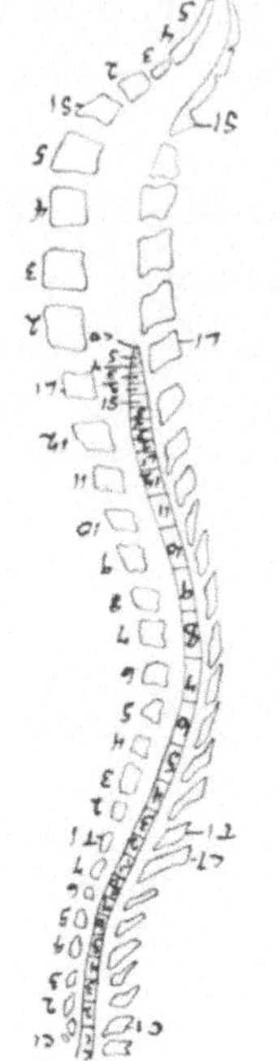

542. Die Spinalsegmente werden mit dem
großen Anfangsbuchstaben des Bereichs
und angehängten Zahlen gekennzeichnet,
um die relative Lage zur Wirbelsäule
anzugeben. Es gibt kein Rückenmark in
den Vertebrae _____ und den meisten
_____ . Die thoracalen, lumbalen und oberen sacralen Segmente der
Medulla spinalis befinden sich in den
_____ _____ .

<u>1313</u>. Fall 7:

Der unter Fall 6 geschilderte Befund des Patienten mit dem Dauerschaden in der
rechten inneren Kapsel hatte nach dem Schlaganfall vorübergehend Störungen der
Zungenbewegungen. Wenn er seine Zunge herausstreckte, wich sie nach links ab,
aber nach einigen Tagen konnte er sie wieder normal in der Medianebenen herausstrecken.

1. Die Zungenmuskeln ziehen die Zunge u.a. nach vorn und strecken sie heraus. Sie
weicht nach links ab, wenn die Muskeln auf der ______ Seite geschwächt sind. Die
Störungen der Zungenbewegungen des Patienten lassen vermuten, daß die Mehrzahl,
wenn auch nicht alle, der corticonuclearen Fasern, die den linken Nucl. n. XII
steuern, aus Zellkörpern der ______lateralen Großhirnrinde kommen. Welche klinischen Befunde lassen in diesem Falle stark vermuten, daß beide Nuclei n. XII
auch Impulse aus ipsilateralen primären motorischen Neuronen erhalten?__________

____

____

____

____

_____________________________________. Zwei Jahre später hatte der Patient wieder
eine Apoplexie (Schlaganfall), bei der die corticonuclearen Fasern der linken Hirnseite geschädigt wurden. Jetzt konnte er die Zunge nicht mehr willkürlich herausstrecken.

2. Seine Zunge würde sich als Reflexreaktion herausstrecken, da ________________

____.

3. Das Krankheitsbild der Poliomyelitis anterior acuta (Hene-Medin) betrifft gewöhnlich das Rückenmark. Es wird bulbäre Poliomyelitis genannt, wenn die motorischen Neurone in der ________ _________ betroffen sind. Wenn der Nucl. n. XII
beiderseits miterkrankt ist, so hat der Patient eine ________ der willkürlichen
und unwillkürlichen Bewegungen der _____. Der Befund eines solchen Patienten unterscheidet sich von dem eines anderen Patienten, bei dem die corticonuclearen Fasern
beiderseits betroffen sind. Bei diesem Patienten spricht man von Pseudo______-
paralyse.

Fortsetzung auf der nächsten Seite!

172. Fasern aus und zu den vorderen Abschnitten des Lobus frontalis
laufen im ______len Bereich der Capsula interna. Markieren Sie in beiden
Abbildungen mit mehreren X diese Fasern oberhalb ihres Verlaufes zwischen
den Verbindungsbrücken! Markieren Sie ihre Lage auf der Ansicht von medial
mit einem Pfeil!

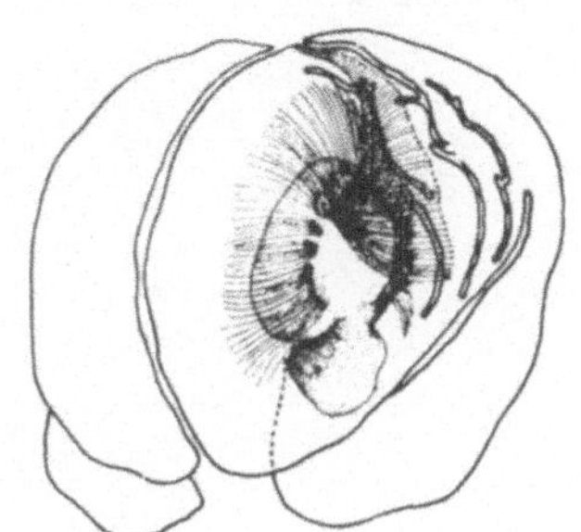 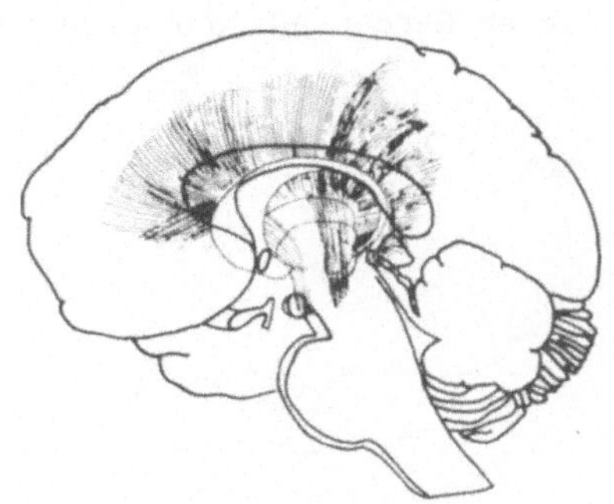

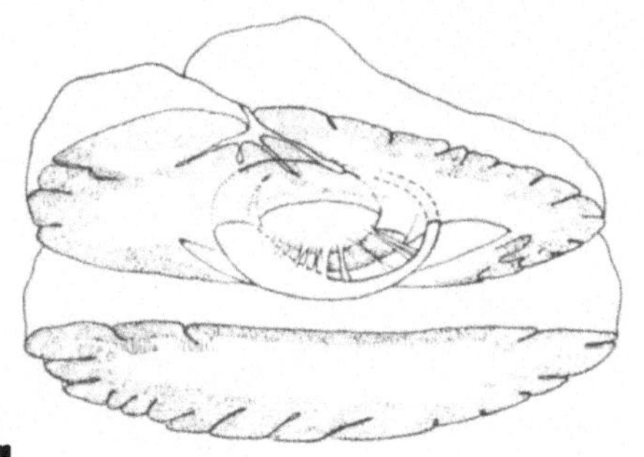

187. Die Abbildung zeigt Horizontalschnitte,
bei denen von der einen Hemisphäre mehr als
von der anderen weggeschnitten wurde. Der
tiefer (weiter caudal) liegende Schnitt
befindet sich auf der ______ Hälfte
des Gehirns.

527A. Lokalisation (oder Lage, topographische Lage)

541A. cervicales
Vertebrae
Lendenwirbels
sacrales
Rückenmark

(Fall 7, Fortsetzung)

4. Setzen Sie ein s für sekundäres motorisches Neuron und ein p für primäres
motorisches Neuron ein nach jeder der folgenden Angaben: Willkürliche Parese
mit Verminderung der Reflexbewegungen _. Atrophie der quergestreiften Zungenmuskeln _. Pseudobulbärparalyse _. Permanente Beeinträchtigung der Zungenbewegungen nach einer einseitigen Krankheit _. Destruktiver Herd am Boden des IV.
Ventrikels in der Nähe der Mittelebene _. Bilaterale Läsionen mit Folgen, die
nicht nach ähnlichen Herden auf nur einer Seite beobachtet werden können _.

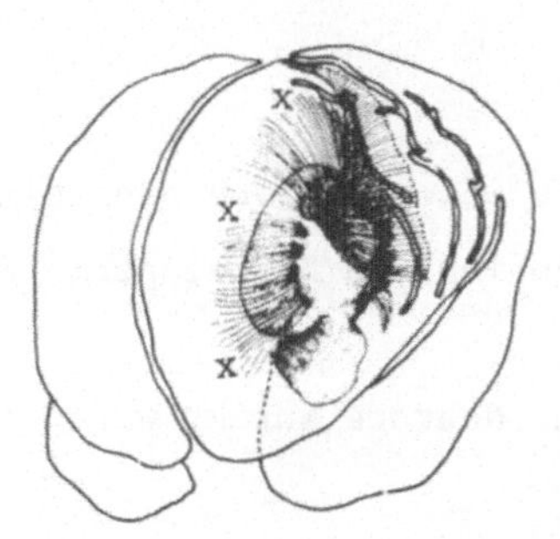
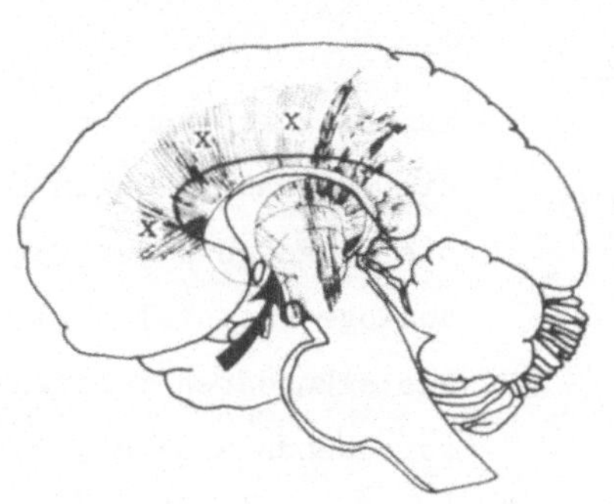

186. Bezeichnen Sie die auf der Abbildung markierten Strukturen!

528. Bei dem Patienten handelt es sich um den Zustand nach einem Schlaganfall (Apoplexie). Er ist
offensichtlich soweit wiederhergestellt, daß er
stehen und gehen kann. Es sei noch als bekannt vor-
ausgesetzt, daß die Ursache der Apoplexie der Ver-
schluß eines die Corona radiata versorgenden Gefäßes
war. Der Herd liegt in der ______ Großhirnhemisphäre.

541. Das lateinische Wort für den Hals ist Cervix
oder Collum. Das Adjektiv heißt cervicalis, cervicale.
Die Halswirbelsäule setzt sich zusammen aus
Vertebrae __________, die Brustwirbelsäule aus
den ________ thoracicae. Beim Erwachsenen endet das Rückenmark in Höhe des 1. oder 2.
____________. In den Vertebrae ________ befin-
det sich also kein __________.

<u>1313A</u>. 1. linken

contralateralen

die Zungenbewegungen normalisierten sich nach ein paar Tagen, obgleich

die Schädigung der rechten inneren Kapsel permanent war (oder eine

analoge Feststellung)

2. die sekundären motorischen Neurone intakt waren (oder eine ent-

sprechende Angabe)

3. Medulla oblongata (oder Hirnstamm)

Lähmung

Zunge

Pseudobulbärparalyse

4. Willkürliche Parese mit Verminderung der Reflexbewegungen p.

Atrophie der quergestreiften Zungenmuskulatur s. Pseudobulbär-

paralyse p. Zerstörung der peripheren Bahn s. Permanente Beein-

trächtigung der Zungenbewegung nach einer einseitigen Krankheit

s. Destruktiver Herd am Boden des IV. Ventrikels in der Nähe der

Mittelebene s. Bilaterale Läsion mit Folgen, die nicht nach ähnli-

chen Herden auf nur einer Seite beobachtet werden können p.

173. Zeichnen Sie den Verlauf einiger Fasern von den Gebieten A, B und C im Lobus
_________ zu den Stellen, an denen sie in
die Capsula interna eintreten!

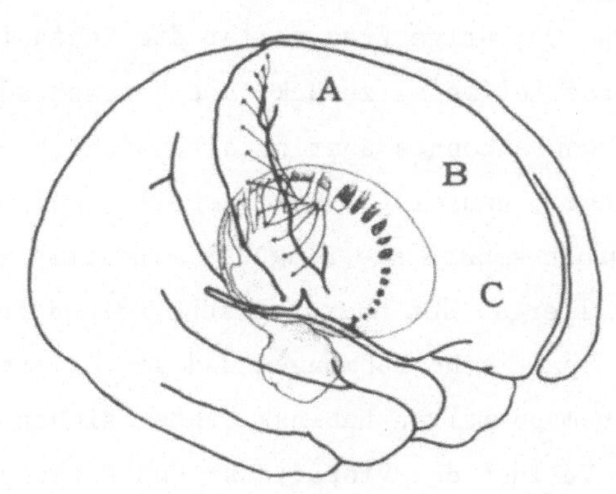

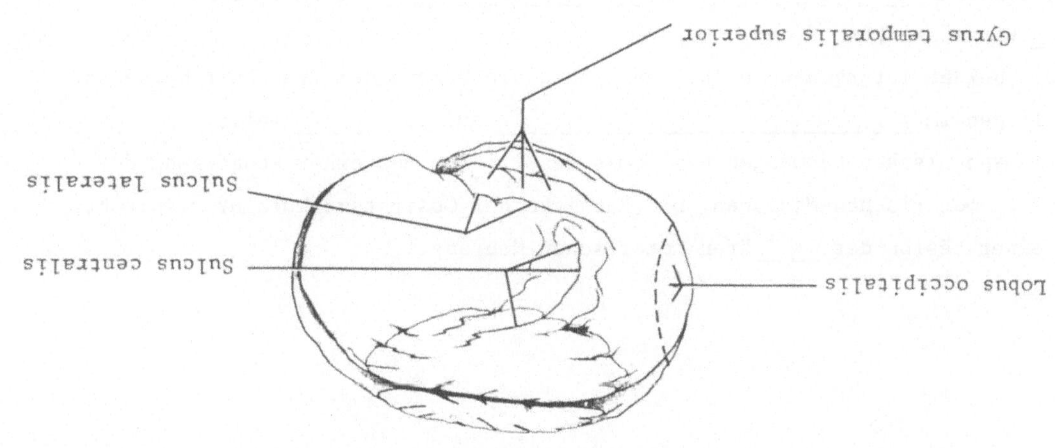

B

528A. rechten

C

540. Das Rückenmark des Erwachsenen ist _________ er als seine Wirbelsäule.

D

<u>1314</u>. Fall 8.

Eine 23jährige Frau verlor die Sehfähigkeit ihres linken Auges. Später kehrte diese teilweise zurück. Die Verdachtsdiagnose lautete multiple Sklerose, die Diagnose konnte aber nicht gesichert werden. Drei Jahre später kam es zu einem anderen neurologischen Ausfall an einer anderen Stelle des Nervensystems. Daraufhin konnte die Diagnose eindeutig gestellt werden. Nach diesem zweiten Ausfall ergab der neurologische Befund folgendes:

a) spastische Lähmungen und gesteigerte Reflexe im rechten Arm und Bein mit einem positiven Babinskischen Zeichen am rechten Fuß.

b) Verlust der Vibrations- und Lageempfindung im rechten Arm und Bein

c) Strabismus convergens (Schielen nach medial) des linken Auges (das linke Auge drehte sich nach innen, wenn das rechte geradeaus blickte).

d) Paralyse der ganzen linken Gesichtshälfte einschließlich der Stirn.

1. Die beiden ersten Befunde resultieren aus einer Schädigung der Bahnen im ZNS, dem Tr. _______________ und _________ ________. Beide sind auf der _____ Hirnseite betroffen.

2. Die beiden letztgenannten Befunde geben die Gegend der Krankheitsherde an. Sie liegen im _____________________________ auf der ______ Seite.

3. Die spastischen Lähmungen des Armes resultieren aus einer Schädigung der ____ären motorischen Neuronen. Die Paralyse der Gesichtsmuskulatur resultiert aus einer Läsion der _____ären motorischen Neurone.

173A. frontalis

A

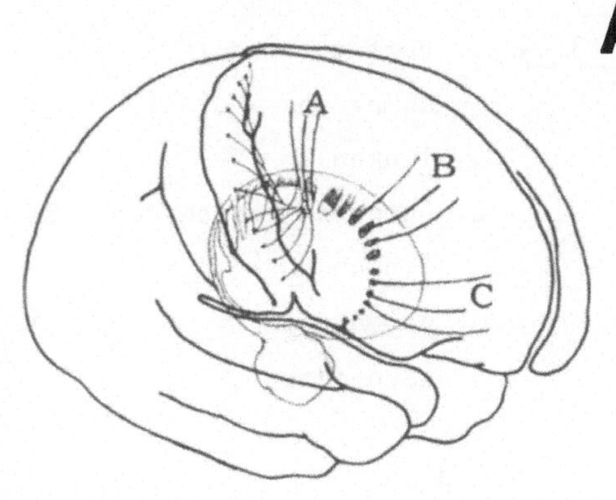

B

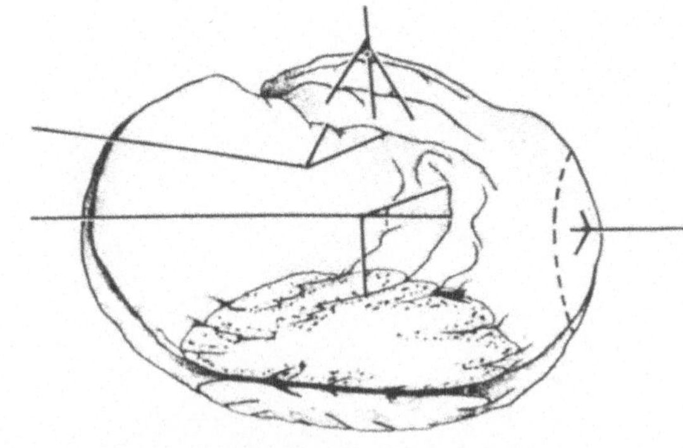

185. Schreiben Sie die zugehörigen Namen an die angezeigten Formationen!

C

529. Ein mit A bezeichneter Herd liegt ______ der Decussatio pyramidum, er beeinträchtigt die willkürliche Bewegung des ______ Beines. Eine Läsion bei B beeinträchtigt die Willkürmotorik des ______ Beines.

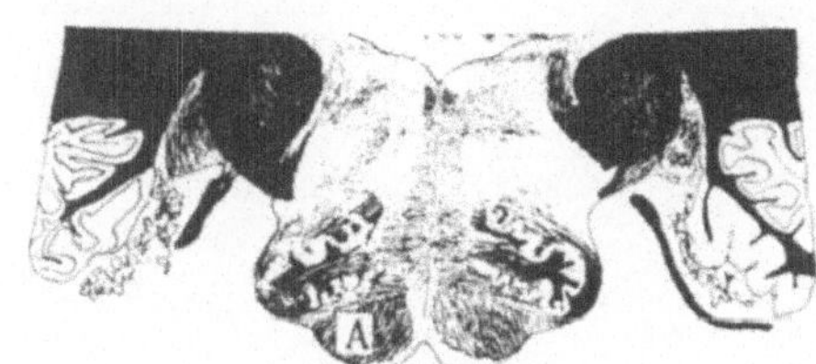

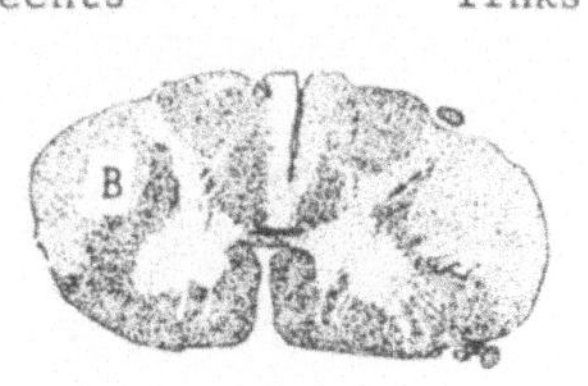

D

539A.

1314A. 1. corticospinalis

Lemniscus medialis

linken

2. unteren Bereich des Pons

linken

3. primären

sekundären

174. Von den eingezeichneten Nervenfasern sind
viele in bezug auf die Hirnrinde efferent, zahlreiche andere sind aber afferent. Die mit M bezeichnete Bahn ist __ferent.

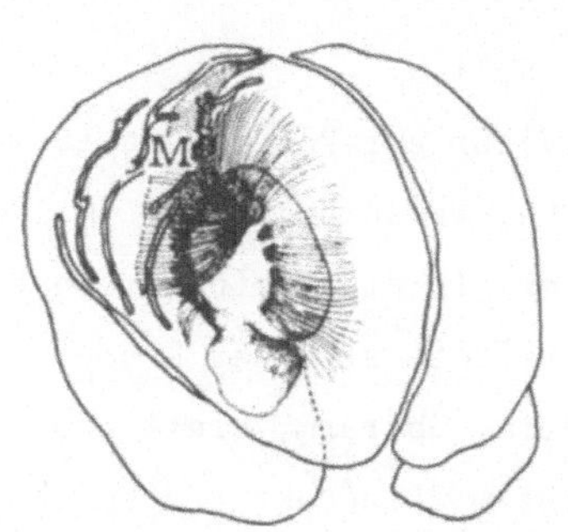

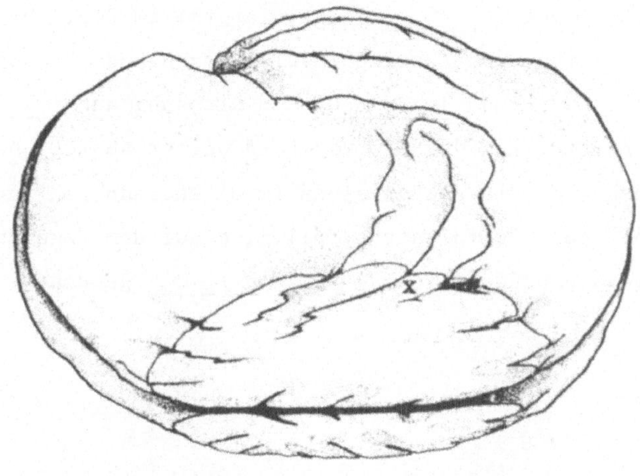

529A. cranial (oder oberhalb von)

    linken

    rechten

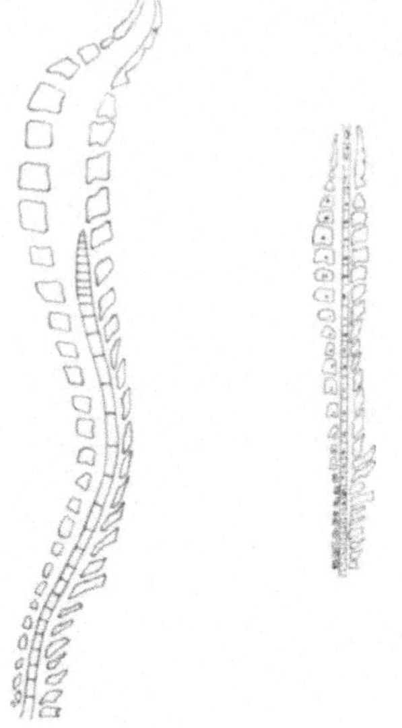

539. Während der postnatalen Entwicklung wächst die Wirbelsäule stärker in
die Länge als das Rückenmark. Schreiben Sie unter die abgebildeten Wirbel-
säulen, ob sie von einem Embryo oder
einem Erwachsenen stammen!

<u>1315.</u> Fall 9

Ein 17jähriger Patient hatte wiederholt epileptische Anfälle, die alle in der
gleichen Weise begannen. Im linken Daumen verspürte er ein Wärmegefühl, dem in
weniger als einer Minute ein Krampf in ihm folgte. Innerhalb der nächsten Minuten breitete sich der Krampf in stereotyper Reihenfolge auf die linke Hand, den
Unterarm, Oberarm, die linke Augengegend und linke untere Gesichtshälfte aus.
Zu diesem Zeitpunkt traten generalisierte Konvulsionen (Krämpfe) auf, die beide
Körperseiten erfaßten und der Patient wurde bewußtlos. Die den generalisierten
Krämpfen vorausgehende Aura läßt vermuten, daß die primäre Störung ziemlich
genau in den Wänden des Sulcus _________ liegt, lateral im Bereiche der Cortex
cerebri auf der _______ Seite. Das abnorme Impulse erzeugende Störungsfeld
breitet sich dann längs des Gyrus ___________ in Richtung nach ____al aus.
Nach einigen Minuten breitet sich das Störungsfeld weiter aus. Da beide Seiten
betroffen werden, dehnen sich die elektrischen Impulsentladungen auf die Gegenseite der Cortex cerebri aus, zumindestens teilweise auf dem Wege über Fasern
des ausgedehnten Kommissurenbündels, das _______ ________ genannt wird.

175. Fasern der inneren Kapsel bedecken
einen Teil der ____alen Oberfläche beider Teile des Nucleus lentiformis. Diese
Teile sind das ______ und der ______
______.

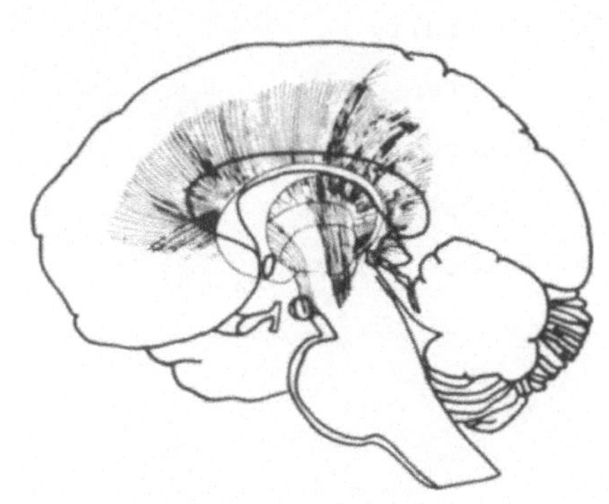

184. Die weiße Substanz erstreckt sich
bis in das Innere der Gyri cerebri, die
durch die Faltungen der Großhirnrinde
entstehen. Schreiben Sie ein X auf die
weiße Substanz des Gyrus postcentralis
der rechten Hemisphäre!

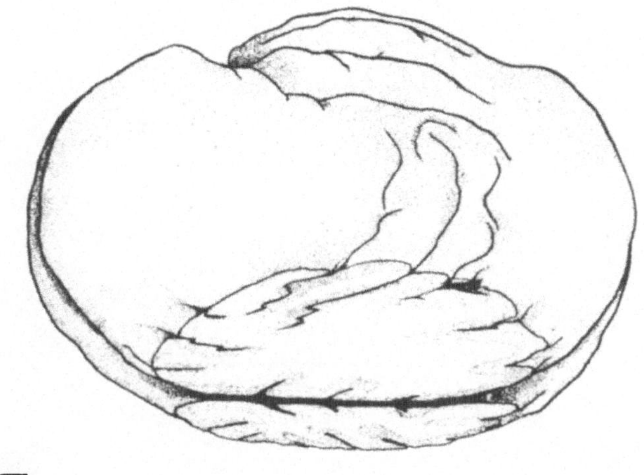

530. Da die rechte untere Hälfte des Gesichtes bei einer linksseitigen
corticalen Läsion gelähmt ist, kreuzen demnach zahlreiche __________
Fasern die Medianebene.

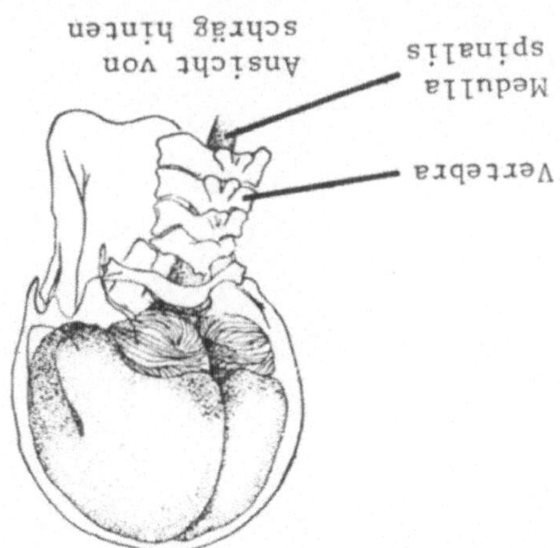

538A. Nervenzellen (oder Neurozyten, Ganglienzellen, Gangliozyten)

1315A. centralis
       rechten
       precentralis
       caudal
       Corpus callosum

A

175A. medialen

Putamen

Globus pallidus

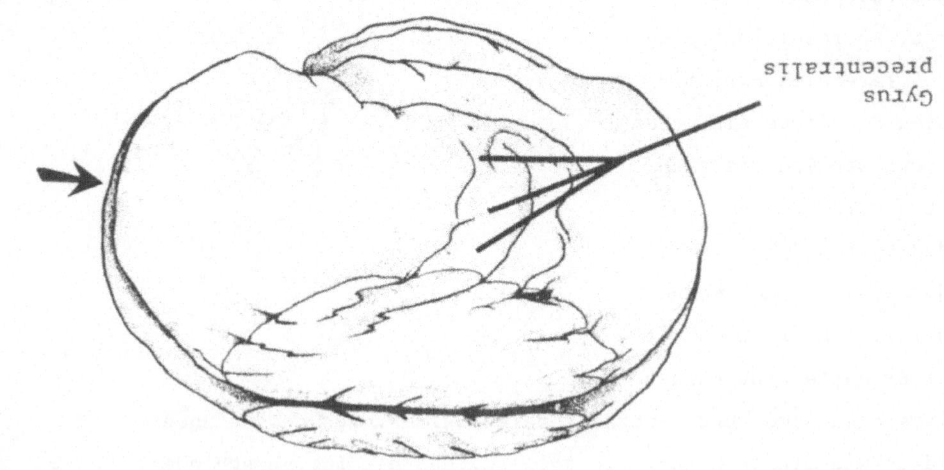

183A.

B

C

<u>531</u>. Kreuzungen der Fibrae corticonucleares (corticobulbares) können nur
schwer in gefärbten Schnitten nachgewiesen werden. Klinische Befunde beweisen, daß solche Kreuzungen vorhanden sein müssen. Die Fibrae corticonucleares kreuzen in verschiedenen Höhen in Form von Bündeln __________
Stärke.

D

<u>538</u>. Das Rückenmark läuft im Wirbelkanal nach
unten. Schreiben Sie die Bezeichnungen Vertebra
und Medulla spinalis an die entsprechenden Hinweislinien! Unter Rückgrat (Wirbelsäule) versteht man die Gesamtheit der Wirbel, aus denen
es aufgebaut ist. Das Rückenmark enthält als
Bausteine die __________, Neuroglia, Axone und
Gefäße. Es liegt im ______ __________.

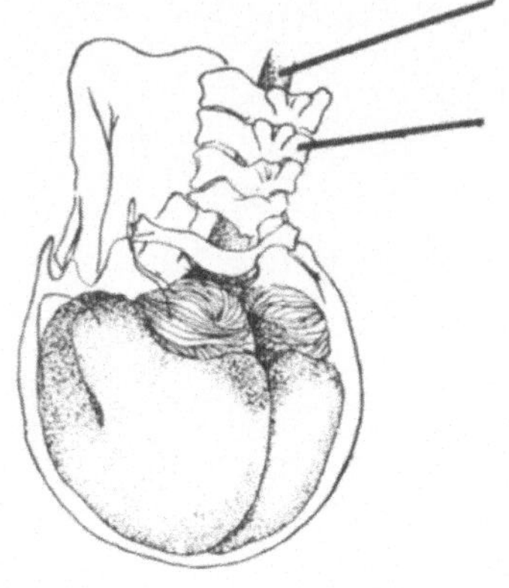

<u>1316</u>. Fall 10:

Eine Schädigung der linken Pyramidenbahn in Höhe des Schnittes A verursacht eine Parese des rechten Armes
und Beines. Wenn die Schädigung des
linken Tr. corticospinalis im Bereich C4 liegt, so resultiert eine
Parese der ____lateralen Extremitäten. Beachten Sie diese einfachen
Überlegungen und stellen Sie sich
einen Patienten vor, bei dem eine
Schädigung des corticospinalen
Systems beiderseits auf der Ebene
B entstanden ist. (In Wirklichkeit
sehr selten.) Er hatte eine Parese

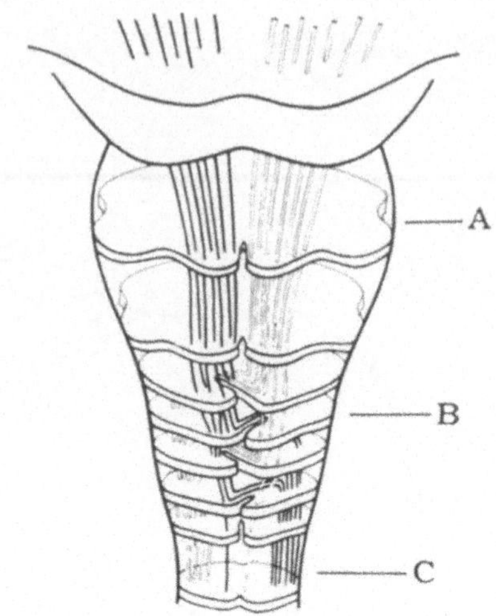

seines ipsilateralen Armes und contralateralen Beines. Aus den Befunden
klinischer Fälle wie diesen können Sie folgern, daß die für verschiedene
Ebenen des Rückenmarks bestimmten efferenten Fasern in der Decussatio
pyramidum in topographischer Reihenfolge kreuzen. Die am weitesten cranial
kreuzenden Fasern enden in der Pars__________ der Medulla spinalis.

176. Abgesehen vom Tractus corticospinalis
entspringen andere große Bahnen - auf der
Abbildung mit A gekennzeichnet - im Lobus
parietalis, Lobus temporalis und - mit C
gekennzeichnet - im Lobus ________.

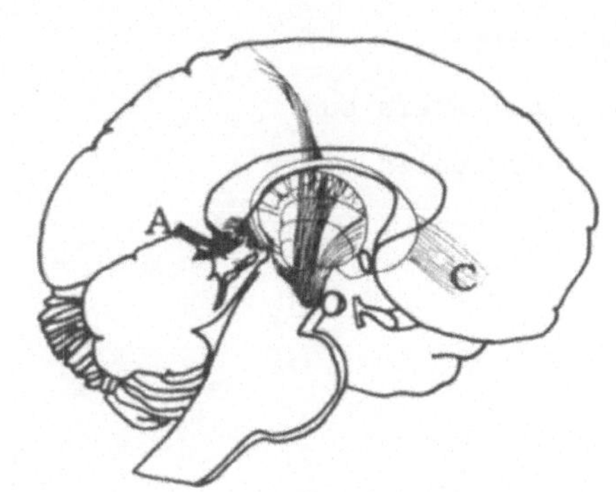

A

B

183. Zeichnen Sie einen Pfeil an den
Stirnpol (Polus frontalis)! Ziehen Sie
Hinweislinien und beschriften Sie auf
der seitlichen Hirnoberfläche das Rin-
denfeld, in dem die meisten Zellkörper
für den Tractus corticospinalis liegen!

532. Wenn die schraffierte Gegend infolge eines plötzlichen Gefäßverschlus-
ses (Embolie, Thrombose) der ernähren-
den Arterie verschlossen würde, so wäre
der Patient wahrscheinlich nicht mehr
fähig die untere _____ Seite des Gesichtes und/oder die _______ Extremitäten zu bewegen.

C

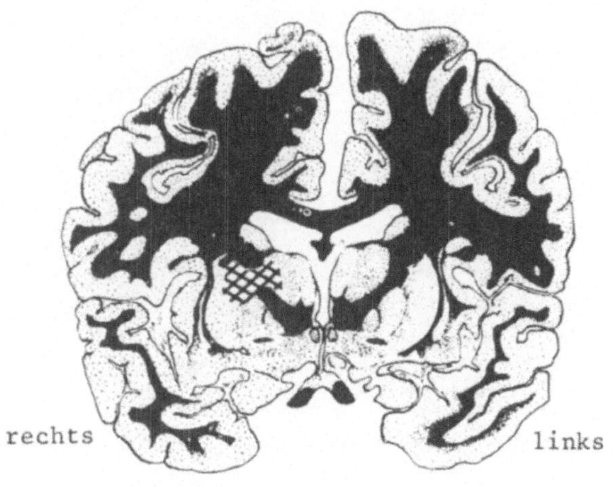

D

537A. Foramen magnum

1316A. rechten
       ipsilateralen
       cervicalis

177. Efferente Fasern aus dem Scheitel-
und Schläfenlappen laufen hinter und
unter dem Nucleus lentiformis, um in
den _____len Bereich der inneren
Kapsel einzutreten. Zeichnen Sie
einen Pfeil an diese Fasern, wo
sie in die Capsula interna eintreten.

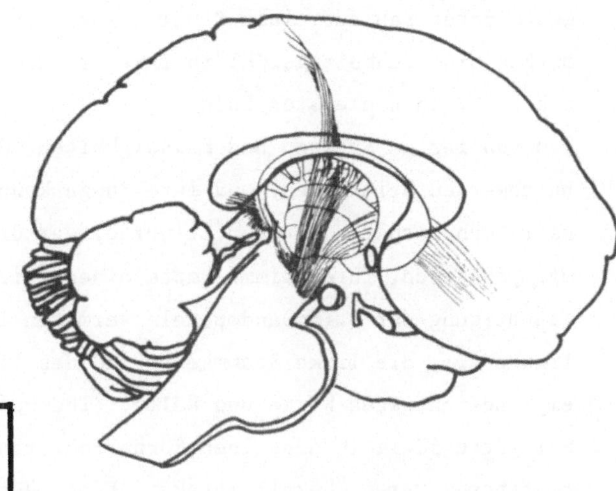

A

B

182. Die Abbildung zeigt ein Großhirn,
bei dem eine flache, horizontale Scheibe
von oben abgeschnitten worden ist. Die
Schnittfläche zeigt _____ Substanz, die
unter der oberflächlichen, grauen Substanz liegt.

532A. linke (contralaterale)
      linken

C

537. Foramen ist das lateinische Wort für Öffnung, Loch. Die größte
Öffnung in der Fossa cranii posterior ist das _____ _____.

D

<u>1317.</u> Fall 11

Eine 42jährige Patientin, mit einer rheumatischen Herzerkrankung in der Vor-
geschichte, saß auf einem Stuhl. Plötzlich wurde es ihr schwindlig. Sie be-
merkte ein Taubheitsgefühl in ihrer rechten Gesichtsseite sowie im linken Arm
und Bein. In den ersten folgenden Tagen hatte sie Schwierigkeiten beim Schluk-
ken von festen Speisen und Flüssigkeiten, die dann nachließen. Sie hatte keine
Beschwerden beim Kauen, und ihre Zunge konnte sie normal bewegen. Als sie ein
paar Wochen später untersucht wurde, war die rechte Pharynxseite gelähmt und
unempfindlich, ihre Stimme hatte einen leicht nasalen Klang, der eine Beeinträchtigung der Stimmbandmuskeln vermuten ließ. Ihre rechte Gesichtsseite, ihr
linker Arm, die linke Stammseite und das linke Bein waren analgetisch und unempfindlich gegen Wärme und Kälte. (Thermanästhesie). Die Berührungsempfindung
war geringfügig in denselben Körpergebieten herabgesetzt, Vibrations- und Lageempfindung waren überall intakt. (Eine Beschreibung zusätzlicher Symptome und
Beschwerden in Fällen wie diesem, werden im Band II dargestellt.)

1. Der Herd muß auf der ______ Seite des ZNS liegen, ______ vom Foramen
magnum; die Schluck- und Phonationsbeschwerden resultieren aus Schädigungen von
Teilen des ___ und ___ Hirnnervs, insbesondere von motorischen Fasern, die aus
dem ______ ______ kommen. Ist das rechte oder linke Stimmband gelähmt? ___
______. Sensibilitätsausfall auf der rechten Pharynxseite ist die Folge einer
Schädigung der primären afferenten Fasern auf dem Wege zu den Synapsen mit Zellkörpern des ______ ______ ______.

2. Beachten Sie die analgetischen und thermanästhetischen Gebiete! Ist der
rechte Tr. spinothalamicus lateralis geschädigt? ___; der rechte Lemniscus
medialis? ___.

3. Zeichnen Sie die Umrisse eines Querschnittes des pathologisch veränderten Bereiches! Schreiben Sie links und rechts an die Skizze und zeichnen Sie den Herd
ein!

A

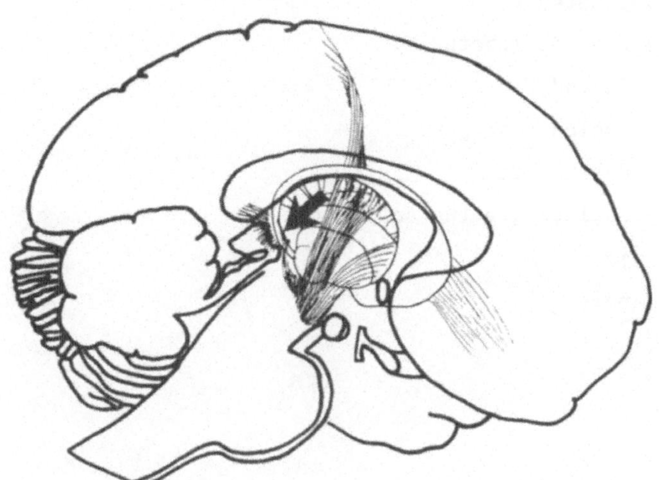

B

C

533. Viele Kenntnisse in der Neuroanatomie des Menschen hat man aus der
Analyse neurologischer Krankheitsbilder gewonnen. Z.B. schließen wir aus
der Beobachtung, daß Läsionen des corticospinalen Systems der einen oder
der anderen Seite keine Atemlähmung hervorrufen, daß die Nervenzellen,
die die Intercostalmuskeln und das Diaphragma versorgen, unter dem Einfluß
der vorgeschalteten corticospinalen Neurone ______ Hirnhälften stehen.

536. Das Gehirn setzt sich nach unten
durch eine große Öffnung in der Schädel-
basis, das Foramen ______, in den Wir-
belkanal fort und heißt dann Pars ______
der Medulla.

D

<u>1317A.</u> 1. rechten
        cranial (oberhalb)
        IX und X
        Nucleus ambiguus
        das rechte
        Nucleus tractus solitarii
      2. ja
        nein
      3.

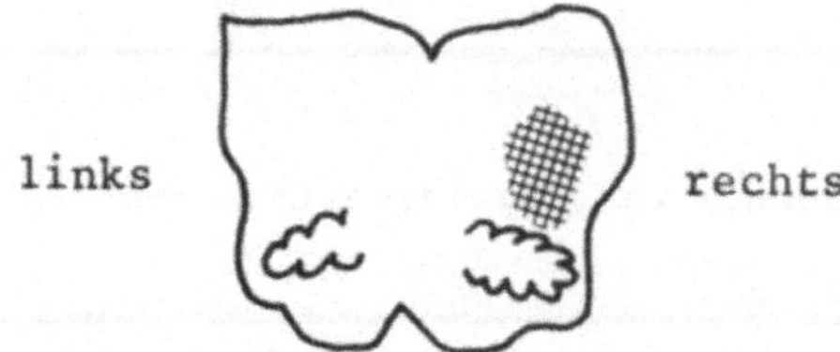

178. Die Bahnen bei A, B und C sind in
bezug auf die Hirnrinde __ferent.

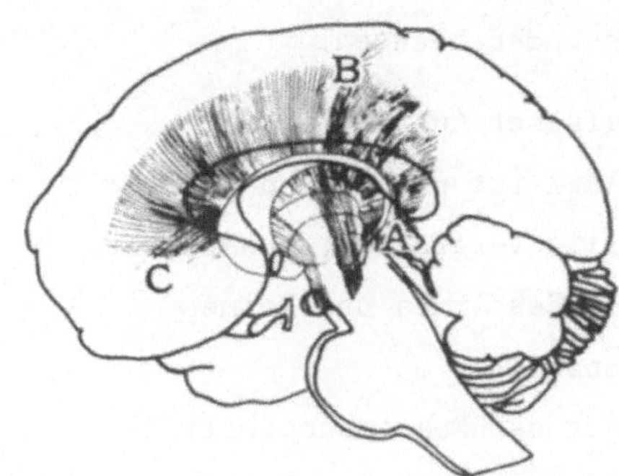

B

533A. beider

C

181A. Thalamus
efferent

D

Rückenmark: Beziehung zwischen Wirbelsäule und Rückenmark
(Abschnitt 536-567)

<u>1318</u>. Schreiben Sie hinter jeder Aussage der linken Spalte die Nummer der
dazu passenden rechten!

Neurologischer Ausfall

a) Ein Auge ist nach außen gedreht,
die Pupille vergrößert, spastische
Lähmungen des Armes und Beines
der Gegenseite. _.

b) Verlust der Somatosensibilität
in sämtlichen Extremitäten, Parese
der Kiefermuskeln, Gesichtsmuskeln
und des M. rectus lateralis
beiderseits. _.

c) Verlust der Schmerz- und Temperaturempfindungen auf beiden Gesichtsseiten und der anderen Seite
des übrigen Körpers; Schluckbewegung
und Phonation beeinträchtigt.
Anästhesie des Pharynx auf einer
Seite. _.

d) Beeinträchtigung der feinen Berührungsempfindung der Vibration
und Lageempfindung sowie auf der
gleichen Seite motorische Schwäche
des unteren Gesichtsbereiches, Armes
und Beines. _.

e) Abweichung der herausgestreckten
Zunge und Muskelatrophie auf der-
selben Seite, contralateral
Babinskisches Zeichen positiv, ge-
steigert tiefe Sehnenreflexe und
Lähmungen des Arms und Beines. _.

f) Spastische Parese und Anästhesie
beider unterer Extremitäten; Verlust der willkürlichen Kontrolle
des Darmes und der Harnblase. _.

g) Herabgesetzte Lageempfindung und
spastische Paresen einer unteren
Extremität, Analgesie und Thermanästhesie im Rumpf und der contralateralen unteren Extremität. _.

Bereich der Schädigung

1. Mittlerer Bereich der Medulla
oblongata, medial und ventral auf
einer Seite.

2. Mittlerer Bereich der Medulla
oblongata, lateral auf einer Seite.

3. Rückenmarkssegment T10, bilateral.

4. Halbseitige Durchtrennung in Höhe
des Spinalsegments T2.

5. Tegmentum und Pons auf beiden Seiten.

6. Bereich oberhalb des Colliculus
superior auf einer Seite.

7. Corona radiata auf einer Seite.

A

B

181. Diejenigen Fasern der inneren Kapsel, die in der grauen Substanz der Großhirnrinde enden, beginnen im ________ . Fasern, die in der Rinde der Gyri cerebri entspringen, laufen in die Capsula interna und enden in Basal-ganglien oder niedrigeren Zentren. Sie sind in bezug auf die Großhirnrinde ________ferent.

C

534. Eine einseitige Läsion der corticonuclearen Fasern hat im allgemeinen keinen Einfluß auf die willkürliche Kaubewegung, das Schlucken oder die Phonation. Ebenso sind die oberen Gesichtsmuskeln, die die Stirnmuskel- und Augenbewegungen hervorrufen, nicht betroffen. Daraus kann man schließen, daß der neuromuskuläre Apparat, der diese motorischen Funktionen auslöst, unter der Wirkung corticonuclearer Fasern ________ Seiten steht. Folglich müssen Läsionen der Fibrae corticonucleares, die zum Ausfall der oben ge-nannten Funktionen führen, ________ sein.

D

Wir möchten Ihnen gratulieren! Sie haben sich Ihren Weg bis zum Rücken-mark erarbeitet und sind nun imstande, dieses Gebiet im Einzelnen zu be-handeln. Blättern Sie bitte um und widmen Sie sich dem D -Feld!

1318A. a) 6

     b) 5

     c) 2

     d) 7

     e) 1

     f) 3

     g) 4

179. Ein Teil der in die Capsula interna eintretenden Fasern kommt von der
Hirnrinde und endet in den Basalganglien. Zahlreiche Fasern entstammen den
Perikaryen des Thalamus und laufen nach oben zum Lobus _________, Lobus
_________, Lobus _________ und Lobus _________.

180A. grauer
weiße
myelinhaltige

534A. beider
doppelseitig (oder beiderseitig)
bilateral

535A. anderen (contralateralen)
kreuzen (oder wechseln)

Band II ist in Vorbereitung. Er stellt eine Fortsetzung des vorliegenden Buches dar. Der bisherige Stoff wird in ihm wiederholt und erweitert. Neue Gebiete werden dargestellt: Vestibularsystem, Kleinhirn, extrapyramidal — motorisches System, Hörsystem, Sehsystem, vegetatives Nervensystem einschließlich der tegmentalen Strukturen, Thalamus, Hypothalamus, Rhinencephalon, limbisches System, Beziehungen zwischen corticalen und subcorticalen Strukturen, supralimbisches System, corticocorticale Verbindungen, Wiederholung der langen Bahnen, Gefäßanatomie, klinisch orientierte Wiederholungen und Anwendungen.

A

Drehen Sie Ihr Buch um, und beginnen Sie mit den B-Feldern!

B

180. Die äußere Schicht des Gyrus precentralis besteht wie der ganze
Nucleus lentiformis aus ______ Substanz. Die innere Kapsel stellt ______
dar, da sie ______haltige Axone enthält.

C

Drehen Sie das Buch um, und fahren Sie fort mit den D-Feldern!
(Dieser Teil endet mit dem nächsten Feld.)

D

535. Bei unilateralen Unterbrechungen der corticonuclearen und corticospinalen Fasern resultieren Störungen der willkürlichen Bewegungen der
Zunge (meistens nur vorübergehend), der unteren Hälfte einer Gesichtsseite, sowie des Armes und Beines der ______ Seite. Folglich müssen
diese Fasern größtenteils oder ausnahmslos von der einen Seite zur anderen ______.